U0238685

华 北 水 利 水 电 大 学

校 史

（2011—2021）

主　　审：王清义

主　　编：刘文锴

常务副主编：刘雪梅

副　主　编：史鸿文　程思康

中国水利水电出版社
www.waterpub.com.cn

·北京·

图书在版编目（CIP）数据

华北水利水电大学校史 : 2011—2021 / 刘文锴主编
. -- 北京 : 中国水利水电出版社，2021.10
ISBN 978-7-5170-9994-9

Ⅰ．①华… Ⅱ．①刘… Ⅲ．①华北水利水电大学—校
史—2011-2021 Ⅳ．①TV-40

中国版本图书馆CIP数据核字(2021)第194894号

书　　名	华北水利水电大学校史（2011—2021）	
	HUABEI SHUILI SHUIDIAN DAXUE XIAOSHI (2011—2021)	
作　　者	刘文锴 主编	
出版发行	中国水利水电出版社	
	(北京市海淀区玉渊潭南路1号D座　100038)	
	网址: www.waterpub.com.cn	
	E-mail: sales@waterpub.com.cn	
	电话: (010) 68367658 (营销中心)	
经　　售	北京科水图书销售中心 (零售)	
	电话: (010) 88383994、63202643、68545874	
	全国各地新华书店和相关出版物销售网点	
排　　版	中国水利水电出版社微机排版中心	
印　　刷	北京印匠彩色印刷有限公司	
规　　格	184mm×260mm　16开本　28.5印张　694千字　12插页	
版　　次	2021年10月第1版　2021年10月第1次印刷	
定　　价	158.00元	

《华北水利水电大学校史（2011—2021）》
编审委员会

主　　审　王清义

编委会主任　刘文锴

委　　员（按姓氏笔画排序）

上官林建	马万明	马书臣	马建琴	王天泽	王兰锋	王华杰
王如厂	王成现	王丽君	王志良	王艳成	尹彦礼	毋红军
史鸿文	田　逸	田卫宾	边慧霞	毕雪燕	乔　敏	刘术永
刘汉东	刘法贵	刘建华	刘雪梅	刘盘根	祁　萌	苏喜军
李　伟	李　纲	李　虎	李权才	李有华	李志国	李志萍
李幸福	李尚可	李明霞	李胜机	李彦彬	李凌杰	吴慧欣
何　楠	宋冬凌	宋刚福	张　丽	张　梅	张　静	张红涛
张国庆	张胜前	张新中	张殿玉	陆桂明	陈　峰	陈爱玖
武兰英	武金勇	金　栋	周俊胜	周锦安	孟闻远	赵顺波
郝用兴	荣四海	胡　昊	侯战海	饶明奇	施进发	姜　彤
费　昕	党兰玲	徐　震	高京燕	高胜健	高辉巧	郭少龙
郭玉宾	郭志芬	郭相春	郭瑾莉	黄立新	黄健平	曹　杰
曹　震	曹玉贵	曹连海	曹德春	董贵恒	韩宇平	韩福乐
景中强	程　霞	程思康	鲁智礼	潘松龄	魏东军	魏新强

主　　编　刘文锴

常务副主编　刘雪梅

副　主　编　史鸿文　程思康

我校建校 60 周年庆祝大会隆重召开

我校校友、时任水利部部长陈雷回母校看望老师

我校校友、时任水利部副部长矫勇回母校看望老师

我校隆重举行庆祝建党 90 周年大会

中国水电工程顾问集团公司与我校战略合作协议签字
仪式隆重举行

我校与河南省测绘工程院签署共建科研教学基地协议

由我校承办的全国农业节水技术交流报告会暨第二届农业节水科技颁奖大会在河南迎宾馆召开

我校与台湾朝阳科技大学签署《建立长期学术合作关系协议书》

全国高校设置评议委员会顾问、河南省人大常委会原副主任贾连朝视察我校

我校与新乡市人民政府签署战略合作框架协议

我校与法国尼斯理工学院签署合作协议

我校承办的河南省自然辩证法研究会 2013 年年会
成功举办

华北水利水电大学更名揭牌仪式于 5 月 17 日举行

我校与华电郑州机械设计研究院签署长期战略合作协议

第三届全国大学生水利创新设计大赛在我校成功举办

我校教师编制完成的《郑州市水生态文明城市建设试点实施方案》通过水利部审查

我校首届大学生职业生涯规划大赛圆满结束

时任河南省委常委、宣传部长赵素萍一行到我校调研指导大学生思想政治教育工作

第六届潘家铮水电奖学金颁奖典礼在我校举行

杰出校友刘慈欣、安少华做客"对话华水"栏目

聚焦英雄孟瑞鹏　传播青春正能量——中央和省内18家媒体集中调研采访孟瑞鹏先进事迹和精神

孟瑞鹏塑像揭幕仪式在我校举行

我校法学院更名为法学与公共管理学院

我校马克思主义学院举行揭牌仪式

我校与河南省科学院签署全面战略合作协议

我校与巴基斯坦 RSJ 国际留学生顾问公司签署合作协议

我校与俄罗斯乌拉尔联邦大学举行合作办学签字暨研究机构揭牌仪式

我校与河南省社会科学院签署合作协议

校党委书记王清义率团赴韩国仁荷大学访问并签署交换生协议

教育部专家组对我校本科教学工作进行审核评估

我校参与承办的全国防汛抗旱知识大赛在京启动

河南省法院环境资源损害司法鉴定与修复研究基地
揭牌仪式在我校举行

我校承办的2017年金砖国家网络大学年会在郑州举行，成员高校代表达成共识后签约

华北水利水电大学附属小学共建协议签字仪式在我校举行

喜迎党的十九大　凝聚青春正能量 ——"我为正能量代言"主题活动走进我校

由我校承办的"华水杯"国际名校赛艇挑战赛圆满结束，我校取得优异成绩

"一带一路"水利水电产学研战略联盟在我校成立

我校举行乌拉尔学院揭牌仪式

中共华北水利水电大学第一次代表大会胜利闭幕

我校与兰考县"结对帮扶"启动仪式

校党委书记王清义会见巴基斯坦旁遮普省高教厅厅长
吉拉尼一行

河南河长学院在我校正式揭牌成立

时任水利部部长鄂竟平到我校视察并听取汇报

我校举行"壮丽 70 年　阔步新时代"
庆祝新中国成立 70 年主题升旗仪式

华北水利水电大学等五
所高校签署校际课程互选与
学分互认合作框架协议

河南省重点马克思主义
学院揭牌仪式在我校马克思
主义学院举行

亚洲合作对话国家"水－能源－粮食纽带关系"
研讨会在我校举行

我校与兰考县校地结对帮扶备忘录签约仪式在兰考县
顺利举行

我校与砂拉越科技大学联办孔子学院执行协议
签约仪式在郑州举行

黄河流域生态保护和高质量发展研究院
在我校成立

"一带一路"水利水电产学研战略联盟第二届理事会
会议在我校召开

我校与新乡市签约建设国际校
区暨黄河流域生态保护和高质量发
展研究院揭牌仪式

河南省应急管理厅与我校举行战略合
作框架协议签约暨河南省公共安全与应急
管理研究中心揭牌仪式

马来西亚砂拉越科技
大学孔子学院顺利揭牌

我校举行鲲鹏产业学院签约暨揭牌仪式

教育部、河南省教育厅与我校共建青少年法治教育中心正式揭牌

河南省副省长霍金花
到我校调研高等教育改革
发展工作

水利部副部长田学斌
莅临我校调研指导工作

水利部副部长陆桂华
莅临我校调研指导工作

我校召开党史学习教育动员部署大会

暑期干部培训全体学员参观考察我校江淮校区，听取建设工作汇报

我校举行庆祝中国共产党成立 100 周年文艺汇演

我校召开"两优一先"表彰大会

我们是未来的水电建设者

——华北水利水电大学校歌

陈自强 词
李以明 曲

1=C 4/4

亲切 召唤地

```
(3·2 1 1 1 1 | 2·1 6 6 6 6 | 05 67 5·4 3 | 1·3 2 6 7 |
1 1 1·1 5 6 7) ‖ 1 - 5·6 | 3 2·3 1 - | 1·3 2·1 7 6 |
                嵩  山   北    麓, 黄 河 之

5 - - - | 1·3 2·1 7 6 | 6·1 5 4 3 - | 4 4 3 2·3 1 3 |
畔,        中 原 绿  城  有 我  们   可 爱 的 校

2 - - - | 1 - 6 - | 1 7·6 5·5 | 4 4 3 2 1 6 | 6 - - - |
园。       振 兴 中   华 是 我 们 的 理     想,
           求 实 创   新 是 我 们 的 校     训,

6 - 2 - | 1 7·6 5·5 | 2 2 1 7 6 7 | 1 - - (5 6 1 2) |
开 发 水   电 是 我 们 的 志     愿。
面 向 世   界 是 我 们 的 誓     言。

3·2 1 1 | 2·1 6 6·6 | 7 7 7 7 6 5 | 5·6 7 1 |
勤 奋 学 习 努 力 钻 研, 在 知 识 的 海 洋 中 破  浪 向
团 结 友 爱 刻 苦 攻 关, 向 科 学 的 高  峰 奋 勇 登

2 - - 5 5 | 3·2 1 1 | 2·1 6 6 | 7 - 7·6 |
前,    我 们 想    的 是 兴 利 除 害, 爱  的 是
攀,    我 们 今    天 是 桃 李 芬 芳, 明  天 把

3 3 7·6 5 - | 01 2 3 5 5 | 1·3 2·1 6 | 05 67 5·4 3 |
水 库 电  站。 我 们 是 未 来 的  水 电 建 设 者, 事 业 可 爱
青 春 贡  献。

 ┌1
1·3 2 6 7 | 1 - - - ‖ 2. rit
前 程 灿    烂。
                  ┌2 rit
                  1·3 2 6 7 | 1 - - 0 ‖
                  前 程 灿    烂。
```

序

在中国共产党成立100周年、我国开启全面建设社会主义现代化国家新征程之际，华北水利水电大学迎来了70华诞。欲知大道，必先为史；行有大德，必先明史。校史是华北水利水电大学的精神矿藏。建校50年的时候，学校编撰了50年校史；建校60年的时候，学校编撰了2001—2011年校史；如今，到了建校70年的时候，学校在前两部校史的基础上，延续历史文脉，深入挖掘史料，认真凝练史实，悉心编撰了这部2011—2021年校史，这也是学校的第三部校史。编撰好、学习好、弘扬好学校近十年的校史，对于我们回望总结过去的奋斗历程和历史经验，对于我们以史为鉴、开创未来具有深远的历史意义和重大的现实意义。

近十年是中华大地发生前所未有巨大变化的历史时期，中国特色社会主义进入新时代，全面建成小康社会、第一个百年奋斗目标如期实现，新时代脱贫攻坚目标任务如期完成、历史性地解决了中华民族几千年的绝对贫困问题，开启了全面建设社会主义现代化国家、向第二个百年奋斗目标进军的新征程。教育领域改革发展发生了历史性变革、取得了历史性成就，《国家中长期教育改革和发展规划纲要（2010—2020年）》实施完成，党中央召开新时代首次全国教育大会，世界一流大学和一流学科建设统筹推进，高等教育进入普及化阶段，教育总体发展水平进入世界中上行列，教育优先发展战略地位更加凸显，高等教育在中华民族伟大复兴中的战略意义更加突出，加快教育现代化、建设教育强国迈上新征程。华北水利水电大学的建设发展也由此步入了历史快车道，这十年是学校各项事业长足发展、进步的重要历史时期，学校在人才培养、科技创新、国际化办学、服务国家战略和地方水利事业发展等方面取得了突破性进展。

这十年，学校坚持加强党的全面领导，思想政治、宣传文化、精神文明建设呈现新局面。高举习近平新时代中国特色社会主义思想伟大旗帜，深入贯彻党的十八大、十九大精神，全面贯彻党的教育方针，坚持社会主义办学方向，落实立德树人根本任务，坚持和完善党委领导下的校长负责制，召开了学校更名后的第一次党员代表大会，确立了今后一个时期"三步走"的发展战略、发展目标和主要任务，深入开展了党的群众路线教育实践活动、"三严三实"专题教育、"两学一做"学习教育、"不忘初心、牢记使命"主题教育、党史学习教育，以党建高质量推动学校事业发展高质量，学校干事创业政治氛围初步形成，干事创业的活力、动力进一步激活。学校入选教育部第二批全国党建工作示范高校；孟之舟党支部入选全国党建工作样板支部；河南省委高校工委授予学校党委首批"河南省高等学校基层党组织建设先进单位"称号，授予6个党支部首批"河南省高校省级样板党支部"称号。学校强化思想政治引领，坚持全员育人、全过程育人、全方位育人，在河南省高校率先探索运用新媒体、新技术加强和改进思想政治工作，培养出以孟瑞鹏为代表的一大批优秀学生；测量学入选教育部首批全国课程思政示范课程；获批河南省唯一一个高校网络思政中心、河南省课程思政示范高校；马克思主义学院入选河南省首批重点建设的马克思主义学院；"四课联动"实践教学获河南省高校实践育人工作优秀案例一等奖。学校加强宣传文化与阵地建设，讲好华水故事、传递华水声音、弘扬华水文化、传承华水精神，氛围浓厚、成果丰硕，学校官方微信、"双微"矩阵平台等荣获"河南省2017年度十佳高校新媒体平台"称号，获批河南省高校网络文化建设精品项目等；学校连续多年获得全国、河南省高校校园文化建设优秀成果奖。学校广泛开展丰富多彩、形式多样的文明创建活动，连续被河南省委、省政府评为省级文明单位、省级文明单位标兵、省文明校园标兵。

这十年，学校坚持实施质量立校发展战略，办学质量获得新提升。由华北水利水电学院成功更名为华北水利水电大学，获批博士学位授予单位，顺利通过教育部本科教学工作审核评估；入选首批中西部高校基础能力建设工程高校、首批国家水情教育基地、河南省特色骨干大学建设高校，为全面建设特色鲜明的高水平水利水电大学打下了坚实基础；本科招生专业新增20个、达到65个，本科一批招生省份增至30个，研究生招生规模从385人增至1247人，在校生总规模达到3.3万人，生源质量进一步提高；省级重点一级学科由3个扩展到14个，3个学科列入河南省特色骨干学科（其中，水利工程学科入选省特色骨干学科A），8个学科在第四轮学科评估中进入前70%，工程学科进入 ESI 排名前 1%、一级学科博士点达到 4 个、一级学科硕士点由 3 个扩展到 20 个、专业学位硕士点由 3 个扩展到 18 个；入选国家专业综合改革试点专业 2 个、国家卓越工程师培养计划 4 个、国家卓越农林人才教育培养计划 1 个、国家一流专业建设点 15 个、国家级一流课程 10 门，11 个专业通过工程教育认证；国家级教学团队实现零突破；获国家级教学成果二等奖 1 项（参与）；入选省级一流专业建设点 16 个、省级一流课程 74 门；获省级教学成果特等奖 2 项、一等奖 13 项；2017 年和 2018 年连续两年入围"全国高校毕业生就业竞争力 100 强"；荣获"全国毕业生就业 50 强典型经验高校""河南省最具品牌影响力的典范高校""河南省最具就业竞争力领军高校"等称号，社会影响力和美誉度进一步提升。

　　这十年，学校坚持实施人才强校发展战略，办学层次跃升新台阶。大力实施"领军人才引进计划、高层次人才培养计划、中青年教师博士化计划、推进教师队伍国际化进程、教师实践能力提升计划、推进人事制度改革"六项任务，努力造就一支师德高尚、业务精湛、结构合理、充满活力的高素质专业化人才队伍。以柔性方式引进院士、高层次人才计划等国家级高端人才 27 人，实现学校国家高层次人才计划零突破；引进博士 500 多人，聘请国内外知名专家 20 多人担任学校兼职、客座、讲座教授；增加国家百千万人才工程人选 2 人、享受国务院政府特殊津贴专家 8 人，入选全国模范教师 1 人、全国优秀教师 1 人、中原英才计划 8 人、河南省优秀专家 9 人、河南省学术技术带头人 15 人、省级教学名师 7 人、河南省高层次人才人选 13 人；获教育部各教指委讲课比赛特等奖 4 人、一等奖 15 人，河南省创新讲课大赛特等奖 3 人、一等奖 2 人；派出 300 余人到境外进行研修培训；在岗在编教职员工增至近 2000 人，其中具有高级职称的教师 760 余人、具有博士学位的教师 860 余人，人才队伍结构得到进一步优化。在全国本科高校教师教学竞赛排名中，我校 2017 年位列全国第 54 位、2018 年位列全国第 75 位、2019 年位列全国第 57 位、2020 年位列全国第 66 位，这在一定程度上彰显了学校人才队伍建设成效。

　　这十年，学校坚持实施特色兴校发展战略，办学特色得到新强化。以科技创新为牵引，巩固发扬水利办学特色，精炼科研和社会服务方向，主动融入服务国家战略、水利行业和区域经济社会发展，在科技创新实践、科研平台创建、决策咨询服务、行业特色智库建设、职业培训等方面取得了显著成效。获批国家自然科学基金 216 项、社会科学基金 30 项，主持国家重大科技专项及重点研发计划 23 项、省部级项目 700 余项、横向科研项目 1100 余项，科研及科技服务到账经费累计达 12.67 亿元；获国家科学技术进步二等奖 3 项（参与）、河南省科学技术奖 121 项、国家行业协会科技奖励 60 项、河南省社会科学优秀成果奖 46 项；获批黄河流域水资源高效利用省部共建协同创新中心，实现国家级平台重大突破；省级平台从 2011 年的 1 个增至 41 个；新增河南省创新型科技团队、高校科技创新团队 33 个；发表 EI、SCI、CSSCI 等期刊学术论文 7700 多篇，出版学术专著 950 余部，授权专利 1340 多项，授权软件著作权 490 多项；《华北水利水电大学学报（自然科学版）》被列入《中文核心期刊要目总览》（2020 版）和科技核心期刊阵列。学校先后发起成立"一带一路"水利水电产学研战略联盟、水利行业监管研究中心、黄河流域生态保护和高质量发展研究院、河长学院；与知名企业共建鲲鹏产业学院、水谷产业学院，与新乡市平原示范区签订建设国际校区协议；与信阳市、罗山县政府共建华水江淮校区，服务革命老区振兴和水利现代化建设；学校还与 110 多家政府机关、行业企业签订战略合作协议，通过联合申报课题、科技研发、共建人才培养实训基地等，打造多个政产学研融合发展平台，进一步促进了产教融合、校企协同创新、社会服务。

这十年，学校坚持实施开放活校发展战略，国际化办学实现新突破。围绕全球水治理需求，积极拓展并深度参与"一带一路"和金砖国家高等教育合作，与 80 余所境外高校建立交流合作机制，其中"一带一路"沿线合作高校有 36 所；入选"金砖国家网络大学""金砖国家大学联盟"中方创始成员高校及亚太经合组织能源合作伙伴网络成员单位、欧盟人才培养合作伙伴，被教育部确定为"金砖国家网络大学"中方高校牵头单位，成功承办金砖国家网络大学郑州年会，为金砖国家教育交流合作贡献了中国方案，扩大了学校影响；中外合作办学本科项目达到 5 个，学生境外交流项目增至 32 个，中外合作办学的类型和招生规模居河南省高校前列；全面恢复留学生培养，招收来华留学生 356 人，涵盖本、硕、博三个学位层次；与俄罗斯乌拉尔联邦大学联合举办了中外合作办学机构——乌拉尔学院，成为"金砖国家网络大学"框架下的第一个跨国合作办学机构；与马来西亚砂拉越科技大学联合举办孔子学院和学校首个境外办学机构——华禹学院，成为学校不断探索服务"一带一路"建设、推动水利人才本土化培养的重大跨越。

十年砥砺前行极不平凡，十年发展成就来之不易。在建校 70 周年之际，华北水利水电大学又一次满怀信心地站在了新的历史起点上，昂首阔步地迈上了继续奋进的新征程。教育是国之大计、党之大计。教育兴则国家兴，教育强则国家强。面向未来，在全面建设社会主义现代化新征程上，让我们在习近平新时代中国特色社会主义思想指引下，牢记服务中华民族伟大复兴的历史重任，不忘初心、践行使命，开拓创新、锐意进取，抢抓国家"双一流"建设、黄河流域生态保护和高质量发展国家战略、高校分类发展和新时代水利改革发展的重大机遇，朝着国内一流水利水电大学的发展目标奋勇前进，以优异的成绩书写华水办学兴校更加绚丽的新篇章！

是为序。

二〇二一年九月于郑州

目 录

序

学校发展史

教学单位发展史

大事记

附录

华北水利水电大学

North China University of Water Resources and Electric Power

学校发展史

第一章

发展成就与发展规划

2011—2021 年是学校发展史上极不平凡的十年。全校上下传承发扬学校 60 年办学成功经验,砥砺奋进、接续奋斗,推动高质量发展再上新台阶。2013 年,学校成功实现更名,由华北水利水电学院更名为华北水利水电大学,并获批博士学位授予单位,实现了华水人多年的夙愿。学校编制实施了"十二五""十三五"发展规划,2018 年召开了华北水利水电大学第一次党代会,制定了"三步走"发展目标,坚持"质量立校、人才强校、特色兴校、开放活校"发展战略,入选中西部高校基础能力建设工程高校、全国党建工作示范高校、河南省特色骨干大学、首届河南省文明校园标兵、国家水情教育基地等,获批设立华北水利水电大学乌拉尔学院、黄河流域水资源高效利用省部共建协同创新中心等,学科建设取得新进展,开放办学取得新突破,人才培养质量显著提升,科研工作再上新台阶,师资队伍结构进一步优化,基础设施和办学条件进一步完善,治理体系和治理能力现代化水平进一步提高,党建和思想政治工作进一步加强,为建成国内外有重要影响、特色鲜明的高水平水利水电大学奠定了坚实基础。

第一节

发展成就与实践创新

十年来,学校坚持"创新、协调、绿色、开放、共享"的新发展理念,秉承"育人为本、学以致用"的办学理念和"情系水利、自强不息"的办学精神,牢记"治水兴水为人民"的初心和使命,以立德树人为根本任务,以河南省特色骨干大学建设目标为引领,以水利、水电行业发展需求为导向,以特色学科建设为基础,以人才培养为核心,以体制机制改革为动力,以服务黄河流域生态保护和高质量发展战略为重点,全面提升学校核心竞争力,特色鲜明的高水平水利水电大学建设取得巨大成就。

一、隆重举办建校 60 周年庆典

2011 年,是华北水利水电学院建校 60 周年。经过精心筹备,学校有序开展了"迎校庆、庆校庆"系列活动。庆典之前,学校开展了系列校庆外宣活动和丰富多彩的校园文化活动;庆典期间,举行了庆祝大会、校友学术报告会和校友座谈会、六十华诞庆典晚会、系列高水平学术报告会、办学成就展等纪念活动;庆典之后,召开了校庆工作总结表彰大会等活动。校庆凸显了"学术校庆"和"文化校庆"的特色,举办了一系列学术、文化主题活动。

2011年9月25日,华北水利水电学院建校60周年庆祝大会在龙子湖校区隆重举行,水利部部长陈雷,国务院南水北调工程建设委员会办公室主任鄂竟平,水利部副部长矫勇、李国英,河南省副省长徐济超、刘满仓,水利部黄河水利委员会主任陈小江,中国水利教育协会会长周保志,武警水电指挥部副主任刘松林,解放军外国语学院政委陆家源,长江三峡集团公司纪委书记于文星,中国水电工程顾问集团公司总经理晏志勇等出席庆祝大会。来自全国各地的校友、嘉宾、师生代表近5000人参加庆祝大会。大会由华北水利水电学院党委书记朱海风主持。水利部部长陈雷在讲话中指出:60年来,华北水利水电学院始终坚持党的教育方针,与民族共命运、与时代同呼吸、与水利水电事业同发展,走过了一条极不平凡的发展道路;始终站在水利水电高等教育前沿,培养了10多万名水利水电专业技术与管理人才,铸就了华北水利水电学院毕业生的优良品牌;始终突出办学特色,形成了以水利水电为特色,工科为主干,理、工、农、经、管、文、法相互渗透融合、协调发展的学科体系;始终致力于水利科技创新,积极参与国家重点科技攻关项目,获得一大批国家级、省部级科技奖项;始终注重师资队伍建设,形成了一支高学历、高素质、高水平的教师队伍。华北水利水电学院60年奋斗和发展历程,凝聚着一代又一代华水人的辛劳汗水,谱写了新中国水利水电史上浓墨重彩的壮丽篇。陈雷对华北水利水电学院提出六点希望:第一,坚持科学发展,建设一流高等院校;第二,突出办学特色,培养一流水利人才;第三,

注重科技创新,多出一流科研成果;第四,服务经济社会,创造一流办学业绩;第五,坚持人才强校,打造一流师资队伍;第六,弘扬优良传统,建设一流校园文化。陈雷对华北水利水电学院的学生提出六点希望:一要志存高远;二要修身立德;三要笃学勤思;四要知行合一;五要开拓进取;六要甘于奉献。

建校60周年校庆活动取得圆满成功,使各级领导和社会各界更加了解华北水利水电学院,增强了学校的社会影响力,极大地激发了广大校友的爱校兴校荣校热情。学校以建校60周年校庆为契机,按照"出名师、育英才、争一流、创佳绩"的总体要求,固本强基,特色发展,各项工作争创一流,奋力推进特色鲜明的高水平水利水电大学建设。

二、入选中西部高校基础能力建设工程高校

中西部高等教育是我国高等教育的重要组成部分,承担着为国家特别是中西部地区经济社会发展提供人才支持和智力支撑的重要使命。2012年4月27日,国家发展改革委、教育部印发了《中西部高校基础能力建设工程实施方案》。中西部高校基础能力建设工程是继"985工程""211工程"后推动高等教育发展的又一次重大举措。学校敏锐地抓住这一重大历史机遇,主动加强与教育部和省教育厅的沟通与联系,及时掌握相关政策信息,做好中西部地区高等教育振兴计划各项申报工作。

2013年2月20日,教育部、国家发展改革委、财政部制定了《中西部高等教育振兴计划(2012—2020年)》,将中西部高校基础能力建设工程(以下简称"工程")整体纳入了中西部高等教育振兴计划。在"十二五"期间,国家发展改革委

安排中央预算内专项投资，对每所纳入"工程"建设的高校给予补助投资，主要用于基础设施建设。同时，中西部省级政府设立省级专项资金，中部地区省级政府专项资金按不低于中央与地方6∶4的比例安排；西部地区省级政府专项资金按不低于中央与地方8∶2的比例安排。

该工程以夯实办学基础、改善教学条件和深化教学改革、加强师资队伍建设为主要任务，以服务地方发展需要、强化人才培养中心地位、坚持内涵提升的发展道路、做好科学规划和统筹实施为原则要求，在中西部地区23个省（自治区、直辖市）和新疆生产建设兵团所属普通本科高校实施，要求入选的高校符合以下基本条件：一是学科专业设置与区域发展需求、地方产业结构特点高度契合，对地方经济社会发展具有重要支撑作用的综合性大学，或学科优势特色突出，在专业领域具有较大影响的其他类型高校；二是具有良好的办学质量和效益，社会认可度高，培养大批专业技术类、管理类应用型人才以及高素质劳动者；三是本科教育教学改革和师资队伍建设成效显著；四是"十二五"期间普通本科招生规模保持相对稳定，学校校园总占地面积保持稳定；五是学校债务在可承受的合理范围内。该工程以5年为一个周期，滚动实施。一期实施期限为2012—2015年，计划投入100亿元支持100所中西部高校建设。总体目标是经过若干年的努力，使中西部一批普通本科高校的基础教学实验条件得到较大改善，师资队伍素质结构更加优化，学生学习、实践、就业和创新创业能力明显提升，学校办学特色逐步彰显，高等教育服务经济社会发展能力显著增强，为缩小区域间高等教育发展差距，推进中西部高等教育的全面振兴打下重要基础。

2013年5月22日，《中西部高等教育振兴计划（2012—2020年）》正式向社会公布，华北水利水电大学成功入选中西部高校基础能力建设工程高校，为全国100所、河南7所高校之一。

三、成功更名为"华北水利水电大学"

为更好地适应中原经济区建设和水利电力事业发展对高层次人才的需要，进一步优化河南省高等教育结构，贯彻落实水利部与河南省共建华北水利水电学院战略协议，促进内涵提升、协调发展，学校于2005年开始更名大学工作，并于2006年和2009年两次提交更名申请，积累了宝贵经验教训。

2012年，学校开启第三次更名历程。根据教育部高校设置标准评价指标体系及新校名命名的规定要求，学校召开十余次更名大学相关事宜的讨论会议，召开了数次全体师生讨论会，最终决定申请更名为"华北水利水电大学"。华北水利水电大学，既是原校名的提升与拓展，又与原校名一脉相承，紧密呼应，充分体现了尊重历史、尊重现实的原则和与时俱进的精神。校名中的"华北"蕴含了学校从北京到河北、最后扎根河南的曲折办学历史，已经超越了一般意义上的地域概念，"水利"和"水电"是学校办学特色和优势的集中体现。"华北水利水电"是学校历经61年发展积淀而成的弥足珍贵的无形资产，也是学校持续前行的精神动力。学校更名为华北水利水电大学，不仅可以保持原校名的连续性，延续学校的社会印象，对学校的未来发展也容易形成巨大的品牌效应。

2012年7月16日，河南省高校设置评议委员会专家组莅临学校，对学校更名工作进行了考察和指导。专家组在反馈意见中指出，通过评估考察，学校已经具备了更名大学的条件。专家组还对进一步做好更名大学工作提出了意见和建议。

2012 年 9 月 18 日，河南省人民政府向教育部发函《关于申报华北水利水电学院更名为华北水利水电大学的函》，提出为了更好地适应河南经济建设和水利水电事业发展的需要，根据《教育部关于"十二五"期间高等学校设置工作的意见》（教发〔2011〕9 号）和《普通本科学校设置暂行规定》（教发〔2006〕18 号），申请将华北水利水电学院更名为华北水利水电大学。

2013 年 1 月 18 日，全国高等学校设置评议委员会六届二次会议在成都召开，经专家评议，华北水利水电学院等 17 所高等学校更名申请获得通过。

2013 年 4 月 18 日，教育部向河南省人民政府发函《教育部关于同意华北水利水电学院更名为华北水利水电大学的函》，指出根据《高等教育法》《普通高等学校设置暂行条例》《普通本科学校设置暂行规定》的有关规定以及全国高等学校设置评议委员会六届二次会议的评议结果，经研究，同意华北水利水电学院更名为华北水利水电大学，学校代码为 10078；同时撤销华北水利水电学院的建制。

2013 年 5 月 17 日，"华北水利水电大学"校名启用仪式在学校龙子湖校区隆重举行。水利部、河南省有关领导，全国及河南省高校设置评议委员会专家代表，水利行业兄弟单位代表，学校老领导、现任校领导，各地校友代表，离退休职工代表及在校师生代表 600 余人参加了仪式。河南省高校工委副书记、省教育厅副厅长张亚伟在仪式上宣读了《教育部关于同意华北水利水电学院更名为华北水利水电大学的函》，华北水利水电大学新校名正式启用。河南省人民政府原副省长、省人大原

副主任贾连朝，河南省高校工委书记、教育厅厅长、党组书记朱清孟一起为华北水利水电大学揭牌。

四、获批博士学位授予单位

学科建设是高等学校建设和发展的核心，体现高等学校的整体办学实力、学术地位、发展特色和核心竞争力。学校党委高度重视学科建设，适时提出了申请博士学位授予单位的目标。

2008 年 12 月，河南省启动了新增博士学位授予单位立项申报工作。学校专门召开专题会议进行研究，决定水利工程、地质资源与地质工程、管理科学与工程 3 个学科申报博士学位授权学科。2009 年 1 月 22 日，河南省学位委员会经过评议和投票，确定学校为河南省博士学位授予立项建设单位并上报国务院学位委员会。2010 年 2 月，国务院学位委员会正式下文，确定学校为河南省 2008—2015 年新增博士学位授予立项建设单位。

2011 年 7 月，专家组对学校的博士学位授予立项建设进行了中期检查，认为学校开展博士学位授予单位建设工作以来，整体办学实力明显提升，授权学科建设成效显著，支撑学科实力不断增强，公共服务体系支撑有力，学术交流与合作不断扩大，管理措施科学有效，整体建设成效显著，已具备博士学位授予单位和授权学科的条件。

2012 年 12 月 16 日，河南省学位委员会下发《关于对华北水利水电学院、河南科技大学、河南中医学院〈立项建设博士学位授权一级学科点简况表〉予以公示的通知》，向社会公示。

2013 年 7 月 19 日，国务院学位委员会印发《关于下达 2008—2015 年立项建设博士、硕士学位授予单位及其授权学科名单的通知》（学位〔2013〕15 号），学校获

批博士学位授予单位，水利工程、地质资源与地质工程、管理科学与工程获得博士学位授权学科。

五、获批"国家水情教育基地"

2015年6月，水利部、中宣部、教育部、共青团中央联合印发了《全国水情教育规划（2015—2020年）》（以下简称《规划》），提出要依托已有各类教育场所和具有水情教育功能的水利设施等，建设一批水情教育基地，到2020年，形成布局合理、种类齐全、特色鲜明、规模适度的多层级水情教育基地体系。

为落实《规划》要求，水利部于2015年12月8日印发《国家水情教育基地设立及管理办法》，启动了"国家水情教育基地"的建设工作。经过积极组织申报，华北水利水电大学于2016年5月5日正式获批成为"国家水情教育基地"。此次水利部共批准8家单位为国家水情教育基地，华北水利水电大学是60余家申报单位中唯一获批高校。

六、获批设立乌拉尔学院

学校大力实施"开放活校"发展战略，积极主动融入"一带一路"和金砖国家高等教育交流合作体系。2015年12月10日，教育部印发《关于确认"金砖国家网络大学"项目中方参与院校的通知》（教外司际2015—2129号），学校正式被确定为"金砖国家网络大学"项目中方参与高校。

2016年3月，学校与俄罗斯乌拉尔联邦大学启动了合作办学机构的创建工作。经过多轮磋商，双方就乌拉尔学院合作、管理模式和人才培养方案达成多项共识，签订了《合作举办华北水利水电大学乌拉尔学院协议书》，出台了《华北水利水电大学乌拉尔学院章程》《华北水利水电大学乌拉尔学院人才培养方案》《华北水利

水电大学乌拉尔学院财务管理办法》等文件。

2018年，教育部向河南省人民政府下发《关于同意设立华北水利水电大学乌拉尔学院的函》（教外函〔2018〕4号），同意华北水利水电大学和俄罗斯乌拉尔联邦大学合作，设立华北水利水电大学乌拉尔学院。

2018年5月8日，"一带一路"水利水电高峰论坛暨华北水利水电大学乌拉尔学院揭牌仪式在学校龙子湖校区举行。全国人大常务委员会原副委员长蒋正华，全国政协常委、省政协副主席高体健，俄罗斯教科部驻华代表伊戈尔·泼兹尼业科夫，俄罗斯乌拉尔联邦大学代理校长克尼亚泽夫·谢尔盖·季哈诺维奇等150余人参加活动。会议上宣读了教育部《关于同意成立华北水利水电大学乌拉尔学院的批复》。批复指出，乌拉尔学院2018年起将纳入全国普通高校统一招生计划，开始招收本科生，学生同时符合中俄两校毕业条件，可获得双方文凭。华北水利水电大学党委书记王清义，俄罗斯乌拉尔联邦大学代理校长克尼亚泽夫·谢尔盖·季哈诺维奇共同为乌拉尔学院揭牌。华北水利水电大学校长刘文锴表示，乌拉尔学院是"金砖国家网络大学"框架下的第一个跨国合作办学机构，也是学校拓展国际交流与合作的最新成果，华北水利水电大学将与俄罗斯乌拉尔联邦大学密切沟通、务实合作，全面执行合作协议，依法依规依章程办学，培养更多优秀的国际化人才，取得高水平的国际合作科研成果，把乌拉尔学院办成一个示范引领"金砖国家"乃至"一带一路"高等教育国际交流与合作发展的办学机构。

七、入选全国党建工作示范高校

根据《中共教育部党组关于高校党组

织"对标争先"建设计划的实施意见》（教党〔2018〕25号）和《教育部办公厅关于开展第二批新时代高校党建示范创建和质量创优工作的通知》（教思政厅函〔2019〕15号）安排和评审工作方案，经河南省教育厅资格审查，组织专家盲审推荐，经教育部资格审查、专家推荐、教育部党的建设和全面从严治党工作领导小组成员单位集中审议、结果公示，遴选10所高校党委、99个院系党组织、999个党支部分别作为全国党建工作示范高校、标杆院系、样板支部培育创建单位。

2019年12月27日，教育部印发《教育部办公厅关于公布第二批全国党建工作示范高校、标杆院系、样板支部培育创建名单的通知》，华北水利水电大学入选第二批10所"全国党建工作示范高校"，国际教育学院"孟之舟"党支部入选"全国党建工作样板支部"。这是学校党委深入学习践行习近平新时代中国特色社会主义思想，以政治建设为统领，坚持党对高校的全面领导，落实立德树人根本任务，以高质量党建推动学校高质量发展的结果；是华水师生多年秉承"情系水利，自强不息"的办学精神，解放思想、实事求是、与时俱进，不忘初心、加压负重、团结奋进、敢于争先、不懈努力的结果；是河南省委和高校工委对学校长期关心、帮助、支持的结果；是教育部党组对学校党建工作的高度肯定，更是对今后学校党建工作的希望和要求。

自教育部办公厅公布第二批全国党建工作示范高校、标杆院系、样板支部培育创建单位名单的通知起，学校党委高度重视创建工作，认真贯彻落实教育部培育创建各项工作要求，制定了《中共华北水利水电大学委员会"全国党建工作示范高校"培育创建实施方案》《中共华北水利

水电大学委员会"全国党建工作示范高校"培育创建重点任务分工》和《中共华北水利水电大学委员会关于开展新时代党建工作标杆院系、样板支部培育创建工作的通知》等文件，实施"铸魂育人"等六大工程，确定了培育创建的任务书、路线图、时间表和责任人，扎扎实实地做好创建工作，齐心合力不断巩固党建工作新成果，推动学校党建工作不断迈出新步伐、再上新台阶。

八、入选河南省特色骨干大学

2020年1月，河南省教育厅、河南省发展改革委、河南省财政厅联合印发的《河南省特色骨干大学和特色骨干学科建设方案》（豫教高〔2019〕178号）提出，河南将集中力量建设一批行业特色鲜明、优势特色学科明显的特色骨干大学，以支撑创新驱动发展战略、中部地区崛起、黄河流域生态保护和高质量发展等重大国家战略为导向，以争创国内一流或行业一流为目标，以提高人才培养质量为核心，以改革创新为动力，促进高校分类发展、特色发展、内涵发展，努力把高校人才和科技资源优势转化为引领支撑发展的现实生产力，加快创新链、产业链、人才链、资金链深度融合，加快推进高等教育治理体系和治理能力现代化建设，为全面建成小康社会、推动新时代中原更加出彩提供有力支撑。

2020年2月，河南省教育厅、河南省发展改革委、河南省财政厅印发《关于开展河南省特色骨干大学建设和特色骨干学科申报遴选工作的通知》（教高〔2020〕60号）（以下简称《通知》），确定华北水利水电大学等9所高校为河南省特色骨干大学建设和特色骨干学科申报遴选高校。

2020年3月，根据《通知》要求，学校制定了《关于开展河南省特色骨干学科

申报遴选工作方案》，精心组织了河南省特色骨干大学的申报，编制了《华北水利水电大学河南省特色骨干大学建设整体方案（2020—2023）》，对学科建设、人才培养、科学研究、师资队伍和信息化建设等内容进行了系统规划。

2020年11月，河南省教育厅、河南省发展改革委、河南省财政厅印发《关于公布河南省特色骨干大学和特色骨干学科建设名单的通知》（教高〔2020〕419号），通告经高校申报、专家委员会评审评议和公示，并报省政府同意，确定立项华北水利水电大学等9所特色骨干大学建设高校。学校水利工程、管理科学及其智能化学科群、地质资源与地质工程入选特色骨干学科建设学科（群）。

九、获批黄河流域水资源高效利用省部共建协同创新中心

2013年8月，学校作为牵头单位申报的中原经济区水资源高效利用与保障工程河南省协同创新中心获得河南省协同创新中心管理委员会批准，为黄河流域水资源高效利用省部共建协同创新中心的申报奠定了坚实基础。

2018年，教育部启动了省部共建协同创新中心的申报工作。在中原经济区水资源高效利用与保障工程河南省协同创新中心基础上，学校积极组织申报了黄河流域水资源高效利用省部共建协同创新中心。中心由华北水利水电大学牵头，协同清华大学水沙科学与水利水电工程国家重点实验室、中国水利水电科学研究院、黄河勘测规划设计研究院有限公司、中国农业科学院农田灌溉研究所、黄河水利科学研究院、河南水利投资集团有限公司共同申报。

2020年9月，教育部办公厅印发《教育部办公厅关于认定2020年度省部共建协同创新中心的通知》（教科技厅函〔2020〕39号），学校申报的黄河流域水资源高效利用省部共建协同创新中心获批建设，实现了学校国家级科研平台零的突破，充分展示了学校学科建设的良好积淀，对促进学校一流学科建设、服务国家战略、推进协同创新具有重要作用。

十、谱写高质量内涵式发展新篇章

学校着力高质量发展，注重质量提升、内涵发展，取得了丰硕成果。

（1）学科建设取得新进展。河南省重点一级学科由3个扩展到14个，水利工程学科入选省特色骨干学科A类建设学科（群），管理科学及其智能化学科群入选省特色骨干学科B类建设学科（群），地质资源与地质工程学科入选省特色骨干学科C类建设学科（群）。2014年，在第四轮学科评估中，学校共有15个学科参评，有8个学科排名进入全国前70%。其中水利工程学科评估结果为B，管理科学与工程学科评估结果为B－，地质资源与地质工程学科评估结果为C＋，土木工程、工商管理学科评估结果为C，数学、动力工程及工程热物理、农业工程学科评估结果为C－。第四轮学科评估在河南省高校中位列第六名。硕士培养学科门类和专业学位类别进一步拓展，学科布局更趋合理。新增16个一级硕士学位授权点，一级硕士学位授权点由3个扩展到19个。

（2）开放办学取得新突破。学校大力开展对内、对外开放合作，取得了丰硕成果。学校与俄罗斯乌拉尔联邦大学联合创办华北水利水电大学乌拉尔学院；承办2017年金砖国家网络大学年会，共同签署《金砖国家网络大学国际管理董事会章程》《金砖国家网络大学年会郑州共识》等，形成了金砖国家网络大学合作的郑州共识、郑州模式；与马来西亚砂拉越科技大学联办的学校首个境外办学项目华禹学院正式获批；入选 APEC（亚太经合组织）能源合作伙伴网络成员单位；与乌克兰 4 所高校签署合作备忘录；获批河南省汉语国际推广水文化体验基地等。对内合作主要包括：入选国家水情教育基地；与教育部、河南省教育厅共建教育部青少年法治教育中心；与水利部相关单位共建水利行业监管研究中心；成立河南省首家黄河流域生态保护和高质量发展研究院；与河南省科学院签署全面战略合作协议；与河南省水利厅联合成立河南河长学院；与河南省应急管理厅共建河南省公共安全与应急管理研究中心；与信阳市人民政府、罗山县人民政府签订共建华北水利水电大学江淮校区战略合作协议；联合 26 家单位共同签署"一带一路"水利水电产学研战略联盟协议，成立"一带一路"水利水电产学研战略联盟；与黄河科技集团创新有限公司共同成立鲲鹏产业学院等。

（3）人才培养质量显著提升。截至 2020 年年底，在校全日制普通本科生 29479 人，在校硕士研究生 3262 人，博士研究生 116 人，留学生 165 人，成人高等学历教育学生 10268 人。学校本科专业 65 个，形成了以工科为主干，理、工、经、管、文、法、艺等多学科协调发展的学科专业体系。本科学生录取生源质量高，连续多年在全国大部分省份第一志愿录取率保持 100%。就业保持良好态势，毕业生就业率继续保持全省高校前列。学校获得国家级教学成果二等奖 1 项，省级教学成果特等奖 2 项、一等奖 13 项。获得国家级本科教学工程项目 14 项，省级本科教学工程项目 144 项。获得省级实验教学示范中心 4 个。

（4）科研工作再上新台阶。黄河流域水资源高效利用省部共建协同创新中心获批，取得了国家级科研平台零的突破。省

部级重点实验室、工程技术研究中心、工程实验室达 34 个。学校主持承担国家级重大专项及国家重点研发计划项目 20 项，国家自然（社会）科学基金项目 144 项，省部级科研项目及重大横向科研项目 426 项。年均入校科研经费 6670.25 万元。获得国家级科技进步二等奖 3 项，获得省部级二等奖及以上科技进步奖共计 118 项。被 SCI/SSCI/CSSCI 收录论文共计 3764 篇，出版学术著作 1189 部，授权发明专利 770 项。学校新增省级创新型科技团队 32 个，新增省级社会科学创新团队 2 个，建设国家或地方智库 5 个。

（5）师资队伍结构进一步优化。截至 2020 年年底，学校教职工总数达 1958 人。其中专任教师 1794 人，具有正高级专业技术职务的有 227 人、副高级专业技术职务的有 553 人，占 43.5%；具有博士学位的有 857 人，占 47.8%。拥有省部级以上优秀人才 22 人，重点培养包括优秀教师、优秀教育管理人才、师德标兵等在内的各级各类具有创新意识、发展潜力、素质精良的中青年骨干教师 114 人。

（6）基础设施和办学条件进一步完善。龙子湖校区新增教学等用房面积 36.85 万平方米。其中总建筑面积 4.8 万平方米的龙子湖校区图书信息中心启用。学校馆藏图书文献总量 347 万册，其中纸质文献 205 万册。龙子湖校区水利学院、环境与市政工程学院、资源与环境学院等学院办公及教学楼和综合实验楼等相继投入使用，华水小学工程竣工；花园校区体育场改造完成；学校信息化建设进一步加快，学校网络教学管理等服务质效不断提升，网络信息安全运维保障有力；两校区美化绿化、环境治理和景观建设工作取得新成效。学校基础设施条件显著改善，连续三届被评为"省级文明单位"，荣获

"省级文明单位标兵"等荣誉称号。

（7）党建、团建和思想政治工作进一步加强。学校始终把党的领导贯彻到办学治校和立德树人全过程。坚决维护以习近平同志为核心的党中央权威和集中统一领导，增强"四个意识"，坚定"四个自信"，做到"两个维护"。加强对全校上下贯彻落实中央和省委重大战略部署情况的政治监督。落实党委管党治党、办学治校主体责任，坚持和完善党委领导下的校长负责制。学校成功入选"全国党建工作示范高校"，"孟之舟"党支部入选第二批"全国党建工作样板支部"培育创建单位；学校正式获批建设教育部省级高校网络思想政治工作中心；马克思主义学院被批准为河南省首批重点马克思主义学院；学校荣获"最具就业竞争力的十佳典范高校""河南省五四红旗团委"和"河南省高等学校思想政治工作优秀品牌"等荣誉称号。

十年来，"情系水利、自强不息"的华水精神不断发扬光大，"育人为本、学以致用"的办学理念一以贯之，建设国内外有重要影响、特色鲜明的高水平水利水电大学的发展目标催人奋进，"质量立校、人才强校、特色兴校、开放活校"的发展战略清晰明确，内涵提升、高质量发展的发展道路宽广辽阔，"下得去、吃得苦、留得住、用得上、干得好"的人才培养特色不断彰显，服务黄河国家战略、服务区域经济社会发展、服务国家水利电力事业的使命责任坚定扛在肩上。

十年来，学校发展成就令人自豪，经验弥足珍贵：始终坚持立德树人，致力全面发展；始终坚持服务奉献，谋求共赢发展；始终坚持情系水利，突出特色发展；始终坚持聚焦质量，推进内涵发展；始终坚持凝心聚力，促进和谐发展；始终坚持从严治党，保障健康发展。这些办学理念

和宝贵经验，必须长期坚持并在新的实践中不断丰富和发展。

第二节
发展定位与发展规划

学校适应新的形势和要求，围绕"培养什么样的人、如何培养人、为谁培养人"这个根本性问题，不断创新办学理念，明确发展定位，坚持规划引领，坚守特色办学，形成了具有华水特色的办学品牌和办学优势。

一、"十二五"发展规划

为明确"十二五"期间学校的办学定位和发展目标，全面加快特色鲜明的高水平大学建设进程，2011年6月6日，学校印发了《华北水利水电学院"十二五"发展规划》。

"十二五"发展规划明确了学校工作的指导思想：高举中国特色社会主义伟大旗帜，以邓小平理论和"三个代表"重要思想为指导，全面贯彻科学发展观，认真落实国家和河南省中长期教育改革和发展规划纲要，坚持"三个服务"的办学导向，坚持"情系水利、自强不息"的办学精神，坚持"育人为本、学以致用"的办学理念，坚持"质量立校、特色兴校、人才强校、文化优校"的办学方针，坚持"固本强基、特色发展"的办学道路，坚持"从严治校、从严执教"的管理模式，全力实施学校发展战略规划，持续提高人才培养质量、学术水平和办学实力，为加快水利改革发展，实现中原崛起和河南振兴做出新的更大的贡献。

"十二五"发展规划提出的主要任务

是：大力加强内涵建设和特色创新，持续提升人才培养质量、科学研究水平、社会服务能力，获得博士学位授予单位，实现更名大学目标，落实省部共建协议，稳步推进龙子湖校区建设，深化内部管理体制改革，争创国家级文明单位，综合实力显著增强，把学校逐步建设成为特色鲜明的高水平教学研究型大学。

二、"十三五"发展规划

2017年8月29日，学校召开第六届第七次教职工代表大会，审议通过了《华北水利水电大学"十三五"发展规划》。

"十三五"发展规划明确了学校工作的指导思想：全面贯彻党的十八大，十八届三中、四中、五中、六中全会精神和习近平总书记系列重要讲话精神，牢固树立和贯彻落实"创新、协调、绿色、开放、共享"的发展理念，按照"五位一体"总体布局和"四个全面"战略布局，全面融入国家发展战略规划和"一带一路"建设。坚持社会主义办学方向，以立德树人为根本任务，强化内涵发展、创新发展、特色发展。坚持"规模、结构、质量、效益"协调发展，加快推进特色鲜明的高水平水利水电大学建设。

"十三五"发展规划明确了学校工作的发展思路：坚持质量立校、人才强校、特色兴校、开放活校的发展战略。坚持以水利为特色，以工科为主干，理、工、农、经、管、文、法、艺等多学科协调发展。全面提升人才培养质量和科学研究水平，更好地服务地方经济社会发展和国家水利电力事业。

"十三五"发展规划明确了学校的发展目标："十三五"时期，学校建成国内外有重要影响、特色鲜明的高水平水利水电大学。

三、第一次党代会的定位与规划

2018年5月，中共华北水利水电大学第一次代表大会召开。大会的主题是：以马克思列宁主义、毛泽东思想、邓小平理论、"三个代表"重要思想、科学发展观、习近平新时代中国特色社会主义思想为指导，高举中国特色社会主义伟大旗帜，全面贯彻党的十九大精神，牢记大学使命，推进内涵建设，进一步解放思想，凝心聚力，开拓创新，真抓实干，落实全面从严治党，全面提高党的建设科学化水平，努力开创学校各项事业发展新局面，激励全体党员和师生员工为把学校建设成为国内外有重要影响、特色鲜明的高水平水利水电大学而努力奋斗。

大会确立了学校今后一个时期的发展目标：

到2020年，"十三五"规划收官和建校70周年之际，实现从目前的"夯实基础、特色发展"向"重点突破、优势凸显"发展阶段的转变，学校内涵建设、综合实力和办学质量显著提升，国内外有重要影响、特色鲜明的高水平水利水电大学建设迈上新台阶。形成以"水""电"为特色的优势学科群，汇聚一批学术大师领军的高水平师资队伍，整体办学水平位居河南省本科院校前列，在国内外水利电力行业拥有更多的话语权。建成全国"水""电"领域创新人才培养基地，引领行业科技进步的前沿学术高地，水安全和水生态文明建设的核心智库，水利、电力等领域国际合作与交流的高端平台。

到2035年，建校85周年之际，实现从"重点突破、优势凸显"向"全面提升、整体一流"发展阶段的转变，全面实现建成国内外有重要影响、特色鲜明的高水平水利水电大学的历史性奋斗目标。实现学校治理体系和治理能力现代化，学科建设、教育教学、创新创业、科学研究、社会服务等重点工作整体水平跃居全国前列，高水平人才及团队、高水平项目、高水平科研成果等核心指标达到国内一流，对河南经济社会发展和全国水利电力事业的贡献明显提升。

到21世纪中叶，学校全面建成国内一流水利水电大学。学校成为世界级学术大师荟萃的人才集聚地，前沿学术科技的创新主阵地，引领社会进步的思想策源地，世界优秀学子的求学目标地。为建设富强民主文明和谐美丽的社会主义现代化强国，为实现中华民族伟大复兴的中国梦贡献华水智慧。

大会确立了学校今后一个时期的主要任务：聚焦内涵式发展，坚持以深入实施"质量立校、人才强校、特色兴校、开放活校"战略为根本抓手，通过全面提升内涵、全面深化改革、全面依法治校、全面加强党的建设，加快建设国内外有重要影响、特色鲜明的高水平水利水电大学步伐。

春华秋实七十载，砥砺奋进新时代。站在建校70周年的新起点上，全校师生员工、广大校友正以昂扬奋进的姿态阔步前进，加快建设特色鲜明的高水平水利水电大学，以学校高质量发展献礼中国共产党百年华诞，创造更加辉煌灿烂的美好未来。

第二章

本科教育教学与人才培养

学校积极贯彻习近平新时代中国特色社会主义思想，践行新时代全国高等学校本科教育工作会议精神，响应教育部、河南省教育厅关于新时代高等学校本科教育工作安排和部署，围绕特色鲜明的高水平水利水电大学建设目标，落实立德树人根本任务，以服务国家战略布局、区域经济社会发展和水利电力事业发展需求为导向，准确把握高等教育基本规律和人才成长规律，全面落实"以本为本、四个回归"，实施"六卓越一拔尖"计划2.0，加强以人才培养为中心的质量文化建设，全面振兴本科教育，助推学校内涵式发展。

第一节

本科教学管理

学校坚持科学管理，长期不懈致力于提高教育教学质量，着力建设一支"师德高尚、业务精湛、勇于创新、充满活力"的教师队伍，努力构建"出名师、育英才、争一流、创佳绩"的长效管理机制，全面提高教育教学质量和人才培养质量。

一、教学运行管理

（1）成立教学指导委员会。2013年，

学校出台《华北水利水电大学教学指导委员会章程》，教学指导委员会负责研究并指导学校本科专业、课程与教材、实验室、实践教学基地等基本建设，审定教学计划调整和教学大纲修订等工作。定期召开教学工作会议，教学督导、教学信息员例会，在各教学单位的配合下，合理调配教学资源，落实教学任务，严格执行专业教学计划。

（2）规范本科教学管理服务。2014年，学校出台《华北水利水电大学本科教学管理服务规范》，目标是保证教育教学质量，改善办学条件，优化学科专业结构，健全教学质量监控体系，构建"领导重视教育教学、制度保障教育教学、经费优先教育教学、科研提升教育教学、管理服务教育教学、党建促进教育教学、教师倾情教育教学"的长效机制。稳步推进二级教学管理体制改革，把立德树人作为根本任务，继续实施"全员胜任力提升计划"，坚持以人才培养为中心开展各项工作，促进学校发展与学生发展、教师发展的和谐统一。

（3）高度重视学风建设。学校于2012年制定了《华北水利水电学院学风建设实施细则》，开展"考风考纪建设年"活动。2019年，学校编撰学生诚信读本。创新考核方式，实行学生学业预警制度，全面贯彻各级文件精神，提高学生自我教育、自我约束、自我管理的意识和能力，倡导诚信考试，创建优良考风。2016年，学校再次修订《华北水利水电大学考试管理办法》，进一步规范考场管理，营造诚信考试环境；2013年、2017年两次修订《全日制本科生课程考核管理办法》，明确课程考核管理工作各方责任，严格考核成绩管理和命题要求，对考核各相关环节进行详细规定。每年通过组织开展试卷质量评价和检查，强化命题教师和相关负责人的责任意识，确保试卷命题质量，使各级各类考核真实、全面、准确地反映学生的学习状况与学习质量。

（4）建立协同联动促教促学发展机制。坚持以学生为本，全面提升学生学习能力、实践能力和创新能力，保证学生全面发展。2011—2020年，学校五次修订《华北水利水电大学全日制本科学生转专业实施办法》，在资源允许范围内最大限度满足学生个性发展需求；2012年，根据学生生源地和接受能力差异，本科学生非英语专业的《英语读写译》和工科类《高等数学》课程实施分级教学；实行本科学生班导师制度，促进对学生的学业发展规划指导，提高学生自主学习能力，及时高效解决学生学业问题；2018年，为贯彻落实新时代全国高等学校本科教育工作会议精神，学校决定严格本科教育教学过程，从2019届毕业生开始取消"清考"制度，进一步规范毕业设计（论文）指导及答辩管理，提高人才培养质量。

面对两校区办学格局，学校合理规划，精心组织，各教学单位全力配合，教学管理严谨有序，教学秩序井然有序，高质量地完成了教学运行管理各项任务。为提高教学管理的现代化服务水平，学校于2020年升级教学管理系统，实现学期教学计划、课表编排、学生选课、成绩管理、质量监控等数据共享，完善各种查询和统计功能，使教学运行管理更加高效规范。

二、实践教学管理
（一）实践教学改革

实践教学是专业培养方案的重要组成部分，是学生理论联系实际，掌握专业技能，完善知识结构，提高学习能力、实践能力、创新创业能力的重要环节，在人才培养中起着至关重要的作用。学校不断完善实践教学管理制度体系，已形成《华北水利水电大学实践教学管理办法》《华北水利水电大学毕业设计（论文）管理办法》等8个文件和《实践教学环节常规工作规程》等3个规范的"8＋3"实践教学基本制度框架，加强实践教学过程管理与质量监控，加大专项经费投入，持续提升实践教学质量。

学校高度重视实践教学，从确定专业培养方案到具体组织实施，积极推进实践教学改革，主动对标专业类教学质量国家标准和工程教育认证标准。以提升学生实践能力和创新能力为突破口，采取"课程实验、课程设计、实习实训、毕业设计（论文）、军事训练和社会实践"为主的课内实践环节和"科技创新实践、创业就业实践和第二课堂活动"为辅的课外实践教学环节相结合，将实践活动贯穿于学生学业全过程。从2012级开始，本科各专业增加社会实践（调查）（1学分）和素质拓展（1学分）必修课程。社会实践（调查）的开展，全面提升了学生的综合素质，增强了学生的社会责任感，培养了学生自立自强的精神。素质拓展主要包括参与公益劳动和文体竞赛活动等，进一步提高了大学生的综合素质。

学校成立工程训练中心，开展工程训

练类实训课程的教学组织和教学研究工作。从 2016 级开始，工科相关专业参与工程训练 2 周，理科及文科专业参加工程训练 1 周。2019 年，学校完成工程训练教学环境的升级改造，加强了先进制造技术模块，使难以开展实训的水利类专业可以开展虚拟仿真实训，为工程实训结合专业特色提供了有力保障。此外，学校坚持以创新实践为核心驱动，以赛代训，利用比赛激发学生实践创新兴趣，提高学生动手操作技能。

（二）实践教学基地建设

学校高度重视实习实践基地建设，坚持"就近就地、相对稳定、质量为先、专业对口"的原则，与政府、科研院所、企事业单位共建、共享、共用校外实习实践基地，强化实践教学环节。经过多年建设，学校已建成 1 个国家级工程实践教育中心——河南省水利勘测设计研究有限公司、1 个国家级大学生校外实践教育基地——郑州新大方重工科技有限公司工程实践教育中心、7 个省级大学生校外实践教育基地（见表 2-1）。各教学单位已建成实习实训基地 300 多个，合作单位包括中国水利水电科学研究院、中国农业科学院新乡灌溉所、水利部金属检测中心、三峡水利枢纽、小浪底水利枢纽等知名单位，保证了不同专业、不同形式、不同内容的实习、实训活动，较好地满足了学生实践教学需求。

表 2-1 省级大学生校外实践教育基地一览表

序号	学院	基 地 名 称	共建单位	基地类别
1	地球科学与工程学院	华北水利水电大学-浙江华东建设工程有限公司校外实践教育基地	浙江华东建设工程有限公司	省级专业实习实践基地
2	机械学院	华北水利水电大学-郑州三和水工机械有限公司机械工程实践教育基地	郑州三和水工机械有限公司	省级专业实习实践基地
3	土木与交通学院	华北水利水电大学-河南省工建集团有限责任公司大学生校外实践教育基地	河南省工建集团有限责任公司	省级专业实习实践基地
4	电力学院	华北水利水电大学-大唐河南发电有限公司大学生校外实践教育基地	大唐河南发电有限公司	省级专业实习实践基地
5	水利学院	华北水利水电大学-三门峡黄河明珠（集团）有限公司大学生校外实践教育基地	三门峡黄河明珠（集团）有限公司	省级专业实习实践基地
6	测绘与地理信息学院	华北水利水电大学-郑州蓝图土地环境规划设计有限公司校外实践教育基地	郑州蓝图土地环境规划设计有限公司	省级创新创业实践基地
7	马克思主义学院	华北水利水电大学红色·特色文化素质教育基地	焦裕禄干部学院 黄河博物馆	省级文化素质教育基地

学校采用集中为主、集中与分散相结合的方式进行实习实训，选派有实践经验的教师与企事业单位人员共同担任指导教师，加强对实习各环节的过程质量监控，保障了实习实训的效果。通过深化与企业、科研院所、研究机构的协同创新，学校积极探索基于产学合作的协同育人模式，在 2019 年教育部产学合作协同育人项目中获批 11 项（见表 2-2）。

（三）毕业设计（论文）

本科毕业设计（论文）是高等学校人才培养方案中的综合性、实践性教学环节，是培养学生科学思维、实验研究、独立分析、学术规范的重要手段。2013 年，学校修订《华北水利水电大学全日制本科生毕业设计（论文）管理办法》，强调了对本科毕业设计（论文）工作的过程管理和质量监控，明确了论文外审、查重检测及各项评优表彰程序。学校鼓励将本科毕业设计（论文）选题与教师科学研究、实验实践项目相结合，从文献检索、实地调研、论文撰写、毕业答辩等环节入手，加强毕业设计（论文）开题、中期检查、过程指导、评阅和答辩的过程管理。开展毕业设计（论文）不端行为检测，严把学生毕业设计（论文）质量关，进一步规范毕业设计（论文）格式、内容等，不断提高学生的综合素质。

表 2 – 2　　　　　　　　　　入选教育部产学合作协同育人项目一览表

序号	项目类型	公司名称	项 目 名 称	项目负责人
1	教学内容和课程体系改革	北京天融信教育科技有限公司	探索将竞赛引入网络安全类课程考评的途径	马 斌
2	教学内容和课程体系改革	大工（青岛）新能源材料技术研究院有限公司	基于技术成果产业化的"机械工程材料"课程建设与改革	李 帅
3	实践条件和实践基地建设	大工（青岛）新能源材料技术研究院有限公司	机械类专业本科生教学改革与创新实践基地建设	王星星 上官林建
4	新工科建设	光辉城市（重庆）科技有限公司	新工科背景下城乡规划专业人才培养体系改革研究	田伟丽 肖哲涛 高长征
5	创新创业教育改革	山东派蒙机电技术有限公司	基于车载智能网联技术的客车火灾事故破窗逃生系统关键技术研究	郭树满 周 瑜 张华伟
6	新工科建设	机器时代（北京）科技有限公司	产学协同模式下智能制造工程专业的教学改革探索研究与实践	王星星
7	新工科建设	上海和盛前沿科技有限公司	新工科背景下 AI＋机器人相关专业创新人才培养模式研究	王丽君
8	师资培训	上海殊未信息科技有限公司	BIM – VR 创新应用师资培训	赵 山
9	实践条件和实践基地建设	百度在线网络技术（北京）有限公司	新商科 VR 智能实验室	胡沛枫
10	实践条件和实践基地建设	杭州品茗安控信息技术股份有限公司	华北水利水电大学 BIM 实训与培训中心建设	肖新华
11	实践条件和实践基地建设	深圳国泰安数据技术有限公司	统计与金融大数据人才实践基地建设	张广强

多年来，本科毕业设计（论文）保证一人一题、真题真做，严格审查指导教师资格，坚持毕业设计（论文）盲审和毕业答辩"2％末位淘汰"制度，实行交叉评阅，并提供二次答辩机会，"宽严相济"的人性化管理，使毕业设计（论文）质量得到保证。

2016 年，学校采用"知网大学生毕业设计（论文）管理系统"，对本科毕业论文全部进行查重检测，实现了对本科毕业设计（论文）工作全过程系统化管理，为毕业设计（论文）答辩和成绩评定提供了较好的参考依据，进一步促进了毕业设计（论文）工作管理规范化、标准化。在2020年新冠肺炎疫情突发的严峻形势下，本科毕业设计（论文）指导、检测和答辩全部通过管理系统顺利完成。

三、教学管理制度

教育教学管理制度体系建设在保证学校人才培养质量、教学组织规范、教学秩序稳定、确保本科教育基础地位和教学工作的中心地位中发挥重要作用。学校高度重视教育教学管理制度体系建设工作，强调教育教学规章制度建设应体现"育人为本，学以致用"的育人理念，体现"服务学院，服务教师，服务学生"的基本理念。学校制定了教育教学改革与建设、教师发展与学生发展、教学运行管理、考试与成绩管理、实践教学管理、教学质量监控与评价等教学管理制度50余项。

第二节

教学建设与改革

学校以改革创新为动力，坚持德育为先，坚持特色发展，围绕激发学生学习兴趣和潜能，进一步深化本科教育教学改革，大力推进一流专业建设、一流课程建设，全力推进现代信息技术与教育教学深度融合，积极开展新形态教材建设，着力构建全员全过程全方位协同育人新机制，全面提高教师教书育人能力，努力形成特色鲜明、优势突出的高水平人才培养体系，全面提高学校人才培养质量。

一、思想政治教育

（一）思想政治理论课教学改革

高校思想政治工作关系高校培养什么

样的人、如何培养人以及为谁培养人这个根本问题，思想政治理论课是落实立德树人根本任务的关键课程。2011年以来，学校把思政课作为落实立德树人根本任务的关键课程，坚持问题导向和目标导向，聚焦针对性和实效性，深入开展教学模式改革创新，通过课程联动、师生联动、教师联动、线上线下联动的系统协同原理，以本科生必修"思想道德修养与法律基础""中国近现代史纲要""马克思主义基本原理"和"毛泽东思想和中国特色社会主义理论体系概论"的思政课程互通联动为核心，拓展"课上老师精讲，课下专家活讲，校园文化常讲"的"三讲"思政课，实现理论与实践联动、思政课程与课程思政联动、传统教育与信息技术联动、马克思主义学院与职能部门联动的"四联动"工作机制。通过开展"尚德杯·鉴史杯·明理杯·筑梦杯"系列课内实践教学活动的新颖模式，极大调动了学生学习积极性，构建思政工作"大格局"，形成了全员全程全方位思想政治教育新局面，取得了突出的立德树人新成效，对于全面深化高校思政课教育教学改革具有一定示范意义。

2017年，思想政治理论课"四课联动"荣获河南省委高校工委、河南省教育厅组织开展的全省高校实践育人工作优秀案例评选活动实践教学类一等奖。2018年，"思想道德修养与法律基础"课程入选河南省精品在线开放课程，并获评优秀。"尚德杯"主题演讲大赛获得全省高校思想政治工作优秀品牌。2019年，《高校思想政治理论课"三讲四联动"教学模式研究与实践》荣获河南省高等教育教学成果特等奖，获得全国水利教育协会德育教育优秀成果二等奖。"微言大义达人讲堂"是河南省高校网络文化建设精品项目，荣获河南省高校校园文化建设成果一等奖。MMDX学习研究会荣获全国百佳理论学习类社团等多项荣誉。"华水新铁军"学生社团荣获全省高校思想政治工作品牌。

2016年，教育部副部长林蕙青到学校调研，专门听取思想政治理论课"四课联动"实践教学改革工作汇报，并给予高度评价。2018年，河南日报推出《思政课可以很"红"也很"炫"》系列报道（该系列报道得到了河南省委常委、宣传部部长赵素萍的充分肯定），首篇就是华北水利水电大学"四课联动"实践教学改革。学校"三讲四课联动"教学改革被光明网、人民网等多家新闻媒体报道。爱国主义教育系列活动被《人民日报》头版头条报道，被《河南新闻联播》采访报道，向全国全省人民展示了华水师生浓浓的爱国之情。

（二）课程思政建设

为进一步发挥课堂教学主渠道作用，使各类课程与思政课程同向同行，学校加快推进课程思政建设，通过抓管理、树典范、重创新、强保障，健全校领导牵头负责、党政齐抓共管的课程思政领导体系，构建特色突出、"三位一体"的课程思政教学体系，完善条件保障体系，形成"门门有思政、人人重育人"的良好局面。

2019年，为全面落实立德树人根本任务，学校出台《课程思政建设意见》。同年，学校启动新一轮人才培养方案修订和教学大纲修订工作，在人才培养目标中，加入价值塑造目标，在毕业要求中明确道德修养、工程伦理、职业精神、人文素养等内容，并要求所有课程融入思想政治教育元素，每门课程教学大纲中至少明确两个思想政治教育融入点，将"门门有思政、人人重育人"落在实处。同时，学校成立课程思政教育教学改革领导小组和课程思政教学指导委员会，为每个学院配备一名马克思主义学院专职教师，作为"课程思政教学指导专员"，切实引领和保障课程思政教育教学改革在全校范围内有序推进。

为支持教师积极探索课程思政教学新模式、新方法，学校设立课程思政教学改革与研究专项，2019年首批立项25项。2020年，为有效推进学校课程思政工作深入开展，促进思想政治教育和专业教育的有效融合，形成全员全程全方位育人格局，学校制定出台了《课程思政工作实施方案》。截至2021年6月，学校已获批省级课程思政样板课程6门（其中1门获批国家级课程思政示范课程），省级"战役"专题课程思政样板课程1门，省级课程思政教学团队1个，详见表2-3。学校已建成校级课程思政示范课程69门，校级课程思政教学团队22个，被认定为省级课程思政示范高校建设单位。

表2-3　　　　国家级、省级课程思政项目一览表

序号	级别	类别	单位	项目名称	课程负责人	立项年份
1	国家级	课程思政示范课程	测绘与地理信息学院	测量学	刘文锴	2021
2	省级	课程思政样板课程	测绘与地理信息学院	测量学	刘文锴	2020
3	省级	课程思政样板课程	土木与交通学院	桥梁美学	崔 欣	2020
4	省级	课程思政样板课程	外国语学院	跨文化交际学	李 燕	2020
5	省级	课程思政样板课程	环境与市政工程学院	物理化学	王海荣	2020

续表

序号	级别	类　别	单　位	项目名称	课程负责人	立项年份
6	省级	课程思政样板课程	物理与电子学院	大学物理 A1	贾　敏	2020
7	省级	课程思政样板课程	管理与经济学院	金融学	林　桢	2020
8	省级	"战役"专题课程思政样板课程	测绘与地理信息学院	遥感导论	邓荣鑫	2020
9	省级	课程思政教学团队	机械学院	测控技术与仪器课程思政教学团队	王丽君	2020

2020 年，学校发布了《关于疫情防控期间深入推进课程思政工作的倡议》，引导广大教师将灾难当教材，积极开展课程思政育人；引导学生坚定信仰，以"疫"为鉴，励志勤学。倡议发布后，校内涌现出一大批课程思政典型案例。学校精选 20 余个案例，分为"爱国主义教育""理想信念教育"等六个专题，在"华水教务""中国华水"等学校主要微信公众号上连续推送，历时近 2 个月，在校内外引发热烈反响。为了更好地展示网络教学成效和

教师风采，进一步激发广大教师教学改革的热情，实现更高质量的网络教学，学校选树一批抗"疫"时期线上教学典型案例，编制成《本科网络教学优秀案例集锦》，供广大教师学习借鉴，并向河南省教育厅选送优秀个人和优秀教学团队案例各 1 个。

二、专业建设

（一）专业设置与调整

2011 年以来，学校新增专业 20 个，见表 2-4。

表 2-4　　　　　　　　　　新增专业一览表（2011—2020）

序号	学科	专业名称	设置年份	序号	学科	专业名称	设置年份
1	工学	资源循环科学与工程	2011	11	工学	城市地下空间工程	2014
2	工学	核工程与核技术	2011	12	工学	水务工程	2015
3	文学	俄语	2011	13	工学	风景园林	2015
4	工学	软件工程	2012	14	经济学	金融数学	2015
5	工学	网络工程	2012	15	艺术学	绘画	2018
6	工学	轨道交通信号与控制	2013	16	工学	车辆工程	2018
7	工学	道路桥梁与渡河工程	2013	17	工学	智能制造工程	2019
8	管理学	工程造价	2013	18	工学	人工智能	2019
9	理学	应用统计学	2013	19	工学	光电信息科学与工程	2020
10	艺术学	公共艺术	2013	20	工学	数据科学与大数据技术	2020

截至 2020 年年底，学校招生的本科专业共有 65 个，其中工学 39 个，占比 60.0%；管理学 9 个，占比 13.9%；理学 6 个，占比 9.2%；文学 3 个，占比 4.6%；经济学 3 个，占比 4.6%；法学 1

个，占比 1.5%；艺术学 4 个，占比 6.2%。

（二）专业分布

截至 2021 年 3 月，学校共设有本科专业 65 个，专业分布详见表 2-5。

表 2－5　　　　　　　　　　　　　本科专业分布一览表

序号	学　院	专　业	招生专业数/个
1	水利学院	水利水电工程、农业水利工程、工程管理、港口航道与海岸工程、工程造价	5
2	地球科学与工程学院	地质工程、城市地下空间工程、土木工程岩土与地下建筑方向	2（1个专业方向）
3	测绘与地理信息学院	地理信息科学、人文地理与城乡规划、测绘工程	3
4	材料学院	材料成型及控制工程、无机非金属材料工程、资源循环科学与工程	3
5	土木与交通学院	土木工程、工程力学、交通工程、道路桥梁与渡河工程	4
6	电力学院	能源与动力工程（分水动方向和热动方向）、电气工程及其自动化、自动化、轨道交通信号与控制、核工程与核技术	5
7	机械学院	机械设计制造及其自动化、测控技术与仪器、车辆工程、智能制造工程	4
8	环境与市政工程学院	给排水科学与工程、环境工程、建筑环境与能源应用工程、消防工程、应用化学	5
9	水资源学院	水文与水资源工程、水务工程	2
10	管理与经济学院	经济学、会计学、国际经济与贸易、工业工程、信息管理与信息系统、市场营销、物流管理	7
11	数学与统计学院	数学与应用数学、统计学、信息与计算科学、金融数学、数据科学与大数据技术（2021年招生）	5
12	建筑学院	建筑学、城乡规划、风景园林	3
13	信息工程学院	计算机科学与技术、软件工程、人工智能	3
14	物理与电子学院	电子科学与技术、电子信息工程、通信工程、光电信息科学与工程（2021年招生）	4
15	外国语学院	英语、汉语国际教育、俄语	3
16	法学院	法学	1
17	公共管理学院	行政管理、劳动与社会保障	2
18	艺术与设计学院	视觉传达设计、环境设计、公共艺术、绘画	4
19	国际教育学院	汉语国际教育（英语方向）、汉语国际教育（法语方向）、汉语国际教育（韩语方向）、英语	4
20	乌拉尔学院（中俄合作办学）	测绘工程、给排水科学与工程、能源与动力工程、建筑学、土木工程	5

（三）专业内涵建设

1. 专业发展规划

2012年10月，学校制定《华北水利水电学院全日制本科专业建设管理办法》，以科学发展观为指导，以国家、地区和行业经济社会发展需求为导向，以学校发展战略规划为依据，以提高人才培养质量和就业质量为根本，遵循教育发展规律，坚持"稳定规模、优化结构、强化特色、强化内涵、保证质量"的基本方针,构建特色鲜明的学科专业结构体系,通过加强内涵建设,着力构建国家、省、校三级专业建设体系。

2015年9月,学校制定《华北水利水电大学全日制本科专业发展规划(2015—2020)》,以提高人才培养质量为根本目标,以提升专业内涵建设品质为重点,进一步调整专业结构,优化专业布局,强化专业特色,完善校企、校地合作育人机制,构建适应水利电力行业和河南省区域经济社会发展需要、规模适宜、结构优化、布局科学、特色鲜明的专业体系。

2019年6月,学校制定《华北水利水电大学实施一流本科专业建设"双万计划"规划》,以习近平新时代中国特色社会主义思想为指导,以立德树人为根本,以做强一流本科、建设一流专业、培养一流人才为目标,以服务国家"四个全面"战略布局、区域经济社会发展大局和水利电力事业发展需求为导向,准确把握高等教育基本规律和人才成长规律,以"六卓越一拔尖"计划2.0为核心,强化水利电力专业群建设特色,全面落实"以本为本、四个回归",积极推进新工科和新文科建设,不断完善协同育人和实践教学机制,努力培育以人才培养为中心的质量文化,全面振兴本科教育,助推学校内涵式发展。

学校建成国家级专业综合改革试点专业2个,省级专业综合改革试点专业13个;国家级一流专业建设点15个,省级一流专业建设点16个;国家级卓越工程师教育培养计划4个,国家级卓越农林人才教育培养计划1个,省级工程教育人才培养模式改革试点专业4个;省级特色专业建设点4个,校级特色专业建设点9个。

2.优势特色专业

优势特色专业情况见表2-6。

表2-6 优势特色专业一览表

序号	级别	项目类别	专业名称	所在学院	负责人	立项年份
1	国家级	卓越工程师教育培养计划	水利水电工程	水利学院	聂相田	2012
2	国家级	卓越工程师教育培养计划	地质工程	资源与环境学院	黄志全	2012
3	国家级	卓越工程师教育培养计划	机械设计制造及其自动化	机械学院	杨振中	2013
4	国家级	卓越工程师教育培养计划	能源与动力工程	电力学院	高传昌	2013
5	国家级	卓越农林人才教育培养计划	农业水利工程	水利学院	徐建新	2014
6	国家级	专业综合改革试点专业	地质工程	资源与环境学院	黄志全	2012
7	国家级	专业综合改革试点专业	农业水利工程	水利学院	徐建新	2014
8	省级	特色专业建设点	数学与应用数学	数信学院	罗 党	2011
9	省级	特色专业建设点	电气工程及其自动化	电力学院	高传昌	2011
10	省级	特色专业建设点	水文与水资源工程	水利学院	邱 林	2012
11	省级	特色专业建设点	会计学	管经学院	王延荣	2013
12	省级	工程教育人才培养模式改革试点专业	水文与水资源工程	水利学院	邱 林	2012
13	省级	工程教育人才培养模式改革试点专业	港口航道与海岸工程	水利学院	孙东坡	2012

序号	级别	项目类别	专业名称	所在学院	负责人	立项年份
14	省级	工程教育人才培养模式改革试点专业	热能与动力工程	电力学院	高传昌	2012
15	省级	工程教育人才培养模式改革试点专业	电气工程及其自动化	电力学院	朱雪凌	2012
16	省级	专业综合改革试点专业	工业工程	管理与经济学院	王延荣	2012
17	省级	专业综合改革试点专业	土木工程	土木与交通学院	赵顺波	2012
18	省级	专业综合改革试点专业	机械设计制造及其自动化	机械学院	杨振中	2012
19	省级	专业综合改革试点专业	环境工程	环境与市政工程学院	朱灵峰	2013
20	省级	专业综合改革试点专业	建筑学	建筑学院	张新中	2013
21	省级	专业综合改革试点专业	材料成型及控制工程	机械学院	张瑞珠	2013
22	省级	专业综合改革试点专业	给排水科学与工程	环境与市政工程学院	朱灵峰	2014
23	省级	专业综合改革试点专业	无机非金属材料工程	土木与交通学院	赵顺波	2014
24	省级	专业综合改革试点专业	国际经济与贸易	管理与经济学院	宋冬凌	2014
25	省级	专业综合改革试点专业	水文与水资源工程	水利学院	王文川	2016
26	省级	专业综合改革试点专业	交通工程	土木与交通学院	李晓克	2016
27	省级	专业综合改革试点专业	计算机科学与技术	信息工程学院	陆桂明	2016
28	省级	专业综合改革试点专业	环境设计	艺术学院	武金勇	2016
29	省级	卓越法律人才教育培养基地	法律	法学院	饶明奇	2015

3. 一流专业建设

2019年6月，根据《华北水利水电大学实施一流本科专业建设"双万计划"规划》，学校全面落实"以本为本、四个回归"，积极推进新工科建设，持续完善协同育人和实践教学机制，进一步加大师资队伍建设，努力培育以人才培养为中心的质量文化。以国家级和省级一流本科专业点为引领，带动学校专业建设水平和人才培养能力全面提升，人才培养特色更加鲜明，学生学习成效和教师育人能力显著增强，为建设国内外有重要影响、特色鲜明的高水平水利水电大学，加快实现教育现代化提供有力支撑。学校获批15个国家级一流专业建设点、16个省级一流专业建设点，见表2-7。

表 2-7　　　　　　　一 流 专 业 一 览 表

序号	级别	专业名称	所在学院	立项年份
1	国家级	水利水电工程	水利学院	2019
2	国家级	农业水利工程	水利学院	2019
3	国家级	测绘工程	测绘与地理信息学院	2020
4	国家级	机械设计制造及其自动化	机械学院	2020
5	国家级	能源与动力工程	电力学院	2020
6	国家级	给排水科学与工程	环境与市政工程学院	2020

序号	级别	专业名称	所在学院	立项年份
7	国家级	国际经济与贸易	管理与经济学院	2020
8	国家级	会计学	管理与经济学院	2020
9	国家级	工程管理	水利学院	2020
10	国家级	行政管理	公共管理学院	2020
11	国家级	数学与应用数学	数学与统计学院	2020
12	国家级	计算机科学与技术	信息工程学院	2020
13	国家级	土木工程	土木与交通学院	2020
14	国家级	港口航道与海岸工程	水利学院	2020
15	国家级	地质工程	地球科学与工程学院	2020
16	省级	英语	外国语学院	2019
17	省级	工程力学	土木与交通学院	2019
18	省级	水文与水资源工程	水资源学院	2019
19	省级	建筑学	建筑学院	2019
20	省级	物流管理	管理与经济学院	2019
21	省级	应用化学	环境与市政工程学院	2020
22	省级	人文地理与城乡规划	测绘与地理信息学院	2020
23	省级	材料成型及控制工程	材料学院	2020
24	省级	测控技术与仪器	机械学院	2020
25	省级	无机非金属材料工程	材料学院	2020
26	省级	环境工程	环境与市政工程学院	2020
27	省级	电子信息工程	物理与电子学院	2020
28	省级	自动化	电力学院	2020
29	省级	城市地下空间工程	地球科学与工程学院	2020
30	省级	环境设计	艺术与设计学院	2020
31	省级	交通工程	土木与交通学院	2020

4. "四新"专业建设

近年来，作为工科为主的地方高校，学校一直紧扣国家社会发展需求，主动对接卓越工程师教育培养计划2.0，统筹考虑"四新"专业要求，深入实施新工科、新农科、新文科建设。通过升级改造学校传统工科专业、积极申报新工科专业，建设一批体现产业和技术最新发展成果的新课程，建设一批工程实践能力强的高水平专业教师队伍，培养大量符合产业转型、区域经济发展急需的工程人才。

2020年6月，学校获批"面向新经济的水利水电工程专业改造升级路径探索与实践"和"'一带一路'背景下'水利＋'新工科教育共同体建设"两个国家级新工科项目，"'一带一路'新工科教育共同体建设""面向'新基建'的工程管理专业改造升级路径探索研究与实践""面向黄河国家战略的'地质工程＋'新工科复合型人才培养模式研究与实践""新工科背景下农业水利工程专业的改革探索与实践"4个省级新工科项目。"新农科背景下农业水利工程专业改造提升的改革与实践"被立项为省级新农科项目。此外，立项校级新工科项目14个。

三、课程建设

课程是人才培养的核心要素，课程质量直接决定人才培养质量。学校深入挖掘各类课程中蕴含的思想政治教育元素，建设适应新时代新要求的一流本科课程，让课程优起来、教师强起来、学生忙起来、管理严起来、效果实起来，着力打造了一批国家级、省级一流本科课程，构建水利水电特色鲜明的高水平人才培养体系。

（一）课程体系

2013年，学校根据人才培养目标和培养模式，从对人才的知识、能力和素质的要求出发，对培养计划的整体框架进行调整，改变课堂讲授所占学时过多的状况，增设了素质拓展和创新创业实践学分，保证课内实践和集中实践学时学分在理工科类专业中不低于总学分的25％，在非理工类专业中不低于总学分的20％。

2016年，学校对照专业认证标准，要求各专业必须明确毕业要求和培养目标，毕业要求应覆盖工程知识、问题分析、设计/开发解决方案、研究、环境、可持续发展、职业规范、个人和团队、沟通项目管理、终身学习等10个方面，且专业要建立可持续改进机制。在培养方案整体结构框架中规定必修学分占70％，选修学分占30％。通识类课程模块增加水利类特色课程"水利水电工程概论"，英语类课程增设"大学英语能力训练"等课程。

2018年，对标本科专业类教学质量国家标准和工程教育专业认证（评估）标准，调整专业培养方案总学分，4年全日制理工科专业总学分控制在160～180学分，非理工科专业总学分控制在150～170学分；5年全日制本科专业总学分控制在200～220学分；专升本专业总学分控制在65～75学分；双学位专业总学分控制在70～80学分。英语类课程调整为"英语读写译（1—3）""英语视听说（1—4）"和"实用英语"。通识类课程增加学校国家级精品在线开放课程"中华水文化"，另外"文学欣赏与写作"课程更改为"大学语文与写作"。

（二）精品课程

学校充分调动和发挥各教学单位与教师参与课程建设的主动性与积极性，全面提高人才培养水平和质量，促进学校更好更快发展。2011—2016年，课程建设按照精品示范课程（含精品资源共享课程、双语课程、视频公开课程）、核心课程和主干课程等3类实施建设，立项省级精品课程1门、省级精品资源共享课程6门、省级精品视频公开课程2门、省级双语教学示范课程2门、校级精品课程3门、校级双语课程8门、校级精品资源共享课程2门、校级精品视频公开课程4门、校级核心课程10门。

（三）一流课程建设

为深入贯彻全国全省教育大会精神，全面落实新时代全国高等学校本科教育工作会议要求，学校于2020年出台《一流本科课程建设规划》，着力打造一批国家级、省级一流本科课程，构建水利水电特色鲜明的更高水平人才培养体系。

截至2020年年底，学校共建有国家级精品在线开放课程1门，国家级虚拟仿真

实验教学项目 2 个，国家级一流课程 7 门；省级精品在线开放课程 26 门，省级虚拟仿真实验教学项目 20 个，省级一流课程 26 门；校级慕课 8 门，校级微课 18 门，校级精品在线开放课程 94 门，校级虚拟仿真实验教学项目 30 个，校级示范课堂 34 门，校级一流课程 86 门。省级及以上精品课程、一流课程详见表 2-8。

表 2-8　　　　　省级及以上精品课程、一流课程一览表（2011—2020）

序号	级别	类　别	项目名称	所在学院	负责人	立项年份	备注
1	国家级	精品在线开放课程	中华水文化	人文艺术教育中心	毕雪燕	2019	
2	国家级	一流课程	工程图学概论（土建类）	土木与交通学院	张修宇	2020	线上线下混合式一流课程
3	国家级	一流课程	大学物理	物理与电子学院	王玉生	2020	线上线下混合式一流课程
4	国家级	一流课程	机械制造技术基础	材料学院	郝用兴	2020	线上线下混合式一流课程
5	国家级	一流课程	环境监测	环境与市政工程学院	李海华	2020	线上线下混合式一流课程
6	国家级	一流课程	有机化学Ⅰ	环境与市政工程学院	杨光瑞	2020	线上线下混合式一流课程
7	国家级	一流课程	国际物流学	管理与经济学院	张如云	2020	线上线下混合式一流课程
8	国家级	一流课程	马克思主义基本原理	马克思主义学院	李金镶	2020	线上线下混合式一流课程
9	省级	精品课程	材料力学精品课程建设	土木与交通学院	白新理	2011	
10	省级	精品资源共享课程	土力学精品资源共享课程	资源与环境学院	刘汉东	2012	
11	省级	精品资源共享课程	混凝土结构精品资源共享课程	土木与交通学院	赵顺波	2012	
12	省级	精品资源共享课程	岩石力学	资源与环境学院	刘汉东	2013	
13	省级	精品资源共享课程	地下水动力学	资源与环境学院	陈南祥	2015	
14	省级	精品资源共享课程	机械控制理论	机械学院	杨振中	2015	
15	省级	精品资源共享课程	机械制造技术基础	机械学院	郝用兴	2016	
16	省级	精品视频公开课程	中国电影史	软件学院	毕雪燕	2013	
17	省级	精品视频公开课程	中国古典文学名著的现代解读	人文艺术教育中心	毕雪燕	2016	
18	省级	双语教学示范课程	土力学	资源与环境学院	黄志全	2013	
19	省级	双语教学示范课程	概率论与数理统计	数学与信息科学学院	王志良	2015	
20	省级	精品在线开放课程	高等数学	数学与信息科学学院	程　鹏	2016	
21	省级	精品在线开放课程	工程力学	土木与交通学院	唐克东	2016	

续表

序号	级别	类 别	项目名称	所在学院	负责人	立项年份	备注
22	省级	精品在线开放课程	大学物理	数学与统计学院	王玉生	2017	
23	省级	精品在线开放课程	中华水文化	人文艺术教育中心	毕雪燕	2017	
24	省级	精品在线开放课程	环境监测	环境与市政工程学院	李海华	2018	
25	省级	精品在线开放课程	地籍与房产测量	地球科学与工程学院	孟俊贞	2018	
26	省级	精品在线开放课程	工程图学概论（土建类）	土木与交通学院	张修宇	2018	
27	省级	精品在线开放课程	机械制造技术基础	材料学院	郝用兴	2018	
28	省级	精品在线开放课程	计算机网络技术与应用	信息工程学院	李秀芹	2018	
29	省级	精品在线开放课程	思想道德修养与法律基础	马克思主义学院	张 梅	2018	
30	省级	精品在线开放课程	理论力学	土木与交通学院	张建华	2019	
31	省级	精品在线开放课程	工程材料	机械学院	上官林建	2019	
32	省级	精品在线开放课程	普通化学	环境与市政工程学院	姚文志	2019	
33	省级	精品在线开放课程	物理化学	环境与市政工程学院	王海荣	2019	
34	省级	精品在线开放课程	互换性与技术测量	机械学院	吴林峰	2019	
35	省级	精品在线开放课程	运筹学	管理与经济学院	王洁方	2019	
36	省级	精品在线开放课程	管理学原理	公共管理学院	杨 蕾	2020	
37	省级	精品在线开放课程	微机原理及应用	机械学院	杨 杰	2020	
38	省级	精品在线开放课程	网络安全	信息工程学院	王 畅	2020	
39	省级	精品在线开放课程	概率统计	数学与统计学院	左卫兵	2020	
40	省级	精品在线开放课程	钢结构设计原理	土木与交通学院	赵顺波	2020	
41	省级	精品在线开放课程	水轮机	电力学院	任 岩	2020	
42	省级	精品在线开放课程	水利水电工程概论	水资源学院	赵梦蝶	2020	
43	省级	精品在线开放课程	统计学	管理与经济学院	卢亚丽	2020	
44	省级	精品在线开放课程	英语修辞学	外国语学院	常霜林	2020	
45	省级	精品在线开放课程	化学与生活	环境与市政工程学院	刘 辉	2020	
46	省级	一流课程	工程力学	土木与交通学院	唐克东	2020	线上一流课程
47	省级	一流课程	高等数学	数学与统计学院	程 鹏	2020	线上一流课程
48	省级	一流课程	马克思主义基本原理	马克思主义学院	李金锴	2020	线下一流课程
49	省级	一流课程	工程图学概论（机电类）	机械学院	韩素兰	2020	线下一流课程
50	省级	一流课程	普通化学	环境与市政工程学院	李闻天	2020	线下一流课程
51	省级	一流课程	给水排水管网系统	环境与市政工程学院	陆建红	2020	线下一流课程
52	省级	一流课程	水力学	水利学院	杨文海	2020	线下一流课程

序号	级别	类 别	项目名称	所在学院	负责人	立项年份	备注
53	省级	一流课程	社交礼仪与形体艺术	人文艺术教育中心	孙梦青	2020	线下一流课程
54	省级	一流课程	投资学	管理与经济学院	周培红	2020	线下一流课程
55	省级	一流课程	建筑设计6（上）	建筑学院	高长征	2020	线下一流课程
56	省级	一流课程	工程图学概论（土建类）	土木与交通学院	张修宇	2020	线上线下混合式一流课程
57	省级	一流课程	大学物理	物理与电子学院	王玉生	2020	线上线下混合式一流课程
58	省级	一流课程	机械制造技术基础	材料学院	郝用兴	2020	线上线下混合式一流课程
59	省级	一流课程	环境监测	环境与市政工程学院	李海华	2020	线上线下混合式一流课程
60	省级	一流课程	土力学	地球科学与工程学院	姜 彤	2020	线上线下混合式一流课程
61	省级	一流课程	国际物流学	管理与经济学院	张如云	2020	线上线下混合式一流课程
62	省级	一流课程	有机化学Ⅰ	环境与市政工程学院	杨光瑞	2020	线上线下混合式一流课程
63	省级	一流课程	创新创业基础	创新创业学院	刘建华	2020	线上线下混合式一流课程
64	省级	一流课程	高级语言程序设计	信息工程学院	张 蕊	2020	线上线下混合式一流课程
65	省级	一流课程	大学语文与写作	人文艺术教育中心	罗玲谊	2020	线上线下混合式一流课程
66	省级	一流课程	基础会计学	管理与经济学院	晋晓琴	2020	线上线下混合式一流课程
67	省级	一流课程	高等数学	数学与统计学院	程 鹏	2020	线上线下混合式一流课程
68	省级	一流课程	数学实践与建模	数学与统计学院	黄春艳	2020	线上线下混合式一流课程
69	省级	一流课程	计算机网络	信息工程学院	李秀芹	2020	线上线下混合式一流课程
70	省级	一流课程	Photoshop图像处理	信息工程学院	韩 珂	2020	线上线下混合式一流课程
71	省级	一流课程	"三大精神代代传"主题实践课	校团委	祁 萌	2020	社会实践一流课程

四、教材建设

（一）教材制度建设

为强化学校对教材工作的领导，学校成立了教材建设委员会，坚持首选马克思主义理论研究和建设工程重点教材（简称"'马工程'重点教材"）。没有"马工程"重点教材的课程，优先选用国家级和省部级等立项建设、评定或推荐的优质教材。严格依照程序，科学审慎引进外文原版教材，严把外文原版教材使用关。坚持教材"凡编必审""凡选必审"。

2011—2020 年，学校先后 4 次修订《华北水利水电大学教材建设管理办法》，始终坚持马克思主义指导地位，全面贯彻党的教育方针，全面落实《国家中长期教育改革和发展规划纲要（2010—2020）》，体现党和国家对教育的基本要求，以服务人才培养为目标，以提高教材质量为核心，本着"编""选"并重的原则，构建具有学校特色的本科教材体系。2014 年学校制定《教材建设基金管理办法》，明确了学校每年拨款 30 万元用于教材建设基金。为保证教材质量，降低购书成本，维护学校、学生的利益，学校本着公正、公开、公平的原则，于 2019 年起采取公开招标方式对全日制本科生教材进行集中招标采购。

（二）规划教材建设

教材既是课程教学内容的知识载体，又是组织教学的基本工具，也是教学和教学改革成果的总结，教材编写对稳定教学秩序、提高教学质量、推动教学改革的深入发展，具有重要意义。学校积极调动教师建设精品教材的积极性和创造性，吸引教师参加教学工作，进一步提高教学水平，鼓励建设具有先进性、科学性、综合性、创新性的精品教材，鼓励编写一体化设计、多种媒体有机结合的立体化教材。为进一步促进信息技术与教材融合力度，学校自 2019 年专设新形态教材规划专项，加大教材建设投入，树立精品意识，多出精品教材。

2013 年，学校有 11 部教材获批国家级、河南省"十二五"规划教材；2020 年，有 29 部教材获批河南省"十四五"规划教材，详见表 2-9。

表 2-9　　　　　　　　规划教材一览表（2011—2020）

序号	教材名称	所属单位	主编	备　　注
1	工程地质及水文地质	资源与环境学院	陈南祥	国家级"十二五"规划教材
2	线性代数	数学与信息科学学院	王天泽	河南省"十二五"规划教材
3	土力学	资源与环境学院	黄志全	河南省"十二五"规划教材
4	水轮发电机组安装与检修	电力学院	王玲花	河南省"十二五"规划教材
5	水利水电工程管理	水利学院	徐存东	河南省"十二五"规划教材
6	C 语言程序设计	信息工程学院	海　燕	河南省"十二五"规划教材
7	电气控制与 PLC 应用	电力学院	陈建明	河南省"十二五"规划教材
8	数字测图原理与技术	资源与环境学院	杨晓明	河南省"十二五"规划教材
9	机电传动控制	机械学院	郝用兴	河南省"十二五"规划教材
10	钢结构设计原理	土木与交通学院	赵顺波	河南省"十二五"规划教材
11	实用英语写作	外国语学院	党兰玲	河南省"十二五"规划教材

续表

序号	教材名称	所属单位	主编	备注
12	中华水文化	人文艺术教育中心	毕雪燕	河南省"十四五"规划教材
13	高等数学	数学与统计学院	王天泽	河南省"十四五"规划教材
14	基础工程	地球科学与工程学院	刘汉东	河南省"十四五"规划教材
15	工程地质及水文地质	地球科学与工程学院	李志萍	河南省"十四五"规划教材
16	环境影响评价	乌拉尔学院	黄健平	河南省"十四五"规划教材
17	中国古代建筑简史	建筑学院	郭瑾莉 张文剑 李 虎	河南省"十四五"规划教材
18	水安全法律概论	法学院	王华杰	河南省"十四五"规划教材
19	财政与金融	管理与经济学院	张国兴 张振江	河南省"十四五"规划教材
20	大学生创新教育与创业指导	创新创业学院	刘建华 张卫建	河南省"十四五"规划教材
21	实用英语写作	外国语学院	党兰玲	河南省"十四五"规划教材
22	高等代数	数学与统计学院	刘法贵	河南省"十四五"规划教材
23	物理化学	环境与市政工程学院	王海荣	河南省"十四五"规划教材
24	机械结构有限元及工程应用	机械学院	上官林建	河南省"十四五"规划教材
25	机械制造技术基础	材料学院	郝用兴	河南省"十四五"规划教材
26	液压与气压传动	机械学院	韩林山 姚林晓	河南省"十四五"规划教材
27	材料物理化学	材料学院	仝玉萍	河南省"十四五"规划教材
28	电机学	电力学院	鲁改凤	河南省"十四五"规划教材
29	水文学原理	水资源学院	马建琴	河南省"十四五"规划教材
30	钢结构	土木与交通学院	赵顺波 曲福来	河南省"十四五"规划教材
31	水利工程经济学	水利学院	李彦彬 王松林 和 吉	河南省"十四五"规划教材
32	土木工程材料	土木与交通学院	霍洪媛 李克亮	河南省"十四五"规划教材
33	水利工程概论	水利学院	刘尚蔚	河南省"十四五"规划教材
34	给水排水管网系统	环境与市政工程学院	陆建红	河南省"十四五"规划教材
35	建筑结构抗震设计	土木与交通学院	张新中	河南省"十四五"规划教材
36	C语言程序设计	信息工程学院	海 燕	河南省"十四五"规划教材
37	建筑构造	建筑学院	李 虎	河南省"十四五"规划教材
38	地质学基础综合实践数字教程	地球科学与工程学院	姜 彤	河南省"十四五"规划教材
39	工程项目管理	水资源学院	杨耀红	河南省"十四五"规划教材
40	会计学基础	管理与经济学院	晋晓琴	河南省"十四五"规划教材

（三）教材获奖情况

2020年，学校推荐12部教材参加首届河南省优秀教材评选，其中11部教材获奖（见表2-10）。本次评选中，学校获得省级"教材建设先进集体"荣誉称号。

表2-10　河南省首届教材建设奖评选获奖情况一览表（2020年）

序号	教材名称	所属单位	主编	获奖等级	教材类别
1	工程地质及水文地质	地球科学与工程学院	陈南祥	省级特等奖	本科生
2	线性代数	数学与统计学院	王天泽	省级一等奖	本科生
3	机电传动控制	材料学院	郝用兴 苗满香 罗小燕	省级一等奖	本科生
4	实用英语写作	外国语学院	党兰玲	省级二等奖	本科生
5	建筑结构抗震设计	土木与交通学院	张新中 王廷彦	省级二等奖	本科生
6	水力学	水利学院	孙东坡 丁新求	省级二等奖	本科生
7	水利工程经济学	水利学院	王松林 和　吉	省级二等奖	本科生
8	C语言程序设计	信息工程学院	海　燕	省级二等奖	本科生
9	环境影响评价	乌拉尔学院	黄健平 宋新山	省级二等奖	本科生
10	财政与金融	管理与经济学院	张国兴 张振江	省级二等奖	本科生
11	材料物理化学	材料学院	仝玉萍	省级二等奖	研究生

五、教育教学研究与改革

（一）教学成果立项建设

学校始终高度重视教育教学研究与改革工作，不断更新教育教学理念，创新人才培养模式，完善课程体系，创新教学模式，改进教学方式方法，引导广大教师和教学管理人员积极投身教育教学改革研究。2011年来学校共立项建设了343项校级教育教学研究与改革项目，其中59项获得河南省级教育教学研究与改革项目立项。为激励青年教师积极参与教育教学改革和大力支持课程思政、一流专业建设，2013年开始设立教育教学改革青年项目，2019年开始设立课程思政教育教学改革专项，2020年设立新工科、新农科研究与实践专项，各学院和广大教师积极开展教育教学改革创新，学校整体教育教学质量明显提升。

2013年，学校有9项教育教学成果通过省级鉴定，61项通过学校鉴定；2015年，学校有12项教育教学成果通过省级鉴定，37项通过学校鉴定；2017年，学校有71项教育教学成果通过学校鉴定；2019年，学校有18项教育教学成果通过省级鉴定，60项通过学校鉴定。

（二）教学成果奖励

学校重视教育教学研究的总结、推广应用和教学成果奖励工作，并以此为抓手不断深化教育教学改革，保证教学质量，推进教学建设，培养高素质人才。2018年学校参与完成的 1 项成果获国家级高等教育教学成果二等奖；2011 年获河南省高等教育教学成果奖 7 项，其中特等奖 1 项，一等奖 2 项，二等奖 4 项；2013 年获河南省高等教育教学成果奖 8 项，其中特等奖 1 项，一等奖 5 项，二等奖 2 项；2016 年获河南省高等教育教学成果奖 8 项，其中一等奖 4 项，二等奖 4 项；2019 年获河南省高等教育教学成果奖 12 项，其中特等奖 1 项，一等奖 4 项，二等奖 7 项。以上成果的取得为进一步深化教育教学改革，不断提升教学水平和质量奠定了坚实的基础。获省部级及以上奖项的教学成果详见表 2-11。

表 2-11　　　　　　　获省部级及以上奖项的教学成果一览表（2011—2020）

序号	成果名称	成果主要完成人	获奖时间	获奖等级	所属单位
1	构建国际实质等效水利类专业认证体系，引领中国特色水利类专业的改革与建设	聂相田（第六完成单位）	2018 年 12 月	国家级二等奖	水利学院
2	省部共建地方高校办学特色研究与实现策略探索	刘汉东　李秀丽　马建琴　郭瑾莉　王俊梅　李立峰　张修宇	2012 年 2 月	省级特等奖	教务处
3	基于"教、学、用"三位一体的土力学课程教学模式创新与课件开发	黄志全　姜彤　王安明　郝小红　马莎　李小根	2012 年 2 月	省级一等奖	资源与环境学院
4	水文学及水资源专业本科教育课程体系与教学内容改革研究与实践	邱林　王文川　赵晓慎　徐冬梅　马建琴　和吉　陈海涛	2012 年 2 月	省级一等奖	水利学院
5	地方院校大学英语实践教学体系的改革研究与实践	魏新强（第四完成单位）	2012 年 2 月	省级二等奖	外国语学院
6	高等教育大众化阶段数学教育教学改革研究与实践	刘法贵　李亦芳　李萍　岳红伟　田伟丽	2012 年 2 月	省级二等奖	教务处
7	面向水电工程建设的机械大类人才培养模式研究	杨振中　严大考　王丽君　谭艳群　师素娟	2012 年 2 月	省级二等奖	机械学院
8	普通高校创业型人才培养模式创新试验区建设研究与实践	王延荣　张加民　宋冬凌　司保江　刘铁军	2012 年 2 月	省级二等奖	教务处
9	协同联动促教促学人才培养机制研究与实践	刘汉东　刘法贵　宋冬凌　郭瑾莉　费昕　王俊梅　张修宇　张昕	2014 年 1 月	省级特等奖	教务处
10	当代社会思潮对大学生德育工作影响及对策研究	朱海风　孟治刚　王兰锋　刘华珂　张玉祥　王艳成　张梅	2014 年 1 月	省级一等奖	党委办公室
11	面向水电工程建设的"机械类卓越工程师"人才培养模式探索	杨振中　严大考　王丽君　谭群燕　段俊法　孙永生　李权才　师素娟	2014 年 1 月	省级一等奖	机械学院
12	面向培养卓越土木工程师的隧道工程精品课程建设与研究	解伟　赵洋　李树山　贾明晓　曾彦　刘祖军　汪志昊　李晓克	2014 年 1 月	省级一等奖	土木与交通学院

序号	成果名称	成果主要完成人			获奖时间	获奖等级	所属单位
13	地质工程本科专业野外实习教学基地建设与评估	黄志全　董金玉　杨继红　于怀昌　袁广祥　孟令超　李建勇			2014年1月	省级二等奖	资源与环境学院
14	节能减排政策导向下建筑学专业人才培养模式更新研究	张新中　卢玫珺　王桂秀　高长征　郑智峰　郝丽君　刘静霞			2014年1月	省级二等奖	建筑学院
15	地方高校工程训练开放运行机制的探索与实践	马勇亮（第二完成单位）			2014年1月	省级一等奖	人事处
16	媒介融合背景下高校传媒人才培养模式创新研究	刘伟（第二完成单位）			2014年1月	省级一等奖	人事处
17	新时期农业水利人才一体化培养体系构建及专业综合改革研究与实践	徐建新　张修宇　聂相田　李彦彬　张丽　张巍巍　谷红梅　乔鹏帅			2016年10月	省级一等奖	水利学院
18	高校教师教育教学胜任力提升研究与实践	朱海风　王天泽　刘法贵　郭瑾莉　宋冬凌　王俊梅　冯志君　李立峰			2016年10月	省级一等奖	教务处
19	融贯生态——建构理论的低年级建筑设计课程教学模式创新研究与实践	张新中　郝丽君　肖哲涛　李红光　卢玫珺　宋岭　高长征　张东			2016年10月	省级一等奖	建筑学院
20	高等学校产教结合人才培养模式的研究与实践	马勇亮（第二完成单位）			2016年10月	省级一等奖	人事处
21	地方高校构建优良教师教风和学生学风长效机制研究与实践	严大考　高京燕　郝用兴　张修宇　李彦彬　岳红伟　李立峰　李胜机			2016年10月	省级二等奖	教务处
22	水利水电工程专业"卓越计划"人才培养模式改革的研究与实践	聂相田　刘尚蔚　徐存东　张宏洋　赵继伟　张丽　韩立炜　张建伟			2016年10月	省级二等奖	水利学院
23	中外联合办学人才培养模式改革研究与实践	李志萍　于怀昌　付丽　赵阳　赵静　赵贵章　宋日英			2016年10月	省级二等奖	资源与环境学院
24	工科力学类课程平台构建及专业实践	白新理　唐克东　何伟　杨开云　刘桂荣　何容　张建华			2016年10月	省级二等奖	土木与交通学院
25	新时代高校思想政治理论课"三讲四联动"教学模式研究与实践	王清义　王天泽　张梅　景中强　郭瑾莉　贾兵强　杨建坡　吴娜			2020年5月	省级特等奖	马克思主义学院
26	基于需求导向的经贸类学生创新创业教育模式研究	桂黄宝　张国兴　李晶慧　周淑慧　王晓华　周培红　徐澈　李亚洁			2020年5月	省级一等奖	管理与经济学院
27	以OBE理念为导向的水利人才培养体系改革研究与实践	王文川　徐冬梅　邱林　臧红飞　马明卫　黄旭东　郭玉宾			2020年5月	省级一等奖	水利学院

续表

序号	成果名称	成果主要完成人	获奖时间	获奖等级	所属单位
28	基于专业认证OBE理念与信息化背景的本科教学质量监控保障体系研究与实践	施进发　郝用兴　李志萍 李秀丽　张太萍　孙大鹏 运红丽　程　盼	2020年5月	省级一等奖	教学质量监控与评价中心
29	新形势下地方高校工程训练实践教学体系及运行机制的研究与实践	上官林建　张　丽　陈海军 宋慧娟　姚林晓　李金兴 孔祥瑞　邰金华	2020年5月	省级一等奖	工程训练中心
30	地方高校创新创业教育体系研究与实践——以华北水利水电大学为例	刘建华　张卫建　樊要玲 尚为成　潘建波　何　楠 徐　启　郭志芬	2020年5月	省级二等奖	创新创业学院
31	学生工作视角下的高校优良学风长效机制建设	高京燕　张红涛　费　昕 刘法贵　曹　震　孟治刚 尹俊丽　郑荣军	2020年5月	省级二等奖	学生处
32	"互联网＋"背景下高校卓越会计师人才培养模式研究	晋晓琴　张海英　王晓妍 田　逸　张　俊　罗昭君 王希胜	2020年5月	省级二等奖	管理与经济学院
33	新工科建设中的机械类专业人才培养模式研究与实践	韩林山　谭群燕　段俊法 杨　杰　李　冰　马子领 许兰贵　孙永生	2020年5月	省级二等奖	机械学院
34	基于金砖国家网络大学计划的能源领域人才培养机制研究	李彦彬　马　强　王为术 胡　昊　李胜机　王保文 何小可	2020年5月	省级二等奖	电力学院
35	基层教学组织建设的探索与实践研究	陈爱玖　王建伟　李立峰 王俊梅　冯志君　赵中建 唐克东　王怡青	2020年5月	省级二等奖	教务处
36	"互联网＋教育"背景下高等学校现代混合教学模式的设计与探索	姚建斌　姚文志　刘　晔 陈俊峰　李万豫　许　丽 郑　辉　朱　凯	2020年5月	省级二等奖	信息工程学院

六、教师教学发展

（一）教研室建设

2017年，为规范教研室（系）建设，进一步加强教学基础组织建设，提高教学水平，学校出台《教研室（系）设置与管理办法》。办法明确了教研室主要负责教学组织与安排、专业建设、课程与教材建设、实践教学、教学研究与改革、教师教学发展和其他工作。学校加大经费投入，保证教研室（系）的建设经费划拨。

2011—2020年，学校共立项省级优秀基层教学组织28个（见表2-12）、省级合格基层教学组织136个（含实验室）、校级优秀教研室29个。

表2-12　　　　省级优秀基层教学组织一览表（2011—2020）

序号	优秀基层教学组织名称	所在学院	立项年份
1	水文水资源教研室	水利学院	2017
2	材料工程教研室	机械学院	2017

序号	优秀基层教学组织名称	所在学院	立项年份
3	力学教研室	土木与交通学院	2017
4	公共英语第一教学部	外国语学院	2017
5	建筑学教研室	建筑学院	2018
6	土建工程系	土木与交通学院	2018
7	工程地质教研室	地球科学与工程学院	2018
8	水利水电工程系	水利学院	2018
9	物流与工业工程系	管理与经济学院	2018
10	思想品德教研室	马克思主义学院	2018
11	农业水利工程系	水利学院	2019
12	水文地质教研室	地球科学与工程学院	2019
13	材料学系	材料学院	2019
14	机电与测控仪器系	机械学院	2019
15	环境工程教研室	环境与市政工程学院	2019
16	会计学教研室	管理与经济学院	2019
17	软件工程系	信息工程学院	2019
18	给排水科学与工程系	环境与市政工程学院	2020
19	经济贸易系	管理与经济学院	2020
20	机械设计制造系	机械学院	2020
21	交通工程系	土木与交通学院	2020
22	文学艺术教研室	人文艺术教育中心	2020
23	工程管理教研室	水利学院	2020
24	马克思主义原理教研室	马克思主义学院	2020
25	人文地理与城乡规划系	测绘与地理信息学院	2020
26	能源与动力工程热动教研室	电力学院	2020
27	英语系	外国语学院	2020
28	公共数学第一教学部	数学与统计学院	2020

2011—2020 年，学校教研室由 2011 年的 68 个增加到 2020 年的 104 个，详见表 2-13。

表 2-13　　　　　　　　教研室设置一览表（2011—2020）

学　院	2011 年教研室设置	2020 年教研室设置
水利学院	水力学、水工结构、农业水利、工程管理、水文水资源	水利水电工程系、农业水利工程系、工程管理系、港口航道与治河工程系
地球科学与工程学院	地质工程、岩土工程、资源环境与城乡规划管理、地理信息系统、测绘工程	工程地质系、基础地质系、地下空间系、水文地质系、地基及基础系、地球物理勘探系、工程勘察系、地学信息技术系

续表

学　院	2011 年教研室设置	2020 年教研室设置
测绘与地理信息学院		测绘工程系、人文地理与城乡规划系、地理信息科学系、遥感科学与技术系
材料学院		材料加工系、材料学系
土木与交通学院	工程结构、交通、工程材料、工程力学	土木工程系、建筑材料教研室、交通工程系、力学系
电力学院	水动、热动、电气、自动化、电子科学与技术	能源与动力工程水动教研室、能源与动力工程热动教研室、电气工程及其自动化教研室、自动化教研室、电工电子教学中心、核工程与核技术教研室、轨道交通信号与控制教研室
机械学院	机械设计、机械制造、工程机械、内燃机、测控、交通运输、材控、制图	机械设计制造系、机电与测控仪器系、车辆工程系、机械基础系、智能制造系、交通运输系
环境与市政工程学院	环境工程、建筑环境与设备工程、给水排水、消防工程、化学	给排水科学与工程系、建筑环境与能源应用工程系、环境工程系、消防工程系、应用化学系
水资源学院		水文水资源系、水务工程系
管理与经济学院	经济贸易、会计、工商管理、管理工程	物流与工业工程系、经济贸易系、会计学系、信息管理系、市场营销系
数学与统计学院	公共数学、应用数学、信息与计算科学、物理、统计学	公共数学第一教学部、公共数学第二教学部、应用数学系、信息与计算科学系、统计学系、应用统计学系、金融数学系
建筑学院	建筑学、城市规划、建筑技术	建筑系、城乡规划教研室、风景园林教研室、城市设计教研室
信息工程学院	计算机硬件、计算机软件、电子、通信、计算机基础	软件工程系、计算机科学与技术系、网络工程系、计算机基础教研室
物理与电子学院		电子信息系、通信工程系、物理教研室、物理实验教研室、电子科学系
外国语学院	公共英语第一、公共英语第二、英语、对外汉语、日语、俄语	公共英语第一教研部、英语系、汉语国际教育系、俄语系、多语种教研室、公共英语第二教研部
法学院	法学、水法与水行政、行政管理、劳动与社会保障	宪法与行政法教研室、民商法与知识产权法教研室、刑法与监察法教研室
公共管理学院		行政管理教研室、劳动与社会保障教研室
国际教育学院		中外语言文化教研室
马克思主义学院	中国近现代史、邓小平理论、马克思主义原理、思想品德	思想品德教研室、中国特色社会主义理论教研室、马克思主义原理教研室、中国近现代史教研室、形势与政策教研室、思政实践教学教研室
艺术与设计学院		环境设计系、视觉传达设计系、公共艺术系、绘画系

学　院	2011 年教研室设置	2020 年教研室设置
体育教学部	球类、田径、女生	球类教研室、田径教研室、女生教研室、武术教研室、军事理论教研室、学生体质健康测试中心、竞赛与训练教研室
乌拉尔学院		专业教学部
人文艺术教育中心	文学艺术、综合素质	文学艺术教研室、综合素质教研室
工程训练中心		机械制造基础实训部、先进制造技术实训部、创新实践部
创新创业学院		创新创业就业教育教研室
心理健康教育中心		心理健康教研室

（二）讲课大赛

1. 校内讲课大赛

学校每两年举办 1 次青年教师课堂讲课大赛，35 岁以下青年教师均需参加选拔，10 年来共有 2000 余名青年教师参加了比赛，获奖情况见表 2-14。

表 2-14　　　　　青年教师讲课大赛获奖情况一览表（2011—2020）

年份	一等奖	二等奖	三等奖
2011	任　岩　戴明清	王　慧　张晓燕　刘焕强 丰晓萌　张云鹏　陈自高	翟丽平　娄　妍　郭　飞　郑淑娟　徐　澈　赵　静 徐艳杰　应一梅　杨光瑞　王林南　李　燕　李慧敏
2013	任　岩　全玉萍 张建华	运红丽　黄　坤　高海燕 布　辉　邢　毅　鞠荣丽	李慧敏　汪　莹　娄　妍　丰晓萌　李娟娟　刘桂荣 刘楷安　陈　萍　谢　珂　张　蕊　王　雷　赵东保
2015	王　慧　刘　云 张　琳	丰晓萌　黄　坤　程伟丽 郑淑娟　王欣欣　李慧敏	马　青　赵爱清　孙艳伟　张献才　蒙　微　孙新娟 陈　萍　张云鹏　李建威　杨紫玮　杨华轲　陈　希
2017	杨华轲　张俊红 温　丽　杨文海 董　苙	朱涵钰　李　燕　孙新娟 马海霞　张文剑　李　培 张云鹏　徐冬梅　崔　欣 高海燕	张晓娟　乔小平　邓荣鑫　李　乾　宋小娜　何慧爽 姚文志　贾迪扉　杨廷潇　白　娟　杨紫玮　朱艳青 连文莉　黄春艳　李晓蕊
2019	常霜林　白　冰 孙梦青　王迎佳 连文莉	李闻天　魏　冲　张忆萌 宋丽娟　金向杰　田伟丽 陈露露　李　鹏　李　燕 肖　恒	杨　蕾　杜晓晗　王培珍　王晓妍　康　凯　齐　爽 李　雪　贾明晓　何慧爽　张文剑　范　玉　崔大田 闫旖君　刘　辉　王　博

青年教师课堂讲课大赛已经成为华水青年教师的业务竞技场、炼丹炉，成为华水教师重要的学习平台、交流平台、展示平台，成为华水青年教师乃至所有华水人的一件大事、一场盛事、一个传统。一直以来，数以千计的优秀青年教师在这个舞台上切磋技艺、苦练内功，逐渐成长为教学高手、身怀绝技的名师。

2. 校外讲课大赛

2019 年，河南省教育厅启动河南省本科高校青年教师课堂教学创新大赛，引领广大青年教师转变教育教学理念，创新教学方法和教学手段，推进现代教育技术与传统课堂的深度融合，推动课堂教学革命，实现课堂教学"以教为中心"向"以学为中心"转变，不断提升人才培养质量。学校高度重视此项工作，精心组织，并安排专家对参赛选手进行指导，在2019年和2020年两届比赛中均取得了优异的成绩，充分彰显了青年教师的实力和风采。

2019年省创新讲课大赛中，王迎佳获特等奖；孙梦青、李闻天获二等奖；白冰、魏冲、连文莉获优秀奖。2020年省创新讲课大赛中，仝玉萍、魏冲获特等奖；张建华、王培珍获一等奖；林桢、李海华、布辉、常霜林获二等奖；学校获得优秀组织奖。

教育部各教学指导委员会举办的讲课比赛获奖情况见表2-15。

表2-15　　　　教育部各教学指导委员会举办的讲课比赛获奖情况一览表

序号	获奖项目	组织部门	获奖等级	教师姓名	年度
1	第三届全国水利类专业青年教师讲课竞赛	教育部高等学校水利类专业教学指导委员会	一等奖	王鹏涛	2012
2	第三届全国水利类专业青年教师讲课竞赛	教育部高等学校水利类专业教学指导委员会	二等奖	和吉	2012
3	第三届全国水利类专业青年教师讲课竞赛	教育部高等学校水利类专业教学指导委员会	二等奖	王静	2012
4	第三届全国水利类专业青年教师讲课竞赛	教育部高等学校水利类专业教学指导委员会	二等奖	孟美丽	2012
5	第七届全国高等学校测绘学科青年教师讲课大赛	教育部高等学校测绘学科教学指导委员会和中国测绘学会测绘教育委员会	一等奖	翟燕	2013
6	第四届全国水利类专业青年教师讲课竞赛	教育部高等学校水利类专业教学指导委员会	一等奖	陈建	2014
7	第四届全国水利类专业青年教师讲课竞赛	教育部高等学校水利类专业教学指导委员会	二等奖	王文川	2014
8	第四届全国水利类专业青年教师讲课竞赛	教育部高等学校水利类专业教学指导委员会	二等奖	代小平	2014
9	第四届全国水利类专业青年教师讲课竞赛	教育部高等学校水利类专业教学指导委员会	二等奖	张献才	2014
10	第八届全国高等学校测绘类专业青年教师讲课竞赛	教育部高等学校测绘类专业教学指导委员会	二等奖	徐海军	2015
11	第一届全国高等学校青年教师电子技术基础、电子线路课程授课竞赛中南赛区（鼎阳杯）	高等学校电工电子基础课程教学指导委员会、中国电子学会电子线路教学与产业专家委员会、全国高等学校电子技术研究会	二等奖	孙新娟	2016
12	第五届全国水利类专业青年教师讲课竞赛	教育部高等学校水利类专业教学指导委员会	一等奖	范玉	2016
13	第五届全国水利类专业青年教师讲课竞赛	教育部高等学校水利类专业教学指导委员会	一等奖	孙艳伟	2016
14	第五届全国水利类专业青年教师讲课竞赛	教育部高等学校水利类专业教学指导委员会	一等奖	葛建坤	2016
15	第五届全国水利类专业青年教师讲课竞赛	教育部高等学校水利类专业教学指导委员会	二等奖	马颖	2016

序号	获奖项目	组织部门	获奖等级	教师姓名	年度
16	教学之星大赛全国总决赛	教育部高等学校大学外语教学指导委员会、教育部高等学校英语专业指导委员会	一等奖	常霜林	2017
17	第九届全国高等学校测绘类专业青年教师讲课竞赛	教育部高等学校测绘类专业教学指导委员会	二等奖	徐海军	2017
18	第二届全国高校无机非金属材料青年教师讲课比赛	教育部高等学校无机非金属材料工程专业教学指导委员会	三等奖	陈希	2017
19	第六届全国水利类专业青年教师讲课竞赛	教育部高等学校水利类专业教学指导委员会	特等奖	郭少磊	2018
20	第六届全国水利类专业青年教师讲课竞赛	教育部高等学校水利类专业教学指导委员会	特等奖	万芳	2018
21	第六届全国水利类专业青年教师讲课竞赛	教育部高等学校水利类专业教学指导委员会	一等奖	齐青青	2018
22	第六届全国水利类专业青年教师讲课竞赛	教育部高等学校水利类专业教学指导委员会	二等奖	丁泽霖	2018
23	第二届全国工程材料与机械制造基础/工程训练青年教师微课比赛	教育部工科基础课程教学指导委员会/教育部机械基础课程教学指导分委员会/教育部工程训练教学指导委员会	二等奖	金向杰	2019
24	第十届全国高等学校测绘类专业青年教师讲课竞赛	教育部高等学校测绘类专业教学指导委员会	一等奖	何培培	2019
25	第十届全国高等学校测绘类专业青年教师讲课竞赛	教育部高等学校测绘类专业教学指导委员会	二等奖	李慧	2019
26	第十届全国高等学校测绘类专业青年教师讲课竞赛	教育部高等学校测绘类专业教学指导委员会	二等奖	蒋晨	2019
27	第七届全国水利类专业青年教师讲课竞赛	教育部高等学校水利类专业教学指导委员会	二等奖	赵梦蝶	2020
28	第七届全国水利类专业青年教师讲课竞赛	教育部高等学校水利类专业教学指导委员会	一等奖	马明卫	2020
29	第七届全国水利类专业青年教师讲课竞赛	教育部高等学校水利类专业教学指导委员会	一等奖	张英克	2020
30	第七届全国水利类专业青年教师讲课竞赛	教育部高等学校水利类专业教学指导委员会	二等奖	李圆圆	2020

2020年，中国高等教育学会"高校竞赛评估与管理体系研究"专家工作组发布《全国普通高校教师教学竞赛分析报告（2012—2019）》，该报告显示：2017年，华北水利水电大学（以下简称"华水"）以获奖数量15项、总分75.07的成绩排名全国第54位；2018年，华水以获奖数量26项、总分67.97的成绩排名全国第76位；2019年，华水以获奖数量37项、总分71.66的成绩位列全国高校第57位。

3. 教学名师培育

为提高教育教学质量和人才培养质量，构建"出名师、育英才、争一流、创佳绩"的长效机制，学校2013年出台了《教育教学胜任力提升计划》，决定开展实施"教学名师培育"，造就一批优秀教学科研骨干，集聚一批具有国际国内影响的领军人物，以点带面，推动学校师资队伍建设。

2010—2020年，王丽君、张丽、李志萍、毕雪燕、李海华、上官林建、晋晓琴7名教师被评为省级教学名师。

（三）教学团队建设

学校积极开展优秀教学团队的培育和建设工作，通过卓越教学团队项目建设，进一步优化教师发展的制度环境，完善青年教师融入团队、参与团队的机制，以团队带动教师教育教学胜任力的全面提升。

2011—2020年，学校建成工科分析数学、节水农业工程、机械设计制造及其自动化专业机电类课程3个省级教学团队，详见表2-16。

表2-16　　　　　省级教学团队情况统计表（2011—2020）

序号	团 队 名 称	所在院系	批复年度
1	工科分析数学教学团队	数学与信息学院	2012
2	节水农业工程教学团队	水利学院	2015
3	机械设计制造及其自动化专业机电类课程教学团队	机械学院	2015

第三节

教学评估和专业认证

2016年，教育部专家组对学校本科教学工作进行审核评估。通过对学校教学工作的评估，达到了"以评促建，以评促改，以评促管，评建结合，重在建设"的目标，并向社会各界展现了学校的办学特色和教学工作的优良传统。

一、本科教学工作审核评估

学校高度重视本科教学审核评估工作，专门成立了以书记王清义、校长刘文锴为组长的本科教学审核评估领导小组，进行评估工作的整体部署。领导小组下设评建办公室、督察组、自评报告撰写组、宣传组、后勤保障组。学校制定了《华北水利水电大学迎接本科教学工作审核评估工作方案》，明确了各工作组详细的任务分工，并认真总结梳理了人才培养方面所做的工作、取得的成绩和形成的特色等，按照评估标准不断改进教学工作，完善相关支撑材料，明确本科教学工作的优势和不足，针对具体问题进行整改，促进本科教学工作持续改进。

2016年10月，教育部本科教学工作审核评估专家组对学校的本科教学工作进行了为期一周的现场考察。在专家反馈会上，专家组对学校的办学定位与目标、师资队伍建设、教学资源、培养过程、学生发展、质量保障、特色项目等工作予以充分肯定，同时对学校的管理干部队伍建设、教学管理制度的执行与落实、人才培养方案的落实等提出了中肯的意见和建议，希望学校进一步发扬从严治校、从严执教传统，弘扬水利精神，凝炼华水文化，积极进取，勇于开拓，再创辉煌。

学校针对专家组的反馈意见，深刻反思问题，制定《华北水利水电大学本科教学工作审核评估整改方案》，各单位按照目标任务和责任分工认真组织实施，着力推进整改措施落实，取得了显著成效，夯实了发展基础。学校在坚持评估整改的基础上，以学校发展目标和人才培养目标为引导，进一步强化教学工作中心地位和本科教学基础地位，出台政策措施，全面深化教育教学改革，构建理论基础、实践能力和人文素养融合发展的人才培养模式。通过评估整改，学校发展目标和办学定位更加明晰，师资队伍规模结构更加合理，教学资源更加丰富，培养过程更加规范，学生发展更加健全，质量保障体系更加完善。

二、工程教育认证（评估）

学校践行工程教育理念，构建工程教育质量监控体系，最大限度地保证教育目标与教育结果的一致性，推进工程教育专业改革，提高工程教育质量。

学校高度重视工程教育认证工作，出台《工程教育专业认证（评估）工作实施办法》，对参加工程教育认证的每个专业给予一定数量的教学设备经费和工作经费支持，专业所在的基层教学组织优先推荐

为省级优秀基层教学组织。学校的各类评选和考核工作中，优先考虑认证通过的专业。学校统一协调各学院、相关职能部门共同推进认证工作，在非工科专业推行工程认证教育理念，积极探讨专业建设和改革研究。积极推进"学生中心、产出导向、持续改进"教育教学理念在本科教学的落实，以工程教育认证作为专业建设的抓手，深化专业改革和内涵建设，全面提高教学质量和人才培养质量。

2016—2020年，学校工程教育认证工作取得较好成效，10个专业通过工程教育认证，1个专业通过专家进校考察，4个专业向认证协会提交了自评报告，8个专业提交了2021年认证申请。通过和进入认证程序的专业占学校满足认证条件专业总数的1/2以上。通过工程教育认证的专业情况见表2-17。

表2-17　　　　　　　通过工程教育认证的专业一览表（2016—2020）

序号	专　业	合　格　有　效　期	首次通过时间
1	建筑学	2017年5月至2021年5月	2017年5月
2	工程管理	2017年5月至2023年5月	2012年5月
3	农业水利工程	2019年1月至2024年12月	2019年1月
4	土木工程	2019年1月至2024年12月	2007年12月
5	水利水电工程	2019年1月至2024年12月	2019年1月
6	水文水资源工程	2018年1月至2023年12月	2014年1月
7	地质工程	2019年1月至2024年12月	2019年1月
8	计算机科学与技术	2019年1月至2024年12月	2019年1月
9	环境工程	2020年1月至2025年12月	2020年1月
10	给排水科学与工程	2020年5月至2023年5月	2020年5月

三、河南省本科专业评估

2012年和2014年，河南省教育厅对学校艺术设计专业办学情况进行检查评估。2016年，河南省教育厅公共艺术教育评估专家组对学校公共艺术教育进行了现场考察评估。评估专家对学校在艺术教育

方面的深厚积累、丰富经验和突出成绩给予了充分肯定。

2016—2019年，法学、计算机科学与技术、土木工程等36个专业先后参加了河南省普通高等学校本科专业评估，排名前10%的专业有2个，排名前30%的专业有

15 个，排名前 50％的专业有 29 个。

四、校内专业评估及动态调整

2013—2016 年，根据《华北水利水电大学全日制本科专业建设管理办法》，学校制定《本科专业评估方案》，成立本科专业校内评估专家组，分别从专业建设、师资队伍、教学基本设施、教学建设与改革、教学效果和专业建设特色等方面，对全部本科专业的建设情况进行了评价，进一步督促各学院加强专业内涵建设，突出专业优势和特色，不断提高专业办学水平和人才培养质量。

2018 年，学校为优化专业结构，提高人才培养能力，出台《华北水利水电大学全日制本科专业动态调整实施办法（试行）》，从专业吸引力、师资条件、培养质量和专业内涵等 12 个指标点进行分析，对全校本科专业实施动态调整。

自 2018 年以来，学校新增绘画、车辆工程、智能制造工程、人工智能、光电信息科学与工程、数据科学与大数据技术等 6 个专业，2020 年停招网络工程和交通运输专业，2021 年停招应用统计学和电子信息科学与技术专业。

第四节

教学质量监控与评价

学校树立全面质量管理理念，按照质量管理体系要求，通过加强质量保障体系的组织、制度建设以及教学质量管理队伍建设，切实保障和提高本科教学质量。2016 年 4 月学校设置教学质量监控与评价中心（以下简称"教评中心"），2018 年 6 月，教评中心与教务处合署办公，负责校级教学质量监控与评价工作的组织实施。通过教学质量监控与评价工作，学校科学调整了教育教学活动资源配置，最大限度满足人才培养的资源需求，促进教师教育教学能力、学生学业发展水平、教学管理服务质量的不断提升，增强了学校办学实力，提高了学校综合竞争力。

一、教学质量监控体系

2013 年，学校出台《华北水利水电大学教学质量监控与评价实施办法》，围绕立德树人根本任务，尊重教育教学规律和教师与学生发展规律，坚持"育人为本，学以致用"的办学理念，构建了校院两级联动，教学督导、专项评估和状态监测"三位一体"的教学质量保障机制和"分级管理、部门联动、全员参与"的教学质量监控与评价长效机制，全面保障学校人才培养质量的持续提升。

学校不断完善本科教学质量监控体系，以教研室（系）、实验室为基本单元，学生学业发展为核心、教学单位为主体、学校为主导、相关职能部门和校外实践基地与用人单位、全体教师和学生共同参与，形成了校、院、相关职能部门、校外实践基地与用人单位协同联动的多级多层次立体化的网络架构。建立了"三查、六评、二督导、二报告、一信息员、五反馈"的教学质量监控体系，质量目标明确、评价标准合理、信息渠道多样、评价范围广泛，持续促进学校人才培养质量不断提升。

二、教学质量监控与评价工作

教学督导是保障教学质量的监控手段，学校组建了学校、学院督导和学生信息员三个层面的教学质量监控队伍。校级教学督导团由各单位教学经验丰富的教授和骨干教师组成，实行工作例会制度，通过对评价信息进行分析、综合、整理，对存在的问题提出具有针对性、指导性的建议和意见，以《教学质量简报》的形式反馈到各教学单位和管理部门。同时，追踪问题处理的进度和解决情况，及时通报给教学单位和相关教师，各教学单位负责对问题进行整改，整改情况反馈给教评中心，形成闭环管理，达到持续改进目的。各教学单位成立二级督导组，主要由具有高级职称的教师组成，负责本学院本科教学质量监控工作。学生信息员队伍由各专业的学生担任，负责反馈学生对教学方面的意见和建议。

教学质量监控与评价工作包括对全校拟晋升职称人员的教学质量评价工作、对毕业设计（论文）的过程检查和毕业答辩全程监控、对新任教师试讲验收情况的教学评价和对学生学习状况的评价，以及本科试卷检查、教学单位集中会诊、课程质量评价、教研室活动检查、实践教学质量监控等。全校处级以上领导干部每学期开学第一周进行课堂听课，学期内1～2次不定期课堂听课。还包括网上评教、教材评价、学生评考，定期召开信息员和毕业生座谈会、布置毕业生调查表、进行线上问卷调查等，全面收集各方面评价信息。

自2012年起，学校开设"华水教务"微博，开设教学管理专用邮箱，开通"华水教务"微信公众号，使广大师生实现了即时信息查询、即时沟通、即时反馈，对反映的教学问题，第一时间做出回应，及时解决问题，成效显著。

三、质量文化建设

学校质量文化建设的核心是教育教学质量的提升。学校通过转变教育教学理念，提升全体师生的质量文化意识，促进教学管理工作的规范化；通过信息化改革，加强教学过程评价，提升教师和学生对教学过程的参与度，促进以学生为中心和信息化技术下的教学模式改革，从根本上保障学校教育教学质量的提升。

2020年，学校出台《基于OBE的专业质量监控与持续改进指导意见》，进一步巩固了学校人才培养中心地位，在本科教学过程中积极推广OBE教育教学理念，将"学生中心、产出导向、持续改进"落实到本科教学中，各专业将质量监控与持续改进的各项制度逐步建立起来。实行专业课程体系合理性评价、课程目标达成度评价、毕业要求达成度评价和毕业生跟踪反馈评价等措施，进一步规范课程教学大纲、明确课程目标、细化专业毕业要求，构建内部质量监控和外部评价机制，促使专业质量持续改进提高。

学校通过不断探索，构建了"定量与定性相结合，个性与共性相统一，形成性评价与终极性评价相协调"的"知识、能力、素质"三位一体的人才培养质量评价机制。推行"学生学习过程性评价"，科学合理地对学生学习质量进行监控与评价，逐步形成内外结合的质量监控与评价体系，建立起持续改进的管理机制和质量文化。

第三章

学位点建设与研究生教育

学校以推进研究生教育内涵式发展，大力加强研究生教育高质量发展为指导思想，积极推进博士学位授予单位建设，强化硕士学位授权门类建设，拓展硕士专业学位领域建设；推进研究生教育教学改革，完善研究生培养模式和体系，保证研究生培养的质量和水平；持续加强研究生教育投入，实施优秀生源奖励、改革招生选拔方式，研究生招生规模持续扩大，类型不断增多；强化质量在资源配置中的引导作用，通过实行研究生招生指标动态分配、导师招生资格审核机制，调动学院和导师的积极性，研究生培养质量稳步提高。

第一节

学 位 点 建 设

学校坚持"加快发展研究生教育，启动博士授权点申报工作，扩展硕士点及硕士点的培养学科门类"的基本原则，稳步推进学位点建设。通过多轮授权审核工作，学校学位授权点布局日趋完善。

一、学位授权点情况

（一）硕士学位点

截至 2021 年 5 月，学校有 19 个硕士学位一级学科授权点，1 个硕士学位二级学科授权点，15 个硕士专业学位授权点。

1. 硕士学术学位授权点

2011 年，学校有学术型一级学科硕士点 3 个，学术型二级学科硕士点 28 个。2011 年后，学校学科硕士点布局日益完善。第十一批（2010 年）批准数学、机械工程、动力工程及工程热物理、控制科学与工程、计算机科学与技术、土木工程、农业工程、工商管理、软件工程 9 个一级学科硕士点，涵盖 24 个二级学科硕士点，包括基础数学、计算数学、概率论与数理统计、运筹学与控制论、机械制造及其自动化、机械电子工程、工程热物理、热能工程、动力机械及工程、制冷及低温工程、化工过程、机械控制理论与控制工程、检测技术与自动化装置、系统工程、导航制导与控制、计算机系统结构、计算机软件与理论、供热供燃气通风及空调工程、农业机械化工程、农业生物环境与能源工程、农业电气化与自动化、会计学、企业管理、旅游管理。同时将部分二级学科授权点合并至一级学科授权点：水文学及水资源、水力学及河流动力学、水工结构工程、水利水电工程、港口海岸及近海工程 5 个二级学科授权点合并至水利工程，矿产普查与勘探、地球探测与信息技术、地质工程 3 个二级学科授权点合并至地质资源与地质工程，机械制造及其自动化、机械电子工程、机械设计及理论、车辆工程 4 个二级学科授权点合并至机械工程，工程热物理、热能工程、动力机械及工程、流体机械及工程、制冷及低温工程、化工过程机械 6 个二级学科授权点合并至动力工程及工程热物理，控制理论与控制工程、检测技术与自动化装置、系统工程、模式识别与智能系统、导航制导与控制 5 个二级学科授权点合并至控制科学与工程，计算机系统结构、计算机软件与理论、计算机应用技术 3 个二级学科授权点合并至计算机科学与技术，岩土工程、结构工程、市政工程、供热供燃气通风及空调工程、防灾减灾工程及防护工程、桥梁及隧道工程 6 个二级学科授权点合并至土木工程，农业机械化工程、农业水土工程、农业生物环境与能源工程、农业电气化与自动化 4 个二级学科授权点合并至农业工程，基础数学、计算数学、概率论与数理统计、应用数学、运筹学与控制论 5 个二级学科授权点合并至数学，管理科学与工程 1 个二级学科授权点合并至管理科学与工程，会计学、企业管理、旅游管理、技术经济管理 4 个二级学科授权点合并至工商管理；2016 年，国务院学位委员会批准应用经济学 1 个一级学科硕士点；2018 年新增电气工程、建筑学、美术学、环境科学与工程、马克思主义理论、地理学 6 个一级学科硕士点，同时将环境工程 1 个二级学科授权点合并至环境科学与工程，水土保持与荒漠化防治 1 个二级学科授权点合并至地理学，人口资源与环境经济学 1 个二级学科授权点合并至应用经济学，马克思主义基本原理和思想政治教育二级学科授权点合并至马克思主义理论。

2. 硕士专业学位授权点

2011 年前学校有 3 个专业学位领域，分别是 2003 年新增的水利工程领域专业工程硕士学位授权、2004 年新增的地质工程领域专业工程硕士学位授权和 2009 年新增的农业工程领域专业工程硕士学位授权。

2011 年后学校专业学位授权点快速发展。2011 年新增工商管理硕士、农业推广硕士 2 个类别和机械工程、动力工程、控制工程、建筑与土木工程、项目管理、工业工程、物流工程 7 个工程硕士专业学位授权领域；2014 年新增公共管理硕士和翻译硕士 2 个专业类别；2016 年增加了会计硕士和艺术硕士 2 个专业学位授权类别和电气工程 1 个工程硕士专业学位授权领域；2018 年新增法律硕士、工程管理和汉语国际教育硕士 3 个专业学位授权类别；2019 年机械工程、动力工程、电气工程、控制工程、计算机技术、建筑与土木工程、水利工程、地质工程、农业工程、工业工程、项目管理、物流工程 12 个工程硕士专业学位授权领域调整为电子信息、机械、资源与环境、能源动力、土木水利、交通运输 6 个专业学位授权类别。截至 2020 年年底，学校共有法律、汉语国际教育、翻译、电子信息、机械、资源与环境、能源动力、土木水利、交通运输、农业、工商管理、公共管理、会计、工程管理、艺术 15 个专业学位领域。

（二）博士学位点

2008 年，国务院学位委员会出台了《关于做好新增博士、硕士学位授予单位工作的指导意见》和《关于做好 2008—2015 年新增博士、硕士学位授予单位立项建设规划工作的通知》，确定河南省 2015 年以前配额新增 3 个博士学位授予单位、1 个硕士学位授予单位。学校抓住该机遇，经过多年努力在 2013 年取得突破，获批水利工程、地质资源与地质工程和管理科学与工程 3 个博士学位一级学科授权点。

二、学位授权点专项建设与培育

2017 年 3 月，国务院学位委员会印发了《博士硕士学位授权审核办法》，建立常态化学位授权审核机制，每 3 年实施一次新增学位授权审核，公布了《学位授权审核基本条件（试行）》。2017 年 12 月，学校提出以《学位授权审核基本条件（试行）》为导向，通过学位授权点培育的方式，有规划、有目标地加强学位点建设投入，提升学位点建设成效，并在全校学科范围内遴选学位点培育学科进行专项建设。经过学科申请、校学术委员会评审等程序，学校确定将数学、土木工程、农业工程、工商管理、公共管理学、美术学、马克思主义理论、动力工程及工程热物理等 8 个学科列为博士点培育学科，将城乡规划学、公共管理学 2 个硕士学位授权一级学科点及应用经济学、国际商务、资产评估、教育、城市规划、材料与化工、风景园林、林业 8 个硕士专业学位授权点列为硕士点培育学科。为顺利实现学校学科

规划的目标，完成学科建设与发展的任务，学校采取了有力举措：加强领导，完善管理，为学科建设提供制度和组织保障；全面实施人才工程，为学科建设提供人才资源保障；多渠道增加资金投入，增强学科可持续发展能力；设立专项基金，提高学科建设与发展活力和动力；加强条件建设，为学科建设提供基础保障。

2020 年申报新增数学、土木工程、农业工程、工商管理、公共管理学、美术学 6 个博士学位授权一级学科点；土木水利 1 个博士专业学位授权点；城乡规划学、公共管理学 2 个硕士学位授权一级学科点；应用经济学、国际商务、资产评估、教育、城市规划、材料与化工、风景园林、林业 8 个硕士专业学位授权点。申报新增的博士硕士学位授权点均是服务本地区和国家经济社会发展亟需的学科专业，具有较好的科学研究基础和较好的学科基础，进一步拓宽了学校优势学科领域，优化了学科布局，增强了办学特色。

博士、硕士学位授权点分布情况及硕士专业学位授权点分布情况见表 3-1 和表 3-2。

表 3-1 博士、硕士学位授权点分布情况一览表

学位授权点	专业代码	专业名称	授权年份
博士学位授权一级学科点	081500	水利工程	2013
博士学位授权一级学科点	081800	地质资源与地质工程	2013
博士学位授权一级学科点	120100	管理科学与工程	2013
硕士学位授权一级学科点	020200	应用经济学	2016
硕士学位授权一级学科点	030500	马克思主义理论	2018
硕士学位授权一级学科点	070100	数学	2011
硕士学位授权一级学科点	070500	地理学	2018
硕士学位授权一级学科点	080200	机械工程	2011
硕士学位授权一级学科点	080700	动力工程及工程热物理	2011
硕士学位授权一级学科点	080800	电气工程	2018

学位授权点	专业代码	专业名称	授权年份
硕士学位授权一级学科点	081100	控制科学与工程	2011
硕士学位授权一级学科点	081200	计算机科学与技术	2011
硕士学位授权一级学科点	081300	建筑学	2018
硕士学位授权一级学科点	081400	土木工程	2011
硕士学位授权一级学科点	081500	水利工程	2006
硕士学位授权一级学科点	081800	地质资源与地质工程	2006
硕士学位授权一级学科点	082800	农业工程	2011
硕士学位授权一级学科点	083000	环境科学与工程	2018
硕士学位授权一级学科点	083500	软件工程	2011
硕士学位授权一级学科点	087100	管理科学与工程	2006
硕士学位授权一级学科点	120100	管理科学与工程	2006
硕士学位授权一级学科点	120200	工商管理	2011
硕士学位授权一级学科点	130400	美术学	2018
硕士学位授权二级学科点	080104	工程力学	2006

表 3－2　硕士专业学位授权点分布情况一览表

序号	专业代码	专业名称	授权年份
1	035100	法律	2018
2	045300	汉语国际教育	2018
3	055100	翻译	2014
4	085400	电子信息	2010
5	085500	机械	2010
6	085700	资源与环境	2004
7	085800	能源动力	2010
8	085900	土木水利	2004
9	086100	交通运输	2010
10	095100	农业	2010
11	125100	工商管理	2010
12	125200	公共管理	2014
13	125300	会计	2016
14	125600	工程管理	2018
15	135100	艺术	2016

第二节

研 究 生 招 生

学校以提高生源质量为主线，推进研究生招生模式改革，构建招生质量保障体系，建立健全"学校主导、学院主管、导师主责、学生为主"的机制，加强规范管理，不断提升研究生招生工作质量。

一、研究生招生规模和生源质量

（一）研究生招生类型逐步调整

随着国家研究生招生政策的调整，学校研究生招生类型也不断变化。

学校从 2009 年开始招收全日制硕士专业学位研究生。从 2016 年起，在职人员攻读硕士专业学位招生工作以非全日制研究生教育形式纳入国家招生计划和全国硕士研究生统一入学考试管理，在职人员攻读工程硕士专业学位于 2016 年停止招生。

2016年4月，教育部办公厅印发《关于统筹全日制和非全日制研究生管理工作的通知》，规定12月1日后录取的研究生在培养方式上按全日制和非全日制形式区分。自2017年起，学校根据各学科特点与研究生培养实际，确定了分类招生的政策，即学术学位点只招收全日制研究生，水利工程、工商管理硕士（MBA）、工程管理硕士（MEM）等部分专业学位类别同时招收全日制和非全日制研究生。

（二）研究生招生规模持续扩大

学校研究生招生规模不断扩大。博士研究生招生人数从2014年的9人增加到2020年的26人，增长188.9%；硕士研究生招生人数从2011年的385人增加到2020年的1221人，增长217%（表3-3）。随着学校专业学位授权类别的丰富，专业学位硕士研究生招生规模快速增长，从2011年的74人，增长到2020年的841人，增长1036%（表3-4）；2020年，专业学位硕士研究生招生人数占硕士研究生招生总人数的68.9%，成为硕士研究生招生的主体。

（三）研究生招生方式不断完善

学校以扩大规模，提高研究生生源质量为目标，不断推进研究生招生制度改革。

表3-3 　　　　　　　　2011—2020年研究生招生规模情况表 　　　　　　　　单位：人

类别	年　份										合计
	2011	2012	2013	2014	2015	2016	2017	2018	2019	2020	
博士				9	14	17	20	23	25	26	134
硕士	385	446	463	496	529	545	759	797	882	1221	6523
合计	385	446	463	505	543	562	779	820	907	1247	6657

表3-4 　　　　　　2011—2020年学术学位、专业学位硕士研究生招生情况表 　　　　　　单位：人

类别	年　份										合计
	2011	2012	2013	2014	2015	2016	2017	2018	2019	2020	
学术学位	311	329	332	340	315	306	304	304	356	380	3277
专业学位	74	117	131	156	214	239	455	493	526	841	3246
合计	385	446	463	496	529	545	759	797	882	1221	6523

1. 改善生源结构

随着研究生招生规模的不断扩大，为提升研究生生源质量，学校探索硕士研究生全日制和非全日制招生并轨下的招生管理方式，构建"线上线下、点面结合、立体覆盖"的宣传模式，不断提升宣传咨询服务水平。通过努力，学校录取的硕士研究生来自国家"双一流"高校的比例不断提高，有效改善了研究生生源结构。

2014年，为进一步推动招生单位科学规范选拔、择优录取，保障考生自主报考权利，维护公平竞争环境，教育部印发了《关于进一步完善推荐优秀应届本科毕业生免试攻读研究生工作办法的通知》，推免名额不再区分学术学位和专业学位。为确保政策调整后学校推免生接收工作的顺利开展，学校修订了《华北水利水电大学接收推荐免试攻读硕士学位研究生实施办法》，细化了推免生的接收复试细则，优化了推免生招生工作程序，健全了推免生

招生运行机制和管理模式，有效地改善了硕士研究生的生源结构，提高了生源质量。

2. 改革招生计划分配方式

学校研究生招生计划稳步增长，一志愿报考人数持续上升，为充分发挥研究生招生计划分配在研究生教育质量保障与监督体系中的调节作用，合理配置研究生教育资源，完善招生计划管理办法，通过增量安排和存量调控，调整和改进研究生招生计划分配方式。2019年出台了《华北水利水电大学硕士研究生招生计划分配办法》（以下简称《分配办法》），明确了研究生招生指标的分配原则，细化了研究生招生指标分配方法和分配程序，打破传统资源分配方式，构建以质量和绩效为先导，以促进科研、学科建设和创新研究为目标，统筹学校发展战略的招生指标动态分配机制，推动招生计划向有利于提升教育质量、人才培养绩效好的专业和导师倾斜，促进研究生教育资源分配的合理化与科学化。《分配办法》的实施有效地调动了学院和导师的积极性，为进一步提高研究生教育质量奠定了基础。

3. 改革博士生招生方式

根据教育部《全国招收攻读博士学位研究生工作管理办法》文件精神，博士研究生的招生方式分为普通招考、硕博连读和申请考核3种。为推进博士研究生招生方式的改革，做好学校硕博连读工作，激励在读硕士研究生刻苦学习、继续深造，提高博士研究生的生源质量，学校于2018年制定了《华北水利水电大学推荐优秀硕士研究生攻读博士学位实施办法》，规定了硕博连读研究生的选拔对象、报考条件。同时，为进一步扩大学院和博士生导师的招生自主权，招收有突出学术专长和培养潜能的硕士研究生攻读博士学位，学校制定了《华北水利水电大学博士研究生

"申请-考核制"实施办法》，契合招考选拔的工作实际，细化了申请、考核的具体流程和内容，并在学校全部博士学位授权点推行。

学校自2019年起全面采用普通招考、申请考核、硕博连读等多方式选拔、录取博士研究生。逐步完善了学校博士研究生招生选拔机制，开辟了高层次人才选拔新途径，提高了学校博士研究生的生源质量，为学校开展高水平的研究生教育培养打下了坚实的基础。

（四）规范招生管理

2010年，为加强对研究生招生工作的领导，规范研究生招生工作行为，学校成立华北水利水电学院研究生招生工作领导小组，校长任组长，主管副校长任副组长，校纪委（监察处）、研究生处、各招生学院负责人为小组成员，负责审定研究生招生工作相关制度、招生计划的调整和分配以及研究生招生考试监督等工作，协调处理研究生招生工作中出现的重大问题。根据工作需求，每年学校对研究生招生工作领导小组人员进行调整。

2014年，学校被河南省设立为"全国硕士研究生招生考试考点"。为加强对研究生招生考试、考点工作的监督检查，学校成立了研究生招生考试考点工作领导小组、突发事件应急处理工作领导小组，保证研究生考试的公平、公正、公开。

2014年，学校制定了《华北水利水电大学研究生招生保密工作管理规定》，严格了研究生考试命题与评卷的工作程序，明确了保密要求，强化了保密责任。

2019年，为进一步做好研究生考务工作，确保研究生招生考试的顺利进行，学校制定了《华北水利水电大学研究生入学考试自命题工作管理办法》，对招生考试命题工作提出了具体的要求，规范了招生

考试命题的工作流程，建立了应急处理机制和招生保密问责机制。

（五）做好招生宣传与生源奖励

做好研究生招生宣传工作是扩大生源、提高生源质量的重要举措，也是研究生招生工作的重要环节。如何吸引大量的、优秀的生源报考，扩大研究生教育规模，提高研究生人才培养质量，是研究生招生单位面临的重要课题。

为宣传学校特色优势，扩大报考生源数量，吸引更多优质生源，学校明确思路、全员参与，多渠道、多层次、全方位、全面深入地开展线上线下招生宣传活动。一是与中国研究生招生信息网、中国教育在线合作，多方位、多角度宣传学校的办学特色；二是创建了研究生招生宣传手机网站，并充分利用新媒体（QQ群、微信公众号等）宣传学校招生政策和招生优势，同时到省内外相关高校开展招生宣传；三是参加国内多地各种研究生招生现场咨询活动，与各地考生面对面交流；四是参加研招单位招生交流会，学习其他高校的优秀做法；五是组织各招生学院对本校学生宣讲国家、学校研究生相关招生政策。

2018年，为进一步改善生源质量，学校制定了《华北水利水电大学研究生优秀生源奖励办法（试行）》，探索实施优秀生源奖励，对"985工程""211工程"高校应届硕士研究生考取华北水利水电大学博士研究生以及优秀应届本科生考取华北水利水电大学硕士研究生、推荐免试攻读硕士研究生，给予一定的奖励。

通过上述措施，从2017年开始学校研究生报名人数持续提高，2020年硕士研究生报考人数（5551人）较2011年（532人）增长943.4%。

二、研究生导师队伍建设

学校始终高度重视研究生导师队伍建设，制定了相关文件及实施细则，并根据学校研究生教育发展和研究生招生、培养工作实际，先后对导师遴选文件进行了8次修订，严格导师聘任条件和聘任程序，在学术能力、教学能力、职业学术道德和师德育人等方面加强对导师的综合考核。

（一）博士研究生导师队伍建设

博士研究生导师人数从2014年的25人增加到2020年的83人，增长232%（表3-5）。2020年对博士研究生导师遴选文件进行了修订，一批学术水平高、业务素质过硬的年轻教师补充到博士研究生导师队伍中。2020年新增博士生导师平均年龄43.8岁，实现了师资队伍的年轻化，教师队伍结构更加合理。

表3-5　　　　　　　2014—2020年博士研究生导师人数一览表　　　　　　　单位：人

年　度		2014	2015	2016	2018	2019	2020
职称	教授	25	29	39	46	53	75
	副教授	0	0	0	0	0	8
总　计		25	29	39	46	53	83

（二）硕士研究生导师队伍建设

随着学校研究生招生规模不断扩大，硕士研究生导师队伍规模也得到了较大发展。硕士研究生校内导师从2011年的267人增加到2020年的749人，增长了180.5%。校外导师从2011年的88人增加到2020年的607人，增长了589.8%。与此同时，学校重视硕士研究生导师队伍的结构优化，不断修订遴选制度，使更多拥有博士学位、学术水平高、业务素质过硬的年轻教师加入硕士研究生导师队伍中来。

2011 年，校内硕士研究生导师中，具有本科、硕士研究生和博士研究生学历的比例分别为 16.1％、40.1％ 和 43.8％。2020 年，这一比例则分别为 7.3％、32.6％ 和 60.1％，具有学士学位导师比例下降了 8.8％，具有博士学位导师比例上升了 16.3％。2011 年，导师平均年龄为 46.5 岁，2020 年新增硕士研究生导师平均年龄为 38.5 岁。硕士研究生导师队伍向高学历、年轻化转变。硕士研究生导师人数见表 3－6。

表 3－6　　　　　　　　　2011—2020 年硕士研究生导师人数一览表　　　　　　　　单位：人

年　度			2011	2012	2013	2014	2015	2016	2017	2019	2020
校内导师	职称	教授	112	117	121	134	136	142	146	147	157
		副教授	155	201	233	272	300	347	403	446	499
		讲师	0	0	0	0	0	0	0	0	93
	学历	博士研究生	117	144	166	192	210	243	283	314	450
		硕士研究生	107	128	142	160	172	191	211	224	244
		本科	43	46	46	54	54	55	55	55	55
	合计		267	318	354	406	436	489	549	593	749
校外导师			88	101	117	145	198	258	310	376	607
总计			355	419	471	551	634	747	859	969	1356

第三节
研究生培养与管理

一、研究生培养规模

学校研究生在校生规模不断扩大。硕士研究生在校生人数从 2011 年的 702 人增加到 2021 年的 2876 人，增长 310％。博士研究生在校生人数从 2014 年的 9 人增加到 2021 年的 116 人。

二、培养质量保障

（一）健全研究生教学管理制度

学校依据上级相关文件精神和研究生教育的实际情况，陆续完善了研究生教育教学管理制度，规范了研究生课程教学秩序，加强了研究生培养的全过程监控，保障了研究生教育教学管理的科学化、规范化和程序化。

2017 年起学校陆续修订和制定了研究生培养工作管理、课程管理与考核、开题报告和中期考核、学位论文答辩管理、学位授予等方面的规章制度。进一步明确研究生课程考核、学位论文开题、中期考核及学位答辩等培养环节的质量标准，构建全过程监控的研究生培养质量过程管理体系。

2019 年，根据教育部《普通高等学校学生管理规定》，对《研究生学籍管理实施细则》进行修订，从设定弹性学制、简化休复学流程、允许跨校联合培养、保留学籍期限、最长学习年限等多方面做了修改，积极推进学生管理由从严管理向科学管理转变。

2009 年，学校研究生教育综合信息管理系统启用，研究生课程管理首现网络化。2017 年起启用河南省研究生管理云服务平台，实现研究生学籍、学位报盘管理，课程安排，培养计划全面网络化。

（二）修订培养方案，创新专业学位研究生的培养模式

积极主动适应研究生教育发展，分类推进研究生培养模式改革。学校在 2014 年对 48 个学术学位硕士研究生培养方案、14 个专业学位硕士研究生培养方案和 3 个博士研究生培养方案进行了全面修订。本次修订以分类培养为宗旨，其中学术学位研究生注重创新能力培养，鼓励学科交叉，激发创新思维；专业学位研究生注重强化实践应用能力，实行双导师制，充分发挥研究生联合培养基地的作用，激发创业思维。2017 年，根据国务院学位委员会发布的《一级学科博士、硕士学位基本要求》《专业学位类别（领域）博士、硕士学位基本要求》，学校对硕士研究生培养方案再次进行修订，同时注重学术道德的培养，将"科学道德与学术规范"作为学术学位硕士研究生培养方案公共必修课，将"工程伦理""职业道德修养"作为专业学位硕士研究生培养方案公共必修课。

（三）研究生核心课程与案例库建设

为深化研究生培养机制改革，推进研究生分类教学，推广优秀教学理念和教学模式，发挥核心课程和案例库的示范带动作用，促进学校研究生教学工作的基础性建设和提高研究生培养质量，学校自 2015 年启动研究生核心课程和案例库建设工作。截至 2020 年年底，共立项建设 60 门校级研究生教育优质课程、32 项研究生教学案例。通过研究生核心课程与案例库建设，整合优质课程资源，加快课程体系、教学内容和教学方法改革步伐，推进教学模式和教学手段的创新，形成具有一流师资队伍、一流教学内容、一流教学方法、

一流教材、一流教学管理和一流教学效果等特点的示范性课程，提高专业学位研究生课程教学的实效性，强化专业学位研究生的实践应用能力培养。校级研究生核心课程与案例库建设为申报省级核心课程与案例库项目打下坚实基础。2015—2020 年获批省级优质课程 13 门、省级精品教学案例 6 项，详见表 3-7 和表 3-8。

表 3-7　河南省研究生教育优质课程项目一览表

序号	承担部门	项目名称
1	土木与交通学院	"高等混凝土结构"
2	马克思主义学院	"中国特色社会主义理论与实践研究"
3	外国语学院	"研究生公共英语"
4	地球科学与工程学院	"高等土力学"
5	土木与交通学院	"结构动力学"
6	管理与经济学院	"研究生专业英语"
7	水利学院	"环境水利学"
8	机械学院	"单片机原理及机械工程应用"
9	地球科学与工程学院	"专业英语"
10	机械学院	"现代控制理论"
11	土木与交通学院	"混凝土结构检测评价与性能提升技术"
12	土木与交通学院	"工程结构有限元分析"
13	数学与统计学院	"灰色系统理论"

表 3-8　河南省专业学位研究生精品教学案例项目一览表

序号	承担部门	项目名称
1	机械学院	0855 机械
2	地球科学与工程学院	0857 资源与环境
3	土木与交通学院	0859 土木水利
4	土木与交通学院	0859 土木水利
5	地球科学与工程学院	0859 土木水利
6	外国语学院	0551 翻译

（四）研究生教育创新培养基地建设

为了规范学术学位研究生教育创新培养基地和专业学位研究生教育联合培养基地的建设管理，确保完成创新培养基地建设目标和建设任务，推进产学研结合，提高研究生创新能力与实践能力，自2015年起学校启动研究生教育创新培养基地建设。经过6年建设，共建设成校级研究生教育创新培养基地27个。通过创新培养基地，实现学校与企事业单位和科研院所的强强联合，强化研究生创新意识和能力的培养，探索研究生培养新模式，推动学校研究生教育的发展。学校充分利用创新培养基地的资源优势，为研究生提供科研实践平台，促进相关学科的交叉融合，培养研究生的创新思维和实践能力，促进研究生全面发展，使之成为高层次、复合型的创新人才。通过校级研究生教育创新培养基地建设，为申报省级研究生教育创新培养基地打下坚实基础。2015—2020年获批省级研究生教育创新培养基地项目6项，详见表3-9。

表3-9　　　　　　　　　省级研究生教育创新培养基地项目一览表

序号	承担部门	参与基地建设的学位授权一级学科、专业学位类别（领域）名称
1	土木与交通学院	土木工程；交通运输；土木水利
2	土木与交通学院	土木工程；交通运输；土木水利
3	电力学院	动力工程及工程热物理、动力工程领域
4	机械学院	机械工程
5	地球科学与工程学院	地质资源与地质工程
6	水利学院	水利工程

（五）研究生教育教学改革

2019年，学校制定了《华北水利水电大学高等教育教学改革研究与实践项目（研究生教育）实施办法》，2020年立项校级研究生教育教学改革研究项目22项。通过研究生教育教学改革项目引导研究生导师、教学及管理人员落实立德树人根本任务，针对学位管理与研究生教育教学改革中的重点和难点问题，开展具有较强科学性、前瞻性和先进性的理论研究和实践探索，不断提升学校学位管理与研究生教育研究水平，为学校学位管理与研究生教育内涵提升与改革发展提供指导和服务。

（六）研究生教育督导

为提高研究生培养质量，加强对研究生教育工作的研究、指导、督促和检查，健全与完善研究生教育与学位授予质量的监督与评价机制，学校始终秉承"强化监督、重在改进、致力发展、提高质量"的理念，对研究生教学管理和研究生培养过程进行督导检查。在督导过程中，督导专家认真查看任课教师教案、授课计划等教学资料，对任课教师课堂教学给以科学、全面、实事求是、准确的客观评价，同时指出教学过程存在的问题，在现场对教学过程进行具体的指导。通过督导团的督导检查，任课教师能认真履行自己的职责，重视研究生课程的授课，积极准备授课内容，对授课方法进行积极探索，教学效果得到很大提高。2020年新冠肺炎疫情期间，学校克服重重困难，实现研究生课程线上督导全覆盖。

三、研究生管理

（一）研究生思想教育管理

2011年12月，经校党委研究决定，

成立中共华北水利水电学院委员会研究生工作部，与研究生院合署办公，负责全校研究生思想政治教育与日常管理工作。研究生工作部成立以来，围绕学校发展中心工作，全面贯彻党的教育方针，落实立德树人根本任务，以促进研究生成长成才为目标，坚持以社会主义核心价值观教育为核心，以学术文化教育为载体，增强思想政治教育实效性，不断增强研究生的综合素质。

1. 加强研究生思想政治教育，形成党政齐抓共管的领导体制

学校为进一步加强研究生思想政治工作，促进研究生全面发展，制定了《中共华北水利水电大学委员会关于进一步加强研究生思想政治工作的实施意见（试行）》，健全研究生管理领导体制机制，党政齐抓共管，把思想政治教育落实到研究生培养和管理各个环节，贯穿到研究生培养和管理的全过程。

2. 发挥思想政治理论课主渠道作用

思想政治理论课对研究生进行系统马克思主义理论教育，是落实立德树人根本任务的关键课程。学校为全体硕士研究生开设公共必修课"中国特色社会主义理论与实践研究"（36学时，2学分），为全体博士研究生开设公共必修课"中国马克思主义与当代"（36学时，2学分），为全体硕士研究生开设公共选修课"自然辩证法"（18学时，1学分）。

学校以马克思主义学院教师为主体，并从校内选聘政治觉悟高、理论功底扎实、师德高尚、教学效果好的教师担任研究生思想政治理论课教学工作，形成专职为主、专兼结合、数量充足、素质优良的思想政治理论课教师队伍。

学校鼓励和支持开展研究生思想政治工作的理论研究，推进研究生课程思政

建设。2017年，学校研究生教改项目《新形势下研究生思想政治教育研究与实践》获河南省教育厅研究生教育教学改革项目重点资助，并于2019年获得河南省高等教育教学成果一等奖。2021年，学校研究生公共课程"中国特色社会主义理论与实践研究"获河南省研究生优秀课程项目立项。

3. 健全研究生专兼职辅导员队伍

研究生辅导员队伍是研究生思想政治工作的骨干力量，是研究生思想引领和日常教育管理的具体组织者、实施者和指导者。学校在规模200人以上的学院均已配备专职辅导员，200人以下的学院也配备了兼职辅导员，实现了专人专岗，切实做到全方位关心学生，引导研究生全面发展。

4. 加强研究生心理健康教育

坚持在全校研究生中开展研究生思想和心理状况调查。学校每年组织全体新入校的研究生进行思想和心理调查。思想和心理状况调查主要从研究生基本情况、意识形态现状、生理及心理现状、人际关系、道德信念、专业满意度、自身发展等方面进行全面调查，及时准确掌握研究生思想动态，了解研究生的心理状况，提升学校全过程、全方位育人水平。调查显示，学校研究生整体上政治觉悟较高，理想信念坚定，综合素质较高。

（二）研究生学术交流与文化建设

1. 学术道德与学风建设

学校组建研究生科学道德与学风建设宣讲团，每学期开展研究生科学道德与学风建设宣讲讲座或教育活动，逐渐形成科学道德和学风教育的长效机制。

研究生学术论坛是学校研究生学术交流品牌项目，是将研究生思想政治教育工作融入研究生学术活动中的重要举措。在

各培养学院的高度重视和大力支持下，举办高质量报告会 22 场，征稿 1500 余篇。

2. 校园文化活动

学校积极开展研究生校园文化建设活动：举办专题报告会，开展征文比赛，教育引导广大研究生听党话跟党走，时刻与祖国同向同行；组织学生参加全国数学建模比赛，获得好成绩；组织开展了数期研究生英语演讲比赛，参与研究生 2000 余人次，旨在为学校研究生提供英语演讲与交流平台，为河南省英语演讲比赛选拔选手；举办了十届研究生学术交流会，每期邀请优秀研究生代表，如国家奖学金获得者，优秀团员团干，三好学生以及在某些方面有特长、有才华的研究生等进行宣讲，内容涉及学术交流、经验分享、科学修养提升、社会责任担当等；利用"华水研究生"微信平台向广大研究生宣传党的路线方针政策和学生关心的热点问题。研究生校园文化活动的蓬勃开展，丰富了研究生的业余生活，提高了研究生的综合素质，促进了研究生的全面发展。

3. 发挥研究生自我教育、自我管理的积极性、主动性

2012 年成立华北水利水电大学研究生会，在党委研究生工作部与校团委的具体指导下开展工作，始终牢记"情系水利、自强不息"的办学精神，以爱国爱校为根本，以服务奉献为主线，以成才成长为目标，围绕中心，服务大局，反映研究生的意见和建议，做好研究生的自我管理工作，为广大研究生成长成才服务。

2013 年创办《华水研究生》杂志，开设团学热点、名师风采、重点学科、学术前沿、求职故事等 10 余板块。2017 年，"华北水利水电大学研究生"官方微信开通，使广大研究生通过新媒体平台获取各类资讯。

（三）研究生奖励资助

1. 研究生国家奖学金

学校制定了《研究生国家奖学金评审管理办法》，对学习成绩优异、科研能力显著、发展潜力突出的研究生进行奖励。2012—2020 年，共有 9 名博士研究生和 200 名硕士研究生获得研究生国家奖学金，共发放奖金 427 万元。

2. 研究生国家助学金

2011—2014 年，全日制（非定向）硕士生享受普通奖学金，发放标准为每生每年 0.4 万元。自 2014 年秋季学期起，研究生普通奖学金调整为研究生国家助学金，全日制博士、硕士研究生（有固定工资收入的除外）均享受国家助学金，博士研究生资助标准为每生每年 1.2 万元，硕士研究生资助标准为每生每年 0.6 万元。2019 年，学校将博士生资助标准提高到每生每年 1.3 万元。2011—2020 年，发放普通奖学金和国家助学金 9681 人次，金额达 6017 万元。

3. 研究生学业奖学金

从 2014 级研究生起，学校设立研究生学业奖学金，制定了《华北水利水电大学研究生学业奖学金评审管理办法》。博士研究生学业奖学金分两个等级，一等学业奖学金标准为每生每年 1.8 万元，二等学业奖学金标准为每生每年 1.0 万元；硕士研究生学业奖学金分 4 个等级，其中，一等学业奖学金标准为每生每年 1.2 万元，二等学业奖学金标准为每生每年 0.8 万元，三等学业奖学金标准为每生每年 0.6 万元，四等学业奖学金标准为每生每年 0.4 万元。

2015 年，学校修订了《华北水利水电大学研究生学业奖学金评审管理办法》。2015 级及以后研究生，博士研究生学业奖学金每生每年 1.8 万元；硕士研究生学业奖学金分 3 个等级，其中，一等学业奖学

金标准为每生每年 0.8 万元，二等学业奖学金标准为每生每年 0.6 万元，三等学业奖学金标准为每生每年 0.5 万元。

2020 年，根据国家政策，学校对《华北水利水电大学研究生学业奖学金评审管理办法》再次修订，调整了研究生学业奖学金的评选比例和奖励标准。2021 级及以后研究生，博士研究生每生每年 1 万元，硕士研究生每生每年 0.8 万元；博士研究生学业奖学金覆盖面为纳入全国研究生招生计划的全日制博士研究生的 70%，硕士研究生学业奖学金覆盖面为纳入全国研究生招生计划的全日制硕士研究生的 40%。

2014—2020 年，发放研究生学业奖学金 9337 人次，共发放奖金 6090 万元。

4. 创优争先

学校每年在全体研究生中开展创优争先活动，共有 128 人获优秀研究生奖（少干计划），244 人获全日制优秀研究生奖，348 人获得优秀毕业生奖，16 个班级获得"先进班集体"荣誉称号，56 人次获得"优秀研究生干部"称号，63 名研究生获得"河南省优秀毕业研究生"称号。2020 年马克思主义学院研究生党支部荣获河南省样板党支部。

第四节

学位授予

一、学位论文质量监控与成果

学位论文质量是研究生培养质量的重要标志。为确保研究生学位论文质量，进一步规范研究生学术行为，学校先后制定了学位论文的开题申请、论文撰写要求、论文涉密要求、学位论文不端行为认定和

处理、学位论文的评审和答辩等全过程管理的多项规章制度，完善了硕士、博士学位授予实施细则，进一步强化指导教师指导责任，建立了导师、学院、学校三级审核制度，强化了学位论文的评优激励等制度。实行论文全过程监控与管理，严把学位论文选题（开题）、中期检查、预审（博士预答辩）、论文查重、抽检评审、答辩等"六道关"，构建了完备的论文质量评价与内部监控体系。

2018 年 5 月，研究生院与凡科论文校际送审平台签订协议，除专业学位论文根据要求由具有工程（管理）实践经验的企事业专家评审外，其余各类博士、硕士研究生学位论文全部提交平台评审，有效提高了论文评审工作透明度和评审结果的权威性。同时，依托国务院教育督导委员会办公室、省学位委员会办公室论文抽检和省、校两级优秀学位论文评选等工作，加强研究生论文质量建设，引导和激励研究生创新和优秀学位论文产出，学位论文质量不断提高。2011—2020 年，共评选出校级优秀博士学位论文 4 篇，其中丁新新的博士学位论文《钢纤维混凝土高效能化机理研究》获得 2019 年河南省优秀博士学位论文；评选出校级优秀硕士学位论文 340 篇，其中 53 篇获河南省优秀硕士学位论文，详见表 3-10。

二、学位授予资格审核与授予规模

（一）完善授予学位审核制度

2013 年 12 月，学校修订了《华北水利水电大学硕士学位授予细则》，将学术论文、专利、科研获奖、项目鉴定、竞赛、获得基金资助等作为授予学术型研究生学位资格的科研成果条件，引导研究生积极申请课题、参与科技竞赛，拓展研究生科研训练方式，培养学术研究生创新能力和专业学位研究生职业能力，切实保障

研究生培养和学位授予质量。2016 年 9 月，学校制定了《华北水利水电大学硕士、博士学位实施授予细则》，针对博士、学术学位硕士和专业学位硕士分别确定授予学位资格的科研成果条件。2019 年，学校修订了《华北水利水电大学硕士、博士学位实施授予细则》，允许不满足博士学位授予条件但达到毕业条件的博士研究生可以先毕业答辩，待学术活动达到授予学位条件再授予学位。

表 3 - 10　　　　　　2011—2020 年获评河南省优秀硕士学位论文情况一览表

序号	作者	导师	论文题目	专业	学位层次	获奖年度
1	朱倩	李凤兰	岩石破碎原状机制砂混凝土力学性能试验研究	结构工程	学硕	2011
2	余玲	田景环	基于生态需水量的水资源承载力研究	水文学及水资源	学硕	2011
3	曹文庚	陈南祥	河套平原典型剖面地下水砷分布规律及其影响因素研究	水文学及水资源	学硕	2011
4	李彬	孙东坡	新型整治工程河段局部流场精细数值模拟	水力学及河流动力学	学硕	2011
5	王振	黄志全	天池抽水蓄能电站岩体蚀变特征及其对地下厂房围岩稳定性影响分析	岩土工程	学硕	2012
6	丁新新	赵顺波	钢筋与机制砂混凝土粘结性能试验研究及非线性数值模拟	结构工程	学硕	2012
7	刘金铎	薛海	坡面侵蚀过程及其微地形演变的试验和元胞模拟研究	水力学及河流动力学	学硕	2012
8	杨真真	孙东坡	基于"淤滩刷槽"河道治理模式与造床机理的数值模拟研究	港口、海岸及近海工程	学硕	2012
9	刘银迪	徐建新	基于生态的浑太河流域水库群联合调度研究	农业水土工程	学硕	2012
10	赵礼	高传昌	水下自激吸气脉冲射流装置性能研究	水利水电工程	学硕	2012
11	郜军艳	聂相田	综合成本-质量-完工风险的水利工程进度优化	管理科学与工程	学硕	2013
12	查一宁	王艳成	"无直接利益冲突"事件：成因及对策研究	马克思主义基本原理	学硕	2013
13	张巧利	徐建新	基于水污染物总量控制的东昌湖流域社会经济优化发展研究	农业水土工程	学硕	2013
14	杨粟	赵顺波	内置保温层组合墙体混凝土导热系数试验研究内置保温层组合墙体混凝土导热系数试验研究	结构工程	学硕	2013
15	苏泊源	高传昌	深水自吸气脉冲射流装置冲蚀性能研究深水自吸气脉冲射流装置冲蚀性能研究	水利水电工程	学硕	2013
16	韩曦	马建琴	甘肃省干旱规律特征分析及适应性对策研究甘肃省干旱规律特征分析及适应性对策研究	水文学及水资源	学硕	2013

序号	作者	导师	论文题目	专 业	学位层次	获奖年度
17	刘莹莹	黄志全	南水北调中线工程段弱膨胀土的强度特性宏细观试验研究	岩土工程	学硕	2013
18	赵鹏飞	王为术	反应堆类四边形子通道内超临界水流动传热特性研究	流体机械及工程	学硕	2014
19	刘明潇	孙东坡	颗粒非均匀度对推移质泥沙输移的影响	港口、海岸及近海工程	学硕	2014
20	王瑞艺	刘雪梅	虚拟手术中力反馈的研究与实现	计算机应用技术	学硕	2014
21	张 敏	陈爱玖	橡胶再生混凝土空心砌块性能试验	结构工程	学硕	2014
22	朱 华	刘汉东	南水北调中线一期工程郭村煤矿采空区段稳定性研究	地质工程	学硕	2015
23	路 统	王为术	超临界水冷堆类三角形子通道内超临界水传热的试验研究	流体机械及工程	学硕	2015
24	高宇甲	赵顺波	基于材料时变特性的悬臂梁桥控制	结构工程	学硕	2015
25	赵元元	严大考	Cr-Ni-Mo 系不锈钢表面强化 YG8 涂层的抗磨蚀性能研究	机械设计及理论	学硕	2015
26	卢 伟	张瑞珠	氟化聚氨酯弹性涂层的组织及性能分析	材料成型工程及控制	学硕	2016
27	胡亚州	高传昌	水下自激吸气喷嘴脉冲液气射流的时频特性研究	流体机械及工程	学硕	2016
28	刘 辉	徐存东	引黄灌区泵站前池泥沙淤积模拟与防治措施研究	水工结构工程	学硕	2016
29	高 昂	孙东坡	沙波面水沙运动特性及沙波演化规律试验研究	水力学及河流动力学	学硕	2016
30	翟伟栋	张华平	供应链会计信息共享的组织际关系研究	企业管理	学硕	2016
31	江 琦	张建伟	梯级泵站管道耦联振动特性与振动控制研究	水利工程	学硕	2017
32	曹克磊	赵 瑜	考虑多因素影响的U型渡槽结构性态级动力特性分析	水利工程（专硕）	专硕	2017
33	丁廉营	徐存东	盐冻环境下水工混凝土材料耐久性衰减规律研究	水利工程	学硕	2017
34	乔珊珊	雷宏军	外源有机物对污水、土壤铜形态及土壤生物有效性的影响	农业工程	学硕	2017
35	范程程	霍洪媛	橡胶再生透水混凝土基本性能试验研究	建筑与土木工程（专硕）	专硕	2017
36	皇幼坤	李晓克	大跨度钢网架-玻璃组合楼板动力特性与振动舒适度研究	建筑与土木工程（专硕）	专硕	2017
37	朱卫勇	朱灵峰	生物炭高效吸附去除水中有机污染物的机理研究	农业工程	学硕	2017

序号	作者	导师	论文题目	专 业	学位层次	获奖年度
38	韦保磊	罗党	灰色粗糙决策模型及其应用研究	数学	学硕	2017
39	牛林峰	刘汉东	层状岩质边坡动力响应及变形破坏试验研究	地质工程	学硕	2018
40	韩小燕	陈爱玖	改性橡胶混凝土抗冻性及阻尼性能试验	防灾减灾工程及防护工程	学硕	2018
41	张 哲	吕灵灵	周期 Sylvester 矩阵方程的求解及其若干应用研究	控制理论与控制工程	学硕	2018
42	任洋洋	张瑞珠	疏水性含氟聚氨酯涂层的制备及组织性能分析	机械工程	学硕	2018
43	胡世国	雷宏军	设施蔬菜土壤通气性对曝气滴灌的响应研究	农业水土工程	学硕	2018
44	钱国双	管俊峰	岩石材料真实断裂参数确定及断裂破坏预测方法	结构工程	学硕	2018
45	王国霞	徐存东	基于 CFD 数值模拟的泵站前池流态分析及其对淤积形态的影响研究	水工结构工程	学硕	2018
46	张 宇	段俊法	燃烧模式对氢内燃机燃烧特性的影响研究	机械工程	学硕	2019
47	郜 辉	汪志昊	惯容-阻尼减振系统对斜拉索振动控制研究	土木工程	学硕	2019
48	曹世超	黄志全	金坪子蠕滑滑坡滑带土强度特性及其稳定性研究	地质资源与地质工程	学硕	2019
49	满 洲	赵荣钦	半干旱黄土丘陵区不同恢复人工林土壤碳组分分异性研究	林学	学硕	2019
50	季春光	张华平	服务员工情绪劳动与情绪耗竭的关系研究——以心理授权为调节变量	工商管理	学硕	2019
51	马自强	王为术	定位格架对三角形堆芯子通道流动传热影响规律研究	动力工程	专硕	2019
52	裴震宇	张红涛	基于 Micro-CT 的单籽粒小麦内部虫害可视化及特征提取研究	控制工程	专硕	2019
53	马晓君	张建伟	泵站管道振动状态监测研究与应用	水利工程	专硕	2019

（二）学位授予规模快速扩大

学校以培养高层次人才为目标，不断推进研究生教育综合改革，完善以提高创新能力为目标的学术学位研究生培养模式，优化人才培养类型结构，实现了研究生规模稳步增长，各类研究生学位授予情况见表 3-11。

表 3-11　　　　　　　2011—2020 年各类研究生学位授予情况表　　　　　　单位：人

年度	2011	2012	2013	2014	2015	2016	2017	2018	2019	2020	合计
博士		0	0	0	0	0	2	8	11	21
学术硕士	219	280	297	311	314	290	323	303	280	289	2906

续表

年度	2011	2012	2013	2014	2015	2016	2017	2018	2019	2020	合计
专业硕士（双证）	5	19	19	114	0	133	136	233	236	407	1302
在职工程硕士	13	20	23	88	113	189	134	157	31	31	799
高校教师	16	6	8								30
同等学力	2	2	2							2	8
合计	255	327	349	513	427	612	593	695	555	740	5066

注　因学校专业硕士（双证）研究生学制调整为 3 年，故 2015 年专业硕士（双证）授予人数为 0。

（三）新版学历学位证书设计与启用

2015 年 6 月，国务院学位委员会、教育部印发了《学位证书和学位授予信息管理办法》，要求自 2016 年 1 月 1 日起，不再统一使用国务院学位委员会办公室印制的学位证书，改由学校自主设计、印制。这是自 1981 年《中华人民共和国学位条例》实施以来，学位授予单位首次自行设计制作学位证书。

2015 年 10 月，学校启动了新版学位证书的设计工作。经多方参与、反复论证，最终采用艺术与设计学院隋东亮的设计方案。

三、研究生创新能力培养

（一）博士、硕士研究生创新计划

学校于 2009 年制定了《华北水利水电大学研究生教育创新计划基金管理办法》，并配套制定了硕士研究生创新课题资助实施细则。学校于 2014 年、2019 年对实施细则进行了修订。自 2011 年至今，共有 177 名硕士研究生获得课题资助，分年度资助人数见表 3-12，资助费用也从原来的每项 2000～3000 元，提高至 3000～5000 元。

表 3-12　　　硕士研究生获创新课题资助情况统计表（2011—2021）

年度	2011	2012	2013	2014	2015	2016	2017	2018	2019	2020	合计
资助人数	7	9	14	15	16	20	20	18	28	30	177

2015 年，学校制定并实施《华北水利水电大学博士研究生创新基金管理办法（试行）》。7 年共资助了 114 人次，资助金额 266 万元。通过开展博士创新基金工作，提高了博士生科研积极性，提升了科研成果数量和质量。2019 年博士生丁新新的博士学位论文《钢纤维混凝土高效能化机理研究》获得河南省优秀博士论文，实现学校博士人才培养的突破。

（二）研究生创新能力培养

学校研究生积极参加河南省研究生英语演讲比赛、研究生数学建模竞赛等相关主题系列比赛，获得省级以上奖励 54 项。

第五节

研究生就业

学校高度重视研究生就业工作，为毕业研究生做好全方位的服务，提升精准就业指导服务工作水平。学校研究生就业率一直保持在较高水平，就业结构和质量不断改善，为研究生教育的持续、健康发展

提供了有力保障。

一、研究生就业工作主要举措

（一）坚持校、院两级"一把手工程"

学校始终坚持把研究生就业创业工作摆到各项工作的突出位置，定期召开研究生就业创业工作会议，保证就业各项工作的落实。对于毕业生就业工作，主要领导负总责、亲自抓，分管领导集中全力抓好、抓细、抓实。校、院两级都把毕业生就业工作列入重要议事日程，将其作为重点工作列入年度工作计划，认真安排、精心组织、狠抓落实，确保毕业生就业工作顺利进行。

（二）建立和完善研究生就业工作考核和奖励机制

实行研究生就业工作年度目标管理。学校确定校、院两级毕业生就业工作目标，将目标任务按院进行层层分解，落实到单位。对于就业有困难的研究生，帮助分析原因，提出解决问题的办法。

坚持研究生就业工作考核。学校把毕业生就业工作作为学院学生工作年度考核一级指标，严格量化考评，将就业工作完成情况与单位和个人考核、奖惩挂钩。

构建全员参与就业工作格局。学校动员全校各方面力量，齐抓共管，共同做好毕业生就业工作。鼓励和支持学院及有关部门，采取切实有效措施，促进就业工作"全员化"。

（三）加强实践教学基地的建设

学校利用专业学科与行业优势，加强实习基地的建设，进一步构筑科研服务平台。学校分别和黄河水利委员会国际合作与科技局、中国水利水电第五工程局、南水北调中线河南直管项目建管局等多个科研生产单位建立了实践教学基地。

学校鼓励各学院与企业全方位合作共赢，建立稳固的校企合作关系。学校与企业共同建立研发中心，以研发中心为纽带，学校为企业解决生产中的实际问题；企业为学校提供科研课题，为学生提供实习实践环境。

（四）坚持跟踪制度，建立毕业生就业工作的长效机制

坚持跟踪制度，对往届毕业生质量跟踪调查，建立毕业生就业工作长效机制。加强毕业生就业的后续工作，掌握毕业生的培养质量，把准社会需求脉搏，根据市场的需求调整专业设置；加强与校友联系，促进学校人才培养质量和毕业生就业质量提高。加强调研，推动就业质量反馈体系建设。开展用人单位的调查回访工作，同时征求用人单位对学校就业指导方面的意见和建议。召开毕业生座谈会，了解学生的就业动向，收集毕业生对学校就业工作的建议和意见。

（五）建立健全各项规章制度

学校先后制定了《华北水利水电大学研究生就业管理办法》《华北水利水电大学优秀毕业生管理办法》《华北水利水电学院研究生教育创新计划基金管理办法》《华北水利水电大学研究生出国（境）交流资助管理办法》《华北水利水电大学研究生特别困难补助实施办法》《研究生教育创新、联合培养基地建设申报评审办法》《华北水利水电大学研究生优秀生源奖励办法（试行）》等一系列文件，为促进研究生就业提供制度保障。

（六）推动"招生-培养-就业"三方联动机制

学校始终坚持以提高人才培养质量为核心，构建有效的"招生-培养-就业"联动机制，切实做到以社会需求为导向，立足特色行业优势，不断优化专业设置和人才培养模式。结合毕业生就业实际，招生、就业实现联动，将专业设置和就业紧密结合，建立就业率预警机制，对就业率较低的专业进行警示、减招、调整等，不断增强学校学科专业设置与社会需求匹配度，同时加大创新型人才培养力度。

二、研究生就业分布

学校毕业研究生就业率总体基本保持在90％以上。2011年研究生就业率为89.73％，2017—2019年研究生就业率基本稳定在92％以上。

2011—2020年就业质量年度报告数据显示，从就业地区分析，10年来毕业研究生在河南省内就业的比例总体在50％～60％，2018年达66.6％，河南省是学校毕业研究生就业的主要地区；从就业城市分析，毕业研究生在直辖市、省会城市就业比例在60％以上；从就业单位性质看，2011年机关事业单位、国有企业就业率42.5％，2012年机关事业单位、国有企业就业率41.2％，2013—2020年学校研究生签约国有企业、机关事业单位达50％以上；从就业行业分析，研究生就业行业主要集中在水利、电力、建筑、教育行业。2011—2020年硕士研究生就业情况见表3－13。

表3－13　　　　　　　　　2011—2020年硕士研究生就业情况统计表

年度	毕业人数	就业率/％	考上博士比率/％	就业地域分布		就业单位类别		
				河南省内就业比率/％	北上广深地区就业比率/％	机关事业单位就业比率/％	国有企业就业比率/％	其他企业就业比率/％
2011	224	89.73	5.3	45.09	8.5	17.9	24.6	42.4
2012	296	90.20	4.7	58.4	5.7	23.6	17.6	51.7
2013	382	89.79	3.1	63.6	3.9	31.2	20.2	42.7
2014	413	93.22	3.9	65.1	3.6	43.1	18.6	20.1
2015	355	90.40	5.6	64.5	2.8	38.9	22.5	25.9
2016	424	91.75	5.4	65.1	5.4	34.7	23.6	32.8
2017	459	94.33	10.9	57.1	7.2	29.6	24.4	31.6
2018	557	94.97	5.9	66.6	5.7	16.9	29.8	44.2
2019	550	95.32	8.1	60.9	7.1	22	29.8	35.8
2020	708	91.25	5.2	65.7	5.2	29.9	25.7	31.9

第四章

教 师 队 伍 建 设

学校强力推进人才强校战略，始终将教师队伍建设摆在突出位置，紧紧围绕新时代教师队伍建设的新要求，以立德树人为核心，采取强化师德建设、不断增强政治定力，坚持引培并举、释放双向发展合力，深化分类评价、持续培植内生动力，强化绩效考核、激发队伍创新活力，改革治理体系、提升队伍保障能力等举措，创新机制、营造氛围，教师队伍建设成效显著。

第一节

师德师风建设

新时代教师队伍建设，加强师德师风建设是关键。学校深入贯彻落实习近平新时代中国特色社会主义思想，坚持党的教育方针，以立德树人为根本任务，将师德师风作为评价教师队伍的第一标准，让教育者先受教育，始终把师德师风建设摆在首位，贯穿教师职业生涯全过程。学校先后出台《教师师德师风规范》《师资队伍培养与职业能力提升计划实施办法》等，修订《师德长效机制》《师德考核监督办法》，采取线下学习与网络培训相结合、专题讲座与研讨交流相结合的方式，从校

情校史、师德风尚、法律法规等不同层面，以一线教师的成长需求为工作重点，针对不同类型的教师，分层次开展师德师风教育、"四史"教育、课程思政教育等。将师德教育作为新进教师培训，中青年骨干教师培训，一线教师教育教学能力提升，学科带头人和学科领军人才、优秀教师团队培养等培训活动的必修课程，筑牢教师队伍信仰根基。同时树榜样、立标杆，以正面典型引领、反面典型警示，加大检查督促力度，建章立制，探索强化教师师德修养的新体系、新方法，引导全体教师明师道、强师德、正师风、铸师魂，做新时代教育筑梦人，打造一支思想政治素质高、师德师风优秀的新时代教师队伍。

近年来，学校不断涌现一批爱岗敬业、为人师表、精心育人、开拓创新的先进典型代表。2014年赵顺波获全国模范教师荣誉称号，宋冬凌获河南省教育系统先进工作者荣誉称号；2015年唐克东获河南省优秀教师荣誉称号；2018年苏淼、胡沛枫、全玉萍获河南省教育系统先进工作者荣誉称号，水利学院获河南省教育系统先进集体荣誉称号；2019年全玉萍获全国优秀教师荣誉称号，毕雪燕获河南省师德标兵荣誉称号，彭高辉获河南省模范教师荣誉称号，王玉柱、吕灵灵获河南省优秀教

师荣誉称号，刘建厅获河南省优秀教育工作者荣誉称号，马克思主义学院获河南省教育系统先进集体荣誉称号。

第二节

人才保障机制

围绕新时代教师队伍建设的新方向、新战略、新思路和新路径，学校坚持党管人才，根据办学定位和人才培养与学科专业发展需要，做好教师队伍建设顶层设计，谋布局、明方向、开新篇，历次发展规划中都明确提出师资队伍建设的目标和内容。2018年5月学校召开的第一次党代会把人才强校战略作为学校发展的第一战略，进一步做好新时代教师队伍建设规划，进一步明晰学校的发展定位，抢抓重大发展机遇，推进学校事业不断发展。

学校持续深化体制机制改革，推进治理体系与治理能力现代化，着力构建有利于人才集聚、培养、评价和创新创造的激励机制，全力营造爱才、敬才、惜才、重才、用才氛围，为每一个致力于学校事业发展的优秀人才提供通畅的职业发展通道、施展才华的广阔舞台、宽松宽容的创新环境和促进发展的保障条件。

学校建立健全岗位设置管理制度，出台《岗位设置与聘用工作实施办法》，创新管理体制，转换用人机制，实现由身份管理向岗位管理转变；科学设岗、以岗定薪，加强聘后管理和聘期考核，人岗相适、择优聘用；构建多元化用人评价体系，注重教学人员教育教学实绩评价，侧重人才培养业绩，注重科研人员学术贡献、社会贡献以及支撑人才培养评价，侧重高水平学术实际业绩，优进劣退、能上能下，完善岗位聘用与评价考核机制。落实用人自主权，发挥学校职称评审主导作用，全面开展自主评审，连续修改出台《专业技术职务任职资格自主评审办法》，探索分类评价、长周期评价，完善评价标准和评审程序，强化学术同行评价，试行校内职称评审政策向主持国家基金项目者倾斜政策；出台《已具备职称新入职人员职称认定办法（试行）》，规范职称认定，提高引进人才职称含金量。注重实绩、优劳优酬，出台《奖励性绩效工资发放办法》，以绩效为导向，深化薪酬制度改革，强化绩效激励、杠杆作用。提高用人效益，优化人才配置，出台《教职工年度考核办法（试行）》，科学评价教职工德、能、勤、绩、廉等方面的实绩，激励教职工认真履行岗位职责，圆满完成工作任务，进一步发挥考核"指挥棒"和"风向标"的引导作用。提高待遇，强化考核，出台《博士引进管理暂行办法》，以学科建设和发展需要为宗旨，运行目标管理，将结果考核调整为更加合理的业绩绩点积分方式，联合学校各部门及教学科研院所对新进博士的科研工作进行量化考核，促使新进博士主动提升科研水平，加快推进学校发展目标的实现。一系列积极推动学校各项教师队伍建设的政策和制度措施落实到位，有力提升了教师队伍整体素质，夯实了教师队伍根基，促进学校更好更优发展。

第三节

高层次人才队伍建设

学校秉持"人才是第一资源"的理

念，谋布局、补短板，突出重点、抓住关键，用好刚性引才与柔性引智两条路径，吸引和引进多层次、多学科的紧缺人才和急需人才，形成人才支撑引领发展的新局面。

一、高端人才引进实现新突破

学校将引进高端人才作为提升人才队伍实力的重要抓手，制定新政策，采取新措施，汇聚一批领军人才、学科带头人等高端人才，带动学校优势特色学科赶超国内领先水平，提升学校学术地位和竞争力，实现学校快速发展。出台《高端人才引进暂行办法》《外聘教授管理办法》等，设置首席科学家、领军人才、杰出青年人才等高端人才岗位，聘任有较高的学术造诣、在国内外学术界有较大影响的专家、教授或者社会名流、企业家等为学校的特聘教授，提供优厚的待遇和良好的工作条件，拓展国内外学术交流领域，为学校学科建设、争取国家级重大科研项目以及国际合作方面提出重要的、有指导性的意见和建议，提高学校教学科研水平和办学实力。2017 年学校实现引进海外高端人才零突破。以"不求唯我所有、但求为我所用"的柔性引才引智方式，引进中国工程院院士王复明、知名专家赵伟，分别为学校水利和能源方向带头人，又与王浩、王光谦、周丰峻、夏军、姚建铨、汤涛等 6 位院士签订聘用协议。国家第一批哲学社会科学领军人才韩庆祥，知名专家韩卫忠和陈晓明，国家杰出青年科学基金获得者陈化、王志功和徐进良等各类高端人才 15 人也先后与学校签订协议，对学校相关学科建设和发展起到了极大的推动作用。学校有"国家百千万人才工程"国家级人选 2 人；享受国务院政府特殊津贴专家 12 人；河南省学术技术带头人 16 人；河南省优秀专家 9 人；河南省高层次人才认定人

选 20 人，其中，B 类人才 4 人，C 类人才 16 人；省级特聘教授 3 人；入选中原千人（英才）计划 8 人；省杰出专业技术人才 2 人，详见表 4 - 1。

表 4 - 1　　高层次人才情况统计表

序号	姓名	人才称号	备注
1	王复明	院士	
2	王浩	院士	
3	王光谦	院士	
4	周丰峻	院士	
5	王复明	院士	
6	夏军	院士	
7	姚建铨	院士	
8	汤涛	院士	
9	施进发	国家"百千万人才工程"国家级人选	
10	王天泽	国家"百千万人才工程"国家级人选	
11	王清义	享受国务院政府特殊津贴专家	
12	刘文锴	享受国务院政府特殊津贴专家	
13	施进发	享受国务院政府特殊津贴专家	
14	刘汉东	享受国务院政府特殊津贴专家	
15	王天泽	享受国务院政府特殊津贴专家	
16	解伟	享受国务院政府特殊津贴专家	
17	严大考	享受国务院政府特殊津贴专家	
18	赵顺波	享受国务院政府特殊津贴专家	
19	丁庭选	享受国务院政府特殊津贴专家	
20	刘雪梅	享受国务院政府特殊津贴专家	
21	罗党	享受河南省政府特殊津贴专家	

续表

序号	姓　名	人才称号	备注
22	申建伟	享受河南省政府特殊津贴专家	
23	杨　雪	河南省杰出专业技术人才	
24	施进发	河南省杰出专业技术人才	
25	王清义	河南省学术技术带头人	
26	刘文锴	河南省学术技术带头人	
27	施进发	河南省学术技术带头人	
28	刘汉东	河南省学术技术带头人	
29	王天泽	河南省学术技术带头人	
30	刘雪梅	河南省学术技术带头人	
31	朱海风	河南省学术技术带头人	
32	邱　林	河南省学术技术带头人	
33	刘法贵	河南省学术技术带头人	
34	马建琴	河南省学术技术带头人	
35	王丽君	河南省学术技术带头人	
36	张红涛	河南省学术技术带头人	
37	李贵成	河南省学术技术带头人	
38	申建伟	河南省学术技术带头人	
39	韩宇平	河南省学术技术带头人	
40	李　纲	河南省学术技术带头人	
41	施进发	河南省优秀专家	
42	王天泽	河南省优秀专家	
43	解　伟	河南省优秀专家	
44	朱海风	河南省优秀专家	
45	严大考	河南省优秀专家	
46	赵顺波	河南省优秀专家	
47	邱　林	河南省优秀专家	
48	徐建新	河南省优秀专家	
49	高传昌	河南省优秀专家	
50	施进发	河南省高层次人才	B类
51	仵　峰	河南省高层次人才	B类
52	杨振中	河南省高层次人才	B类
53	王天泽	河南省高层次人才	B类
54	韩宇平	河南省高层次人才	C类
55	李继方	河南省高层次人才	C类

续表

序号	姓　名	人才称号	备注
56	罗　党	河南省高层次人才	C类
57	孙国元	河南省高层次人才	C类
58	王富强	河南省高层次人才	C类
59	王玉柱	河南省高层次人才	C类
60	张红涛	河南省高层次人才	C类
61	赵顺波	河南省高层次人才	C类
62	马建琴	河南省高层次人才	C类
63	王清义	河南省高层次人才	C类
64	刘文锴	河南省高层次人才	C类
65	刘汉东	河南省高层次人才	C类
66	刘雪梅	河南省高层次人才	C类
67	张瑞珠	河南省高层次人才	C类
68	吕灵灵	河南省高层次人才	C类
69	申培萍	河南省高层次人才	C类
70	仵　峰	中原千人（英才）	
71	杨振中	中原千人（英才）	
72	吕灵灵	中原千人（英才）	
73	徐存东	中原千人（英才）	
74	王富强	中原千人（英才）	
75	王丽君	中原千人（英才）	
76	李贵成	中原千人（英才）	
77	杨　晨	中原千人（英才）	
78	杨　雪	河南省特聘教授	
79	徐存东	河南省特聘教授	
80	杨志林	河南省特聘教授	
81	张学清	河南省讲座教授	

二、博士数量和质量得到新提升

学校将博士引进作为加强师资队伍建设的基础性工作，各级领导高度重视，成立以主要校领导为组长、分管校领导为副组长、各二级单位党政负责人为直接责任人的引才领导小组，将引才工作纳入年终考核指标，积极调整人才激励政策，不断加大投入力度。在全力引进博士研究生的同时，实施中青年教师博士化工程，博士数量和质量都得到大幅度提高，为学校建设高水平水利水电大学提供人才保障。

加强宣传，拓宽博士引进平台和途径。学校采取"优秀院校靶向招聘""大型招聘会现场招聘""高校就业平台信息发布""专业招聘网站广告宣传""学校教师推荐校友应聘"等多种途径和方式线上线下多渠道引进优秀博士。组织招聘宣传团，由校领导带队，分批分地外出进行招聘宣传，参加多场次的现场招聘会和国内的博士专场巡回招聘会。同时充分利用网络，分别在我国留学领域唯一官方网站"中国留学网"、国内高端人才招聘网站"中国科学人才网"、海内外高层次人才求职创业平台"学术桥"等招聘网站和大部分985院校的招生就业网发布招聘信息，并紧紧抓住2018年以来每年由河南省委、省政府主办的"中国·河南招才引智创新发展大会"和招才引智专项行动的大好机遇，多形式、全方位大力推介、积极宣传学校良好的人才发展环境、优惠的人才引进政策及有利于青年新秀脱颖而出的激励与培养机制，努力把更多高端人才、优秀青年人才、优秀高校毕业生等人才资源吸引集聚到学校，效果良好。

加强制度建设，不断优化待遇。出台《博士引进管理暂行办法》，持续完善优秀博士评价标准，不断优化待遇，优化引进博士的发展环境。提高引进博士研究生的科研启动费和安家费，努力解决引进博士的住房问题、配偶工作问题以及子女上学问题等，对于入职5年内获得国家自然科学基金、国家社会科学项目的人才，追加科研启动费。

引培并举。2011年开始，特别是2015年以来，学校按照每年引进100位博士制定目标任务，在强力推进博士引进工程的同时，坚持"引培并举"，实施中青年教师博士化工程，出台《教职工攻读博士学位实施办法》，鼓励在职教师攻读博士学位。2011年至2021年7月，积极选派86位教师赴国（境）内外攻读博士学位。引培双管齐下，三年实现"博士倍增计划"，博士数量得到大幅度增加。截至2021年7月，学校具有博士学位教师872人，占专任教师总数的55.9%。师资队伍结构明显改善，学校的核心竞争力全面提升。

三、人才培养工作迈上新台阶

学校坚持"引培并举、重在培养"，打"组合拳"，奏"协奏曲"，锐意改革，突破原有工作模式，用好用活现有的人事人才政策，努力清除不利于人才健康成长的障碍，拓宽人才发展平台，实施高层次人才培养计划，加大中青年教师、创新人才的培养力度，构建有利于人才脱颖而出的激励机制和客观、公正的人才评价机制。先后出台《高层次人才岗位设置及聘任实施办法》《内聘、直聘副教授、教授暂行办法》《青年教师实践锻炼管理办法》《教师国内岗位进修实施办法》《"大禹学者"特聘教授岗位聘任实施办法》《青年骨干教师培养计划实施办法》，以及国家自然科学基金、国家社会科学基金项目培育，科研平台建设，科研项目经费管理等一系列有利于人才成长发展、干事创业的政策制度，积极营造让优秀人才脱颖而出、让创新源泉充分涌流、让拔尖人才竞相迸发的良好环境和氛围。

近年来，6名教师荣获河南省学术技术带头人称号，50名教师荣获河南省青年骨干教师称号，28名教师荣获河南省教育厅学术技术带头人称号，11名教师荣获河南省优秀教育管理人才称号。

四、师资培训融入新理念

学校遵循教育规律和教师成长发展规律，融入培训新理念，形成了"五阶段递进式"教师培养体系，按照"全员培训，分类指导"的工作理念，有针对性地组织引导新进教师、助教、讲师、副教授、教授参与不同层次的培养培训活动。坚持以立德树人为"一条主线"；以提升教师师德师风水平和教学能力为"两个重点"；以培养内容由教学技能向强化育人转变、培养方法由简单统一向精准指导转变、培养过程由零散无序向系统整合转变为"三个改变"；以提高教师师德师风水平、提高教师课堂教学能力、提高教师教学研究水平、提高教师科研能力为"四个提高"的发展方向，与时俱进，不断创新培训形式、培训主题。全校教师每三年轮训一次，年均培训 600 余人次。

区域辐射，发挥示范引领作用。学校师资培训在立足本校的基础上，秉持开放共赢、优势共享的发展理念，注重区域间的合作与交流，致力于组织开展高校间的教学研讨、培养培训或与教师发展相关的业务合作。2018 年作为高校思想政治理论课教材使用培训河南省分会场，承办河南省的该项培训工作。承担了来自 59 所在郑高校的 650 余名思政教师的培训工作。2019 年举办"混合式教学改革设计、微课制作及信息化教学能力提升"培训班，来自省内高校的 350 余名教师参加了培训。2021 年承办"高校教师教学创新能力提升"研修班，来自省内 10 余所高校的 200多名骨干教师参加了培训，共同研讨教师教学创新的思路及方法。

整合资源，打造自主培训品牌。学校通过挖掘校内优秀教师资源，开创"师道师说"自主培训"品牌"，举办内容丰富、形式多样的培养培训活动，注重让身边人讲身边事，让身边事感染身边人，用言行

传递正能量，培养学校的优良教风和校风。

创新模式，提升培训吸引力。2018 年学校首次将微格教学演练与诊断工作坊的培训形式融入进新进教师培训。2020 年在新冠肺炎疫情防控工作开展的大背景下，采取线上直播讲座的形式开展分享交流活动，为教师提供优质的线上学习研讨资源。学校采取了校外研习与校内集中培训相结合的形式开展新进教师培训，新进教师在焦裕禄干部学院接受了理想信念教育的学习培训。

五、推进教师队伍国际化进程

学校实施中青年教师国外研修计划，出台《教师出国（境）进修学习实施办法》，采取短期培训与中长期访学相结合的形式，选派符合条件的优秀教师赴国（境）外学习交流。鼓励和支持中青年教师赴国（境）外高水平大学攻读博士学位，以高级访问学者、访问学者、博士后研修等方式到国外高水平大学和科研院所开展合作研究。聘请国际一流学者来校任教或短期讲学，进一步拓宽了教师国际化视野，加快推进教师队伍国际化进程。

2016—2020 年，学校累计派出 180 名教师（10 个团组）分别赴俄罗斯、英国、法国、德国、韩国等国家和中国台湾等地区进行为期 14 天的短期培训。

学校鼓励并支持教师申报各类国家及河南省公派访学、留学项目，并给予政策范围内的配套经费支持。近年来，50 余名教师获国家、河南省公派访学资格。自2019 年起，学校启动校级公派访学计划，在已有公派访学项目的基础上，每年增加15～20 个指标，从学校层面选派教师赴国（境）外高水平大学、科研机构进行不少于 6 个月的中长期访学进修。

第五章

科技创新与学术交流

第一节

科技创新机制

一、科研工作指导思想

2011 年 6 月，《华北水利水电学院"十二五"发展规划》指出：要不断提高承担高层次和综合性重大科研任务的能力，争取在科技创新方面有重大突破。"十二五"期间，学校科研工作采取主动融入战略，以服务求支持，以共赢求合作，以贡献求发展，深挖省部共建平台优势，与地方政府、水利系统和企事业单位开展了多种形式的共建合作活动，有效提升了学校人才、学科、科研三位一体的创新能力。

2017 年 9 月，《华北水利水电大学"十三五"发展规划》指出：要深入贯彻落实创新发展理念，主动适应和积极面向国家水利、电力行业和河南省经济、社会、科技发展战略需求，以领军人才培养和科研创新团队建设为核心，以协同创新中心和高水平产学研合作平台建设为重点，通过科研管理制度的改革创新，营造崇尚学术的良好氛围，全面提升科技创新能力和水平；争取在国家和省部级科研项目数量、经费上取得显著增长，力争在国家重点项目、国家级奖励、科技创新团队等方面取得重要突破；扩大学校标志性科研成果及服务国家重大工程建设方面的社会影响力。

2018 年，中国共产党华北水利水电大学第一次代表大会报告中提出"深化推进科研创新，提升社会服务能力"的科研工作主要任务。报告指出，学术水平是高水平大学的重要标志，全校教职工要围绕解决重大科学问题和国家重大战略需求，全面提升承担重大科研创新任务的能力。积极融入国家和区域科技创新体系，推动与经济社会发展的深度融合。汇聚创新要素，创新体制机制，建设协同创新中心，支持有条件的省级协同创新中心申报国家级协同创新中心。积极推进"大禹学者""青年人才培育计划"，大力培育科研创新团队。重点抓好若干重大项目，创造一批有重大影响的标志性学术成果。提高发明专利的数量和质量，推进专利技术的转让和产业化。组织和培育冲击国家大奖的基础，大幅度增加高水平奖励数目。加强顶层设计，落实高校科研创新工作若干重大政策，完善以质量为导向的科研评价机制。建立健全开放共享的科研基地管理体制和运行机制，提高科研基地的开放度和资源利用率。

二、科研管理制度

以全面激励和提升学校科技创新能力为目标，建立系统的科研政策体系，进一步调动科研工作者的积极性，具体落实为科研人员松绑减负的要求，进一步增加学院和科研人员的自主权，着力对学校的科研政策进行完善。

在经费和项目管理方面，颁布实施了《华北水利水电大学自然科学科研项目经费管理办法》（华水政〔2019〕251号）、《华北水利水电大学科学研究、教育教学研究工作量核算办法》（华水政〔2020〕34号）、《华北水利水电大学发明专利基金管理办法》（华水政〔2013〕252号）、《华北水利水电大学知识产权管理办法》（华水政〔2020〕79号）、《华北水利水电大学哲学社会科学研究管理工作规程》（华水党〔2018〕109号）、《华北水利水电大学哲学社会科学研究项目管理办法》（华水政〔2019〕151号）。

在科研奖励方面，颁布实施了《华北水利水电大学高层次科研奖励及匹配办法（暂行）》（华水政〔2013〕125号）、《华北水利水电大学高层次科研奖励及匹配办法（暂行）》（华水政〔2014〕80号）、《华北水利水电大学高层次科学研究、教育教学研究奖励办法》（华水政〔2020〕35号）。

在项目培育方面，颁布实施了《华北水利水电大学国家自然科学基金项目培育基金管理暂行办法》（华水政〔2016〕198号）、《华北水利水电大学国家自然科学基金项目培育办法》（华水政〔2019〕237号）、《华北水利水电大学国家级自然科学研究项目（课题）培育基金管理办法》（华水政〔2020〕157号）、《华北水利水电大学国家社会科学基金项目培育基金管理

办法》（华水政〔2019〕152号）。

在科研平台和团队人才建设方面，颁布实施了《华北水利水电大学科学研究平台建设与管理办法》（华水政〔2020〕74号）、《华北水利水电大学高层次人才科研启动费管理办法》（华水政〔2014〕104号）、《华北水利水电大学博士引进与管理暂行办法》（华水政〔2016〕155号）、《华北水利水电大学哲学社会科学创新团队建设实施办法》（华水党〔2018〕11号）。

在学术交流方面，颁布实施了《华北水利水电大学哲学社会科学学术交流活动管理办法》（华水政〔2019〕187号），智库建设方面出台了《华北水利水电大学智库建设管理办法》（华水政〔2019〕153号）。

这些管理制度的健全优化了科研政策体系，为增强学校承担重大科研项目的能力，激发教师的科研活力，取得高质量高水平科技项目及成果提供了有力的政策保障。

三、学校研究机构

为更好地整合校内优质资源，发挥学科、团队、人才的交叉融合优势，调动全校教职工的科研工作积极性，学校在自然科学和社会科学方面批准设立了多个类型丰富、特点突出的研究机构（表5-1），培养了一批基层骨干科研力量，产出了大量优秀科研成果，支撑了多个国家级、省级、厅级项目，也为学校创新团队和人才的培养提供有力保障。

表5-1　学校自然科学和社会科学研究机构一览表

类别	研究机构名称
自然科学研究机构	建筑节能与防火研究评估中心
	城市规划设计研究所
	建筑设计及理论研究所
	景观设计研究所

续表

类别	研究机构名称
自然科学研究机构	工程管理研究所
	图形图像研究所
	城市水务研究所
	自动化研究所
	数据分析研究所
	高等工程教育研究所
	水利工程设计研究所
	水资源研究所
	工程环境与移民研究所
	流体机械及工程研究所
	科技信息研究所
	水利信息技术研究所
	人居环境心理学与古代堪舆文化研究中心
	信息安全研究所
	水利学与河流研究所
	管理决策与项目评价研究所
	岩土工程与水工结构研究所
	钢结构与工程研究院
	水法与水行政研究所
社会科学研究机构	拉丁美洲研究中心
	金砖国家研究中心
	翻译研究中心
	语言教育研究中心
	外国文学研究中心
	"一带一路"俄语国家人文研究中心
	语言学及应用语言学研究中心
	比较文学与跨文化交际研究中心
	水文化翻译研究中心
	美学与美育研究中心
	传统文化研究与传播中心
	水资源经济与管理研究中心
	城乡融合发展研究中心
	习近平新时代中国特色社会主义思想研究中心

续表

类别	研究机构名称
社会科学研究机构	马克思主义研究中心
	中原科技文化研究中心
	少数民族思想政治教育研究所
	高校德育拓新研究中心
	广谱哲学研究所
	中原城市群资源环境与区域发展研究中心
	景观与旅游研究规划中心
	大数据与智能服务研究中心
	华北水利水电大学仁荷物流工程研究中心
	系统工程与管理决策研究中心
	科技创新与创业研究中心
	华北水利水电大学公民与水素养研究中心
	资源系统优化与决策研究中心
	黄柏山精神研究中心
	华北水利水电大学青年马克思主义社团建设工作室
	重大疑难案件研究中心
	人力资源管理与开发研究中心
	水利特色数字资源研发中心

第二节

自然科学研究

一、工作成就

学校积极优化科研政策体系，营造良好的科研生态，激励和引导广大科技工作者追求真理、勇攀高峰，鼓励教师扎根水利、服务地方和区域经济发展。在服务国家战略、平台建设、科技创新和服务社会能力提升、知识产权运营转化等方面取得了较好的工作成绩，为建设特色鲜明的高水平水利水电大学奠定坚实的基础。

（一）纵向科研

2011年以来，学校先后承担国家级项目246项，省级项目500余项，获批纵向项目经费3.29亿元。其中国家自然科学基金216项，获批经费7094万元，国家重点研发计划课题3项、专项20余项。2016年，郑志宏教授研究团队获批河南省重大科技专项"河南省典型村镇生活污水处理技术集成与示范"；2017年，刘汉东教授主持获批NSFC-河南联合基金重点项目"豫西锁固型滑坡演化机理及其动态追踪预警方法"，赵顺波教授主持获批"十三五"国家重点研发计划课题"施工现场构件高效吊装安装关键技术与装备"；2018年，郭磊副教授主持获批"十三五"国家重点研发计划课题"胶结颗粒料坝物理、数值模型与性态演变规律"；2019年，刘汉东教授主持获批国家重点研发计划课题"地震动力作用下崩滑防治工程设计优化方法与测试技术系"。严大考教授、刘汉东教授主持的"中原经济区水资源高效利用与保障工程河南省协同创新中心"，纵向项目经费2013年到账800万元、2017年到账300万元、2018年到账150万元、2020年到账150万元。

（二）横向科研

学校高度重视产学研合作，不断提升服务水利电力行业、服务河南地方经济、服务黄河流域等其他区域经济的能力。2011—2020年期间，共签订合同1173项，合同经费达3.67亿元。2011年签订合同67项，合同经费约1341万元；2012年签订合同88项，合同经费约2361万元；2013年签订合同48项，合同经费约1258万元；2014年签订合同85项，合同经费约1986万元；2015年签订合同99项，合同经费约1958万元；2016年签订合同108

项，合同经费约2567万元；2017年签订合同122项，合同经费约8934万元；2018年签订合同168项，合同经费约3954万元；2019年签订合同177项，合同经费约5279万元；2020年签订合同211项，合同经费约7068万元。

2011—2020年，立项合同经费200万元以上的项目有8项，合同经费达8614.85万元，分别为2013年刘汉东教授主持的"小浪底北岸灌区总干渠11号隧洞施工F29断层高位承压水处理方案研究"，合同经费660万元，合作企业为河南省济源市建设投资公司；2017年魏鲁双博士主持的"引汉济渭工程三河口水利枢纽施工期监控管理智能化项目"，合同经费6045.66万元，合作企业为陕西省引汉济渭工程建设有限公司；2019年刘海宁教授主持的"新安县引故入新工程盾构掘进关键技术研究"，合同经费311.77万元，合作企业为河南水投汉关水生态建设运营有限公司；2019年张羽副教授主持的"唐河省界至社旗（省界至驻马店）水工模型试验（二标段）"项目，合同经费236万元，合作企业为南阳市航务管理处；2020年郝仕龙教授主持的"三门峡市黄河流域水利生态保护和高质量发展规划编制"，合同经费216.45万元，合作企业为河南省城乡建筑设计院；2020年赵顺波教授主持的"珠江三角洲水资源配置工程高水压输水隧洞预应力混凝土衬砌结构设计及施工质量控制与检测关键技术研究与应用"，合同经费276万元，合作企业为广东粤海珠三角供水有限公司；2020年刘汉东教授主持的"南水北调中线干线工程生态环境效益指标体系及影响评估"，合同经费585.97万元，合作企业为南水北调中线干线工程建设管理局；2020年姜彤教授主持的"河南五岳抽水蓄能电站复杂地质条件下尾水隧洞开挖影响及施工控制研究"，合同经费 283 万元，合作企业为河南新华五岳抽水蓄能发电有限公司。

（三）科研成果获奖

学校通过整合优化，国家级和省部级科研成果获奖取得历史性突破，各项科技成果奖励逐年稳步提升，获科技成果奖励 200 项，其中，国家科学技术进步奖 3 项，省部级科学技术奖励 197 项。

在国家级科学技术奖方面：刘汉东教授作为第 3 完成人，学校作为第 3 完成单位参与完成的"大型矿山排土场安全控制关键技术"获 2011 年度国家科学技术进步奖二等奖；学校作为第 9 完成单位参与完成的"黄河小浪底工程关键技术与实践"获 2013 年度国家科学技术进步奖二等奖；仵峰教授作为第 6 完成人，学校作为第 3 完成单位参与完成的"精量滴灌关键技术与产品研发及应用"获 2015 年度国家科学技术进步奖二等奖。

在省部级科学技术奖方面：学校获河南省科学技术奖共 121 项，教育部高等学校科技成果奖和外省科学技术奖共 16 项，国家行业协会（科技部认定的社会力量）科技奖励 60 项。

获得的河南省科学技术奖 121 项中，获河南省科学技术进步奖一等奖 5 项，二等奖 53 项，三等奖 63 项。一等奖 5 项中，学校作为主持单位的 2 项分别是 2019 年刘汉东教授主持的"滑坡灾变过程多因素预测预报理论与防治关键技术"和 2020 年刘文锴教授主持的"采煤沉陷灾害空天地多源融合监测与预警关键技术"；赵顺波教授等参与的"受腐蚀混凝土结构计算理论和加固技术研究与应用"和高传昌教授等参与的"千米矿井水灾害抢救关键技术与装备研究"均获 2011 年河南省科学技术进步奖一等奖，严大考教授等参与的"大型

水利渡槽施工装备关键技术、产品开发及工程应用"获 2013 年河南省科学技术进步奖一等奖。二等奖 53 项中，学校主持 40 项，学校参与完成 13 项。三等奖 63 项中，学校主持 50 项，学校参与完成 13 项。

获得的教育部高等学校科技成果奖和外省科学技术奖 16 项中，一等奖 3 项，二等奖 9 项，三等奖 4 项。赵顺波教授等参与的"纤维聚合物增加强与加固混凝土结构计算理论及其应用"获 2011 年教育部高等学校科学研究优秀成果奖（科学技术）一等奖，杨振中教授参与的"掺氢燃料内燃机燃烧、排放基础研究"获 2011 年北京市科技进步奖一等奖，赵顺波教授参与的"混凝土结构服役性能提升关键技术及应用"获 2020 年湖北省技术发明奖。

获得的国家行业协会（科技部认定的社会力量）科技奖励 59 项中，特等奖 3 项，一等奖 14 项，二等奖 32 项，三等奖 8 项，优秀奖 2 项。特等奖 3 项中，学校均为参与完成；一等奖 14 项中，学校主持 6 项，参与完成 8 项；二等奖 32 项中，学校主持 14 项，参与完成 18 项；三等奖 8 项中，学校主持 5 项，参与完成 3 项；优秀奖 2 项中，学校主持 1 项，参与 1 项。

（四）发表学术论文与出版专著

学校积极组织教师参加国内外各类科研学术会议，提炼研究成果，发表学术论文。其中，中文核心期刊论文 2490 篇、SCI 期刊论文 1946 篇、EI 期刊论文 1403 篇、SCI 会议论文 13 篇、CSSCI 收录论文 243 篇、EI 会议收录论文 1010 篇、ISTP 收录论文 109 篇。

学校出版学术专著 958 部，其中科学出版社 93 部，人民出版社 8 部，学校认定的一级出版社 742 部，其他出版社 115 部。

（五）知识产权运营管理与成果转化

学校围绕知识产权工作的各个环节，

积极进行改革实践探索,从提升意识、政策鼓励、资金扶持、聚焦重点、强调转化等方面入手,积极引导科研人员重视知识产权成果创造,知识产权创造能力得到显著提升。2011—2021年,学校先后出台《华北水利水电大学发明专利基金管理办法》(华水政〔2013〕252号)和《华北水利水电大学知识产权管理办法》(华水政〔2020〕79号)2项知识产权运营管理政策文件。学校获得授权职务专利共计1348项,其中,发明专利752项,实用新型专利596项;获得授权软件著作权493项。转让发明专利8项,转让合同金额共计35万元。2019年度获评"河南省高校知识产权综合能力提升专项行动十强高校",2020年度获批"河南省高校知识产权运营管理中心建设试点单位"。

二、科研的地位和作用不断增强

学校的管理模式从以教学为主、科研为辅,发展到科研与教学并重。为促进科研工作的良好发展,学校对科研制度和科研奖励政策进行了大幅度地调整和完善,吸纳在国内外某学科方面有一定影响力的教授和学科带头人,引进大量的高层次人才,为学校的科研力量注入了新鲜血液。学校无论在国家级、省部级高层次科研项目承担,科研成果的完成、鉴定、评价、获奖,还是学术论文的发表、专著的出版等方面都有了大幅度的提升。学校2020年工程科学学科首次进入ESI大学排行榜全球前1%。科研地位和科研能力的提升推动了学校各学科的建设和发展,为学校特色骨干大学建设打下了坚实基础。

三、积极抢抓黄河流域生态保护和高质量发展国家重大战略机遇

学校紧紧围绕习近平总书记2019年9月18日在郑州主持召开的黄河流域生态保护和高质量发展座谈会上发表的重要讲话

精神和提出的国家重大战略,密切结合学校特色,抢抓机遇,梳理学校相关科研工作基础和优势,为黄河流域生态保护和高质量发展献计献策,谋划融入、对接国家战略的各项计划。

(一)积极组织召开专题座谈会,聚力凝练研究方向

为了深入贯彻落实习近平总书记黄河流域生态保护和高质量发展讲话精神,推动学校科研工作抢抓机遇,学校组织相关部门负责人、学院领导、学科带头人和学术骨干教师等举办了黄河流域生态区建设座谈会,认真学习领会习近平总书记讲话精神,找准学校服务国家战略的优势和切入点,仔细梳理学校在服务黄河流域方面的特色和优势,主动对接国家战略,聚焦黄河流域水资源节约集约利用、生态保护与治理、水土保持等方面,努力推进工作,集聚校内力量,整合校内资源,吸纳校外资源,及时跟踪,选准科学研究切入点和立足点,形成特色研究模式。通过系列专家座谈,提出了学校融入黄河治理保护,服务黄河流域高质量发展的初步设想。

学校组织召开了黄河流域生态保护和高质量发展选题讨论会,积极融入黄河流域生态保护和高质量发展国家战略。学校组织相关学院负责人和学科带头人结合习近平总书记讲话精神,分别从水文水资源、防洪安澜、水生态水环境、水沙关系、经济社会高质量发展和水文化等研究领域进行了深入讨论,初步凝练了黄河流域生态保护和高质量发展科研选题17项,并分别向科技部科研课题调研组、河南省科技厅提交了重大选题建议。

(二)积极加强科学研究对接合作与交流研讨

面对国家战略机遇,学校主动融入国家战略,为黄河流域高质量发展贡献智力支持。学校组织相关单位与黄河水利委员会等单位主动对接合作，积极参与组织召开高峰会议论坛和学术研讨会，与合作单位共同围绕国家战略，抓好顶层谋划设计，积极推动学校黄河流域生态保护和高质量发展工作贯彻落实。

学校参与举办了"贯彻落实黄河流域生态保护和高质量发展战略研讨会"，来自中国水利水电科学研究院、水利部发展研究中心、水利部黄河水利委员会等单位的专家学者参加了此次会议。此次战略研讨会的顺利召开，扩大了学校"一带一路"水利水电产学研战略联盟的影响力。

为深化学校与黄河水利委员会的合作，学校组织相关单位与黄河水利委员会国际合作与科技局、监督局和黄河水利科学研究院召开专题座谈会。紧紧围绕融入黄河流域生态保护和高质量发展这一国家战略，依托学校办学优势、学科特色、科研成果，以共同建设科研平台为抓手，以高层次人才培养、重大科研项目攻关等为纽带，形成了抓好科研平台建设对接、融入黄河研究专项、建立流域相关联盟、对接黄河重点科研项目、构建全方位人才交流培养机制、充分利用中国保护黄河基金会平台、运用好新媒体开展宣传等7个方面的共识，为更好地对接平台建设打下了坚实的基础，为学校乘势而上、实现跨越式发展提供新思路。

（三）搭建交流平台，为融入国家战略提供空间

学校主动融入黄河流域国家战略，积极搭建学科和科研交流平台，提出了建设黄河生态研究中心的构想，并召开建设方案主题研讨会。学校相关部门负责人、学科带头人出谋划策，提出了中心的建设目标与思路、管理体制机制、主要任务等，为集聚校内力量、整合校内资源、吸纳校外资源等方面工作提供了初步建设思路。

（四）集中学科优势力量，积极参与河南省黄河实验室筹建

河南省黄河实验室建设初期由河南省政府主导，河南省科技厅组织实施，以黄河水利委员会作为牵头单位，郑州大学、河南大学、华北水利水电大学联合组建，逐步实现独立法人单位实体化运作，成立开放协同的新型科研机构。校长刘文锴、副校长刘雪梅多次应邀参加河南省黄河实验室筹备会。

2020年8月31日，河南省黄河实验室筹建方案论证会在郑州召开，邀请26位两院院士和专家学者就《河南省黄河实验室筹建方案》进行了咨询论证。与会院士、专家对河南谋划建设黄河实验室给予充分肯定，并围绕各自专业，针对黄河流域生态环境治理保护、水资源节约集约利用、水利工程建设及养护、水利地理信息化发展等前沿引领技术建言献策，为河南省黄河实验室筹建提供了真知灼见。校长刘文锴在论证会上发言指出，黄河实验室研究内容应该集中在水，主要是黄河水及其相关问题；研究的科学问题应该是气候、气象问题在黄河流域地形、地貌地质条件下特有规律以及人工干预情况下的规律及机理；研究形式是黄河模拟器和黄河大脑；研究关键是实验室运行机制和开放姿态。学校杰出校友、欧洲科学院院士、南方科技大学教授刘俊国在论证会上作了专题发言。

四、科技平台与人才团队建设

（一）积极推进科研发展，着力科研平台建设

科研平台是科技创新体系的重要组成部分，学校科研平台建设注重提高持续创新能力，产出高水平科研成果，支撑学科建设，培养高素质创新人才，在承担国家和地方重大科研任务以及服务社会经济发展中发挥了重要作用。

学校有省部级以上科研平台 40 项、河南省杰出外籍科学家工作室 1 项、市厅级科研平台 33 项。其中国家级科研平台 1 项，水利部批准立项的科研平台 2 项，河南省重点实验室 5 项，河南省工程技术研究中心 13 项，河南省工程研究中心（实验室）13 项，河南省国际联合实验室 6 项。其中，河南省岩石力学与结构工程重点实验室、河南省地质环境智能监测和灾害防控重点实验室均为独立建制单位，其他科研平台均依托所在学院开展科学研究工作。

以下简要介绍 3 个代表性科研平台。

（1）黄河流域水资源高效利用省部共建协同创新中心。中心于 2020 年 9 月被认定，以华北水利水电大学为依托，协同清华大学水沙科学与水利水电工程国家重点实验室、中国水利水电科学研究院、黄河勘测规划设计研究院有限公司、黄河水利科学研究院、中国农业科学院农田灌溉研究所、河南水利投资集团有限公司等单位进行联合攻关。中心以提升黄河流域水资源高效利用科技创新能力为使命，以解决水资源高效利用重大科学问题和技术需求为牵引，以政府为主导，以重大理论创新、关键技术突破和新技术推广示范基地建设为途径，以机制体制改革为动力，在组织管理、人员聘任、绩效考核、人才培养、资源整合等方面创新机制，推动水资源高效利用、农业安全用水、水生态保护、水灾害防治等 4 个协同创新研究方向持续发展，坚持创新、协调、绿色、开放、共享的发展理念，深化产教融合，强化社会服务，为服务黄河流域生态保护和高质量发展重大国家战略、国家经济社会发展提供人才与技术支撑。

（2）河南省岩石力学与结构工程重点实验室。实验室于 2006 年立项建设，是学校最早建设的省级重点实验室，实验室立足河南，面向全国，主要开展水利、土木、交通工程领域的基础研究、应用基础研究和应用研究。经过十多年的建设，实验室面积达 5000 平方米，拥有一批大型精度高、功能强的仪器设备，实验仪器价值 6000 多万元。实验室获得国家自然科学基金重点项目、国家重点研发计划课题等国家级科研项目 30 多项，获得国家科技进步奖二等奖 3 项，获得省级科技进步奖一等奖 1 项、二等奖 12 项、三等项 8 项。发表论文 300 多篇，其中被 SCI、EI 收录 100 多篇，获得国家发明专利授权 40 多项，出版专著、教材 15 部，参编行业规范 2 部。

（3）中德资源环境与地质灾害研究中心。2017 年 11 月，华北水利水电大学与德国亚琛工业大学、德国汉堡大学等多所院校的世界知名地质环境专家组建了"中德资源环境与地质灾害研究中心"，苏钰杰教授任常务副主任。中心引进德国亚琛工业大学、罗斯托克大学研发的自然灾害监测预警研究成果，对该项技术进行本土化升级改造；与英国皇家学会工程院合作开发光纤传感技术，与新加坡国立大学合作开发通信信息技术，这些技术在国际上处于领先水平，对地质环境监测与灾害防控的研究具有推动作用。2019 年，中德资源环境与地质灾害研究中心与德国奥斯纳布吕克大学签订了合作协议，双方在农业物联网、农业产业链智能化解决技术等方面进一步深化合作。2020 年，中德资源环境与地质灾害研究中心与德国亚琛工业大学续签了五年合作协议，双方将继续在地质灾害智能监测与防治领域开展合作，进一步夯实学校与国际名校间的战略伙伴关系，为中心继续拓展国际合作渠道、加强学生及教师互访交流以及联合培养研究生等工作奠定了合作基础。2018年12月，中德资源环境与地质灾害研究中心成功获批"河南省地质环境智能监测与灾害防控重点实验室"立项建设。2019年12月，中德资源环境与地质灾害研究中心成功获批"河南省数字农业生产系统智能监测与预警国际联合实验室"立项建设与"河南省地质环境智能监测与灾害防控基地"立项建设。

（二）持续加强科技创新人才与创新团队建设

2011—2021年，学校增加12个河南省创新型科技团队、13个河南省高校科技创新团队，目前学校已有科技创新团队情况见表5-2。学校教师共计获得33项省部级人才称号，其中，2018年、2019年、2020年，仵峰、徐存东、王富强三位教授分别获得中原科技创新领军人才称号，吕灵灵、杨晨两位博士入选中原青年拔尖人才，王文川、李志萍、王丽君、王玉柱、徐存东、王富强、马建琴、张先起、郭文献、刘扬、张琳、徐斌、吕灵灵、张建伟、李忠洋、管俊峰、杨晨获得河南省高校科技创新人才支持计划资助。

表5-2 科技创新团队一览表

类别	团队名称（获批时间）	团队负责人	依托单位
河南省创新型科技团队（12个）	河南省分析数学研究及河流动力学应用创新型科技团队（2011年）	王天泽	数学与统计学院
	河南省清洁能源车用发动机与工程车辆创新型科技团队（2011年）	杨振中	机械学院
	河南省地质工程理论及技术应用创新型科技团队（2013年）	黄志全	地球科学与工程学院
	河南省智慧水利与虚拟仿真创新型科技团队（2014年）	刘雪梅	信息工程学院
	河南省流体动力机械与流体输送工程创新型科技团队（2014年）	高传昌	电力学院
	河南省水利机械抗磨防腐技术开发与应用创新型科技团队（2015年）	张瑞珠	材料学院
	河南省生态文明城市理论及应用创新型科技团队（2016年）	李　虎	建筑学院
	河南省村镇生活污水处理技术与管理模式研究创新型科技团队（2016年）	郑志宏	环境与市政工程学院
	河南省起重运输与工程机械（2017年）	韩林山	机械学院
	河南省区域"水-土-碳"耦合效应与生态安全（2017年）	刘文锴	测绘与地理信息学院
	河南省生态建材与结构工程（2017年）	赵顺波	土木与交通学院
	河南省水资源高效利用与防灾减灾（2017年）	李彦彬	水利学院
河南省高校科技创新团队（13个）	地质工程理论与技术研究及应用（2012年）	黄志全	地球科学与工程学院
	生态建筑材料与结构工程（2013年）	赵顺波	土木与交通学院
	水利信息监测与可视化（2013年）	刘雪梅	信息工程学院
	水资源高效利用保障技术（2014年）	聂相田	水利学院
	再生资源利用与工程结构全寿命研究（2015年）	陈爱玖	土木与交通学院

续表

类别	团队名称（获批时间）	团队负责人	依托单位
河南省高校科技创新团队（13个）	水资源管理与水生态保护（2015年）	韩宇平	水资源学院
	燃煤能源高效利用与超净排放（2015年）	王为术	电力学院
	资源环境统筹与生态补偿（2015年）	张国兴	管理与经济学院
	水资源高效利用与防灾减灾（2016年）	李彦彬	水利学院
	水文水资源系统分析与管理（2017年）	王文川	水资源学院
	氢能源车用动力系统（2018年）	王丽君	机械学院
	基于多场耦合作用的水工结构优化设计理论与方法（2018年）	徐存东	水利学院
	水生态环境保护与综合治理（2019年）	王富强	水资源学院

第三节

社会科学研究

一、完善组织机构

为全面贯彻落实全国全省高校思想政治工作会议精神，提高全校社科工作水平，激发全校哲学社会科学工作者积极性和主动性，学校于2017年3月成立社会科学处。学校2019年被评为全省高校实施哲学社会科学繁荣计划先进单位。

学校哲学社会科学发展始终抓意识形态建设不放松，坚持正确的政治方向，不断深入学习和研究阐释习近平新时代中国特色社会主义思想，主动融入国家重大战略。推动全校学科交叉融合新理念，强调党建、教学、科学研究、学科发展、学术交流、人才培养"六位一体"的办学理念，优化专业结构，深化专业内涵建设，提升人才培养质量，为学校整合优势资源进行社科类研究平台和智库建设打下坚实基础。

二、优化管理体制机制

为适应哲学社会科学工作的新形势、新要求，促进学校哲学社会科学的长期可持续繁荣发展，进一步调动哲学社会科学工作者的积极性，强化全校哲学社会科学工作者意识形态工作责任担当，建立了系统的社科管理体制机制。

（一）成立校哲学社会科学学术委员会

2018年，为了进一步贯彻落实全国全省高校思想政治工作会议精神，贯彻中共中央《关于加快构建中国特色哲学社会科学的意见》，加强学校哲学社会科学工作，学校成立了第一届哲学社会科学学术委员会，聘请学校特聘教授韩庆祥为第一届哲学社会科学学术委员会名誉主任。哲学社会科学学术委员会聚焦"学科建设、学术发展、学术评价、学风建设"的"四学"主业，注重学风、研风建设，坚持正确政治方向，充分发挥学术委员会在学科建设、学风建设、学术评价和学术发展等事项上的重要作用。

（二）成立校社会科学界联合会

2020年10月，学校成立了社会科学界联合会（简称"社科联"），韩庆祥教授任名誉主席，校党委书记王清义任主席，党委副书记、工会主席马书臣和党委副书记高京燕任副主席。校社科联本着在把握大坐标中明确发展目标、在融入大战略中当好"智囊团"、在深化大联合中发挥服务功能、在加强自身建设中提升影响力的工作思路，不断发挥社科联"联合、协作、服务"的桥梁纽带作用，在学校党委的领导下，整合校内资源，探索学科交叉集成新机制，动员和团结全校哲学社会科学工作者牢牢坚持马克思主义在哲学社会科学领域的指导地位，团结进取，努力开拓，当好党委政府信得过、靠得住、用得上的"思想库"和"智囊团"，在全省乃至全国社科界发出华水声音。

（三）开展对外交流与合作

学校在 2016 年与河南省社会科学院开展战略合作，学校 30 名教授受聘为河南省社会科学院兼职研究员，河南省社会科学院的 30 名研究员、副研究员受聘为学校兼职教授。双方在六个方面展开深度合作：一是通过战略、平台、项目"三个对接"，联合开展国家重点项目和重大问题攻关；二是双方在资源配置、人员配备等方面重点支持，共同培育重大科研成果；三是共同组建国家、省级科研协同创新中心，实现人才、资源和信息共享；四是实施"人才双聘工程"与人才联合培养，促进双方人员交流与合作；五是共同建设特色新型专业"智库"，开展前瞻性、针对性、储备性政策研究；六是联合申报国家级、省级人文社会科学研究基地，合作建设学术平台。

2019 年 3 月，学校与水利部发展研究中心签署战略合作框架协议，双方本着"优势互补、合作共赢、互惠互利、共同发展"的原则，发挥新型高端智库和水利特色高校各自的优势与特点，搭建智校合作平台，建立战略合作伙伴关系，在调查研究、项目合作、能力建设、人员交流、业务培训等方面开展高起点、宽领域、全方位、多层次的合作与交流，通过健全合作机制，实现双方共同提升。

三、学术研究成果

（一）研究项目

2011—2021 年，学校共承担国家级、省部级等各级各类社会科学类项目 562 项，包括国家社会科学基金项目 30 项（表 5 - 3），其中重点项目 1 项，重大专项 1 项，包含了政治学、经济学、文学、管理学、图书情报等多个学科，覆盖了一般项目、青年项目、优秀博士论文项目、高校思政课研究专项等多个类别。学校在"十二五"期间获得国家社科基金立项 5 项，"十三五"期间 25 项，较之前有了长足进步。在此期间还获批教育部项目 15 项，河南省哲学社会科学规划项目 98 项，河南省政府决策研究招标课题 65 项，学校研究阐释党的十九大精神专项课题 40 项。在国家社科基金项目工作中，朱海风教授的"中国水文化发展前沿问题研究"获批重点项目；王延荣教授作为首席专家的"新时代中国特色社会主义创新文化形成机理及建设路径研究"获批国家社科基金研究阐释党的十九大精神重大专项课题，是河南省获批的唯一一项课题，是学校国家社科基金工作取得的重大突破。

表 5 - 3　　　　　　　　国家社科基金项目汇总表

序号	项 目 名 称	主持人	项目类型	立项年份
1	新时期领导干部践行实事求是思想路线的难点和对策研究	朱海风	一般项目	2013
2	宪法学视角下货币权力的配置与规范研究	吴礼宁	青年项目	2013
3	中国水文化发展前沿问题研究	朱海风	重点项目	2014
4	新型城镇化进程中生态文明建设机制研究	王艳成	一般项目	2014
5	利益均衡下生态水利项目社会投资的模式创新研究	何楠	一般项目	2014

序号	项　目　名　称	主持人	项目类型	立项年份
6	农资销售中的信任传递模式及营销策略研究	李　纲	一般项目	2015
7	基于生态视角的资源型区域经济转型路径创新研究	张国兴	一般项目	2015
8	危险驾驶行为的刑法规制研究	袁宏山	一般项目	2015
9	时空分异视角下碳交易对我国区域经济发展的影响研究	马　歆	一般项目	2016
10	自然垄断行业竞争性业务的开放与政府管制调整研究	刘华涛	一般项目	2016
11	基于虚拟资源流动的粮食主产区农业生态补偿机制研究	何慧爽	一般项目	2016
12	范畴逻辑理论研究	王湘云	一般项目	2017
13	新时代中国特色社会主义创新文化形成机理及建设路径研究	王延荣	重大专项	2018
14	美国"甜菜一代"作家研究	刘文霞	一般项目	2018
15	习近平新时代意识形态观研究	张艳斌	一般项目	2018
16	新时代高校党建工作研究	王清义	一般项目	2019
17	美国汉学家海陶玮的中国古典文学研究	刘丽丽	一般项目	2019
18	中华水文化信息资源数据库建设研究	史鸿文	一般项目	2019
19	信息赋能视阈下小农户稳定脱贫长效机制研究	黄　伟	一般项目	2019
20	宋代科举法研究	夏亚飞	青年项目	2019
21	中国审美经验的哲学叙述：实践论美学学术史研究	石长平	一般项目	2019
22	"读书杂志派"民族主义思想研究（1931—1945）	霍　贺	一般项目	2019
23	中国上市实体企业脱实向虚的资本市场效应研究	张华平	一般项目	2019
24	中国制造业高质量发展路径选择与实施策略研究	黄毅敏	一般项目	2019
25	传教士对传播逻辑学的贡献及对中国逻辑学教育的影响	张胜前	一般项目	2020
26	汉语方言疑问范畴比较研究	李　塈	优秀博士论文项目	2020
27	疫情防控背景下高校思政课在线教学实效性问题与对策研究	苏　淼	高校思政课研究专项	2020
28	《礼记》生态哲学思想研究	孟广慧	青年项目	2020
29	混合所有制改革背景下非国有股东选择与国企治理效率提升研究	宋春霞	一般项目	2020
30	"四书"在俄罗斯的译介与传播研究	王灵芝	一般项目	2020

（二）研究成果

在社科成果方面，2011 年以来累计获得河南省政府发展研究二等奖 1 项、三等奖 4 项；河南省社会科学优秀成果奖一等奖 1 项、二等奖 19 项、三等奖 20 项；河南省教育厅人文社会科学研究优秀成果特等奖 10 项、一等奖 25 项、二等奖 45 项、三等奖 26 项。获得河南省省级社科类奖励见表 5-4。

2020 年，由学校水文化研究创新团队主持完成的《中原水文化资源开发利用与数据库建设》一书荣获第八届高等学校科学研究优秀成果奖（人文社会科学）三等奖。高等学校科学研究优秀成果奖（人文社会科学）是我国哲学社会科学领域最具公信力和影响力的奖项，也是目前我国哲学社会科学领域的最高成果奖。

2011 年以来，全校在 CSSCI 和 A&HCI 期刊上发表论文 300 余篇，在 SCI 和 SSCI 期刊发表论文 100 余篇。

表 5 - 4   省级社科类奖励汇总表

序号	成 果 名 称	申报人	奖励级别	年份
1	灰色决策理论与方法	罗 党	省社会科学优秀成果奖二等奖	2011
2	个人信息法律保护研究	胡雁云	省社会科学优秀成果奖二等奖	2011
3	基于产品领先导向的制造企业技术创新管理研究	王延荣	省社会科学优秀成果奖二等奖	2011
4	中国货币政策的房价调控综合效应研究	杨 雪	省社会科学优秀成果奖二等奖	2011
5	企业产权交易定价研究	曹玉贵	省社会科学优秀成果奖二等奖	2012
6	煤矿生产安全风险管理机制研究	袁永新	省社会科学优秀成果奖二等奖	2012
7	推动中原经济区跨越发展的人才工作机制创新研究	谢玉安	省社会科学优秀成果奖二等奖	2012
8	电商的快速敏捷供应链	杨 雪	省社会科学优秀成果一等奖	2014
9	水文化研究	朱海风	省社会科学优秀成果奖二等奖	2014
10	河南省水资源与社会经济发展交互问题研究	何慧爽	省社会科学优秀成果奖二等奖	2015
11	深化社会主义核心价值观及其体系建设探究	杜学礼	省社会科学优秀成果奖二等奖	2015
12	高层管理者能力的影响——管理层能力、盈余信息质量与资本配置效率研究	潘前进	省社会科学优秀成果奖二等奖	2015
13	内涵逻辑论域的服务型政府结构体系	楚施斐	省社会科学优秀成果奖二等奖	2015
14	论农地使用权信托流转的实践探索及其法律完善	史晓燕	省社会科学优秀成果奖二等奖	2015
15	河南省南水北调受水区供水配套工程投资控制管理办法研究	王伦焰	省政府发展研究奖二等奖	2014
16	个人信息法律保护研究	胡雁云	省政府发展研究奖三等奖	2014
17	省部级一把手腐败特点、趋势和风险防控机制创新	乔德福	省政府发展研究奖三等奖	2016
18	郑州市开放创新双驱动战略研究	王延荣	省政府发展研究奖三等奖	2016
19	城市雨洪资源生态学管理模式研究——以郑州市为例	郭文献	省政府发展研究奖三等奖	2016

（三）社科研究基地和创新团队建设

学校重视哲学社会科学团队和基地建设，社科研究基地在服务社会发展、服务教学人才培养、服务本科评估等方面都发挥着重要作用。学校积极整合学科资源，发挥学科交叉融合优势，不断推动学校人文社科研究基地建设工作，2011 年以来先后与教育部、河南省应急管理厅、省委外事工作委员会共建 3 个研究中心，并获批了 2 个河南省高校人文社科重点研究基地、3 个河南省社

科联重点研究基地、6 个郑州市社科联研究基地（表 5 - 5），为学校进行更高层次的社科基地建设和产出更高水平的智库成果提供了有力支撑。学校还获批了 8 个河南省高校哲学社会科学创新团队（表 5 - 6）；桂黄宝、李纲、贾兵强、李慧敏、王洁方、何慧爽获河南省高校科技创新人才（人文社科类）称号；桂黄宝、张琳、李纲、王延荣获河南省高等学校哲学社会科学优秀学者称号；朱海风获河南省高校哲学社会科学年度

人物称号；桂黄宝获河南省优秀青年社科专家称号；2019 年和 2020 年每年获批 2 个河南省高校哲学社会科学创新团队，在河南省高校中位列前茅。

表 5－5　　　　　　　　　　　　人文社科研究基地汇总表

序号	依托学院	基地名称	基地类别	获批年份
1	法学院	教育部青少年法治教育中心	教育部、河南省教育厅与华北水利水电大学共建	2020
2	水文化研究中心	水文化研究中心	河南省高等学校人文社会科学重点研究基地（培育）	2014
3	马克思主义学院	黄河流域生态文明研究中心	河南省高等学校人文社会科学重点研究基地（培育）	2020
4	公共管理学院	河南省公共安全与应急管理研究中心	河南省应急管理厅与华北水利水电大学共建	2020
5	外国语学院	河南省黄河生态文明外译与传播研究中心	省委外事工作委员会与华北水利水电大学共建	2020
6	马克思主义学院	中原生态文明研究中心	省社科联哲学社会科学研究基地	2020
7	公共管理学院	城乡融合发展研究中心	省社科联哲学社会科学研究基地	2020
8	外国语学院	美学与美育研究中心	省社科联哲学社会科学研究基地	2020
9	马克思主义学院	中华水文化研究中心	市社科联哲学社会科学研究基地	2020
10	水资源学院	黄河流域生态保护与水资源管理研究中心	市社科联哲学社会科学研究基地	2020
11	人文艺术教育中心	黄河文化传播与教育研究中心	市社科联哲学社会科学研究基地	2020
12	马克思主义学院	黄河流域可持续发展研究中心	市社科联哲学社会科学研究基地	2020
13	管理与经济学院	黄河流域生态经济发展研究中心	市社科联哲学社会科学研究基地	2020
14	法学院	清廉中国研究中心	市社科联哲学社会科学研究基地	2020
15	法学院	河南省青少年法治教育及依法治校教育中心	市社科联哲学社会科学普及基地	2020
16	体育教学部	易武医国术教育中心	市社科联哲学社会科学普及基地	2020

表 5－6　　　　　　　　　　河南省高校哲学社会科学创新团队汇总表

序号	团队带头人	团队名称	团队类别	获批年份
1	王延荣	技术创新与知识管理	河南省高校哲学社会科学创新团队	2013
2	杨　雪	安全科学与危机管理	河南省高校哲学社会科学创新团队	2014
3	朱海风	中华水文化传承创新研究	河南省高校哲学社会科学创新团队	2016
4	乔德福	反腐倡廉建设研究	河南省高校哲学社会科学创新团队	2017
5	韩庆祥	习近平新时代中国特色社会主义思想的哲学基础研究	河南省高校哲学社会科学创新团队	2019
6	桂黄宝	区域创新治理与政策	河南省高校哲学社会科学创新团队	2019
7	李贵成	乡村振兴与城乡融合发展研究	河南省高校哲学社会科学创新团队	2020
8	杨志林	人工智能应用与企业战略管理	河南省高校哲学社会科学创新团队	2020

四、智库建设

（一）加强顶层设计

学校于 2019 年制订了《华北水利水电大学智库建设管理办法》（华水政〔2019〕153 号），成立了以刘文锴校长为组长，校党委副书记、工会主席马书臣和副校长刘雪梅为副组长的学校智库建设领导小组。学校积极参与承办第九届中原智库论坛、参加河南高校高端智库联盟，建立国家或地方智库 5 个。

（二）智库成果

学校智库本着融入地方，服务社会的原则，在校党委和校行政的正确领导下，以习近平新时代中国特色社会主义思想为指导，围绕黄河流战略生态保护和高质量发展战略和社会发展需要，与水利部、河南省社科院、开封市政府等加强交流与合作，开展了多种形式的学术交流与合作。学校积极组织各学院学术骨干和学科带头人结合自身优势和研究基础，围绕习近平新时代中国特色社会主义思想、习近平十六字治水方针、新时代水利精神、水利改革发展总基调、黄河流域生态保护和高质量发展、红色文化与红色资源、乡村振兴与精准扶贫等开展研究，取得了丰硕的成果。2019 年和 2020 年，韩宇平、李贵成、卜凡等专家的 11 项智库成果获得省部级领导批示（表 5-7），发出了华水声音。

表 5-7 智库成果汇总表

序号	批示情况	负责人	批示时间
1	《水利工程质量监督检查考核评价方案》上水利部部长办公会，鄂竟平、蒋旭光、刘伟平等部领导参加，刘雪梅副校长代表学校参加，上会情况见《水利部部长专题办公会议纪要（第一百零一期）》	曹连海	2019 年 9 月
2	《河南省以案促改制度化常态化评价体系研究报告》获河南省委常委、省纪委书记、省监委主任任正晓批示	乔德福	2019 年 9 月
3	《河南省市级领导干部腐败风险防控问题研究报告》获河南省委常委、省纪委书记、省监委主任任正晓批示	乔德福	2019 年 12 月
4	《以系统思维推进黄河流域协同治理》获河南省人民政府副省长武国定批示	李贵成	2019 年 12 月
5	《郑州水谷产业园（中国水谷）建设可行性论证报告》获河南省委常委、郑州市委书记徐立毅批示	刘文锴	2020 年 1 月
6	《以开放思维推进黄河流域高质量发展》获河南省政协主席、党组书记刘伟批示	李贵成	2020 年 4 月
7	《破解郑州国家中心城市建设水资源刚性约束的基本途径》获河南省委常委、郑州市委书记徐立毅批示，同时获河南省人民政府副省长王新伟批示	韩宇平	2020 年 5 月
8	《关于河南省有效应对黄河"八七"分水方案调整的建议》获河南省委副书记、省政府省长、党组书记尹弘批示，同时获河南省人民政府副省长武国定批示	韩宇平	2020 年 6 月
9	《城镇居民节水行为的影响机制及引导政策研究》获水利部部长鄂竟平批示	王延荣	2020 年 7 月
10	研究报告《关于河南黄河文化保护传承和文旅融合的建议》获河南省委书记王国生批示	李贵成	2020 年 9 月
11	《河南省高校领导干部腐败风险防控问题研究报告》获河南省委常委、省纪委书记、省监委主任任正晓批示	卜 凡	2020 年 11 月

五、水文化特色研究

为进一步贯彻落实水利部《水文化建设规划纲要（2011—2020 年）》提出的目标任务，按照《华北水利水电学院文化建设规划纲要（2011—2020年）》中关于更好地研究、宣传和普及水文化，更好地拓展和提升学校办学特色和研究水平的规划，学校积极开展中华水文化的科学研究和普及推广工作。

在科学研究方面，学校于2010年年底组成了以朱海风教授为首席专家，以相关专业教授、博士为骨干的中华水化传承创新科研团队，成立了"华北水利水电大学水文化研究中心"。2014年学校获批首个河南省普通高校人文社科重点研究基地（培育）——华北水利水电大学水文化研究中心，2015年9月获批河南省高等学校哲学社会科学创新团队。学校先后获批国家社科基金重点项目"中华水文化发展前沿问题研究"（2014年）和国家社科基金一般项目"中华水文化信息资源数据库建设研究"（2019年），主持完成省部级课题6项，发表CSSCI来源期刊论文9篇。2014年出版水文化研究系列专著8部，2015年出版中华水文化书系7部，2017年出版《南水北调工程文化初探》《中原水文化资源开发利用与数据库建设》等6部专著，2018年出版《中国先秦水文化研究》，2020年出版《中国水文化发展前沿问题研究》《河南水文化史》。《水文化研究》获得2014年度河南省社会科学优秀研究成果二等奖，《科技黄河研究》获得2014年河南省高校人文社科优秀成果特等奖，《图说治水与中华文明》和《图说水与风俗礼仪》获得第九届河南省社会科学普及成果一等奖，2020年12月，《中原水文化资源开发利用与数据库建设》获得第八届高校科学研究优秀成果奖（人文社会科学）三等奖。

在水文化普及教育传播方面，2016年5月水利部批准学校为国家水情教育基地，2017年11月学校成为全国水利博物馆联盟成员单位，2017年12月学校入选河南省水情教育基地。学校面向全日制本科生开设了"中华水文化专题讲座"，编写了《中华水文化》教材。2018年《中华水文化》获批国家在线精品开放课程，全国有46所大中专院校学生注册学习。学校积极为学生、水利系统干部职工、地方基层干部群众宣讲中国传统水文化、新时代治水文化。

第四节

学 术 交 流

一、自然科学国内学术交流

2011年以来，学校开展了丰富多彩的自然科学学术交流与学术活动，组织专家学术报告会608场，承办、协办学术会议27场。邀请来校开展学术交流的知名专家学者有中国工程院院士周丰峻，教育部工业工程教指委主任委员齐二石教授，国务院特殊政府津贴专家、郑州大学博士生导师吴晓铃教授，中国矿业大学博士生导师孙强教授，中国水利水电科学研究院水资源研究所所长王建华，信息计量学之父、普赖斯奖章获得者罗纳德·鲁索（Ronald Rousseau）教授，解放军信息工程大学博士生导师张永生教授，中国测绘学会大地测量专业委员会副主任陶本藻教授，教育部长江学者特聘教授刘建军教授，中国电子学会高级会员甘良才教授，山东大学科学技术研究院院长张建教授，合肥工业大学金菊良教授，南京大学地理与海洋科学学院副院长黄贤金教授，中国科学院寒区旱区环境与工程研究所、冻土工程国家重点实验室主任马巍教授，俄罗斯工程院院士、资源环境与地理信息系统北京市重点实验室主任宫辉力教授，超高速电路设计与电磁兼容教育部重点实验室学术委员会委员张安学教授，清华大学博士生导师李广信教授，河南省装配式建筑工程技术研究中心主任杜文风教授，住房城乡建设部土木工程专业评估委员会委员方志教授，教育部高等学校计算机类专业教学指导委员会委员徐久诚教授，建筑科学与工程学报副主编刘永健教授等。

二、自然科学国际学术交流

学校邀请了近百位国际知名学术专家来校开展学术交流。邀请来校开展学术交流的国外知名专家学者有美国佐治亚理工学院博士生导师 Baabak Ashuri 教授，美国爱荷华州立大学刘海亮教授，澳大利亚中央昆士兰大学赵宪博博士，马来西亚国油科技大学机械学院 Jundika Candra Kurnia 教授，美国休斯敦大学钱辉教授，法国国立高等工程技术大学 Gérard BOIS 教授，南非西北大学 Chaudry Masood Khalique 教授，英国提赛德大学朱晓娴教授、许东来教授，荷兰代尔夫特理工大学 Walter G. J. van der Meer 教授，澳大利亚皇家墨尔本理工大学 Sujeeva Setunge 教授，美国宾夕法尼亚州立大学胡世雄教授等。

三、哲学社会科学学术交流

2011 年以来，学校组织了内容丰富的哲学社会科学学术交流活动，举行或承办有影响力的学术会议、座谈、年会 300 余场。邀请到了韩庆祥、陈茂山、皮军、欧阳康、王乃岳等诸多国内知名专家和省内社科学者，营造了良好的学术氛围，调动了全校哲学社会科学工作者的积极性，提供了交流合作的新机遇和新平台。学校师生积极参与省内外社科学术交流活动，发出华水声音。学校教师连续多年受邀参加中原智库论坛，校党委书记王清义多次在中原智库论坛上做主题发言。

四、学校主（承）办的部分学术会议

（一）中国（郑州）第四届新型智慧城市产业创新发展高峰论坛

2017 年 10 月 20—21 日，中国（郑州）第四届新型智慧城市产业创新发展高峰论坛在郑州举行。本届大会由河南省产业发展研究会、中国通信工业协会、华北水利水电大学、郑州市科学技术局共同主办。大会主题为"智慧转型、互联互通、智能服务、可持续"。副校长王天泽教授代表主办方致开幕辞。信息工程学院（软件学院）陆桂明教授、水利学院陈守开教授为大会作特邀报告。

（二）"一带一路"水利水电高峰论坛

2018 年 5 月 7 日，学校举办"一带一路"水利水电高峰论坛。与会代表分别就"一带一路"水利水电产学研战略联盟的自身建设、发展方向、研究领域和未来预期进行了研讨，达成《水利水电"一带一路"产学研战略联盟协议》。

（三）贯彻落实黄河流域生态保护和高质量发展战略研讨会暨第二届"一带一路"水利水电产学研战略联盟年会

2019 年 11 月 2 日，贯彻落实黄河流域生态保护和高质量发展战略研讨会暨第二届"一带一路"水利水电产学研战略联盟年会在学校龙子湖校区召开。大会由华北水利水电大学、河南省水利厅、河南省社会科学院、河南省报业集团主办。会议旨在更好地发挥"一带一路"水利水电产学研战略联盟的功能，共同学习贯彻落实习近平总书记重要讲话精神，推动黄河流域生态保护和高质量发展重大国家战略的实施。

（四）首届黄河流域科研院所长联席会议暨黄河流域生态保护和高质量发展学术研讨会

2020 年 9 月 18 日，由华北水利水电大学黄河流域生态保护和高质量发展研究院发起的首届黄河流域科研院所长联席会议暨黄河流域生态保护和高质量发展学术研讨会在学校龙子湖校区举行。会议围绕科技创新助力黄河国家战略实施这一主题开展了深入研讨。

（五）中国水利学会 2020 学术年会水利风景区分会场

2020 年 10 月 20 日，中国水利学会 2020 学术年会水利风景区分会场会议在郑州成功举办。会议由学校建筑学院李虎院长、学校国家水利风景发展研究中心卢玫珺教授主持。会议主题为"推动水利景区高质量发展，建设幸福河湖"，采用线下会议＋线上直播的形式举行。与会代表围绕水利风景区高质量发展、水利风景区助力幸福河湖建设、水利风景区水文化遗产保护及活化利用、黄河流域生态保护与高质量发展背景下的水利风景区建设发展、水利风景区与生态旅游等议题展开了充分的学术交流和研讨。

（六）中国水利学会 2020 学术年会水利行业强监管分论坛

2020 年 10 月 26 日，由水利行业监管研究中心和华北水利水电大学共同承办的中国水利学会 2020 学术年会水利行业强监管分论坛在学校举行。会议以水利行业强监管能力建设及监管人才培养为主题，通过现场和视频连线相结合方式进行。

（七）水利工程前沿科学及信息化管理技术研讨会

2020 年 11 月 5 日，水利工程前沿科学及信息化管理技术推介会在学校召开。会议由水利部科技推广中心主办、华北水利水电大学承办。会议对水利工程建设单位、管理单位、设计单位等相关的管理人员、技术人员、应用人员进行水利工程前沿科学及信息化管理技术推介。

（八）水治理中的社会管理研讨会

2014 年 11 月 15 日，由中国水利经济研究会和学校联合主办的水治理中的社会管理研讨会在学校举行，会议重点围绕水治理中的社会投融资管理、水治理中的水权管理、水价政策及水文化建设等问题进行了深入研讨。

（九）中国宏观经济管理教育学会 2017 年年会

2017 年 10 月 27—29 日，由中国宏观经济管理教育学会主办、华北水利水电大学承办的中国宏观经济管理教育学会 2017 年年会在学校举行。会议的主题是"自由贸易区战略与临空经济发展"。

（十）第九届中原智库论坛

2018 年 9 月，学校与河南省社会科学院、河南省人民政府发展研究中心、河南日报报业集团联合举办的第九届中原智库论坛在郑州召开，论坛主题为"以党的建设高质量推动经济发展高质量"。

第五节

学 报 工 作

学校高度重视学报发展与建设，始终坚持党管学报的原则，牢固坚守学报意识形态阵地，牢牢把握正确舆论导向，自觉肩负起"举旗帜、聚民心、育新人、兴文化、展形象"的使命，高质量完成办刊任务。《华北水利水电大学学报（自然科学版）》2020 年入选全国中文核心期刊、科技核心期刊。

一、《华北水利水电大学学报（自然科学版）》

为提升学报的学术水平和质量，学报

自然版自 2011 年起开办了"青年博士论坛"专栏，涵盖机械工程、资源与环境工程、动力工程、土木工程、水利水电工程等领域，共刊发"青年博士论坛"专栏 7 期 42 篇文章，署名作者 118 位，引起校内各学科广泛关注，促进了校内青年博士科研争鸣，大力营造了校内浓厚的学术氛围。学报自然版于 2012 年第 6 期策划、组织了"第十四届全国纤维混凝土学术会议"专刊，期刊在国内的知名度得到进一步提升。

2014 年经国家新闻出版广电总局批准，《华北水利水电学院学报（自然科学版）》2014 年第 1 期更名为《华北水利水电大学学报（自然科学版）》（学报自然版），国内统一连续出版物号由 CN 41－1249/TV 变更为 CN 41－1432/TV。2019 年，国际标准连续出版物号自 2019 年第 3 期由 ISSN 1002－5634 变更为 ISSN 2096－6792。

2015 年底，学校把将学报自然版建设成为中文核心期刊列入学校"十三五"发展规划目标。

自 2016 年起，学报自然版以协办与参加学术会议、广泛宣传为途径，以专题策划为引领，以提高编校质量为保障，积极推进核心期刊建设。至 2020 年年底，协办、参加高层次专业学术会议 21 次，组织刊发学术专题 32 个，学术专题文章达 229 篇，期刊整体学术质量大幅提升。2020 年 10 月 27—28 日，学报编辑部承办"2020 学术期刊创新发展研讨会"，围绕"疫情下的学术期刊创新发展"这一主题，充分研讨，交流办刊经验。

2016—2020 年，学报自然版建设成效显著，于 2018 年被日本科学技术振兴机构数据库（JST）收录。中国知网各年的报告显示：学报自然版 2018 年的复合影响因子达到 0.644，较前几年有明显提升；2019 年达到 1.772，且进入水利类期刊学术影响 Q1 区，提升幅度较大；2020 年达 2.028。省部级以上基金论文比一直稳定在 80％以上。连续多届被评为"RCCSE 中国核心学术期刊（A－）"，并于 2020 年评级提升为 A，在水利工程学科 72 家期刊中排第 9 名。2020 年，入选中国科协主持的"水利领域高质量科技期刊分级目录"T2 类。2020 年，成功入选《中国核心期刊要目总览》（2020 版）和科技核心期刊阵列。

学报自然版复合影响因子情况见表 5－8，学报自然版省部级以上基金论文占比情况见表 5－9。

表 5－8　　　　　　　　　　　　　学报自然版复合影响因子统计表

年份	2013	2014	2015	2016	2017	2018	2019	2020
影响因子	0.291	0.280	0.379	0.420	0.347	0.644	1.772	2.028

表 5－9　　　　　　　　　　　　学报自然版省部级以上基金论文占比统计表

年份	2011	2012	2013	2014	2015	2016	2017	2018	2019	2020
比重	45％	59％	75％	78％	68％	81％	87％	87％	81％	84％

二、《华北水利水电大学学报（社会科学版）》

2014 年经国家新闻出版广电总局批准，《华北水利水电学院学报（社会科学版）》自 2014 年第 1 期更名为《华北水利水电大学学报（社会科学版）》（学报社科版），国内统一连续出版物号由 CN 41－1281/C 变更为 CN 41－1429/C。2019 年，

经国际标准连续出版物编码系统中国国家中心批准，期刊的国际标准连续出版物号自 2019 年第 3 期由 ISSN 1008 - 4444 变更为 ISSN 2096 - 7055。

为全面提升稿件质量，适应核心期刊评价体系，2014 年和 2019 年两次对《华北水利水电大学学报（社会科学版）》页码、发文量进行了调整。2019 年，学报社科版启用网上采编系统，启动了同行评议、专家审稿环节，邀请本专业优秀专家担任学报社科版审稿专家。

2011—2013 年，学报社科版刊文从涵盖多学科转变为栏目设置分层次、有重点，主要以"笔谈"形式宣传党的思想，集中讨论热点、难点问题，在社会上具有广泛的影响力。先后就"货币宪法学的理论与实践研究""历史上中原人南迁过程中河洛文化的传播与影响""生命教育视野下的教师素养""历史上中原地区的水运和社会环境变迁""和谐社会环境下环境宪法和环境犯罪研究""骆宾王《咏水》诗的多维解读""我国水利高等教育百年

发展回顾与前瞻""政府数字资源保存与服务"等专题在学报社科版展开讨论，学术与社会影响广泛。

2015 年以来，为提升学报内容质量，加强内涵建设，先后组织刊发专题研究，主要有"《刑法修正案（九）（草案）》专题研究""广谱哲学专题研究""高校创新专题""供给侧结构性改革专题""思想政治教育专题""习近平新时代中国特色社会主义思想研究""应急能力专题研究""水文化——黄河文化专题"等论题，宣传了党的思想，弘扬了传统文化，提高了学报影响力。

学报社科版在 2011—2020 年历次河南省社科期刊综合质量检测中均入选一级期刊；2014 年和 2019 年，在第五届、第六届全国高校社科期刊评优活动中，被评为"全国高校优秀社科期刊"，"水文化研究"栏目被评为"全国高校社科期刊特色栏目"。

学报社科版复合影响因子情况见表 5 - 10，学报社科版省部级以上基金论文占比情况见表 5 - 11。

表 5 - 10　　　　　　　　学报社科版复合影响因子统计表

年份	2013	2014	2015	2016	2017	2018	2019	2020
影响因子	0.217	0.238	0.170	0.115	0.208	0.211	0.282	0.525

表 5 - 11　　　　　　　学报社科版省部级以上基金论文占比统计表

年份	2011	2012	2013	2014	2015	2016	2017	2018	2019	2020
比重	28%	32%	36%	40%	41%	53%	43%	52%	74%	85%

第六章

学 科 建 设

学校以服务国家地方发展战略为目标，坚持贯彻国家及河南省"双一流"建设文件精神，强化学科建设龙头作用，以省级优势特色学科及特色骨干学科建设为重点，以校级重点学科及优势特色学科建设为基本单元，采取有效办法和保障措施，提升学科建设层次和水平。

第一节

概　况

一、开展学科培育

为促进学校学科协调、平衡发展，拓展学科门类，学校于2010年年初启动了培育学科建设工作，出台了《培育学科建设和考评办法》，规定培育学科的培育周期为两年。

2010年，首轮校级培育学科共有4个，包括建筑学、英语语言文学、法学、科技哲学，学科带头人分别是：张新中、张加民、黄建水、张玉祥。

2012年3月，第二轮校级培育学科共有3个，包括设计学、外国语言文学、法学，学科带头人分别是：张新中、张加民、黄建水。

2014年3月，第三轮校级培育学科共有3个，包括设计学、外国语言文学、法学，学科带头人分别是：张新中、张加民、黄建水。

二、校级重点学科建设

2011年3月，学校公布了第五批校级重点学科名单，共有25个学科，其中第一层次校级重点学科18个，包括应用数学、机械设计及理论、流体机械及工程、计算机应用技术、岩土工程、结构工程、防灾减灾工程及防护工程、桥梁与隧道工程、水文学及水资源、水力学及河流动力学、水工结构工程、水利水电工程、地质工程、农业水土工程、环境工程、水土保持与荒漠化防治、管理科学与工程、技术经济及管理，学科带头人分别是罗党、杨振中、刘建华、黄志全、李凤兰、张新中、解伟、邱林、孙东坡、赵顺波、高传昌、刘汉东、徐建新、朱灵峰、陈南祥、聂相田、杨雪；第二层次校级重点学科7个，包括人口资源与环境经济学、基础数学、工程力学、车辆工程、模式识别与智能系统、市政工程、城市水务工程及管理，学科带头人分别是王延荣、刘法贵、白新理、张瑞珠、苏海滨、杨中正、周振民。

2013年5月，学校公布了第六批校级

重点学科名单，共有 17 个学科，其中第一层次校级重点学科 13 个，包括土木工程、水利工程、数学、机械工程、动力工程及工程热物理、控制科学及工程、计算机科学与技术、地质资源与地质工程、农业工程、环境科学与工程、软件工程、林学、管理科学与工程，学科带头人分别是赵顺波、邱林、王天泽、杨振中、高传昌、苏海滨、陆桂明、黄志全、徐建新、朱灵峰、刘建华、陈南祥、王延荣；第二层次校级重点学科 2 个，包括马克思主义理论、工商管理，学科带头人分别是张玉祥、杨雪；第三层次校级重点学科 2 个，包括理论经济学、力学，学科带头人分别是张国兴、白新理。

三、省重点学科及特色学科建设

2012 年 10 月，河南省教育厅公布了第八批河南省重点学科名单，学校共有 14 个学科入选，其中一级学科河南省重点学科 13 个，包括水利工程、土木工程、数学、机械工程、动力工程及工程热物理、控制科学及工程、计算机科学与技术、地质资源与地质工程、农业工程、环境科学与工程、软件工程、林学、管理科学与工程，学科带头人分别是邱林、赵顺波、王天泽、杨振中、高传昌、苏海滨、刘建华、黄志全、徐建新、朱灵峰、陆桂明、陈南祥、王延荣；马克思主义基本原理学科获批为二级学科河南省重点学科，学科带头人是张玉祥。

2015 年 10 月，河南省启动河南省优势特色学科建设工程一期项目申报工作，学校经过校内审核评选，推荐申报水利工程、管理科学与工程两个学科。2015 年 12 月 8 日，河南省教育厅和财政厅公布了河南省优势特色学科建设工程一期建设学科名单，学科分为优势学科和特色学科两个层次，每个层次又分为 A 类和 B 类两个类别，学校水利工程学科获批省级特色学科 B 类。2016 年 3 月，学校组织专家论证水利工程河南省优势特色学科建设任务书及项目计划表，并于 4 月提交学校水利工程河南省优势特色学科建设工程一期建设学科建设任务书。

2017 年，学校启动了第一期校级优势特色学科遴选工作，相继制定出台了《华北水利水电大学优势特色学科建设实施方案》《华北水利水电大学优势特色学科建设管理办法》《华北水利水电大学关于公布第一批校优势特色学科遴选结果的通知》《华北水利水电大学校优势特色学科建设考核细则》等文件。校级优势特色学科建设以"强内涵、提水平、求突破、争一流"为核心，坚持以下基本原则：坚持以社会需求为导向，改进学科建设服务方向；尊重学术划分原则和教育教学规律；以教育部、河南省评估导向为指针；破除级别固化，引入竞争机制；强化过程管控与指导；严肃目标管理，考核奖惩分明。学校对学科建设实行学校、学院、学科带头人三层管理体制，以学科为建设主体，实行校、院二级管理下的学科带头人负责制；学院第一行政负责人为本单位学科管理与组织的第一责任人，负责本学院学科建设的组织与实施；学科带头人为本学科业务建设的第一责任人；二级单位设专职学科岗。学科考核分为年度考核、中期评估和终期考核；年度考核在每年年底进行，建设期第三年年底进行中期评估，建设期最后一年进行终期考核；校优势特色学科考核在校学科建设工作领导小组领导下，学校学科建设办公室负责组织实施。

2017 年 5 月 27—28 日，学校邀请了16 位国内外同行专家组成学科遴选评审小组，由周丰峻院士任组长。依据学科遴选与建设文件精神，提出了凝练学科方向、加强学科建设管理、实行动态调整机制等意见和措施。2017年9月，学校设立了第一期校级优势特色学科20个，其中优势学科3个，特色学科7个，培育学科6个，扶新学科4个。

2018年3月，河南省教育厅公布了第九批河南省重点学科名单，学校共有14个学科入选，全部为一级学科，包括水利工程、地质资源与地质工程、管理科学与工程、机械工程、土木工程、农业工程、计算机科学与技术、数学、环境科学与工程、控制科学与工程、动力工程及工程热物理、地理学、软件工程、工商管理，学科带头人分别是徐存东、黄志全、王延荣、韩林山、赵顺波、仵峰、陆桂明、罗党、李国亭、张红涛、王为术、刘文锴、刘建华、马歆。

2020年3月，根据省教育厅、省发展改革委、省财政厅《关于印发河南省特色骨干大学和特色骨干学科建设方案的通知》（豫教高〔2019〕178号）文件要求，河南省启动了特色骨干大学和特色骨干学科申报工作。学校经过资源整合、材料审查和校内评议，提交了河南省特色骨干大学和特色骨干学科申报材料。2020年10月，学校获批河南省特色骨干大学建设高校，3个学科（群）获批河南省特色骨干学科，包括水利工程（A类）、管理科学及其智能化学科群（B类）、地质资源与地质工程（C类），学科（群）带头人分别是李彦彬、李纲、姜彤。

四、学科评估

2016年4月，全国第四轮学科评估工作启动，学校按照参评条件要求，经过学科申报、审核和评审，推荐15个学科参加全国第四轮学科评估。参评学科包括马克思主义理论、数学、机械工程、动力工程及工程热物理、控制科学与工程、计算机科学与技术、土木工程、水利工程、地质资源与地质工程、农业工程、环境科学与工程、软件工程、林学、管理科学与工程、工商管理。

2020年11月，全国第五轮学科评估工作启动，学校制订了学科评估工作方案，成立了学科评估工作领导小组，经过学科申报、审核和评审，推荐15个学科参加全国第五轮学科评估。参评学科包括马克思主义理论、数学、地理学、机械工程、动力工程及工程热物理、控制科学与工程、计算机科学与技术、土木工程、水利工程、地质资源与地质工程、农业工程、环境科学与工程、软件工程、管理科学与工程、工商管理。

第二节

学科建设成果

一、校级培育学科成果

第一轮校级培育学科成员总数112人，其中教授14人，副教授26人；40岁以下学科成员51人，占学科成员总数的46%。发表论文129篇，其中SSCI、CSSCI收录的期刊论文3篇，人大复印资料收录论文1篇，中文核心期刊论文91篇，EI、ISTP收录的会议论文28篇，国际会议英文论文6篇。出版著作38部，其中专著2部，编著24部，教材12部。科研经费到账38.45万元，其中纵向经费21.06万元，横向经费17.39万元。获得省级科技进步奖二等奖5项，省级科技进步奖三等奖3项。完成科技成果鉴定1项，主办国际学术会议1次。

第二轮校级培育学科成员总数89人，

其中教授 8 人，副教授 26 人；40 岁以下学科成员 49 人，占学科成员总数的 55%。发表论文 74 篇，其中 SSCI、CSSCI 收录的期刊论文 3 篇，人大复印资料收录论文 3 篇，中文核心期刊论文 55 篇，EI、ISTP 收录的会议论文 13 篇。出版著作 32 部，其中专著 8 部，编著 7 部，教材 17 部。科研经费到账 101.6 万元，其中纵向经费 46.6 万元，横向经费 55 万元。获得省级科技进步奖二等奖 2 项，省级科技进步奖三等奖 5 项。完成科技成果鉴定 12 项。

第三轮校级培育学科成员总数 91 人，其中教授 8 人，副教授 30 人；40 岁以下学科成员 48 人，占学科成员总数的 53%。发表论文 82 篇，其中 SSCI、CSSCI 收录的期刊论文 5 篇，人大复印资料收录论文 3 篇，中文核心期刊论文 64 篇，EI、ISTP 收录的会议论文 10 篇。出版著作 38 部，其中专著 20 部，编著 9 部，教材 9 部。科研经费到账 112.95 万元，其中纵向经费 43.55 万元，横向经费 69.4 万元。获得省级科技进步奖二等奖 3 项，省级科技进步奖三等奖 4 项。完成科技成果鉴定 16 项。

二、校级重点学科成果

第五批校级重点学科成员总数 445 人，其中教授 114 人，副教授 151 人；40 岁以下学科成员 260 人，占学科成员总数的 58%。发表论文 1361 篇，其中 SCI 收录的期刊论文 94 篇，EI 收录的期刊论文 130 篇，SCI、EI、ISTP 收录的会议论文 517 篇，国际会议英文论文 171 篇，中文核心期刊论文 449 篇。出版著作 142 部，其中专著 28 部，编著 42 部，教材 72 部。承担国家级项目 48 项，累计经费 679.08 万元；承担国务院各部门及省级项目 49 项，累计经费 794.33 万元；其他纵向项目 161 项，累计经费 1205.89 万元；横向项目 164 项，

累计经费 2338.27 万元。科研项目经费总额 5017.57 万元，其中纵向经费 2679.30 万元，横向经费 2338.27 万元。获得省部级科技进步奖、省发展研究奖、水利部大禹水利科学技术奖一等奖、国家级教学质量工程奖等 10 项；省部级科技进步奖、省发展研究奖、水利部大禹水利科学技术奖二等奖、省级教学成果奖一等奖 20 项；省部级科技进步奖、省发展研究奖、水利部大禹水利科学技术奖三等奖、省级教学成果奖二等奖、省级教学质量工程奖等 42 项。获得省自然科学优秀论文一等奖 27 项，省自然科学优秀论文二等奖 150 项。授权国家发明专利 26 项，实用新型专利或外观设计专利 45 项。完成科技成果鉴定 168 项。

第六批校级重点学科成员总数 713 人，其中教授 153 人，副教授 245 人；40 岁以下学科成员 425 人，占学科成员总数的 60%。发表论文 1566 篇，其中 SCI 收录的期刊论文 242 篇，EI、SSCI 收录的期刊论文 366 篇，EI、SSCI、SCI、ISTP 收录的会议论文 277 篇，中文核心期刊论文 681 篇。出版著作 362 部，其中专著 183 部，编著 65 部，教材 114 部。承担国家级项目 139 项，累计经费 2146.28 万元；承担国务院各部门及省级项目 141 项，累计经费 1832.45 万元；其他纵向项目 281 项，累计经费 2143.47 万元；横向项目 350 项，累计经费 5408.97 万元。科研项目经费总额 11531.17 万元，其中纵向经费 6122.2 万元，横向经费 5408.97 万元。获得省部级科技进步奖、省社会科学优秀成果奖一等奖、水利部大禹水利科学技术奖、省级教学成果奖特等奖 6 项；省部级科技进步奖、省社会科学优秀成果奖二等奖、水利部大禹水利科学技术奖、河南省发展研究奖、省级教学成果奖一等奖 45 项；省科技

进步奖、省社会科学优秀成果奖三等奖、水利部大禹水利科学技术奖、河南省发展研究奖、省级教学成果奖二等奖46项。获得省自然科学优秀论文一等奖36项，省自然科学优秀论文二等奖60项。授权国家发明专利103项，实用新型专利或外观设计专利96项。获批国家级教学质量工程3项，省级教学质量工程3项。完成科技成果鉴定217项；主办（承办、协办）学术会议23次。

三、优势特色学科成果

第一期校级优势特色学科成员总数713人，其中教授153人，副教授245人；40岁以下学科成员425人，占学科成员总数的60%。引进（培养）高层次人才13人，引进（培养）其他层次人才185人；获批省部级团队21个。获批国家级平台1个，省部级平台57个。获批国家级精品课程8门，省部级精品课程61门；国家级教学成果奖1项，省级教学成果奖50项，国家级规划教材1部。发表ESI高被引论文4篇，SCI、SSCI、A&HCI收录的期刊论文801篇，EI收录的期刊论文400篇，CSSCI、CSCD收录以及规定的其他论文160篇，中文核心期刊论文810篇。出版专

著373部，授权发明专利468项，转化或应用的发明专利6项。获得省部级科研奖励103项。承担国家级科研项目238项，省部级科研项目398项；纵向科研经费12745万元，横向科研经费12477万元。举办国际学术会议15次，国内学术会议70次。

四、省级重点学科成果

2012年7月，河南省教育厅启动了第七批河南省重点学科验收工作，学校水利工程、土木工程、环境科学与工程等3个一级学科，技术经济及管理、应用数学、地质工程、机械设计及理论、流体机械及工程、计算机应用技术、农业水土工程、水土保持与荒漠化防治等8个二级学科按时提交了验收材料。2012年9月，河南省教育厅公布了第七批河南省重点学科验收结果，学校水利工程、土木工程等学科顺利通过验收。

2016年4月，河南省教育厅启动了第八批河南省重点学科验收工作。2017年5月，河南省教育厅公布了第八批河南省重点学科验收结果，学校的13个一级学科和1个二级学科全部通过验收，其中水利工程、管理科学与工程、软件工程的学科验收结果为优秀（表6-1）。

表6-1　　　　　　　　　省级重点学科一览表（一）

序号	学科名称	批次	建设期	备注
1	水利工程	第八批	2012—2014年	省级一级重点学科
2	土木工程	第八批	2012—2014年	省级一级重点学科
3	数学	第八批	2012—2014年	省级一级重点学科
4	机械工程	第八批	2012—2014年	省级一级重点学科
5	动力工程及工程热物理	第八批	2012—2014年	省级一级重点学科
6	控制科学及工程	第八批	2012—2014年	省级一级重点学科
7	计算机科学与技术	第八批	2012—2014年	省级一级重点学科
8	地质资源与地质工程	第八批	2012—2014年	省级一级重点学科
9	农业工程	第八批	2012—2014年	省级一级重点学科

序号	学科名称	批次	建设期	备　注
10	环境科学与工程	第八批	2012—2014 年	省级一级重点学科
11	软件工程	第八批	2012—2014 年	省级一级重点学科
12	林学	第八批	2012—2014 年	省级一级重点学科
13	管理科学与工程	第八批	2012—2014 年	省级一级重点学科
14	马克思主义基本原理	第八批	2012—2014 年	省级二级重点学科

2019 年 9 月，河南省教育厅启动了第九批河南省重点学科中期检查工作，学校 14 个省级重点学科按时提交了《第九批河南省重点学科中期建设情况表》和《第九批河南省重点学科中期自评工作报告》。2020 年 5 月，学校按照河南省教育厅要求组织开展了 14 个河南省一级学科重点学科网上数据填报工作，学校第九批河南省重点学科中期检查工作顺利完成（表 6-2）。

表 6-2　　　　　　　　　　　省级重点学科一览表（二）

序号	学科名称	批次	建设期	备　注
1	水利工程	第九批	2018—2023 年	省级一级重点学科
2	地质资源与地质工程	第九批	2018—2023 年	省级一级重点学科
3	管理科学与工程	第九批	2018—2023 年	省级一级重点学科
4	机械工程	第九批	2018—2023 年	省级一级重点学科
5	土木工程	第九批	2018—2023 年	省级一级重点学科
6	农业工程	第九批	2018—2023 年	省级一级重点学科
7	计算机科学与技术	第九批	2018—2023 年	省级一级重点学科
8	数学	第九批	2018—2023 年	省级一级重点学科
9	环境科学与工程	第九批	2018—2023 年	省级一级重点学科
10	控制科学与工程	第九批	2018—2023 年	省级一级重点学科
11	动力工程及工程热物理	第九批	2018—2023 年	省级一级重点学科
12	地理学	第九批	2018—2023 年	省级一级重点学科
13	软件工程	第九批	2018—2023 年	省级一级重点学科
14	工商管理	第九批	2018—2023 年	省级一级重点学科

五、全国第四轮学科评估

2017 年 12 月，教育部学位与研究生教育发展中心公布了全国第四轮学科评估结果，学校有 8 个学科进入全国前 70%。评估结果：水利工程学科为 B，管理科学与工程学科为 B-，地质资源与地质工程学科为 C+，土木工程、工商管理学科为C，数学、动力工程及工程热物理、农业工程学科为 C-（表 6-3）。这一评估结果在河南省全部参评院校中名列第六。

六、特色骨干大学建设和特色学科

2019 年 11 月，河南省教育厅委托第三方评价机构对学校水利工程省级特色学科建设周期绩效评价项目进行实地调研。2020 年 4 月 9 日，河南省教育厅公布了河南省优势特色学科建设工程一期建设学科期满验收结果，学校水利工程省级特色学　科终期验收顺利通过。

表 6-3　　　　　　　　学校参加全国第四轮学科评估结果一览表

序号	学科名称	评估结果	备注
1	水利工程	B	进入全国前 20%～30%
2	管理科学与工程	B-	进入全国前 30%～40%
3	地质资源与地质工程	C+	进入全国前 40%～50%
4	土木工程	C	进入全国前 50%～60%
5	工商管理	C	进入全国前 50%～60%
6	数学	C-	进入全国前 60%～70%
7	动力工程及工程热物理	C-	进入全国前 60%～70%
8	农业工程	C-	进入全国前 60%～70%

2020 年 10 月，河南省教育厅、河南省发展和改革委员会、河南省财政厅公布了河南省特色骨干大学和特色骨干学科建设名单。学校获批河南省特色骨干大学建设高校，3 个学科（群）获批河南省特色骨干学科，包括水利工程（A 类）、管理科学及其智能化学科群（B 类）、地质资源与地质工程（C 类）（表 6-4）。

表 6-4　　　　　　　　省级优势特色（特色骨干）学科一览表

序号	学科名称	类别	建设期	备注
1	水利工程	B 类	2015—2019 年	省级特色学科
2	水利工程	A 类	2020—2024 年	省级特色骨干学科
3	管理科学及其智能化学科群	B 类	2020—2024 年	省级特色骨干学科
4	地质资源与地质工程	C 类	2020—2024 年	省级特色骨干学科

2021 年 1 月，科睿唯安（原汤森路透知识产权与科技事业部）公布了 ESI 从 2010 年 1 月 1 日到 2020 年 10 月 31 日的统计数据。学校工程学学科首次进入 ESI 大学排行榜全球前 1%，工程科学学科近十年发表论文 450 篇，他引 3016 次，全国排名 213 名，全球排名 1707 名。学校首次进入 ESI 大学排行榜全球前 1%，学校近十年发表论文 2354 篇，他引 12797 次，全国排名 310 名，全球排名 4948 名。

第七章

实验室建设与信息保障

第一节

实验室与智慧教学资源

实验室是学校实施素质教育，培养学生创新意识和实践能力的重要场所，是教学、科研工作的重要基地。学校一直努力提高实验教学质量，切实加强学生基本实验技能的训练。不断利用先进技术更新实验内容，改革教学方法和手段，充分利用现代化教学手段和智慧教学资源，增开设计性和综合性实验，通过教学实验培养学生严谨的科学态度，提高学生创新能力和实践能力。

一、实验室管理

2015 年，为深化实验教学改革，加强实验室建设和管理，提高教学质量和科研能力，学校出台《华北水利水电大学实验室工作办法》规定：实验室工作应当贯彻党和国家教育方针，努力培养高素质人才，保证完成实验教学任务；积极开展科学研究、生产试验、技术开发和社会服务，为国家经济建设与社会发展服务。同年，为规范实验室仪器管理，学校相继制定印发了若干管理办法文件，对各实验室仪器设备管理起到了很好地促进作用。

2016 年，学校修订《华北水利水电大学实验室开放管理办法》，以进一步提高实验教学质量，规范实验室的开放与管理，实现实验教学资源课内课外共享，提高了实验室开放率和综合效益。2017 年以后，学校积极组织各学院实施实验室开放项目，并予以经费支持。以开放实验室为依托，学校实施了大学生创新实验项目支持计划，学生在教师的指导下自行设计实验方案、自主开展研究，激励学有余力的大学生早进实验室开展研究活动。各实验室为学生的科技活动、技能竞赛、创新创业训练项目提供了重要平台支撑，为学生创新能力和实践能力的持续提升发挥了重要作用。

2017 年，学校制定《华北水利水电大学"十三五"发展规划》，指出根据学科发展和教学需要，积极做好实验室的规划与建设工作。大力支持优势特色学科平台建设，不断改进和完善实验室的校、院两级管理体系，做好实验室的运行、开放、监督和考评工作，促进资源共享和实验室良性发展。2018 年 6 月，学校对部分机构进行了调整，撤销了实验室与设备管理处，教学实验室划归各教学单位直接管理，教务处负责总体协调。

二、实验室安全管理

学校注重实验室安全工作，坚持以人

为本、安全第一、预防为主、综合治理的方针,切实增强红线意识和底线思维。建立了三级联动的教学实验室安全管理责任体系,将实验室安全工作纳入学校整体安全工作中。严格按照"党政同责,一岗双责,齐抓共管,失职追责"原则,坚持谁使用、谁负责,谁主管、谁负责,切实履行安全职责,逐级分层落实责任制。学校每年组织开展实验室管理质量监控与评价,加强实验室安全工作检查。

2015年6月,为加强学校安全管理,学校印发《华北水利水电大学安全管理办法》,进一步强调了实验室安全的重要性。

2016年1月,为贯彻落实河南省教育厅及学校相关文件精神,各教学单位及科研院所结合实际情况,制订本单位实验室安全事故应急预案,内容包括预案制定依据;预案领导机构和职责;实验室各类可能发生的事故预防、预警及响应;安全事故应急处理方案;事故调查与处理。

2017年3月,学校开展"实验室安全建设年"活动,进一步普及实验室安全知识,加强实验室安全教育,建立长效机制。通过印发《华北水利水电大学实验室安全教育手册》和《实验室安全红宝书》、线上线下安全教育和安全知识讲座、举办大学生安全知识竞赛等活动,提升了学校师生实验室安全意识,提高了实验室应对突发安全事故的应急处置能力,有效预防和减少了实验室安全事故,保障了师生生命、财产安全,促进了"平安校园"建设。

三、实验教学资源

学校持续加强实验室建设,不断加大经费投入力度,努力改善实验条件,满足学生实践能力和创新能力培养的需要。学校教学实验室涵盖理、工、管、农、经、文、法、艺等八大学科门类。实验室同时承担课程设计、毕业设计以及学生创新实验、科研训练、工程训练等实验任务。截至2020年年底,学校有33个本科教学实验室,包括基础实验室5个,专业实验室28个,实验室面积为7.17万平方米,教学科研仪器设备值达6.36亿元。教学实验室情况见表7-1。

表7-1 教学实验室一览表

序号	单 位	实验室名称
1	水利学院	水力学实验室
2		水利工程实验中心
3	地球科学与工程学院	地质工程综合实验室
4		地质工程实验研究中心
5	测绘与地理信息学院	测量与空间信息实验中心
6	材料学院	材料学实验室
7		材料加工实验室
8	土木与交通学院	土木交通科学研究中心
9		综合训练实验中心
10		力学实验教学中心
11		工程检测中心实验室
12	电力学院	电工电子实验室
13		动力与自动化实验中心
14	机械学院	机械工程基础实验中心
15		机械工程与自动化实验中心
16	环境与市政工程学院	环境工程实验中心
17		化学实验室
18	水资源学院	水资源工程实验中心
19	管理与经济学院	管理与经济学院教学实验中心
20		复杂系统与决策科学实验室
21	数学与统计学院	统计与金融工程实验中心
22		数学与信息科学实验中心
23	建筑学院	建筑与艺术实验中心
24	信息工程学院	计算中心
25		实验中心
26		实训中心
27	物理与电子学院	大学物理实验中心
28		电子与通信工程实验中心

学校发展史

续表

序号	单 位	实验室名称
29	外国语学院	语言实验中心
30	法学院	模拟法庭
31	公共管理学院	公共管理实验教学中心
32	艺术与设计学院	基础美学实验室
33	工程训练中心	工程训练中心综合实验室

为推进实验室建设与信息技术的深度融合，学校积极建设虚拟仿真实验教学中心和虚拟仿真实验教学资源。学校建设有5个省级虚拟仿真实验教学中心，10个省级实验教学中心，国家级、省级虚拟仿真实验教学项目20个，详见表7-2～表7-4。

表7-2 省级虚拟仿真实验教学中心一览表

序号	学院名称	实验教学项目名称	立项年份
1	水利学院	水工程水文化虚拟仿真实验教学中心	2013
2	土木与交通学院	土木交通虚拟仿真实验教学中心	2016
3	水利学院	水工程与灾变预警虚拟仿真实验教学中心	2016
4	水利学院	水利类河南省虚拟仿真实验教学中心	2017
5	电力学院	核能与热能工程虚拟仿真实验教学中心	2018

表7-3 省级实验教学中心一览表

序号	所在学院	名 称	立项年份
1	数学与统计学院	大学物理实验示范中心	2011
2	地球科学与工程学院	地质工程实验教学示范中心	2012
3	土木与交通学院	力学实验教学示范中心	2012
4	数学与统计学院	数学与信息科学实验示范中心	2013
5	外国语学院	语言实验示范中心	2014
6	信息工程学院	信息工程学院实验示范中心	2014
7	水利学院	水利工程实验示范中心	2016
8	环境与市政工程学院	环境工程实验教学示范中心	2016
9	管理与经济学院	管理与经济实验教学示范中心	2017
10	工程训练中心	工程训练教学示范中心	2018

表7-4 国家级、省级虚拟仿真实验教学项目

序号	学院名称	实验教学项目名称	级别	立项年份
1	土木与交通学院	道路线形平纵横组合设计虚拟仿真实验	国家级	2019
2	环境与市政工程学院	典型烟气处理工艺3D虚拟现实仿真实验	国家级	2019
3	电力学院	核电厂反应堆压力容器顶盖开盖及换料虚拟操作实验	省级	2018
4	建筑学院	设计课程空间体验式教学在线开放实验项目	省级	2018
5	水利学院	现代农业绿色智能节水灌溉虚拟仿真实验	省级	2019
6	电力学院	工业机器人运动控制算法开放式虚拟仿真实验	省级	2019
7	电力学院	压水堆核电站主蒸汽隔离阀拆装操作虚拟仿真实验	省级	2019

序号	学院名称	实验教学项目名称	级别	立项年份
8	环境与市政工程学院	建筑排烟虚拟仿真实验	省级	2019
9	机械学院	机械手臂结构及控制虚拟仿真实验系统	省级	2019
10	地球科学与工程学院	地质学基础与应用综合实习虚拟仿真实验教学项目	省级	2019
11	管理与经济学院	智慧物流储配系统规划虚拟仿真实验项目	省级	2019
12	水利学院	拱坝结构模型虚拟仿真实验	省级	2019
13	电力学院	核辐射事故应急疏散演练虚拟仿真实验	省级	2020
14	测绘与地理信息学院	水利工程变形监测虚拟仿真实验	省级	2020
15	地球科学与工程学院	地质灾害监测与防治虚拟仿真实验教学项目	省级	2020
16	地球科学与工程学院	抽水试验虚拟仿真教学项目	省级	2020
17	机械学院	水利渡槽施工装备及其工艺虚拟仿真实验	省级	2020
18	管理与经济学院	基于智能场景的客户服务流程设计、体验及优化虚拟仿真实验项目	省级	2020
19	数学与统计学院	量化金融与程式化交易	省级	2020
20	土木与交通学院	钢筋混凝土框架结构减隔震设计分析虚拟仿真实验	省级	2020

四、智慧教学资源

2012年，学校本科学生素质类选修课引进网络优质课程资源。2016年建成课程资源管理平台（华水学堂），2910门学校教师自建课程供学生线上学习。利用网络教学平台，学校本科教学实现了线上理论授课、研讨答疑、作业批改、考试组织等，促进了教学模式创新和改革。

为提高教学信息化和现代化水平，学校不断更新教学设备。学校拥有多媒体教室410间，各类智慧教室172间。建成常态化录播教室8间、精品录播教室4间，实现了课堂教学随讲随录，为教师制作精品课程、网络课程、在线课程提供良好条件。

第二节

校园网建设与管理

学校坚持信息化建设与服务以人为本

理念，深度融合物联网、云计算、大数据等技术，按照全面开展深化应用、全面实施优化提升、全面落实技术驱动、全面支撑教学管理、全面推动发展创新和全面强化信息安全的发展思路推进信息化建设，全方位满足教学、科研、人才培养、学科建设、校务管理和生活等对信息化应用的需求。

2017年7月，学校成立网络安全和信息化领导小组，以统筹学校信息化建设各项事务，审核部门及学校的信息化建设项目，并进行协调与监督，全力推进学校信息化建设工作。校党委书记任领导小组组长，其他校领导任副组长，各职能部门和单位的主要负责人为成员，领导小组下设办公室。2018年6月，现代教育技术中心更名为信息化办公室，负责学校信息化工作规划、建设和管理。

一、信息化基础设施建设

2011年2月，龙子湖校区文科楼网络建成并接入校园网。同年4月，新增一条联通公司 700M 的出口链路，提高了用户访问外网的速度。

2013 年，学校与中国联通、学生宿舍网络运营投资方签署合作协议，花园校区、龙子湖校区所有学生宿舍和部分核心网络设备得以全面升级，学生区网络出口速率达到 10Gbps，极大地提升了学生宿舍用户的上网速度。

2013 年，学校完成了龙子湖 S1、S2 实验楼，龙子湖校区教师周转房三期 B27、B28 网络接入。2017 年，龙子湖校区学生宿舍 4A、8A 建成并接入校园网。2018 年，龙子湖校区实训楼网络、图书信息大厦网络接入校园网。2019 年 8 月，龙子湖校区综合楼网络建成并接入校园网。2020 年 11 月，龙子湖校区老机房和花园校区中心机房数据部分设备割接搬迁到新数据中心机房。

为全面推进学校无线局域网建设，2016 年 11 月，学校通过公开招标的方式进行全校无线校园网建设与运营服务项目建设，2017 年建设完成。通过此次校企合作，建成了覆盖龙子湖校区和花园校区办公楼、教学楼、宿舍、家属区、室外公共区域的高速无线网络，同时学生宿舍有线网络设备也全面进行了更新，共建设 AP 数量 8200 余个，无线出口带宽 41Gbps，极大地提高了移动教学、科研、办公能力和移动互联网应用能力。为更好地服务师生，2017 年 11 月学校加入全球 eduroam 无线联盟，成为全国第 60 个、河南省第一个加入该联盟的高校，学校用户可以在全球 eduroam 无线信号覆盖区域内连接无线网络。

为美化花园校区环境和优化花园校区网络链路，2020 年花园校区通信光缆全部入地，完成了近 4 千米的通信管道铺设、近 20 千米的光缆铺设、45 栋建筑物的光缆引入、近 5000 个光纤熔接点、40 台汇聚交换机的新老光缆割接等工作。

2019 年 11 月，龙子湖校区智慧校园机房建成，并获得了 B 级机房证书。机房位于图书信息大楼，共 850 平方米，机房内配置 6 组冷通道，共 144 个机柜。机房综合布线采用 MPO 预端接光纤架构，传输速率可达 100Gbps。新机房作为全校的信息中枢可满足学校未来 5～10 年的信息化需求。

截至 2021 年 3 月，学校校园网已建成以龙子湖校区图书信息大厦数据中心机房为中心，覆盖龙子湖、花园两校区，主干传输速率为东西校区万兆、各校区内万兆到楼、千兆到桌面、校内网络信息点合计 3.6 万余个、入网设备 3 万余台的全交换、高性能的校园网络。校园网为学校广大师生提供了丰富的信息资源，有力地促进了学校教学、科研、管理等各项工作的顺利开展。

二、信息化服务建设

（一）基础平台建设

学校于 2010 年开展 IPv6 的网络应用研究和测试，2015 年开通了站群 IPv6 访问，2016 年全面部署 IPv6 网络。2018 年，学校对外发布的网站均已开通 IPv4/IPv6 双栈服务，2020 年，IPv6 发展监测平台目录服务上学校 IPv6 WEB 网站发展态势在省内排名第一。同时学校开通了基于 IPv6 技术的 IPTV 应用（仅限校内用户访问）、允许用户双栈访问的 eduroam 无线联盟、CARSI 身份认证联盟等 IPv6 服务和应用，活跃用户在 5000 个以上，省内高校 IPv6 流量和活跃地址数排名第十。2020 年年底，学校将教科网带宽扩容，IPv4 和 IPv6 带宽均升级为 1G，同时 2021 年升级电信运营商带宽，引入电信运营商的 IPv6 网络，开展高校环境下的多运营商 IPv6 应用测试和研究。2021年1月，学校被河南省教育科研计算机网评为IPv6规模部署工作先进单位。

学校于2017年11月完成服务器虚拟化超融合平台建设。通过该平台将不同类型的服务器资源纳入统一的平台进行管理，实现了计算虚拟化、存储虚拟化、网络虚拟化、虚拟化管理四位一体的虚拟化大平台。经过扩容和升级，实现超融合架构，部署高性能物理服务器9台，拥有400核CPU计算资源，6.5T内存和120T存储容量，运行虚拟主机180余台。

经过20多年的信息化建设，学校建成了较为完善和优化的校园网结构、软硬件平台，为学校网络教学、办公自动化、科研、学科建设等提供了良好的技术支持。

（二）信息化应用

学校于2015年启动智慧校园项目一期建设的调研与论证，2016年1月学校制订了2016—2018年信息化三年建设规划，明确了建设重点，同时将原数字化校园建设提升为智慧校园建设。

智慧校园项目一期于2017年11月完成，主要包括信息标准管理系统，数据中心平台，统一身份认证与管理平台，统一门户平台；学校信息标准的制定，与学校一卡通系统的对接，VPN系统、邮件系统、站群系统、无线网络认证的单点登录。智慧校园项目一期建设，基本完成了智慧校园各基础平台系统的搭建，可以开展与其他业务系统的对接工作。

2018年12月，省教育厅对学校信息化建设工作进行评估，对学校信息化建设情况表示肯定。

2019年，学校入选"河南省2019年度智慧校园建设试点高校"，试点周期为3年。为确保高标准完成试点建设任务，学校制定了《华北水利水电大学智慧校园建设三年规划（2019—2022）》，规划涵盖基础设施层设计、支撑平台层设计、应用平台层设计、安全与等保设计、运维保障体系设计等内容。根据规划，经过论证形成21个项目。

经过多年建设，校园网运行各类网站150多个，精品课程、网络课程40余门，包括校级精品课程6门，省级精品课程8门，国家级精品课程2门。转录、拍摄、录制教学视频资源500余部。存储各类软件数万个（套），音视频内容上千部；为广大用户提供了WWW、电子邮件、数字图书馆、教育技术促进、教务管理、办公自动化、财务、校友、数字迎新、就业信息、创新创业、智慧校园统一身份认证、统一信息门户、公共数据平台、一卡通、站群、生物身份识别库等信息化应用系统。

2020年，为方便广大师生顺利开展教学、科研等工作，学校及时开通了Shibboleth服务，加入教科网CARSI联盟。学校是2020年以来第三所（CARSI联盟上线以来第25所），也是省第一所开通Shibboleth服务的公办高校。学校加入CARSI联盟，使师生更方便远程访问学校已购电子图书资源，方便师生的同时也提升了学校的形象。2020年12月，学校获邀在中国教育和科研计算机网CERNET第二十七届学术年会上分享学校在CARSI和eduroam的应用经验。

为加强师生远程视频互动和在线教学，学校于2020年完成了远程互动平台的测试和保障，先后评估和测试了华为Welink、腾讯会议、企业微信、阿里钉钉、ZOOM等平台，制作和发布了Welink、ZOOM等平台使用手册，调试了ZOOM、Welink平台和学校智慧校园的对接。利用现有软硬件资源开通了Web VPN，进一步优化了校内信息系统登录和访问形式，实现了智慧校园账号身份验证后直接访问教务系统、本地镜像电子图书资源等。

（三）校园一卡通

学校于 2015 年决定对已有一卡通系统进行全面的升级改造，制定了《华北水利水电大学一卡通系统建设方案》、确定了建设方式、运行管理方式等关键内容。2016 年，学校以与第三方金融机构合作的方式，全面启动了学校一卡通升级改造工作，至 2017 年上半年，已全部完成包括基础设施建设、支撑平台建设、运维中心建设、应用系统建设、金融消费系统建设、身份识别系统建设、通讯中间件、现有系统改造、系统切换等一系列工作，升级了基础网络，规范了管理秩序，提高了信息安全、财务安全水平，建立了完备的校园一卡通应用服务体系。

校园一卡通系统是以学校校园网为载体，集身份识别、校内消费、校务管理、金融服务为一体的重要应用系统。学校一卡通系统升级改造的完成，实现了金融 IC 卡进校园，校园卡与银行卡二合一，实现了学校内的各类金融消费与身份识别业务的统一，实现了"一卡在手，走遍校园"，形成了一个跨平台、跨数据库的可自我发展的智慧校园应用系统。

（四）教育技术服务

学校在信息化建设的同时，着力加强现代信息技术与教育教学的深度融合，推动教学模式方法改革。2017 年学校建设了数字化教育资源应用促进系统，该系统 2018 年获得河南省教育厅教育信息化优秀成果创新应用类（本科院校）一等奖。

学校积极组织教师参加河南省信息技术教育优秀成果评比活动。2013 年 20 项参赛作品全部入选，11 项作品获奖，其中一等奖 4 项，二等奖 4 项，三等奖 3 项。

2014 年 17 项作品获奖，其中一等奖 10 项，二等奖 4 项，三等奖 3 项。2015 年 20 项作品获奖，其中一等奖 6 项，二等奖 8 项，三等奖 6 项。2016 年 25 项作品获奖，其中一等奖 7 项，二等奖 6 项，三等奖 12 项。2017 年 25 项作品获奖，其中一等奖 7 项，二等奖 6 项，三等奖 12 项。2018 年 4 项作品获奖，其中二等奖 3 项，三等奖 1 项。2019 年 10 项作品获奖，其中一等奖 4 项，二等奖 2 项，三等奖 4 项。

学校积极组织教师参加河南省教育信息化优秀成果评选活动。2018 年创新应用类获得一等奖 1 项、二等奖 3 项，理论研究类获得一等奖 1 项、二等奖 2 项；2019 年创新应用类获得一等奖 3 项，理论研究类获得一等奖 1 项、二等奖 3 项；2020 年理论研究类获得一等奖 1 项、二等奖 3 项。

2019—2020 年学校开展了"智慧华水"系列论坛，举办了《大规模在线视频课程的建设及应用实践》《2019 年网络安全校园行华北水利水电大学站活动》《智慧华水建设研讨》《智慧华水的现状与未来》《网络安全与信息化素养漫谈》五个主题活动。

学校深度参与省厅调研。2020 年 6 月参与河南省智慧教学专题调研，并参与起草省教育厅《关于进一步推进普通本科高等学校智慧教学的实施意见》（教高〔2020〕444 号）和《河南省本科高等学校智慧教室建设指南（试行）》。2021 年 1 月"河南省高等学校智慧教学管理服务中心"依托学校挂牌成立。

（五）运维服务体系

为了进一步提升网络日常运维服务水平，学校从 2019 年起引入第三方机构，加强校园网络的日常运行服务能力，使得校园网络日常运维的服务时长、服务范围、服务效率等方面均有较大改善，提升了用户满意度。

（六）网络信息安全

学校加强网络与信息安全治理能力建设，截至 2021 年 1 月，学校在信息安全方面建成多个系统包括：出口防火墙系统、上网行为管理系统、数据库审计系统、网页防火墙系统（WAF）、网页防篡改系统、虚拟化防护系统、用户认证、资源统一管理系统、堡垒机、服务器防护系统、灾备系统、日志系统等。

（七）制度和规范建设

2017 年，学校制定了《华北水利水电大学校园信息化基础数据流图》《华北水利水电大学智慧校园信息编码标准》《华北水利水电大学网络信息管理员制度》《信息标准规范管理办法》《信息系统集成标准规范》《应用系统业务数据共享流程》《机房安全管理制度》《网络设备运维管理办法》《网络安全责任追究制度》《网络安全值班制度》《信息技术外包服务安全管理制度》《网络与信息安全信息通报实施办法》和《互联网宗教信息安全管理制度》等文件。

2020 年 7 月，学校印发了《华北水利水电大学网络信息安全管理规定》《华北水利水电大学首席信息官（CIO）制度》《华北水利水电大学信息化建设项目管理办法》《华北水利水电大学信息化数据资源管理办法（试行）》《华北水利水电大学校内通信基站场地使用管理暂行办法》《华北水利水电大学运营商业务管理办法》《华北水利水电大学大学个人信息保护管理办法（试行）》等文件。

三、获得荣誉

2011 年 5 月，学校被评为河南省教育科研计算机网建设工作先进单位。2018 年 12 月，学校获得 2018 年度河南省教育科研计算机网应用建设先进单位和河南省教育科研计算机网网络安全工作先进单位。2020 年 1 月，学校获得 2019 年度全省教育系统网络安全和信息化工作先进集体。2021 年 1 月，学校获得河南省教育科研计算机网 IPv6 规模部署工作先进单位。2021 年 2 月，学校获得 2020 年度全省教育系统网络安全和信息化工作先进集体。

第三节

图书信息资源建设

为保证建设特色鲜明的高水平水利水电大学对图书信息资源的需要，学校在图书信息资源建设中购进现代化设备，建立自动化管理系统，大力加强馆藏文献资源建设，努力增加馆藏文献数量，保证馆藏文献质量，引进覆盖多学科的电子文献资源及数据库资源，引进先进管理手段和服务理念，不断提高图书馆文献信息保障能力，为学校教学科研提供可靠的图书信息资源保障。

一、图书信息资源建设

（一）网络建设

自 2000 年起建立数字图书馆以来，图书馆网络已经历 20 多年的发展，为全校读者提供了良好的网络、数据服务。图书馆网络是基于校园网络的子网——千兆光纤以太局域网，主交换机和主服务器均设在机房，在各楼层留有多个信息点，通过主交换机和分交换机联通大厅、采编、流通、期刊等各个工作站，形成图书文献管理与数据服务局域网，并联通校园网，与校园网相辅相成。

龙子湖校区图书馆在大楼内增设分中

心机房，通过单模光纤直联学校网络中心机房，千兆（支持万兆）以太网互联，百兆到桌面；办公、管理服务、公共接入等业务相互独立，分成不同的 VLAN，为满足校园卡的应用，实现较高安全性的逻辑隔离；无线接入采用集中控制、POE 供电方式，无线网络覆盖整个图书馆馆舍。

为了更好加强网络服务，提高网络服务层次，十年来，图书馆进行了四次网络平台更新、换代，全面替代、升级改善原有内外网络，并对现有网络进行部分改造、扩容，在原有网络基础上，进一步实现网络平台稳定安全、布局清晰、维护方便、功能完善的基本要求。

（二）电子资源建设

图书馆拥有 CNKI 中国知网、万方及重庆维普中文全文数据库；CNKI 中国知网、万方博硕学位论文数据库；EI、SCI、SSCI 数据库、MathSciNet 索引科研平台；Elsevier SD、Emerald 期刊数据库、PQDT 外文博硕学位论文数据库、Springer Link、EBSCO 等外文全文数据库；国务院发展研究中心信息网等宏观经济数据库；读秀、百链中外文学术搜索平台；新东方多媒体学习库、环球英语多媒体资源库、网上学术报告厅等共 70 个数据库；中、外文电子图书 140 万册（种），可利用的远程电子书有 260 万册；中文电子期刊 40601 种，外文期刊 17866 种，中外文博硕论文 1200 万篇。数字资源通过图书馆门户网站全天 24 小时免费开放。学校电子文献资源学科结构相对完整、连续性强，重点领域文献保障率、主要领域文献保障率、文献满足率充分保障了教学科研需求。

图书馆与省内外数十所高校图书馆和文献情报单位建立了良好的馆际协作关系。1997 年就已成为清华学术期刊检索工作站，后来又逐步成为重庆维普、万方、

超星等国内大型数据库的数据检索中心；2014 年成立教育部科技查新工作站（Z12）华北水利水电大学查新代理站；2020 年，在原有 SSL VPN 访问方式基础上，开通 Web VPN 和 CARSI 两种新方式，从而实现校外三种方式访问图书馆资源。图书馆在网络资源检索服务、数据库资源服务、代查代检服务、文献传递服务、读者培训服务、科技查新服务及其他技术服务方面发挥了重要作用。

（三）自动化管理及应用

图书馆采用大连妙思文献管理集成系统，采用 SQL Server 数据库技术，实现各种资源的采购、编目与流通管理，含有中、西文图书采购、编目、典藏子系统，流通管理子系统，中、西文连续出版物子系统，读者咨询子系统等。

2010 年，在河南省高校中率先应用 RIFD 技术建立龙子湖校区图书自助借阅分馆，实现了自助借还书。2012 年，龙子湖校区临时图书馆新增自助借还机 6 套，同时，新老校区内网平台联网及借还书系统顺序升级。广大师生凭借手中的借阅卡，即可在统一平台下进行新老校区文献信息检索、分两校区借还书等操作，实现了两校区的一卡通用。2019 年，龙子湖新馆投入使用，新增 10 台自助借还书机、5 个馆员工作站、2 个 24 小时自助还书口、1 套图书分拣系统和 2 个智能书架等设备，这些设备均与妙思文献管理集成系统进行对接，并且将接口程序由可连接 8 台设备扩充至了可连接 28 台设备，满足了新馆智能化系统对接的需求。此外，新馆对整个自助借还系统进行了规划，包括自助借还书机、层架标签、馆员工作站、RFID 智能安全门、盘点检验设备、升降式还书箱、24 小时自助还书口、智能图书分拣系统、智能书架、相关软件及中间件等，

使新增部分和原有内容顺利进行系统对接。

二、龙子湖新馆建设与特色服务

（一）新馆建设

学校龙子湖校区图书信息中心2013年初被确定为中央支持中西部高校基础能力建设项目，同年11月评审通过初步设计方案，2014年2月桩基工程正式施工，8月主体工程开工，2015年11月建筑主体封顶，2016年5月开始内部装修及安装，2018年6月竣工验收，2019年2月23日正式对外开放。总建筑面积为47978.73平方米，其中，地上建筑面积为45598.89平方米，地下建筑面积为2379.84平方米。建筑高度为49.55米。地上九层，局部地下一层。设计藏书量200万册，座位数4000个。

龙子湖新馆智能化建设于2015年5月启动，历经考察调研、规划方案、评估论证、需求申报、学校研究、招标流程、建设实施、试用验收、正式使用等环节，极大地提升了图书馆智能化应用水平，反映了现代化图书馆的实际需求。新馆智能化建设引入整体IC信息共享空间概念，从全局规划的高度和顶层设计的视角进行设计，统一整合各种资源，业务系统高度集成，突出了服务、管理、应用、体验的需求，实现个性化服务，符合现代图书馆工作特点。龙子湖新馆智能化建设主要有自助借还书机、层架标签、馆员工作站、RFID智能安全门、盘点检验设备、升降式还书箱、智能图书分拣系统、智能书架、区域封闭门控系统、闸机门禁系统、无线网络全覆盖、图书文献集成管理系统、数字触屏检索系统、数字终端发布系统、广播系统、楼层导航系统、机房供配电系统、防雷接地系统、UPS电源系统、机柜及冷通道系统、精密空调及新风系统、视频监控系统、气体灭火和自动报警系统等。同时，2011年以来，校园信息化迅猛发展，图书馆智能化公共服务平台也获得了较快发展，结合学校学科设置、院系专业认证评估、本科教学水平评估、博士点建设，图书馆智能化服务平台以及馆藏资源建设均取得很好发展和应用。

2015年5月，龙子湖新馆文化空间建设启动。经过多次概念方案设计专家论证会和概念方案设计专题研究会论证，图书馆室内软装概念设计方案于2017年4月获得校长办公会通过。图书馆文化空间营造旨在通过专题展览、讲座沙龙、文艺鉴赏、实践体验等形式满足师生的文化需求；升级"以文化人"育人环境，挖掘校内外学术文化资源，培育优良文化环境；引进校外优质文化展览和活动，促进校内外文化合作，发挥大学文化辐射功能。2017年10—11月，文化空间营造系列项目方案形成。2019年开始，陆续完成图书馆一楼智能型密集书架、负一楼手动型密集书架、图书馆标识系统、图书馆四楼至七楼书架、阅览桌椅、服务台的安装、调试工作。空间布局力求支持讲座、研讨、展览、课堂、实践等类型丰富的文化活动，突出功能性和灵活性；环境设计增加中华民族、华水精神和学校特色的相关历史文化元素，实现文化追求与使用功能的结合；设备设施在追求舒适性、智能化的同时与整体空间环境有机统一。

（二）特色服务

龙子湖新馆投入使用，图书馆信息保障能力全面提升，特色服务水平明显提高。2019—2020年，总服务台共接待读者4200余人次，阅读推广研发中心举办阅读推广活动20余次，开展新生入馆教育专题培训31场；参考咨询部主办数据

库培训讲座 20 场，组织信息检索竞赛 13
次，撰写《华北水利水电大学 ESI 学科分
析报告》2 份；科技查新代理站完成查新
报告 98 份，开具检索证明 929 篇，完成
博士论文查新 13 份。图书馆被河南省高
等学校图书情报工作委员会先后授予
"河南省高校图书馆创新服务先进单位"
"河南省高校图书馆管理创新先进单位"
荣誉称号。

三、馆藏文献资源统计

截至 2020 年年底，学校文献总量达到
346 万余册，其中：纸质中外文图书
194.6078 万册，纸质中外文期刊合订本
12.0789 万册，本地镜像电子图书 140 万
册。生均文献资料达到 115.33 册。学校图
书信息资源情况详见表 7-5～表 7-10。

表 7-5　　图书文献资源统计一览表

文献种类	数量
中文纸质图书	188.7836 万册
外文纸质图书	5.8242 万册
中文期刊合订本	9.3888 万册
外文期刊合订本	2.6901 万册
中文电子图书	120 万册（种）
外文电子图书	20 万册（种）
博硕学位论文	（1）万方：660 万篇。 （2）CNKI 中国知网：470 万篇。 （3）PQDT 博硕论文：76 万篇
光盘资料	110000 张
中外文专题数据库资源	70 个

表 7-6　　　　　　　　　　历年新增纸质藏书量统计表

年份	期内入藏量						
	图书/册			期刊/本			报纸/（份/年）
	中文	外文	合计	中文	外文	合计	
2011	71523	4793	76316	4401	174	4575	54
2012	99160	0	99160	5893	1153	7046	66
2013	63605	12	63617	5029	0	5029	66
2014	138000	6323	144323	834	1464	2298	65
2015	95163	1108	96271	10651	0	10651	67
2016	72695	0	72695	1182	0	1182	66
2017	57560	1111	58671	5497	0	5497	55
2018	60086	4	60090	5651	0	5651	74
2019	80656	1	80657	11179	0	11179	32
2020	38503	1329	39832	7144	0	7144	0

表 7-7　　　　　　　　　　历年新增电子藏书量统计表

年份	期内入藏量						
	电子图书/册			电子期刊/种			数据库/个
	中文	外文	合计	中文	外文	合计	
2011	110000	3000	113000	25000	12300	37300	28
2012	270000	10000	280000	25120	12401	37521	36

年份	期内入藏量						数据库/个
	电子图书/册			电子期刊/种			
	中文	外文	合计	中文	外文	合计	
2013	50000	10000	60000	25120	12401	37521	42
2014	50000	10000	60000	25120	12682	37802	48
2015	70000	20000	90000	27000	12800	39800	46
2016	30000	30000	60000	30000	13300	43300	47
2017	10000	30000	40000	32000	13300	45300	53
2018	70000	30000	100000	42000	15600	57600	63
2019	70000	30000	100000	40601	17866	58467	55
2020	70000	30000	100000	40601	17866	58467	70

表 7-8　　　　　　　　　　中外文馆藏文献分配地址统计表

分配地址	种数	册数	备注
第一流通书库	124803	438720	中文图书
第二流通书库	86043	252898	中文图书
第四流通书库（捐赠）	23826	55664	中文图书
第一样本书库	79072	84338	中文图书
第三样本书库	61203	61780	中文图书
工具书书库	7793	16917	中文图书
工程技术阅览室（花园校区三楼西）	39002	39078	中文图书
科技资料库	25777	36860	中文图书
花园校区自助借还室	28286	58769	中文图书
水文化阅览室（花园校区四楼南中）	2217	3086	中文图书
汪胡桢赠书书库	1067	1072	中文图书
建筑学院分库（建筑学院）	5099	7546	中文图书
法学与公共管理学院	4116	4623	中文图书
马克思主义学院分库（马克思主义学院）	829	1398	中文图书
数学与信息学院分库（数学与信息学院）	1523	2311	中文图书
水利学院分馆（水利学院）	258	265	中文图书
外语学院分库（外语学院）	482	691	中文图书
学校档案馆	31	77	中文图书
负一层密集书库	30524	43542	中文图书
新校区二楼书库	18465	65964	中文图书
新校区一楼密集书库	92164	238555	中文图书
新校区一楼基藏书库	115334	296135	中文图书
新校区三楼书库	52267	136955	中文图书
新校区四楼、五楼社会科学书库	6415	12985	中文图书

分 配 地 址	种数	册数	备 注
新校区六楼、七楼自然科学书库	12661	25304	中文图书
新校区水文资料室	412	430	中文图书
新校区工具书库	791	1209	中文图书
精品图书书库	664	664	中文图书
花园校区外文图书书库	29445	45024	西文图书
新校区外文图书书库	5458	11682	西文图书
院系资料室	1504	1536	西文图书
中文期刊合订本	—	93888	期刊合订本
西文期刊合订本	—	26901	期刊合订本
合　计		2066867	

表 7-9　　中文纸质图书大类统计表

学科类目	种数/种	册数/册	所占比例/%
政治经济类图书	124567	418194	22.15
语言教育类图书	46104	183365	9.71
文学艺术类图书	96717	344860	18.27
自然科学类图书	88476	296113	15.69
工业技术类图书	172169	604118	32
综合类图书	26076	41186	2.18

表 7-10　　馆藏中文图书年代统计表

文献年代	册数/册	所占比例/%
1980 年以前	100337	5.31
1981—1990 年	74055	3.92
1991—2000 年	245276	12.99
2001—2010 年	756377	40.07
2011—2020 年	711791	37.8

第四节

档 案 管 理

学校档案馆保存了建校以来党群、行政、教学、科研、外事、财会、基建、设备、出版、音像等十大门类的档案，馆藏各类档案共计 73960 余件（卷）。

一、归档管理和查阅利用

学校有立卷归档单位 62 个，兼职档案员 62 人，形成了在学校档案工作领导小组领导下，以档案馆为中心，以专兼职档案员为骨干的档案工作队伍。档案集中统一管理，每年收集、整理、归档档案，为教学、科研、管理工作和社会提供档案查阅服务，发挥了档案工作应有的作用。在 2012 年、2014 年、2017 年河南省档案局组织的文件材料归档工作中，学校文件材料归档工作均被评为优秀。

档案馆作为学校档案的保管基地和利用中心，每年为校属各单位以及广大校友提供档案查阅利用服务。档案馆每年接待师生员工及校内外各单位查阅利用档案资料 1500 余人次，文书、教学档案年查阅利用 3500 余件（卷），为学校各项工作、学生就业或深造、校友学历学位认证提供了重要的参考和凭证。

二、制度建设和日常管理

学校建立了一系列规章制度，采取多种措施，加快档案工作的科学化、规范化、制度化和现代化建设进程。

（一）规章制度建设

2014 年和 2015 年学校先后制定了《华北水利水电大学档案管理办法》和《华北水利水电大学档案工作先进集体和先进个人评选办法》，2016 年学校制定了《华北水利水电大学重大活动档案管理办法》，编印了《华北水利水电大学档案工作制度汇编》，2018 年，学校又先后制定了《华北水利水电大学荣誉档案管理暂行办法》和《华北水利水电大学人物档案管理暂行办法》。学校出台的一系列档案管理制度，使学校档案管理形成了一整套制度体系，进一步规范了学校档案工作，充分发挥了档案在教学、科研和管理中的作用。

（二）档案日常管理

学校采取多种措施，把档案管理列入了各单位的日常工作，保障了档案的完整、准确、系统。一是实行了学校的各项工作与档案工作的"四同步"管理，即在布置、检查、总结、验收各项工作时，同时布置、检查、总结、验收档案工作；二是学校高度重视档案的完整、准确与系统。各部门负责人协助兼职档案员把好材料起草关、文件收集关、鉴定验收关；三是案卷质量严格按国家标准执行，案卷格式达到了规范、统一。

学校高度重视库房安全管理工作，实现了档案管理的办公、利用、库房三分开。为了保证档案的安全保管，档案馆积极开展安全警示教育、保密教育，切实加强全体工作人员的档案安全意识。同时，加强档案安全日常监督检查，认真落实档案安全、库房安全、保密、移交、利用等各项规章制度。在 2016 年的河南省档案行政执法监督检查中，学校档案馆被评为"河南省 2015—2016 年档案工作先进单位"。

三、信息化建设

档案信息化是通过运用现代信息技术实现档案资源的规范管理和有效共享、开发与利用。档案信息化工作的开展，对实体档案的保护和提高档案利用效率都具有十分重要的意义。

2013 年 7 月，学校制定了《华北水利水电大学档案信息化建设方案》。2014 年 5 月启动档案数字化加工项目，2020 年年底项目完成。第一期项目主要完成了馆藏文书档案的数字化加工；第二期项目主要是基建类和新增的、常用的、重要的文书类档案的数字化加工。在档案信息化建设过程中，坚持档案管理软件功能和档案数据结构符合规范，确保归档电子文件的真实性、完整性和有效性。

第八章

招生就业与创新创业

学校深入研究全国及河南省招生形势、学校现状，锐意进取，开拓创新，紧跟招生制度改革步伐，坚持"三个着力"招生工作目标（着力优化生源结构，着力提高办学层次和办学水平，着力提升人才培养质量和促进学校内涵发展），全力提高生源质量。持续扩充本科一批招生专业、增加本科一批招生省份、扩大本科一批招生规模，深入推进实施"大类＋专业"招生模式，停止专科批次招生，不断提高学校的办学层次。河南省本科一批招生专业由2012年的6个增加到2020年的61个；本科一批招生省份从2012年的1个增加到2020年的28个；本科一批招生比例由2012年的5.1％发展到2020年的77％。2017年首次进行大类招生，开启了"大类＋专业"的招生模式。

一、2011—2020年招生录取情况

（一）2011—2020年学校录取人数

2011—2020年学校录取人数见表8-1。

（二）2011—2020年录取简况

2011年，学校在河南省本科二批理科录取最低分577分，高出省控线46分，继续位居省内同批次高校首位；文科录取最低分547分，高出省控线32分，创学校历史新高。水利水电工程专业上线人数和招生计划数比例超过25∶1，土木工程、电气工程及其自动化、机械设计制造及自动化等专业备受考生欢迎，报考率再创新高。文科类会计学专业上线人数和招生计划数比例高达24.6∶1。

表8-1   2011—2020年学校录取人数

年份	本科				专科	专升本	合 计
	本科一批	本科二批	本科三批	艺术类			
2011	0	5215	1330	184	1282	386	8397
2012	377	4848	1649	181	1554	397	9006
2013	353	5211	1254	171	511	352	7852
2014	373	5070	1330	153	485	333	7744
2015	568	4987	820	179	569	386	7509

续表

年份	本　科				专科	专升本	合　计
	本科一批	本科二批	本科三批	艺术类			
2016	1236	4918	622	178	570	375	7899
2017	2169	4643	0	235	0	360	7510
2018	4597	2546	0	303	0	343	7789
2019	5342	1846	0	303	0	340	7831
2020	5382	1586	0	303	0	341	7612

2012 年，学校首次将水利水电工程、地质工程、土木工程、土木工程（岩土与地下建筑）、水文与水资源工程、工程力学等 6 个专业升入河南省本科一批招生。学校在河南本科一批理科录取最低分 552 分，高出省控线 12 分，居河南省高校第三位。

2013 年，学校本科一批专业在河南省理科录取最低分 524 分，高出省控线 19 分。学校在河北、黑龙江、浙江、福建、山东、贵州、湖南、广西、海南、云南等省（自治区）录取高出当地省控线 50 分以上。2013 年报考学校艺术专业考生人数达到招生计划的 24 倍。

2014 年，学校本科一批在河南省理科录取最低分 568 分，高出省控线 21 分。本科一批新增江西、河北两省招生，一次投档均完成招生计划。在河北、山东、贵州等省份本科二批录取分在本科一批省控线以上，大部分省份本科二批录取分高出省控线 60 分以上。

2015 年，学校本科一批新增广西、山东两个省（自治区）招生。新增轨道交通信号与控制专业招生。本科三批新增与河南经贸职业学院合作招生。本科一批专业在河南省录取最低分 548 分，高出省控线 18 分。在新升入的广西、山东两省（自治区）本科一批招生，一次投档完成招生计划。本科二批在河北、山东、安徽、四

川、贵州、新疆等十几个省（自治区）录取分在本科一批省控线附近。与河南经贸职业学院合作招生录取分数在本科二批省控线附近。中外合作办学专业在河南、黑龙江、安徽、山东等省录取分数高于本科二批省控线 10 分以上。4 个专升本专业录取分数均位居河南省高校第一。

2016 年，学校本科一批省份增加辽宁、吉林、贵州、云南四个省招生；本科一批招生专业在河南省新增机械设计制造及其自动化、自动化、计算机科学与技术、给排水科学与工程、工程造价、建筑学、会计学等 7 个专业。本科二批新增水务工程、风景园林、金融数学、土木工程（中外合作办学）专业招生。本科三批新增与黄河水利职业技术学院合作的水利水电工程、机械设计制造及其自动化 2 个专业。专升本新增工程造价专业。2016 年学校在河南省本科一批理科录取最低分 547 分，高出省控线 24 分；文科录取最低分 525 分，高出省控线 8 分。

2017 年，学校本科一批招生专业由 2016 年的 13 个扩展到 28 个，本科一批招生省份新增安徽、甘肃、新疆、重庆四省（自治区、直辖市），本科一批招生规模占学校本科招生总计划的 33%。为适应招生制度改革的新要求，学校对统计学类、地理科学类、建筑类、机械类、自动化类等 5 个大类 11 个专业实行了大类招生，停止

专科招生。学校在本科一批招生规模大幅扩大的情况下，录取分数位居河南省同批次高校前列，理科录取最低分 514 分，高出省控线 30 分，文科录取最低分 523 分，高出省控线 7 分。在河北、辽宁、吉林、云南、江西等省本科一批录取分数线均高于往年。本科二批在河北、辽宁、黑龙江、安徽、江苏、江西、四川等省录取最低分在本科一批省控线附近，其中在河北省文理科高于本科一批省控线。在改革试点省浙江、上海录取工作表现不俗，在浙江各专业录取最低分接近于一段分数线。

2018 年，学校普通专业全部升入河南省本科一批招生。本科一批招生新增四川、山西、宁夏等省（自治区）。学校本科一批招生计划达到近 4800 人，占学校本科招生总计划的 67％。在重庆、四川、宁夏三省（自治区、直辖市）实现全一本招生。学校新增与韩国仁荷大学物流管理专业。新增设计学类大类招生，招生大类达到 6 个，涵盖 14 个专业。在省内外大幅增加招生专业和招生计划的情况下继续保持较好招生态势。在河南省本科一批理科录取最低分 530 分，高出省控线 31 分；文科最低分 555 分，高出省控线 8 分。在河北、云南、新疆、安徽、贵州、江西、广西、四川等省（自治区）录取分差均高于 2017 年。中外合作办学机构乌拉尔学院 4 个专业首次面向河南、河北、山东等九个省（自治区）招生，招生情况良好，部分省录取分数接近本科一批省控线。

2019 年，学校首次在港澳台地区招生，实现了全国意义上的招生。本科一批招生新增湖南、江苏等省，招生计划近 5400 人，占学校普通本科招生总计划的 73％。学校新增车辆工程、绘画 2 个本科专业，新增环境科学与工程类大类招生，

招生专业大类达到 7 个，涵盖 15 个本科专业。学校在河南省本科一批录取继续保持在省内高校前列，理科录取最低分 529 分；文科录取最低分 543 分。在河北、安徽、甘肃、青海、新疆、宁夏、四川等十多个省（自治区）本科一批录取分差均高于上年。在高考招生改革省录取分数远超省控线，在辽宁、山东等省（自治区）超过 100 分。乌拉尔学院首次升入本科一批招生顺利完成招生计划。学校在台湾地区录取学测免试生 1 人。

2020 年，学校新增黑龙江省本科一批招生，本科一批招生省达 28 个。新增智能制造工程、人工智能 2 个本科专业，暂停交通运输、网络工程 2 个专业招生。新增中外高水平大学学生交流计划招生。全一本招生省新增安徽、江西、山西等省。学校本科一批共录取 5382 人，占学校普通本科总招生计划的 77％。在河南省本科一批录取分数保持稳定，理科录取最低分 571 分；文科录取最低分 563 分，继续保持在省内高校前列。在省外本科一批多个省录取分差继续攀升，其中湖南理科录取最低分高出省控线 38 分，青海理科录取最低分高出省控线 46 分。在国家高考综合改革试点浙江、上海、北京、天津、海南、山东六省（直辖市）录取分数保持稳定。艺术类普通文理科录取分数继续稳居河南省高校前列。

二、2011—2020 年招生工作举措与成效

学校持续优化招生层次结构，全力提升生源质量；加强作风和制度建设，规范招生计划分配和录取工作；积极应对考试招生制度改革，开创性实施大类招生工作；始终把考生及家长的需求放在首位，倾听考生及家长的呼声，回应他们的关切，扎实做好招生宣传工作。

（一）学校高度重视招生工作，成立招生办公室

学校于2016年3月成立招生办公室，负责学校全日制本专科学生的招生录取工作。为贯彻执行国家招生政策和法规，严肃招生纪律，规范招生行为，确保招生工作在公开、公平、公正的基础上健康有序进行，学校成立由校长任组长，主管校领导任副组长、各相关职能部门和学院负责人为成员的招生录取工作领导小组。成立由学校纪委书记任组长，学校纪委、监察处工作人员为成员的招生监督工作领导小组。学校招生录取工作在招生录取工作领导小组和监督工作领导小组的领导和监督下有序进行。

（二）持续优化录取批次结构，生源质量显著提高

为提高生源质量，优化生源结构，学校持续增加本科一批招生省份、招生规模和招生专业，如图8-1～图8-4所示。

（三）研判招生制度改革新方向，大类招生取得新进展

为适应招生制度改革的新要求，进一步提高生源质量，从2017年开始，学校在专业招生的基础上在统计学类（含统计学、应用统计学专业）、地理科学类（人文地理与城乡规划、地理信息科学专业）、建筑类（建筑学、城乡规划、风景园林专业）、机械类（机械设计制造及其自动化、

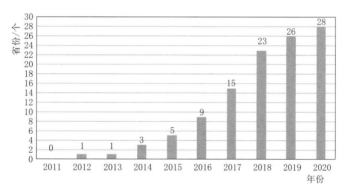

图8-1　2011—2020年本科一批招生省份变化图

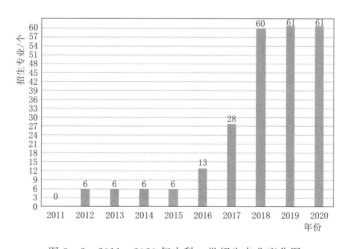

图8-2　2011—2020年本科一批招生专业变化图

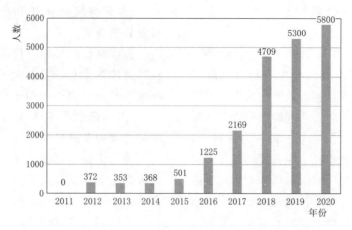

图 8-3 2011—2020 年本科一批招生规模变化图

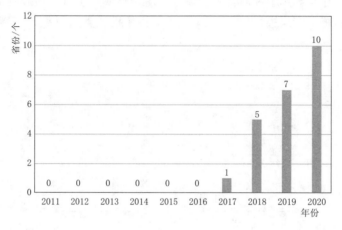

图 8-4 2011—2020 年全一本招生省变化图

材料成型及控制工程专业）、自动化类（自动化、轨道交通信号与控制专业）5 个大类（含 11 个专业）实行大类招生，2018 年学校招生专业大类增加了设计学类（含环境设计、视觉传达设计、公共艺术专业），2019 年又增加了环境科学与工程类（环境工程专业），同时也根据学校院系专业调整，适时动态调整了机械类招生专业。截至 2020 年，学校有招生大类统计学类、地理科学类、建筑类、机械类、自动化类、设计学类、环境科学与工程类 7 个大类，涵盖统计学、应用统计学、人文地理与城乡规划、地理信息科学、建筑学、城乡规划、风景园林、机械设计制造及其自动化、车辆工程、智能制造工程、自动化、轨道交通信号与控制、环境设计、视觉传达设计、公共艺术、环境工程等 16 个本科招生专业，占学校招生专业的 25%。"专业大类＋专业"招生模式实施后，原在部分省本科二批招生的多个专业，由于大类带动的情况下升入本科一批招生，考生报考学校热度持续增高，学校的生源质量得到进一步提升，有效提高了大类招生专业报考率，保持和提升学校现有良好招生态势。2021 年学校大类招生专业如图 8-5 所示。

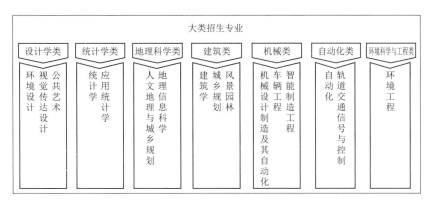

图 8-5 2021年学校大类招生专业

（四）科学制定招生计划，加强导向引领

根据学校发展目标和定位，立足学校办学实际，以提高学校生源质量为根本出发点，充分发挥招生计划的导向作用，统筹考虑招生计划分配，注重学校特色发展，提升招生层次，促进生源质量提升。在制订各专业招生计划时，严格遵循"六个充分""三个供给"原则，即充分考虑各专业的"三率"（首次就业率、调剂率、报到率）情况，充分考虑各学院办学条件和上报的年度拟招生计划，充分征求学校有关部门意见，充分考虑专业稳定性、办学成本、转专业学生数，充分考虑各专业的社会需求，充分考虑本科一批、二批专业与中外合作办学专业的和谐共进等因素，保证优质供给，扩大有效供给，减少低效供给，科学合理编制专业招生计划。学校贯彻落实开放活校战略，提升办学实力和国际化水平，优先保证中外合作办学各专业满额供给，为乌拉尔学院及中外合作办学项目招生奠定良好的基础。

（五）国内合作办学取得新成绩，国际合作办学揭开新篇章

学校坚持"质量立校、人才强校、特色兴校、开放活校"战略，注重国际合作及省内高校之间交流，积极参与"一带一路"建设，充分发挥水利电力特色优势，积极参与汉语国际推广工作，广泛开展与金砖国家高校及省内高校之间的交流合作。学校先后于2015年与河南经贸职业学院、2016年与黄河水利职业技术学院联合培养高层次应用技术人才。截至2021年3月，学校与嵩山少林武术职业学院、河南经贸职业学院、黄河水利职业技术学院3个学校开展汉语国际教育、英语、水利水电工程、测绘工程、会计学等14个专业联合招生。2012—2013年，学校相继与英国提赛德大学开展地质工程（灾害管理）、机械设计制造及自动化专业的中外合作办学。2015年后，学校先后与俄罗斯乌拉尔联邦大学、韩国启明大学、韩国仁荷大学等世界高水平大学开展中外合作办学。2018年1月，华北水利水电大学乌拉尔学院获得教育部批复成立，乌拉尔学院是金砖国家框架内第一个高等教育合作成果，当年就实现了招生。截至2021年3月，学校与3个国家4所大学开展1个办学机构、4个国际合作办学项目，中外合作办学招生专业9个，招生计划840人。学校中外合作办学的类型和招生规模居河南省前列。学校中外合作办学本科招生专业见表8-2。

表 8 - 2　　　　　　　2011—2020 年中外合作办学本科招生专业

类别	合作大学	招生专业	招生计划 /（人/年）	备 注
中外合作办学项目	英国提赛德大学	地质工程（灾害管理）	120	2012 年首次招生
		机械设计制造及其自动化	120	2013 年首次招生
	俄罗斯乌拉尔联邦大学	土木工程	120	2016 年首次招生，2019 年本科一批招生
	韩国启明大学	艺术设计类（环境设计）	120	2017 年首次招生
	韩国仁荷大学	物流管理	120	2018 年首次招生
中外合作办学机构	俄罗斯乌拉尔联邦大学	测绘工程	60	2018 年首次招生，2019 年本科一批招生
		能源与动力工程（热动）	60	
		给排水科学与工程	60	
		建筑学	60	

（六）创新招生宣传方式，构建"六有"模式

面对新形势、新问题、新挑战，学校精心设计宣传方案，创新宣传方式，充分利用网络新媒体，注重知名纸质媒体宣传、网络重要媒体宣传，引导校内与校外全员参与，实施线上与线下相结合模式，增强了招生宣传效果。学校加强了与河南日报、大河报等省级媒体的合作，宣传学校的招生计划和办学情况；拓展与新华网、光明网、新浪网、腾讯、大河网等知名网络平台合作，增强学校的传播力和影响力；组织参加重点生源省份和省内各地市组织的现场咨询活动，全力做好现场咨询工作；学校设置招生咨询大厅，接待咨询家长和考生咨询；设置咨询电话，答疑咨询报考问题；利用河南省人民广播电台、郑报融媒平台、光明网等直播平台介绍学校的招生计划、特色专业；搭建微信、微博公众平台。多措并举形成"六有"招生宣传模式，做到网络上有传播，报纸上有文章，电台上有声音，新闻上有报道，电话有接听，现场有接待，保障学校招生工作有序开展。

（七）做好港澳台招生，实现省份招生全覆盖

2018 年 6 月，学校开展了面向港澳台地区招收本科生的资质申请工作，9 月得到了省教育厅的批准，12 月获得教育部批准，学校自 2019 年起获得招收港澳台本科学生的资质，实现了真正意义上的面向全国所有省（自治区、直辖市）招生。2019年 5 月，依据台湾地区学测免试成绩完成了面试工作，当年录取了台湾地区 1 名考生，实现了港澳台地区招生零的突破。

（八）强化信息公开，创新服务模式

学校将招生计划、收费许可、办学地点等涉及考生切实利益的问题，全部在招生章程、纸质媒体、招生信息网发布，供考生和家长了解和咨询。搭建自媒体，招生章程、招生计划、录取结果和录取线、信息公告可通过自媒体渠道查询，增强了查询的便捷性。在录取期间通过招生信息网、微信公众平台等渠道公布录取进程、通知书发放及投递情况。开展"我为学院代言、我为专业代言""招生录取开放日""寒假华水使者家乡行"、暑假送录取通知书等活动。

通过扎实、创新、卓有成效的举措，进一步夯实了华水招生品牌，考生和家长对学校高度认可并积极报考，录取分数持续攀升，学校的声誉进一步得到提升。学校先后被教育主管部门和有关单位评为"全国网络搜索热度百强本科高校""河南省阳光高考信息平台工作先进单位""河南省十大热度搜索高校""河南省十大中学信赖本科高校""中原教育品牌影响力公办院校""2018年年度教育行业领军品牌高校""学信高中联盟校最受欢迎大学"等荣誉称号。

第二节

就 业 工 作

学校高度重视就业工作，建立了"招生、培养、就业"联动机制，通过加强就业市场开发，提升精准就业指导和就业服务水平，健全就业信息化建设、就业场地平台和就业指导师资队伍建设等保障措施，学校就业率和就业质量一直保持在河南省高校前列。学校经过多年的人才培养改革和探索，形成了"下得去、吃得苦、留得住、用得上"的人才培养特色，得到了用人单位的广泛认可，毕业生足迹遍布祖国的江河湖海。2012年荣获"河南省最具就业竞争力示范高校"，2014年荣获"全国毕业生就业50强典型经验高校""河南省本科院校就业竞争力第一名""最具就业竞争力的10张河南教育名片""全国大学生就业最佳企业评选优秀组织高校奖"，2016年荣获"最具品牌影响力的典范高校""最具就业竞争力的十佳典范高校"，2017年荣获"河南省最具就业竞争

力领军高校"，2018年荣获"河南省最具就业竞争力品牌高校"，2017年和2018年连续两年入选"高校本科应届毕业生就业竞争力100强"，多次荣获"河南省大中专毕业生就业工作先进单位"等荣誉称号。

一、就业工作机构与制度建设

（一）就业工作机构

为加强对学校毕业生就业工作的领导与管理，提高学校大学生就业工作整体水平，学校成立了毕业生就业工作领导小组，由学校党委书记、校长任组长，分管就业工作校领导任副组长，相关部门负责人和教学单位党政负责人为成员。办公室设在招生就业处，主任由招生就业处处长兼任。2016年3月，根据学校事业发展和机构调整需要，成立就业指导中心，与创新创业学院合署办公，原招生就业处就业职能并入。就业指导中心负责贯彻落实学校毕业生就业工作领导小组的工作部署，统筹协调各教学单位的就业工作，对毕业生的活动进行指导、提供服务，做到使毕业生学以致用、人尽其才，顺利就业、充分就业。

（二）就业工作制度建设

为认真落实就业工作"一把手"工程，严格落实教育部关于就业工作"机构、场地、人员、经费"四到位的有关要求，学校结合工作实际和每个阶段迫切需要解决的突出问题，先后出台《华北水利水电大学毕业生就业工作管理办法》（华水政〔2014〕223号）、《华北水利水电大学毕业生就业工作考核办法》（华水政〔2013〕224号）、《华北水利水电大学毕业生就业先进工作者评选办法》（华水政〔2013〕223号）、《关于进一步加强大学生就业创业工作的实施意见》（华水政〔2019〕134号）、《华北水利水电大学关于应对新冠肺炎疫情影响做好学校2020届毕

业生就业工作的通知》（华水党〔2020〕18号）等文件，形成学校党政领导、职能部门、院系领导、辅导员、班主任及专业教师齐抓共管的毕业生就业工作机制，构建"全程化、全员化、专业化、信息化、精准化"的就业工作体系，提升就业服务质量。

二、就业市场

（一）积极巩固和开拓就业市场

学校依托"全国高校毕业生就业市场河南分市场"和"河南省大中专毕业生就业创业服务基地"落户学校及作为"河南省毕业生就业市场水利电力类分市场"的优势，注重就业市场巩固和开拓。学校陆续到贵州、山西、福建、四川、湖北、山东、云南、吉林、广东、浙江、上海等地进行用人单位回访和就业市场开拓工作，搜集招聘信息，加强与水利、电力系统的联系，了解用人单位和校友对学校人才培养的建议和意见并形成调研报告。调研报告涉及学校办学定位、培养模式、专业设置、课程体系、应用实践能力、综合素质训练及就业指导与服务等方面的内容。

大型央企是学校就业的重要阵地，学校先后与中国电力建设集团有限公司、中国大唐集团有限公司、中交疏浚（集团）股份有限公司等大型央企签订合作协议，邀请他们每年到校进行集团招聘，形成了华水重要就业招聘品牌。

重视与地方人才交流机构的合作，先后与河南省、贵州省、江西省、重庆市、厦门市、珠海市、嘉兴市、绍兴市、金华市、广州市等地人才机构建立了人才供需联系，丰富了就业资源，进一步拓宽就业渠道，为学校的毕业生高质量就业提供了支撑。

积极利用校友资源开拓就业市场。邀请知名校友回母校参观讲学，加强联谊，

巩固传统就业市场资源。充分发挥校友会的桥梁作用，开拓就业市场。福建校友会组织校友企业和当地知名企业30多家到校进行招聘，海南校友会组织校友企业和当地知名企业50多家到校进行招聘，效果良好。

充分利用互联网开拓就业市场。在做好线下校园招聘的基础上，积极开拓网络就业市场，学校建立了就业信息网，并先后与"211校招网""猫头鹰云人才市场"合作开展线上网络视频专场招聘和双选会，构建了线上线下相互补充的毕业生就业市场。

（二）强化校园招聘主阵地，引导学生多渠道灵活就业

作为"河南省毕业生就业市场水利电力类分市场"承办学校，每年联合分市场组成高校开展水电分市场双选会、专场招聘会、网络视频招聘会等招聘活动，通过不同高校学历层次互补的方式，依托行业优势和区域优势，联手打造了水电行业特色人才供给就业市场，实现了市场共建，资源共享。学校组织专场招聘会4000多场，发布招聘信息10000多条，尤其是2016年后举办的集团招聘，招聘效果明显。招聘活动详细信息见表8-3。

学校认真贯彻国家关于引导和鼓励毕业生到基层和西部就业的政策。实施基层就业项目，积极引导学生参与选调生、特岗教师、大学生志愿服务西部计划、"三支一扶"、大学生志愿服务贫困县计划、大学生村官、城乡社区基层管理与服务岗位等专项就业项目。自2013年特岗教师招聘开展以来，学校共有近700名毕业生被录取。指导学生主动服务国家战略和地方发展，围绕国家"一带一路"倡议的实施和河南省"三区一群"建设需要，为河南省重点企业招聘高校毕业生提供更有针对

性的服务。积极探索开展毕业生境外就业，进一步拓宽毕业生就业渠道。鼓励毕业生结合自身条件，到新媒体等新业态就业、创业。

表 8 - 3   2011—2020 年招聘活动详细信息

年份	发布就业信息/条	专场招聘会/场	大型双选会/（场/参加单位数）	集团招聘/场	网络招聘会/次
2011	1100	205	2/215	—	—
2012	1155	216	2/223	—	—
2013	1056	300	2/220	—	—
2014	1089	305	1/130	—	—
2015	530	300	2/260	—	1
2016	550	429	2/300	6	2
2017	1322	654	2/652	10	1
2018	1249	608	2/380	12	—
2019	782	640	4/660	13	—
2020	759	422	1/150	15	496

（三）不断加强信息化建设，持续提升就业服务质量

学校高度重视就业信息化建设，建立了以学校就业信息网为主体，以华水就业微信公众号、华水就业微博公众号、华水就业微信群为补充的就业信息化体系，实现了招聘信息发布、学校简历投递、线下招聘会全流程管理、线上招聘会、网络视频面试、线上签约和线上就业指导咨询等功能，构建了毕业生就业管理系统和网上招聘平台，方便了用人单位和毕业生，提升了就业服务质量。成立了"华北水利水电大学就业创业大数据研究中心"，建立了"就业创业大数据实验室"，利用大数据技术获取就业信息，并进行精准推送。就业信息化、专业化、精准化建设水平不断提升。

（四）加强就业实习基地建设，增强毕业生"就业适应力"

学校重视校外就业实习基地建设，先后与中国长江三峡集团有限公司、水利部小浪底水利枢纽管理中心、中国葛洲坝集团股份有限公司、中国电力建设集团有限公司、中国建筑集团有限公司、中国交通建设股份有限公司等 276 家企业签订就业实习基地协议。通过就业实习基地建设，培养了学生的实践能力和综合素质，增强了毕业生就业适应力，为企业更好地选才、用才提供了帮助，也为学校建立了稳定的高质量就业渠道。

三、就业指导与服务

（一）就业指导课程

就业指导是毕业生就业工作的基础和前提。学校不断健全"以课堂教学为基础、实践活动为补充、就业指导为重点、专业培训为保障"的就业指导体系，全面实施就业指导全程化、全员化、全方位教育，针对学生分类指导，不断提升学生的职业认知能力，转变学生就业创业观念，合理优化就业指导，帮助规划职业生涯。

2016 年，学校根据 2016 版人才培养方案，将创新创业公共必修课程由"大学

生就业创业指导"调整为"创新创业基础",共 32 个学时,2 个学分。《创新创业基础》课程分为四个部分,其中"创新创业基础(1)"和"创新创业基础(4)"为职业生涯规划和就业指导课,分别于大一第一学期和大二第二学期开设,主要是引导大学生尽早制定个人职业生涯规划,树立正确的就业观、择业观和价值观,全面了解国家就业政策方针,并掌握基本的就业面试技巧等,切实提升大学生的就业素养和综合实力。

学校充分发挥实践教学活动载体在就业指导中的引导和补充作用,通过组织开展求职简历制作大赛、就业模拟面试大赛、大学生职业生涯规划大赛、创新创业就业大讲堂等校内就业实践活动,全面提升学生求职能力。学校在连续 7 年举办华北水利水电大学大学生职业生涯规划大赛的基础上,于 2020 年承办了全省大学生职业生涯规划大赛,并在河南省总决赛中取得 3 个金奖和 2 个铜奖的优异成绩。

(二)日常就业咨询

学校引进了专业化的大学生职业生涯规划系统,并在两校区分别建立了学生就业创业指导咨询室,每周均安排就业创业指导教师通过线上和线下方式为学生提供"一对一"就业创业指导服务。学校开展校院两级就业指导模式,分别在毕业生求职前、求职中、毕业前等关键时期,采取"校外专家与校内教师指导相结合""集中指导与分散指导相结合""全程指导与定向指导相结合"等就业指导方式,全方位、多形式为毕业生开展就业形势分析、就业方向引导、求职简历优化、面试能力提高、择业心理疏导等个性化指导,有效促进毕业生就业综合能力与水平的提升。

2020 年疫情期间,为了保证日常就业咨询工作不中断,学校安排 16 名经验丰富的教师组成了专业指导师队伍在线对学生进行就业指导咨询,共开展线上就业指导 19 周,累计指导时间 340 小时。组织各学院在毕业生求职前、求职中、毕业前等关键时期对学生进行就业指导,组织开展活动 300 余场。

(三)就业日常服务

毕业生就业手续办理牵涉到每一个毕业生的切身利益,也是就业日常服务的重要内容,学校每年定期为毕业生发放就业推荐书、就业协议书,为毕业生求职应聘提供支持。根据学生签约情况,经常与省就业指导中心协调,克服困难多批次为毕业生办理就业报到证,保障毕业生顺利入职。认真做好毕业生生源信息审核,确保准确无误。定期在国家就业信息系统中上报毕业生就业数据,每双周进行就业率统计,并将分学院分专业的就业率统计表上报学校并发送到学院,为学校和学院做好毕业生就业工作提供决策支持。

(四)困难群体帮扶

学校高度重视对就业困难群体的帮扶工作,全面贯彻落实针对困难毕业生的就业政策,先后出台了一系列相关的规定和办法,开展"一对一""点对点"帮扶,建立"一人一策"帮扶机制,对建档立卡家庭、少数民族、残疾、学业困难等就业困难群体进行就业重点帮扶。认真做好困难毕业生求职补贴发放工作,积极组织、认真指导符合申报条件的 6 类毕业生申报困难毕业生求职创业补贴。该项补贴款由最初的每人 1000 元,增加至 1500 元,从 2019 年开始又上调至每人 2000 元。2020年受新冠肺炎疫情影响,将湖北籍毕业生也纳入补贴群体,当年发放人数到达 2142人。截至 2020 年年底,学校已组织 7400多名毕业生申报,并成功为 7100 多名毕业生申请到就业补贴款 1300 多万元。

四、毕业生就业状况

学校毕业生广受用人单位好评，就业率长期稳定在 90％左右，在全省本科院校中名列前茅。从就业地域来看，学校毕业生在省内、省外就业人数基本相近。从就业单位性质来看，国有企业仍是学校毕业生就业的重要渠道。学校毕业生就业状况见表 8－4。

表 8－4 　　　　　　　　　2011—2020 年学校毕业生就业状况

年度	本科毕业生就业率/%	就业地域分布占比/%		就业单位类别占比/%	
		省内	省外	国有企业	其他企业
2011	92.94	11.99	80.95	26.74	40.66
2012	95.52	42.43	53.09	23.68	51.83
2013	96.81	37.3	59.51	23.02	49.78
2014	93.05	47.89	45.16	24.34	42.49
2015	93.59	51.90	41.69	24.46	52.85
2016	94.59	53.54	41.05	23.79	51.89
2017	95.77	53.64	42.13	30.20	45.96
2018	94.95	49.49	45.46	30.17	44.56
2019	87.11	33.35	53.76	27.95	36.45
2020	81.40	31.50	49.90	26.86	24.41

五、"招生、培养、就业"联动机制

学校把握大局，审时度势，建立完善"招生、培养、就业"与"社会需求"协调联动提升机制。每年通过采取"学校与用人单位联动""学校与地方政府联动""学校与校友联动"等校外联动方式，对社会需求、毕业生就业状况和就业质量进行调研回访。自 2006 年起，连续 15 年编写《就业白皮书》；连续 7 年通过第三方评价机构，对学校毕业生社会需求和培养质量进行跟踪评价，发布《就业质量年度报告》，分层次对全校各专业就业数量和质量进行分析评价。

学校通过"就业与招生联动""招生、就业与培养联动"的方式，对就业率多年偏低、就业质量下降的专业压减招生规模，并在培养目标与定位、专业设置、课程体系、教学内容、培养模式等方面进行常态化调整，逐步实现人才培养与就业市场的有效对接。建立以毕业生就业质量指标为重点的第三方评价指标体系，有力发挥了就业数据的评价反馈和辅助决策作用，促进了就业与招生计划、人才培养、专业设置联动机制的建立。学校的"招生、培养、就业"协调联动提升机制，成效显著，形成了与社会需求相呼应的"入口旺、出口畅、培养体系作保障"的良性循环。

第三节

创 新 创 业 教 育

学校高度重视创新创业教育和学生创新创业实践能力的培养。加强顶层设计与机制建设，出台了创新创业教育改革实施方案及相关制度，不断完善创新创业教育

体系和实践训练体系，全面提高人才培养质量，逐步形成了"一个总纲，两个体系，四个保障"的创新创业教育体系，在人才培养、课程教材建设、创新创业竞赛等方面取得了显著成绩。学校先后被认定为"河南省首批大学生创业示范基地""河南省大数据创新创业基地""河南省众创空间"和"河南省大学科技园"。

一、创新创业教育机构、制度、信息化建设

2014 年，学校根据创新创业教育工作需要，在招生就业处设立创新创业指导中心和创新创业孵化中心。2016 年 3 月，学校成立创新创业学院（与新成立的就业指导中心合署办公），原教务处创新教育职能和原招生就业处的创业教育职能并入。为统筹、协调学校创新创业教育工作，2017 年 6 月，学校成立了由校长任组长，分管教学和创新创业工作的校领导任副组长，相关职能部门负责人和各学院院长为成员的学校创新创业工作领导小组。2019 年 5 月，各学院设立"创新创业就业服务中心"，具体负责协调学院创新创业就业工作。

学校先后出台了《大学生创新性实验项目管理办法》《关于进一步促进学生学业全面发展的若干意见》《全日制本科生创新学分和素质学分评定办法》《大学生创新创业园管理办法》《大学生创新创业项目基金管理办法》《大学生科技创新奖励办法》《关于深化创新创业教育改革的实施方案》《大学生创新创业实践学分认定办法（试行）》《大学生创新创业训练计划项目管理办法（试行）》《大学生创新创业实践基地建设管理办法》《关于进一步加强大学生就业创业工作的实施意见》等文件，全面深化创新创业教育改革，不断完善创新创业制度体系建设，激发了师生

参与创新创业教育工作的活力。

学校高度重视创新创业教育信息化建设，先后建立了"创新创业项目管理系统""创新创业竞赛管理系统"和"创新创业学分认定系统"等覆盖创新创业教育全过程的信息化体系，成立了就业创业大数据研究中心，建设了创新创业大数据科研平台。以创新创业信息化建设为抓手，通过优化流程，提高效能，实施精准化创新创业服务；通过搭建平台，规范管理，构建创新创业实践新生态；通过实时采集、深度挖掘，开展创新创业大数据研究，提升创新创业科学决策水平；通过创新创业信息化建设，不断提高创新创业服务能力和水平，持续提升学生的创新精神、创业意识和创新创业实践能力。

二、创新创业教育人才培养方案

2013 年，学校出台《关于进一步促进学生学业全面发展的若干意见》，提出要把大学生创新创业能力培养作为学生学业发展的重要内容。同年，学校印发《全日制本科生创新学分和素质学分评定办法》，明确了学生在校期间通过参加科技创新实践活动所取得的创新学分，可以认定为选修课学分。2014 年，学校把"创新创业基础"（2 学分）作为必修课列入人才培养方案。

2016 年 11 月，学校出台《华北水利水电大学深化创新创业教育改革的实施方案》，对学校创新创业教育改革工作从总体要求、任务举措等方面进行安排部署，以提高人才培养质量为核心，以培养创新创业能力为重点，不断深化创新创业教育教学改革，健全工作机制，完善规章制度，加强顶层设计，确定了"紧紧围绕育人目标，将创新创业教育纳入人才培养方案并融入人才培养全过程"的指导思想。同年，学校出台了《关于修订全日制本科

生人才培养方案的指导意见》，规定自2016级开始，全日制本科专业在开设"创新创业基础"的基础上，增加2个必修学分的创新创业实践教学环节，使创新创业教育必修学分达到了4学分。学校出台《大学生创新创业实践学分认定办法》，对大学生开展的各类创新创业实践活动进行学分认定。

三、创新创业教育教学体系

学校围绕国家战略发展需要和新时代高等学校人才培养要求，不断完善人才培养方案，深化创新创业教育教学改革，加大投入支持力度，经过多年的探索实践，构建包括"创新创业理论教学体系"和"创新创业实践教学体系"的创新创业教育教学体系，如图8-6所示。

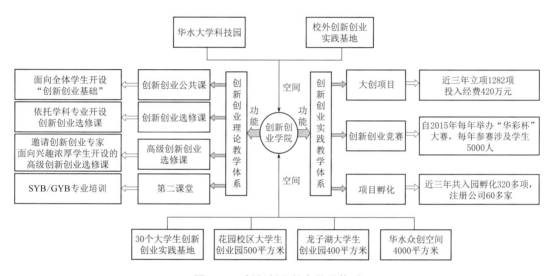

图8-6 创新创业教育教学体系

（一）创新创业理论教学体系

创新创业理论教学体系包括公修课、依托学科专业的选修课、培养优才的高级选修课和GYB、SYB培训等第二课堂等4个层次逐步递进的创新创业理论教学体系。

开设创新创业公共必修课，做到创新创业教育全覆盖。2014年，学校开设了2个学分的"创新创业基础"课程，作为全校创新创业公共必修课程，制定了《创新创业基础课程教学大纲》，并组建了一支24人的专兼职创新创业教师队伍。通过开设大学生创新创业公共必修课程，将创新创业教育覆盖到全校学生。

鼓励依托学科专业开设创新创业选修课程。为满足不同学科专业学生的创新创

业需求，学校在开设大学生创新创业公共必修课的基础上，积极鼓励学院依托学科专业开设创新创业选修课，结合学科专业的创新创业规律，把学科专业领域的发展趋势、最新创新成果融入课程，逐步形成具有学科专业特色的创新创业选修课程。

开设高水平创新创业理论培训课程。学校针对创新创业能力强和兴趣浓厚的学生，聘请校外创新创业专家、精英专业人士和杰出校友定期举办创新创业训练营，开展GYB和SIYB培训，进一步提升了学生的创新精神、创业意识和创新创业实践能力。

开设创新创业第二课堂教育。作为创新创业第一课堂的有益补充，学校还积极

组织开展创新创业第二课堂教育。通过邀请优秀校友、企业成功人士、创新创业专家等举办华水创新创业大讲堂、创新创业学术讲座和报告、创新创业竞赛和项目专项辅导等，补充和延伸大学生的创新创业知识结构，增强大学生的创新创业意识，提升大学生的创新创业兴趣。

（二）创新创业实践教学体系

设立大学生创新创业训练计划项目。2011年10月，学校制定了《大学生创新性实验项目管理办法》，从2012年开始，每年资助20项创新实验项目以鼓励大学生积极参与科技创新实践。2016年，学校出台《大学生创新创业训练计划项目管理办法（试行）》，在原创新实验项目的基础上设立了大学生创新创业训练计划项目，2016—2020年，立项的校级大学生创新创业项目数量分别为196项、360项、421项、501项、510项。学校积极组织学生申报国家级和省级大学生创新创业训练计划项目，2016—2020年，立项的国家级和省级大学生创新创业项目数量分别为55项、50项、40项、60项、60项。2018—2020年，依托大学生创新创业项目发表论文175篇，获得授权专利16项。在教育部主办的全国大学生创新创业年会中，学校先后有4个创新创业项目入选参与年会的学术交流和成果推介。

举办以"华彩杯"为代表的系列创新创业竞赛活动。为活跃校园创新创业氛围，增强大学生创新创业实践能力，2015年，学校举办了首届"华彩杯"大学生创新创业大赛，大赛分为创新组和创业组，截至2020年已连续举办六届大赛。大赛分学院预赛、决赛，学校复赛、半决赛和决赛，每年近1000个项目参与比赛，参赛学生约5000人。各学院分别举办了具有学科专业特色的创新创业竞赛。学校形成了以"华彩杯"创新创业竞赛为主，"一院一竞赛"的创新创业竞赛格局。积极组织学生参加中国"互联网＋"大学生创新创业大赛等国家级竞赛，2018—2020年，获得国家级创新创业竞赛奖励80多项，其中获"互联网＋"大学生创新创业大赛国家级铜奖2项、省级奖81项，学校连续多年获得河南省"互联网＋"大学生创新创业大赛优秀组织单位称号。

搭建校内外大学生创新创业孵化平台。2014年7月，学校分别在花园校区和龙子湖校区建设了大学生创业园。2016年，在原有大学生创业园的基础上，组建了华水众创空间。每年有70项左右的大学生创新创业项目入驻大学生创业园和众创空间，每年入驻项目孵化企业数量10个左右。2017年和2018年，学校依托二级学院和科研院所的重点实验室以及工程训练中心，立项建设了30个校内大学生创新创业实践基地。2016年10月，华水众创空间被河南省教育厅认定为"河南省高校众创空间"，2016年12月，被河南省科技厅认定为"河南省众创空间"，2018年被郑州市人力资源与社会保障局认定为"郑州市大学生创业孵化园"。2018年6月，学校与郑州市金水区人民政府合作共建金水区大学生创业园华水园区。2017年9月，学校被河南省发展改革委和教育厅认定为"河南省大数据创新创业基地"。学校通过校企合作、产教融合等方式，与黄河水利科学研究院、中国水利水电第十一工程局、许继电气股份有限公司等科研机构和企业建立了19个研究生创新教育（联合）培养基地，与新天科技股份有限公司、洛阳惠普基地等建立了100多家大学生创新创业实践基地。

通过搭建校内外创新创业实践平台，为有意愿且具备创新创业潜质的大学生提供创新创业场地、经费、资源等帮扶，充分激发大学生的创新创业热情，有效提升了大学生的创新创业实践能力。

四、创新创业师资队伍建设

（一）教研室建设

2017年，学校成立创新创业就业教育教研室，全面负责学校的创新创业课程建设、教材建设以及创新创业就业教育教学及理论研究等工作。为保证创新创业教育教学的正常有序进行，创新创业就业教育教研室成立以后，先后制定了《创新创业学院二级督导工作制度》《创新创业就业教育教研室活动制度》《创新创业就业教育教研室新进青年教师培养制度》《创新创业就业教育教研室教师教学档案规范管理制度》《创新创业就业教育教研室教师听课评课制度》《创新创业就业教育教研室教学督导实施管理办法》《创新创业学院师德规范》等管理制度，明确了创新创业教学的活动内容与方式，规范了创新创业的教学档案、教学督导、听课评课、新进教师的培训与考核等工作。

（二）师资队伍建设

创新创业教师是开展大学生创新创业教育的实施主体，是提高学校创新创业教育质量的重要保证。学校多次开展大学生创新创业与就业指导课程教师遴选工作，通过试讲、培养、考核验收等环节，建立了一支由24人组成、专兼职相结合的教师队伍。学校重视对创新创业任课教师的师资培训，每年选派部分创新创业授课教师参加由教育部、人力资源部和省教育厅组织的创新创业教育师资培训班、课程轮训班、骨干研修班。邀请知名的企业家、创新创业专家、创新创业达人、优秀校友等来校做专题师资培训讲座。通过继续教育培训，已有100多名创新创业教师和创新创业工作人员获得了创业咨询师的职业技能鉴定。

学校在培养建设校内创新创业师资队伍的同时，还建立了以优秀校友安少华为代表的30多名校外创新创业导师库。7名创新创业导师入选教育部"全国万名优秀创新创业导师人才库"，1人被评为河南省首批大学生就业创业指导名师，1人入选河南省大众创业导师，1人入选郑州市创业导师。

五、创新创业教育改革与研究

（一）课程与教材建设

2014年，学校开始面向全体本科生开设"创新创业基础"公共选修课。2016年，学校制订了"创新创业基础"课程教学大纲，并被立项为校级慕课。2018年，"创新创业基础"在华水学堂上线运行，访问量达100多万次。2018年"创新创业基础"获批校级本科示范课堂立项建设项目，2020年成为首批省级一流本科课程。

学校在校本讲义的基础上，选用大量的创新创业实际案例，结合学校水利水电专业特色，组织编写了《大学生职业生涯规划与就业指导》和《大学生创新教育与创业指导》两本校本教材，2018年由科学出版社出版发行。《大学生创新教育与创业指导》教材被列入学校2018年重点教材建设项目，2020年入选河南省"十四五"规划教材。

（二）教育教学研究与改革

学校重视和强化教师教学方法改革与教学手段更新。提倡任课教师采用参与式、启发式、研究式教学和小班化"翻转课堂"等教学方法，充分发挥学生的主体作用。改革创新创业课程考核方式，采用答辩、面试、论辩、研究综述、实践操作、作品展示等多元化的考核方式，注重考查学生学习过程和运用知识分析解决实际问题的能力。

为提升创新创业教育理论水平,解决创新创业教育教学过程中遇到的实际问题,2016年,学校设立了校级创新创业研究课题,四年共有109个项目获得立项。学校组织教师积极申报河南省大中专毕业生就业创业课题和推荐参加河南省大中专院校就业创业教育优秀论文评选。承担省级创新创业类教改课题2项,"高校就业绩效与人才培养联动机制研究"课题获河南省教育科学研究优秀成果一等奖,"地方高校创新创业教育体系研究与实践——以华北水利水电大学为例"获河南省高等教育教学成果奖二等奖。

第四节

大学科技园

为满足大学生开展创新创业教育与实践的需求,学校于2016年9月在花园校区建立了华水众创空间,2017年开始建设华水大学科技园。根据学校两校区办学的实际情况,大学科技园采取一园多区(即以龙子湖校区为核心、花园校区为辅)布局,构建了包括科技创新平台、成果转化基地、师生众创空间、科技企业孵化以及投融资服务等为主要内涵的创新创业功能链。建设期间,省科技厅、教育厅、人社厅领导多次到大学科技园调研指导工作。2018年12月,学校大学科技园被河南省科技厅、教育厅认定为"河南省大学科技园"。

一、大学科技园管理机构与制度建设

为了统筹大学科技园建设,学校2017年9月成立了"华北水利水电大学大学科技园管理委员会",负责大学科技园的建设与管理工作。2019年,学校成立"华北

水利水电大学大学科技园管理办公室",与学校就业指导中心(创新创业学院)合署办公。按政策要求,大学科技园采取企业化管理模式,运营机构为"河南华水大学科技园有限公司",该公司由学校于2016年9月独资注册成立的"河南华水众创空间有限公司"更名而来。

2020年9月,学校出台《华北水利水电大学大学科技园管理办法》(华水政〔2020〕115号)。河南华水大学科技园有限公司根据管理办法相继出台了项目入孵管理办法、入孵企业考核办法和管理服务费收费办法等规章制度,进一步规范了大学科技园的管理。

二、大学科技园建设与企业孵化

根据《河南省大学科技园管理办法》文件相关要求和学校两校区办学的实际情况,学校大学科技园孵化场地在学校实验楼、教学楼、宿舍楼等建筑基础上进行改建,主要包括花园校区学4楼和龙子湖校区S6楼及其他场地,为园区在孵企业提供办公、科研、经营等场地及洽谈、会议、网络等公用服务设施。

大学科技园公司与相关中介服务机构达成战略合作协议,并签约30名创新创业导师建立大学科技园导师团,为企业提供工商注册、税务登记、投融资、知识产权代理、法律咨询服务、政策解读等方面的服务,并邀请专家和投资人开展项目路演活动。

截至2020年年底,大学科技园共有在孵企业42家,入驻创新创业团队96个。入孵企业主要为校友、在校生开办企业及与学校有校企合作关系的企业,涉及水利、电力、新能源与节能、电子信息、大数据、城市管理与社会服务、自动化、文化创意等领域,与学校的专业学科密切相关。入孵团队均为学校在校生创新创业

团队。

2019年，大学科技园被郑东新区管理委员会批准为"郑东新区科技企业孵化器"。多次获得郑州市科技局年度考核优秀，并获得奖补资金支持。创业导师辅导园区企业80余次；开展创新创业活动、人才培训、政策指导活动近70多场。园区内企业和学生创新创业团队多次参加创新创业大赛，其中获得全国"互联网＋"创新创业大赛国家级铜奖2项，省级一等奖3项。获批国家级大学生创新创业训练项目3项。

第九章

学 生 教 育 管 理

学校以习近平新时代中国特色社会主义思想为指导，围绕立德树人根本任务，秉承"育人为本、服务为先、引导为重"的工作理念，扎实做好各项学生教育管理服务工作。2017年学校在河南省首届"大美学工"评选中荣获十佳工作单位荣誉称号。

第一节

学生思想政治教育

守望初心勇担当，笃定前行绽芳华。学校把思想政治工作贯穿教育教学全过程，以培育和践行社会主义核心价值观为主线，以建立完善全员、全程、全方位育人体制机制为关键，坚持教育为人民服务、为中国共产党治国理政服务、为巩固和发展中国特色社会主义制度服务、为改革开放和社会主义现代化建设服务，扎根中国大地办教育，同生产劳动和社会实践相结合，加快推进教育现代化、建设教育强国、办好人民满意的教育，努力培养担当民族复兴大任的时代新人，培养德智体美劳全面发展的社会主义建设者和接班人。

一、加强思想政治教育工作队伍建设，保障思想政治工作落到实处

学校始终坚持以立德树人为根本，以理想信念教育为核心，根据《中共中央国务院关于进一步加强和改进大学生思想政治教育的意见》和《高校思想政治工作质量提升工程实施纲要》文件精神，以及《普通高等学校辅导员队伍建设规定》文件要求，持续加强高校思政工作队伍建设，全面提升学校思想政治工作质量。学校辅导员队伍在学校党委、行政关心支持下，每年得到有效补充，辅导员配备优于国家规定的不低于1∶200的比例要求。

（一）队伍建设和取得成绩

学校坚持"选拔、培养、使用、管理、考核、提高"的原则，实行专职为主、专兼结合、精干稳定的辅导员队伍建设制度。从优秀硕士、博士毕业生中选拔招聘政治立场坚定、热爱党的教育事业的专职辅导员；从具有免试推荐研究生资格的优秀毕业生中遴选有志于从事大学生思想政治教育工作、身心健康、综合素质能力强的中共党员担任推免生辅导员；从热爱学生思想政治教育工作，有较强的事业心、责任心和敬业精神的专任教师、干部中选聘兼职辅导员；从不同领域精英人才和校友中聘请学校校外辅导员；从有热

情、有能力、有威信的优秀学生中选聘学生朋辈辅导员。

全体辅导员自觉做到用高尚的人格感染学生，用真理的力量感召学生，以深厚的理论功底赢得学生，自觉做为学为人的表率，做让学生喜爱的人。学校思想政治教育工作者在各级各类评选中脱颖而出：2014年，张静荣获河南省第三届辅导员素质能力大赛一等奖；2015年，谢琰荣获河南省第四届辅导员素质能力大赛三等奖，张静荣获河南省高校辅导员年度人物；2016年，张静荣获第八届"全国高校辅导员年度人物"入围奖，刘冉、刘春杰分别荣获河南省第五届辅导员素质能力大赛特等奖和二等奖；2017年，柴延艳荣获河南省高校辅导员年度人物提名奖，袁伟荣获"2017年度河南省优秀辅导员"；2018年，丁筱萌、吴菲菲分别荣获河南省第七届辅导员素质能力大赛一等奖、二等奖，王莹莹荣获河南省辅导员工作精品项目；2020年，曹震荣获河南省第四届"大美学工"十佳优秀学生工作者，韩肖艳荣获河南省第八届辅导员素质能力大赛一等奖。

（二）完善制度保障措施

学校高度重视思政工作队伍建设，明确"专业化、职业化"的发展方向，制定了一系列制度文件，保证思政工作队伍工作有条件、干事有平台、待遇有保障、发展有空间。出台《华北水利水电学院辅导员工作条例》（华水党〔2012〕26号），指出辅导员是开展大学生思想政治教育的骨干力量，是学校学生日常思想政治教育和管理工作的组织者、实施者、指导者，明确了辅导员的岗位职责和管理者身份。制定《华北水利水电学院辅导员工作考核办法》（华水党〔2012〕56号），细化辅导员工作任务和责任，为提高辅导员的工作水平、促进辅导员的成长指明方向，鼓励辅

导员勇于创新，敢于探索，努力成为"政治强、作风正、纪律严、业务精"的优秀辅导员。结合学校辅导员工作实际，出台了《辅导员中级专业技术职务任职资格推荐（评审）工作实施细则》，辅导员队伍中级专业技术职务任职资格单列指标、单列标准、单独推荐（评审），为辅导员职称晋升创造条件。把辅导员作为后备干部培养和选拔的重要来源，拓展辅导员上升空间，为辅导员职业化发展搭建平台。建立辅导员培训制度，形成全国辅导员骨干培训、国家教育行政学院网络培训和学校辅导员专题培训及日常分组培训三级培训体系。2014年开始组织两年一次的辅导员暑期拓展培训，在小浪底水利枢纽国家水情教育基地、南太行新愚公移山精神教育基地等地举办辅导员素质拓展及专题理论培训班；2018年开始每学期开展沙龙交流活动，着重提升辅导员理论水平和业务能力，全面加强辅导员之间的交流沟通，提升队伍凝聚力和战斗力。积极支持辅导员参加教育部、教育厅主办的骨干辅导员培训班，支持优秀辅导员参加国内国际交流学习和研修深造，支持辅导员到地方党政机关、企业、基层等挂职锻炼，支持辅导员结合大学生思想政治教育的工作实践和思想政治教育学科的发展开展研究。整合学生工作队伍力量，围绕辅导员工作中的重点难点问题，于2018年启动"一学院一品牌"计划，2019年9月开展"辅导员工作室"品牌项目培育建设。

二、拓展育人载体，做好全校学生思想引领

学校以习近平新时代中国特色社会主义思想为引领，围绕"培养什么人、怎样培养人、为谁培养人"根本问题，着力构建德智体美劳全面培养的育人模式，把立德树人根本任务融入学生教育管理服务工

作的各环节，不断探索育人新模式、新方法，形成了华水"微言大义"达人讲堂、"三位一体"健康救助体系、"我最喜爱的老师""华水新铁军""不忘来路"华水学子讲坛、"华小水"示范团、"书记助理团"等学生工作品牌，为教师、学生树立了先进典型和标杆，涌现出一大批教书育人的先进教师和勤奋学习、全面发展的学生群体和个人。

于微言间体察人生，在大义中延展思维。2011年4月15日，第一期华水"微言大义"达人讲堂在学校龙子湖校区开讲，复旦大学沈逸作为受邀嘉宾为华水学子带来了一场精彩的演讲。2011年至2021年4月，学校已经开展了共计69期华水"微言大义"达人讲堂，周小平、胡锡进、罗援、郑强、邱毅、房兵等不同领域的知名专家莅临学校做报告，为华水学子展现多元化的思想观念，激发学生的爱国主义情怀，促进学生全面健康发展。

学校从2019年开展"不忘来路"——华水学子讲坛，邀请不同时期毕业的华水校友回母校，向在校大学生分享自己成长之路上的见闻与思考，并对即将走上事业之路的大学生提出宝贵的意见与建议。2020年11月，81级杰出校友、亚洲第一位雨果奖获得者、《三体》《流浪地球》作者刘慈欣，用生命拯救生命的中国红十字会新疆蓝天救援队队长安少华返校交流，在师生中引起强烈反响。

新型学生社团"华水新铁军"于2017年9月成立。新铁军以"锻造全新自我、引领校园风尚、弘扬优良传统、展示文化自信、服务国防教育"为宗旨，以培养"政治过硬、作风过硬、学习过硬、身体过硬、能力过硬"的优秀大学生为目标，以开展军事训练为切入点，借鉴部队的组织形式，用解放军的优良传统和作风帮助

参加新铁军的同学们更好地全面发展。该组织以复转军人大学生为骨干，承担学校国防教育、新生军训、重大校园活动安保等工作任务，人员从几十人发展到几百人。2019年，"华水新铁军"荣获河南省第三届"大美学工"十佳优秀工作品牌、全省思想政治工作优秀品牌、全国高校"优秀学生社团"荣誉称号，团长陈笑笑获评河南省第二届最美大学生。

学校涌现出以全国优秀大学生孟瑞鹏为代表的优秀个人，培育出"忠诚坚毅、无私奉献"水利系统的优秀群体，连续多年荣获全国高校校园文化建设优秀成果奖、河南省思想政治教育工作优秀品牌、河南省高校校园文化建设成果奖。

三、建设新媒体工作室，开创网络思政新阵地

随着互联网技术的不断深入发展，新的传播媒介受到青年大学生的喜爱和追捧，网络思想政治工作显得尤为重要。学校顺应信息网络技术迅猛发展的趋势，准确把握新媒体环境下大学生思想成因及特点，主动迎接新媒体发展给大学生思想政治工作带来的挑战。

2015年，学校整合校内资源，成立"华水学工网络文化工作室"。工作室以"华水桨声"微信公众平台、"华水学务"微博平台、抖音、QQ公众号等为抓手，形成布局合理、特色鲜明、高效便捷、功能互补、覆盖全面的网络思政宣传阵地。工作室秉持"线上主阵地、网络舆论场"的理念，坚持"读者在哪里，受众在哪里，宣传报道的触角就要伸向哪里"的工作目标，在学生思想政治教育、学生日常管理、学生资助、志愿行动、宣传报道等方面进行了有益探索和实践。尤其在抗击新冠肺炎疫情期间，坚持打好网络阻击战、主动占领网络舆情主阵地，开展"防

疫学习""把灾难当教材，与祖国共成长""秀出班行"疫情居家班风展接力赛等活动，围绕学生关心的话题开展网络思想政治教育。工作室根据新媒体便捷、即时、互动的特点，立足青年视角，随时接受质询、快速回应诉求、协同处置问题、收集意见建议并及时反馈，深层次地整理和提炼源自华水校园的真实、鲜活信息，积极传播校园文化舆论正能量，成为倾听学生心声、引导学生思想、把握学生动态的重要渠道。"NCWU华水桨声"粉丝数量达到4.5万，累计发表文章、推送思政教育软文2000余篇。"微言大义"达人讲堂内容见表9-1。

表9-1　　　　　　　　　　　"微言大义"达人讲堂汇总表

场次	时　间	嘉宾	主　题
第1讲	2011年4月15日	沈　逸	透视中东局势动荡背后的经济危机、新媒体与跨国网络
第2讲	2011年4月24日	吴丹红	微博上那点事儿——一位法律人的视角
第3讲	2011年5月21日	郑　强	"文化、人格、修养、视野——当代中国大学生的价值取向与历史责任"
第4讲	2011年5月28日	窦含章	民主与不民主
第5讲	2011年5月28日	蓉　荣	正经与不正经
第6讲	2011年10月17日	沈　逸	治理全球网络空间与中美安全关系
第7讲	2011年10月23日	牛晓农	魅力女性人生修炼
第8讲	2011年11月4日	胡锡进	复杂中国的崛起之路
第9讲	2011年12月3日	陆天明	我们年轻，我们该怎么活着
第10讲	2011年12月8日	张廷嘉	微大力量
第11讲	2011年12月10日	王守谦	谣言与近代中国
第12讲	2011年12月17日	王旭明	让生活有意思起来
第13讲	2012年3月18日	曹钢材	中国高铁发展之路
第14讲	2012年3月24日	肖　鹰	"韩寒现象"与当代中国的反智主义
第15讲	2012年4月18日	葛剑雄	读书与人生
第16讲	2012年5月5日	项立刚	3G革命
第17讲	2012年5月12日	吴法天	从吴英案和谢亚龙案谈起，看热点案件的舆论影响
第18讲	2012年10月13日	宋荣华	巨变的世界与中国外交之软硬
第19讲	2012年10月1日	孙春龙	老兵回家
第20讲	2012年10月17日	郑彦英	正视中国——莫言获诺贝尔文学奖的当下意义
第21讲	2012年10月28日	点子正	微博问政与舆情应对
第22讲	2012年11月10日	马晓霖	钓鱼岛危机与中国安全环境
第23讲	2012年12月9日	房　兵	世界航母百年与中国航母元年
第24讲	2012年12月8日	牛晓农	职场礼仪和形象塑造
第25讲	2012年12月15日	唐　磊	形象设计——用你的心唤醒美
第26讲	2013年3月22日	郭　鹏	读书让生命拨云见日

续表

场次	时 间	嘉宾	主 题
第 27 讲	2013 年 4 月 7 日	葛剑雄	中国疆域的形成与目前边疆形势
第 28 讲	2013 年 4 月 13 日	华黎明	伊战十年启示录
第 29 讲	2013 年 4 月 14 日	朱 毅	中国环境与食品安全
第 30 讲	2013 年 4 月 26 日	罗 援	周边安全环境和软实力建设
第 31 讲	2013 年 5 月 16 日	王志安	当下的中国怎么了
第 32 讲	2013 年 9 月 28 日	房 兵	美国战略对我国国家安全的影响与挑战
第 33 讲	2013 年 10 月 12 日	陶短房	这个天国不太平
第 34 讲	2013 年 12 月 14 日	张君达	有爱走遍天下——我与珍珠们的故事
第 35 讲	2014 年 3 月 8 日	王 文	行走世界的感悟和思考
第 36 讲	2014 年 3 月 29 日	宋心之	空天武器的发展与中国国家安全
第 37 讲	2014 年 3 月 21 日	张颐武	年轻时：国学传统与当下人生
第 38 讲	2014 年 4 月 13 日	孙力舟	乌克兰及克里米亚危机溯源
第 39 讲	2014 年 5 月 31 日	蒋 丰	变化中的中国与日本
第 40 讲	2014 年 9 月 20 日	蒋 丰	问道甲午——纪念甲午战争 120 周年
第 41 讲	2014 年 11 月 16 日	徐勇凌	飞行时代的中国梦
第 42 讲	2014 年 11 月 1 日	周小平	在我们这个时代应该如何保持独立思考
第 43 讲	2014 年 11 月 9 日	马晓霖	从基地组织到 ISIS 伊斯兰极端主义的渊源与演变
第 44 讲	2015 年 4 月 21 日	邱 毅	全球政经变局、大陆发展策略与两岸关系
第 45 讲	2015 年 5 月 31 日	房 兵	马岛海战启示录
第 46 讲	2015 年 9 月 24 日	吴 强	航母和舰载机发展史
第 47 讲	2015 年 9 月 26 日	房 兵	"九三"胜利大阅兵——从苦难辉煌到伟大梦想
第 48 讲	2015 年 12 月 21 日	唐忠宝	我们的信仰怎么了
第 49 讲	2016 年 3 月 26 日	项立刚	第七次信息革命与未来机会
第 50 讲	2016 年 4 月 23 日	徐厚广	走向世界的中国高铁
第 51 讲	2016 年 5 月 21 日	张泽群	发现、选择、超越
第 52 讲	2016 年 9 月 23 日	宋忠平	中国周边（南海）形势暨军事体制改革分析
第 53 讲	2016 年 9 月 24 日	房 兵	"九三"胜利大阅兵——从苦难辉煌到伟大梦想
第 54 讲	2017 年 4 月 16 日	阎 雨	新文明的崛起
第 55 讲	2017 年 5 月 28 日	张 洋	记住三句话，你就长大了
第 56 讲	2017 年 9 月 20 日	房 兵	百年航母
第 57 讲	2017 年 10 月 14 日	王义桅	"一带一路"与中国崛起
第 58 讲	2017 年 10 月 28 日	郑若麟	认识真实西方 警惕精神移民
第 59 讲	2017 年 11 月 11 日	于 丹	西方国家政治制度和政体迷信问题
第 60 讲	2017 年 12 月 2 日	李晓鹏	明朝末年的高层政治斗争内幕及其对国家命运的影响
第 61 讲	2017 年 12 月 14 日	周文顺	中印关系与洞朗对峙

续表

场次	时间	嘉宾	主题
第 62 讲	2018 年 6 月 3 日	王 浩	我国水资源情势与水安全
第 63 讲	2018 年 9 月 17 日	房 兵	什么是真理
第 64 讲	2018 年 12 月 7 日	于同云	朗诵艺术欣赏
第 65 讲	2019 年 5 月 12 日	黄伟麟	澳门回归 20 周年
第 66 讲	2019 年 6 月 19 日	周文顺	台湾局势及相关战略分析
第 67 讲	2019 年 9 月 25 日	房 兵	共和国历史上的大阅兵
第 68 讲	2019 年 9 月 26 日	房 兵	共和国历史上的大阅兵
第 69 讲	2021 年 4 月 13 日	马萧林	追寻文明足迹，坚定文化自信

第二节

学生日常管理

一、加强顶层设计，谋划新时代思想政治教育大格局

学校深入贯彻落实《普通高等学校学生管理规定》（教育部 41 号令），从学生教育管理服务的顶层设计入手，积极谋划"大学工"工作格局。2017 年，学校成立了学生工作委员会，由学校党委书记、校长担任主任，成员由职能部门、学院主要负责人和学生代表组成，全面统筹协调学生教育、管理和服务工作。委员会秘书处设在学生工作处，具体组织落实各项学生相关工作，履行情况通报、问题研究、工作部署、信息反馈等工作职责，形成全员育人、全过程育人、全方位育人的工作局面。

二、正确引领，扣好人生"第一粒扣子"

学校通过召开报告会、座谈会、组织专家解读等形式组织学生认真开展学习习近平新时代中国特色社会主义思想，党的十八大、十九大精神和习近平总书记考察河南重要讲话精神、在黄河流域生态保护和高质量发展座谈会上重要讲话精神等内容，教育引导学生坚定理想信念、树立共产主义远大理想和中国特色社会主义共同理想，增强中国特色社会主义道路自信、理论自信、制度自信、文化自信，立志肩负起民族复兴的时代重任。教育引导学生厚植爱国主义情怀，让爱国主义精神在学生心中牢牢扎根。教育引导学生热爱和拥护中国共产党，立志听党话、跟党走，立志扎根人民，奉献国家。坚持把立德树人作为学生工作的中心环节，不断探索思想政治教育规律，加强社会主义核心价值观教育，正确引导广大学生树立正确的世界观、人生观和价值观。学校培养出以孟瑞鹏为代表的一大批优秀学生。

孟瑞鹏生前系华北水利水电大学 2012 级汉语国际教育（法语地区）专业学生。2015 年 2 月 26 日（农历正月初八），孟瑞鹏在清丰县韩村乡西赵楼村为抢救两名落水儿童，光荣牺牲，年仅 23 岁。孟瑞鹏舍己救人光荣牺牲的事迹在社会上引起了强烈反响，党和政府给予他一系列荣誉称号。先后被教育部、团中央等有关部门追授"全国优秀大学生""全国优秀共青团员""践行社会主义核心价值观先进个人标兵"等称号。2015 年 7 月被中华人民共和国民政部评定为烈士。2015 年 5 月 4 日，国家副主席李源潮在"传播青春正能

量"优秀青年座谈会上指出："孟瑞鹏的先进事迹应该广泛宣传，这种见义勇为的正能量应该大力传播。"

三、严抓细管，确保学校教育教学秩序和谐稳定

学校牢固树立"将隐患当事故"的意识，定期开展了春季、秋季开学安全稳定工作检查，认真做好学生日常管理，强化建章立制，推动各学院建立安全稳定预防以及应急反应机制，坚决防范校园安全责任事故发生。完善校外住宿制度，规范和加强学生校外住宿管理，维护学生的切身利益。加强在寒、暑假假期，在元旦、五一劳动节、清明节、端午节、国庆节、中秋节等国家法定节假日，在高考、研究生入学考试等特殊时期的学生管理，促进了学校安全稳定工作。积极推动开展校园不良网贷风险防范和教育引导工作，教育引导学生树立正确的消费观念，帮助学生增强金融、网络安全防范意识。同时，抓好法制教育、公共安全教育以及反恐反邪教教育，提升大学生国家安全意识，增强维护国家安全的责任感和能力，筑牢国家安全防线，保障了学校教育教学秩序的正常进行。

2011 年起，学生处档案室陆续由从花园校区搬迁到龙子湖校区，日常管理学生档案 3.5 万卷，管理工作秉承严谨、规范、细心的作风，差错率控制在年均万分之一以内。

2020 年 1 月，国内突发新冠肺炎疫情，学校从增强"四个意识"，坚定"四个自信"，做到"两个维护"的高度，把疫情防控当作最重要的政治任务，坚定不移地把党中央国务院、省委省政府、省教育厅、郑州市和学校党委对疫情防控的各项决策部署落到实处，广大学工队伍坚定站在疫情防控的第一线，牢牢抓住工作主动权，确保 3 万余名学生的生命安全与健康成长。

2019 年，学校荣获河南省大学生国家安全知识竞赛优秀组织奖。

四、弘扬"三股劲"精神，增强教育管理服务学生的针对性、实效性

学工队伍在实际工作中大力弘扬焦裕禄同志"对群众的那股亲劲、抓工作的那股韧劲、干事业的那股拼劲"的"三股劲"精神，以踏石留印、抓铁有痕的态度做好对学生的教育管理服务工作。

学校通过组织实施"新生教育工程""校级文明宿舍、文明班级、十大文明学生评选""庆祝建国 70 周年系列活动""最强宿舍挑战赛""省级优秀毕业生评选""毕业生文明离校""关工委教授讲座"、迎新和毕业期间组织接送站服务、硕士研究生考试期间组织接送考服务、对学业困难学生积极帮扶等措施，促进学生在活动中成长成才，让学生拥有更多的获得感、幸福感。

2016—2017 年，学校在全校范围内开展培养"四个自觉"（自觉不迟到、自觉不早退、自觉不旷课、自觉认真听讲）、不做"低头族"、争做文明学生的学风建设专项活动，进一步端正了校风和学风，和谐的校园环境得到进一步加强，好学、勤学、乐学的学习氛围得到进一步营造。

2019 年，学校修订了《华北水利水电大学优良学风班和优良学风标兵班立项建设办法》，同时启动了 2019—2020 学年"优良学风班"和"优良学风标兵班"立项建设工作。立项建设周期为一个学年，每学年第一学期进行立项申报，下一学年的第一学期初进行结项验收。经过班级申报、学院评审、学校评定等环节，42 个班级获得优良学风班，5 个班级获得优良学风标兵班。立项建设活动增强了班级的凝聚力，培养了学生团结奋进精神和集体荣

誉感，促进了优良学风的形成。

2017 年 9 月，学校修订了《华北水利水电大学学生管理规定》《华北水利水电大学学生违纪处理管理规定》《华北水利水电大学学生违纪处分解除办法》《华北水利水电大学少数民族预科学生管理办法》等文件。

2020 年，"学生工作视角下的高校优良学风长效机制建设"荣获河南省教学成果二等奖。

五、积极作为，做好少数民族学生管理服务工作

学校高度重视少数民族学生教育管理服务工作，实行学校党委统一领导，学生工作部具体指导，各学院学生工作机构具体管理的三级管理服务机制。学校专门成立了以校党委副书记为组长的少数民族学生管理工作领导小组，办公室设在党委学生工作部（学生工作处）。

学校通过政治思想引领，实施教师、学生骨干与少数民族学生的一对一结对帮扶，组织开办课程学习辅导班，举办联欢活动，组织教师代表暑期赴新疆等地进行家访等举措，持续为少数民族学生做实事、办好事、解难事。狠抓意识形态工作责任制落实，净化校园环境，努力营造有利于学生健康成长的良好氛围，团结教育学生感党恩、听党话、跟党走，为学校和社会和谐稳定注入正能量。

2016 年 9 月，为了加强学校新疆籍少数民族学生的思想教育、日常管理等工作，新疆维吾尔自治区教育厅选派内派教师到学校进行工作。内派教师充分发挥自身的民族优势、语言优势以及熟悉新疆学生风俗习惯的文化优势，充分调研，主动服务，在为新疆学生，特别是少数民族学生进行政策解释、思想教育、民族团结教育方面发挥了作用。

学校少数民族学生教育工作取得了显著成效。2014 年 4 月 30 日下午，乌鲁木齐市发生严重暴力恐怖袭击案件。2014 年 5 月 1 日，一封由学校阿不都·热西提日介甫和库尔班江·外力和国内其他高校的 9 名维吾尔族大学生共同署名的公开信《我们，不会再沉默》，强烈谴责了暴恐分子乱杀无辜的罪恶行径，并呼吁"维吾尔同胞勇敢地站出来，抵制邪恶极端，与极端思想作斗争。"公开信迅即被搜狐、网易等门户网站在首页显著位置刊出，更激起了全国网民的热烈反响和共鸣，留言、跟帖和贴吧跟评数量达数十万条。

水利学院 2014 级学生艾尼瓦尔·阿不力米提，2017 年 4 月 6 日主动在微信"小疆有话说"平台上发声亮剑，书写了《内地新疆籍大学生给家乡的一封信》，表达了对党和政府的感激之情，声讨"三股势力"的反动本质，表明了坚定的政治立场，在全国引起强烈反响。2017 年，该生在河南省教育厅组织的"我在河南上大学"主题征文活动中荣获一等奖，在河南省委宣传部、省文明办主办的"我为正能量代言"主题宣传活动中被授予"贡献奖"。2017 年国庆节来临之际，学校百名新疆籍少数民族大学生联合署名了一封题为《祖国妈妈，生日快乐》的国庆致礼信，表达了新疆学子对祖国母亲的感激之情和期盼祖国繁荣昌盛的美好祝愿，该信通过微信、QQ 等网络工具被大量转发。

第三节

学 籍 管 理

学生学籍管理是高校教育教学管理

工作的重要组成部分，是维护学校稳定大局和正常教育教学秩序的重要保障。学校高度重视学籍学历管理工作，各学院学工办主任兼任学籍管理专员，各环节责任到人，实行校、院两级岗位责任制。

学校坚持从严管理，不断完善学籍管理各项制度，特别是《普通高等学校学生管理规定》（教育部令第 41 号）出台后，2017 年，学校相继修订《华北水利水电大学学生管理规定》《华北水利水电大学全日制本科生学籍管理办法》《华北水利水电大学学生缴费注册管理规定》《华北水利水电大学学生转专业实施办法》《华北水利水电大学普通全日制本科生转学工作管理办法》，从新生学籍注册、在校生学年注册、学籍异动到毕业生学历信息注册上报均有规可依、有章可循。

学校始终秉承"以生为本，促进、服务学生成长、成才"的学生工作理念，按照"规范、精确、高效、人文"的要求，推行系统化、规范化的管理模式。2011 年学生综合管理系统学籍管理相关模块投入使用，2018 年引进学生自助服务一体机，进一步提高了服务水平，提升了工作效率。2011—2020 年，共为 78119 名学生注册了学籍，为 77241 名学生颁发了学历证书，办理学籍异动 21906 人次，实现了学生学籍学历管理工作零差错，在全国高校学籍学历管理工作考核中获先进集体荣誉称号。

学校及时为毕业生提供各类学籍学历相关问题咨询、查询服务，为有需要的毕业生开具毕业证明，为毕业证丢失或破损的毕业生补办毕业证明书，为因学信网早期使用时部分学历数据上传时出错的毕业生进行学历勘误，为进行学历认证的毕业生提供学历协查等相关工作。

第四节

学 生 资 助

学校秉承"应助尽助，绝不让任何一个大学生因经济困难而失学"的工作理念，扎实做好各项学生资助管理工作。

一、完善"奖、贷、助、补、缓、减、免"资助体系

学校按照河南省学生资助中心的要求，依据国家资助政策，制定了以"奖、贷、助、补、缓、减、免"为主，其他资助形式为辅的资助育人体系，确保在校就读的家庭经济困难学生顺利完成学业。

随着学生资助规模逐年扩大，学生资助经费投入力度进一步加大，政策体系日臻完善，资助内涵不断发展丰富。学校根据国家学生资助政策的规定以及教育部、省教育厅对学生资助工作的具体要求，结合学校实际情况对学生资助相关文件进行修订。学校于 2013 年制定了《华北水利水电大学国家奖学金管理办法（暂行）》《华北水利水电大学国家励志奖学金管理办法（暂行）》《华北水利水电大学国家助学贷款风险补偿金奖励资金管理办法》《华北水利水电大学本专科学生奖学金评定办法》《华北水利水电大学全日制普通本科学生勤工助学管理办法》《华北水利水电大学优秀本科新生奖学金评定办法》，其中勤工助学管理办法 2019 年进行了修订，优秀本科新生奖学金评定办法 2020 年进行了修订；2014 年制定了《华北水利水电大学家庭经济困难学生认定办法》，2016 年进行了修订；2015 年对 2005 年制定的《华北水利水电大学国家助学贷款管理暂行办法》进行了修订；2019 年制定了《华北水利水电大学临时困难补助管理办法（试行）》，确保精准资助、资助育人，促进学生资助工作水平全面提升。

二、资助工作取得的成绩

学校严格执行资助政策，规范对各学院资助工作的管理。在两年一次的全省高校资助工作考核中，均被评为优秀单位。

学校秉承资助育人的理念，积极参与河南省学生资助管理中心组织的诚信校园行活动。2012年获得诚信校园行学生资助政策知识大赛二等奖；2014年获得诚信校园行辩论大赛C赛区一等奖；2015年获得微传播作品设计大赛一等奖1项，二等奖2项；2018年获得诚信校园行知识竞赛二等奖；2019年获得征文大赛一等奖；2020年获得短剧二等奖。

三、构建"三位一体"救助体系

学校"三位一体"资助育人体系始创于2013年，其中第一位是指"大学生医保"或"城镇居民医疗保险"，保障范围广，政策性强，所有在校学生均可以参保，可在学生遇到一般疾病需住院治疗时提供基本的医疗保障；第二位是指鼓励学生购买一份商业保险，其灵活的形式，快捷的理赔，低廉的价格，周到的服务，可在学生遭遇意外伤害或较大疾病时支付高额的医疗费用；第三位是指由华水师生及校友共同建立、全校学生共同管理的"爱心互助基金"，鼓励每个学生每月捐赠不影响生活的一元钱，积少成多，为身患重大疾病的学生提供必要的缺口资金支持，以帮助他们早日脱离生命危险，重返校园。"三位一体"健康救助体系启动以来，学校已有数以百计学生受益。2012级汉语国际教育（法语地区）专业学生孟瑞鹏因见义勇为牺牲，爱心互助基金一次性给予家庭抚恤金3万元。水利学院2012级的一名学生，来自偏远农村，家庭经济困难，因患"急性肾衰竭"急需救助，爱心互助基金对其进行了7万元的资助。"三位一体"健康救助体系为身患重大疾病或遭受意外伤害学生的家庭构建了一道健康保障防线，得到了学校广大师生、校友一致好评。

"三位一体"资助育人体系是学校实践资助育人的新模式，被作为河南省资助工作典型，参加全国资助工作十年回顾展览，其中爱心互助基金更是高校资助工作中的特色项目，得到了教育部和社会各界的高度认可。

第五节

共青团建设

共青团工作在校党委、校行政的正确领导和亲切关怀下，在各部门、各学院的积极配合和全力支持下，聚焦主责主业服务工作大局，始终坚持育人为本、服务为先的理念，各项工作在继承中发展，形成了层层推进、创新突破的良好态势。

一、思想政治建设

学校始终结合学校的工作重心和上级团组织的部署开展工作，引导学生将理论知识内化为自身的价值观念，外化为自身的实际行动，培养学生的思想素质和政治修养。坚定不移地抓好理想信念教育、意志品质教育。

（一）开展理论普及教育

学校紧密结合社会热点，积极开展对大学生的理论教育。先后组织了多次专题教育活动。2012年组织了学习贯彻十八大精神报告会、座谈会、研讨会等主题团日活动；2014年组织学生学习宣传习近平总书记北大讲话、党的群众路线教育实践活动；2015 年组织学习"两会精神"座谈会，学习弘扬孟瑞鹏精神、抗日战争胜利 70 周年系列活动；2017 年组织全校共青团系统学习贯彻党的十九大精神座谈会、召开青年代表学习《习近平的七年知青岁月》座谈交流会；2018 年集中观看学习习近平总书记在纪念马克思诞辰 200 周年大会、改革开放 40 周年大会上的讲话精神；2019 年围绕建国 70 周年开展了系列活动并被《人民日报》头版刊登报道，开展了校园青春访谈节目《我们来了》、孟瑞鹏主题音乐剧《逐光者》汇演等"守初心在行动"系列活动；2020 年组织线上开展了"把灾难当教材、与祖国共成长""青春云集，我来报到"等抗疫主题教育活动。2020 年 4 月，"河小青"志愿服务队开展系列节水护水活动并向水利部汇报，获得了鄂竟平部长的回信和点赞。

（二）开展爱国主义教育

学校始终把对学生的爱国主义教育作为工作的重点。以各类纪念日为契机开展对学生的教育，以践行社会主义核心价值观、学习弘扬瑞鹏精神为抓手，注重发挥第二课堂贴近实际、贴近生活、贴近学生的优势，寻求结合点、找准切入点。以 MMDX 理论学习为基础，每年依托纪念"五四"运动召开座谈会，开展"一二·九"运动纪念展、爱国电影展播、五四青年节歌咏比赛、红歌大家唱等活动。多次组织学生干部到烈士陵园等爱国主义教育基地进行以"学习弘扬瑞鹏精神"为主题的参观教育活动。突出加强对学生爱国意识的培养，引导学生树立家国情怀。结合 70 周年国庆、建党 100 周年举办了"我和我的祖国"主题宣传教育活动、我与国旗同框、"多彩华水我献礼""学四史、守初心、寻足迹""百年党史青年说"等系列

活动。

（三）加强理论研讨

2017 年 11 月，学校大学生 MMD 学习研究会更名为大学生 MMDX 学习研究会，组织青年学生开展理论学习。十九大闭幕后，全校各级团组织开展了形式多样的十九大精神学习活动，充分体现了较强的政治意识和高度的行动自觉。各学院成立 MMDX 学习研究分会，组织学习研讨会两百余场，参与总人数两万余人次；以马克思主义学院教师为主体的 MMDX 讲师团，在全校范围内开展了百余场 MMDX 专题讲座，参加辅导人数超过 8000 人次。多渠道引导学生学习党的先进理论，逐步培养他们学习科学理论的自觉性，用理论指导实践。

（四）当好党的助手

校团委始终围绕学校的中心任务开展工作，认真做好"推优"工作，进一步规范学校的党、团组织推优入党工作制度，用规范的程序保证推荐入党团员的质量，为党组织输送新鲜血液。先后开展"活力团支部""团员、团干部、团组织评星定级""五四青年奖章""大学生自强之星""三好学生""优秀团员""优秀学生干部""甲级团支部"等评比活动，积极实施高校团支部"活力"提升工程，充分发挥榜样带领作用，重视用身边人、身边事教育影响广大学生。

建立大学生 MMDX 学习研究会组织学习，校级"孟瑞鹏"示范班、院级"华小青"示范学习，学校、学院、班级联动学习的"一组织、二示范、三联动"学习机制；对学生骨干进行集中培训和跟踪培养，不断提高学校学生骨干、共青团干等青年群体的思想政治素质、政策理论水平、创新能力、实践能力和组织协调能力。2018 年举办学校青马工程第一期"孟

"瑞鹏"示范班，培养了高素质的学生骨干队伍，95％的学员在校期间就加入了党组织。坚持"推优入党"工作，做到早培养、早考察、早推荐，学校举办各类团校（干）培训 1156 场，培训人数 172000 余人，近万名优秀团员经过"团内推优"光荣地加入了中国共产党。

（五）占领网络阵地

不断巩固团的阵地建设，使之成为团结联系团员青年的有形依托。巩固以各类团属刊物和网络为载体的理论研究阵地、思想教育阵地和舆论宣传阵地，发挥阵地建设的优势，增强学校共青团的影响力。

积极占领网络阵地，用微博的形式记录团学工作，在全校各级团组织、学生社团中推广"新浪微博"——"华水青年"，并获"校媒·全国高校新媒体评选"最佳人气奖；2014 年组建成立——华水网络文明促进会，并在此基础招募成立了——华水网络文明志愿者委员会，以平台建设、阵地使用、手段创新为载体，以正面引导、关注成长、服务维权为重点，以队伍建设、制度建设、组织建设为保障，以传统工作模式与新媒体的深度整合为目标，基本实现了平台网络化、队伍专业化、内容人性化、制度规范化以及形式多样化的新媒体发展格局；立足时代特点和时政动向，坚守弘扬主旋律、传播正能量的政治使命，围绕线上线下两个舆论场，强化内容为王的工作思路，不说教、不低俗、不跟风，贴近实际、贴近生活、贴近学生，狠抓新媒体的内容建设，让团属新媒体真正成为年轻人的"朋友圈"；创新组织、活动形式，围绕组织青年、引导青年、服务青年基本职能；形成老师指导、学生操作的专业化、系统化的管理团队，整合各类资源，形成纵横联动、统一发声、清朗网络空间、引领网络舆论的新阵地。

二、能力素质建设

（一）以"挑战杯"竞赛为龙头，推进和深化大学生科技创新创业活动

通过组织各类科技竞赛活动，着重培养和提高大学生的创新意识和创新能力。组织以"挑战杯"竞赛为龙头，带动"磐石杯"基础学科知识竞赛、"创新杯"数学建模竞赛、大学生信息技术竞赛、"绿源杯"大学生节能减排科技竞赛、大学生结构模型设计竞赛、大学生控制测量技能大赛、计算机设计竞赛等，培养和提高大学生的创新意识、创新能力，参与人数逐年升高。2017 年第十五届"挑战杯"全国大学生课外学术科技作品竞赛中，学校"基于阵列火箭钻地锚的江河溃口快速抢险堵口新技术""一种调谐质量阻尼器频率调节装置"项目荣获国家二等奖，取得了历史性突破。

学生在课外科技创新和社会实践中完成了多篇优秀调查报告和科研论文。累计共有 3000 多个团队参加了 1000 余项科技创新课题研究，完成科研论文 500 余篇；学生独立或在教师指导下发表研究论文 500 余篇。

（二）注重培养学生的社会实践能力

社会实践活动是思想政治教育的重要阵地，学校注重把理论学习和学生的主体实践结合起来，以社会实践为龙头，利用好寒暑假，积极组织大学生参加社会调查、生产劳动、志愿服务、公益活动等形式多样的社会实践活动。以"三下乡"社会实践、青年志愿服务等为载体，开展社会实践，积极参与社会服务和精神文明创建，使大学生在社会实践活动中受教育、长才干、作贡献，增强社会责任感。

为了促使广大学生积极参与社会实践活动，增强学生的参与热情，团委牵头组织的大学生社会实践活动分三个层次进

行,一是学校集中组队;二是各学院结合专业特点,独立组队;三是分散自主实践。学校按照"目标精准化、工作系统化、实施项目化、传播立体化"和"按需设项,据项组团,双向受益"的原则,2011—2020年共组织了1970支实践队,共21600多人深入全国各地广泛开展了形式多样、内容丰富的社会实践活动。《光明日报》《中国水利报》《河南日报》等多家新闻媒体以及中国文明网、人民网、央视网、光明网、凤凰网、中国水利网、新华网等知名网络媒体,多次报道学校开展的社会实践活动。学校连续17年获得省委宣传部、省文明办、省教育厅和团省委的表彰和奖励,团省委书记连续10年对学校开展的暑期社会实践工作专门作出批示,给予学校高度赞扬和充分肯定。

学校涌现出许多有代表性的社会实践活动项目。2020年暑假,学校特别组织动员500余名志愿者参加"走黄河"社会实践活动,历时一个月,途经九省,通过"参观交流、取样监测、寻访研讨、实践体验、志愿服务"等形式追寻总书记黄河足迹,寻访黄河文化,活动得到教育部、团中央的支持肯定,获得《人民日报》《中国青年报》等央级媒体宣传报道。学校荣获了全国社会实践优秀单位,"镜头中的三下乡"全国优秀组织单位,全国社会实践优秀团队以及个人在内的所有国家级社会实践荣誉。

(三)弘扬志愿服务精神,拓展青年志愿者行动,大力开展志愿服务活动

学校始终坚持青年志愿者活动影响青年,加强学生的思想道德建设,服务学生的成长、成才,弘扬"奉献,友爱,互助,进步"的志愿者精神,集中开展系列志愿服务活动。为使学校青年志愿者及服务工作再上新台阶,校团委整合所有校属志愿服务类社团,于2011年4月中旬成立了学校大学生志愿者联合会,指导各社团集中开展敬老院和贫困学校献爱心、无偿献血、义务支教、关爱农民工子女专项行动、郑开国际马拉松赛等志愿服务活动,吸引了众多志愿者的加入,省内媒体纷纷报道学校开展的各类志愿服务活动,学校也多次受邀在团省委的会议上做典型发言。

本着"立足校园,服务社会"的原则,学校成立了志愿服务型协会10个、院级志愿服务团队100余支,注册志愿者25000余人,累计为80万人次提供超过150万小时的服务,涌现出青年志愿者协会、环保协会、爱心社、爱之翼、聚沙公益以及"小水滴""小马达"等大批优秀志愿服务类社团,他们立足校园,面向社会,依托所学专业践行着志愿服务精神,在支教扶贫、环境保护、扶老助残、法律援助、社区服务、义务讲解、公益捐赠等领域开展了多种形式、卓有成效的志愿者活动。

(四)开展大学生支教活动

校党委一贯高度重视大学生支教工作,始终把此项工作作为引导大学生走上社会、认识社会、服务社会、锻炼自我的重要途径,作为改善和加强青年学生思想政治教育工作的有效方式。2012年,学校首次成为中国青年志愿者扶贫接力计划研究生支教团项目单位。2013年7月,首届华水研究生支教团奔赴贵州省黔西南布依族苗族自治州安龙县开展为期一年的志愿服务工作。10年连续选拔了8届共38名研究生,为当地学校教育的发展作出了积极贡献,取得了良好的效果。获得第三届中国青年志愿服务项目大赛银奖、贵州省志愿服务项目大赛金奖、"贵州省优秀志愿者团队"称号、"上善若水"志愿之星称号、第二届中国青年志愿服务项目大赛铜奖、贵州省首届"金立杯"志愿服务项目大赛银奖等。

三、校园文化建设

（一）丰富校园文化生活，打造精品社团

学校充分发挥学生组织的桥梁纽带作用，大力加强学生社团建设，学生社团共有 76 个，涉及文化艺术、素质拓展、媒体宣传、理论学习、运动竞技、创新创业、科技创新和志愿服务等八大类。大学生记者团、广播站、读书协会、武术协会等 16 个学生社团先后被授予河南省高校优秀学生社团的荣誉称号。

每学期 200 多项活动是校园文化的重要组成部分。各学生社团以社团活动月、重大节日等为契机广泛开展演讲赛、书画展、摄影展、朗诵会、辩论赛、体育比赛等大型活动。在丰富学生生活的同时，也使广大学生的个性得到了充分的展现和发展，为校园文化和精神文明建设作出了积极的贡献。

（二）活跃校园文化氛围，开展文化节活动

大学生科技文化艺术节已经连续举办十四届，文化节活动紧紧围绕学风建设开展，内容丰富多彩，形式新颖，营造了浓厚的校园文化氛围。一年一度的"华水达人秀"才艺比赛、"流行风"校园歌手大赛、"武术文化节"武术比赛、"华水之声"校园主持人大赛、节水文创大赛等活动，深受广大青年学生喜爱。在活动中，邀请校内外专家组织了多场学术讲座与艺术沙龙，举办了名家巡讲、优良学风作品展、职业技能介绍会、高雅艺术进校园、《我们来了》、孟瑞鹏主题音乐剧《逐光者》等活动。

2011—2020 年，校园文化活动成果丰硕。2015 年取得河南省大学生"华光"体育活动第五届羽毛球锦标赛本科甲组男子团体第一名、男子单打第一名；2017 年华水辩论队代表河南高校参加华语辩论世界杯；2020 年舞台剧《孟瑞鹏》被评为"红锣鼓"教育成果展演"优秀作品"奖。河南省大学生科技文化艺术节中，共获得一等奖 33 项、二等奖 22 项、三等奖 37 项，学校连续获得省级"优秀组织奖"。

第六节
大学生心理健康教育

学校是河南省较早开展心理健康教育、心理辅导和服务的高校。近年来，学校高度重视心理健康教育工作，2018 年 6 月专门设置心理健康教育与咨询中心。

一、机制体制建设

学校成立心理健康教育工作领导小组，主管学生工作的党委副书记任组长，副校长任副组长；各专业学院均设有二级心理辅导站，全校共计 21 个。学院主管学生工作的副书记担任站长，由有心理学专业背景的教师担任副站长，班级设置心理委员，宿舍设心理联络员，四级心理健康教育工作网络完善。重视四级网络体系中的"两极"建设：强化中心建设，设置独立的处级单位，具体负责组织实施全校的心理健康教育、教学工作；优化专兼职心理健康教育队伍结构，重视师资队伍的培养培训工作，每年根据要求制定师资培训计划，采用"送出去，请进来"的方式认真落实；制定《华北水利水电大学生心理健康教育工作实施办法》《华北水利水电大学学生心理危机干预实施办法》《华北水利水电大学兼职心理咨询师管理办法》

《心理辅导工作规范》等近 30 项制度，为提升心理服务工作提供了制度保障。推进二级心理辅导站建设，印发《华北水利水电大学二级心理辅导站建设方案（试行）》，组织开展学院二级心理辅导站标准化建设达标工作，为心理健康服务打下了坚实基础。学校将二级心理辅导站工作纳入处级单位年度目标考核体系。二级心理辅导站标准化建设达标工作已基本完成，全校 21 个二级心理站均完成一级达标，其中水利学院、机械学院完成二级达标。

二、开展主题教育活动

每年 5 月举办"5·25 心理健康活动月"，10 月举办"心理健康教育宣传月"活动。活动月内容丰富，形式多样，寓教于乐。有专题讲座、系列培训；有心理剧剧本征集、心理剧比赛；有征文、微小说、漫画、短视频等活动；有心理游园、心理运动会；有专家现场心理辅导、团体心理辅导等，提升了大学生参与心理健康教育活动的兴趣，加强了大学生对心理健康知识的全方位理解。疫情防控期间，"华水心理中心"微信公众号特别推出了"我们和你在一起"专栏，推送有关大学生居家学习生活、身心调适技巧等方面的宣传知识。通过校园网、QQ、微信公众号等媒介积极宣传心理健康教育知识，织密织牢校园"心理防护网"。

三、课程体系建设

学校重视大学生的心理健康教育教学工作，专门设置心理健康教研室，教研室制度健全，管理规范，定期邀请校内外专家开办专题讲座、培训、督导；开设了大一新生的心理健康教育必修课，32 学时 2 学分，2019 年起面向全体学生开设《九型人格之职场心理》《恋爱心理学》《聆听心声：音乐审美心理分析》系列网络选修课程；教学注重理论与体验相结合，做到案例教学、实践体验、行为训练以及心理剧融为一体，提高了教学效果，成功申报校级"线下示范课堂"项目，提升心理健康教育教学资源的实效性、前沿性、自助性；《大学生心理健康教育》教材入选"华北水利水电大学规划教材"。

四、心理辅导与危机干预

坚持心理咨询值班制度，通过面询、电话、微信公众号、QQ、团体辅导等方式，开展多种形式的心理咨询服务，年均咨询量达 400 余人次；建有心理咨询值班、预约、回访、案例会诊、重点反馈、保密等 30 余项心理咨询工作制度、办法、流程等，不断完善心理咨询预约、咨询过程的规范管理；加强档案管理，咨询记录规范、保密制度严格，定期邀请专家进行重点个案督导评估。两校区专用场地合计达 550 余平方米，并配备有先进的设备，设置预约等候室、个体辅导室、团体辅导室、心理测量室、档案资料室、基础宣泄室、呐喊宣泄室、体感音乐放松室、沙盘室等功能室。二级心理辅导站设置有专门场地。

坚持做好新生心理普查工作，普查率 100%，建案率 100%，并做好重点时段重点人群的心理摸排工作，建有心理危机预警库，实施动态管理；心理中心与各学院二级心理辅导站实行双向月报告制度，畅通了心理危机预警防控通道，有效地防止了心理安全事故的发生；制定了《华北水利水电大学学生心理危机干预实施办法》，规定了明确的工作流程和各个相关部门的职责，以及学校、院系、班级、宿舍四级预警防控通道和自杀预防快速反应机制，确保学生人身安全；在学校、学院、校医院等部门之间建立了科学有效的心理危机转介机制，流程明确。

五、心理志愿服务

疫情防控期间，在河南省高校工委和教育厅思政处的领导下，学校积极参与省内 42 所高校协同服务社会工作，面向全社会通过邮箱、电话等开展心理咨询工作，两位老师受到河南省教育厅嘉奖表彰；开展扶贫攻坚定点帮扶村及周边村的疫情防控心理咨询工作，并通过"魅力夏庄"公众号对村民进行宣传教育，同时还积极为学校驻村干部出谋划策，指导他们因地制宜开展村民心理疏导工作；部分心理咨询师积极参与教育部华中师范大学心理援助平台和安阳市文峰区新冠疫情心理援助平台的心理援助工作，受到了相关部门的肯定与好评。

六、取得成绩

2019 年，心理情景剧《夏日寒冰》获得全省高校心理情景剧大赛三等奖。同年，学校在全省高校心理健康教育工作成果展示暨工作现场会上做经验交流发言。2019 年 12 月 25 日中心成功举办"新时代·心美好——高校心理辅导创新发展论坛"。

学校 2020 年通过"创建省级心理健康教育试点单位"验收；大学生心理健康教研室获得 2020 年度河南省高等学校合格基层教学组织备案，《大学生心理健康教育》被学校立项为"课程思政示范课程"；2020 年疫情防控期间，《大学生心理健康教育》课程组被学校评为"停课不停教——战疫最美奉献者"集体；学校心理抗疫工作被推荐在全省教育系统"把灾难当教材 与祖国共成长"主题教育系列论坛——高校心理健康教育中心主任论坛发言，向全省高校展示学校心理抗疫工作。

第十章

高等学历继续教育与开放教育

依托学校雄厚的师资力量、完备的教学设施和丰富的管理经验，继续教育结合学校的水电特色，抓住机遇，乘势而上，开拓创新，伴随着学校快速发展的步伐而发展，取得了良好的社会信誉和办学效益。已经形成了专升本、高起本、高起专等多层次，函授教育、自学考试、开放教育、非学历培训等多形式的办学格局，形成了鲜明的办学特色。

第一节

高等学历继续教育基本状况

一、组织机构

2011年，学校成人高等学历继续教育管理机构为继续教育学院。继续教育学院设有8个省外函授站。2012年2月，浙江函授站获批成立，依托单位是浙江同济科技职业学院，省外函授站发展为9个。

2018年6月，继续教育学院更名为远程与继续教育学院，与水利部电大开放教育办公室合署办公。

二、高等学历继续教育办学规模

学校全面贯彻党的教育方针，遵循继续教育办学规律，坚持"面向社会、面向市场、立德树人、学以致用"的办学理念，弘扬"情系水利，自强不息"的办学精神，大力转变思想观念，积极发展"互联网＋继续教育"，持续深化教育教学改革，不断增强办学活力，把质量意识、担当意识、责任意识贯穿于继续教育和开放教育的改革发展过程中，不断提高学院的教学质量和办学水平，增强主动服务社会的能力。

学校的高等学历继续教育开设有函授水利水电工程、电气工程及自动化、热能与动力工程、土木工程、给排水工程、计算机科学与技术等近30个本、专科专业。办学层次有高中起点专科、高中起点本科和专科起点本科；办学形式以函授教育、开放教育、自学考试为主。截至2020年10月，在籍在学继续教育函授学生10268人；远程开放教育水利水电工程专业在籍学生40098人，其他专业在籍学生1967人。在河南、贵州、广东、广西、湖南、甘肃、宁夏、陕西、河北、新疆等省（自治区）共设立了函授教育辅导站16个，与近10家水电行业单位开展了继续教育合作。

三、高等学历继续教育制度建设

随着招生规模的不断扩大，为了更好地管理成人高等学历函授教育，保证教育教学质量，学校先后出台了《继续教育管理办法》《成人教育本科生毕业设计（论文）管理办法》《成人教育考试管理办法》《成人教育函授学生学习规程》《函授本科毕业生授予学士学位工作细则》《成人教育授课教师管理办法》《成人教育函授站教师聘用管理办法》《成人教育教学计划管理办法》《成人教育教材选用管理办法》《成人教育函授站管理办法》《成人高等教育函授学生学籍管理办法》等规章制度。这些制度的出台为进一步规范学校的继续教育工作，推进继续教育的快速发展，调动有关院（系）、函授站（点）以及远程与继续教育学院的办学积极性，优化资源配置，提升教学质量，提高办学效益，更好地服务于社会经济建设，起到了积极有效的促进作用。

在日常管理的过程中，重点加强了"五项"建设，理顺完善了"三个"管理体系。"五项"建设，即制度建设、课程体系建设、教学监督体系建设、函授站管理建设和行政管理建设；"三个"管理体系，即校内直属函授辅导中心管理体系、省外函授辅导站管理体系、省内函授辅导站管理体系。省内外函授辅导站的教育管理模式均为一级管理，由远程与继续教育学院代表学校按照教育部、河南省教育厅以及学校的相关规定和协议进行管理。

第二节

高等学历继续教育教学管理

教育教学质量是成人教育的生命线，确保成人教育教学质量，培养合格人才始终是成人教育教学管理的核心。在教育教学管理过程中，时刻树立质量意识，始终坚持以教学为中心，以提高质量为目标。

一、健全制度，规范管理，依法办学

学校始终把成人教育放在与普通高等教育同等重要的地位，成人教育已经成为学校高等教育的重要组成部分。学校定期组织研究成人教育工作，并根据实际情况及时解决工作中出现的新情况、新问题。学校"十三五"发展规划指明了学校成人教育发展方向。学校每年的党政工作要点都明确了成人教育的任务和重点工作。

健全的制度和规范的管理是落实依法办学的保障。学校根据成人教育近年的发展情况，先后对教学管理制度、教学过程管理、考试管理、学生日常管理等方面制定了新的规程和规定，形成了包括规范教师行为、规范学生行为、规范管理人员行为等多方面的教学管理制度体系。

学校先后制定了《华北水利水电大学继续教育管理暂行办法》等20多项规章制度，为成人教育和管理工作的顺利开展创造了良好的内外环境、政策导向和组织保证。

二、做好资源建设，加强过程监督，确保教育教学质量

学校继续教育事业以主动适应水利行业和区域社会经济发展需要为导向，以服务终身学习型社会建设为目标，面向社会、面向市场、面向行业、面向在职人员，秉承"立德树人、学以致用"的人才培养理念，制定科学、合理的人才培养方案，由远程与继续教育学院牵头，在确保质量的前提下，每年对人才培养方案修订一次，并根据人才培养方案编制年度教学计划，对教学大纲每五年修订一次。人才培养方案、教学计划和教学大纲符合应用型人才培养目标和定位，体现成人学习特点，适应经济社会变化和行业发展，满足

成教学生灵活学习、个性学习的需求。

学校严格按照人才培养方案、年度教学计划和教学大纲，实施成人高等教育教学工作。在人才培养过程中，根据各专业课程设置、学时数、课程表、教学进度进行教学。在教学方式上，重视网络化、信息化教学手段的使用，通过线上线下混合式教学，为生产和服务一线的成教学生解决工学矛盾，实现成教学生时时可学，处处能学。学校从2017年开始推行线上学习，试运行两年，2019年正式实施线上线下学习相结合；2019级学生线上线下成绩分别占40%和60%；2020年加大线上学习成绩比重，线上线下成绩分别占60%和40%。网络平台为成人教育提供教学教务系统、丰富学习资源，支持在线教学、在线学习、在线作业、在线考试、在线答疑、学习情况统计等，具有良好的个性化网络学习环境，能够满足教师和学生网上教与学的需求。

在网络平台推行的同时，学校加强课程资源建设，学校目前自建课程资源17门，计划完成重点专业44门核心课程的在线资源建设。学校与多家网络科技有限公司进行合作。教学服务平台现有网络课程累计12000余门，课程匹配率超过95%，网络课程等数字化资源占全部已开设课程的比例超过30%。

学校成人高等教育教学规章制度健全、实施程序规范，及时根据上级政策、社会经济发展、学校办学实际进行修订完善，相继制定了《华北水利水电大学成人教育函授学生学习规程（试行）》《华北水利水电大学成人函授线上教学学员管理规定》等一系列制度文件，形成了较为完善的教学建设、教学管理、教学监督等质量保障体系，确保教育教学质量的稳步提高。学校坚持对成教新生开展入学教育，

向学生发放录取通知书、网络教学服务平台使用指南、学习须知等材料，并发放《学生手册》、校徽、学生证。课程教学都选聘有关学院的优秀教师，对专业核心课程进行面授，面授课时不低于理论学时的1/3。在教材管理方面，制定了《华北水利水电大学成人教育教材选用管理办法》（华水政〔2014〕190号），学校通过招标确定教材供应商，并确保教材及时供应。

成人教育实践教学环节实施完整、合理，对主要教学环节中的课程设计、认识实习、毕业实习、毕业设计（论文）等制定了明确的质量标准和要求；实践环节大纲完备齐全；实践环节的指导教师具备中级及以上职称或研究生学历；毕业设计（论文）环节，制订了《华北水利水电大学成人教育本科生毕业设计（论文）管理办法》（华水政〔2014〕183号），本科毕业设计（论文）必须符合《华北水利水电大学函授本科毕业设计（论文）书写格式要求》，并进行毕业答辩。

学校制订了《华北水利水电大学成人教育考试管理办法》（华水政〔2014〕184号）等一系列考试规章制度。考试方式分在线考试和线下考试两种，试卷考核形式分为闭卷和开卷。制定（修订）了《华北水利水电大学成人高等学历教育学生管理规定》《华北水利水电大学成人高等学历教育学生学籍管理规定》等文件。编印了《学生手册》，内容涵盖了从入学到毕业的所有关键环节，成为学生在读期间的备忘录。完成60门（涵盖工程管理、工程造价、水利水电工程、土木工程、电气工程及其自动化5个专升本专业）在线课程考试题库（每门课程至少8套试卷）的建设工作。

学校建立了调停课、教学监督、教学检查、教学评价等制度，形成了包括规范

教师行为、学生行为、管理人员行为等多方面的教学管理制度体系。校本部面授教学期间，学校领导、教务管理人员、学生管理人员等组成教学督导组，深入课堂听课、督导、评教。

三、加强函授辅导站建设，规范函授辅导站管理

函授辅导站坚持规范管理，合理布局，确保了学校函授辅导站的教育规模和社会信誉。学校省外所有函授辅导站都顺利通过了当地教育主管部门的年审，湖南、贵州、兰州等函授辅导站还被评为优秀函授站点。

（一）函授辅导站点布局

以科学发展观为指导，根据市场需求、经济建设要求以及生源情况，在相对稳定的基础上，对函授辅导站点的布局进行动态调整。2011—2021年，新增加函授辅导站9个，其中省外2个，省内7个。撤销函授辅导站2个。

学校现有函授辅导站16个，其中省外函授辅导站9个，省内函授辅导站7个。省外函授站大都分布在我国水电资源丰富的西部和南部，省内函授站主要分布在省内各地市水利、电力等行业内，布局科学合理。

（二）函授站的管理

学校先后出台了《华北水利水电大学成人教育函授站管理办法》《华北水利水电大学成人教育函授站教师聘用管理办法》《继续教育学院优秀函授站评选办法》等多项制度，统一函授站教学档案资料格式，规范函授站的教育教学管理，并定期对函授站的教育教学管理进行监督检查。

在教学运行的过程中，做到了"三个坚持"和"三个统一"，较好地规范了函授站的教学运行过程，保证了函授站的教育教学质量。"三个坚持"为：坚持派主干课程教师讲课，坚持派专家参加毕业答辩，坚持面授巡视；"三个统一"为：教学计划统一，教材版本统一，重要教学归档资料格式统一。

认真开好站会。坚持每年一度的函授站工作会议，总结工作、表彰先进，发现问题、及时解决，交流经验、共同进步。一年一度的站会已经成为研讨工作、交流经验、表彰先进的平台，是促进函授站工作的一个有效载体。

息化手段引入函授辅导站的管理之中。在做好远程与继续教育学院网页及网络教学平台管理的同时，通过建立QQ群、微信群及微信公众号，及时发布信息，畅通交流渠道，提高工作效率。

四、重视教学研究，关注市场需求

教学与研究相结合，专业设置以市场需求为导向。通过召开教学工作研讨会、对校友开展问卷调查、到行业系统内进行调研等方式，开展教育教学研究工作。

2011年，学校承办了河南省成人教育工作研讨会；2014年，承办了河南省成人教育高等教育研究会第七届第一次代表大会（年会）。在中国水利教育协会职工教育分会主办的首届"河海杯"水利行业现代数字教学资源大赛中，学校获优秀组织奖、个人奖3项，其中《测量学》自学考试课件获得课件类唯一的特等奖。

2015年，学校承办了由河南省教育厅主办的"河南省成人高等教育学籍学历业务培训班"，省内110所高校参加了此次培训。

良好的教学质量，培养出大批优秀毕业生。从毕业生跟踪调查结果看，用人单位对学校毕业生的总体评价优秀率为92.30%，对学校毕业生的思想素质、工作态度、团队精神、专业知识、业务水平、创新能力等方面也都给予了积极的评价。

第三节

电大开放教育

一、电大开放教育办学概况

在中央广播电视大学、水利部人教司的领导下，在各省、市水利（务）厅（局）、各省、市电大以及各办学单位的共同努力下，水利水电工程专业开放教育在全国水利行业产生了较大的影响，试点覆盖面不断扩大，专科和本科的招生省、市达到 30 余个。截至 2020 年年底，共招收本科学生 59544 人、专科学生 116136 人，合计 175680 人；毕业本科学生 39887 人、专科学生 81758 人，合计 121645 人。至 2020 年年底，共有 320 余名毕业生获得华北水利水电大学工学学士学位。为水利事业的持续、快速、健康发展提供了强有力的人才支撑。

2019 年秋季，在水利水电工程专业的基础上新增建筑工程技术、行政管理、学前教育 3 个专科专业。

电大开放教育已经从试点项目阶段转化为常规工作，国家开放大学确立了开放教育的主体地位，成为电大教育的发展方向。

二、加强资源建设与办学组织协调工作

学校加强电大开放教育教学资源建设，努力构建良好的教学支持服务体系，做好与水利系统、电大系统的沟通和联系。

2013 年 4 月，依照中央广播电视大学理工学院资源建设规划及教材修订参考建议要求，共修订 13 门课程（本科 6 门、专科 7 门）。

2014 年 2 月，水利行业电大开放教育办公室组织召开"新改编、修订电大开放教育水工专业"11 门课程音像教材录制工作研讨会，教材为《工程力学》《岩土力学》《水利工程测量》《水利水电工程建筑物（本科）》《水工建筑物（专科）》《水工钢筋混凝土结构》《水利水电工程造价管理》《水资源管理》《水利工程施工》《建设项目管理》《环境水利学》，共有 32 位专家、教师参与修订工作。

三、加强基础设施建设，健全教学支持服务系统

（一）抓好网络平台的建设

为加强水利水电工程专业课程资源建设，学校投资近 100 万元建设了功能齐全的演播室和复制系统，购置了非线性编辑机和卫星接收系统。直播课堂节目可以通过闭路电视传输，也可以通过网络供适时点播。

水利行业电大开放教育办公室针对全国水利行业电大开放教育，在华北水利水电大学校园网上建立了自己的网站。网站包括：电大新闻、电大公告、专业介绍、课程资源和学员留言等几大模块。网站除了有学校为水利水电工程专业（本、专）制作的资源外，还及时将中央广播电视大学、河南广播电视大学有关文件、要求、通知和学习资源下载，扩充到网站上，供浏览、学习。加强教师和学生的网上交流，定期聘请教师在网上进行期末复习指导、答疑等。对于学员留言，均给予及时回复。

（二）注重多媒体资源建设，逐步完善教学支持服务体系

学校重视教学媒体的建设和使用。一是作为水利水电工程专业主考学校完成了课程资源建设，包括文字教材、音像教材、直播课堂、CAI 课件、网上答疑等。二是便于学生自主学习，采取各种形式和手段，为学生提供教学媒体服务。三是对

教师提出明确要求，强调必须在教学中结合各种教学媒体指导教学，引导学生逐步习惯自主学习，学会利用各种教学资源。

加强教学点的管理。要求各教学点充分使用本校内部的局域网，建成自己的网站，以便充分利用中央广播电视大学和河南广播电视大学的网站资源，特别是 IP 资源。对有关资源进行接收、转换，及时放到本校的网站上或视频播放服务器上供学生学习使用。要求任课教师组织学生进行网上讨论，并及时答疑。

第四节

高等教育自学考试及非学历教育

一、高等教育自学考试教育

高等教育自学考试制度是高等教育体系中一个重要组成部分，是对自学者进行以学历考试为主的高等教育，以个人自学、社会助学和国家考试相结合的高等教育形式，旨在推进在职专业教育和大学后继续教育，造就和选拔德才兼备的专门人才，提高全民族的思想道德、科学文化素质。

根据河南省招生办《关于对专科在校生参加高等教育自学考试本科专业考试工作的意见（试行）》文件规定，学校从2010年开始申办自考专助本专业，共有8个由学校作为主考院校、专科学校作为助学单位的独立本科段专业，分别是：商务管理、项目管理、交通土建工程、水利水电建筑工程、电气工程与自动化、机械电子工程（先进制造技术方向）、地理信息系统专业（测绘工程方向）和经济法学。2012年学校成立了高等教育自学考试委员

会，制定了《华北水利水电大学高等教育自学考试本科专业助学工作实施细则》《华北水利水电大学高等教育自学考试管理办法》《华北水利水电大学高等教育自学考试实践性环节考核管理规定》等多项管理制度。

自考助学工作从 2011 年开始至 2014 年结束。学校根据省自考办的要求制作了8个专业的在线课程，供学生使用；依托专业学院师资，每年派专任教师赴对口专科学校进行两次集中授课指导。

2015年，专助本转为社会自考后学校停办了商务管理、机械电子工程（先进制造技术方向）2个专业，后续又停办了水利水电建筑工程、地理信息系统专业（测绘工程方向）2个专业。

2018年，学校新的高等教育自学考试委员会成立，修订了《高等教育自学考试实践性环节考核工作实施细则（试行）》。2019年，学校组织社会自考生进行毕业论文（设计）答辩，有 109 名学生通过毕业论文答辩。2020年，有 89 名学生通过毕业论文答辩。2021年根据《河南省高等教育自学考试委员会关于河南省高等教育自学考试专业调整的通知》，学校保留了2个专业：电气工程及其自动化（原电气工程与自动化）和工程管理（原项目管理）。

二、非学历教育工作

学校作为以工科为主的高等院校，长期承担着为社会经济建设培养各类人才的非学历教育任务。学校是水利部认定的水利行业定点培训机构，水利监理工程师的培训机构；是河南省教育厅认定的河南省中等职业学校教师师资培养培训基地；是河南省建设厅认定的河南省建筑系统培训机构。2019年河南省人力资源和社会保障厅认定学校为"省级专业技术人员继续教育基地"，主要培训专业有：水利水电工

程、能源与动力工程、环境科学、土木工程等。

2019—2020年，学校投入资金200余万元，建成了2间共200个座位的计算机培训教室和80个座位的继续教育基地大屏网络培训室，专业录播室。2019年，学校与北京爱迪科森教育科技股份有限公司合作建设网络培训平台，开展线上、线下专技继续教育和培训工作。2021年，学校与开封光利电力设计有限公司签订了学制一年期的职工培训项目。

学校各有关单位先后开展了高级研修、在职培训、资格认证培训等多种形式的非学历教育活动。经过多年的建设，学校以水利电力为特色的学历教育与非学历教育相结合的继续教育体系已经形成。

2011—2020年成人函授教育部分省（直辖市、自治区）录取人数见表10-1。

2011—2020年电大开放教育水利水电工程专业学生情况见表10-2。

2017—2020年成人函授教育专业设置见表10-3。

表 10-1　2011—2020年成人函授教育部分省（直辖市、自治区）录取人数统计表

年份	录 取 人 数										
	合计	河南	河北	浙江	湖南	广西	重庆	贵州	陕西	甘肃	宁夏
2011	5060	2397	139	44	52	311	487	609	25	892	104
2012	5113	2103	144	8	61	342	702	945	6	723	79
2013	4170	1696	74	0	48	252	477	932	3	641	47
2014	3936	1666	65	38	45	247	437	759	3	641	35
2015	2403	1022	36	122	42	176	286	507	1	189	22
2016	2291	1555	36	114	33	123	75	155	0	184	16
2017	2271	1788	37	159	76	100	0	51	0	49	11
2018	2938	2554	29	140	57	36	0	61	0	56	5
2019	6508	6170	36	148	36	27	0	44	0	18	29
2020	8946	8366	376	123	16	22	0	37	0	3	3

表 10-2　2011—2020年电大开放教育水利水电工程专业学生情况统计表

年份	招生人数			毕业人数			获得学位人数
	本科	专科	合计	本科	专科	合计	
2011	2338	4794	7132	1451	2863	3315	19
2012	2731	4900	7631	1723	3746	5469	16
2013	2810	5017	7827	1700	4286	5986	15
2014	2899	4864	7763	2214	4038	6253	27
2015	3164	4701	7865	2291	4257	6548	34
2016	3269	4498	7767	2654	4402	7056	31
2017	3733	5287	9020	2590	3838	6428	26
2018	3120	5848	8968	2574	4143	6717	40

续表

年份	招生人数			毕业人数			获得学位人数
	本科	专科	合计	本科	专科	合计	
2019	3158	6463	9621	2655	4235	6990	19
2020	4336	6571	10907	3483	5102	8585	16
合计	31558	52943	84501	23335	40910	63347	243

表 10－3 　　　　　　　　　　**2017—2020 年成人函授教育专业设置一览表**

专业名称	层次名称	科类名称	外语语种	2017 年	2018 年	2019 年	2020 年
发电厂及电力系统	专科	理工类	英语	√	√	√	√
建筑工程技术	专科	理工类	英语	√	√		
水利水电建筑工程	专科	理工类	英语	√	√	√	√
工程测量技术	专科	理工类	英语	√	√	√	√
机电一体化技术	专科	理工类	英语	√			
给排水工程技术	专科	理工类	英语	√			
会计	专科	文史类	英语	√			
计算机信息管理	专科	理工类	英语		√		
软件技术	专科	理工类	英语	√			
数字媒体应用技术	专科	文史类	英语	√	√		
水利水电工程	高起本	理工类	英语	√			
土木工程	高起本	理工类	英语	√			
电气工程及其自动化	高起本	理工类	英语	√	√		
工程管理	高起本	经管类	英语		√	√	√
工程造价	高起本	经管类	英语		√		
水务工程	高起本	理工类	英语		√	√	
物流管理	高起本	理工类	英语				√
行政管理	专升本	经管类	英语	√	√	√	√
工程管理	专升本	经管类	英语	√	√	√	√
工程造价	专升本	经管类	英语	√	√	√	√
会计学	专升本	经管类	英语	√	√	√	√
水文与水资源工程	专升本	理工类	英语	√			
土木工程	专升本	理工类	英语	√	√	√	√
电气工程及其自动化	专升本	理工类	英语	√	√	√	√
水利水电工程	专升本	理工类	英语	√	√	√	√
测绘工程	专升本	理工类	英语	√	√	√	√
计算机科学与技术	专升本	理工类	英语	√	√	√	√
给排水科学与工程	专升本	理工类	英语		√	√	√

续表

专业名称	层次名称	科类名称	外语语种	2017 年	2018 年	2019 年	2020 年
机械设计制造及其自动化	专升本	理工类	英语			√	√
消防工程	专升本	理工类	英语			√	√
能源与动力划工程	专升本	理工类	英语			√	√
市场营销	专升本	经管类	英语				√
国际经济与贸易	专升本	经管类	英语				√
经济学	专升本	经管类	英语				√
通信工程	专升本	理工类	英语				√

第十一章

省部共建与科技服务

省部共建

2009 年 8 月 12 日，河南省委书记徐光春、水利部部长陈雷、河南省省长郭庚茂等，在京签署了《共建华北水利水电学院协议》，标志着学校正式进入省部共建行列。这是学校改革发展中的一件盛事，也是河南高等教育发展史上的一件大事。省部共建，旨在促进学校进一步提高办学质量和效益，使学校成为河南省和全国水利水电行业人才教育培养、科学研究以及社会服务的重要基地。省部共建以后，河南省把学校作为省属重点高校给予支持，水利部把学校的事业发展纳入水利水电事业整体规划统筹考虑。

一、领导关怀指导学校发展

在河南省委、省政府和水利部领导直接指导和支持下，省部共建工作迈开新步伐。

河南省委书记、省人大常委会主任卢展工于 2011 年 9 月 24 日专门会见了水利部党组书记、部长陈雷，共商河南水利改革发展大计。水利部副部长、党组副书记矫勇，副部长李国英，武警水电指挥部副主任刘松林，河南省委常委、常务副省长

李克，省委常委、秘书长刘春良，副省长刘满仓，水利部黄河水利委员会主任陈小江，中国水利教育协会会长周保志等参加座谈。陈雷部长、刘满仓副省长等领导出席学校与中国水电工程顾问集团公司签署战略合作协议签字仪式。

2014 年 1 月 2 日，河南省省长谢伏瞻参加全省推进高校协同创新工作会议并听取学校代表对推进高校协同创新工作的意见和建议，并为学校的"河南省协同创新中心"授牌。

2015 年 7 月 2 日，水利部党组书记、部长陈雷，水利部党组副书记、副部长矫勇，水利部副部长李国英在京会见校党委书记王清义、校长严大考一行，听取学校省部共建工作进展情况专题汇报。

河南省省长陈润儿在 2018 年 10 月 15—16 日期间，专门会见了参加由学校承办的中国大坝工程学会 2018 学术年会暨第十届中日韩大坝工程学术交流会的华水校友、原水利部副部长、中国大坝工程学会会长矫勇；2019 年 2 月 20 日，陈润儿省长到学校调研指导工作，并主持召开高等教育发展座谈会。

水利部党组书记、部长鄂竟平分别于 2019 年 2 月 15 日、2020 年 12 月 26 日在京会见校党委书记王清义、校长刘文锴一

行，听取学校专题工作汇报并对学校未来发展作出重要指示；2019 年 9 月 18 日，水利部党组书记、部长鄂竟平一行莅临学校视察指导工作，并出席由水利部精神文明建设指导委员会办公室主办、中国水利文学艺术协会承办、学校协办的全国水利系统"我心中的新时代水利精神"演讲比赛决赛。

2019 年 9 月 7 日，全国政协副主席，中央统战部副部长，国家民委党组书记、主任，第十一届全国少数民族运动会组委会主席巴特尔，在河南省委书记、省人大常委会主任王国生陪同下，到学校进行第十一届全国少数民族传统体育运动会实地考察，并专程看望慰问各民族运动员、工作人员和志愿者代表。2019 年 9 月 13 日，国家民委副主任郭卫平到学校视察第十一届全国少数民族传统体育运动会比赛现场。

河南省委书记王国生 2020 年 3 月 24 日到学校调研指导工作，就推进黄河流域生态保护和高质量发展与专家座谈，听取意见建议；2020 年 7 月 25 日，王国生书记到学校龙子湖校区检查 2020 年河南省公务员考录笔试考录工作情况。

二、主动担当作为，推动落实省部共建工作部署

学校主动适应治水主要矛盾深刻变化，牢牢把握新时代治水总基调，积极融入国家战略和水利行业发展，服务水利重点工作。

（一）水利创新人才培养

截至 2020 年年底，学校选派 34 名优秀青年博士到水利部相关司局挂职锻炼；派出 2 位教授到水利部发展研究中心开展研究工作，派出 10 余名同志到省教育厅、水利厅、地方政府挂职锻炼。根据水利部河湖保护中心工作需要，选派 12 名科研实践经验丰富的青年博士和高级职称专家参

与河湖监管实践和河湖监管无人机实地航拍工作。完善学校水利专家库建设，共享高层次人才资源，分批聘请水利部相关专家担任学校兼职教授、研究生导师及河南河长学院专家。受聘专家先后来学校做了6 场专题学术报告，广大师生反响热烈。

（二）创新平台建设

聚焦水利行业监管六方面领域，学校与水利部宣传教育中心、发展研究中心、中国灌溉排水发展中心、建设管理与质量安全中心、水资源管理中心、水土保持监测中心、河湖保护中心、节约用水促进中心等九家单位联合成立水利行业监管研究中心，设立了节约用水与水资源监管研究所、河湖治理与监管研究所，开展水利行业特别是水资源管理、河湖治理等关键问题和重大需求政策理论研究等工作。学校与水利部联合组建了国家水利风景区发展研究中心，完成《水利风景区建设规范编制研究》。学校与水利部黄河水利委员会、黄河水利科学研究院筹备联合申报黄河流域水环境水生态水利部国家级重点实验室；与水利部国际经济技术合作交流中心共建水利文献翻译研究中心；与省委外办共建河南省黄河生态文明外译与传播研究中心等。

（三）共建合作

围绕新时代水利改革发展需求，学校相继与北京勘测设计研究院、中国水利水电科学研究院、河南省水利勘测设计研究有限公司等单位签订了全面合作框架协议；与河南省水利科学研究院签订了河南省水利工程安全技术重点实验室合作协议；与水利部发展研究中心签署战略合作框架协议，在调查研究、项目合作、业务培训等方面开展合作交流；与西藏、新疆水利厅签订战略合作协议就联合培养水利人才达成合作意向，深度参与贫困地区水

利人才队伍建设帮扶计划；协助水利部人事司完成了"十三五"水利人才培养、去向调研报告；为支持海南自由贸易港建设，与海南省水务厅、海南热带海洋学院签署战略合作协议，围绕实验室建设、科学研究、国际合作交流等建立多方面合作并在实施中；与河南水投集团建成高校合同节水管理合作，积极创建水利部合同节水示范高校；与教育部、河南省教育厅三方签署共建青少年法治教育中心的协议，努力把中心建设成为立足河南、辐射中部六省、面向全国的青少年法治宣传教育基地、青少年法治教育人才培训基地。

（四）服务"一带一路"水利建设

依托学校牵头与中国电建集团等26家单位共同成立的"一带一路"水利水电产学研战略联盟，服务国际产能产业合作；依托与马来西亚砂拉越科技大学联办的孔子学院，与三峡集团探索开展汉语＋水利水电技术培训，服务国家水利工程教育培训走出去计划；学校境外办学机构华禹学院设在马来西亚砂拉越科技大学，首批开设水利水电工程、环境工程、建筑学3个本科专业；积极参与中国-非洲、中国-阿盟清洁能源合作境外管理和技术人员教育培训工作，入选APEC（亚太经合组织）能源合作伙伴网络成员单位。

（五）服务国家和地方水利重大需求

河南华水水电工程监理有限公司承担了南水北调中线一期工程总干渠潮河段、黄河北-姜河北段及中线京石段应急供水工程（北京段）惠南庄泵站工程、北京市南水北调配套工程南干渠工程第二标段等工程的监理工作。学校参与了河口村水库、出山店水库等水利工程的科研攻关。承担并完成水利部委托的全国31个省（自治区、直辖市）全面推行河（湖）长制评估任务；承接的"引汉济渭三河口施工期监

控智能化项目"成为水利部"智慧水利"示范项目。依托河南河长学院，助推河湖长制深入发展，河长培训、河长制科研以及河南河长学院水利行业强监管与河长制督查等工作取得较好业绩。河南河长学院举办参与河南、河北、广东、内蒙古、湖北、安徽、陕西、山西、贵州和北京等省（自治区、直辖市）共计43期河长培训班，培训地方河湖长、志愿者和学生4000多人。编写出版了《现代水治理丛书》和《国际水治理译丛》，协助水利部发展研究中心编写审核出版《河长制优秀案例集》。推进智慧水利实施，利用高分卫星遥感影像数据分析技术，为黄河、太湖、松花江等水资源保护利用、河湖治理、水利工程监管提供支持。深度参与河南省"四水同治"、南水北调工程运行治理等，通过水利大数据分析应用，助力黄河（山东段）、信阳、南阳、新乡等地河道采砂治理。

（六）参与水利部相关司局工作任务

承办了水利部首期全国水文化培训班；参加了水利部组织的首次全国水利普查工作；协作参与了黄委会举办的第四届黄河国际论坛；合作承办了"水资源/河流/流域综合管理"（International Training Course on IWRM and IRBM，ITCII）第二期国际培训班；组团参加了中国农业工程学会农业水土工程专业委员会第六届学术研讨会等高端学术会议；参与国家水利行业相关标准编制，推荐水利学科相关专家入选水利部专家信息库；承办水利部主办的亚洲合作对话国家"水-能源-粮食纽带关系"研讨会、全国水利科技管理培训、水利风景区行业监管培训、河道采砂管理培训等相关重要活动；组织开展"世界水日""中国水周"系列宣传纪念活动，承办第二届"水美河南"演讲大赛活动；

承办 2020 中国水利学会学术年会行业强监管分会；主办中国水利学会水法研究专业委员会 2020 学术年会。

（七）大力宣传弘扬新时代治水总基调和水利精神

组织全校师生开展传承弘扬新时代水利精神的学习研究活动，进一步增强广大师生和水利工作者落实水利部决策部署的政治自觉、思想自觉和行动自觉。2019年，协办全国水利系统"我心中的新时代水利精神"演讲比赛决赛，鄂竟平部长专程来校出席活动并为获奖选手颁奖，听取了学校工作汇报。学校参赛教师《心中的河流》演讲获二等奖，学校获优秀组织单位称号。2020 年，承办了全国水利系统"深研总基调，建功新时代"青年干部知识竞赛半决赛。

第二节

校 地 合 作

加强校地合作是学校践行新发展理念、激发特色办学活力、加快开放办学步伐的重要举措。

一、搭建平台，开展务实合作

学校不断深化与地方政府、高校和企业的联系与沟通，以互惠互利、合作共赢为目标，开展深层次、多领域、全方位交流与合作。学校发挥校地合作交流平台优势，主动融入国家战略，融入地方经济社会发展，助推学校特色办学、高质量发展。2011—2020 年，校地合作取得丰硕成果，学校签署战略合作协议见表 11-1～表 11-3。

学校在开展务实合作的基础上与部分地方、院校、企业单位建立教学基地、社会实践教学基地、教育培训基地、产学研基地、科研合作基地、大学生实践基地 40 余个。

二、发挥办学优势，主动融入国家战略

学校主动融入服务黄河流域生态保护和高质量发展重大国家战略，研究对接具体举措，围绕顶层设计、实施路径、平台建设进行高位谋划、高位对接、高位推动。

表 11-1　　　　　　2011—2020 年学校与政府合作成果一览表

序号	协 议 名 称	合作单位（政府）	签约时间
1	华北水利水电学院与贵州省黔西南布依族苗族自治州签署战略合作框架协议	贵州省黔西南布依族苗族自治州	2011 年 9 月 1 日
2	华北水利水电学院与新乡市人民政府在新乡战略合作框架协议	新乡市人民政府	2012 年 10 月 9 日
3	华北水利水电大学与河南省测绘地理信息局战略合作框架协议	河南省测绘地理信息局	2016 年 4 月 15 日
4	华北水利水电大学、水利部水务研究培训中心与新疆维吾尔自治区移民管理局合作框架协议	新疆维吾尔自治区移民管理局	2016 年 8 月 31 日
5	华北水利水电大学与开封市人民政府、黄河水利职业技术学院战略合作框架协议	开封市人民政府	2016 年 12 月 20 日

序号	协 议 名 称	合作单位（政府）	签约时间
6	华北水利水电大学与河南省高级人民法院建立河南省高级人民法院环境资源损害司法鉴定与修复研究基地合作框架协议	河南省高级人民法院	2017 年 6 月 5 日
7	华北水利水电大学与郑东新区管理委员会附属小学建设管理协议	郑东新区管理委员会	2017 年 9 月 13 日
8	华北水利水电大学与巴基斯坦旁遮普省高等教育厅合作框架协议	巴基斯坦旁遮普省高等教育厅	2018 年 6 月 1 日
9	华北水利水电大学与兰考县"结对帮扶"战略合作协议	中共兰考县委兰考县人民政府	2018 年 10 月 8 日
10	华北水利水电大学与郑东新区智慧岛大数据实验区管委会共建智慧岛大数据人才培养基地框架协议书	郑东新区智慧岛大数据实验区管委会	2018 年 10 月 24 日
11	华北水利水电大学与河南省人民胜利渠管理局战略合作框架协议	河南省人民胜利渠管理局	2018 年 11 月 30 日
12	华北水利水电大学与河南省水利厅联合成立河南河长学院合作协议	河南省水利厅	2018 年 12 月 1 日
13	华北水利水电大学与河南省有色金属地质矿产局战略合作框架协议	河南省有色金属地质矿产局	2019 年 5 月 15 日
14	华北水利水电大学与民建河南省委战略合作协议	民建河南省委	2019 年 7 月 5 日
15	华北水利水电大学与西藏自治区水利厅战略合作协议	西藏自治区水利厅	2019 年 8 月 21 日
16	华北水利水电大学与新乡市签约建设国际校区暨黄河流域生态保护和高质量发展研究院	新乡市人民政府	2020 年 6 月 5 日
17	华北水利水电大学与罗山县人民政府共建华北水利水电大学江淮校区合作协议书	罗山县人民政府	2020 年 8 月 24 日
18	华北水利水电大学与信阳市人民政府共建华北水利水电大学江淮校区	信阳市人民政府	2020 年 8 月 24 日

表 11 - 2　　　　　　　2011—2020 年学校与学校合作成果一览表

序号	协 议 名 称	合作单位（院校）	签约时间
1	华北水利水电学院与朝阳科技大学长期学术合作关系协议书	朝阳科技大学	2012 年 7 月 4 日
2	华北水利水电大学与许昌学院联合培养硕士研究生协议书	许昌学院	2015 年 5 月 10 日
3	华北水利水电大学与国家开放大学关于开放教育本科（专科起点）水利水电工程专业学士学位授予合作续签协议书	国家开放大学	2015 年 7 月 15 日
4	华北水利水电大学与韩国启明大学合作举办本科教育项目协议书	启明大学	2015 年 9 月 15 日
5	华北水利水电大学与浙江同济科技职业学院函授辅导站合作协议	浙江同济科技职业学院	2016 年 1 月 15 日

序号	协 议 名 称	合作单位（院校）	签约时间
6	华北水利水电大学与嵩山少林武术职业学院校内实习基地共建协议	嵩山少林武术职业学院	2016 年 1 月 10 日
7	华北水利水电大学与乌拉尔联邦大学教育交流合作意向书	乌拉尔联邦大学	2016 年 2 月 29 日
8	华北水利水电大学与许昌职业技术学院联合办学协议	许昌职业技术学院	2016 年 3 月 3 日
9	华北水利水电大学与黄河水利职业技术学院联合办学协议书	黄河水利职业技术学院	2016 年 4 月 1 日
10	华北水利水电大学与海南热带海洋学院全面战略合作框架协议	海南热带海洋学院	2016 年 11 月 8 日
11	中国华北水利水电大学与韩国仁荷大学合作举办本科教育项目协议	仁荷大学	2016 年 12 月 16 日
12	华北水利水电大学与开封市人民政府、黄河水利职业技术学院战略合作框架协议	黄河水利职业技术学院	2016 年 12 月 20 日
13	中国华北水利水电大学与巴西米纳斯吉拉斯联邦大学学术合作协议	米纳斯吉拉斯联邦大学	2017 年 6 月 1 日
14	华北水利水电大学与河南应用技术职业学院应用化学专业化工实训协议	河南应用技术职业学院	2017 年 6 月 6 日
15	华北水利水电大学与塞浦路斯欧洲大学学术合作备忘录	塞浦路斯欧洲大学	2017 年 6 月 20 日
16	中国华北水利水电大学与西班牙加迪斯大学交换生项目合作协议	加迪斯大学	2017 年 9 月 12 日
17	华北水利水电大学与国家开放大学合作续签协议书	国家开放大学	2018 年 7 月 5 日
18	华北水利水电大学与柬埔寨专业大学合作备忘录	柬埔寨专业大学	2018 年 9 月 13 日
19	中国华北水利水电大学与西班牙加迪斯大学框架合作协议	加迪斯大学	2018 年 9 月 3 日
20	华北水利水电大学与广州南华工贸高级技工学校函授辅导站合作协议书	广州南华工贸高级技工学校	2019 年 1 月 15 日
21	校级课程互选与学分互认合作框架协议	河南农业大学、河南理工大学、河南财经政法大学、郑州航空工业管理学院	2019 年 1 月 7 日
22	华北水利水电大学与浙江同济二〇一八年函授辅导站合作协议书	浙江同济职业技术学院	2019 年 3 月 28 日
23	华北水利水电大学与砂拉越科技大学关于合作建设砂拉越科技大学孔子学院的执行协议	砂拉越科技大学	2019 年 11 月 1 日
24	中国华北水利水电大学与韩国仁荷大学合作举办物流管理专业本科教育项目执行协议	仁荷大学	2019 年 12 月 31 日
25	华北水利水电大学与澳门科技大学合作交流协议书	澳门科技大学	2020 年 5 月 14 日

表 11-3　　　　　　2011—2020 年学校与企（事）业单位合作成果一览表

序号	协议名称	合作单位［企（事）业单位］	签约时间
1	华北水利水电学院与黄河水利科学研究院全面合作框架协议	黄河水利科学研究院	2011 年 1 月 6 日
2	华北水利水电学院与河南教育广播节目制作中心及实习基地的协议	河南教育广播节目制作中心	2011 年 10 月 20 日
3	华北水利水电学院与北京市南水北调工程建设管理中心合作框架协议	北京市南水北调工程建设管理中心	2012 年 9 月 4 日
4	华北水利水电学院与华电郑州机械设计研究院长期战略合作协议	华电郑州机械设计研究院	2013 年 7 月 3 日
5	华北水利水电大学管理与经济学院与河南恒星科技股份有限公司签订产学研合作协议	河南恒星科技股份有限公司	2013 年 7 月 4 日
6	华北水利水电大学与中电建路桥集团有限公司战略合作框架协议	中电建路桥集团有限公司	2014 年 7 月 20 日
7	华北水利水电大学与宁夏回族自治区水利科学研究院科技合作协议书	宁夏回族自治区水利科学研究院	2015 年 5 月 15 日
8	华北水利水电大学与河南省万绿园林股份有限公司在花园校区合作协议	河南省万绿园林股份有限公司	2015 年 6 月 30 日
9	华北水利水电大学与郑州中建建筑安装工程有限公司战略合作协议	郑州中建建筑安装工程有限公司	2015 年 7 月 9 日
10	华北水利水电大学与深圳市紫衡技术有限公司校企战略合作框架协议	深圳市紫衡技术有限公司	2015 年 7 月 9 日
11	华北水利水电大学与河南易道环境测试科技有限公司校企战略合作框架协议	河南易道环境测试科技有限公司	2015 年 7 月 9 日
12	华北水利水电大学与卫华集团有限公司校企战略合作框架协议	卫华集团有限公司	2015 年 9 月 22 日
13	华北水利水电大学与河南省大河基础建设工程有限公司共建科研教学基地协议	河南省大河基础建设工程有限公司	2015 年 10 月 8 日
14	华北水利水电大学与河南宜测科技有限公司共建科研教学就业基地协议	河南宜测科技有限公司	2015 年 11 月 18 日
15	华北水利水电大学与郑州三和水工机械有限公司共建协议	郑州三和水工机械有限公司	2015 年 12 月 15 日
16	华北水利水电学院与河南省科学院战略合作框架协议书	河南省科学院	2015 年 12 月 30 日
17	华北水利水电大学关于委托巴基斯坦 R.S.J 国际留学生顾问公司宣传推广学校招收留学生备忘录	R.S.J 国际留学生顾问公司	2016 年 1 月 11 日
18	华北水利水电大学与新天科技股份有限公司校企战略合作协议	新天科技股份有限公司	2016 年 3 月 25 日
19	华北水利水电大学与河南省社会科学院合作协议	河南省社会科学院	2016 年 3 月 28 日
20	华北水利水电大学与大唐河南发电有限公司全面战略合作框架协议	大唐河南发电有限公司	2016 年 3 月 30 日

续表

序号	协 议 名 称	合作单位［企（事）业单位］	签约时间
21	华北水利水电大学与漯河市许慎文化园管理处校内实习基地共建协议	漯河市许慎文化园管理处	2016 年 4 月 6 日
22	华北水利水电大学与郑州中核岩土工程有限公司共建科研教学基地协议	郑州中核岩土工程有限公司	2016 年 5 月 10 日
23	华北水利水电大学与水利部新闻宣传中心业务委托合同	水利部新闻宣传中心	2016 年 5 月 17 日
24	华北水利水电大学与河南省华夏美术馆合作协议	河南省华夏美术馆	2016 年 7 月 15 日
25	华北水利水电大学与中广核（北京）仿真技术有限公司共建协议	中广核（北京）仿真技术有限公司	2016 年 8 月 16 日
26	华北水利水电大学与中国文化博物馆校内实习基地共建协议	中国文化博物馆	2016 年 9 月 1 日
27	华北水利水电大学与洛阳牡丹通讯股份有限公司实习基地协议	洛阳牡丹通讯股份有限公司	2016 年 9 月 1 日
28	华北水利水电大学与江苏风云科技服务有限公司校企战略合作协议	江苏风云科技服务有限公司	2016 年 9 月 13 日
29	华北水利水电大学与中国科技出版传媒股份有限公司（科学出版社）战略合作协议	中国科技出版传媒股份有限公司	2016 年 9 月 23 日
30	华北水利水电大学与持续出版社期刊合作协议	持续出版社（中国香港）	2016 年 10 月 25 日
31	华北水利水电大学与中公高科养护科技股份有限公司实习基地协议书	中公高科养护科技股份有限公司	2017 年 2 月 24 日
32	华北水利水电大学与郑州向心力通信技术股份有限公司无线校园网建设与运营服务项目合作协议	郑州向心力通信技术股份有限公司	2017 年 3 月 1 日
33	华北水利水电大学与河南华水岩土工程有限公司共建科研教学基地协议	河南华水岩土工程有限公司	2017 年 3 月 12 日
34	华北水利水电大学与东风商用车有限公司变速箱厂校企合作协议	东风商用车有限公司变速箱厂	2017 年 5 月 4 日
35	华北水利水电大学与中国水利水电出版社战略性合作框架协议	中国水利水电出版社	2017 年 5 月 18 日
36	华北水利水电大学与郑州新大方重工科技有限公司"河南省城市快递通道现代化施工装备创新中心"合作协议	郑州新大方重工科技有限公司	2017 年 5 月 22 日
37	华北水利水电大学与河南博物院校外实习基地共建协议书	河南博物院	2017 年 6 月 15 日
38	华北水利水电大学与红旗渠干部学院共建华北水利水电大学产学研基地协议	红旗渠干部学院	2017 年 7 月 8 日
39	华北水利水电大学与阳泉市南庄煤炭集团有限责任公司战略合作框架协议	阳泉市南庄煤炭集团有限责任公司	2017 年 8 月 9 日
40	华北水利水电大学与三门峡黄河明珠旅游开发有限责任公司学生实习场地使用协议	三门峡黄河明珠旅游开发有限责任公司	2017 年 11 月 20 日

续表

序号	协 议 名 称	合作单位〔企（事）业单位〕	签约时间
41	华北水利水电大学与青岛中语国际交流咨询有限公司合作协议书	青岛中语国际文化交流咨询有限公司	2017 年 12 月 1 日
42	华北水利水电大学与河南嘉合智能发展有限公司校企合作协议	河南嘉合智能发展有限公司	2017 年 12 月 19 日
43	华北水利水电大学与大河精工集团公司校企合作协议及实习（就业）基地协议	大河精工集团公司	2017 年 12 月 28 日
44	华北水利水电大学与河南新惠通环保科技有限公司校企合作协议及实习（就业）基地协议	河南新惠通环保科技有限公司	2017 年 12 月 28 日
45	华北水利水电大学与中化地质郑州岩石工程有限公司共建科研教学基地协议	中化地质郑州岩石工程有限公司	2018 年 1 月 29 日
46	华北水利水电大学与中国华电集团有限公司河南公司全面合作框架协议	中国华电集团有限公司河南公司	2018 年 5 月 8 日
47	华北水利水电大学与中国葛洲坝集团第五工程有限公司合作框架协议	中国葛洲坝集团第五工程有限公司	2018 年 6 月 6 日
48	华北水利水电大学与北京环球鼎添文化传播有限公司委托协议书	北京环球鼎添文化传播有限公司	2018 年 6 月 12 日
49	华北水利水电大学天津楚斯特模具有限公司战略合作	天津楚斯特模具有限公司	2018 年 9 月 1 日
50	华北水利水电大学与中铁工程装备集团有限公司校企战略合作框架协议	中铁工程装备集团有限公司	2018 年 9 月 30 日
51	华北水利水电大学与郑州大乘信息科技有限责任公司共建"河南省人工智能与智慧管理工程研究中心"协议书	郑州大乘信息科技有限责任公司	2018 年 10 月 8 日
52	华北水利水电大学与光辉城市（重庆）科技有限公司战略合作框架协议	光辉城市（重庆）科技有限公司	2018 年 11 月 15 日
53	华北水利水电大学校企合作战略框架（睿阳、华匠蓝、众城城建、茂繁园林绿化）	睿阳、华匠蓝、众城城建、茂繁园林绿化	2018 年 11 月 12 日
54	华北水利水电大学与郑州视群市场调查有限公司战略合作框架协议	郑州视群市场调查有限公司	2018 年 12 月 12 日
55	华北水利水电大学与基康仪器股份有限公司战略合作框架协议	基康仪器股份有限公司	2019 年 1 月 3 日
56	华北水利水电大学与中信重工机械股份有限公司战略合作框架协议	信重工机械股份有限公司	2019 年 1 月 4 日
57	华北水利水电大学与欧亚国际协会关于华北水利水电大学乌拉尔学院合作办学执行协议书	欧亚国际协会	2019 年 3 月 12 日
58	华北水利水电大学与水利部发展研究中心战略合作框架协议	水利部发展研究中心	2019 年 3 月 26 日
59	华北水利水电大学与河南省工建集团有限责任公司战略合作框架协议	河南省工建集团有限责任公司	2019 年 5 月 10 日
60	华北水利水电大学与泰源工程集团股份有限公司协议书	泰源工程集团股份有限公司	2019 年 5 月 11 日

序号	协 议 名 称	合作单位〔企（事）业单位〕	签约时间
61	华北水利水电大学与浙江华东建设工程有限公司共建科研教学基地协议	浙江华东建设工程有限公司	2019 年 6 月 4 日
62	华北水利水电大学与中控国际资源投资集团有限公司战略合作框架协议	中控国际资源投资集团有限公司	2019 年 7 月 3 日
63	华北水利水电大学与广西大藤峡水利枢纽开发有限责任公司战略合作框架协议	广西大藤峡水利枢纽开发有限责任公司	2019 年 7 月 16 日
64	华北水利水电大学与松花江水力发电有限公司吉林白山发电厂战略合作框架协议	松花江水力发电有限公司吉林白山发电厂	2019 年 8 月 1 日
65	华北水利水电大学与中建六局水利水电建设集团有限公司就业基地协议书	中建六局水利水电建设集团有限公司	2019 年 12 月 10 日
66	华北水利水电大学与长江航道工程局有限责任公司战略合作协议	长江航道工程局有限责任公司	2019 年 12 月 11 日
67	华北水利水电大学水利学院与长江宜昌航道工程局战略合作协议	长江宜昌航道工程局	2019 年 12 月 11 日
68	华北水利水电大学与河南省地质调查院战略合作框架协议	河南省地质调查院	2019 年 12 月 17 日
69	华北水利水电大学与中国电建集团西北勘测设计研究院战略合作框架协议	中国电建集团西北勘测设计研究院	2019 年 12 月 18 日
70	华北水利水电大学与河南省交院工程检测科技有限公司战略合作框架协议	河南省交院工程检测科技有限公司	2019 年 12 月 24 日
71	华北水利水电大学与河南省水利投资集团有限公司"河南水谷研究院"合作共建协议	河南水利投资集团有限公司	2020 年 1 月 15 日
72	中国华北水利水电大学与中原环保股份有限公司实践教育基地协议书	中原环保股份有限公司	2020 年 5 月 9 日
73	华北水利水电大学与博纳斯威阀门股份有限公司战略合作框架协议	博纳斯威阀门股份有限公司	2020 年 6 月 18 日
74	华北水利水电大学与河南省国安建筑工程质量检测有限公司战略合作框架协议	河南省国安建筑工程质量检测有限公司	2020 年 6 月 16 日
75	华北水利水电大学联合河南省交通规划设计研究院股份有限公司申报"河南省环境友好型高性能沥青路面工程研究中心"协议	河南省交通规划设计研究院股份有限公司	2020 年 7 月 16 日
76	华北水利水电大学与北京天下图数据技术有限公司战略合作框架协议	北京天下图数据技术有限公司	2020 年 9 月 16 日

（一）加强特色智库建设

学校开展了一系列的学术交流活动，相继举办黄河流域生态保护和高质量发展国家战略研讨会暨第二届"一带一路"水利水电产学研战略联盟年会、第一届清廉中国·黄河论坛、水利部黄河水利委员会黄河立法调研座谈会等重大活动，为贯彻落实这一国家战略建言献策，取得了多项建设性的成果。学校多次应邀参加河南省相关座谈会、研讨会并作重点发言，省委、省政府领导给予了充分肯定，先后被《人民日报》、新华网等十几家媒体报道，为黄河流域生态保护和高质量发展贡献华水智慧。充分发挥智库作用，以科研项目凝练强化华水特色优势，主动与水利部、黄委会、教育厅等部门对接，共同建设河南黄河实验室，省部共建协同创新中心、申报省部级重点实验室及重大专项，围绕幸福河评价、水资源集约利用、高质量发展评价等方面产生了一批标志性研究成果。学校6位专家11项意见建议被省部级领导批示；先后在《人民日报》《河南日报》《人民黄河》《中国水利》等发表理论文章10余篇；深度参与了《黄河法》立法论证工作和河南省及沿黄地市黄河流域生态保护和高质量发展规划纲要的编制；多次召开全国性学术会议，研究黄河国家战略高质量实施，共同为黄河流域生态保护和高质量发展贡献真知灼见。学校的务实行动和出色表现，受到了水利部和河南省委省政府主要领导的充分认可。2020年3月24日和7月25日，省委书记王国生两次到学校调研，召开专题座谈会并听取工作汇报，对学校融入黄河国家战略的一系列举措给予高度评价。

（二）整合资源，加强基地建设

围绕国家战略和沿黄地区需求，整合学校现有的"水资源高效利用与防灾减灾"等15个相关省级创新团队、"河南省水利环境模拟与治理重点实验室"等10个相关省级科研平台资源优势，与科研单位、企业共同组建团队，联合开展重大关键问题研究。学校就黄河重大问题特别是河南段重大问题研究，凝练了10多项重大选题，主要集中在水文水资源、防洪安澜、水生态水环境、水沙关系等领域。学校与水利部发展研究中心、河南省水利厅、河南黄河河务局等9家单位成立了"黄河流域生态保护和高质量发展研究院"。整合校内资源成立水资源学院。围

绕黄河流域生态保护和高质量发展战略需求，聚焦黄河流域生态保护的重要领域，主动对接重大治黄项目，借助水利部水务培训研究中心和河南河长学院平台，为黄河流域各机构在水资源节约与集约利用、河湖监管、生态保护与修复等领域提供专业培训。学校与水利部国际经济技术合作交流中心共建"水利文献翻译研究中心"；与河南省委外办共建"河南省黄河生态文明外译与传播研究中心"；与山东黄河河务局共建"华北水利水电大学黄河口生态研究实践基地"和"华北水利水电大学东平湖水沙资源研究实践基地"。学校与黄河科技集团创新有限公司共建鲲鹏产业学院，构建高水平"信息技术＋产业"人才培养体系，力争把学校鲲鹏产业学院打造成为水利水电行业鲲鹏自主安全创新人才培养高地，鲲鹏软件产业和鲲鹏生态圈人才培养基地，校企协同创新、协同育人高质量平台，为助推河南省数字经济高质量发展、黄河流域生态保护和高质量发展国家战略实施，贡献智慧力量。

第三节

校友会工作

一、健全组织体系，加强校友会建设

（一）校友会登记注册和第二届理事会换届大会

为了规范校友会的组织机构名称，学校更名大学以后，向河南省民政厅和教育厅提出变更校友会组织名称的申请。2015年，经河南省民政厅正式批准，"华北水利水电学院（河南）校友会"更名为"华北水利水电大学（河南）校友会"。

2016 年 12 月 31 日，根据"华北水利水电大学（河南）校友会"章程，学校在龙子湖校区召开了华北水利水电大学校友会换届大会。水利部水土保持植物开发管理中心主任郜源临，中国水利水电第十一工程局有限公司总经理张玉峰，第一届校友会会长、原校长严大考，部分校级老领导，校党委书记王清义、校长刘文锴等全体校领导，来自各省、直辖市、自治区的近 200 位校友等出席了大会。第一届校友会会长、原校长严大考代表校友会作第一届理事会工作报告。会议表决通过了新修订的《华北水利水电大学校友会章程》《华北水利水电大学校友会捐赠管理办法》；表决产生了第二届校友会理事会理事、常务理事和机构负责人。大会选举学校党委副书记、校长刘文锴为第二届校友会会长，陈自强、王清义、严大考为名誉会长。

第二届校友会名誉会长、校党委书记王清义代表学校党委向校友会提出希望：一是希望校友会坚持以服务校友为宗旨，不断加强校友会的自身建设；二是希望坚持以服务社会为使命，不断凝聚广大校友的聪明才智；三是希望校友会坚持以服务母校为责任，不断密切母校校友的沟通联系。

第二届校友会会长、校长刘文锴在发言中指出，校友会为学校与校友、校友与校友建立了交流联系的桥梁，搭建了合作共赢的平台，主要任务就是关心校友、团结校友、联络校友、凝聚校友，增强母校的向心力、凝聚力、创造力，实现校友与母校共同发展。学校将为校友会的发展提供各种平台和条件，积极支持校友会开展各项工作，广泛听取校友对母校建设发展的意见建议。

（二）构建"三位一体"校友工作体系

校友资源是学校创办高水平大学的重要支撑，校友声誉决定了一所大学的社会影响力。进入新时代，为更加科学有效的推进校友会工作，遵照校友会章程，学校于 2019 年 10 月出台了《华北水利水电大学校友工作管理办法》和《华北水利水电大学关于加强二级校友组织建设的指导意见》，为校友工作提供强有力的政策支持和保障。2019 年以来，河北、黑龙江、吉林、新疆、西藏、江苏、深圳、内蒙古、上海、天津、浙江、山西、安徽、重庆、福建等 15 个地方校友联络处完成成立或换届，MBA 专业校友分会成立，部分学院校友分会完成成立和换届工作。学校-学院-地方"三位一体"的校友工作体系基本形成，实现了校友工作全覆盖。

（三）加强校友工作者队伍建设

校友联络员聘任。2019 年，校友会举办第一届毕业生校友联络员聘任仪式，聘任校友联络员 264 名。2020 年，聘任校友联络员 212 名。2021 年，聘任校友联络员 297 名。校友联络员作为开展校友工作的重要桥梁和纽带，进一步畅通毕业生与学校的联系。联络员通过建立微信群及时传递双向信息，当好宣传员、信息员、组织员，聚集团队力量，为校友和母校服务。

校友工作协会成立。2020 年 10 月，校友会指导成立了"校友工作协会"志愿服务性团体。协会本着"服务校友、服务母校"的宗旨，在校友会指导下协助做好校友之间的联络、参与新媒体平台的维护、更新、管理，策划组织相关活动，协助校友办理校内有关业务，增强学生校友意识、感恩意识与母校荣誉感。

全国秘书长工作会议召开。为探索校友会工作常态化、制度化的有效途径，充分发挥校友会凝聚校友、增进情谊、互助发展的平台和桥梁作用。2021 年 6 月 26 日，在学校建校 70 周年来临之际，各省

（市）校友联络处秘书长和各学院校友分会秘书长参加了在学校召开的全国秘书长第一届工作会议。秘书长作为校友工作队伍的重要组成部分，是与学校校友会沟通联络的桥梁，他们无私奉献、热心担当、协调统筹，立足互利多赢，增强命运共同体意识，在助力校友和母校合作交流，共绘母校发展新篇章，共创校友工作新局面方面发挥着重要作用。

（四）逐步完善校友会交流平台

完善校友信息系统。学校校友数据管理系统于 2020 年 12 月 1 日正式上线内测。系统从微信端接入，以校友会微信公众号呈现，由新闻动态、校友注册、校友组织、校友企业、校友卡、活动发起、积分兑换和捐赠等 8 个模块构成。用数据和图表呈现校友总数、国内外校友地区分布，直观实时掌握校友信息。依托信息系统平台，向校友及时推送母校讯息、校友会各级组织开展的活动，宣传报道校友的先进事迹。

校友会网站。2019 年 5 月，校友会网站再次升级改版，增加了党建工作、省部共建、基金工作等栏目，改版后的网站进一步完善校友信息沟通机制，成为母校与校友间更加密切联系的交流平台。网站的栏目设置更加科学合理，及时通报学校发展、学校重大活动、校友总会和各地校友会活动情况。更新后的"华水人"栏目，集中展现优秀校友风采。

提高《华水校友》办刊质量。为了更好地宣传校友，校友会积极向河南省新闻出版局申请内部出版物刊号，2011 年 3 月，校友会会刊——《华水校友》创刊。2019 年，《华水校友》调整改版，改版后的栏目设置为：母校要闻、教学科研、校友工作、校友风采和基金工作等，刊发内容逐步增加。每年完成 4 期《华水校友》

期刊的编辑、发行工作，年发行量 4000本，并通过多种形式传递到全国各地校友会和校友手中，及时宣传学校各项工作成绩，广泛宣传各条战线上的校友取得的突出业绩和典型事迹。

（五）办理公益事业捐赠统一票据

为解决校友捐资助校资金需缴纳高额税费问题，校友会向河南省民政厅和河南省财政厅非税管理局提出申请办理《河南省财政票据领购证》，并于 2018 年 11 月 12 日得到批复，领取了《公益事业捐赠统一票据》，打通了校友会接受捐赠的通道。

二、积极参加学校重大活动

（一）学校建校 60 周年庆典筹备活动

2011 年 9 月 25 日，学校举办建校 60 周年庆祝大会。为做好学校历史上最大规模的一次校庆活动，庆典前期，校友会有序协调并组织校领导分别带队奔赴全国各地，走访（拜访）校友征求他们对校庆庆典的意见，得到各地方校友的强烈关注和支持，提升了校友们作为"华水"重要一员的归属感。校友会通过各地省（直辖市）校友分会和各学院，广泛联系各界校友，有 536 名不同行业的知名校友代表返校参会。校庆期间组织各界校友召开 3 场校友座谈会，21 场校友报告会。

（二）积极参与更名大学

校友们在学校更名大学工作期间，发挥个人或者集体的力量，积极献计献策，助力母校做好更名工作。2013 年 5 月 17 日，学校邀请校友代表 46 人参加"华北水利水电大学"更名仪式，共同见证华水发展史上重要时刻。

（三）服务学校创建就业 50 强

全国各地校友分会及时更新完善校友信息资料库，提供属地校友资源信息，积极助力学校参加"全国毕业生就业 50 强高校"评选工作，为学校获得"2014 年度全国毕业生就业 50 所典型经验高校"做出贡献。

（四）助力招生宣传

每年招生宣传季，校友会协调各地方校友联络处配合做好学校招生宣传工作。各地方校友联络处热情响应、全力支持，协同学校各地招生宣传工作小组的老师共同开展咨询会活动。校友们以自己在华水的求学经历、人生经验，生动细致地向考生及家长讲解，为考生做自主学习和职业生涯规划的建议，增强考生对学校的认可。

（五）协助校友企业返校招聘

2018 年 11 月，福建、海南校友联络处先后组织当地企业单位 20 余家到母校进行专场招聘，提供就业岗位 900 余个。在校期间还举办了多场校友座谈会，校友们对学校在人才培养、毕业生就业、科研攻关等方面提出了良好的建议，就各自领域及多年的工作心得进行分享交流，对学生们进行了职业生涯规划指导。校友企业返校招聘活动，既是校友对母校就业工作强有力的支持，同时也深化了与地方校友会的合作。校友企业集中返校招聘模式得到师生广泛好评。

三、凝聚校友力量，做好校友捐助工作

（一）60 周年校庆期间的集中捐赠

学校 60 周年校庆期间，校友会组织各地方校友会以不同形式助力母校教育事业发展，校友个人及校友企业积极捐款。校庆期间学校接收到的各类捐款资金为 1000 多万元，还有景观石及各类摆件共计百余件。

（二）校友群体的爱心彰显

地质 8802 班互助基金。该基金设立于 2011 年 11 月 16 日，基金项目秉承"在班级同学遇到重大疾病、人身意外伤害时，全体 8802 班同学发挥集体力量，共同帮助同学和其家人共渡难关"的宗旨，号召本班同学每年每人自愿交纳 1000 元互助金，资助同学和其家人，并制订了《华北水利水电学院地质 8802 互助金管理办法》。2011—2020 年，地质 8802 班互助基金已经走过 10 个春秋，汇集爱心基金 22.6 万元，资助两个校友子女 18.1 万元，用实际行动传递爱心，阐释校友间的温情。

关爱英雄校友。2015 年 2 月，舍己救人光荣牺牲的优秀大学生孟瑞鹏同学的事迹在各大媒体报道后，在广大校友群体中引起了巨大的反响，表达对英雄的无限敬仰和缅怀。3 月 10 日，校友总会向全国各地校友发出"关于向见义勇为英雄孟瑞鹏同学的家属捐款活动的公告"，各地方校友们纷纷响应，献出一份份爱心。短短 10 天时间，募集校友捐款达 16 万元。

（三）校友个人的大义善举

陆挺宇的"海外校友奖学金"和"杰出校友奖学金"。2011 年 9 月，陆挺宇校友与北京校友会捐资设立"海外校友奖学金"，每年向母校捐赠 100 万元。2011—2016 年，校友陆挺宇累计向母校捐赠 1000 万元。2018 年，学校准备成立河南省华北水利水电大学教育发展基金会。校友陆挺宇再次向母校捐赠 300 万元，作为学校教育发展基金会原始注册资金。2019 年，陆挺宇表示要向母校教育发展基金会连续捐赠 10 年，每年不少于 100 万元，用于设立"杰出校友奖学金"，支持学生开展科技创新创业。2019 年，该项捐赠款为 120 万元。2020 年，受新冠肺炎疫情影响，他依然向母校捐赠 100 万元。

陈家重的"资环奖优扶困基金"。2011 年 9 月，2000 级地质专业杰出校友、广进集团董事长陈家重捐资 100 万元设立"资环奖优扶贫基金"，感恩母校培养，奖励优秀学子，帮扶困难同学，用"狼性精神"开创自己的事业。

松林奖优扶困基金。2015年6月，为纪念78级土木工程（原工业与民用建筑）专业杰出校友辛松林，传递"尽力而为、反哺社会、助力成才"的理念，辛松林生前所在的北京基康仪器股份有限公司董事长蒋小钢捐资100万元，在其曾经就读的土木与交通学院设立"松林奖优扶困基金"，每年10万元，连续捐赠10年，并承诺在适当时机设立永久性的奖优扶困基金。

四、凝心聚力，发挥桥梁纽带作用

（一）提供智力支持，助力校友事业发展

学校各级领导关心关爱各地校友，定期走访各地校友联络处，与校友展开亲切座谈交流，介绍学校办学现状，听取校友对学校发展的建议，给各地校友带去母校的关怀和慰问。学校协助支持校友企业，开展产学研协同创新，更好助力校友事业发展。

郑州华水信息技术有限公司作为学校孵化的产学研企业，以母校作为科研依托，联合成立实验室，双方在高新技术领域展开全面的合作，大胆探索"政、产、学、研、资、用"的产业化之路。在母校师生的大力支持下，取得了一批科研成果，荣获多项省部级荣誉，获得高新技术企业、ISO认证体系、"双软"认证企业等多项资质和荣誉。已发展成为一家集研究、设计、开发、生产、服务、经营为一体的高科技企业。

郑州新大方重工科技有限公司，借助母校的人才优势，申请国家级、省级企业技术中心、博士后工作站等近10个研发平台，攻克诸多关键技术，联合申请国家级省市重大研发项目数十项，获河南省科技进步一等奖2项。校友张志华也入选国家万人计划。通过产学研合作，极大地提升了公司的自主创新和产业化能力，形成了8大类81种产品。重型成套桥梁施工装备

已累计完成销售收入30多亿元人民币，创汇700多万美元。产品在京沪、南水北调中线控制性工程等国家重点工程上推广应用。公司被授予"河南省百高企业""河南省高成长型民营企业""河南省装备制造业30强企业""高新技术企业"等荣誉和称号。

三和集团是校友汪良强创建，主要包括郑州三和水工机械有限公司和河南三和水工机械有限公司等5家子公司，年产值5亿元。学校利用自身优势帮助企业申请项目，总结提炼成果，在实践中促使企业全方位提升，走上重视研发的快车道。先后协助企业申请了省市项目5项、专利100余项，获省科技进步二等奖1项、三等奖1项。协助企业搭建了省级和市级工程技术中心，组建了河南省产业技术创新联盟。企业先后完成4代环保型混凝土搅拌站的研制工作，在环保型混凝土搅拌站、干混砂浆生产线和"三位一体"综合生产线市场竞争中，具有显著的优势。

（二）捐资捐赠，助力学校事业发展

校友是学校宝贵的财富，作为重要的资源，不仅在智力支撑、教育育人环节发挥着重要作用，在助力母校，促进学校与社会各界的联系合作等方面也发挥着重要的桥梁纽带作用。

学校成立河南省华北水利水电大学教育发展基金会。2018年，杰出校友陆挺宇联合母校校友会共同发起，出资成立河南省华北水利水电大学教育发展基金会。基金会于2018年12月24日在河南省民政厅注册成立，为校友和社会各界爱心人士捐赠活动搭建了平台。

在学校喜迎70周年校庆之际，长期关心学校事业发展的我校土木工程专业92届校友北京懋源控股股份有限公司董事长陆挺宇回母校商议土木学院楼的捐赠事宜。

2021 年 5 月 13 日，校党委书记王清义、校长刘文锴在龙子湖校区第一接待室会见了来访的陆挺宇先生一行。陆挺宇表示，学校的发展离不开广大校友的关心和支持，希望通过自己的绵薄之力弘扬华水精神，感念母校培养，向母校 70 周年献礼，并现场表态将捐赠不少于 4000 万元，拟建设国内一流的教学、科研与办公为一体的土木与交通学院楼，充分融合应用智能建筑、绿色建筑、智能建造、BIM 三维空间优化等最新建筑理念与技术，以及适应翻转课堂、讨论式教学需求的智慧教室建设与信息化教学新模式的科研综合楼，为母校土木与交通学院以及相关学科群高质量发展提供重要基础设施条件支撑，助力母校高水平学科建设与发展。

学校成立水利监管研究中心和国家水利风景区发展研究中心。校友会积极协调推动学校与水利部 7 家部属单位，联合成立水利行业监管研究中心，发挥"智库"作用，开展理论研究。积极协调学校学科融合，组成专业学术团队，发挥"国家水利风景区发展研究中心"的技术支撑作用，推动美丽河湖和生态文明建设发展。

践行社会服务职能，助推水利事业发展。依托省部共建平台，发挥校友资源优势，积极对接水利部，协调开展河长培训、全国水利水务相关教育培训、水利风景区行业监管培训，在践行高校社会服务职能的同时，助推水利事业发展。

五、成立教育发展基金会

（一）注册成立教育发展基金会

2018 年 3 月，校友陆挺宇同意将"海外校友奖学金"账上剩余资金中的 500 万元变更用途，另出资 300 万元，共 800 万元，用于学校教育发展基金会的原始注册基金。2018 年 12 月经过教育厅、民政厅等多个部门的严格审批，成功获准设立。

（二）基金会内部管理

为加强基金会管理，学校制订了《华北水利水电大学捐赠收入财政配比奖励资金分配使用管理办法》《华北水利水电大学杰出校友奖学（教）金管理办法》，基金会理事会审议通过了《河南省华北水利水电大学教育发展基金会投资管理办法》《河南省华北水利水电大学教育发展基金会重大事项报告备案制度》，拟定了财务管理办法、档案管理办法、费用支出审批管理办法、接受社会捐赠管理办法、项目管理办法、信息公布办法、印章和证书使用管理办法和专项基金管理办法等草案。

（三）基金会在捐项目

基金会成立后接收的在捐项目有：2021 年华北水利水电大学北京校友联络处捐赠的"自强教育基金"、2019 年北京懋源控股股份有限公司捐赠的"杰出校友奖学（教）金"、2015 年蒋小钢捐赠的"松林奖优扶困基金"、2020 年博纳斯威阀门股份有限公司捐赠的"博纳斯威助学金"、2017 年大河精工工程股份有限公司捐赠的"大河精工奖学金"、2020 年北京铭鼎英联教育咨询有限公司捐赠的"铭鼎英联教育奖学金"、2021 年中州水务控股有限公司捐赠的"中州水务奖学金"。

（四）基金使用

学校设立多个基金使用项目并行实施，覆盖群体呈现多样化。奖优项目奖励优秀学生和优秀教师，正向激励，示范引领，营造积极向上的良好育人环境。助困项目帮扶困难学生完成学业，着力营造扶贫济困、爱心助学的良好氛围。还有支持学校基础设施建设、科研项目培育、青年教师培养等项目。帮助困难校友，2020 年 12 月救助因病离世的第一书记曾小舟校友家属 1 万元，2021 年 1 月救助农水 9403 班夏霄鹰患病儿子渡过难关。

六、坚持理论引领，营造育人合力

（一）校友资源协同育人新举措

学校依托校友工作平台，深入开展课题研究，着力打通校友资源与高校育人融合新渠道。以校友资源的利用与合作模式创新为导向，研究发表《校友联络与合作机制的创新研究》《华水精神引领下校友资源协同育人路径研究》等论文数十篇；在新生入学教育中普遍开展校史、院史、专业史等宣传教育，提升新生对学校的认同感和荣誉感；发挥优秀校友典型示范作用，借助校友企业联盟平台，凝聚校友企业家力量，通过组织校友论坛、讲座、校友企业专场招聘等活动，形成校友资源在思政育人、教学育人、实践育人、关爱育人等方面的联动机制。利用校报、华水校友期刊、网站、微信公众号等平台大力宣传校友工作，营造以传承和发扬华水精神为目标导向的育人氛围，实现校友资源协同育人的目标。

（二）校友会和基金会品牌化建设

2020 年 7 月，启动华北水利水电大学校友会和基金会会徽方案征集和设计工作。经过面向社会公开征集方案、专家评议、入选方案修改等环节，确定了校友会和基金会会徽设计方案。经充分酝酿沟通，2020 年 11 月，聘请学校知名校友、著名科幻作家刘慈欣为校友会形象大使，聘请中国红十字会新疆蓝天救援队队长安少华为基金会形象大使，进一步凝聚校友智慧和力量，扩大校友会和基金会的社会影响。

第四节

科 技 服 务

学校的科技服务主要依托学校专业优势，用理论指导生产实践，以生产实践充实教学理论，教学和科技相互促进，提升学校科技水平，使教学、科研融为一体。学校骨干企业在工程监理、勘察设计等科技服务方面取得了显著成绩，在业内享有较高声誉。

一、工程监理

河南华北水电工程监理有限公司（原学校工程监理中心）主要承接全国水利工程建设监理工程师和监理员的培训和继续教育工作，同时承担水利行业的水利工程建设总监理工程师培训班、水利工程建设环境保护监理培训班、项目法人培训班、安全工程师、监理员等部分授课任务，并参与水利行业相关教材的编制工作。

河南华北水电工程监理有限公司具有水利部水利工程施工监理甲级、水土保持工程施工监理甲级、机电及金属结构设备制造监理甲级及水利工程建设环境保护监理不定级资质，其主要任务是在为全国水利工程建设提供高质量的监理服务的同时，为水利行业工程监理工作起到示范作用。

在监理工作中，公司始终坚持"合法规范、科学严谨、诚信公正"的原则为业主提供高质量的服务，得到了业主和社会的一致好评。2014 年 7 月，南水北调中线干线潮河段工程监理项目被评为"质量管理优秀单位"；南水北调中线总干渠沁河渠道倒虹吸工程荣获"2014—2015 年度河南省优质工程奖""2014—2015 年度国家优质工程奖"荣誉称号；北京市南水北调配套工程团城湖调节池项目 2016 年 2 月荣获"北京市政工程基础设施竣工长城杯金质奖工程"荣誉称号；南水北调中线京石段应急供水工程的建设监理项目，惠南庄泵站监理部荣获人力资源和社会保障部、国务院南水北调工程建设委员会办公室授予的"南水北调东中线一期工程建成通水先进集体"等荣誉称号。

二、勘察设计

河南华北水利水电勘察设计有限公司（原名华北水利水电学院勘察设计研究院）成立于 1985 年，2002 年 5 月改制为有限责任公司，为独立法人企业，有水利行业乙级设计资质、建筑行业（建筑工程）乙级设计资质、电力行业（送、变电）专业丙级设计资质和工程勘察专业类（岩土工程、水文地质勘察）乙级资质、水土保持方案编制资质、文物保护乙级资质。半数以上职工拥有高级职称，其中一级注册建筑师 4 人，一级注册结构工程师 11 人，注册土木工程师（岩土）3 人，注册公用设备工程师 5 人，注册电气工程师 3 人。公司有综合设计所、规划设计所、水利工程设计所等多个专业勘察设计（分）院所。

勘察设计公司在河南省病险水库除险加固、全国新增千亿斤粮食规划、农村饮水安全工程、工程建设项目水土保持方案编制、工程项目水资源论证，郑州市地铁沿线建筑物防洪防涝评价，工业与民用建筑设计等领域做了大量的工作，取得了良好的经济效益和社会效益。完成的主要建筑设计项目有邢台水岸绿城住宅小区，开封绿庭住宅小区，濮阳市人民检察院办案及专业技术用房楼、职务犯罪警示教育基地楼，孟州绿地苑住宅小区等。

在产学研平台建设方面。勘察设计公司以学校为技术依托，长期与学校水利学院、土木与交通学院、建筑学院、环境与市政学院、电力学院、测绘与地理信息学院等学院合作，依靠学校特色及校办专业技术服务企业特有的产学研优势，充分整合教学与科研、产业的专业技术链条和学校的丰富资源，走出一条独具特色、服务创新、管理创新、技术创新、理论与实践

相结合的新路子，形成校办特色专业技术服务产业的品牌发展新模式，不仅培养了一大批理论知识扎实、技术水平硬、实践能力强的年轻人，同时也为公司注入了新鲜血液，人才骨干储备倍增，呈现出朝气蓬勃的新局面。勘察设计公司积极参与教学科研工作，作为校办专业技术服务型企业，勘察设计公司职工在从事公司管理、项目勘察设计工作的同时，始终把培养人才作为首要任务。勘察设计公司长期接收在职教师兼职做具体项目的勘察设计技术服务工作，接收研究生、本科生在勘察设计公司实习，由学校师生组成的勘察设计团队已经成为勘察设计公司专业技术力量的重要组成部分和骨干力量。形成数十支优秀的勘察设计团队，累计培养研究生、本科生数千名。

在科学技术研究及创新方面。勘察设计公司积极进行研发投入，拥有专利发明十余项，拥有多项软件著作权，获得市级以上科技成果奖多项。其中，2011 年，"整体移位与隔震技术在文物保护中的应用"获得河南省科技进步三等奖；2016 年，"膜结构建筑形态构成理论及应用"获得河南省科技进步二等奖。累计发表专业学术论文数十篇。2017 年 7 月，学生实训项目"华北水利水电大学新校区文体会堂 BIM 设计"，获得第三届全国高等院校学生 BIM 应用技能网络大赛一等奖；2020 年 10 月，勘察设计公司被认定为国家 2020 年第一批高新技术企业，为勘察设计公司的可持续发展提供强大的动力。

勘察设计公司在承担设计任务的同时也获得了社会的广泛认可。2011 年，"黄河水利职业技术学院体育场看台项目"获得郑州市优秀勘察设计一等奖；"江油市职业学校教学楼项目"获得河南省优秀工程勘察设计三等奖；2012 年设计公司获得

河南省工程勘察行业协会颁发的"河南省优秀勘察设计企业"称号；2014年、2018年获得河南省工程勘察行业协会颁发的"精神文明先进单位"称号；2013—2020年连续被河南省住房和城乡建设厅授予"河南省工程设计行业AAA级诚信单位"；2016年，勘察设计公司参与设计的"华北水利水电大学（新校区）"主建筑群被河南省住房和城乡建设厅、大河报等单位授予"新中国成立以来河南最美建筑提名奖"。2017年，荣获河南省建筑信息模型（BIM）技术应用大赛优秀组织奖；2019年，参加第十一届全国少数民族传统体育运动会郑州市部分场馆的改造设计工作，在得到竞赛组委会对勘察设计公司的业务及服务能力、水平充分认可的情况下，短时间内，勘察设计公司先后承担了华北水利水电大学龙子湖校区文体会堂改造为毽球馆、篮球场改造为陀螺比赛场地，以及郑州工程技术学院体育馆表演项目、秋千广场改造等三个工程项目的设计工作，获得了赛事组委会及项目业主单位的一致好评；2020年，"浚县尚城公馆居住小区"项目获得第六届河南省土木建筑科学技术奖（建筑方案类）二等奖、（建筑设计类）三等奖。

第十二章

国际交流与合作办学

2011 年后，学校国际交流与合作进入了快速发展的时期，学校实施"开放活校"战略，扩大国际交流，教育对外开放取得重大成果，学校国际化水平显著提升。2018 年、2020 年，校长刘文锴、副校长刘雪梅先后代表学校在河南省教育对外开放工作会议上做典型发言，学校国际化办学被《河南日报》、河南省电视台、央视网、大象网等媒体多次报道，学校国际交流与合作工作得到社会广泛认可和赞誉。

一、外事工作管理体制

为了推进学校国际化办学，学校不断理顺国际化办学管理体制，构建分工合作、协同配合的外事工作体系。

2013 年学校外事办公室独立设置，2015 年学校外事办公室更名为国际交流与合作处，2016 年 7 月成立港澳台事务办公室，与国际交流与合作处合署办公，负责国际与港澳台地区的整体交流统筹。2016 年，学校成立了外事工作领导小组，党委书记王清义任组长，成员有校长刘文锴、

副校长王天泽、纪委书记马英，领导小组下设办公室。

学校其他涉外部门：国际教育学院专门负责留学生管理和部分合作办学学生管理，学校与嵩山少林武术职业学院的合作办学项目管理；2015 年成立金砖国家大学事务办公室，后划归乌拉尔学院管理；2018 年成立非独立法人的中俄合作办学机构——乌拉尔学院。

二、拓展国际交流合作空间

学校先后与美国东华盛顿大学、英国提赛德大学、法国尼斯综合理工学院、俄罗斯乌拉尔联邦大学、韩国启明大学等 43 所世界知名大学建立了友好联系。截至 2021 年 1 月，学校境外友好院校达到 81 所，其中"一带一路"国家院校 36 所，在师生交流、科研合作等方面加强与境外高水平高校的交流合作力度，为学校国际化办学提供新途径和平台。

学校围绕合作办学、国际科研、国际会议、教师培训、境外讲学等方面，共派出因公出国（境）团组 96 个、474 人次，赴法国尼斯综合理工学院、英国提赛德大学、加拿大阿尔伯塔大学、巴西坎皮纳斯大学、马来西亚马来亚大学、美国特洛伊大学、南非斯坦陵布什大学等高校开展交流活动，拓展国际交流与合作空间。

学校扩大国际宣传力度，2013年开通了英文主页，运营华水外事微博、华水国际处微信平台等新媒体宣传矩阵，对外进行学校介绍，对内进行外事政策宣传、国际交流项目推介。2020年，学校拍摄和制作了首部对外宣传片。

学校国际学术交流日益繁荣，先后邀请法国尼斯综合理工学院校长菲利普教授、加拿大阿尔伯塔大学朱志伟教授、英国皇家科学院院士卢恩教授、比利时鲁汶大学鲁索教授等知名专家来校讲学50多场；承办了中国-挪威未来水电研讨会、"水-能源-粮食纽带关系"研讨会、非洲法语国家粮食安全研修班等国际学术会议10余次；接待澳大利亚皇家墨尔本理工大学、美国普林斯顿大学、英国思克莱德大学、秘鲁宪法法院、日本日中发展协会、塞浦路斯欧洲大学等学校、机构领导来访100余次。

三、加大教师国际化培养力度

学校充分利用中外办学合作项目、国家留学基金委公派出国留学项目、河南省科技厅高层次人才国际化培养项目、学校专项计划等途径，大力推进教师国际化培养与引进。"十二五""十三五"期间，学校派出95名教师到境外进行为期一年以上的研修学习，派出200余名教师到境外短期培训。此外，学校还有20名教师获批高层次人才国际化培养项目，赴境外开展合作研究。

2020年，学校获批国家留学基金委"促进与俄乌白国际合作培养项目""河南省黄河流域生态保护和高质量发展创新骨干人才培养项目"，开启了学校独立审核留学基金委公派留学候选人的先河，为学校教师公派留学开辟了新的路径。学校年均聘用长期语言外教12人、合作办学专业外教10人，满足了学校外语语言教学需

求。学校澳大利亚籍教师 Leo Lacey 先生荣获河南省黄河友谊奖；澳大利亚籍教师 Eugene 在"河南省首届外籍教师高峰论坛暨我与外教征文颁奖仪式"作为优秀代表发言；乌克兰籍教师 Olena Polishchuk 被授予"中原国际友谊林绿色大使"。

四、搭建国际科研合作平台

学校鼓励教师参与国际科研与合作，以优势学科和科研合作为突破，打造学校内涵建设和国际竞争力。学校依托科研平台和学科优势，与产业需求和学科发展对接，获批高端引智项目23项、国家和省政府配套资助项目11项，连续两年被评为"河南省引进智力工作先进集体"，累计经费达到200余万元。学校与俄罗斯乌拉尔联邦大学、新加坡国立大学、德国亚琛工业大学等国外高水平大学联合设立金砖国家网络大学水工程与能源研究中心、中俄高铁研究中心、中韩物流工程研究中心、中德资源环境与地质灾害研究中心、智慧水利河南高等学校创新引智基地、河南省生态建材工程国际联合实验室等国际平台，联合开展河流环境、污水净化、生态修复、地质环境等方面的研究。

2016年学校被欧盟认证为合作伙伴大学，2019年学校经国家能源局批准成为APEC能源合作伙伴网络成员单位，参与水利水电等相关能源领域国际科技合作，这些都为学校国际化人才培养提供了广阔的平台。

五、加强国际优质教育资源合作办学

学校紧紧围绕服务河南省经济社会发展，基于自身办学特色，从境外优质特色专业或所在国家的优质专业着眼，积极引进国外优质教育资源。2011年以来，先后与澳大利亚斯威本科技大学开展会计电算化专业、土木工程专业2个专科教育项目，与英国提赛德大学合作举办地质工程、机

械设计制造及其自动化 2 个本科教育项目，与韩国启明大学合作举办环境设计专业本科教育项目，与韩国仁荷大学合作举办物流管理专业本科教育项目，与俄罗斯乌拉尔联邦大学联合成立乌拉尔学院。其中，与澳大利亚斯威本科技大学开展会计电算化专业、土木工程专业 2 个专科教育项目于 2017 年停止招生。截至 2021 年年初，学校共有中外合作办学项目 5 个，中外合作办学机构 1 个，中外合作办学在校学生 3100 余人，初步形成了规模效应。

2020 年 5 月，学校首批入选河南省"中外高水平大学学生交流计划"，助力学校更好推进内涵式发展，提高人才培养质量，打造中外人文交流品牌。2016 年学校被欧盟认证为人才培养合作伙伴，与法国尼斯综合理工学院等欧盟国家知名高校开展多个双学位硕士联合培养项目；2019 年学校与乌克兰国立水与环境工程大学等 4 所高校达成本、硕、博三个层次人才培养协议。此外，学校积极参与中国-非洲、中国-阿盟清洁能源合作境外管理和技术人员教育培训工作；与柬埔寨两所高校签订合作办学协议，开展水利工程教育援助项目。

六、扩大学生国际交流规模

学校学生国际交流项目不断开拓，学生交流人数稳步提升。学校先后开展了中美"1＋2＋1"双学位培养计划、欧盟水信息与管理硕士项目、德国莱比锡应用科技大学工程结构硕士项目、韩国国立釜山大学全额奖学金项目、美国中央阿肯色大学交流生项目、马来亚大学交流生项目等 30 个学生交流项目，年均赴境外交流学生从 10 余人增加到近年来的 100 人左右。

2016 年，外国语学院王舒蕾等 5 人获得中俄政府奖学金，成为学校首批获得国际留学基金委公派留学资格的学生。此后，学校又先后有 22 名学生通过中俄政府奖学金、中俄专业人才培养项目、促进与俄乌白国际合作培养项目等公派出国留学。

学校制定政策激励学生积极参与国际交流。学校于 2016 年设立"学生海外交流奖学金"，2018 年出台《中外合作办学专业及英语、工程英语专业学生雅思考试奖励办法》，先后制定《华北水利水电大学学生出国管理办法》《华北水利水电大学赴国（境）外交换生管理办法》《华北水利水电大学学生赴台管理办法》《华北水利水电大学研究生出国参加国际学术会议资助管理办法》《全日制本科学生校外学习成绩认定办法》等文件，此外还减免中外合作办学攻读双学位学生在境外期间国内的部分学费，鼓励更多的优秀学生出国学习交流。

七、培养"汉语＋"国际化人才

学校积极对接行业需求，充分利用学科优势和开设 6 个外语语种课程的优势，积极向"一带一路"沿线国家输送毕业生。先后有 360 多名毕业生被中水、中电、三峡集团等大型跨国企业聘用，在波兰、迪拜、巴西、智利等国家参与当地水利工程等基础设施建设，还有大量毕业生被所在的企业派往"一带一路"沿线国家参与各类建设项目；有 500 多名毕业生被派往 10 多个国家，从事中文国际教育和文化交流工作。

学校继 2007 年成为"河南省汉语国际推广培育基地"后，2019 年获批"河南省汉语国际推广水文化基地"。学校多年来坚持做好基地建设：利用"国家水情教育基地"、水文化研究中心等资源，把学校水文化研究成果融入教育教学中，举办"水文化体验"展览；利用世界水日等时间节点，开展丰富多彩的文化推广活动；翻译《水文化》系列教材，录制《大禹治水》《"诗圣"杜甫》《"算圣"祖冲之》《科学巨匠张衡》《初级汉语教学》等近 12 小时的视频课程，进一步打造基地的"水文化"和工程技术特色，弘扬博大精深的中华文化，为学校拓展水利特色海外办学提供有力支撑。

2019 年，学校先后 3 次举办孔子学院总部汉语教师志愿者选拔考试。

2020 年 7 月，学校正式成为"中文联盟"会员单位。这是学校为推动国际合作办学步伐而搭建的又一个汉语国际推广平台，该平台将助力学校汉语国际推广，帮助获取第一手国际中文教育行业信息，拓展国际交流合作及国际学生招生。2020 年 8 月，学校成功申办汉语水平考试（HSK）考点。11 月，学校顺利承办首次汉语水平考试（HSK），共有来自津巴布韦、巴基斯坦、乌兹别克斯坦等 17 个国家的来华留学生参加 HSK－3 级、HSK－4 级以及 HSK－5 级三个级别的考试。

2020 年 12 月，学校经教育部中外语言交流合作中心批准，成为国际中文教师奖学金研修生接收院校。学校可以接受国际中文教师奖学金一学年、一学期和四周的研修生，接收外国留学生全额奖学金攻读学校汉语国际教育专业本科、硕士学位。

2020 年 12 月，学校被水利部国际经济技术合作交流中心列为服务"一带一路"水利人才培养基地成员单位，参与了"一带一路"水利人才培养课程体系建设。

八、拓展境外办学

2018 年，副校长解伟率团访问马来西亚期间，为学校与马来西亚砂拉越科技大学联合设立的"砂拉越科技大学华北水利水电大学汉语中心"揭牌。2019 年，在汉语中心的基础上，经马来西亚教育部、砂拉越州政府、古晋总领馆、河南省教育厅、砂拉越科技大学、华北水利水电大学、中国长江三峡集团公司等各方的共同努力，由学校作为中方承办院校，与马来西亚砂拉越科技大学合作设立了孔子学院。

2020 年 12 月，砂拉越科技大学孔子学院（简称"砂科大孔院"）揭牌仪式在华北水利水电大学、马来西亚砂拉越科技大学、中国驻古晋总领馆三地通过云端连线顺利举行。学校党委书记王清义，校长刘文锴，副校长刘雪梅、刘盘根出席仪式。国际中文教育基金会副理事长、秘书长赵灵山，河南省教育厅副厅长刁玉华，中国三峡国际股份有限公司总裁刁炯涛发来视频致辞，中国驻古晋总领事馆副总领事张阳远程连线致辞；太能控股有限公司董事长戴继涛，河南省教育厅对外合作与交流处副处长蔡弘等出席中方会场；马来西亚砂拉越科技大学董事局主席拿督斯里黄顺舸，校长拿督凯鲁丁，副校长阿兹兰阿里等出席马方会场。揭牌仪式被河南卫视新闻联播、央视网、星洲日报等中外媒体关注，扩大了学校的国际知名度。

砂科大孔院建设工作虽然受新冠肺炎疫情影响，但一直在条件允许的情况下稳步推进，截至 2021 年年初，砂科大孔院的教室、图书室等的装修，相关教学设备的采购，孔子学院的招生都已基本完成，首任中方院长周延涛、外方院长黄声心、汉语教师吕振华、学校 2 名汉语教师志愿者以及外方行政人员等管理团队和教学团队已开始开展工作。砂拉越科技大学孔子学院将以多方合作的模式，充分发挥中国水电企业在全球水利工程建设布局的资源优势，利用"汉语＋"模式在当地培养汉语教师和水利水电人才，使更多的马来西亚人民通过学习汉语认识中国，了解中国，让砂科大孔院成为中马人文交流的又一座金桥、中马人民"一家亲"的又一个窗口。

2020年5月，学校境外办学机构——华禹学院通过河南省教育厅答辩，顺利获批。华禹学院是学校首个境外办学项目，标志着学校利用优质教育资源开展境外办学实现了零的突破，"开放活校"结出新硕果。华禹学院首批开设水利水电工程、环境工程、建筑学3个本科专业，学院办学地点在马来西亚砂拉越科技大学主校区，首批生源将以国际学生、马来西亚学生为主，随着发展也将招收一定比例的国内学生。学院将采用"1＋2＋1""1＋3＋1"（5年制建筑学专业）联合培养模式，发挥学校学科优势和人才优势，有效整合中马双方优质教育资源，培养具有国际视野的创新型专业人才。受疫情影响，截至2021年年初，华禹学院已经在马来西亚开始前期招生宣传工作。

九、打造学校的"金砖"特色

2015年以来，学校积极融入金砖国家高等教育交流合作体系，先后入选"金砖国家网络大学"中方成员高校和"金砖国家大学联盟"中方创始成员高校，并成为"金砖国家网络大学"水资源与污染治理、能源两个领域的牵头高校。学校与俄罗斯乌拉尔联邦大学设立了"金砖国家网络大学·金砖国家大学联盟水工程与能源研究中心"，与俄罗斯圣彼得堡国立交通大学联合设立了中俄高铁研究中心。2017年，学校承办了"金砖国家网络大学年会"，百余名国内外专家学者共商金砖国家教育合作交流发展大计。2018年，金砖国家网络大学体系下第一个合作办学机构——华北水利水电大学乌拉尔学院获教育部批准，并正式招生。

第二节

合 作 办 学

学校相继与澳大利亚斯威本科技大学、英国提赛德大学、俄罗斯乌拉尔联邦大学、韩国启明大学、韩国仁荷大学及马来西亚砂拉越科技大学开展了合作办学项目、机构及境外办学等合作。学校的合作办学形成了全方位、多层次、宽领域的发展格局。

一、合作办学管理制度建设

2017年，学校出台了《中外合作办学专业及英语、工程英语专业学生雅思考试奖励办法》，不仅为合作办学学生的语言学习提供了有力保障，鼓励学生参加雅思考试，加强学生国际化意识和国际竞争能力，也有效促进了学校合作办学的良性发展。同年，编印完成了国家、河南及学校的相关外事文件汇编，供全校各单位参考执行。2018年，学校制定出台了《华北水利水电大学学生海外交流奖学金评审办法》，鼓励学生赴海外学习国际创新思想和先进技术与理念，更好地培养具有国际视野、通晓国际规则、能够参与国际事务与国际竞争的国际化人才，进一步促进了学校合作办学的稳步发展。2020年，学校制订了《华北水利水电大学中俄合作办学机构——乌拉尔学院教学管理工作方案（2018—2023）》，进一步加强了学校中俄合作办学机构——华北水利水电大学乌拉尔学院的教学管理，提高了机构的教学质量，促进了学校合作办学高质量发展。以上文件的制定为学校合作办学的规范管理和稳定、健康发展提供了制度保障。

二、本科层次合作办学

（一）与英国提赛德大学合作办学

2011 年，学校与英国提赛德大学签订《中国华北水利水电学院与英国提赛德大学合作举办机械设计制造及其自动化专业、地质工程（灾害管理）专业本科教育项目协议书》。2012 年，学校与英国提赛德大学合作举办的 2 个专业本科教育项目（地质工程专业及机械设计制造及其自动化专业）通过河南省内专家评审，其中地质工程专业于同年获教育部批准，2013 年开始招生。2013 年，机械设计制造及其自动化专业获教育部批准，同年开始招生。这是学校获教育部批准的首批本科层次合作办学项目，两个项目学制均为四年，项目招生纳入国家普通高等学校招生计划。学校颁发普通高等教育本科毕业证书、学士学位证书，学生按照"1＋3""2＋2"或"3＋1"培养模式赴英国提赛德大学完成学业者，可同时获外方高校颁发的学士学位证书。

2013—2017 年，两个项目的招生规模均为每年 80 人。2017 年，两个项目顺利通过了教育部四年一次的中外合作办学项目评估。同年，学校与英国提赛德大学续签合作协议。由于就业前景和社会反响良好，自 2018 年起，两个项目每年招生规模均扩大为 120 人，共有在校生 904 人。累计共有 48 名学生赴外方高校攻读学位，顺利完成学业返回学校，取得学校及外方合作高校毕业证/学位证。两个项目毕业生就业渠道通畅，不仅有在企事业单位、外资企业就业，还有部分学生考取国际名校继续深造。

（二）与俄罗斯乌拉尔联邦大学合作办学

2015 年，学校与俄罗斯乌拉尔联邦大学签署了《中国华北水利水电大学与俄罗斯乌拉尔联邦大学合作办学协议书》。2016 年，双方合作举办的土木工程专业本科教育项目获教育部批准，项目于同年开始招生，学制四年，项目招生纳入国家普通高等学校招生计划，每年招生规模为 120 人。学校颁发普通高等教育本科毕业证书、学士学位证书，俄罗斯乌拉尔联邦大学颁发学士学位证书（学生需要赴外方高校学习 2 年）。截至 2020 年年底，在校生 468 人，有 25 名学生赴乌拉尔联邦大学攻读学位。2020 年，该项目顺利通过教育部中外合作办学项目评估。

（三）与韩国启明大学合作办学

2015 年，学校与韩国启明大学签署了《中国华北水利水电大学与韩国启明大学合作举办本科教育项目协议书》。2017 年，双方合作举办的环境设计专业本科教育项目获教育部批准，同年开始招生。该项目学制四年，项目招生纳入国家普通高等学校招生计划。学校颁发普通高等教育本科毕业证书、学士学位证书，韩国启明大学颁发学士学位证书（学生需要赴外方高校学习 2 年）。2017 年，该项目第一年招生规模为 60 人。自 2018 年起，项目招生规模扩大为每年 120 人，截至 2020 年年底，有在校生 416 人。

（四）与韩国仁荷大学合作办学

2016 年，学校与韩国仁荷大学签署了《中国华北水利水电大学与韩国仁荷大学合作举办本科教育项目协议书》。2018 年年初，双方合作举办的物流管理专业本科教育项目获教育部批准，同年开始招生。该项目学制四年，项目招生纳入国家普通高等学校招生计划，招生规模为每年 120 人。学校颁发普通高等教育本科毕业证书、学士学位证书，韩国仁荷大学颁发学士学位证书（学生需要赴外方高校学习 2 年）。截至 2020 年年底，有在校生 356 人。

（五）与俄罗斯乌拉尔联邦大学合作举办乌拉尔学院

两校在前期合作办学的基础上，进一步深化合作，积极申报非独立法人中俄合作办学机构——华北水利水电大学乌拉尔学院（以下简称"华水乌拉尔学院"）。2017 年，双方签署了《中国华北水利水电大学与俄罗斯乌拉尔联邦大学合作举办华北水利水电大学乌拉尔学院协议书》，2018 年 1 月华水乌拉尔学院获教育部批准，2018 年 5 月机构挂牌成立，2018 年 9 月迎来首批新生。

华水乌拉尔学院为非独立法人的中外合作办学机构，属学校二级学院，开展本科层次的学历教育。华水乌拉尔学院首批设置给排水科学与工程、能源与动力工程、测绘工程及建筑学四个专业。2016 年获批的与俄罗斯乌拉尔联邦大学合作举办的土木工程专业本科教育项目于 2019 年 1 月起划归华水乌拉尔学院管理。除建筑学为五年制外，其他专业均为四年制。机构招生纳入国家普通高等学校招生计划，四个专业的招生规模均为 60 人/年，机构办学总规模为 1020 人。2018 年，华水乌拉尔学院首次在河南、河北、山东、内蒙古、辽宁、吉林、黑龙江、新疆、江西等 9 省（自治区）招生。机构首批招生为河南省本科第二批次，并顺利完成招生计划。自 2019 年起调整为河南省本科第一批次。截至 2020 年年底，华水乌拉尔学院共有在校生 691 人。

第三节

外国留学生培养

学校外国留学生教育始于 20 世纪 50 年代末，后因历史原因中断。2014 年 3 月，法国尼斯综合理工学院 6 名留学生到校进行为期三个月的水利专业的研修和汉语言学习，成为学校近年来首批接收的留学生。

随着学校"开放活校"战略的推进，学校于 2015 年年底全面恢复招收培养外国留学生，重点对接"一带一路"沿线国家人才需求。2016 年招收留学生 36 人，2017 年在校生 71 人，2018 年在校生 117 人，2019 年在校生达到 159 人。2020 年年初，新冠肺炎疫情暴发，国外招生受到影响，2020 年年底在校生人数 165 人，其中硕士生、博士生 92 人，学位生率 91%。专业覆盖：水利工程、国际经济与贸易、土木工程、机械电气化及其自动化、汉语国际教育、动力工程及工程热物理、计算机科学与技术、企业管理、管理科学与工程等。学校建立起了留学生相关管理制度，覆盖招生、教学、涉外管理、国家安全、公共安全、后勤保障、日常管理等环节。

经过五年多的建设，学校建立起本、硕、博完整的留学生人才培养体系，"留学华水"品牌已经形成。

第十三章

党 的 建 设

第一节

组 织 建 设

学校党委坚持以马克思列宁主义、毛泽东思想、邓小平理论、"三个代表"重要思想、科学发展观、习近平新时代中国特色社会主义思想为指导，坚持社会主义办学方向，落实立德树人根本任务，深入贯彻落实新时代党的建设总要求和新时代党的组织路线，抓党建促发展，抓典型树榜样，以党的建设高质量，引领推动学校事业高质量发展，学校各项事业全面提升，走出一条具有华水特色的内涵式发展之路。

一、领导班子建设

在朱海风书记、严大考校长带领下的领导班子，秉持"情系水利，自强不息"的办学精神，坚持"一任接着一任干、一张蓝图绘到底、一年更比一年强"的工作思路，贯彻落实党委领导下的校长负责制，推进决策科学化、民主化，抢抓机遇，埋头苦干，实现了学校事业又好又快发展。2015年5月，学校主要领导职务调整，王清义同志任校党委书记；11月，刘文锴同志任校长、党委副书记。

（一）领导班子及成员的更选

2012年8月，解伟同志任副院长，2018年10月因年龄原因不再担任校领导职务。2012年8月，马英同志任纪委书记，2017年3月调任郑州轻工业学院党委副书记。

2015年3月，高京燕同志任华北水利水电大学副校长（2017年9月，高京燕同志由副校长转任党委副书记），苏喜军同志任华北水利水电大学副校长，张加民同志任华北水利水电大学工会主席。尚宝平同志任郑州轻工业学院党委副书记。

2015年9月，施进发同志任华北水利水电大学副校长（正校级）。

2015年11月，许琰同志任黄河水利职业技术学院党委书记。

2016年5月，马书臣同志任华北水利水电大学党委副书记、工会主席；张加民同志任河南中医药大学工会主席。

2017年3月，许科红同志任学校纪委书记，2019年10月因年龄原因不再担任校领导职务。2017年5月，校党委副书记石品同志因年龄原因不再担任校领导职务。

2018年1月，刘雪梅同志提任学校副校长。

2020年3月，刘盘根同志任学校副校长，王如厂同志任学校纪委书记、监察专员。

学校历任校领导见表13-1。

表 13 - 1   **历任校领导一览表（2011—2021 年）**

姓 名	职 务	任职时间	备 注
朱海风	党委书记	2005 年 7 月至 2015 年 5 月	已退休
严大考	党委副书记 校长	2001 年 4 月至 2015 年 11 月	已退休
王清义	党委书记	2015 年 5 月至今	
刘文锴	党委副书记 校长	2015 年 11 月至今	
马书臣	党委副书记 工会主席	2016 年 5 月至今	
高京燕	副校长	2015 年 2 月至 2017 年 9 月	
	党委副书记	2017 年 9 月至今	
施进发	副校长 （正校级）	2015 年 9 月至今	
刘汉东	副校长	2001 年 4 月至今	
王天泽	副校长	2008 年 11 月至今	
苏喜军	副校长	2015 年 2 月至今	
刘雪梅	副校长	2018 年 1 月至今	
刘盘根	副校长	2020 年 3 月至今	
王如厂	纪委书记 监察专员	2020 年 3 月至今	
曹兴霖	副校长	2003 年 2 月至 2011 年 12 月	已退休
刘淑琴	纪委书记	2003 年 2 月至 2008 年 4 月	已退休
	党委副书记	2008 年 4 月至 2011 年 3 月	
许 琰	党委副书记	2005 年 12 月至 2015 年 11 月	2015 年 11 月调任黄河水利职业 技术学院党委书记
尚宝平	副校长	2008 年 4 月至 2015 年 2 月	2015 年 2 月调任郑州轻工业 学院党委副书记
徐建新	副校长	2008 年 4 月至 2014 年 11 月	已退休
石 品	党委副书记	2008 年 7 月至 2017 年 5 月	已退休
解 伟	副校长	2012 年 8 月至 2018 年 7 月	已退休
马 英	纪委书记	2012 年 8 月至 2017 年 3 月	2017 年 3 月调任郑州轻工业学院 党委副书记
张加民	工会主席	2015 年 2 月至 2016 年 5 月	2016 年 5 月调任河南中医药大学 工会主席
许科红	纪委书记	2017 年 3 月至 2019 年 10 月	已退休

（二）班子建设

建立和完善以把牢方向、统筹协调为原则，不断健全党委全面领导办学治校各领域的制度。一是坚持和完善党委领导下的校长负责制。严格执行党委集体领导和班子成员分工负责相结合的制度要求，凡属重大问题严格按照"集体领导、民主集中、个别酝酿、会议决定"的原则和程序，修改完善了《华北水利水电大学关于坚持和完善党委领导下的校长负责制的实施办法》《中共华北水利水电大学委员会关于进一步加强校级领导班子成员沟通协调的实施办法》，构建了边界清晰、分工合理、权责一致、运转高效的党建运行机制。二是建立和完善学术科研事务划界守底制度。建立以专题汇报制度、分析研判制度、带头阅评制度、联系专家制度、督促检查制度、协调联动制度、专题督查制度等核心的责任制度体系，对新闻媒体阵地、思想阵地、文化阵地、教育培训阵地努力做到全方位监管、全过程监督。报告讲座严格执行"一会一报一审"制度，对境外基金项目执行一事一报制度，进一步强化和完善学校党委在学术组织、学术活动、会议论坛和学术评价中的重大事项的审核把关机制，充分发挥党对学术事务的引领作用。三是建立和完善人才培养工作引航定标制度。注重对教师教育教学政治方向的把关引导，充分发挥教师党员的模范带头作用，制定《中共华北水利水电大学委员会关于进一步加强党委联系服务专家工作的实施办法》，印发《华北水利水电大学教师师德师风规范》。

建立和完善以层层落实、令行禁止为路径，强化维护党中央权威和集中统一领导的各项制度。一是带头维护党中央权威和集中统一领导。落实第一议题制度，坚持把学习贯彻习近平新时代中国特色社会主义思想和习近平总书记最新重要讲话、指示批示精神作为党委会第一议题和校院两级理论学习中心组第一议题，制定《中共华北水利水电大学委员会关于加强党的政治建设的意见》《党员领导干部开展形势与政策教育和理论宣讲的实施意见》，全面系统、及时跟进学习领会党中央最新指示精神，不断增强"四个意识"、坚定"四个自信"、做到"两个维护"，自觉在思想上政治上行动上同以习近平同志为核心的党中央保持高度一致。二是不断强化校党委自身组织建设，并带动基层党组织建设和党员干部政治能力建设。严格执行学校向上级党组织，以及各基层党组织向学校党委请示报告制度，出台了《中共华北水利水电大学委员会委员守则》《中共华北水利水电大学委员会责任追究制度》《中共华北水利水电大学委员会关于进一步加强领导班子建设的若干意见》等制度。

建立和完善以科学决策、高效执行为重点，促进学校党委和党的干部不断提升办学治校能力的制度。一是坚持民主集中制，完善党内民主和实行正确集中的相关制度。发挥党委会在学校治理过程中的领导核心作用，制定了《中共华北水利水电大学委员会党委会议事规则》《中共华北水利水电大学委员会书记办公会议事规则》《华北水利水电大学校长办公会议事规则》《华北水利水电大学落实"三重一大"制度实施办法》《中共华北水利水电大学学院党委会议事规则》《中共华北水利水电大学学院党政联席会议事规则》等制度，充分发挥学校党委把方向、管大局、做政策、抓班子、带队伍、保落实的领导核心作用。二是坚持党管干部原则，建立和完善干部选拔任用和管理的制度体系。以《党政领导干部选拔任用工作条例》为指导，修订完善了《中共华北水利水电大学委员会科级干部选拔任用管理办法》和《中共华北水利水电大学委员会中层领导人员选拔任用管理办法》，干部队伍建设进一步制度化规范化。三是完善决策执行的制度和有效监督的制度。制定党务政务公开实施意见等制度，出台《华北水利水电大学关于进一步加强督查督办工作的实施办法》，建立了党委会议题登记清单制度，校长办公会决议落实情况通报制度，全面提升决策执行以及工作落实效率。

二、基层党组织和党员队伍建设

（一）基层党组织建设

1. 基层党组织设置

根据学校事业发展和工作需要，学校党委对校属党组织机构设置适时进行调整，不断完善四级组织体系。2012年4月，学校党委将各学院党总支调整为党委。2013年4月，教育部同意华北水利水电学院更名为华北水利水电大学，校级党组织更名为中国共产党华北水利水电大学委员会。截至2021年2月，学校共设置党委23个，党总支4个，直属党支部3个。为加强院系级党组织政治核心作用，学校党委以教育部《高校党建工作重点任务》为遵循，2018年9月，出台《华北水利水电大学学院党委会议议事规则》和《华北水利水电大学学院党政联席会议议事规则》，2个规则对议事范围、议题确定、会议召开、议事程序、决议执行等都做出了明确规定。2018年10月，学校党委出台《中共华北水利水电大学委员会关于加强新形势下党支部建设的实施意见》《华北水利水电大学教师党支部书记"双带头人"培育工程实施方案》。2019年5月开始，学校开展党支部建设"两化一创"强基引领三年行动计划（2019—2021年），推进党支部标准化规范化建设，培育一批

校级样板党支部，2021年1月，中共河南省委高校工委授予学校6个党支部为"首批全省高校省级样板党支部"。

2. 中国共产党华北水利水电大学第一次党代会

2018年5月27日，学校隆重召开了中国共产党华北水利水电大学第一次代表大会。校党委书记王清义代表学校党委作了题为"牢记大学使命，聚力内涵发展，为建设特色鲜明的高水平水利水电大学而努力奋斗"的工作报告。大会总结了过去5年学校发展的成绩和经验，分析了当前面临的机遇和挑战，确立了今后一个时期分"三步走"的发展战略、发展目标和主要任务。会议选举产生了12名中国共产党华北水利水电大学第一届委员会委员，名单是：王清义、刘文锴、马书臣、高京燕、施进发、刘汉东、王天泽、许科红、苏喜军、刘雪梅、田逸、景中强；会议还选举产生了9名中国共产党华北水利水电大学纪律检查委员会委员，名单是：许科红、边慧霞、丁立杰、郭相春、费昕、王艳芳、张国庆、田卫宾、王艳成。2018年5月27日，中国共产党华北水利水电大学第一届委员会、中国共产党华北水利水电大学第一届纪律检查委员会在龙子湖校区分别召开第一次全体会议，新一届党委委员和纪委委员参加会议。经党委委员投票，王清义同志当选为中国共产党华北水利水电大学委员会书记，刘文锴、马书臣、高京燕同志当选为中国共产党华北水利水电大学委员会副书记。经纪委委员投票，许科红同志当选为中国共产党华北水利水电大学第一届纪律检查委员会书记，边慧霞同志当选为中国共产党华北水利水电大学第一届纪律检查委员会副书记。

3. 基层党组织专项评估

为贯彻落实全面从严治党向纵深发展

要求，全面加强学校基层党组织建设，根据《中共河南省委高校工委关于开展高校基层党组织专项评估工作的通知》要求，学校党委对照评估标准，依据实施细则，按照"自查自建、自评促建、迎评提升"三个步骤，自2017年5月开始，扎实组织开展了自查自评和建设工作。10月，在自评的基础上，学校积极向中共河南省委高校工委申请了实地评估，成为全省第一批接受评估的高校。12月7日，省属高校基层党组织建设专项评估专家组对学校基层党组织建设工作进行实地考察和全面考评。12月27日，中共河南省委高校工委作出《关于表彰2017年度高校基层党组织专项评估先进单位的决定》，授予学校"河南省高等学校基层党组织建设先进单位"，有力地促进了学校党的建设工作迈向更高水平，对学校各项事业发展产生深远影响。

4. 新时代高校党建示范创建与质量创优

从2018年开始，教育部每年面向全国高校培育创建10所党建工作示范高校、100个党建工作标杆院系、1000个党建工作样板支部。学校党委认真开展新时代高校党建示范创建和质量创优工作。2019年12月27日，教育部下发了《教育部办公厅关于公布第二批全国党建工作示范高校、标杆院系、样板支部培育创建名单的通知》，学校党委入选第二批十所"全国党建工作示范高校"，国际教育学院孟之舟党支部入选"全国党建工作样板支部"。

学校党委以培育创建"全国党建工作示范高校"为契机，自觉对标对表，结合学校实际，成立了由校党委书记王清义任组长的培育创建工作领导小组，出台了《中共华北水利水电大学委员会"全国党建工作示范高校"培育创建实施方案》，

实施6大工程，即"铸魂育人"工程、"头雁引领"工程、"支部建设标准化"工程、"双带头人"培育工程、"同心圆梦"工程、"固本强基"工程，建设一批具有华水特色的党建品牌，推出一批有力度的党建研究成果，争创一批"全国党建工作标杆院系"和"全国党建工作样板支部"，推出一批可复制推广的经验成果，推动了学校党建质量全面创优全面提升。

5. 获得荣誉称号

2016年被省委、省政府授予首届"省级文明单位标兵"；2017年被省委高校工委授予首批"河南省高校基层党组织建设先进单位"；2018年获批河南省唯一一个教育部高校网络思想政治工作中心；2019年学校入选教育部第二批十所"全国党建工作示范高校"，国际教育学院孟之舟党支部入选"全国党建工作样板支部"；2020年被省委、省政府授予首届"河南省文明校园标兵"称号；2021年获批"河南省课程思政示范高校"，同年，外国语学院第一党支部、地球科学与工程学院水文地质系党支部、马克思主义学院研究生党支部、水利学院水工系教工党支部、环境与市政工程学院应用化学党支部、机械学院车辆与交通运输系党支部被省委高校工委评为"首批全省高校省级样板党支部"。

（二）党员工作

1. 党员发展工作

学校高度重视党员发展工作，根据《中国共产党章程》和党内有关规定，按照控制总量、优化结构、提高质量、发挥作用的总要求，坚持党章规定的党员标准，始终把政治标准放在首位，制订党员年度发展计划，坚持慎重发展、均衡发展，积极吸收优秀青年教师和学术骨干入党，各基层党支部慎重选择培养对象，认真落实培养措施，持续加强培养教育，坚

持做到成熟一个、发展一个。2011—2020 年学校发展党员数量统计见表 13-2。

表 13-2　　　　　　　　　　　　2011—2020 年学校发展党员数量统计表

年　份	2011	2012	2013	2014	2015	2016	2017	2018	2019	2020
总数/人	1786	1889	1091	998	1008	1000	1000	825	1300	1560
教工/人	13	6	7	3	2	12	21	18	12	15
学生/人	1773	1883	1084	995	1006	988	979	807	1288	1545

2. 党员管理服务工作

为加强党务干部队伍建设，学校选优配强学院党组织书记，积极在学院推行党政班子成员交叉任职，党员院长兼任党委委员，党员副院长进入党委领导班子，为教学单位配齐组织员。2015 年开始，学校每年开展党组织书记抓基层党建述职评议考核。2016 年上半年开展党组织关系排查以来，学校将党组织关系排查常态化制度化，保持党员队伍的先进性和纯洁性。2016 年 8 月，学校党委出台《华北水利水电大学党费收缴管理使用办法（试行）》。按照《中国共产党章程》和省委组织部《关于在"两学一做"学习教育中开展党费收缴工作专项检查的通知》要求，2016 年下半年，学校对 2008 年 4 月以来党费收缴、使用和管理工作开展专项整治，共补缴党费 805475.86 元，形成党员自觉、按时、足额交纳党费机制。2019 年 10 月，学校设立党费专用账户，加强党费管理。

（三）基层党组织制度建设

根据发展需要，学校及时出台或修订相应组织建设方面制度。一是认真贯彻落实民主集中制。学校党委严格执行党委集体领导和班子成员分工负责相结合的制度，凡属重大问题都要按照"集体领导、民主集中、个别酝酿、会议决定"的原则和程序要求进行。在议事决策制度体系建设上，修订完善《中共华北水利水电大学委员会会议议事决策规则》《华北水利水

电大学校长办公会议事规则》《华北水利水电大学落实"三重一大"制度实施办法》《中共华北水利水电大学委员会关于进一步加强领导班子建设的若干意见》《中共华北水利水电大学委员会委员守则》等规章制度，进一步建立健全党委会议事规则与决策程序，突出党委书记履行抓党建第一责任人的职责，明确班子成员"一岗双责"，按照分工抓好职责范围内的党建工作。制定完善了《华北水利水电大学学院党委会议议事规则》《华北水利水电大学学院党政联席会议议事规则》《各学院"三重一大"制度实施办法》等规范二级党组织会议和党政联席会议的议事决策制度。二是完善基层党建工作责任制。为进一步把基层党建责任制向纵深和基层推进，学校党委制订了《中共华北水利水电学院委员会学生党员组织工作规程》《华北水利水电大学党费收缴管理使用办法（试行）》《中共华北水利水电大学委员会贯彻落实〈高校党建工作重点任务〉工作方案》《关于加强基层党组织建设的实施意见（试行）》《关于进一步加强和改进党员队伍建设的实施意见（试行）》《关于加强新形势下党支部建设的实施意见》《教师党支部书记"双带头人"培育工程实施方案》《关于加强基层党组织标准化特色化建设的通知》等文件。

三、干部工作

学校党委认真落实中央《党政领导干

部选拔任用工作条例》，不断强化党委对组织工作的领导，坚持原则，严格标准，严守程序，强化监督，以高度的政治责任感和紧迫感切实加强干部队伍建设，为学校改革与发展提供坚实的组织保证。

（一）2012 年处级单位和处级干部换届

2012 年 2—4 月，学校进行了处级单位和处级干部换届工作。按照《处级单位和处级干部换届工作实施意见》，通过民主推荐、闭卷笔试、面试答辩等环节，完成了对 56 个处级单位和 176 名处级干部的届满考察，并将届满考察的结果作为干部换届调整方案重要参考依据。此次换届共聘任处级领导干部 172 名，其中正处职领导干部 69 人，副处职领导干部 103 人；聘任非领导职务 4 人。

（二）2015 年处级领导班子和处级干部换届

2015 年 2 月，学校启动了处级领导班子和处级干部换届工作，制定了学校《关于处级领导班子和处级干部换届工作的实施意见》。换届后，学校有处级干部 207 人（含科研院所 14 人），其中新提拔 61 人，有 8 位同志由于年龄等原因不再担任处级领导干部。学校处级干部平均年龄为 45 岁，其中 40 岁以下的 45 人；具有硕士学位的 79 人，博士学位的 64 人；具有正高级职称的 82 人，副高级职称的 69 人；女干部 51 人；民主党派和无党派处级干部 24 人。

（三）2018 年中层领导班子和领导人员换届

2018 年 6 月，校党委紧紧围绕学校发展战略，统筹谋划机构设置，优化职能配置，按照机构设置和干部职数配备向教学科研一线倾斜的要求，大力压缩党政管理机构，进一步整合资源，规范学科和专业设置，新成立了测绘与地理信息学院、材料学院、物理与电子学院、公共管理学院、乌拉尔学院。党政管理机构由原来 30 个减为 20 个，教学机构由原来 19 个增至 23 个，处级机构总数由 63 个减为 60 个。

按照学校《2018 年中层领导班子和领导人员换届工作实施方案》，完成了 227 名处级干部的选任工作。此次换届共调整处级干部 153 名，补充选拔正处级干部 27 名、副处级干部 47 名。换届后有正处级干部 93 名，副处级干部 134 名，平均年龄 46.5 岁，其中男干部 158 人，女干部 69 人。40 岁以下干部 50 人，占 22%；博士研究生 87 人，占 38.3%；硕士研究生 96 人，占 42.3%。

（四）干部选任规范化

不断深化对中央和省委关于干部工作政策的理解，提高政策把握精准度，提高学校干部选任工作规范化，根据上级政策，学校于 2015 年修订出台了《党政处级领导干部选拔任用管理条例》，2018 年和 2020 年先后两次修订《中层领导人员选拔任用管理办法》。

按照务实管用便捷、体现新政策要求，2017 年和 2019 年先后修订《科级干部选拔任用管理办法》。2019 年 5—6 月，全面实施科级干部换届。

（五）干部培养和交流

注重用好基层实践这一培养锻炼干部的"练兵场"，尽力突破"内循环"，近年来学校共选派 51 位年轻干部到地方进行挂职锻炼。干部队伍建设成效显著，干部对外交流力度不断提高，其中王笃波（2016 年提任为共青团河南省委副书记）、张加民（2016 年由华北水利水电大学工会主席交流到河南中医药大学任工会主席）、郑志宏（2017 年提任为河南水利与环境职业技术学院院长）、黄志全（2020 年提任为洛阳理工学院副院长）、郭相春（2021 年提任为河南理工大学工会主席）、田逸（2021年提任为嵩山少林武术职业技术学院党委书记）、胡昊（2021年提任为黄河水利职业技术学院院长）等同志经多岗位锻炼，成长为优秀的领导干部，交流到省直机关和兄弟高校任职。

四、人才工作

（一）博士服务团挂职服务工作

学校党委按照省委、省政府部署，2015年选派体育教学部罗少功挂职鹤壁市体育局副局长，资源与环境学院于怀昌挂职洛阳市汝阳县产业集聚区管委会副主任；2016年选派资源与环境学院张富挂职信阳市光山县渡河产业集聚区副书记，图书馆张霞挂职商丘市民权县高新区管委会副主任；2017年选派水利学院郭磊挂职驻马店市平舆县县长助理，艺术与设计学院马更挂职郑州新区建设投资有限公司总经理助理，法学与公共管理学院费先梅挂职河南羚锐制药股份有限公司法律顾问，环境与市政工程学院李发站挂职驻马店市平舆县清源水业有限公司副总经理，软件学院何晨光挂职新乡市原阳县产业集聚区管委会副主任；2018年选派管理与经济学院陈国栋挂职郑州惠源投资有限公司副总经理，岩土工程与水工结构研究院王忠福挂职三门峡市卢氏县产业集聚区副主任，土木与交通学院石艳柯挂职漯河市郾城区漯西工业集聚区副主任，学科建设办公室胡雁云挂职焦作市修武县云台山景区管理局副局长，国际教育学院杨紫玮挂职开封市鼓楼特色文化商业区发展中心副主任，马克思主义学院霍贺挂职濮阳市委党校校长助理，水利学院刘明潇挂职周口港区管委会主任助理，后勤服务中心鲁会田挂职濮阳医学高等专科学校医学检验系主任；2020年选派物理与电子学院徐斌挂职宁陵县副县长，机械学院王星星挂职洛阳市伊

滨经开区（示范区）管委会副主任，学科建设办公室胡雁云挂职焦作修武县副县长。地球科学与工程学院王麒挂职邓州市水务集团副总经理，电力学院何小可挂职鹤壁市盘石头水库运行保障中心副主任，马克思主义学院孟广慧挂职中共濮阳市委党校副校长，环境与市政工程学院康佳挂职开源环保（集团）有限公司高级技术经理。

（二）选派人员赴水利部挂职锻炼

2019—2020年，学校先后选派水利学院傅渝亮、谭志光、申红彬、苑晨阳、王海周，环境与市政工程学院肖恒、刘玉浩、宋志鑫，测绘与地理信息学院王志齐，管理与经济学院崔楷，数学与统计学院程鹏，公共管理学院张霞，外国语学院王绚，黄河科学研究院汪磊、穆文彬，校设计公司张龙飞等16人到水利部发展研究中心、宣教中心等单位进行挂职锻炼。

（三）建立党委联系专家制度

2020年8月，学校出台了《中共华北水利水电大学委员会关于进一步加强党委联系服务专家工作的实施办法》，明确了联系服务专家范围、联系服务专家的人数、联系服务专家基本制度和措施及工作要求。

五、专题教育

（一）党的群众路线教育实践活动

2014年2月开始，学校开展党的群众路线教育实践活动。学校党委及早谋划、真抓实做，认真开展了学习教育、听取意见，查摆问题、开展批评，整改落实、建章立制工作。学校党委按照"四个一"的学习机制（学习一个专题、讨论一个问题、形成一些共识、推动一方面工作），先后组织了25次党委理论学习中心组会议，党委书记带头学习，带头调查研究，带头贯彻落实，着力"四个深度"（深度

动员、深度聚焦、深度衔接、深度结合），坚持"五个结合"（学思结合、学研结合、学讲结合、学用结合、学改结合）。聚焦"四风"突出问题，提出了"三问、三查、三思、三争取，促学、促改、促行、促提升"的活动思路，提出用"五面镜子"，（以党章党规为镜、以先进典型为镜、以规章制度为镜、以师生期盼为镜、以社会评价为镜）认真查找问题，通过蹲点、拜访上级单位、用人单位、合作单位，收集知名校友意见和建议，开展批评和自我批评，召开班子专题民主生活会和基层组织生活会。

党的群众路线教育实践活动进展有序，并取得了明显成效。一是广大党员干部理想信念、宗旨意识明显增强；二是党员干部思想作风、工作作风明显转变；三是全校各级党组织和领导班子凝聚力战斗力进一步增强；四是师生反映突出的问题得到有效解决，干群关系进一步密切；五是规章制度进一步完善，作风建设的长效机制初步建立。

（二）"三严三实"专题教育

2015 年 5 月，学校"三严三实"专题教育启动。按照中央和省委部署，学校党委从 6 月到 11 月，围绕"严以修身，加强党性修养，坚定理想信念，把牢思想和行动的'总开关'""严以律己，严守党的政治纪律和政治规矩，自觉做政治上的'明白人'""严以用权，真抓实干，实实在在谋事创业做人，树立忠诚、干净、担当的新形象"3 个专题开展了学习研讨。

2015 年 12 月 18 日，学校领导班子召开了"三严三实"专题民主生活会。省管高校专题教育第二巡回检查组到会指导。

学校党委通过思想发动、集中学习、专题研讨、调查研究、召开专题民主生活会和组织生活会等方式，进一步巩固和拓展了党的群众路线教育实践活动成果，增强了各级领导干部践行"三严三实"的思想自觉和行动自觉，全校上下形成了从严治校、求真务实的工作氛围，党员干部工作热情和进取精神得到充分激发。

（三）"两学一做"学习教育

2016 年 5 月，学校开展"学党章党规、学系列讲话，做合格党员"学习教育。

校党委按照中央、省委、省高教工委要求有序开展，形成了自身工作特色和经验。一是领导重视，以上率下。校党委书记王清义在《党的生活》杂志上发表题为《以"五个结合"为抓手推进学习教育》的署名文章，为学校如何开展"两学一做"学习教育提供了有力理论武器。校党委班子成员带头参与学习教育，带头手抄党章、参与"两学一做"知识竞赛、为党员干部上党课、参与支部学习讨论、参与督导检查、学习推进会等多种形式推动学习教育开展。二是选树典型，发挥引领和激励作用。开展"弘扬瑞鹏精神，争做合格党员"活动，"学党章党规、学习近平总书记系列讲话精神、学'瑞鹏精神'，争创瑞鹏榜样班、争做瑞鹏风貌学子"的"三学两争"学习教育活动，进一步发挥其影响带动作用。除学习"孟瑞鹏精神"外，学校总结近年来建设发展中涌现出的先进典型群体，并分类分层树立典型榜样，如党员干部代表"华水好人、好教师、好干部"杨乔、教师党员代表"生命不息、奋斗不止，坚韧顽强、爱岗敬业"黄和法、学生党员代表"用一生维系一份真情"刘怀强、离退休老干部党员代表"把一切献给党、祖国和人民"曹民等华水先进群体。利用建党 95 周年，对学校的先进典型进行表彰，并把他们的材料汇总整理。通过典型引领，用身边事感动身边人、用身边人教育身边人，激励党员比学赶超，保持先进性。三是以实效为统领，坚持学、讲、树、做、改、促、评有机融合。校党委坚持把学原著、讲党课、树典型、做奉献、改作风、促发展、评效果有机结合起来，促进党员干部提高素质能力。学校通过多种方式，把学习教育与实施质量立校、特色兴校、开放活校、人才强校等战略相结合，引导党员、干部立足岗位作贡献，促进学校事业又好又快发展。

（四）"不忘初心、牢记使命"主题教育

2019 年 9 月，学校开展"不忘初心、牢记使命"主题教育活动。按照中央和省委安排部署，在省委第十四巡回指导组的指导下，学校党委紧扣学习贯彻习近平新时代中国特色社会主义思想这条主线，严格按照"守初心、担使命，找差距、抓落实"的总要求，牢牢把握"理论学习有收获、思想政治受洗礼、干事创业敢担当、为民服务解难题、清正廉洁作表率"的目标，始终坚持把"学习教育、调查研究、检视问题、整改落实"贯穿始终。全校各级党组织有力推动，党员干部积极投入，广大师生热情支持，形成了"三个坚持""四个突出""五个结合"的主要做法。"三个坚持"：坚持以上率下，精准谋划抓引领；坚持学研查改，一体推进保质量；坚持内外联动，突出特色抓结合。"四个突出"：突出教育主题，强化党员干部对初心使命的学习领悟；突出教育主线，用习近平新时代中国特色社会主义思想武装头脑、指导实践；突出学校特色，聚焦为党育人、为国育才的政治使命；突出"改"字当头，奔着问题去、盯着问题改。"五个结合"：坚持把开展主题教育与学习贯彻习近平新时代中国特色社会主义思想紧密结合，与坚持立德树人、办好人民满意的大学紧密结合，与建设特色鲜明的高水平水利水电大学紧密结合，与落实省委巡视整改工作紧密结合，与履行岗位职责紧密结合。整个主题教育特点鲜明、扎实紧凑，达到了预期目的。

9 月 29 日，学校作为高校唯一代表在全省第二批主题教育推进会上发言；10 月 24 日，作为 6 所高校代表之一，在省管高校主题教育座谈会上作典型发言。省委常委、组织部部长孔昌生 2 次听取学校主题教育汇报，《河南日报》《河南新闻联播》先后 5 次报道学校主题教育成效。1 月 15 日，省委书记王国生在全省"不忘初心、牢记使命"主题教育总结电视电话大会上对学校把红色传统教育引进校园的做法给予充分肯定。

六、帮扶工作

（一）驻村帮扶叶县老鸹张村

2012 年 6 月，根据省委、省政府部署，学校开始定点帮扶平顶山叶县叶邑镇老鸹张村，学校党委选派校办产业管理处党总支书记徐震担任驻村第一书记。学校党委以高度的思想自觉、政治自觉和行动自觉，充分利用学校学科、专业、人才、平台资源等优势，在加强叶县老鸹张村基础设施建设、改善村民居住环境、丰富群众文化生活、推进社会主义新农村中心村建设等方面做出了应有的贡献。学校投入资金建立老鸹张村党员群众服务中心，帮助解决了老鸹张村小学用水问题，并为学校建立电教室 1 个。

2015 年，学校被授予河南省"选派第一书记工作先进单位"荣誉称号，是全省获此殊荣的三所高校之一。

（二）定点帮扶鹿邑县夏庄村

2015 年 8 月，根据省委、省政府部署，学校定点帮扶鹿邑县邱集乡夏庄行政村。

2015 年 9 月，学校党委选派学报编辑部副主任张胜前担任省派驻鹿邑县邱集乡夏庄行政村驻村第一书记。2017年11月，学校党委选派信息工程学院党委副书记司保江担任省派驻鹿邑县邱集乡夏庄行政村第一书记。2018年4月，学校党委组建驻鹿邑县夏庄村扶贫工作队，由驻村第一书记司保江担任驻村工作队队长，并选派2名科级干部庞斌、李大卫担任驻村工作队队员。2020年3月，学校党委选派电力学院党委副书记徐启担任驻村第一书记。2021年2月起，徐启同志担任驻村工作队队长。

定点帮扶夏庄村以来，学校与鹿邑县建立了定期互访互通机制，深化帮扶协作内容，凝聚帮扶协作合力，因地制宜帮助夏庄村探索形成了"互联网＋一红二绿三产业"的扶贫发展思路。"一红"，即加强党的建设，是豫东平原农村生命力重塑与再造的力量源泉；"二绿"，即绿色环境和绿色文化，是豫东平原农村生命力重塑与再生的目标任务；"三产业"，绿色高效农业、劳动密集型手工业和外出务工人员工程建筑装修业，提供豫东平原农村生命力重塑与再生的实现动能。截至2020年年底，夏庄村全部脱贫。

2016年，学校和鹿邑县共同投资30余万元建成标准化村室。2017年，学校与鹿邑县委、县政府签署了"智慧帮扶"战略合作框架协议。2018年，学校先后启动人居环境整治、村庄绿化、坑塘改造、厕所革命、庭院扶洁、六改一增等扶贫项目。2019年，学校投资30万元建设500平方米标准化扶贫车间。2020年，学校与鹿邑县联合召开"鹿邑县高质量建设县域治理'三起来'研讨会"。

定点帮扶以来，学校先后安排帮扶项目30个，直接投入资金375万元，引进帮扶资金1157万元，实现贫困村出列和建档立卡贫困户全部脱贫。夏庄行政村现有村集体经济项目扶贫车间和200千伏光伏电站，年收入20多万元。拥有6家种植专业合作社、3家个体工商户、2家企业公司等11个民营经济体，实现大棚黄瓜、辣椒、楸树、蒲公英等经济作物规模种植，建有服装制作、羊绒衫缝盘、化妆刷尾毛、鞋面制作4个轻工业产品生产线，提供家门口就业岗位300多个。

从2018年以来，在每年的河南省脱贫攻坚成效考核中，学校定点扶贫工作均为最好等次。学校定点扶贫工作模式和有关事迹受到权威媒体关注，被《人民日报》《光明日报》《中国教育报》《经济日报》《河南日报》学习强国、河南驻村、河南人民广播电台、《河南商报》等省级以上媒体报道90多次；入选中宣部"百城千县万村"调研行，被列为全国文明村镇后备村。夏庄村先后被评为河南省文明村镇、河南省人居环境示范村、河南省森林乡村、河南省妇联"四组一队"示范村、河南省健康乡村等荣誉称号。驻村第一书记张胜前同志被评为河南省优秀驻村第一书记，司保江同志先后荣获河南省优秀电商扶贫带头人、周口市优秀共产党员等荣誉称号。

（三）校地结对帮扶兰考县

2018年7月，学校党委全面贯彻落实省委、省政府关于打好精准脱贫攻坚战的各项决策部署，选派招生办公室主任胡昊到兰考挂职县委常委、副县长。

2018年7月，学校制定与兰考县《"校地结对帮扶"精准扶贫行动实施方案》；10月8日，学校与兰考县签订了"校地结对帮扶"战略合作协议，搭建了"结对帮扶"干部培训基地、党员党性教育基地、大学生实践基地三大平台，紧紧围绕"智力帮扶""科技帮扶""培训帮扶""人才帮扶""产销帮扶"等七大工程开展工作。10月8—26日，学校精心定制13门培训课程，完成了三期200名兰考县领导干部综合素质能力提升培训班。2019年，学校与兰考县签署校地结对帮扶备忘录，主动对接"兰考县国家级水利风景区创建""兰考县省级水生态文明试点县创建"等12个重大建设项目。2020年，双方成立"县域经济高质量发展战略联盟"，联合举办"第十一届中原智库论坛""校地结对合作论坛"，共建"教育部青少年法治教育中心"。逐步实施深层次、宽领域、全方位的结对帮扶，倾心打造了校地"结对帮扶兰考"的华水品牌。

学校与兰考双方坚持"共建共享、互利互通、协同创新、共同发展"的原则，通过"请进来和走出去"相结合的方式，邀请开封市委常委、兰考县委书记蔡松涛同志，焦裕禄女儿焦守云，焦裕禄干部学院特聘教授李永成，焦桐义务守护者魏善民、肖亮臣等5人来校作宣讲报告，组织师生3000多人到兰考接受红色教育；校地双方在华水校园内共建"焦桐苑"，把学习红色文化、传承"焦裕禄精神"与校地结对帮扶有机结合起来，共同打造校地合作新模式，形成协同发展、良性互动的长效机制。

结对帮扶期间，校领导23人次深入兰考开展帮扶推动工作。学校组织科技扶贫人员397人次到兰考进行科研、教育等服务，面向各类需求对象完成60人以上规模教育培训19次，培训兰考县、乡、村人员1700余人次。提供战略决策咨询等智力帮扶36次，助力兰考顺利通过省级水生态文明县建设试点技术评估和验收，帮助制定《兰考县水生态文明城市建设试点总结报告》等规划、设计方案6份。与兰考县5个学校结对共建，捐建图书室3个、图书7000余册和足球、篮球等。通过在校内设

立"华水—兰考产销帮扶示范店"直接采购、展会推介、直播带货、线上助销等方式，直接从兰考县采购价值158万元的农副产品、乐器等，协助销售价值660多万元的农产品。协调知名企业为兰考捐资60余万元，为兰考建档立卡贫困户家庭学生捐款10余万元。

校地结对帮扶以来，在全省脱贫攻坚历次成效考核中，华水结对帮扶兰考县工作均为最好等次。兰考县委、县政府3次给学校送感谢信并赠锦旗，胡昊同志荣获2020年度河南省脱贫攻坚奖创新奖，学校也成为河南省唯一获得此项奖励的高校。学校工作模式和事迹受到权威媒体关注，先后被学习强国、人民网、《人民日报》、新华网、搜狐、《河南日报》、今日头条等30余家媒体报道。

七、基本经验

学校党委切实增强忧患意识和责任意识，深刻认识和牢牢把握"全面从严治党"的重要意义和实践要求，坚持理论联系实际的马克思主义学风，突出问题导向，形成了要正确处理好"七大关系"和"十个抓"的基本经验。

"七大关系"。一要正确认识处理"党建工作"与"中心工作"之间的关系，促进"党建工作"与"中心工作"相融合，做到两手抓，两促进。二要正确认识处理"思想建党"与"制度治党"之间的关系，坚持思想建党和制度治党相衔接，一柔一刚，同向发力、同时发力。三要正确认识和处理党委领导和校长负责之间的关系，加强以党章为根本，民主集中制为核心的制度体系建设，不断坚持和完善党委领导下的校长负责制。四要正确认识和处理党委的主体责任和纪委的监督责任之间的关系，进一步健全制度、细化责任，共同构建反腐倡廉工作"合力"。五要正确认识

处理"依法治党"与"依纪治党"之间的关系，坚持纪严于法、纪在法前，把严守政治纪律和政治规矩放在首位。六要正确认识和处理"关键少数"和广大党员干部之间的关系问题，盯紧"关键少数"，管好"绝大多数"，有效发挥基层党组织战斗堡垒作用和共产党员先锋模范作用。七要正确认识处理开展党风廉政建设和反腐败斗争之间的关系，标本兼治，净化政治生态，树立风清气正，干事创业良好的氛围。

"十个抓"。一是抓理论武装，推动习近平新时代中国特色社会主义思想入脑入心。二是抓顶层设计，把党建工作作为一切工作的重中之重。三是抓队伍建设，构建协同配合的党建工作格局。四是抓基层组织建设，构建"三级联动"党建工作体系。五是抓思政课程和课程思政建设，形成协同育人工作格局。六是抓融媒体建设，开拓"互联网＋党建"工作新载体。七是抓精神文明建设，为建设特色鲜明的高水平水利水电大学提供坚强思想保证和强大精神动力。八是抓典型、树榜样，用身边的典型加强正面宣传和舆论引导。九是抓政治生态，树立风清气正、干事创业的良好氛围。十是抓党建、促发展，以高质量党建推动学校事业高质量发展。

第二节

廉政建设和作风建设

学校党委坚持以习近平新时代中国特色社会主义思想为指导，深入贯彻党的十八大、十九大和中央纪委历次全会精神，全面贯彻落实省委、省纪委、省高校纪工委的工作部署，坚定不移全面从严治党，持续加强党风廉政建设和作风建设，不断加强对权力运行的制约和监督，一体推进不敢腐、不能腐、不想腐，营造了风清气正的办学治校育人环境。

一、强化责任担当，压实"两个责任"

严格落实主体责任。校党委把全面从严治党作为首要政治任务，认真落实全面从严治党主体责任，将党风廉政建设和反腐败工作列入学校重要议事日程，坚持把党风廉政建设与学校各项工作同安排、同部署、同落实、同检查、同考核，不断推动学校党风廉政建设和反腐败工作深入开展。成立了以校党委书记为组长，全体校领导为成员的全面从严治党主体责任领导小组，健全完善"一把手负总责，分管领导各负其责，班子成员齐抓共管，纪委监督协调"的领导体制和工作机制。先后制定了《中共华北水利水电大学委员会关于全面从严治党的实施意见》《中共华北水利水电大学委员会关于落实党风廉政建设党委主体责任和纪委监督责任的实施办法》《中共华北水利水电大学委员会关于进一步加强领导班子及成员党风廉政建设"一岗双责"的实施办法》《中共华北水利水电大学委员会履行全面从严治党主体责任清单》等规章制度，有效推动了校院（处）两级主体责任的落实。在2017年度、2019年度省管高校党风廉政建设责任制考核中，受到省委高校工委通报表扬。

认真履行监督责任。校纪委在校党委和上级纪委的双重领导下，认真履行党内监督专门机关的职责，协助校党委加强党风廉政建设和组织协调反腐败工作，强化监督执纪问责，全面贯彻落实监督责任。每年都协助校党委召开全面从严治党工作会议，对纪检监察工作进行总结和部署；及时向学校党委报告、传达上级纪委监委最新工作精神和部署要求，结合学校实际提出贯彻落实意见建议；对重大问题、紧急事项，及时提请党委会研究解决。制定《党风廉政建设责任目标》，实行责任分解，明确各项任务的责任领导和落实部门。先后制定《校纪委专兼职纪检员选任管理办法》《中共华北水利水电大学委员会基层党组织纪检委员管理办法（暂行）》，明确纪检委员工作职责，探索建立二级学院监督制度，对二级学院"三重一大"事项的决策工作进行全程监督。组织签订《全面从严治党责任书》《党风廉政建设责任书》，引导领导干部明责任、知风险，督促领导干部自觉履行党风廉政建设职责，将党风廉政建设责任制落实情况列入校属各单位年终考核体系。

二、持续纠治"四风"，深化作风建设

注重建章立制，作风建设常态化。校党委始终高度重视作风建设，尤其在中央八项规定、省委若干意见出台后，及时制定《中共华北水利水电大学委员会关于贯彻落实中央八项规定实施细则的实施办法》，进一步增强了全校党员干部落实中央八项规定及实施细则精神的思想自觉和行动自觉。先后印发《华北水利水电大学因公出国经费管理办法》《中共华北水利水电大学委员会关于严禁党员领导干部在婚丧喜庆事宜中大操大办暂行规定》《华北水利水电大学公务接待管理办法》《华北水利水电大学关于严禁制作采购赠送各类纪念品的规定》《华北水利水电大学公务用车及车队管理办法》等规章制度，严控"三公"经费，大力治奢倡俭，持续正风肃纪。

强化监督检查，狠抓制度执行。校纪委制定《关于落实"八项规定"精神的监督检查办法》，通过开展自查自纠与监督检查，把改进调查研究、精简会议文件、

规范出国考察培训、严控"三公"经费支出、厉行勤俭节约等方面的要求落到实处，确保制度执行到位。紧盯重要时间节点，下发廉洁自律通知，发送廉洁提醒短信，开展走访式提醒监督。会同党委办公室、校长办公室对节假日公务用车使用情况、全校办公用房进行实地检查，发现问题责令及时整改。同时，加强对党的群众路线教育实践活动、"三严三实"专题教育、"不忘初心、牢记使命"主题教育的督导检查，为各项主题教育顺利开展提供纪律保障。

开展专项治理，规范从政行为。2011—2020年，在党员领导干部中先后开展公务用车专项治理、清理"小金库"、清退会员卡、治理懒政怠政、身份证出国（境）证件专项清理、违规公款购买消费高档白酒集中排查整治、"帮圈文化"专项排查、形式主义官僚主义专项治理、不担当不作为专项治理、违反中央八项规定精神专项整治、"一人多证"专项清理、违反中央八项规定精神问题整改情况"回头看"等多项专项治理活动，以永远在路上的恒心和韧劲，驰而不息纠治"四风"，努力营造干事创业、风清气正的良好氛围。

做好行风评议，维护师生利益。2011—2014年，根据上级要求，学校每年都积极开展民主评议行风工作。通过强化组织领导、制订实施方案、召开动员会议、抓好问题整改、开展评议宣传、畅通反映渠道等，开展多种形式的创建、测评和督促整改活动，有效地促进了学校办学、招生、收费等方面的规范管理和领导干部作风、师德师风、学风、校风建设，营造充满活力、积极进取、奋发向上、风清气正的办学环境。学校荣获"2011年度学校行风建设工作先进单位"，受到河南省政府表彰。

三、强化监督职责，规范权力运行

突出抓好政治监督。一是做好疫情防控监督工作。2020年年初疫情暴发后，制定《华北水利水电大学应对新型冠状病毒感染的肺炎疫情工作督查方案》《中共华北水利水电大学纪律检查委员会关于新型冠状病毒感染肺炎疫情防控监督执纪问责方案》，通过现场检查、明察暗访、参加会议、听取汇报、履责纪实、查阅资料、约谈提醒等方式，深入一线督导检查，主动靠前贴身监督，规范精确问责。对3名违反疫情防控规定的教师进行了通报批评，对一起干扰疫情防控规定的事件进行了全校通报，起到了良好的警示震慑作用。二是围绕学校党委行政重要决策部署开展监督。围绕学校重点工作，制定专项监督检查方案，开展专项督查，发挥监督保障作用，保障重点工作高质高效完成。三是开展巡视整改监督。针对2016年和2018年两次省委巡视反馈意见，逐条对照开展监督检查，确保学校巡视工作按时按质按量完成，保证各项工作任务顺利推进。四是加强对习近平总书记重要指示批示精神落实情况的监督。2020年，针对落实习近平总书记关于"坚决制止餐饮浪费"的重要指示精神，要求后勤服务中心、团委组织开展工作，强化引导宣传，厉行勤俭节约。五是加强对意识形态责任制落实情况的监督。坚持《纪委干部听课制度》，深入教学一线，筑牢课堂教育主阵地。

加强对重点领域、关键环节的监督。一是聚焦招投标工作。与国资处（招标办）、财务处、审计处等部门密切协作，参与工程、货物、服务招标采购项目的考察、验收及监督工作600余次，促进招标采购工作不断科学化、规范化。二是聚焦招聘、招生工作。对人事招聘工作中的招录考试、面试和评分环节进行重点监督。

深入到招生现场进行监督，及时处理反映招生问题的来信来访，维护招生工作的严肃性。三是聚焦职称评审工作。对职称评审工作进行监督，及时查处反映职称评审的信访举报。通过召开评前提醒工作会、现场组织签订《廉洁自律承诺书》、全程录音录像、现场监督等多种方式，压紧压实各方责任，保证职称评审工作的公平、公正。四是聚焦选人用人工作。2012年、2015年和2018年，加强对中层领导班子换届工作的监督，认真做好干部提拔任用"党风廉洁意见回复"工作，把好选人用人政治关、廉洁关、形象关。

积极深化"三转"。2015年，校纪委按照上级"转职能、转方式、转作风"要求，积极转变监督方式，聚焦监督执纪问责主业。制定了《华北水利水电大学招标采购监督检查办法》《华北水利水电大学招生监督工作暂行办法》《华北水利水电大学科研经费使用管理监督办法》，强化职能部门的廉政主责。督促学校和各部门、各单位认真贯彻落实"三重一大"事项决策制度，主动加强对学校重点工作的督察督办，确保中央、省委和学校党委的重大决策部署得到贯彻落实，突出监督的再监督，检查的再检查。2019年，制定出台《关于做实做细日常监督工作的意见》，明确了谈话监督、参会监督、调研监督、备案监督等多种日常监督方式，加强对党员干部的日常监督、教育和管理，进一步落实全面从严治党要求。2020年，制定了《华北水利水电大学招标采购及项目实施监督办法》，明确了招投标采购活动中主体监督、审计监督、财务监督、合规性监督、纪委监督的再监督、项目执行情况监督的责任主体和各自的监督内容及方式，规定了对代理机构、投标单位、招投标活动中相关人员进行责任追究的具体情形及方式，进一步规范了招投标行为，完善了招投标监督工作运行机制，保证了招投标工作质量和效率，提高了采购资金使用效益，切实维护国家、学校和师生员工利益。

强化廉政风险防控。2013年，制定《中共华北水利水电大学委员会惩治和预防腐败体系建设2013—2017年实施意见》，将廉政风险防控机制建设工作纳入二级单位党风廉政责任制考核工作中，推动惩治和预防腐败工作落到实处。持续深化"查找廉政风险 构筑拒腐防线"活动，督促各部门结合岗位职责查找风险点，从加强教育、明晰职责、优化流程、完善制度和强化监督等方面入手制定防控措施。

四、坚持标本兼治，持续深化以案促改

严格纪律审查调查。校纪委认真践行监督执纪"四种形态"，抓早抓小，防微杜渐，同时通过查办案件，强化不敢腐的震慑。通过信访举报、上级交办、监督检查中发现问题等渠道共接收信访件238件。校纪委深入调查举报内容，严肃执纪，分类处置。对于已经形成违纪事实的严肃处理，共给予41人批评教育、诫勉谈话、提醒谈话、通报批评、党纪处分、政务处分、岗位调整；对于尚未形成事实的苗头性问题及时谈话提醒、督促改进；对存在明显管理漏洞、制度有短板的部门下达监察建议书。修订了《华北水利水电大学处级干部任前廉政谈话实施办法》《华北水利水电大学廉政建设责任制谈话制度》，不断强化源头治理。认真做好2016年、2018年两次省委巡视组移交的76个纪检监察类问题线索的调查核实工作，严肃处理违规违纪行为，督促相关部门落实巡视整改任务，巡视移交问题线索核查和整改工作受到省委巡视组的充分肯定。

持续深化以案促改。自2018年以来，根据中央纪委和省纪委要求，校纪委积极协助校党委开展以案促改工作，努力构建党委统一领导、纪委主导推进、部门协调配合的统筹联动体制机制。一是强化组织领导，压紧责任落实。成立了以党委书记王清义任组长、其他领导班子成员任副组长的"坚持标本兼治推进以案促改工作领导小组"，加强组织领导。制定《以案促改制度化常态化实施细则》《以案促改工作方案》，对全校以案促改进行部署安排，明确方法步骤，细化责任要求。召开全校以案促改工作推进会暨警示教育大会，对以案促改工作进行再动员、再部署。校纪委通过下发监察建议书、编印以案促改警示教育材料、督导基层党组织以案促改专题组织生活会、组织集中检查等方式，加强对学校各单位以案促改工作的协调指导，确保以案促改各项任务落实到位。二是注重建章立制，堵塞管理漏洞。2018年，校纪委会同组织、人事、基建、后勤等重点部门查找梳理廉政风险点106个，制定防控措施131个，制定出台《华北水利水电大学风险防控重要事项关键环节监管体系建设实施办法（试行）》，真正达到以案促建，扎牢"不能腐"的笼子。三是坚持问题导向，着力整改提高。紧紧围绕学校中心工作，通过走访座谈、书面调研等方式，广泛征求基层师生意见，开展教育资助政策落实情况自查自纠、违反中央八项规定精神专项治理、财务管理专项治理和漠视侵害群众利益问题专项整治，把发现问题、解决问题贯穿以案促改全过程，着力整改提高。四是强化教育延伸，放大标本兼治效应。在运用典型案例开展警示教育的基础上，2020年12月，校党委、校纪委联合组织开展"以案说纪"大赛，对典型案例进行再深挖、再演绎，以通俗易懂的方式将以案促改工作的理念与内涵进行传递，使师生受到生动的党性教育和精神洗礼，增强党员干部"不想腐"的自觉。该项活动被省纪委监委网站、央广网、中国网、大公网等权威媒体报道，获得了一致好评。

五、开展反腐倡廉教育，营造廉洁校园氛围

认真开展廉政教育。突出党员领导干部这一重点，通过为党员领导干部发放《党风廉政建设》《学思践悟》《典型案例汇编》等书籍，组织党员干部观看《四风之害》《生命线》《中国道路》《失德之害》等廉政教育片，邀请省高校纪工委李莉华书记、省纪委驻教育厅纪检组程云主任、省纪委党风政风监督室胡云生副主任、省委巡视组张国芝博士等作专题报告，组织党员干部观看廉政戏剧《全家福》《九品巡检——暴式昭》，组织处级领导干部参观河南省豫中监狱、新乡监狱、河南省廉政文化教育馆，举办典型案例警示教育展、《中国共产党纪律处分条例》知识竞赛、"廉洁自律，警钟长鸣"警示教育展，对新任处级科级干部开展任前廉政谈话教育等多种形式，教育引导全校广大党员干部知敬畏、存戒惧、守底线。

抓好学生廉洁教育。校党委、纪委牢牢把握高校立德树人这一根本任务，紧贴大学生生活实际，不断创新廉洁教育方式，提升针对性实效性，筑牢大学生拒腐防变思想道德底线。坚持新生入学廉洁行为"八不准"倡议，将倡议书内容纳入新生入学教育内容，在新生入学"关口"上强化廉洁意识。2019年、2020年连续举办两届"清风启程"——毕业生廉政党团课品牌活动，通过誓廉言、寄廉语、致廉辞、演廉剧、访廉生、送廉行等环节，引导毕业生树牢廉洁意识，教育毕业生扣好职场路上的"第一粒扣子"。该品牌活动获得2019年度省管高校廉洁教育优秀案例

一等奖，受到《人民日报》、中国青年网、中国网等权威媒体转载报道。

注重廉政文化建设。举办廉政文化作品展，弘扬崇廉尚洁的良好风气。积极参加全省高校举办的校园廉政文化征文、廉洁案例征集和廉政文化作品征集大赛等活动，累计获奖60余人次，多次获得全省高校优秀组织单位奖。发挥学生廉洁社团作用，引导学生树立崇德尚廉意识。获批2017年度河南省高校哲学社会科学研究创新团队——华北水利水电大学反腐倡廉建设研究团队，取得了一批有影响的研究成果。自2017年以来，获批河南省人文社会科学（教育廉政理论研究）专项任务项目重点课题3项，一般课题8项，为学校加强党风廉政建设、破解实践难题提供了理论支持。协助举办两届清廉中国·黄河论坛，助力廉政理论研究更好服务党风廉政建设。

六、积极稳妥推进纪检监察体制改革，助推学校纪检监察工作高质量发展

坚决贯彻落实省委、省纪委监委改革部署。自2019年10月改革工作启动以来，学校党委切实担负起主体责任，把省管本科高校纪检监察体制改革作为增强"四个意识"、坚定"四个自信"、做到"两个维护"的实际行动，认真解决机构设置、人员配备、条件保障、组织领导等方面的困难和问题，确保顺利完成改革目标任务。学校党委书记作为第一责任人，自觉主动担负起首责全责。学校纪委加强与上级部门和学校党委的沟通，主动请示报告，积极推动各项工作任务按时按质完成。

全面落实"七有"要求、做到"七个到位"。2019年12月，学校制定印发了《中共华北水利水电大学委员会纪检监察体制改革实施方案》。根据实施方案的要求，撤销监察处，成立监察专员办公室，

与纪委合署办公，"七个到位"要求已全面落实。一是领导班子方面，配备书记1名，副书记2名。二是内设机构方面，设立综合室和第一、第二、第三纪检监察室。三是编制保障方面，由原编制11人增加至13人。四是干部队伍结构方面，研究生以上学历10人，占比83.3%；平均年龄40岁，40岁以下9人，占比61.5%。五是办公场所和办公办案装备方面，按编制和规定为全体纪检监察干部配备相应办公场所和必备的办公硬件设施，以及独立的会议室。2020年6月，成功接通纪检监察系统内网，成为河南省首个接通内网的省管高校。六是谈话场所方面，按照省纪委监委要求，2020年12月，高质量建成了标准谈话室。七是办案经费方面，党委全力支持纪委办案，将办案经费、廉政教育经费及办公经费纳入年度预算，并足额保障。

持续推进纪检监察工作规范化制度化建设。顺应纪检监察体制改革新形势，校纪委建立健全各项工作机制，完善内部管理，突出抓好纪检监察工作规范化运行。一是建立信访和问题线索集中管理机制。设立综合室、第二纪检监察室分别负责对信访举报和问题线索分类处置、集中管理，实行动态更新、定期汇总核对，专人逐件编号登记，建立管理台账，信访举报、问题线索处置情况全程登记备案。修订完善《中共华北水利水电大学纪律检查委员会信访举报问题线索处置管理暂行办法》，规范信访举报、问题线索处置工作。二是完善案件审理机制。设立案件管理科负责审查调查，设立宣传教育科承担审理职责，坚持审查调查与案件审理分开，审查调查人不参与审理。三是坚持和完善民主集中制。制定出台《中共华北水利水电大学纪律检查委员会执纪执法办案专题会

议议事规则》，对问题线索进行集体研究处置，推进执纪执法办案的规范化、制度化。制定《中共华北水利水电大学纪律检查委员会书记办公会制度》《中共华北水利水电大学纪律检查委员会全体会议议事规则》，将纪检监察机关自身权力运行的规章制度进一步细化，确保各项工作有章可循、有规可依。

第三节

统 战 工 作

学校坚持以习近平新时代中国特色社会主义思想为指导，深入贯彻落实习近平总书记关于加强和改进统一战线工作的重要思想，以《中国共产党统一战线工作条例》为重要遵循，紧紧围绕加强党对统一战线工作的集中统一领导，提升政治站位，完善体制机制，建立健全大统战工作格局，进一步夯实统一战线成员共同奋斗的思想政治基础，不断推进统战工作科学化、规范化、制度化，为学校改革发展稳定凝心聚力，为河南经济社会发展献计出力。学校多次荣获全省统战工作成绩突出单位、河南省高校统战工作示范单位、河南省民族团结进步创建示范单位等荣誉称号，得到了省委领导的充分认可。

一、加强党的领导，完善大统战工作格局

学校高度重视统战工作，坚持把统战工作纳入校党委重要议事日程，纳入党政领导班子工作考核内容，纳入宣传工作计划，纳入党政干部教育培训内容。校党委领导率先垂范，认真履行"四个亲自""三个带头"，高频次参加统一战线重要活

动。各级党员领导干部带头学习宣传和贯彻落实统一战线政策法规，广交、深交党外朋友，形成了各级党员领导干部懂统战、会统战、关心统战、支持统战的良好局面。2018年，成立了由校党委书记任组长的统一战线工作领导小组、民族宗教工作领导小组，不断完善党委统一领导、统战部牵头协调、有关单位各负其责的大统战工作格局。2018年，在全省高校率先落实统战部长进党委工作要求，各基层党组织设立统战委员，配齐配强统战工作队伍，进一步形成全党重视、共同做好统战工作的合力。

2019年7月5日，河南省委常委、统战部部长孙守刚到学校调研指导工作，参观了学校统战工作主题展板，听取了校党委书记王清义关于学校整体情况、党建工作，特别是统战工作的汇报，对学校党委主动担当统战工作主体责任、充分发挥党外人士的优势和作用、积极参与脱贫攻坚、建言献策、服务社会发展和国家水利水电建设等方面取得的成绩给予充分肯定。孙守刚与河南省政协副主席、民建河南省委会主委龚立群，河南省委统战部副部长张利芳，河南省委高校工委党组书记、省教育厅厅长郑邦山等共同见证了民建河南省委会与学校签署战略合作协议。

二、加强制度建设，健全统战工作机制

2011年起，先后制订了《关于加强新形势下统一战线工作的实施意见》《关于进一步完善校院两级党员领导干部与党外代表人士联谊交友的实施意见》《关于加强和改进新形势下基层党组织统战工作的实施意见》《关于支持民主党派和统战团体基层组织加强自身建设的实施意见》《党外代表人士参与学校民主管理和民主监督工作制度》《党外知识分子统战工作制度》《民族宗教工作联席会议制度》等

20余项制度，逐步形成有制可依、有规可守、有章可循的制度体系，为统战工作顺利开展提供方向引领和制度保障，不断提高统战工作制度化、规范化、科学化水平。

三、强化同心引领，夯实共同的思想政治基础

以学习贯彻习近平新时代中国特色社会主义思想和党的十九大精神为主线，通过专题培训、交流研讨、现场观摩等方式，支持各民主党派、无党派人士开展"不忘合作初心，继续携手前行"主题教育活动。先后组织民主党派和统战团体代表赴愚公移山干部学院、井冈山红色文化教育学院、新乡先进群体教育基地等开展学习培训；赴嘉兴南湖、上海中共一大会址、中国民主党派历史陈列馆、香山革命纪念馆、焦裕禄纪念馆等红色教育基地开展实践考察；成立"同心读书会"，围绕"弘扬爱国奋斗、建功立业新时代"等主题，开展读书分享活动；积极组织党外知识分子座谈会、征文、书画、图片征集、诗歌朗诵等主题活动。2017年荣获河南省同心书画展优秀组织单位，2018年荣获河南省高校统一战线诗歌朗诵比赛三等奖，2019年荣获河南省高校统一战线庆祝新中国成立70周年系列活动优秀组织奖、诗歌朗诵比赛二等奖，张新中、严军、赵荣钦入选全省高校100名优秀党外知识分子。

四、坚持多措并举，指导民主党派和统战团体基层组织加强自身建设

按照新时代中国特色社会主义参政党建设的要求以及各民主党派和统战团体的章程和有关规定，帮助民主党派和统战团体基层组织加强思想、组织、作风和制度建设，定期召开民主党派及统战团体主要负责人工作会议，及时了解情况，部署有关工作。2013年，在花园校区建设民主党派活动室；2020年，在龙子湖校区启用统

一战线之家。协助民主党派做好基层组织负责人的物色、培养、举荐、考核工作和基层党组织换届工作，把好成员发展入口关，不断优化年龄、职称结构，为民主党派和统战团体开展社会调研提供支持。九三学社华水支社连年被九三学社农大委员会评为"先进集体"和"社内监督工作先进单位"。2019年，民革华水支部荣获"河南民革示范支部"称号。2020年，民建华水支部主委杨雪被民建中央评为"全国优秀会员"，民建华水支部被授予"民建省委抗击新冠肺炎疫情先进集体"。

2014年5月，学校成立党外知识分子联谊会。制定了《华北水利水电大学党外知识分子联谊会章程》。2019年12月，完成党外知识分子联谊会的换届工作。修订了《华北水利水电大学党外知识分子联谊会章程》。知识分子联谊会充分发挥"联系广泛、人才荟萃、智力密集"的优势，推出了一批理论研究和实践创新成果。

2018年12月，学校成立欧美同学会（留学人员联谊会），制定了《华北水利水电大学欧美同学会（留学人员联谊会）章程》。

五、提高政治站位，推动民族宗教工作扎实有效开展

（一）民族团结进步创建工作

以铸牢中华民族共同体意识为主线，全面贯彻落实党的民族政策，着眼加强"五个认同""三个离不开"教育，以社会主义核心价值观为引领，以"五个一"建设为抓手，不断丰富宣传教育载体，深化民族团结进步教育工作。2017年12月，学校被授予首批"河南省民族团结进步创建示范单位"。2019年，学校荣获河南省高校"中华民族一家亲 同心共筑中国梦"主题演讲比赛优秀组织奖。2016年起，学校长期关注扶持以新疆籍大学生库

尔班江等为代表的少数民族学生创业典型，注重政治上关怀、学业上关心、生活上关爱、就业创业上关切，培养少数民族学生成长成才。

（二）宗教工作

学校各级党组织深入学习贯彻习近平总书记关于宗教工作的重要论述和重要指示批示精神，落实中央、省委宗教工作决策部署和习近平总书记视察河南时提出的"推动宗教治理由治标向治本深化"重要指示精神，坚持"导"的思想，不断提升宗教工作法治化水平，切实维护校园和谐稳定和国家政治安全。学校成立了宗教工作领导小组，出台了《宗教工作联席会议制度》等8项宗教工作制度，形成了统战部门牵头协调，有关部门各负其责、齐抓共管的工作格局。积极运用各类宣传媒体，开展丰富多彩的校园活动，大力宣传习近平新时代中国特色社会主义思想和党的民族宗教方针政策。先后举办宗教工作专题报告8场，为党员发展对象讲授专题党课10余次；每年印制《大学生中国特色社会主义民族宗教理论知识手册》《大学生宗教政策明白卡》，并发放给全体新生；组织全体新生参加河南省大学生民族宗教知识网络竞赛，2019年、2020年连续两年获得优秀组织奖。

六、聚焦中心工作，支持党外人士建功立业

（一）搭建校地合作平台

2019年7月，民建河南省委与学校签署战略合作协议，学校民建会员及其他党外人士充分利用学科、专业、人才、平台等优势，紧紧围绕"河南省先进制造业和现代服务业"等主题，扎实推进构建学校和民主党派协同发展的长效机制，凝聚了校地融合、互利共赢的发展合力。其中杨雪、李纲与赵荣钦撰写的《关于现代服务

业与制造业深度融合推动经济高质量发展的提案》获省政协采纳，被省长尹弘领办督办。李纲、杨雪提交的《基于现代信息技术的河南省优化营商环境立法建议》，有关内容被吸纳进新施行的《河南省优化营商环境条例》。

（二）主动融入黄河流域生态保护和高质量发展战略

九三学社华水支社多次赴引黄入冀补淀工程、黄河滩区、小浪底水利枢纽工程等开展调研；民进华水委员会赴南水北调中线渠首、小浪底水利枢纽工程实地考察；民盟支部宰松梅参加中央调研课题《加强全流域协同配合，推进黄河保护和治理》的研究；严军、赵荣钦、高军省、李宝萍等多位党外人士参与了省委统战部组织的民主党派联合调研活动，形成了一批高质量的调研报告，并于2020年10月作为主讲嘉宾参加第八期河南省统一战线双月谈，得到了省委领导的充分肯定。

（三）围绕经济社会发展热点难点建言献策

学校党外人士充分发挥专业优势，紧密结合经济社会发展需求，广泛开展调查研究、建言献策。2014年，民进华水委员会的提案《加强南水北调中线水源地水质保护体系建设的建议》被省民进采纳；2016年，民革马勇完成了郑州市一号地铁延长线科学大道站大型浮雕设计、制作工作；2017年，邱林等无党派人士参与全省水利工作有关调研，杨雪的《产业新城模式对河南的贡献》《新粮食安全的对策建议》等提案被民建省委采纳；2018年，无党派人士王文川赴豫南多地进行"水生态文明"专题调研，民革华水支部赴广州、深圳进行"农村劳动力返乡"调研；2019年，民建华水支部就"加快制造业转型升级"赴上海、洛阳等地进行调研；2020

年，民进华水委员会完成了《关于构建黄河沿岸生态文明长廊的建议》《沿黄河经济带开发利用的综合举措》等调研报告并提交至民进省委，九三学社向社中央提交议案《黄河流域重点水利水电工程存在的主要问题和建议》。

（四）开展社会服务，助力脱贫攻坚

民进华水委员会与兰考一高、周口鹿邑邱集乡中学、荥阳市浮戏山环翠峪小学，民革华水支部与辉县沙窑中心学校，民建华水支部与平顶山郏县姚庄回族乡中，九三学社华水支社与小浪底移民新村小学和洛阳慈善学校等分别结成了智力帮扶对子。民建华水支部在嵩县推广灵芝项目，2017年完成了种植灵芝1万余株，实现产值200万元的目标。2015年起，连年前往周口市鹿邑县邱集乡中学进行助学帮扶慰问，累计捐赠价值30000余元学习用品。民盟华水支部、民进华水委员会利用端午节、中秋节等节庆日为福利院和养老院送去温暖和爱心。民建支部周思修常年为福利院、孤寡老人、贫困学生捐款捐物近200万元。2020年，学校统一战线成员积极投身抗"疫"大战，累计捐款126万余元，捐赠防护口罩2000余个、取暖机3000余台，为抗击疫情贡献了华水统战力量。

七、积极"涵养水源"，加强党外代表人士队伍建设

坚持储才、育才、用才并举，不断加强党外代表人士队伍建设。按照省委统战部、省委高校工委统一安排，2020年在全省高校开展了党外干部队伍建设专题调研，提交高质量调研报告《关于加强党外干部队伍建设的若干思考和建议》。建立党外代表人士库，进一步完善和优化党外代表人士队伍梯次结构，选派和安排更多有发展潜力的党外人士参加政治培训和实践锻炼。2011—2020 年，近 50 名党外人士参加省级以上培训，其中 2015 年张新中参加党外全国及省级人大代表培训班，2019 年李纲赴中央社会主义学院参加第 24 期高校党外知识分子理论研究班、杨雪参加 2019 年秋季省委党校高级专家进修班。2013 年王晶被河南省审计厅聘为特约审计员，赴鹤壁挂职锻炼；2020 年赵荣钦赴河南省工业和信息化厅挂职锻炼。积极向省委统战部举荐人才，多位党外人士兼任社会职务。张新中连续三届任河南省人大常委会委员、周黄河任郑州市政协社会法制委员会委员、杨雪任河南省民建经济委员会主任、李宝萍任民进河南省委员会委员、宰松梅任民盟河南省委生态文明委员会委员。制定《党外干部培养选拔工作联席会议制度》，形成了党委统战部与组织部共同制定规划、物色选拔、培养教育、考察人选、讨论研究、督促检查的协作配合机制。重视党外干部的培养和使用，截至 2021 年 3 月，学校党外处级以上干部 24 人，占全校处级干部总数的 10%。

第四节

工会及离退休职工工作

一、工会工作

（一）双代会工作

2017 年 8 月，学校召开了第六届七次教职工代表大会暨工会会员代表大会，讨论通过了学校《华北水利水电大学"十三五"发展规划》，为学校"十三五"期间的发展指明了方向。

2017 年 12 月，召开了第七届第一次教职工代表大会暨工会会员代表大会，来自全校各分工会的 188 名教职工代表和大会主席团成员认真听取了刘文锴校长所作的题为"抢抓机遇　深化改革为建设特色鲜明的高水平水利水电大学而努力奋斗"的工作报告，听取了校党委副书记、工会主席马书臣所作的"凝心聚力　开拓进取为建设特色鲜明的高水平大学而努力奋斗"工作报告。大会选举产生了新一届工会委员会，委员 21 人。工会委员会第一次会议选举马书臣为第七届工会委员会主席，王艳芳、丁灵濛当选第七届工会委员会副主席。

2019 年 12 月，召开七届教代会第二次会议，讨论通过了《华北水利水电大学奖励性绩效工资发放办法（修订）》。

（二）积极参与学校工作

校工会积极参与学校工作，作为联系党委和广大教职工的桥梁和纽带，及时向党委反映教职工关心的热点问题，维护广大教职工的切身利益，协助党委做好教职工的思想政治工作，服务学校大局。

积极组织参与校园文明建设工作，开展丰富多彩的文化体育活动和各种技能培训，调动广大教职工积极性，培养团队合作精神和拼搏意识，提高教职工的生活品位和质量，丰富校园文化的内涵。

（三）参加河南省总工会教学技能竞赛

河南省总工会教学技能竞赛奖励情况见表 13-3。

（四）校工会获得荣誉

校工会获得荣誉情况见表 13-4。

二、离退休职工工作

学校认真落实离退休干部政治待遇和生活待遇，创新思维模式和工作方法，加强离退休党员基层组织建设，执行好"三会一课"制度，使离退休党员离岗不离党，过好组织生活，发挥老党员模范带头作用，在学校党建、管理、教学、科研等领域发挥余热、做出贡献。

表 13－3　　　　　　　　　　　河南省总工会教学技能竞赛奖励一览表

年度	特等奖并获五一劳动奖章	一等奖"河南教学标兵"	二等奖	三等奖
2012	田 歌	戴明清　苏 淼　王会凯 李 燕	王林南　李 萍　卢保娣 张金辉	娄 妍
2013		李海华　刘 洁　刘艳珍 左卫兵　鞠荣丽　刘徐方 邢 毅	杨光瑞　应一梅　李娟娟 王兰锋　彭高辉　王 绚	李世杰
2014		杨华轲　韩素兰　运红丽 谷 娟　任 岩	陈自高　郭 飞　罗玲谊 王 慧　宋凯果	李晓筝　陈贡联
2015		李金锴　贾 敏　闫淑卿 罗世钧　张 蕊　白 娟 韩 珂	吴 娜　霍 贺　赵爱清 张贞贞	张 璐
2016	常霜林	王 浩　常 燕　张卫健 刘志成　李红霞	温 丽　马 青　张金芳 朱明江　赵新世　李建威	
2017		王湘云　何慧爽　杨紫玮 高海燕　姚志宏　张云鹏 徐冬梅　应一梅　杨文海	温 丽　丰晓萌　李慧敏 彭高辉　姚文志　刘 云 张建华　孙新娟　赵 静	
2018		王冠军　朱涵钰　马 青 王培珍　王 慧　张建华 孟俊贞　翟丽平	袁进霞　贾迪扉　朱明江 马海霞　赵东保　陈露露 吴怀静　金向杰　齐青青 丁泽霖　张宝玲	王希胜
2019		白 冰　张忆萌　李闻天 杜晓晗　连文莉　王晓妍 李 鹏	宋丽娟　李 雪　魏 冲 刘 辉　孙梦青　耿进昂 齐 爽	田伟丽　肖 恒　李晓蕊 崔大田　杨 蕾　王 博
2020		石艳柯　布 辉　闫旖君	陈 希　于福荣　崔 欣 田伟丽	申 杰　徐海军

表 13－4　　　　　　　　　　　校工会获得荣誉一览表

年度	授 予 单 位	获 得 荣 誉
2013	河南省教育工会委员会	2012 工会财务工作先进单位
	河南省总工会	河南省模范职工之家
	河南省教育厅、河南省总工会	金秋助学活动先进单位
2017	河南省教科文卫体工会	工会工作先进单位 高校网上工会工作先进单位
2018	河南省教科文卫体工会	工会工作先进单位
2019	河南省教科文卫体工会	工会工作先进单位、助力脱贫攻坚先进单位、网上工会 工作先进单位、工会财务工作先进单位
2020	河南省总工会、河南省教育厅	河南省教育系统 2020 年教学技能竞赛优秀组织奖
	河南省教科文卫体工会	工会工作先进单位、助力脱贫攻坚服务行动先进单位

（一）搭建平台，离退休干部持续发挥余热

离退休干部离岗不离党，离校不离心，在校内教学督导团、关心下一代工作委员会等岗位上为青年教工的成长、青年学生的成才做了大量的工作，为学校和社会的发展做出了贡献。退休教授孙绪金长期担任关工委的工作，常年为新参加工作的青年教工和辅导员集中上课、培训，为青年教工传授教学经验和为师之道，受到广泛好评。李以明和史秀玉两位教授多次为学校的大型活动指导、编排，充分发挥了自己的专业优势。李树梧、邱从仪、秦国安三位抗美援朝老战士应邀为学校师生讲述人民志愿军舍生忘死、浴血奋战的英雄事迹，并接受党委宣传部专访，为广大师生开展生动的爱国主义教育。

学校与周边社区共建服务平台，积极支持离退休干部参与社区活动，使离退休干部能够就近学习、就近活动，发挥余热，老有所乐。

（二）积极组织，离退休职工为学校增光添彩

离退休职工踊跃参加省、市组织的各项活动，并屡获佳绩，为学校赢得荣誉。学校先后荣获高校离退休干部思想政治工作先进单位、"庆祝改革开放40周年"征文活动先进单位、"共筑中国梦 添彩大中原"正能量活动组织先进单位、省直"畅谈""建言"活动组织先进单位、"增添正能量 共筑中国梦"征文活动组织工作先进单位、"我和我的祖国"征文活动组织工作先进单位。校老年舞蹈队在省委老干部局和郑州市组织的广场舞及健身操活动中屡获佳绩，老年门球队在省直单位比赛中始终名列前茅，为学校争得了荣誉。

第十四章

宣传思想工作与文明校园创建

学校宣传思想与文明单位建设工作，聚焦落实立德树人根本任务，自觉承担起"举旗帜、聚民心、育新人、兴文化、展形象"的使命，紧密围绕学校中心工作、服务学校事业发展大局，牢牢把握正确的舆论导向，守正创新，主动担当作为，全面加强宣传思想工作，积极开展学校形象宣传，合力构建融媒体中心，大力加强学校文化建设，深入开展群众性精神文明创建，唱响主旋律、弘扬正能量，讲好华水故事、传递华水声音、弘扬华水文化、传承华水精神，为建设特色鲜明的高水平水利水电大学提供坚强思想保证和强大精神动力。

第一节

新闻宣传工作

一、校报编辑发行工作

校报按照"围绕中心、服务大局"的指导思想，牢固树立精品意识，不断创新工作思路，在内聚人心、外树形象、舆论引导、成就展示、推动工作等方面发挥了重要作用。校报作为校园宣传的传统主阵地，始终坚守舆论阵地，牢牢把握舆论导向、发挥思想价值引领作用，在习近平新时代中国特色社会主义思想指引下，紧紧围绕学校党政工作要点，深入学习宣传学校"质量立校、人才强校、特色兴校、开放活校"发展战略，为学习宣传贯彻落实党的路线方针政策、坚持社会主义办学方向、提升办学水平、全面深化综合改革推动学校各项工作再上新台阶做出积极贡献。作为联系广大师生的桥梁，展现学校师生精神风貌的窗口，校报以社会主义核心价值观为引领，密切关注全校师生的教学、科研、学习和生活，重视典型报道，深入挖掘身边典型、讲好"华水故事"、传递"华水好声音"、记录"华水历史"，用身边人身边事教育人感染人，引导青年大学生树立正确的人生观、价值观和世界观，为树立新风正气，提升校园文化品位，提高学校社会知名度、文明度、影响力发挥了积极作用。

2012年，从校报第325期起实现了四版彩色印刷，更新了校报报头、版面。2013年5月，校报随学校更名后相应更名为《华北水利水电大学报》。2016年之前，校报每年出版10期左右。2016年之后，校报出版数量稳定在16～17期。2018年，在校报400期之际，校报编辑部收集整理了第201～300期、第301～400期，编辑出版了两个百期校报缩印本，为记录华水历史保留了大量珍贵的素材。

校报特别注重先进典型的宣传，持续抓典型、树榜样。第 332 期刊登了《好人杨乔——记华北水利水电学院杨乔教授》，报道了"华水好人"杨乔平凡而感人的事迹；第 344 期刊登了《兄弟，放心！你走后，我就成了你——记我校品学兼优、重情厚义的刘怀强同学》；第 358 期报道了《我校校友刘慈欣的科幻小说〈三体〉获"雨果奖"为亚洲首次获奖》；第 351～361 期以"学习孟瑞鹏精神，弘扬青春正能量"主题进行了系列连续报道。2015 年 6 月 17 日，中央、省 18 家媒体集中调研采访孟瑞鹏先进事迹和精神，第 355 期进行了相关消息的报道，在全校师生中及社会上产生了强烈反响和共鸣。第 391 期专版推出"我为正能量代言"获奖先进个人和集体事迹展，宣传华水立德树人成效。2018 年起，校报在 3 版开设华水故事、华水榜样专栏，系列报道学校文明创建、教学科研、后勤服务等涌现出的师生先进典型。

校报陆续推出有思想、有温度、有品质的精品力作，在省内高校校报中享有高度赞誉，在师生中影响大，产生了很好的社会效益和良好的社会声誉。2015 年校报获得全国高校好新闻奖二等奖 1 项、三等奖 1 项，河南省高校好新闻奖一等奖 10 项、二等奖 6 项、三等奖 3 项；2016 年校报获得河南省高校好新闻奖一等奖 3 项，二等奖 2 项，三等奖 9 项；2017 年校报获得全国高校好新闻奖二等奖 1 项、三等奖 1 项，获得河南省高校好新闻奖一等奖 4 项、二等奖 7 项、三等奖 5 项；2018 年校报获得全国高校好新闻奖二等奖 4 项，河南省高校好新闻奖一等奖 7 项、二等奖 6 项、三等奖 3 项；2019 年校报获得河南省高校好新闻奖 16 项，其中一等奖 7 项、二

等奖 6 项、三等奖 3 项。

校报主动应对传播环境变化，革新传播方式，更新传播内容，推动传统媒体和新兴媒体融合发展，依托华水融媒体技术在全国高校校报平台展示，实现校报电子版化，并建立手机微信读报，实现校报与校新闻网、微博、微信、腾讯公众号、QQ 空间、哔哩哔哩、抖音等新媒体对接同步，互为一体、资源共享，电子校报全刊累计访问 61 万余次。通过融媒体系统，提升了校报舆论传播力、引导力、影响力、公信力。

二、校园网主页建设

随着时代的变化，技术的发展，网络在新闻宣传工作中的作用日益重要。学校新闻主页自 2003 年正式建立，经过不断完善调整，设立了学校概况、机构设置、华水新闻、教育教学、科学研究、学科建设、师资队伍、招生就业、合作交流、人才招聘、文化建设、华水校友等一级站点。学校在机构设置中建立了各职能部门、各学院等校属各单位的二级网站，并在校园网上链接了各专题网页，可实现方便快捷浏览，获取各类信息。2015 年、2019 年，学校对校园网主页先后进行了改版，单独设立了华水新闻网，分为综合要闻、校园聚焦、华水人物、传媒华水、视听华水、校报、图说华水等栏目。华水新闻网首页设有的专题性网站或者网页有：党的廉政建设、党史学习教育、中国"一带一路"水利水电产学研战略联盟、全国高校思政工作网、"众志成城 共克时艰""不忘初心、牢记使命""新时代 新思想 新作为"、金砖国家网络大学、河南河长学院、华水好人、两学一做、协同创新、学习瑞鹏等 13 个专题网页，华水新闻网已经打造成了一个综合性的宣传阵地。

校园网主页新闻栏目，围绕年度重点工作，注重服务学校事业发展大局，注重挖掘先进典型事迹，推出一系列有深度、有温度、有力度的报道。全校各单位宣传意识不断增强，校园主页新闻更新速度不断加快，每年发布稿件稳定在500篇左右，点击浏览和关注度逐年提升。校园网已经成为广大师生获取学校最新资讯的信息平台和重要宣传阵地。

三、对外宣传工作

学校持续做好顶层设计，狠抓贯彻落实，不断加强外宣工作，持续扩大学校的知名度和美誉度，营造学校发展建设的良好外部舆论环境。

不断强化外宣策划。每年年初，结合学校重点工作和重大活动安排，提前制定外宣活动实施方案。坚持"讲好华水故事"，不断提高新闻采编数量和质量。在重大事件和重要活动期间，注重总结、凝练特色亮点，结合社会焦点和热点，策划撰写一大批有影响力的报道。

学校结合重大活动安排，主动邀请主流媒体进行采访报道。加强与学习强国、《人民日报》、《光明日报》、新华社、《河南日报》等主流媒体的沟通联系，学校在主流媒体的宣传频次和质量得到加强。

第二节

融媒体中心建设

校党委高度重视思想政治工作与互联网的融合，把握互联网和信息时代发展大势，不断尝试运用新媒体新技术使思想政治工作活起来，在运用新媒体新技术为思想政治工作提质增效方面进行了有效的尝试与探索。成立了华北水利水电大学融媒体中心，在全省高校范围内率先迈出了探索媒体融合发展的步伐。

一、搭建新媒体平台，建设华水苇渡微博矩阵

2011年5月，校党委成立"华北水利水电学院校园微博工作领导小组"，负责规划校园微博发展路线、步骤和运行管理机制，研究制定了"华水同舟，微博共济"的文化标识和"育人为本、服务为先、引导为务"的指导思想；提出了"构建校务微博、教师微博、学生组织微博和学生个人微博协调联动的华水微博矩阵"的工作思路；明确了"建立促进大学生全面发展的微博广场与矩阵系统、创建内外联动协调跟进的新型微博育人模式、建立学生微博参与校务管理的平台"的工作目标。

2011年9月，华水苇渡微博矩阵的核心微博"华水苇渡"建立，其名称意为"华水同舟，微博共济"，倡导平等、沟通、互助、团结、向上的价值取向，秉承"以育人为本、以服务为先、以引导为重"的理念，坚持以思想引领为先导，以关心关注关爱学生为出发点，以解决师生反映强烈的实际问题为突破口，搭建以"华水苇渡"为核心的微博广场，以"校务华水""师慧华水""学聚华水""达济华水"为桥梁，通过问题答疑、热点分析、思想引导、理论解惑，实现了师生间的高效沟通与交流。

2011年11月，学校设立"华北水利水电大学"微博账号。"华北水利水电大学"与"华水苇渡"形成了华水特色的微博矩阵两大核心阵地。截至2021年，"华水苇渡"共发布微博2.7万余篇、粉丝量超过10万，"华北水利水电大学"共发布微博1万余篇、粉丝量超过19万人。

华水苇渡微博矩阵在拓展思想政治工作平台、提升思想政治工作成效方面进行了有益的尝试和探索，获得了校内师生和上级教育部门的广泛认可，于2012年获得"全国高校校园文化建设优秀成果二等奖""河南省高校校园文化建设优秀成果一等奖""河南省高校思想政治工作优秀品牌""河南省十大公职人员微博""中南大区公职人员微博'影响力飞跃奖'"，2013年获得"河南省高校校园文化建设成果一等奖"，2014年获得"河南省最具亲和力高校官微""河南省年度十大高校官方微博"，2015年入选"河南省高校校园文化建设知名品牌重点建设项目"，2016年获得"河南省最具影响力高校官微"，获得2018—2019年度优秀校园媒体，2019年获得"河南省最佳公职人员微博"。

二、跟进新媒体发展趋势，抢占网络思想政治教育新阵地

2014年，随着微信在学生群体中的逐步普及以及微信公众平台的发展成熟，学校敏锐捕捉到微信公众平台对大学生思想政治工作的积极促进作用，于当年9月建设了华北水利水电大学官方微信公众号。官方微信公众号以网络思想政治教育为主线，日常推送学校官方新闻、学校要事大事、校园文化建设、学生学习生活服务等思想政治教育内容，在学生群体中得到了广泛关注和一致好评。

2015年，随着"两微一端"的蓬勃发展，在学校官方微博、微信的影响下，各部门、学院纷纷建设新媒体工作室，建设微信公众号，华水桨声、华水青年、华水教务、华水就业等为代表的微信公众平台矩阵逐步形成。

2015年12月，学校官方QQ公众号"华北水利水电大学"建立，从更大程度上提升了网络思想政治工作的覆盖面。2016

年3月，学校开始运营官方账号QQ空间，以更加活泼、便于互动的方式开展网络思想政治工作。

2017年9月，学校官方今日头条平台"华北水利水电大学"建立，发布内容以学校相关新闻为主，为学校重要新闻在社会上的传播增加了新的渠道。

2017年11月，随着校级和二级单位各类媒体平台数量的增加，为了加强新媒体统筹管理，学校决定成立新媒体中心，主要负责学校微博、微信、微视频和新闻客户端等新媒体的建设、运行和管理，负责新媒体理论研究、技术研发和舆情监控工作。

2018年5月，学校官方抖音平台"华北水利水电大学"建立。

学校运用新媒体加强和改进思想政治工作，获得了一系列荣誉：学校官方微信荣获"河南省2017年度十佳高校新媒体平台"，"水情教育微信公众平台建设"获得2017年全省高校网络文化精品项目，"'双微'矩阵平台建设""华水学工网络文化工作室"获得2018年全省高校网络文化精品项目，"'瑞鹏之光'公众号平台打造与德化育人""网络思政APP'指点天下'育人实践与探索"获得2019年全省高校网络文化建设精品项目，华水青年微信平台获得"2019年度校媒全国高校新媒体评选"最佳人气奖。

三、推动媒体融合发展，构建校园全媒体传播体系

2019年1月，习近平总书记在中共中央政治局第十二次集体学习上发表重要讲话，提出了"加快推动媒体融合发展，构建全媒体传播格局"。学校依托当月获批建设的教育部高校网络思想政治工作中心（河南），正式启动了融媒体中心建设。

2019 年 12 月，为了切实推进学校媒体融合向纵深发展，提升网络思想政治工作成效，新媒体中心更名为融媒体中心。融媒体中心的主要职能是负责全校各级媒体平台的监督管理，推动广播、报刊、网站、自媒体平台等传播渠道和资源的有效融合，建设集统筹调度、融媒发布、舆情应对、政务服务、师生互动等功能于一体的平台。

融媒体中心于 2020 年 12 月完成一期建设，建设内容分为三部分。一是全面整合校园媒体资源，搭建校园全媒体传播矩阵。拓展新兴媒体平台，建设校报（电子校报）、新闻网、微博、微信、QQ 空间、哔哩哔哩、抖音、快手、微视、视频号、今日头条、知乎、学习强国、指点天下为一体的全媒体传播平台，从最大程度上提升思想政治工作发声渠道覆盖面。二是建设融媒体系统，打造校园融媒体"中央厨房"。通过把各媒体平台纳入融媒体系统，建立选题会制度、素材管理机制、投稿系统、融媒体产品标准化生产流程、平台和产品传播力评价体系，探索融媒体产品科学分发机制和媒体传播规律，形成了"统一策划、一次采集、多种生成、多元发布、科学评价"的一体化线上生产流程，利用融媒体系统搭建校级、二级单位、学生组织三级媒体的信息交互通道，全面整合思想政治工作素材，从而催化媒体融合质变、放大一体性效能。三是推进网络思想政治教育供给改革，从高校师生视角出发，着力在变革话语体系上下功夫。

融媒体中心建成了具有较强影响力的校园全媒体传播矩阵，各平台传播力显著提升，微信平台 WCI 传播指数长期位列全省第一。"华水融媒"项目于 2020 年获得河南省高校网络文化精品项目。

第三节　文明校园创建

学校始终把文明校园创建工作放在突出位置，不断强化领导，健全机制，加大投入和创建力度，以实现科学化、规范化管理为着力点，以创建优美、和谐、文明的工作生活环境为基础，以提高师生员工的文明素质为关键，广泛开展了丰富多彩、形式多样的文明创建活动。2013 年连续第三届被省委、省政府评为省级文明单位；2015 年度被省委、省政府评为省级文明单位标兵；2019 年度被省委、省政府评为省级文明校园标兵。

一、河南省文明单位创建

2011 年，学校以申报全国文明单位系列活动为载体，开展各项文明创建活动：扎实推进学习型党组织建设；积极组织开展学雷锋活动；做好精神文明结对帮扶活动；开展"我们的节日"主题活动；开展道德模范、文明单位、文明教工、文明学生、文明班级、文明宿舍的评选活动。2012 年 4 月，学校被河南省委高校工委、省教育厅授予河南省文明标兵学校荣誉称号。

2013 年，学校深入开展了各项精神文明创建活动：校内文明单位、文明班级、文明教工、文明学生、文明家庭、文明宿舍、道德模范等创建评选表彰活动；大学生志愿服务西部计划暨暑期社会实践活动、学校博士服务团赴黔西南州挂职服务活动、文明交通志愿服务活动等学雷锋志愿服务活动；举办了一系列"我们的节日"主题教育活动；举办"道德经典诵读"活动；举办华水道德讲堂、大学生

"三下乡"和"四进社区"活动、"文明上网活动""文明餐桌""心系雅安"捐赠活动等；举办"文明中原系列行动"；结对帮扶信阳市新县泗店乡范店村；积极参加省直机关羽毛球比赛、文明单位健步走比赛、省直单位义务植树等省直机关举办的一系列活动。全年编辑上报文明简报20期，省直文明办简报转发多期。2014年2月，《中共河南省委、河南省人民政府关于命名2013年度省级文明单位的决定》发布，学校继2003年、2008年之后，连续三届获"省级文明单位"荣誉称号。

2014年，按照《华北水利水电大学创建全国文明单位实施方案》，以及学校2014年精神文明建设工作要点，学校开展了丰富多彩的精神文明创建活动。开展"学习张伟，践行焦裕禄精神"师德主题教育等系列活动、"培育和践行社会主义核心价值观 凝聚青春正能量"系列活动、"践行价值观 诗颂文明河南"征文等活动；发布了《关于规范开展华水道德讲堂活动的意见通知》，学校全年举办道德讲堂和先进人物报告会6次，活动中邀请到李志平、王百姓等感动中国、感动中原先进典型人物，在广大师生中引起强烈反响；制定了《省级文明单位精神文明建设奖发放管理暂行办法》；按照《2012年全国文明单位测评体系》整理了精神文明档案。学校在省直文明办组织的2014年全国文明单位申报单位推荐考评中名列第四，为继续创建全国文明单位积累了经验。

2015年4月，学校发布《2015年精神文明建设工作要点》，提出在总结创建省级文明单位及2011年、2014年创建全国文明单位工作经验的基础上，提升文明单位创建成果。学校制定了龙子湖校区校园景观文化设计方案，提出校园环境及文化建设意见。开展了"学习孟瑞鹏精神，传递社会正能量"系列活动，深入宣传学习孟瑞鹏先进事迹。在创建活动中，学校涌现出了一系列先进个人和集体。学校开展了河南省优秀志愿者故事进高校示范巡讲活动。按照《2015年在届省级文明单位复查测评体系》整理、编辑了精神文明档案。2016年3月，被省委、省政府授予首届"省级文明单位标兵"，是8所标兵单位中唯一一所高校。

二、河南省文明校园标兵创建

2019年为河南省文明校园创建年，所有学校从文明单位序列转评文明校园序列，每届三年。学校根据上级创建文明校园的有关要求以及学校精神文明创建工作特点，积极开展文明校园创建活动。学校印发了《创建省级文明校园（标兵）实施方案》，修订了《精神文明建设奖发放管理办法》，开始按照季度进行精神文明建设奖考评工作。2020年5月，中共河南省委、河南省人民政府下发《关于表彰2017—2019年度河南省文明城市文明村镇文明单位的决定》，学校被授予首届"河南省文明校园标兵"称号。

2020年，学校把"巩固省级文明校园（标兵）创建成果，争创全国文明校园"作为2020年度十项重点工作之一，学校紧紧围绕立德树人根本任务，从思想道德建设、领导班子建设、教师队伍建设、校园文化建设、校园环境建设、活动阵地建设等6个方面持续推进文明校园创建向纵深发展。

第十五章

校园建设与校园环境

龙子湖校区建设

按照学校"一流的规划，一流的设计，一流的管理，建设一流的新校区"的要求，根据龙子湖校区总体规划并结合学校实际，积极多方筹措资金，相继建设完成了水利水运与治河试验场、文体会堂、河南省高中等职业院校毕业生就业创业服务综合基地、4栋学生宿舍（6号、7号、12号、13号）、现代水利工程综合实验实训中心、图书信息中心、综合实验楼、学校南大门及门前广场改造、华水附属小学等多个项目，完成投资约7亿元，为学校的教学科研和广大师生生活学习提供了坚实的基础和良好的环境。

修订完善规章制度，严格把关，确保工程质量。学校在《华北水利水电学院龙子湖校区建设指挥规章制度汇编》的基础上，先后修订完善了《基建工程设计变更、技术核定管理办法》《基建工程量签证实施办法》《小型基建工程招标管理办法》《基建档案资料管理实施办法》等规章制度，并汇编成册，编定《基建处规章制度汇编》，进一步理顺并规范基建管理流程。在实际工作中，为确保工程建设质量，保证各项工程按期投入使用，学校严格遵循百年大计、质量为本的管理方针，恪守各项规章制度和基建流程，从原材料采购验收、施工现场管理、工地例会制度、技术变更、工程量签证、工程验收直到工程结算，全过程规范管理，严把质量关。

2012年以来，多项工程获奖。图书信息中心工程2014年被中国建筑学会授予"全国人居经典建筑金奖"，2016年被河南省工程建设协会评为"河南省工程建设优质结构工程"，2019年被河南省工程建设协会评为"河南省重点建设安全文明工地"；河南省高中等职业院校毕业生就业创业服务综合基地装饰工程，2016年被河南省建筑装饰装修协会授予"中州杯"奖；综合实验楼工程，2019年被河南省工程建设协会评为"河南省工程建设优质工程"。2012—2021年龙子湖校区建设项目见表15-1。

表 15 - 1　　　　　　2012—2021 年龙子湖校区建设项目一览表

序号	项目名称	建筑面积/平方米	投资总额	建成时间	备　注
1	水利水运与治河试验场	5500	660 万元	2013 年	
2	6 号、7 号宿舍楼	28000	4340 万元	2014 年	
3	河南省高中等职业院校毕业生就业创业服务综合基地	21890	8724 万元	2015 年	装饰工程获省"中州杯"奖
4	文体会堂	6066	1420 万元	2015 年	
5	后勤综合服务楼	13700	3000 万元	2015 年	
6	12 号、13 号宿舍楼	14000	1932 万元	2016 年	
7	现代水利工程综合实验实训中心	42567	9152 万元（其中国家拨付 5670 万元，自筹 3482 万元）	2017 年	中西部高校基础能力建设项目
8	图书信息中心	48080	15585 万元（其中国家拨付 1.1 亿元，自筹 4585 万元）	2018 年	中西部高校基础能力建设项目。全国人居经典建筑金奖
9	综合实验楼	41000	10606 万元	2019 年	省优质工程
10	水环境治理综合试验场		234 万元	2019 年	
11	家属区相济路开口		79 万元	2019 年	
12	校南门及门前广场景观改造		1255 万元	2019 年	
13	华水附属小学	17440	8000 万元	2020 年	
14	龙湾湖景观改造		980 万元	2020 年	

第二节

江淮校区建设

　　2020 年 8 月，信阳市引进学校落户罗山县江淮新区，由罗山县无偿提供土地 2000 亩（含 500 亩教工生活配套用地），并且负责筹措资金建设教学、科研、办公、运动、生活等需要的基础设施及配套设施，对学校实施"交钥匙"工程。学校与信阳市、罗山县共建江淮校区是校地双方贯彻落实习近平总书记"把革命老区建设得更好、让老区人民过上更好生活"重要指示的务实行动，是贯彻落实省委省政府支持河南大别山革命老区加快振兴发展

的具体实践，对于进一步拓展学校办学空间，提高学校开放办学水平和社会服务能力，建设特色骨干大学具有重要意义。

　　2020 年 8 月 24 日，信阳市人民政府与华北水利水电大学在信阳市政府举行校地战略合作签约仪式。校长刘文锴、信阳市市长尚朝阳分别代表学校和信阳市人民政府签署战略合作协议。

　　2020 年 9 月 19 日，江淮校区规划初步方案、江淮生态城水系连通项目规划方案汇报会在罗山县召开。校党委书记王清义、副校长刘盘根一行 8 人参会。校党委书记王清义就统筹兼顾校区规划与市政规划、校园景观特色文化设计、校园大门设计、融合自然与保护生态环境以及学校发展的前瞻性等 5 个方面问题，对规划设计初步方案提出修改意见。

2020 年 10 月 12 日，江淮校区规划设计暨首期建筑设计方案评审会在罗山县召开。副校长刘盘根一行 4 人参会。

2020 年 11 月 3 日，江淮校区规划设计汇报会在信阳市召开。校党委书记王清义，党委副书记、校长刘文锴，校党委副书记、工会主席马书臣，副校长刘盘根参加会议。东南大学建筑设计研究院有限公司建筑设计五院汇报了江淮校区规划设计方案。校党委书记王清义表示，江淮校区的规划设计要坚持开放创新的意识，结合高等院校教学特点，充分体现江淮校区办学理念和特色，做到校园建设总体美与单体美相统一、建筑美与景观美相统一、动态美与静态美相统一、生态美与人文美相统一、内部美与外部美相统一，高水平、高标准规划设计，把江淮校区建设成为集人文、智慧为一体的现代化花园式校园。校长刘文锴就规划设计方案的完善和调整提出了具体意见。

2020 年 11 月 27 日，江淮校区规划设计方案评审会在罗山县召开，确定了江淮校区一期建设项目，具体项目见表 15 - 2。

表 15 - 2　　江淮校区一期建筑物一览表

序号	建筑物	面积/平方米
1	体训馆	5308
2	教学楼、实验楼	32326
3	食堂	9765
4	学生宿舍	32456
5	研究生宿舍	14056

第三节

后勤服务与管理

学校后勤服务工作以深化改革为动力，着力开展"高效后勤、节能后勤、廉洁后勤、智慧后勤"建设，将"三全育人"理念渗透到后勤服务各环节全过程，提升后勤服务保障能力，激发后勤服务活力，全力为学校师生提供服务保障。

一、夯实服务基础，提升服务保障能力

后勤服务前置前移。坚持公共区域安全巡查，餐饮、修缮、能源、物业、绿化职工分区域明确责任人，坚持每天巡查制度，检查餐厅、公共区域管网、线路、弱电间等运行情况，发现问题及时处理。寒暑假、开学前，组织成立后勤服务队，对全校所有区域进行排查维修，保证师生生活学习环境优美、舒心。2012 年开始开展"百日安全生产大检查"活动，2016 年开始开展"优质服务月"活动。畅通报修维修渠道，2011 年以来通过电话报修、现场报修有效解决了师生的报修问题，2017 年设立维修服务大厅，实现移动端报修、网络报修、电话报修、现场报修，有效解决师生学习生活中遇到设施故障问题。2020 年以信息化手段升级更新后勤报修系统，新系统更为快捷便利，方便师生线上报修，提高维修服务效率。主动送服务到宿舍（生活区），开学季、供暖季等维修集中期，修缮、能源、学寓、餐饮等科室组成后勤服务队，在学生宿舍、家属院（周转房）设立后勤服务点，现场办理师生的报修服务。学生公寓开展缝纫服务、物业开展清洗纱窗服务、校医院开展健康教育活动等，把后勤服务送到师生身边。

学生公寓建设。2011 年，结合两校区学生公寓现状，借鉴龙子湖校区学生公寓社会化经验，花园校区学生公寓采取社会化方式对外承包，学校选用优秀服务企业委托开展公寓值班、保洁、安全巡查工作，公寓物业社会化后学校物业服务质量明显提升。2012 年开始按照标准化公寓要求，在学生公寓建设宿舍会客区域、文化走廊、淋浴间、自助洗衣间、直饮水设施等，学生公寓文化氛围和服务水平不断提升。2015—2020年，两校区公寓楼全部实现标准化公寓建设，其中11栋学生公寓被河南省教育厅评为示范性学生公寓。2020年年底，为改善学生公寓住宿条件，满足服务学生需求，启动学生公寓空调安装项目。

学生食堂建设。2010年起，引入社会专业团餐企业对餐厅进行经营管理，学校对引入企业进行监管。2013年开始实施学生食堂标准化建设，2014年开展"文明餐桌示范学校"创建活动，2019年餐饮管理工作引入"6S管理体系"。截至2020年，两校区10个学生食堂，其中龙子湖乐山园一楼、三楼，花园校区南苑餐厅等8个餐厅获得标准化达标学生食堂称号，乐水园一楼、二楼、三楼，乐山园二楼、民族餐厅被河南省教育厅评为示范性学生食堂。

校医院建设。2011年，校医院开始承担学校大学生医疗保障工作，包含龙子湖校区门诊部和花园校区综合门诊部，承担全校近3万人的医疗服务工作。2019年购进全自动生化仪1台，可以完成200多项生化检查。2020年购进消毒设备建立消毒供应室，为学校师生的无菌医疗环境提供了优质的保障。2019年承担大学生公共卫生服务项目，成立大学生健康促进协会。2020年校医院在两校区共设有内科、外科、口腔科、妇产科、理疗室、消毒供应室、化验室及放射科，与郑州大学第一附属医院、郑州市第五人民医院、河南省人民医院等相关单位签订了友好交流合作协议，建设适应学校发展的医疗服务保障体系，为师生健康保驾护航。

校园环境建设。2011年完成龙子湖校区景观石采购放置、两校区校园标识导向系统制作安装，2012年实施龙子湖校区环境美化，2015年依据"一路二翼十景"多思路对龙子湖校环境进行整体提升，积极创建绿色校园、森林校园、文明校园建设。2011年开始通过招投标引进优秀物业服务企业进校服务，涵盖保洁、值班、绿化、电梯维保等。经过近10年的运行，形成了具有学校特色的物业管理服务体系。

节约型校园建设。学校高度重视节能工作，成立节能工作领导小组，制订了一系列切实可行的具体措施，科学规划，精心组织，结合学校水利水电等专业特色，广泛宣传，全员参与，从人才培养到建筑节能及节能项目实施，坚持观念节能、制度节能、管理节能和技术节能，有效增强了全校师生的节能意识，加快了节约型校园建设的步伐。2011—2014年，学校节水、节电等人均能耗均实现降低目标，取得了较好的社会效益和经济效益，连续4年荣获河南省省属教育公共机构节能工作先进单位。

房产资源管理。2011年建立共有房产资源电子数据库，2012—2020年完成3次大规模房产资源数据升级管理。制定了《龙子湖图书信息中心调配方案》《华北水利水电大学办公用房临时安置方案》《龙子湖校区新政楼调配安置方案》《华北水利水电大学两校区布局方案》《华北水利水电大学两校区安置、调配方案》，修订出台《公有房屋管理办法》，出台《教学科研单位用房配置实施细则》和《教师周转房管理办法》。牵头制订《两校区公有房源优化配置实施方案》等文件。

二、创新服务理念，激发后勤服务动力

推进实施重点项目。实施后勤服务社会化改革，2011年完成幼儿园对外承包，2012年实现教学区、学生公寓、家属区社会化物业服务，实现学生浴池升级改造和社会化服务。实施两校区合同节水管理项目，2019年在两校区开展实施合同节水工作，创建全国节水型高校，2020年学校获批郑州市节水型单位。实施两校区电力设施增容，2020年改造两校区电力设施，提升基础条件保障水平。实施学生公寓空调安装项目，2020年启动，计划安装空调6500余台，改善学生的学习生活条件。建设供暖节能监管平台，涵盖水电暖等资源综合利用，最大限度节能降耗，实现水电暖耗能自动、科学、高效监管。

做好新冠肺炎疫情防控工作。2020年1月，面对突如其来的新冠肺炎疫情，学校实行24小时值班制，保障两校区日常疫情监测工作。制定《华北水利水电大学新冠肺炎疫情应急预案》，开展监测疫情动态、提供疫情咨询、上报防控信息等工作。防疫复工复学两手抓，积极推进教室维修、校园绿化、公寓餐厅改造等工程齐头并进，制订出错峰就餐、宿舍管控、校园消毒等专项方案，开展各类应急演练22次，改建设立发热预检科室和留观隔离病房50余间。组织新冠肺炎疫情宣传教育活动，做好常态化疫情长效防控工作。

管理服务规范化。规范商业用房管理，制定《商业房管理办法》《临时用房管理办法》《职工宿舍管理办法》等；学生公寓网格化管理，实现学生公寓楼、楼层、宿舍三级网格责任制；完善制度建设，出台了《华北水利水电大学职工宿舍管理制度》，修订完善《周转房协议书》《公房租赁合同》《华北水利水电大学公有房屋管理办法》《华北水利水电大学公有房租赁办法》《华北水利水电大学公有房屋修缮办法》等多项制度，实现后勤管理服务规范化标准化。

2011年荣获"河南省高校后勤工作先进单位"荣誉称号，2011—2014年连续4年荣获省属教育公共机构节能工作先进单位，2013年被评为"省级园林单位"，2016年、2017年荣获"河南省节能减排工作先进单位"，2020年获得中国红十字会总会"抗击新冠肺炎疫情暨红十字应急救护知识竞赛"一等奖。

第四节

安全保卫工作

学校安全保卫工作以服务师生、服务大局为宗旨，以"政治稳定、治安良好、机制健全、分工明确、设施完善、校园和谐、师生满意"为目标，紧紧围绕学校新时期内涵建设各阶段战略目标和工作任务，为学校又好又快发展构筑坚实的保障。

一、加强组织领导体系建设

强化组织机构建设。学校依据"统一领导、职能部门依法监管、各单位全面负责、师生积极参与"的原则，坚持党政同责、一岗双责、齐抓共管、失职追责的要求，落实安全稳定工作主体责任，成立"安全稳定工作领导小组""安全生产工作领导小组""治安综合治理委员会"等机构，组织健全、分工明确、各有侧重，形成了有效配合、齐抓共管、协同并进的良好局面，为做好平安建设工作提供了坚强的组织保证。

强化一把手工程建设。学校始终把平安建设和维护安全稳定工作作为一把手工程，纳入年度党政工作要点、重要工作日程和部门责任目标之中，党政一把手亲自过问，主管领导亲自抓，定期召开专题会议，学习传达上级文件，分析研究当前形势，贯彻落实上级要求，安排部署工作任务，不断适应新形势对维护安全稳定工作的新要求，积极解决工作中出现的问题，督促各项制度和管理措施的落实，做到了有机构、有计划、有部署、有落实、有监督。学校安全稳定工作专项经费充足，切实保障了相关工作有序稳步开展。

强化"学校—二级单位—科室—岗位"四级安全责任体系建设。校党委书记和校长是学校"平安校园"建设和维护校园安全稳定工作的第一责任人，校属各二级单位党政负责人是本单位平安建设和维稳工作第一责任人，将维护稳定与做好教学、科研、管理、服务等工作紧密结合起来，不断加强和创新校园管理服务，积极解决维稳工作中可能出现的问题。学校层层签订《治安综合治理暨平安建设目标责任书》《消防安全责任目标书》，增强了校属各单位和全体师生"创平安、保稳定、促和谐"的责任意识。

二、加强制度保障体系建设

完善平安建设基础制度。立足学校安全稳定工作实际，相继制定《关于加强安全管理构建平安校园的若干意见》《关于切实做好学校稳定工作的意见》《关于进一步加强消防安全工作的意见》《校园治安综合治理工作责任追究制度》《校园安全管理办法》《安全稳定信息报告制度》等文件，制定并逐年完善《突发事件总体应急处置预案》。

健全平安建设考评制度。学校制定出台了《平安校园建设工作目标责任考核细则》《校园治安综合治理暨平安建设目标责任书》《消防安全目标责任书》，实行平安校园建设工作考评制和一票否决制。

构建安全稳定长效机制。学校建立了畅通的信息收集网络，密切关注校园舆情，对存在或可能发生的不稳定因素进行分析、研判、预警，为决策提供信息支撑。学校信息上报和采用量居全省高校前列，有多条信息被中央和省委、省政府采用。加强反邪教、反非法宗教活动和意识形态宣传教育，严密防范各种邪教和敌对势力的渗透破坏活动，避免发生危害国家安全的案事件。

三、加强管控体系建设

加强科技创安能力。学校先后投入800余万元完成了两校区电子视频监控系统的更新换代、监控中心建设和两校区5个大门智能道闸管理系统的建设，投入500余万元完成了两校区保安社会化服务外包工作，投入40余万元完成了两校区6个微型消防站的建设。学校安全保障能力和人防、技防、物防一体化建设水平进一步提高。

推进校地联动机制建设。按照"校地联动、警校联合、共同管理"的原则，学校与郑东公安分局博学路派出所、博学路办事处联合建立校园标准化警务室，配备必要的警务装备和办公设施，联合开展校园安全管理、执勤、巡逻和隐患排查等工作，并辐射校园周边，及时处置校园案事件、调解各类纠纷和矛盾，进一步提高了校园安全防控能力。

四、加强安全文化体系建设

严把安全教育进口关。学校总结历年来迎新期间常见的安全问题，为新同学专门制作的《新生入学报到安全须知》随《录取通知书》一同寄达每位新生手中，做到了未进校、先受教；为新生发放《大学生安全知识读本》。

坚持教育引导常态化。学校以新学期开学、"3月平安建设宣传月"、"3·15消费者权益保护日"、"4·15全民国家安全日"、"4·26世界知识产权日"、"5·12防灾减灾日"、"6月安全生产月"、新生军训、"9月第三周国家网络安全宣传周"、

"10月心理健康活动月"、"11·1反间谍法纪念日"、"11·9消防安全宣传月"、"12·2交通安全日"、"12·4宪法日"等重要时间节点，坚持教育常抓不懈，有效保障了教育效果。

拓展教育覆盖面。学校先后成立了心理协会、反邪教协会、消防协会等学生社团组织，同时结合网络新技术新媒体发展趋势，针对师生"网民化"特点，建立健全法制、心理、安全教育与服务网络阵地，设立了"平安华水网"、微信公众号。分批次组织学生开展国家安全、国防教育、安全知识网上学习和测试。

构建安全文化体系。学校着力从安全理念文化、安全制度文化、安全行为文化、安全物态文化等多个方面构建安全文化体系。每年军训期间组织全校性安全知识学习、测试，邀请军事机关、国家安全机关、公安机关、消防部门、综治部门、医疗急救部门来校开展专题讲座，组织开展消防灭火、应急逃生、反恐防暴、疏散避险等演习演练，举办安全知识"进课堂、进教室、进宿舍、进餐厅"活动，同时定期举办安全知识竞赛及科技成果展示，普及安全知识。

2011年，学校被评为"河南省2006—2010年度平安建设先进单位""河南省教育系统2006—2010年度平安建设先进单位"；2015—2018年连续4年被评为"河南省年度高校维稳安保工作先进单位"；2019年荣获"河南省平安校园""2019年首批安全生产风险隐患双重预防体系建设省级标杆单位"。

华北水利水电大学
North China University of Water Resources and Electric Power

教学单位发展史

水 利 学 院

水利学院按照学校"办一流特色大学，创一流办学业绩"的总体要求，持续加强内涵建设，不断开拓创新，广大师生爱岗敬业、勤奋工作、真抓实干、勇争一流，在党的建设、人才培养、教育教学、科学研究、社会服务、人才队伍建设、学生教育管理、国际交流与合作和文化传承与创新等方面都取得了突出成绩，学院先后获得河南省先进基层党组织、河南省先进集体、河南省五四红旗团委和学校精神文明建设先进单位、先进基层工会等荣誉称号。

一、组织机构

水利学院历任领导见表1。

表1　　　　　　　　　　　　水利学院历任领导一览表

时　间	党委/党总支书记	院长	班 子 成 员
2009年4月至2011年11月	胡宝柱	聂相田	副书记：张淙皎 副院长：康迎宾　韩宇平　李彦彬　肖大强（副处级调研员）
2011年11月至2012年4月	胡宝柱	聂相田	副书记：张淙皎 副院长：康迎宾　韩宇平
2012年4月至2013年6月	胡宝柱	聂相田	副书记：张淙皎 常务副院长（正处级）：张　丽 副院长：康迎宾　徐存东
2013年6月至2013年9月	胡宝柱	聂相田	副书记：张淙皎 常务副院长（正处级）：张　丽 副院长：徐存东
2013年9月至2015年3月	胡宝柱	聂相田	副书记：张淙皎 常务副院长（正处级）：张　丽 副院长：田林钢　徐存东
2015年3月至2016年3月	胡　昊	聂相田	副书记：张淙皎 常务副院长（正处级）：张　丽 副院长：田林钢　徐存东

续表

时　　间	党委/党总支书记	院长	班 子 成 员
2016 年 3 月至 2016 年 12 月	胡　昊	聂相田	副书记：张淙皎 副院长：田林钢　徐存东
2016 年 12 月至 2018 年 7 月	郭玉宾	聂相田	副书记：张淙皎 副院长：田林钢　徐存东
2018 年 7 月至今	郭玉宾	李彦彬	副书记：谢俊莹 副院长：张淙皎　田林钢　徐存东

学院设有党政办公室、教学办公室、科研办公室、学科与研究生管理办公室、团委、学生工作办公室和创新创业就业服务中心。

学院设有 6 个教学系，分别是：水利水电工程系、农业水利工程系、工程管理系、港口航道与治河工程系、水文水资源系（2019 年 12 月水资源学院成立后划归水资源学院）、水务工程系（2019 年 12 月水资源学院成立后划归水资源学院）。

2020 年 12 月，设水资源评价及管理研究中心（水资源论证调查评价资质管理办公室）。

二、师资队伍建设

2011 年年底，学院有职工 96 人（含 2019 年 12 月成立的水资源学院）。2011—2021 年，学院（含 2019 年 12 月成立的水资源学院部分职工）共引进教授、教授级高工 5 人、应届博士毕业生 72 人、硕士 6 人；全院教师有 13 人晋升教授，21 人晋升副高级职称。学院推荐选拔 11 名青年教师参加地方挂职或工程实践锻炼，高层次人才出国交流 5 人，攻读博士 6 人，博士后进站 3 人。截至 2021 年 3 月，学院有职工 135 人（不含水资源学院）。

水利水电工程系职工人数从 21 人增加至 32 人，农业水利工程系职工人数从 13 人增加至 32 人，工程管理系职工人数从 10 人增加至 18 人，港口航道与治河工程系职工人数从 19 人增加至 21 人。

三、实验室建设

学院设有水力学基础实验室和水利实验中心。其中水力学基础实验室为专业基础教学实验室，承担全校 23 个专业的水力学及流体力学实验教学任务；水利实验中心为学院的专业教学科研实验实训中心，下设水工结构实验室、农业高效用水实验室、水利水运及治河实验室、工程管理实验室和 BIM 技术 5 个专业实验室。2012 年，农业高效用水实验室获批为河南省节水农业重点实验室及河南省农业节水工程技术研究中心；2020 年，依托农业高效用水实验室申报的农业水资源高效利用及防灾减灾实验室被授予河南省国际联合重点实验室；学院获批河南省水环境模拟与治理重点实验室，省级实验教学中心水工程水文化虚拟仿真实验教学中心。水利实验中心还分别获批郑州市水沙灾害防治重点实验室、郑州市水利工程安全重点实验室和郑州市水工结构震动与安全重点实验室。

四、教学工作

学院历来重视本科教学工作，切实保证教育教学质量，强化本科教学中心地位，不断提高教学管理水平，增强服务意识，顺应新时代，开启新征程。学院多次获得优秀教学单位、"菁英杯"青年教师课堂讲课大赛优秀组织单位和毕业设计优秀组织单位等荣誉称号。

（一）专业建设

1. 专业设置与调整

2011 年，水利学院共有全日制本科专业 5 个，分别为水利水电工程（含专升本）、农业水利工程、港口航道与海岸工程、水文与水资源工程和工程管理。2011 年，申报工程管理（造价方向）本科专业并获批招生，在专业建设上获得突破。2013 年，工程造价作为独立的本科专业分离出来。2016 年 9 月，工程造价专业（专升本）开始招生。2015 年，增设水务工程专业。2017 年，工程管理与工程造价 2 个专业报教育部批准，从原来的管理学转变为工学，授予工学学士学位。2019 年 12 月，水文与水资源工程和水务工程 2 个专业从水利学院分离。截至 2021 年 3 月，学院共有 5 个全日制本科专业。

2. 本科专业评估与专业认证

2012 年工程管理专业通过住房和城乡建设部专业评估，2017 年通过专业复评。工程造价专业于 2018 年通过河南省专业评估。水文与水资源工程专业于 2014 年 1 月通过专业认证，2018 年 1 月通过专业认证复审。水利水电工程专业和农业水利工程专业于 2019 年 1 月均通过专业认证。港口航道与海岸工程专业于 2021 年 5 月接受专业认证现场考查。

3. 专业内涵发展

优势特色专业。2012 年，水利水电工程专业获批国家级卓越工程师培养计划，水文与水资源工程专业和港口航道与海岸工程专业获批河南省卓越工程师计划。水文与水资源专业获批河南省特色专业立项建设。2013 年，农业水利工程专业获批国家级高等学校专业综合改革试点专业。2014 年，农业水利工程专业获批国家级卓越农林人才

教育培养计划改革试点专业。2015 年，农业水利工程专业被评为省级专业综合改革试点专业。2017 年，水文与水资源工程专业被评为省级专业综合改革试点专业。

一流专业建设。2019 年，水利水电工程专业和农业水利工程专业获批国家级一流专业建设点立项。水文与水资源工程专业获批河南省一流专业建设点立项。2021 年，工程管理专业、港口航道与海岸工程专业获批国家级一流专业建设点立项。

新工科、新农科建设。2019 年，"面向新经济的水利水电工程专业改造升级路径探索与实践"被立项为国家级新工科项目，并已通过验收。依托水利水电工程专业申报并获批"黄河流域生态保护和高质量发展背景下行业高校人才培养供给侧改革研究与探索"河南省级重大教改项目。2020 年，"面向'新基建'的工程管理专业改造升级路径探索研究与实践""新工科背景下农业水利工程专业的改革探索与实践"被立项为省级新工科项目。"新农科背景下农业水利工程专业改造提升的改革与实践"被立项为省级新农科项目。

水利水电工程专业创新拔尖人才培养实践。2012 年，选拔开设了 2012 级（34 人）、2013 级（29 人）、2014 级（25 人）"卓越工程师班"。2018 年，依托"面向新经济的水利水电工程专业改造升级路径探索与实践"新工科研究与实践项目，在 2018 级选拔组建新工科班。2020 年，水利水电工程专业 2020 级"汪胡桢实验班"正式开班。

（二）课程与教材建设

1. 一流课程、精品课程建设

2011—2020 年，学院共建设各类课程 43 项，其中河南省本科教育线上教学优秀课程 2 项，省级课程建设 4 项，校级课程 37 项。

2. 课程思政建设

学院共建设有校级课程思政示范课程项目 4 项，校级课程思政教学团队项目 2 项。2020 年疫情期间，获批优秀课程 3 项，其中 2 项获得省级优秀课程。

3. 教材建设

2011—2020 年获批省级规划教材 3 项，其中"十二五"规划教材 1 项，"十三五"规划教材 2 项。校级规划教材 8 项、校内补充讲义 2 项。2020 年年底，在首届全省优秀教材评选中，孙东坡主编的《水力学》和王松林主编的《水利工程经济学》获得省级优秀教材二等奖。

（三）教育教学研究与改革立项项目及教学成果奖

1. 教育教学研究与改革立项项目情况

2011—2020 年，省级教育教学研究与改革立项建设 5 项，其中"黄河流域生态保护和高质量发展背景下行业高校人才培养供给侧改革研究与探索"获得省级重大 B 类教改项目。获得校级教育教学研究与改革立项建设 26 项。

2. 教学成果奖

2011—2020 年，聂相田负责的"构建国际实质等效水利类专业认证体系，引领中国特色水利类专业的改革与建设"获得国家级教学成果奖二等奖，学院获得省级教学成果奖 4 项、校级教学成果奖 6 项。

（四）教师教学发展

1. 省级基层教学组织达标创优

获得省级优秀基层教学组织立项建设 4 项（表 2），省级合格基层教学组织立项建设 6 项。

表 2　　　　　　　　　省级优秀基层教学组织一览表

序号	项目类别	项目名称	负责人	立项时间
1	河南省高等学校优秀基层教学组织	水文水资源教研室	王文川	2017 年
2	河南省高等学校优秀基层教学组织	水利水电工程系	刘尚蔚	2018 年
3	河南省高等学校优秀基层教学组织	农业水利工程系	葛建坤	2019 年
4	河南省高等学校优秀基层教学组织	工程管理系	孙少楠	2020 年

2. 教学团队建设

2011 年，农业水利工程专业类课程教学团队被评为校级教学团队。2014 年，节水农业工程、水利水电工程 2 个团队被评为校级教学团队。2015 年，节水农业工程团队被评为省级教学团队。2016 年，水文水资源工程专业卓越教学团队被评为校级教学团队。2018 年，水利学院教学团队获得河南省"首批全省高校黄大年式教师团队"称号。

3. 教学名师培育计划

学院共有 11 位教师获得教学名师培育计划，分别为：薛海（2014 年）；徐存东、王文川、汪顺生、陈建（2015 年）；徐冬梅、李慧敏、张先起（2016 年）；雷宏军、张宏洋（2017 年）；张建伟（2018 年）。

（五）教学奖励

学院在学校组织的近 5 届青年教师课堂讲课大赛上先后有 19 人次获奖，学院 4 次获得优秀组织单位奖。在全国水利类专业青年教师讲课竞赛总共 7 届比赛中，学院教师分别获得特等奖 4 人次，一等奖 12 人次，二等奖 11 人次的好成绩。在河南省教学技能竞赛中，学院共获得 3 个一等奖（河南省教学标兵称号）和 3 个二等奖。另外，在 2019 年首届全国农业工程类专业青年教师教学基本功大赛中，闫滴君获得一等奖。学院教师还在学校其他各类教学活动中获得 59 项集体或个人奖励。

（六）教学质量工程奖

学院先后获得国家级、省级和校级教学质量工程奖励 114 项，其中国家级 11 项（表 3）、省级 42 项、校级 61 项。

表 3　　　　　　　　　　获得国家级教学质量工程奖一览表

序号	项目类别	项目名称	负责人	立项时间
1	国家级特色专业建设点	水利水电工程	孙明权	2009 年
2	国家级特色专业建设点	农业水利工程	徐建新	2010 年
3	国家卓越工程师教育培养计划	水利水电工程	聂相田	2012 年
4	国家级工程实践教育中心	华北水利水电学院——河南省水利勘测设计研究有限公司	康迎宾	2012 年
5	国家专业综合改革试点专业	农业水利工程	徐建新	2013 年
6	国家卓越农林人才教育培养计划	农业水利工程	徐建新	2014 年
7	新工科	面向新经济的水利水电工程专业改造升级路径探索与实践	刘文锴	2018 年
8	一流本科专业建设点	水利水电工程	刘尚蔚	2019 年
9	一流本科专业建设点	农业水利工程	李彦彬	2019 年
10	一流本科专业建设点	工程管理	聂相田	2020 年
11	一流本科专业建设点	港口航道与海岸工程	张先起	2020 年

五、学生工作和共青团工作

学院学生管理工作坚持以立德树人为根本，以思想政治教育为引领，抓实学风建设、抓牢安全稳定，连续多年获得学生管理先进单位、五四红旗团委、毕业生就业工作先进单位等荣誉。学院招生规模不断扩大，在校生人数从 2010 年的 2352 人增加至 2020 年的 3496 人。学院学生工作队伍不断发展壮大，已经成长为一支由水利、法律、心理、思政等专业组成的专业覆盖面广、业务能力强的高水平队伍。

以立德树人坚守初心使命，思政工作生机勃发。组织学生深入学习贯彻习近平新时代中国特色社会主义思想，积极开展学习孟瑞鹏精神、"不忘初心、牢记使命"、党史学习教育等专题教育，大力开展向时代楷模余元君学习、向"出彩水利人"学习、"把疫情当教材，与祖国共成

长"等特色活动，筑牢学生思想根基。着力实施"思想引领""学业引领"等五大引领计划，充分发挥学生党员先锋模范作用。

以师者之道融入日常点滴，学生管理成效卓著。学院以安全稳定为基础，居安思危，全方位多层次抓牢安全稳定工作，为学生成长成才保驾护航。立足青年大学生不同需求，学院围绕"新生适应期、学业迷茫期、就业困惑期、心理低落期、生活倦怠期"5 个阶段，对学生进行系统化、个性化、精准化的帮扶。在学校学生目标管理考核中，学院连续多年考核成绩名列前茅。

以使命担当激发青春活力，共青团工作亮点十足。2016—2019 年，学院连续 4 年获得校运动会学生团体第一名，学院团委连续 5 年获得校五四红旗团委，并多次

荣获河南省五四红旗团委荣誉称号。打造了"世界水日""中国水周""自习的你"等精品学生活动,代表性社团"华水河小青"志愿服务队成绩斐然,荣获国家级奖项13项,服务队员获得国家级表彰10项、省级表彰15项,志愿宣传活动受到多家媒体百余次主题报道。2020年4月,水利部部长鄂竟平给华水河小青志愿服务队回信,为同学们献身祖国水利事业的豪情和行动大力点赞。

以自助互助促进心灵健康,心理教育暖润人心。学院以二级心理辅导站和心理协会为依托,造就了一支强有力的师生队伍。持续加大心理功能室建设投入力度,不断完善优化心理预警和干预机制,及时更新动态预警库和重点学生资料库。充分发挥学生主体作用,打造"心理辅导站之答疑解惑""心理沙龙""心理讲座""时光邮局""手语比赛"等心理健康教育特色活动。学院心理健康教育工作在"525"心理健康月、校心理健康教育周中多次获得优秀组织单位奖,学生获奖总数名列前茅。

以宽广视野奋力开拓创新,创新创业精彩纷呈。为培养学生创新创业意识,增强学生创新创业能力,学院积极开展"华彩杯"大学生创新创业大赛、"尚水杯"科研创新竞赛、大学生创新创业训练计划项目立项等活动,并于2013年成功承办第三届全国大学生水利创新设计大赛。精心指导学生参加全国大学生水利创新设计大赛、"挑战杯"全国大学生课外学术科技作品竞赛、"互联网+"大学生创新创业大赛等竞赛,先后荣获国家级、省部级等多项荣誉。

以过硬本领保障升学就业,就业工作名列前茅。多年来,学院坚持就业工作"一把手"工程,上下齐心、多策并举,毕业生就业及考研情况良好。毕业生平均考研率从不到30％提升至34％,在保证就业率的同时,专业对口率和就业质量持续提高,签约大型国有企业或事业单位人数占全部签约人数的比例由63％提升至80％。就业率及考研率连续多年保持全校前列。

以公正仁爱开展精准帮扶,资助育人成果喜人。学院坚持公平公正的原则关心关爱所有困难学生,实现了家庭经济困难学生资助全覆盖。在做好上级规定的资助工作的基础上,学院还开拓性地拓宽资助渠道:2014年,与新兴铸管集团有限公司签署协议设立"新兴铸管学生奖学金";2019年,在资助政策的帮助和学校的关爱下,与尿毒症病魔斗争六年之久的学生陈某重返课堂。学院资助工作在学校每年考核中均名列前茅。

积极创新研究生培养方式与培养质量。学院研究生数量从2010年的260人发展至目前在校生近600人。2014年,水利工程学科与黄河水利委员会黄河水利科学研究院联合申报的研究生教育创新培养基地获批"河南省研究生教育创新培养基地"。2019年,与黄河勘察设计研究院共建的研究生培养基地成功获批"全国示范性水利工程领域专业学位研究生联合培养基地"。获批研究生课程教育改革项目3项,其中获批河南省省级重点研究生教育改革项目1项。学院组织研究生创新课题申报,共立项或资助60余项,同时积极举办了学院研究生"尚水杯"科研创新竞赛,学生参加各类科技、学科竞赛获奖70余人次。

六、学科与科研工作

(一)学科建设

学院设有水利工程、管理科学与工程一级学科博士学位授权点;有水利水电工程、农业水土工程、水文学及水资源、水力学及河流动力学、水工结构工程二级学科博士学位授权点和水利工程、农业工程、管理科学与工程一级学科硕士学位授权点；有水利工程、工程管理（MEM）和农业工程专业学位授权点。

学院水利水电工程专业、农业水利工程专业均是国家级特色专业和国家级一流本科专业建设点，同时水利水电工程专业还是国家"新工科"建设项目专业、国家卓越工程师教育培养计划专业、农业水利专业还是国家综合改革试点专业、国家级卓越农林人才教育培养计划专业。学院是全国水利工程专业学位研究生教育联合培养基地（合作单位：黄河勘测规划设计研究院有限公司）；学院有工程管理河南省特色专业建设点专业和河南省一流本科专业建设点，港口航道与海岸工程河南省工程教育人才培养模式改革试点专业和河南省一流本科专业建设点；农业水利工程专业、水利水电工程专业和工程管理专业通过了国家专业认证或评估；省级实验教学中心有水工程水文化虚拟仿真实验教学中心。学院有省级精品课程6门，省级一流课程4门，省级教学团队1个、省级教学名师1人，校级教学名师培育对象5人、卓越教学团队2个。

2015年，学院完成学校组织的水利工程河南省特色优势学科申报工作，获批特色学科B类；2016年，工程管理和水文与水资源工程专业接受校内专业评估均获得优秀；2017年，组织水利工程学科、农业工程学科、管理科学与工程（管理与经济学院牵头）参加全国第四轮学科评估，水利工程获得B评级、管理科学与工程获得B－评级、农业工程学科获得C－评级；2018年，水利水电工程专业获批国家新工科立项建设，水利工程、农业工程、管理与经济学院牵头的管理科学与工程学科均获批省级重点学科；2019年，水文与水资

源工程和农业水利工程两个专业立项为河南省一流本科专业建设点，工程管理专业参加河南省专业评估，在参加专业评估的19个学校中，取得了省内专业评估综合排名第2的好成绩（同类院校中排名第1）；2020年，水利工程学科获得了河南特色骨干学科的A类。水利学院现有2个一级学科，水利工程学科和农业工程学科，并积极准备农业工程博士点的申报工作。工程管理专业、港口航道与海岸工程专业成功申报河南省一流专业。

（二）科研工作

1. 科研平台建设

2015年，学院获批水资源管理政策研究河南省软科学研究基地；2016年，学院完成了与新乡灌溉研究所合作申报的农业高效用水重点实验室的验收工作；2017年，获批"水环境模拟与治理河南省重点实验室"1个（与环境工程学院、河南水利投资集团联合）、"河南省水工结构安全工程技术研究中心"1个、"河南省水利类虚拟仿真教学实验示范中心"1个、"河南水利大数据实验室"1个（与信息工程学院联合）、"河南省高等学校学科创新引智基地"1个、"河南省引智项目推广示范基地"1个、"水资源高效利用与保障工程河南省协同创新中心"验收优秀并得到继续建设资助；2020年，黄河流域水资源高效利用协同创新中心获批教育部和河南省共建协同创新中心，实现了学校国家级平台建设零的突破。

学院科研平台建设情况详见表4。

2. 科研人才及团队建设

2015年获批河南省高校科技创新团队1个，河南省高校科技创新人才3人；获得水资源论证科技服务资质。2016年，获批河南省特聘教授1名；河南省杰出人才1人；河南省杰出青年1人，获批河南省

高校创新人才 2 人次。2017 年，王富强被评为省科技杰出青年人才、张建伟被评为省高校科技创新人才和校大禹学者，仵峰、雷宏军、王富强被评为校学术骨干，遴选 2 名博士研究生导师和 16 名硕士研究生导师，选派郭磊参加博士服务团到平舆县挂职锻炼。王文川教授被评为全国水利高等院校水利类专业带头人。2019 年，学院引进周福军教授。学院科技创新人才和科技创新团队见表 5 和表 6。

表 4 水利学院科研平台一览表

序号	平台类别	平台名称	批准部门	主任	批准时间	共建单位数量/个
1	国家级	黄河流域水资源高效利用省部共建协同创新中心	教育部	刘汉东	2020 年 9 月	7
2	省部级	河南省节水农业重点实验室	河南省科技厅	徐建新	2012 年 8 月	2
3		河南省农业节水工程技术研究中心	河南省科技厅	徐建新	2012 年 9 月	1
4		水资源管理与政策研究软科学研究基地	河南省科技厅	刘汉东	2015 年 9 月	2
5		水利大数据分析与应用河南省工程实验室（2017）	河南省发改委	刘文锴	2017 年 5 月	1
6		河南省水利环境模拟与治理重点实验室	河南省科技厅	聂相田	2017 年 9 月	2
7		河南省水工结构安全工程技术研究中心	河南省科技厅	徐存东	2017 年 9 月	1
8		河南省高等学校学科创新引智基地	河南省外国专家局	聂相田	2018 年 3 月	1
9		河南省引智示范基地	河南省外国专家局	聂相田	2018 年 3 月	1
10		河南省水旱灾害管理工程技术研究中心	河南省科技厅	李彦彬	2018 年 12 月	1
11		河南省水利水运工程技术研究中心	河南省科技厅	张先起	2018 年 12 月	1
12		河南省杰出外籍科学家工作室	河南省科技厅	张先起	2020 年 3 月	1
13		河南省农业水资源高效利用及防灾减灾国际联合实验室	河南省科技厅	李彦彬	2020 年 12 月	2

表 5 水利学院科技创新人才一览表

序号	入选人才名称	人员名单	批准号	批准时间
1	中原科技创新领军人才	仵 峰		2018 年 12 月
2	中原科技创新领军人才	徐存东		2019 年 12 月

序号	入选人才名称	人员名单	批准号	批准时间
3	中原青年拔尖人才	杨 晨		2020 年 12 月
4	河南省科技创新杰出人才	徐存东	174200510020	2016 年 10 月
5	河南省科技创新杰出青年	雷宏军	174100510021	2016 年 10 月
6	河南省科技创新杰出青年	王富强	184100510014	2018 年 1 月
7	河南省高校科技创新人才	王文川	13HASTIT034	2013 年 9 月
8	河南省高校科技创新人才	徐存东	14HASTIT047	2014 年 7 月
9	河南省高校科技创新人才	王富强	15HASTIT044	2015 年 1 月
10	河南省高校科技创新人才	张先起	15HASTIT049	2015 年 1 月
11	河南省教育厅社科创新人才	李慧敏	2017 - cxrc - 023	2017 年 11 月
12	河南省高校科技创新人才	张建伟	18HASTIT012	2018 年 1 月
13	河南省高校科技创新人才	杨 晨	21HASTIT010	2020 年 1 月

表 6   水利学院科技创新团队一览表

类 别	团 队 名 称	团队负责人	启动年份
河南省科技创新型团队	河南省农业水资源高效利用创新型科技团队	徐建新	2012
	河南省水资源高效利用与防灾减灾	李彦彬	2017
河南省高校科技创新团队	水资源高效利用保障技术	聂相田	2014
	水资源高效利用及防灾减灾	李彦彬	2017
	水资源系统分析与管理	王文川	2018
	基于多场耦合的水工结构优化理论与方法	徐存东	2019
	水生态环境保护与综合治理	王富强	2020

3. 科研院所（中心）建设

学院拥有河南省水文学及水资源研究院士工作站和河南省多沙河流治理院士工作站，有水利工程设计研究所、工程环境与移民研究所、商品价格研究中心、工程结构振动与安全研究所、水利工程 BIM 技术研究中心、政府和社会资本合作研究中心、水力学及河流研究所、港口航道与海洋发展研究中心等 8 个研究所（中心）。学院获得水资源论证科技服务资质。

4. 科研成果

学院在农业节水、水工结构工程、水资源高效利用、河库泥沙调度管理、工程项目管理及工程建设监理等研究领域形成了鲜明的特色和优势，是河南省农业节水和水资源管理领域最主要的研究基地，并与国际上高水平的水利工程研究机构建立了广泛的联系。学院围绕国家需求和区域经济建设，积极开展科学研究及社会服务，对黄河中下游泥沙问题、南水北调中线大跨度输水结构的技术攻关和运行管理方面的重大课题开展了深入研究，为中原地区区域经济建设作出了重要贡献。2011 年以来，学院共获批科研项目 700 余项，经费总额达 1.8 亿元，其中包括 863 课题、国家科技支撑计划课题和国家重点研发计划课题等 15 项，水利部公益性行业专项课题 3 项，国家自然科学基金项目 60 项；累计发表论文 1350 篇（其中

SCI/EI 收录 452 篇），出版专著和教材 156 部；获国家科技进步二等奖 1 项，省部级科

技进步奖 30 项；授权发明专利 120 项。学院近五年科研成果见表 7。

表 7　　　　　　　　　　水利学院近五年科研成果一览表

年份	项目		论文/篇			专著、教材/部	获奖/项					知识产权/项		
	项目总数/项	合同额/万元	论文总数	SCI/EI收录论文	核心论文		获奖总数	国家级	省部级	厅级	论文著作	发明专利	实用新型	软件著作权
2016	70	2000	107	38	60	14	9	1	1	2	6	17	6	3
2017	73	2200	102	37	43	14	15		5	7	3	15	8	1
2018	80	2302	110	56	37	18	11		1	8	2	7	17	2
2019	83	2640	155	78	44	27	10		3	4	3	34	24	2
2020	65	2153	110	60	36	7	7		4	1	2	40	20	6
合计	371	11295	584	269	220	80	52	1	14	22	16	113	75	14

七、国际交流与合作和社会服务

学院积极开展国际合作，主动拓展国际合作交流空间，先后与俄罗斯、法国、美国、英国、澳大利亚、加拿大、德国、以色列等 10 多个国家和地区的高校、科研院所和专家学者开展了交流合作。近年来，学院牵头组织召开了"一带一路"水利水电高峰论坛、贯彻落实黄河流域生态保护和高质量发展战略研讨会暨第二届"一带一路"水利水电产学研战略联盟年会、中国水利学会 2020 学术年会水利行业强监管分论坛、水利工程前沿科学及信息化管理技术研讨会等高级别学术会议，为扩大学校影响力和促进相关学科发展做出了应有贡献。

2020 年 5 月，学校首个境外办学机构华禹学院获批，办学地点在马来西亚砂拉越科技大学主校区，其中学院水利水电工程专业作为合作办学项目的专业之一。

（郭玉宾、李彦彬执笔）

水 资 源 学 院

一、学院概况

水资源学院成立于 2019 年 12 月，水利学院原水文与水资源工程和水务工程专业划归水资源学院，与黄河科学研究院合署办公，学校水务研究院职能划归水资源学院。

学院秉承"善利万物，泽被天下"的院训，培养学生具有善利万物而不争的良好品行，同时具有兼济天下造福人民的志向和胸怀。在培养学生具有扎实专业知识的基础上，注重培养学生的创新能力和实践能力。

学院围绕"水利工程补短板，水利行业强监管"水利改革总基调，按照"融合发展、融入发展、开放发展、特色发展"的指导方针，积极进行学科交叉融合，用开放的态度与国内外相关机构开展合作与交流，通过融入地方，服务黄河流域和水利行业，实现特色发展的目标，为学校建设特色鲜明的高水平水利水电大学做出贡献。在科研项目申报、科研平台建设、学术交流等方面稳步开展了系列工作，为进一步提高学院科研水平奠定了良好的基础。

二、组织机构及师资队伍

（一）领导班子成员及管理队伍

学院设有党政办公室、团委、教学办公室、科研办公室、学科与研究生管理办公室和创新创业就业服务中心等。学院领导班子成员及任职时间见表 1。

表 1　　水资源学院领导班子成员及任职时间表

职务	姓名	任职时间
党委书记	王志良	2019 年 12 月至今
院长	韩宇平	2019 年 12 月至今
党委副书记	孙　星	2019 年 12 月至今
副院长	杨耀红	2019 年 12 月至今
副院长	张修宇	2019 年 12 月至今
副院长	王文川	2021 年 1 月至今

（二）基层教学组织建设

学院设有水文水资源系、水务工程系等教学单位；设有水资源研究所、水生态研究所、水环境研究所、水灾害与水安全研究所和节水研究所等 5 个科研机构。学院成立伊始就积极推行基于院所融合的高素质人才培养模式，通过院所融合推动科研团队和教学团队的形成，为高素质的人才培养模式探索提供帮助。

（三）师资队伍

截至 2021 年 1 月，学院拥有教职工 64 人，其中教授 9 人，副教授 15 人，拥有博士学位教师 58 人。学院拥有 4 个河南省高校科技创新团队和水文水资源河南省优秀院士工作站。

学院拥有教育部新世纪优秀人才、河

南省科技创新领军人才、河南省学术技术带头人、河南省优秀专家、大禹学者特聘教授、省文明教师、省科技创新杰出青年、省高校科技创新人才等称号20多人次。韩宇平教授担任中国水利学会青年工作委员会副主任委员，王富强教授担任中国自然资源学会水资源专业委员会秘书长。

三、教学工作

（一）教学制度建设

学院高度重视教学工作，制定了一系列教学管理规章制度，对课堂教学、实验教学、实习（实训）教学、课程设计、毕业设计（论文）等教学环节提出相关要求。

在教学监督评价体系构建中，学院成立了院级督导组，督导组主要由学院教授和副教授组成；设立院级学生信息员，收集反馈教学信息；坚持处级领导和班导师听课制度；在教学管理和安排中，采用了院、系二级管理，院级统筹，系级具体实施，系主任负责制，保障了整个教学工作运行顺利，合理高效。

（二）教材建设

教材建设是教学质量提升和人才培养中的重要环节，学院教师积极开展教材编写工作。2020年，马建琴主编的《水文学原理》、杨耀红主编的《工程项目管理》、和吉参编的《水利工程经济学》获河南省"十四五"规划教材立项。

（三）教学成果

质量工程建设。2020年度，学院积极申报本科教学质量工程项目，开展教改课题研究工作，在高校人才培养模式、课程体系、教学内容、教学方法、教学手段改革等方面开展系列研究，其中张修宇主讲的"工程图学概论（土建类）"获国家级首批一流本科课程，赵梦蝶主讲的"水利水电工程概论"获河南省高等学校精品在线开放课程立项；韩宇平主讲的"基于

'习近平生态文明思想'的水利类新工科人才工程伦理意识与职业道德培养的研究与实践"项目获2020年校级新工科研究与实践项目；郝秀平主讲的"水文学原理"获2020年校级一流本科课程（线上线下混合式）；万芳主讲的"水利水电规划"获2020年校级课程思政示范课程；花园口水文站大学生校外实践教育基地获校级大学生校外实践教育基地。

教学成果奖。2020年，学院教师获教学成果奖2项，分别为：王文川教授主持的"以OBE理念为导向的水利人才培养体系改革研究与实践"项目获得河南省高等教育教学成果一等奖；张修宇教授、梁士奎副教授参与的"新时代中国特色水利专业'本—硕—博'一体化团队培养模式研究与实践"项目获得全国高等学校水利类专业教学成果奖。

教育教学研究成果。2020年，学院教师马明卫、赵梦蝶等参加第七届全国水利类专业青年教师讲课竞赛，分别获得一等奖、二等奖。张修宇承担的"工程图学概论（土建类）"获得河南省本科教育线上教学优秀课程一等奖；赵梦蝶承担的"水利水电工程概论"获得河南省本科教育线上教学优秀课程二等奖。郝秀平主持的"重大疫情背景下水利类专业教育学应对措施研究"获批河南省教育科学"十三五"规划一般课题立项。

（四）专业建设

学院设有水文与水资源工程和水务工程两个本科专业，水文与水资源工程为省级一流专业，该专业2002年开始招收本科生，水务工程专业2016年开始招收本科生。学院现有本科生820余人。

2020年，水文与水资源工程专业获批"双万计划"河南省级一流本科专业建设，并积极申报国家一流本科专业，设有"汪

胡桢实验班"。水务工程专业加入中外高水平大学交流计划，招生1个班。

四、研究生教育

学院拥有水利工程一级学科博士学位授权和硕士学位授权资格，现有博士生导师7人，硕士生导师39人，在校博士、硕士研究生近100人。

五、科研工作

学院鼓励教师积极申报各项科研项目，取得了较好的成果。2020年度，共获批1项国家自然科学基金面上项目、5项国家自然科学基金青年项目、6项省部级纵向项目、3项厅级纵向项目、24项横向项目。年度纵向项目和横向项目总合同经费773万元，总到账经费822.5万元。

学院高度重视科研经验的交流，积极承办和协办各类相关会议，为学院教师提供交流平台，促进科研水平提升。2020年度，学院共承办和协办7场会议，具体信息见表2。

表2　　　　　　　2020年度承办和协办的学术会议

序号	会 议 名 称	时 间	地 点	备 注
1	首届黄河流域科研院所长联席会议暨黄河流域生态保护和高质量发展学术研讨会	2020年9月17—19日	华北水利水电大学	承办
2	第八届中国水生态大会	2020年10月29—31日	华北水利水电大学	承办
3	中国水利学会2020学术年会水资源分会	2020年10月18日	中国水利水电科学研究院	协办、线上
4	中国水利学会2020学术年会水生态分会	2020年10月20日	武汉	协办、线上
5	中国水利学会2020学术年会黄河流域生态保护和高质量发展分会	2020年10月21日	郑州	协办、线上
6	中国水利学会2020学术年会水利行业强监管分会	2020年10月26日	华北水利水电大学	协办、线上
7	中国水利学会水法研究专业委员会2020学术年会	2020年12月17—19日	郑州	协办

六、实验室建设

2020年，学院申报的"河南省黄河流域水资源节约集约利用重点实验室"被认定为河南省重点实验室，获准立项建设，该实验室是学校第四个省级重点实验室，该实验室与节水农业重点实验室、水环境模拟与治理重点实验室一道形成省级重点实验室方阵，为学校建设国家重点实验室奠定基础。

七、学生教育管理

学院高度重视学生教育服务管理工作，围绕学校和学院中心工作，努力构建科学规范的学生管理工作体系，将立德树人融入育人全过程。

2020年，面临新冠肺炎疫情考验，学院学子勇扛社会责任，学院共收到感谢信10余封，涌现出周毅、邢译丹、武少振等一批勇挑重担、勇克难关、勇斗风险的青年学生。周毅同学当选为省学联执行驻会主席；邢译丹同学作为河南省志愿者代表，受到了河南省副省长戴柏华的接见；武少振同学作为"春雨助学"的发起人，兼职其家庭所在乡镇团镇委副书记，获得了团县委表彰。

2020 届毕业生一次就业率 78.13%，学院考研率 45.31%；3 人获得国家奖学金，33 人获得国家励志奖学金，1 人获得潘家铮奖学金，3 人获得刘光文奖学金，143 人获得优秀学生奖学金，143 人获得学业奖学金，18 人获得积极进取奖学金。

八、积极落实黄河国家战略

2019 年 11 月，学校联合水利部发展研究中心、河南省水利厅、河南省社会科学院等 9 家单位发起并成立了黄河流域生态保护和高质量发展研究院，由刘文锴校长兼任院长、刘汉东副校长和刘雪梅副校长兼任副院长，韩宇平院长兼任办公室主任。研究院挂靠在水资源学院。

立足办学优势与发展实际，抢抓黄河流域生态保护和高质量发展这一国家战略，积极主动作为，融入相关规划部署，切实推动习近平总书记重要讲话精神和省委决策部署落地落实。与水利部国际经济技术合作交流中心共建"水利文献翻译研究中心"；与省委外事工作委员会办公室共建"河南省黄河生态文明外译与传播研究中心"。积极参与由黄河水利委员会牵头的河南黄河实验室的论证工作，获批黄河流域水资源高效利用省部共建协同创新中心、河南省黄河流域水资源节约集约利用重点实验室和河南省水资源智慧监管工程技术研究中心，获批河南省高等学校人文社科基地"黄河生态文明研究中心"，获批 6 个有关黄河研究的郑州市人文社科基地。以智库建设服务支撑黄河国家战略实施，6 位专家 11 个方面的意见建议被水利部原部长鄂竟平和河南省委原书记王国生、原省长尹弘、省政协主席刘伟等 8 位省部级领导批示；1 位专家为河南省纪委中心组进行现场有关黄河国家战略内容的授课；先后在《人民日报》《光明日报》《河南日报》《中国水利报》《人民黄河》《中国水利》等发表理论文章 10 余篇；学校专家多次接受河南电视台的采访；深度参与《黄河法》立法论证工作和河南省及沿黄地市黄河流域生态保护和高质量发展规划纲要的编制；组织召开首届黄河流域科研院所长联席会议暨黄河流域生态保护和高质量发展学术研讨会、中国水利学会 2020 学术年会、第八届中国水生态大会、2020 中国生态文明建设·郑州论坛、第二届清廉中国·黄河论坛、中国水利学会水法专业委员会 2020 学术年会等全国性学术会议，共同为黄河流域生态保护和高质量发展贡献真知灼见。

（韩宇平、王志良执笔）

地球科学与工程学院

学院始终坚持党的教育方针，"不忘初心、牢记使命"，始终把立德树人作为根本任务，始终坚持社会主义大学"四个服务"的办学方向，始终秉承"笃志、博学、厚德、求真"的院训，坚持教学为中心、质量为生命的理念，全面加强学科、专业、课程和师资队伍建设，不断提升人才培养质量，培养了近万名具有鲜明水利特色的理论基础扎实、实践创新能力强、国际视野开阔、能解决复杂地质工程问题的新工科复合型人才，广泛参与水利水电、交通能源、城市建设、国防等领域的科学研究与工程建设，为国家和地区的经济发展和科技进步贡献力量。

一、学院现状

地球科学与工程学院（原水文地质与工程地质系，简称地质系）创建于 1983 年，是学校最早成立的院系之一。设有基础地质系、工程地质系、水文地质系、地下空间系、工程勘察系、地基及基础系、地球物理勘探系、地学信息技术系共 8 个系。依托于学院建设有 2 个河南省重点实验室（河南省岩土力学与结构工程重点实验室，河南省地质环境智能监测与灾害防控重点实验室）、1 个河南省国际联合实验室及河南省工程技术研究中心等省级教学科研平台。地质资源与地质工程学科于

2013 年获得一级学科博士学位授予权，并于 2020 年入选河南省首批特色骨干学科。拥有资源与环境、土木水利专业硕士学位授权点和地质资源与地质工程、土木工程学术硕士学位授权点，具有硕士研究生单独考试资格和同等学历硕士学位授予权。现有地质工程、土木工程（岩土及地下建筑方向）、城市地下空间工程等 3 个本科专业，以及地质工程（灾害管理）专业（与英国提赛德大学合作的国际合作办学项目）。地质工程、土木工程（岩土及地下建筑方向）均为国家一流专业建设点，城市地下空间工程专业为河南省一流专业建设点，地质工程专业为国家级高等学校特色专业及卓越工程师建设点。学院在校本科生、硕士研究生、博士研究生达 1800 余人。

二、教学科研队伍与教师发展

学院加大教师队伍的引进和培养力度，积极鼓励和支持教学研究人员在知识结构、学历层次上进一步提高，有计划地选派学术骨干到国内外高校、研究单位开展合作研究，使得教师队伍的整体教学科研实力得以大幅提升，形成了一支年富力强、勇于创新进取、学历职称结构合理的教学科研队伍。学院现有教职工 146 名，其中中国工程院院士 1 名，教授 19 名，副

教授 49 名，具有博士学位人员 111 名，研究生学历占到 95％以上，享受国务院政府特殊津贴专家 1 人，省管优秀专家 1 人，河南省学术技术带头人 2 人，河南省教学名师 2 人。2017 年，李志萍教授获得河南省教学名师；姚志宏教授获"河南省教学标兵"荣誉称号、获省级教学成果一等奖。2018 年，孟俊贞老师获"河南省教学标兵"荣誉称号，2020 年荣获河南省本科教育线上教学优秀课程一等奖。

三、专业学科建设与人才培养

2011 年增设地质工程专业（工程物探方向），授工学学士学位，每年招收 2 个班。2014 年增设中英联合办学项目地质工程（灾害管理）本科专业，授工学学士学位，每年招收 3～4 个班。2014 年增设城市地下空间工程本科专业，授工学学士学位，每年招收 2 个班。2020 年地质工程专业"汪胡桢实验班"开始招生，每年招收 1 个班。

为了适应经济社会发展需要，学院积极发挥地质工程和岩土工程学科优势，在高水平、特色专业建设方面取得了突破性进展。地质工程（专业）2012 年获国家级卓越工程师教育培养计划，2013 年获得教育部第一批本科专业综合改革试点，2019 年通过教育部中国工程教育专业认证；土木工程（岩土工程方向）专业 2019 年通过了住房和城乡建设部高等学校土木工程专业的评估（认证）；地质工程专业、土木工程（岩土与地下建筑方向）、城市地下空间工程专业 2020 年获批省级一流本科专业建设点；2020 年，地质资源与地质工程获批第一批河南省特色骨干学科；在 2018 年全国第四轮学科评估中，地质资源与地质工程被评定为 C＋；2021 年，地质工程专业、土木工程（岩土与地下建筑方向）专业获批国家级一流本科专业建设点。

学院拥有 1 个地质资源与地质工程一级学科博士学位授权点，资源与环境专业、土木水利专业 2 个专业硕士学位授权点，地质资源与地质工程专业、土木工程专业 2 个学术硕士学位授权点。截至 2021 年 3 月，共有在校本科生 1500 余人，硕士研究生 235 人，博士研究生 31 人。

四、实验室与教学基地建设

结合学科建设需要，学院近年来不断加大实验室建设力度，加强对外科研与服务合作，在 2018 年成立了河南省地质环境智能监测与灾害防控重点实验室和河南省崩滑流监测与早期预警国家联合实验室 2 个省级科研平台。学院现有 3 个实验室：地质及岩土力学实验室（下设基础地质实验室、岩石矿物标本实验室、环境与规划实验室、勘探实验室），测绘与空间信息实验中心［下设测量实验室和地理信息系统（GIS）实验室］，地质工程实验研究中心（是博士点建设的专门实验室，下设岩石力学实验室、土力学实验室、水文地质实验室、工程物探实验室、工程监测实验室）。实验室总面积为 2300 平方米，其中：地质及岩土力学实验室现有面积 500 平方米，地质工程实验研究中心现有面积 800 平方米，测绘与空间信息实验中心现有面积 1000 平方米。各类仪器设备价值为 2300 余万元。

学院以一流学科、新工科建设、卓越工程师 2.0 等为契机，始终坚持产、学、研深入融合的综合培养模式，为国家社会培养具有良好职业素质和较强动手能力的应用型人才。学院与黄河设计公司岩土工程与建材研究院、浙江华东建设工程有限公司、化工部地质工程勘察院、小浪底建设管理局、河南地矿集团、许昌地矿岩土工程公司、河南水利勘测设计公司、嵩山国家地质公园、河南省测绘研究院等单位合作建立了11个教学实习基地。在深入探究"面向黄河国家战略的'地质工程＋'新工科复合型人才培养模式""新工科视域下地质工程专业'层次/特色/平台'多元融合人才培养模式""新时代创新人才培养——'汪胡桢'实验班模式"等方面取得新突破。

五、教学管理与改革

2011年度校级教育教学研究与改革立项建设中，有5项教改项目获得资助，其中"地质工程专业本科野外实习教学基地建设与评估"为重点项目。2012年，地质工程（专业）获国家级卓越工程师教育培养计划；地质工程实验教学示范中心获省级实验教学示范中心。2015年教育教学研究与改革项目立项6项，其中重点项目2项、一般项目4项。2019年，"地质学基础与应用综合实习虚拟仿真实验教学项目"被评为河南省虚拟仿真实验教学项目，"地质实习"列入校级课程思政案例，"新工科视域下地质工程专业'层次/特色/平台'三位一体人才融合培养模式研究与实践"荣获省级教育教学改革项目。2020年，"土力学"被评为河南省省级一流本科课程；"面向黄河国家战略的'地质工程＋'新工科复合型人才培养模式研究与实践"列为河南省新工科研究和实践项目；《基础工程》《工程地质及水文地质》和《地质学基础综合实践数字教程》被评为河南省"十四五"普通高等教育规划教材。

六、科学研究与科技服务

学院立足我国经济社会发展需要，追踪学科研究前沿，积极开展科学研究，在地质工程领域研究成果突出、特色鲜明。在地质工程、岩土工程、3S技术开发与应用等领域共承担了国家重点研发计划、国家自然基金重大项目、青藏高原二次科考、国家自然科学基金项目、"863"项目、国家重点实验室项目等国家课题以及地方政府、企事业单位等各类科研项目300余项，研究经费达到5500余万元；2017年获得NSFC-河南联合基金重点项目1项，实现了学校承担国家自然科学基金重点项目零的突破；获得河南省科技进步奖、河南省自然科学优秀论文奖等省部级科技奖励30多项，2019年学校作为第一主持单位完成的"滑坡灾变过程多因素预测预报理论与防治关键技术"获河南省科学技术进步奖一等奖，实现了学校作为第一完成单位获得省科技进步一等奖零的突破。在国内外重要学术期刊上共计发表学术论文500余篇，被SCI、EI收录150余篇；出版专著20余部，编写了《岩土力学》、ENGLISH FOR GEOLOGICAL AND GEOTECHNICAL ENGINEERING、《岩土工程勘察》等教材20部。

在技术咨询与服务、成果转化等方面，学院科研人员紧密结合国家水利、电力、交通等各类工程建设，广泛开展技术服务，把取得的研究成果应用到工程建设中，取得了丰硕成果。在水利水电工程建设方面，参加了长江三峡、黄河小浪底水利枢纽、西霞院水利工程、新乡宝泉抽水蓄能电站、南阳回龙抽水蓄能电站、信阳南湾水库、鹤壁盘石头水库、黄河下游堤防、南水北调中线等工程建设；在电力工程建设方面，参加了开封电厂、三门峡电厂、永城电厂、鸭河口电厂、郑州—南阳高压输电线路等工程建设；在交通工程研究与应用方面，参加了洛阳—三门峡高速公路、焦作—晋城高速公路、平顶山—洛阳207国道、京珠高速黄河新桥等工程建设；在城市建设方面，参加了郑东新区龙子湖工程、郑州市四桥一路紫荆山桥、高层建筑深基坑支护与优化设计等工程建设。

七、对外交流与合作

学院非常重视对外交流与合作，积极探索高质量、具有创新精神的水利工程建设复合型人才培养，坚持"走出去、引进来"的措施，鼓励研究人员积极参加学术会议、出国进修访问。邀请院士、长江学者等知名专家学者到学院交流100余次。与中科院地质与地球物理研究所、中国地质大学（武汉）和长安大学等单位加强合作，实施互聘导师制。2020年教育部地质工程教育指导委员会副主任委员刘玉强教授被聘为学校兼职教授。2020年，与浙江华东建设有限公司共建省级校外实践教育基地。选派教师30余人次前往美国、法国、英国、德国等国家知名大学访学。

八、学生工作

学院坚持以人为本的教育理念，结合当前国家、社会对人才的需求，创新工作思路方法，积极为学生成长、成才搭建锻炼平台，开创具有学院特色的"导生制""党员带动工程"等。

学院注重学生党员的发展，积极开展"党员带动工程"。共发展学生党员695名，占学生总人数的18％；学生党支部开展"学雷锋志愿服务活动月""庆祖国七十华诞，展地学别样风采""红心向党、放飞梦想""我和我的祖国""重温初心、牢记使命""撰写亲人寄语现代家书"等系列活动100余次；学院组织学生社会实践团队共计93个，927人次，10个团队荣获团省委、学校等社会实践优秀团队，312位师生荣获社会实践先进个人。从1983年举办"地质之声"到"岩土之春""地质之春"，已成功举办30届。组织各类球赛、春季运动会、主持人大赛、学生干部拓展训练、英语演讲比赛、青年志愿者活动、学风活动月等系列活动，丰富学生生活。学院采取"组织到位、管理到位、指导到位、服务到位"的积极有效就业措施，学生就业率超过95％，在省内工科院校中名列前茅。

学院代表性专著、代表性科研成果见表1和表2。学院历任领导见表3。

表1　　　　　　　　地球科学与工程学院代表性专著一览表

著 作 名 称	作者	出版单位	出版时间
《利用温度探测堤坝集中渗漏》	王新建	地质出版社	2012年6月29日
《灌区地下水承载力评价理论与实践》	陈南祥	科学出版社	2012年9月1日
《软弱隧道塌方机理及治理技术研究》	黄志全	科学出版社	2012年11月20日
《河流渗滤系统污染去除机理研究》	李志萍	地质出版社	2013年3月2日
《含有协变量的地下水动态规划管理模型研究》	于福荣	地质出版社	2013年8月8日
《高渗透压下孔隙和裂隙岩石流固耦合机理与理论初步》	周　辉	科学出版社出版	2014年1月25日
《边坡加卸载地震动力响应分析理论与实践》	姜　彤	中国水利水电出版社	2014年3月15日
《掺砾土质心墙应力变形试验及计算方法研究》	毕庆涛	中国水利水电出版社	2014年9月12日
《数字地下空间与工程三维地质建模及应用研究》	胡金虎	地质出版社	2015年2月1日
《隧道衬砌地震作用力问题研究》	孙常新	中国水利水电出版社	2015年3月3日
《结构性对软黏土力学特性影响的试验研究》	王江锋	地质出版社	2015年8月1日
《琼东南盆地速度研究与PSDM应用》	朱四新	地质出版社	2015年8月1日
《层状盐岩力学特性及变形机理》	王安明	地质出版社	2015年8月14日

著 作 名 称	作者	出版单位	出版时间
《严重干旱大型水源地地下水资源评价及应急供水研究》	姜宝良	地质出版社	2015 年 8 月 15 日
《基于状态相关剪胀理论的堆石料强度与变形特性》	丁树云	中国水利水电出版社	2015 年 8 月 15 日
《工程地质及水文地质》	陈南祥	中国水利水电出版社	2016 年 5 月 5 日
《富水新近系地层隧道围岩特性与施工关键技术》	马 莎	科学出版社出版	2016 年 11 月 9 日
《三孔两渗煤层气产出建模及应用研究》	邹明俊	中国水利水电出版社	2016 年 12 月 27 日
《黑河流域陆地水循环模式及其对人类活动的响应研究》	赵 静	地质出版社	2017 年 4 月 1 日
《新疆焉耆盆地原始面貌恢复及油气赋存》	陈建军	科学出版社出版	2017 年 6 月 1 日
《岩石应力松弛特性试验与模型研究》	于怀昌	科学出版社出版	2017 年 8 月 5 日
《粉砂质泥岩流变力学特性及应用》	于怀昌	科学出版社出版	2017 年 8 月 5 日
《干旱驱动机制与模拟评估》	赵 勇	科学出版社出版	2017 年 9 月 1 日
《刚性桩-亚刚性桩复合地基处理技术及其可靠度分析》	何 鹏	中国电力出版社	2017 年 9 月 1 日
《湖库型饮用水水源地污染治理与生态修复》	付 丽	中国水利水电出版社	2017 年 12 月 20 日
《块体理论及其在复杂地下硐室中的应用》	李建勇	地质出版社	2018 年 5 月 31 日
《GIS 支持下的水库塌岸预测与风险评价》	王小东	中国水利水电出版社	2018 年 7 月 1 日
《沟道泥石流堆积体复活启动机制研究》	王硕楠	中国水利水电出版社	2018 年 12 月 20 日
《CFG 桩加固机理与污染环境下桩身材料力学性能劣化试验研究》	陈 伟	地质出版社	2019 年 10 月 1 日
《裂隙网络-管道双重介质水流运动规律研究》	张春艳	中国水利水电出版社	2019 年 11 月 15 日
《层间错动带力学特性及其工程影响研究》	赵 阳	中国水利水电出版社	2020 年 8 月 4 日

表 2　　　　地球科学与工程学院代表性科研成果一览表

姓名	成 果 名 称	奖 励 名 称	获奖时间
王忠福	长输油气管道典型地质灾害评价关键技术	中国石油工程建设协会科技进步二等奖	2020 年
刘汉东	滑坡灾变过程多因素预测预报理论与防治关键技术	河南省科学技术进步一等奖	2019 年
刘海宁	土岩互层掘进机刀盘刀具高效破岩与防损伤优化技术	河南省科学技术进步二等奖	2019 年
袁广祥	气候变化背景下东构造结前缘岩土体灾变链生机理与防治方法	中国岩石力学与工程学会科学技术二等奖（自然科学奖）	2019 年
王安明	层状盐岩油垫法造腔关键技术及应用	绿色矿山科学技术二等奖	2018 年
王安明	深部薄互层盐岩体力学-渗透特性及盐穴腔体形态调控关键技术	河南省科学技术进步二等奖	2018 年
姜 彤	基于数字图像相关分析的岩土工程模型试验关键技术	河南省教育厅科技成果一等奖	2018 年
王 麒	煤层底板寒武系厚层灰岩地热水灾害防治及综合利用	河南省科学技术进步二等奖	2018 年

姓名	成 果 名 称	奖 励 名 称	获奖时间
宋晓焱	Mineralogical and geochemical composition of particulate matter（PM10）in coal and non－coal industria	河南省教育厅科技论文一等奖	2018 年
袁广祥	Multiple landslides along the northwestern edge of the eastern Himalayan syntaxis in Tibet，China	河南省自然科学学术奖-优秀学术论文三等奖	2018 年
马 莎	富水软弱流砂地层特长水工隧洞建设关键技术	河南省科技进步二等奖	2017 年
王 麒	华北型岩溶陷落柱突水动力学特征与防治技术	河南省科技进步三等奖	2017 年
王江锋	膜结构建筑形态构成理论及应用	河南省科技进步二等奖	2016 年
戴福初	降雨滑坡的水作用机制及其评价关键技	河南省科技进步二等奖	2016 年
于福荣	地下水的自动监测、分析评价及开发利用	河南省科技进步三等奖	2016 年
黄志全	等能量夯扩挤密碎石桩处理液化地基成套技术研究	河北省科学技术三等奖	2014 年
孙常新	轨道交通车——路系统耦合动力特性的研究与应用	重庆市科学技术二等奖	2014 年
黄志全	非饱和膨胀土力学特性试验与强度理论	河南省科技进步二等奖	2014 年
刘汉东	河口村水库坝址区渗漏与龟头山边坡稳定性研究	河南省科技进步三等奖	2012 年
刘汉东	大型矿山排土场安全控制关键技术	国家科技进步二等奖	2011 年
刘汉东	郑州市贾鲁河流域分布式水文模型研究	河南省科技进步三等奖	2011 年

表 3　　　　　　　　　　地球科学与工程学院历任领导一览表

时　　间	职务	姓名	备　　注
2011—2015 年（资源与环境学院）	院长	黄志全	
	副院长	李日运　李志萍　董金玉	
	党委书记	李 虎	
	党委副书记	丁仁伟	
·2015—2018 年（2018 年 7 月更名为地球科学与工程学院）	院长	黄志全	
	党委书记	李志萍　武兰英	2016 年 3 月李志萍调学科评估办任主任，同年武兰英任学院党委书记
	党委副书记	丁仁伟	
	副院长	李日运　曹连海　董金玉	2018 年，董金玉调岩土院任院长
2018 年至今（地球科学与工程学院）	院长	姜 彤	
	党委书记	武兰英	
	党委副书记	丁仁伟	
	副院长	李日运　张 昕　王江锋	

（姜彤、武兰英执笔）

材　料　学　院

一、学院概况

材料学院成立于2018年6月，是在机械学院原材料工程系与土木与交通学院材料工程系的基础上建立起来的，涉及机械、材料、化工3个学科，对应设置材料成型及控制工程专业、无机非金属材料工程专业、资源循环科学与工程专业。招收材料与化工、机械、资源与环境工程硕士研究生。学院拥有2个河南省一流本科专业和2个省级综合改革试点专业。学院设两个系，材料加工工程系和材料学系。材料加工工程系负责材料成型与控制工程专业建设，材料学系负责无机非金属材料工程和资源循环科学与工程专业建设。两个系均为河南省优秀基层教学组织。

学院拥有一支结构合理的师资队伍，现有教职工47人，其中教授7人，副教授9人，博士32人，专业教师博士学位占比超过80%。有教育部评估专家、河南省优秀专家、河南省高层次人才、全国优秀教师、河南省优秀教师、河南省女工先进个人、河南省文明教工等；有河南省高校青年骨干教师2人，校级教学名师2人，国家留学基金委公派访问学者以及其他具有国外留学经历人员11人。

学院现有省级工程技术研究中心1个、省级工程实验室1个、市厅级重点实验室3个和省级本科质量工程6个。设有材料工程实验中心，能够完成材料成型工艺与设备、成型智能控制与检测、材料合成与制备、材料性能测试等相关教学科研工作。形成水利水电机械先进制造技术、水利水电工程金属与无机非金属材料、纳米陶瓷材料、新型碳材料、新型复合材料、先进水泥材料、复合涂层材料和表面防护技术、先进结构材料制备与成形技术、资源循环利用技术工艺与装备等研究特色。

二、加强政治建设，全面提升党组织的组织力

学院于2018年10月11日召开了党员大会，选举产生了中共华北水利水电大学材料学院第一届委员会，程思康、郝用兴、张瑞珠、仝玉萍、李勇、张海龙当选材料学院党委委员，组成材料学院党委，程思康任党委书记。同年11月，张培勇任学院党委副书记。

在校党委的领导下，材料学院党委认真学习贯彻习近平新时代中国特色社会主义思想和党的十九大，十九届四中、五中全会精神，进一步落实管党治党政治责任，不断强化以党的建设为根本的基层基础工作，以全面坚持和加强党的领导为中心，聚焦全面加强政治建设、全面提升党组织的组织力、全面促进基层党组织和师

生党员作用发挥来开展工作。

学院党委科学设置党支部，把支部建在专业上，由党员系主任担任党支部书记，充分发挥教工党员在专业建设、学科建设、教学、科研、社会服务工作中的先锋模范带头作用，学院领导分别编入各教工党支部。学生党员集中建支部，并把辅导员编入学生党支部，更加有利于对学生党员的管理、培养及发挥学生党员的先锋模范作用。学院党员划分为 3 个支部，分别是材料学系党支部、材料加工系党支部和学生党支部。2018 年，学院有党员 74 人，其中正式党员 39 人，预备党员 35 人。2021 年 3 月，学院有党员 103 人，其中正式党员 66 人，预备党员 37 人。

三、教学管理与师资队伍建设

学院建立了完善的教学质量持续改进长效运行机制，注重发挥高级职称人员的模范带头作用，支持和鼓励教师通过多种方式提高教育教学科研能力。

（一）以工程教育专业认证为抓手，提升专业内涵

学院坚持以人才培养效果与培养目标的达成度为核心，以办学定位和人才培养目标与社会需求的适应度、教师和教学资源对人才培养的保障度、教学和质量保障体系运行的有效度、学生和社会用人单位的满意度为支撑，发展各个专业。学院积极推动专业综合改革、教学实验平台建设和相关工程教育专业认证工作，并多次开展毕业生满意度调研，广泛征集意见，紧密结合就业市场的新形势和用人单位的需求，结合工程认证标准和课程思政的要求，提升专业内涵。

2017 年 12 月，材料成型及控制工程专业评估（认证）申请被教育部高等教育教学评估中心、中国工程教育专业认证协会正式受理。2019 年 12 月，无机非金属

材料工程专业评估（认证）申请被教育部高等教育教学评估中心、中国工程教育专业认证协会正式受理。2020 年 2 月，资源循环科学与工程专业评估（认证）申请被教育部高等教育教学评估中心、中国工程教育专业认证协会正式受理。2020 年 2 月，无机非金属材料工程专业提交工程教育认证自评报告。结合最新评估（认证）要求，学院多次举办专题研讨会议，组织相关人员开展工作。3 个专业完成了课程体系及教学计划、专业培养目标、专业毕业要求的修订和毕业各项要求的能力指标点分解等系列工作。

2017 年，材料加工系被评为河南省优秀基层组织。2019 年，材料学系被评为河南省优秀基层组织。2020 年，材料成型及控制工程和无机非金属材料工程专业被立项为河南省一流专业。

（二）开拓创新教学模式，打造一流本科精品课程

学院以立德树人为根本，以促进学生全面发展为目标，以培养学生能力为核心，以深化教师教学模式、学生学习方式和学生学业考核评价改革为重点，全面提升课程建设水平和教学质量。2018—2020 年，学院涌现了一批高质量、高水平的本科精品课程。

2018 年，无机非金属材料类课程校级卓越教学团队顺利通过校级卓越教学团队终期考核验收；无机非金属材料工程专业基础课程教学团队获批校级教学团队建设；机械制造技术基础被认定为学校本科教学示范课堂建设 A 级课堂项目；机械制造技术基础课程获校级精品在线课程建设和河南省精品资源共享课立项；机械制造基础、土木工程材料、工程材料、互换性与技术测量顺利通过校级微课验收。2019 年，"机械设计基础"被立项为学校 2019

年课程思政示范课程。2020 年，郝用兴教授主持的"机械制造技术基础"被认定为首批河南省线下线上一流课程和首批国家级一流课程。新冠肺炎疫情防控期间，学院积极响应教育部"停课不停教、停课不停学"号召，充分利用各种在线学习平台、直播、录播、微信等多种方式，促进课堂教学和信息化的深度融合，切实提高教学效率，开展在线教学活动。"机械制造技术基础""物理化学"两门课程均获2020 年河南省本科教育疫情防控期间线上教学优秀课程一等奖。"机械制造技术基础"被评为学校课程思政示范课程；"材料类专业课程思政教学团队"被评为学校课程思政团队；"物理化学"被评为校级线上线下混合一流课程，"材料科学基础""无机非金属材料工艺学"被评为校级线下一流课程。

教材建设是深化教育改革、全面推进素质教育的重要保证。为适应教学改革和发展的要求及新专业建设的需要，学院结合自身专业的实际情况，制定了教材建设规划，创造条件，编写高水平、高质量的精品教材。2018 年，《金属学原理》获批校内讲义建设；2019 年，《机械制造技术基础》获批校级新形态教材建设专项资助；2020 年，《材料物理化学》获批校级规划教材建设项目，《机械制造技术基础》《材料物理化学》被立项为河南省本科高等学校"十四五"规划教材。《机电传动控制》和《材料物理化学》分别获得河南省首届教材建设一等奖和二等奖。

（三）深化教学改革，积极探索教育教学研究与创新

2018 年，学院大学生科技创新中心获批校创新创业基地；2019 年，立项校级教育教学改革项目重点项目 1 项，一般项目 1 项，思政专项项目 1 项；2020 年，"跨专业跨学科人才培养体系和教学内容优化融合研究与实践"被立项为河南省高等教育教学改革研究与实践一般项目；"基于专业认证 OBE 理念与信息化背景的本科教学质量监控保障体系研究与实践"获 2019 年河南省高等教育教学成果奖一等奖；"工程教育认证背景下的'热工过程与设备'课程教学改革与探索"获 2020 年度河南省教育信息化优秀成果奖二等奖。"材料成型及控制工程专业数字化智能化改造升级探索与实践"被评为学校 2020 年校级新工科研究与实践项目。

学院鼓励教师参与指导科技创新竞赛，以创新带动教学发展。2018 年参与指导全国性科技创新技能竞赛的教师 5 人次，获奖 6 项；2019 年，参与指导全国性科技创新技能竞赛的教师 5 人次，获奖 4 项；2020 年，参与指导全国性科技创新技能竞赛的教师 5 人次，获奖 7 项。

（四）立德树人，稳步提升教师教学能力

学院重视青年教师的培养，加强对青年教师培训。学院多次组织青年教师参与一流课程建设、线上线下混合式教学、课程思政教学方法等培训，树立了教师"守好一段渠，种好责任田"的责任和信心。2018 年，仝玉萍荣获河南省优秀教师称号，张太萍、陈希获得学校教学技能竞赛三等奖；2019 年，仝玉萍荣获全国优秀教师称号；崔大田在 2019 年全省教育系统教学技能竞赛（高校理科）中获得三等奖；崔大田在十五届"菁英杯"青年教师课堂讲课大赛中获得三等奖；2020 年，仝玉萍荣获河南省本科高校教师课堂教学创新大赛特等奖（工科组第一名），陈希获得2020 年全省教育系统教学技能竞赛（高校理科）二等奖，刘丽获得"停课不停教——战疫最美奉献者"优秀个人。

四、科研与学科建设

（一）优化资源配置，促进科学研究

学院科研人员注重科技创新能力建设，现有省级创新科技团队 1 项、高校科技创新人才 1 项，省级重点学科（联合）学术带头人和研究方向 2 项，郑州市"智汇郑州——1125 聚才计划" 1 项。学院拥有河南省"水利机械抗磨防腐"工程技术研究中心、大型起重运输智能制造设备工程实验室、水电工程新材料与再制造郑州市重点实验室，成立有新型功能材料和固体废弃物再生利用研究所，拥有废弃物资源化利用及新型材料研发校级创新型科研团队。学院承担有国家自然科学基金、863 计划子课题等国家级纵向科研项目 6 项，河南省科技攻关项目、河南省自然科学基金等省部级纵横向课题近 40 项。学院教师获得国家技术发明二等奖 1 项、省级技术发明一等奖 1 项、省级科技进步奖 6 项，以及多项厅级科技成果奖、自然科学奖。近年，学院教师在国内外优秀主流期刊发表学术论文 140 余篇，出版专著及教材 24 部，获得国家发明专利授权 59 项，获得国外专利授权 1 项。

学院贯彻落实各项科研政策和规定，部分教师在中国机械工程学会、中国自动化学会、河南省硅酸盐学会等相关行业协会和企业兼职，促进科研工作开展，推动行业的科技成果转化。学院积极响应黄河国家战略号召，有 7 名教师加入了校内黄河生态院核心专家库，助力学校特色发展。

（二）聚焦学科交叉，加强学科建设

学院注重凝练学科方向，优化配置资源。学院积极参与支持水利工程骨干特色学科群、环境工程骨干特色学科群、动力工程与工程热物理特色骨干学科群的申报。学院现为机械（0855）、资源与化工（0857）两个硕士专业学位培养单位，并于 2020 年起独立招生，有硕士研究生导师 27 人（含兼职导师 11 人）。

学院自成立以来，积极筹备硕士点申报工作，针对材料科学与工程（学术型）和材料与化工（专业型），突出需求牵引，服务国家战略，跟踪研究国内外学科发展动态，根据社会发展需要和学科结构布局规划，及时调整硕士点申报工作努力方向。2020 年 12 月，材料学院联合环境与市政工程学院等单位申报的材料与化工硕士专业学位授权点通过河南省学位委员会表决推荐为新增专业硕士学位点。

五、学生管理工作

2018 年 6 月，学院在校本科生 942 人。截至 2021 年 3 月，在校学生规模共计 954 人，共计培养毕业生 470 人。2020 年具有独立培养硕士研究生资格，2020 级研究生共计 12 人。

（一）学生工作队伍建设

学院大力加强学生工作队伍能力建设，深刻领悟和践行"只有高质量的教师，才有高质量的教育"这一理念，学工队伍人员积极参加各项培训，切实提高自身理论素养和管理水平。自学院成立以来，先后获得学校辅导员年度考核优秀、辅导员素质能力大赛三等奖、优秀党务工作者、优秀共产党员、就业先进工作者、社会实践先进工作者等个人荣誉，并荣获学生工作考核先进单位、资助考核优秀单位、先进学生党支部等集体荣誉。

（二）学生党团工作

2018 年 10 月，学生党支部成立伊始有党员 44 名。截至 2021 年 3 月，支部有党员 68 名。支部重视理论学习，认真开展"三会一课"，丰富党员的学习方式和学习活动，精心筹备和召开党组织生活会，严肃开展切实有效的批评和自我批评，团结党支部内全体成员，加强党支部的战斗堡

垒作用和先锋模范作用。

学院团委、学生会以服务同学为宗旨，充分发挥紧密团结、共同协作、开拓创新的工作作风，努力促进团学工作的稳定性、发展性、持续性，开展了系列主题教育活动，深入贯彻学习习近平新时代中国特色社会主义思想，通过青年大学习、青马工程团课教育、主题团日活动、青年之家阵地建设、华小青示范班等，提升青年学生的内涵发展。

多彩活动，凝心聚力。举办"不忘初心，争做时代骄子"主题报告、"优良学风建设"活动、大学生职业生涯规划大赛、"厉害了我的国""恰同学少年""青春有约，五年为期""开讲吧，兄弟""春华秋实""逸材杯"等演讲比赛、材料之声比赛、五四红歌合唱、"青春建功，花漾时代"联欢会、"花园四季，聆聆恰好"迎新晚会、"暖冬杯"篮球比赛、"站在团旗下"主题摄影大赛、"心理健康手抄报设计"大赛、墨轩杯书画大赛、"明哲杯"知识竞赛、"华云杯"沙仓设计大赛、环保手工艺品大赛、正源杯班级辩论赛、考研就业分享交流会等活动。学院打造特色社团"暖心志愿服务队"，并积极开展"围暖送情""校内义工打水""助力残疾人和贫困户就业""路长伴我行""寒冬里的一声问候""爱心的守候，四点半课堂""关爱母亲河，争做河小青"等系列志愿活动。学院打造特色阵地"青年之家"，引领青年思想，抓好阵地建设，不断探索新方式、尝试新举措，用多样化的形式服务青年，充分发挥青年之家阵地作用，加强学习和交流，凝聚团组织的核心力量。

健身健心，全面发展。学院重视加强学生的身体健康教育工作，促进学生身心健康发展。持续开展乒乓球、篮球、排球、素质拓展、趣味运动会等相关体育活动。学院还举办春季运动会，加强班级核心凝聚力、积极展现材料学子精神风貌。学院积极组织学生参加学校组织的各项体育活动，取得了2019年校春季运动会学生团体第八名、东区杯排球赛第六名、第四届"华水杯"学生乒乓球团体赛第六名、第五届"华水杯"武术文化节优胜奖等成绩。

社会实践，增长才干。学院精品项目暑期"三下乡"社会实践取得优异成绩，荣获社会实践优秀组织单位。近三年，144名同学积极参与，61名同学荣获社会实践优秀个人。"情暖环卫工""青春战疫，你我同行"实践队荣获优秀团队。同学们以实际行动深入家乡所在地贫困地区、社区、学校等地，助力精准扶贫，服务乡村振兴战略，投身于家乡疫情防控工作中，在实践服务中进一步了解了国情，增长了才干，发挥了专业特长，积极推动了地方经济社会的建设发展。2020年暑期，学院团委组建了黄河流域生态保护和高质量发展沿黄九省青年实践团陕西分队，带领学生前往陕西开展沿黄社会实践，积极投身生态文明实践工作，并荣获2020年全省大中专学生志愿者暑期"三下乡"社会实践活动优秀团队。

（三）创新创业就业服务

学院各专业就业率近年来稳步提升，近三年毕业生就业率达91.97%，考研率达25.1%。学生就业主要集中于中国水利水电第七工程局、中西部建设有限公司、中铁十七局、中铁十四局、中铁十一局、中国铁建、格力电器、中原思蓝德高科股份有限公司等企业；升学主要集中于哈尔滨工业大学、南开大学、国防科技大学、河海大学等高校。

学院在做好日常教育教学的同时，充分依托专业特色，调动学生积极性，着力提升学生专业素养，把理论和实践相结合的精神贯穿整个教育培养过程。学院积极组织学生参加各类专业性科技竞赛，选派优秀指导老师，从新生入学开始，以梯队式结构进行培养与筛选，形成了积极参与科技创新的学生群体，老生带新生钻研科研的学术氛围初步形成，学生连续两年参加全国金相大赛，均获得全国一等奖、二等奖、三等奖。

学院努力强化学生创新创业意识，组织开展了多种形式的创新创业活动。2018年度，15个大学生创新创业训练项目通过验收，其中1个项目被列为国家级、2个项目被列为省级。2019年度，校级大学生创新创业训练项目立项12个，其中重点项目2个；获批大学生创新创业实践基地1个；4个公司（项目）入驻学校"众创空间"，其中3个为本院学生主持，1个为本院学生参与；一个"互联网＋"创新创业项目由学校推荐进入省级比赛；第八届全国金相技能大赛荣获一等奖、二等奖和团体奖；第六届全国大学生工程训练综合能力竞赛一等奖；第五届"华彩杯"创新创业大赛创新组三等奖；2名学生进入学校大学生职业生涯规划大赛半决赛。2020年度，16个大学生创新创业训练项目通过验收，其中1个项目被列为国家级项目，2个项目被列为重点项目；获批大学生创新创业实践基地1个；1个项目入驻学校"众创空间"，1个成功注册公司；3个"互

联网＋"创新创业项目进入省级比赛，获得了河南省二等奖2项；第九届全国金相技能大赛荣获一等奖、二等奖和团体奖；第六届"华彩杯"创新创业大赛2个项目进入创新组半决赛；2个项目进入中国创新创业大赛开封赛区决赛；1个项目进入河南省教育厅"新时代，新梦想"大学生创新创业大赛省赛，2个项目进入"2020长三角全球创意设计大赛"河南赛区选拔赛复赛。

学院坚持育人为本、团结奋进、开放创新，加强教学团队建设，着力打造特色本科专业。通过进一步凝练学科方向，加大学科建设力度，大力开展科学研究，加强国际合作交流，以科研促教学，提升学生培养质量，为经济社会发展输送能从事技术管理、技术改造、产品检测与质量控制、新产品试制与开发等专业工作，又具备创新能力、国际视野的高素质复合型人才。

学院领导见表1。

表1　　　材料学院领导一览表

姓名	职务	任职时间
程思康	党委书记	2018年7月至今
郝用兴	院长	2018年7月至今
张瑞珠	副院长	2018年10月至今
张培勇	党委副书记	2018年11月至今
仝玉萍	副院长	2019年12月至今

（郝用兴、程思康执笔）

测绘与地理信息学院

一、学院成立

2018 年 6 月测绘与地理信息学院成立，由原资源与环境学院测绘工程、人文地理与城乡规划、地理信息科学 3 个专业组成。

金栋任党委书记，曹连海任院长。2019 年 4 月赵荣钦任学院副院长，杨莉任学院党委副书记，2020 年 12 月赵东保任学院副院长。

二、师资队伍

截至 2020 年年末，学院共有 69 名教工，6 名院外任职人员。其中，教授 11 人、副教授 23 人、讲师 40 人。

测绘工程教研室共有教师 25 人，其中享受国务院政府特殊津贴专家 1 人，河南省学术技术带头人 1 人，河南省文明教师 1 人，河南省青年骨干教师 1 人，河南省十大测绘科技创新人物 1 人；人文地理与城乡规划教研室共有教师 20 人，其中河南省教学名师 1 人，河南省优秀青年科技专家 1 人，河南省教育厅学术技术带头人 1 人，河南省青年骨干教师 1 人，河南省文明教师 1 人；地理信息科学教研室共有教师 10 人，其中河南省教学标兵 1 人；遥感科学与技术教研室共有教师 7 人，其中河南省青年骨干教师 2 人，河南省教学标兵 1 人。

三、制度建设

学院制定了教育教学规章制度。主要有《测绘与地理信息学院教学工作行为规范》《测绘与地理信息学院教学岗位职责》《测绘与地理信息学院教学任务安排管理办法》《测绘与地理信息学院全日制本科生课程教学大纲标准》《测绘与地理信息学院青年教师培养实施办法》《测绘与地理信息学院二级督导教学管理细则》《测绘与地理信息学院领导干部听课制度》《测绘与地理信息学院毕业设计（论文）实施细则》《测绘与地理信息学院全日制本科学生转专业实施细则》《测绘与地理信息学院地理科学类本科生专业分流实施办法（试行）》等。

四、实验室建设

学院有面向教学为主的测绘与空间信息实验中心和资源环境与规划实验室，有面向科研为主的大型工程环境灾变监测河南省工程实验室。其中，测绘与空间信息实验中心下设水准仪实验分室、经纬仪实验分室、全站仪实验分室、GNSS 实验分室、精密仪器实验分室和地理信息系统实验室，承担了测绘与地理信息学院、地球科学与工程学院、土木与交通学院、水利学院、市政与环境学院、建筑学院、国际教育学院、乌拉尔学院等 8 个学院测绘相关课程的教学实验、实习任务。资源环境与规划实验室下设资源环境实验室和区域分析与模拟实验室，承担了测绘与地理信息学院、地球科学与工程学院等2个学院环境整治与规划相关课程的教学实验、实习任务。大型工程环境灾变监测河南省工程实验室定位于大型工程环境灾害监测领域的科学研究与工程应用，服务于国家自然科学基金项目、省部级项目及重大专项项目。

2017年，测绘与空间信息实验中心、资源环境实验室成为学校首批大学生创新创业基地。创新创业基地是依托校内实验室与郑州蓝图土地环境规划有限公司联合申报，旨在探索校企合作模式下的开放型实践基地，经过3年培育，被认定为创新创业类河南省本科高校大学生实践教育基地。

学院加强实验室建设的力度，2019年购买了南方全站仪10台、海星达GNSS接收机12台、苏一光精密光学水准仪10台、中纬数字水准仪8台，2020年采购60台配置较高的Dell工作站，安装了最新倾斜摄影、遥感、地图制图等软件，提升了测绘与空间信息实验中心的设备条件、教学条件、科研条件及环境条件，实验中心总建筑面积1050平方米，设备总价值近400万元。2020年测绘与空间信息实验中心入选河南省高等学校合格基层教学组织。

2019年，大型工程环境灾变监测河南省工程实验室建设加快。实验室建设用房400平方米，管理人员3名。同年实验室采购了倾斜摄影平台无人机测量系统、图形工作站、服务器、万兆局域网光交换机、GNSS接收机、精密水准仪、全站仪等设备和数字地形地籍成图软件，对数字图像工作室进行装修并配备电子显示屏，科研平台初具规模。2020年实验室采购了

多元航测数据采集无人机平台系统、智能水下探测仪、工业摄影测量系统，充实了实验室设备，扩充了科研平台。到2020年年末大型工程环境灾变监测河南省工程实验室现有仪器设备总套数63套，设备总价值350万元。

随着土地利用规划、城乡规划、生态规划向国土空间规划的转型，地理空间多要素的评价与调控在人文地理与城乡规划专业教学中的重要性凸显。2019年学院建了区域分析与模拟实验室，采购17台联想图形工作站、2台华三服务器用作国土空间规划、创新创业等教学和虚拟仿真实验室建设，实验室总建筑面积为110平方米，设备总价值达到50多万元。

学院重视教学实习基地建设，与广州中海达卫星导航技术股份有限公司、上海华测导航技术股份有限公司、北京航天宏图信息技术股份有限公司、河南省科学院地理研究所、河南汉威科技集团、河南省地质矿产勘查开发局测绘地理信息院、河南省测绘研究院、河南科普信息技术工程有限公司、郑州蓝图土地环境规划设计有限公司等单位建立了9个教学实习基地。

五、教学工作

修订培养方案和教学大纲。2012年，根据《普通高等学校本科专业目录（2012年）》和《普通高等学校本科专业设置管理规定》中的相关要求，资源环境与城乡规划管理专业调整为人文地理与城乡规划专业，地理信息系统专业调整为地理信息科学专业，培养方案和教学计划相应调整。人文地理与城乡规划专业侧重增加了城乡、土地规划的相关教学，减少了土木工程、建筑学的相关教学。地理信息科学专业侧重增加了地理信息软件二次开发的相关教学。2015年结合水土保持与荒漠化防治硕士点的评估反馈，修订了培养方案

和教学计划，进一步凝练了培养方向特色。2016 年结合教育部的本科教学工作合格评估相关要求，修订了测绘工程、人文地理与城乡规划、地理信息科学 3 个本科专业的培养方案教学计划和教学大纲，梳理了专业课程体系关系和专业培养特色。2017 年结合学校开展本科大类招生，人文地理与城乡规划与地理信息科学专业培养方案合二为一，制订了地理科学类培养方案。2018 年根据《本科专业类教学质量国家标准（2018 年）》的相关要求，修订了 3 个本科专业的培养方案和教学计划，进一步凝练了培养特色。如人文地理与城乡规划专业结合学校与学院特色，在城乡、土地规划的基础上，将水环境治理与水土保持规划作为培养特色。2020 年开展了基于 OBE 理念的教学大纲修订，3 个本科专业梳理了培养目标、培养要求和课程支撑点的脉络关系。2021 年，按照学校推行学分制改革的要求，围绕学分精简修订培养方案，以便学生有更多的自主学习精力。

课程建设。学院在课程建设中呈现出由线下课程向线上、线上线下相结合以及关注课程思政的趋势，获校级课程建设立项 10 项，省级 3 项，校级课程思政立项 3 项。

教材建设。学院教师主编、参编的教材共有 14 部。

教学改革探索。学院教师围绕"互联网＋"、虚拟仿真、新时代行业特色、专业认证、新工科、黄河国家战略等方面开展了教学研究（表 1）。在"互联网＋"教学改革方面，2017 年魏冲获批河南省教育科学"十三五"规划一般课题，2018 年魏冲获批全国教育科学"十三五"规划教育部青年课题；在虚拟仿真教学改革方面，2020 年胡青峰申报的水利工程变形监测虚拟仿真实验入选河南省教育厅重点项目；在新时代行业特色教学改革方面，2019 年刘文锴获批河南省高等学校哲学社会科学应用研究重大项目；在专业认证教学改革方面，2019 年马开锋获批河南省高等教育教学改革研究与实践项目；在新工科教学改革方面，2020 年刘文锴获批河南省和教育部的新工科研究与实践项目；在黄河国家战略教学改革方面，2019 年刘文锴获批河南省高等教育教学改革研究与实践重大项目，2020 年刘辉获批河南省教育科学"十三五"规划一般课题。

教学成果获奖。学院教师获奖 8 项，见表 2。

表 1　　　　　　　测绘与地理信息学院教学改革项目一览表

年份	主持人	立 项 名 称	级 别
2017	魏　冲	"互联网＋"理念下课堂教学模式的改进与可操作性研究	河南省教育科学"十三五"规划一般课题
2018	魏　冲	"互联网＋"背景下基于移动端的教学模式改进与大数据分析研究	全国教育科学"十三五"规划教育部青年课题
2019	刘文锴	新时代行业特色地方高校发展路径研究与实践	河南省高等学校哲学社会科学应用研究重大项目
2019	刘文锴	黄河国家战略背景下行业高校人才培养供给侧改革研究与探索	河南省高等教育教学改革研究与实践重大项目

年份	主持人	立 项 名 称	级 别
2019	马开锋	基于专业认证理念的创新应用型人才培养模式研究	河南省高等教育教学改革研究与实践项目
2020	刘文锴	"一带一路"背景下"水利＋"新工科教育共同体建设	河南省和教育部的新工科研究与实践项目
2020	胡青峰	水利工程变形监测虚拟仿真实验	河南省教育厅重点项目
2020	刘 辉	黄河国家战略视域下测绘类水利人才培养模式研究	河南省教育科学"十三五"规划一般课题

表 2　　　　　　　测绘与地理信息学院教学成果获奖一览表

年份	负责人	教学成果名称	获奖级别
2012	杨晓明　袁天奇	测量学课程改革与教材建设的实践	国家测绘地理信息局三等奖
2012	徐艳杰	基于AHP和模糊数学的高校教师课堂教学质量评价方法	河南省素质教育理论与实践优秀教育教学论文一等奖
2015	赵荣钦	专业更名背景下人文地理与城乡规划专业发展方向及定位分析	河南省教育科学优秀成果二等奖
2016	刘文锴	应用技术型本科人才培养模式研究与实践	河南省高等教育教学成果一等奖
2016	李志萍	中外联合办学人才培养模式改革研究与实践	河南省高校教育教学成果奖二等奖
2018	魏 冲	"互联网＋"背景下基于移动端课堂教学信息化的实现与应用	河南省教育厅教育信息化创新应用—本科院校二等奖
2020	刘 辉	测量学	河南省本科教育线上教学优秀课程一等奖
2020	刘 辉	华水战疫	河南省教育信息化优秀成果奖二等奖

　　学科与专业建设。测绘工程专业在2015年入选学校"金砖国家网络大学"建设专业，地理学在2017年入选河南省重点学科。2018年学院获得地理学一级学科硕士学位授权点。2020年测绘工程专业入选国家一流专业建设点，人文地理与城乡规划专业入选河南省一流专业建设点。

　　2018年人文地理与城乡规划教研室入选河南省高等学校合格基层教学组织。2020年人文地理与城乡规划教研室入选河南省高等学校优秀基层教学组织，测绘工程教研室、地理信息科学教研室、遥感科学与技术教研室入选河南省高等学校合格基层教学组织。

六、学生管理

　　学院积极组织学生参与文体活动，书法绘画比赛、摄影比赛、寝室美化大赛、迎新运动会、新生杯篮球赛、毕业班篮球赛等已经成为学院传统的文体活动，丰富了学生课外活动、拓宽学生综合素质、培养学生团队意识。2018年，在学校举办的五四红歌比赛中获得二等奖。2019年，在学校举办的"东区杯"排球比赛中获得了男排第二、女排第四。

　　重视学生心理健康问题。学院以辅导员为主成立了团队心理辅导工作室。通过开展新老生学习生活经验座谈会和各教研室主任参与的新生学业指导会，提高新生的适应能力；通过开展学术或行业专家报告会，帮助学生建立自信心；通过开展社会公益活动，提高学生人际交往能力；通过学风建设座谈会，缓解学生考前焦虑；通过开展考研经验交流会和杰出校友报告会，舒缓学生的就业心理压力。通过各类学生活动，使学生走出心理误区，懂得自我调控，保持健康心态。

开展社会公益活动。在金水区春风社会工作服务中心开展面向困难家庭和残疾人小伙伴的"点亮心灯、与爱行动"活动；在郑州大学医学院脑瘫外科研究中心开展面向脑瘫青少年和儿童的"关爱儿童、温暖人心"活动；在郑州国际马拉松比赛期间开展"助跑残疾人"活动等。

社会实践活动。学院组织学生围绕国家的"一带一路"倡议和黄河高质量发展战略，开展了"新资青——国情社情观察团""重走丝绸路、征程新时代""荥阳防汛抗旱工作实践"等实践活动，使学生对"走出去"和"生态优先"有了进一步的感性认知，增强了历史使命感；围绕聚焦中原发展，开展了"美丽河南之福金山地物地貌勘测规划团""情系家乡，美丽河南""郑在观察团""深入贫困山区地貌测绘及土地规划宣传"等实践活动，使学生增强了社会责任感，懂得了运用专业知识和技能服务家乡发展；围绕诠释情系水利，开展了"爱水、护水、惜水""亲水、护水、节水"等实践活动，使学生增强了学校荣誉感，明晰了水资源保护、利用和开发的重要性。

创新创业实践。2013年学院开始举办每年一届的大学生控制测量技能大赛。2017年人文地理与城乡规划专业整合资源与环境实验室和郑州蓝图土地环境规划设计有限公司的资源，组建校企联合模式的创新创业基地，测绘工程与地理信息科学专业利用测量与空间信息实验中心形成创新创业基地，2个创新创业基地成为学校首批资助的校级创新创业基地。学院组织学生建立了测绘与地理信息社团（简称AGC社团），通过社团带动学生开展专业知识学习和参与各类专业技能竞赛。2018年获省级大学生创新创业训练计划立项1项，校级重点大学生创新创业训练计划立项11项，校级一般大学生创新创业训练计划立项8项；2019年国家级大学生创新创业训练计划立项1项，获省级大学生创新创业训练计划立项5项，校级重点大学生创新创业训练计划立项6项，校级一般大学生创新创业训练计划立项22项；2020年获省级大学生创新创业训练计划立项3项，校级重点大学生创新创业训练计划立项2项，校级一般大学生创新创业训练计划立项16项。

学生竞赛。2018年共获省部级以上奖项18项，其中国家级奖项3项，省级奖项15项；2019年共获省部级以上奖项12项，其中国家级奖项3项，省级奖项9项；2020年共获省部级以上奖项10项，其中国家级奖项3项，省级奖项7项。

就业与升学。2018年，学院的签约率为69.44%，考研录取率为25.69%，就业率为94.51%；2019年，学院的签约率为53.59%，考研录取率为32.03%，就业率为85.62%；2020年，学院的签约率为56.32%，考研录取率为32.63%，就业率为81.58%。

七、科学研究及社会服务

科研项目。2011—2020年学院教师承担92项纵向研究课题，经费共计1029.8万元。其中，国家级纵向课题16项（表3），包含国家自然科学基金14项，"973"计划

2项，省部级项目31项，厅级项目40项。

社会服务。学院教师在横向课题的支持下积极响应国家战略，发挥资源环境、GIS、遥感和测绘技术等的优势，助力地方经济社会发展。2011—2020年，学院教师承担横向课题62项，经费共计2057.5万元。其中，以环境保护为目标的22项，以社会经济发展为目标的13项，服务农业发展的6项、服务工业发展的5项，服务于交通通信业的9项。

发表论文。2011—2020年，学院教师发表期刊论文327篇，会议论文44篇。其中期刊论文中被SCI、SSCI收录的44篇，被EI收录的43篇，被A&HCI收录论文、CSSCI来源期刊检索论文的20篇，核心期刊论文90篇。2017年学院教师肖连刚、赵荣钦在 *Science* 上发表文章。

著作专利。2011—2020年，学院教师在科学出版社、地质出版社、中国水利水电出版社等出版专著47部，获得发明专利177项，近三年出版专著数量达18部。

科研获奖。2011—2020年学院教师共获奖项66项，其中以第一获奖人获得的省部级以上奖励37项。2018年、2019年赵荣钦获得了第二届吴传钧人文与经济地理优秀论文二等奖和中国自然资源学会优秀科技奖；2019年，赵东保获得了中国测绘学会测绘科技进步二等奖；2020年，刘文锴获得河南省科技进步一等奖和中国测绘学会测绘科学技术一等奖。

表3　　　　　　　　　测绘与地理信息学院代表性科研项目一览表

负责人	项 目 名 称	项 目 级 别
邓荣鑫	基于时间序列的农田防护林年龄结构遥感识别研究	国家自然科学基金项目
邓荣鑫	东北杨树农田防护林碳储量遥感估算	国家自然科学基金项目
何培培	融合词袋模型与深度学习结构的低空 LiDAR 点云自动分类研究	国家自然科学基金项目
胡青峰	煤柱群下重复采动覆岩与地表沉陷机理与预测模型	国家自然科学基金项目
胡青峰	煤柱群下重复采动覆岩与地表沉陷机理与预测模型研究	国家自然科学基金项目
刘　辉	MIMO 下视阵列 SAR 天线优化与超分辨率稀疏成像技术研究	国家自然科学基金项目
王新静	风积沙煤矿区高强度开采土地破坏机理及其预测方法	国家自然科学基金项目
王新静	风积沙煤矿区高强度开采土地破坏机理及其预测	国家自然科学基金项目
张　富	复杂地理场景中日照亮度与热辐射分析模型研究	国家自然科学基金项目
张　会	强降雨下高密度城区的内涝风险评估与调控模拟	国家自然科学基金项目
赵东保	多源多尺度矢量道路网协调一致性模式匹配研究	国家自然科学基金项目
赵东保	道路网约束下的大规模车辆轨迹数据压缩及其时空索引方法研究	国家自然科学基金项目
赵荣钦	城市典型产业空间的碳排放强度与碳代谢效率研究	国家自然科学基金项目
赵荣钦	农业水土资源耦合开发的碳排放效应及调控研究——基于"水—土—能—碳"关联的视角	国家自然科学基金项目
姚志宏	"中国主要水蚀区土壤侵蚀过程与调控研究"专题"区域水土流失过程模型"	973 计划
姚志宏	基于 GIS 的大中流域分布式水沙过程模型研究与应用	973 计划

（曹连海、金栋执笔）

土木与交通学院

一、学院概况

（一）学院发展

2011年新增资源循环科学与工程、建筑环境与能源应用工程（建筑节能方向）2个本科专业；2013年新增道路桥梁与渡河工程本科专业；2016年建筑环境与能源应用工程（建筑节能方向）本科专业、建筑工程技术专业（专科）停止招生。

2018年6月，无机非金属材料工程、资源循环科学与工程2个本科专业整体划归材料学院。

截至2021年3月，学院拥有土木工程、工程力学、交通工程、道路桥梁与渡河工程4个本科专业。其中土木工程专业分别于2007年、2012年和2018年通过国家建设部高等教育专业评估、复评估和认证（评估），2021年通过国家一流专业评审；土木工程、工程力学专业于2017年通过河南省专业评估。土木工程、交通工程、工程力学专业均为河南省特色专业和河南省一流专业，土木工程、交通工程专业为河南省专业综合改革试点专业。

（二）集体荣誉

2012年4月，校党委决定成立中共华北水利水电学院土木与交通学院委员会。学院党委于2013年和2015年被评为校先进基层党组织，2019年被评为河南省高等学校先进基层党组织。

2011—2020年，学院在年终考核中8次获得学校优秀处级单位，在精神文明建设考核中5次获得文明单位；2018年，学院分工会教工之家被评为学校首批先进教工之家；在学校组织的青年教师讲课大赛中4次获得优秀组织单位。

二、组织机构及教师队伍

（一）领导班子成员及管理队伍

学院领导班子成员见表1。

表1　土木与交通学院领导班子成员一览表（2011—2021）

职务	姓名	任职时间
院长	赵顺波	2002年6月至2015年4月
	张新中	2015年4月至今
副院长	白新理	2002年5月至2018年12月
	邢振贤	2006年4月至2018年12月
	李晓克	2008年9月至今
	张多新	2018年10月至今
	汪志昊	2018年10月至今
党委（总支）书记	边慧霞	2006年4月至2012年4月
	高胜建	2012年4月至今
党委（总支）副书记	潘建波	2009年4月至2015年4月
	张龙真	2015年4月至2018年9月
	雷　鸣	2018年9月至今

（二）教研室建设

学院设有 7 个教研室，分别是土木工程教研室、工程力学教研室、基础力学教研室、交通工程教研室、材料教研室、建筑节能教研室和桥隧教研室。2013 年，材料教研室荣获校级优秀教研室。2017 年，力学教研室被评为校级优秀教研室和河南省优秀教研室。2018 年和 2020 年，土建工程系（教研室）和交通工程系（教研室）相继被评为河南省优秀基层教学组织。

2018 年，依据学校总体工作安排，无机非金属材料工程、资源循环科学与工程 2 个本科专业整体划归材料学院。学院适时调整了教研室设置，土木工程教研室分为建筑工程教研室、建造管理教研室和工程图学教研室 3 个教研室。撤销建筑节能教研室。

（三）实验室建设

2011 年，学院设有 3 个实验室，分别是工程结构实验室、建筑材料实验室和力学实验室。2012 年，为实现院属实验室分类协调发展，根据实验教学需要组建了土木交通综合训练实验教学中心、力学实验教学中心，根据科研平台建设需要组建了土木交通科学研究中心，根据对外社会服务需要组建了工程检测中心实验室。2020 年，学院 4 个实验室顺利通过河南省高等学校合格基层教学组织备案。

三、教学工作和专业建设

2013 年，学院获校级教学立项重点项目 1 项、一般项目 3 项、青年项目 1 项；教育教学研究重点项目结题验收省级 2 项、校级 1 项，均为优秀，一般项目结题验收校级 8 项，其中优秀 2 项。荣获校级教学成果一等奖 2 项，二等奖 1 项。以学校为第一完成单位、第一作者发表在教育类期刊的教育教学研究论文 13 篇。

2014 年，学院教师刘桂荣、张建华在第五届基础力学青年教师讲课比赛中分获二等奖；在河南省教育系统 2014 年度教学技能竞赛中，王慧、陈贡联分别获得二等奖和三等奖。"工程图学（土建类）"教学团队被批准建设为校级卓越教学团队，教师以第一作者发表教改论文 7 篇，校级优秀教学案例 4 项。

2015 年，学院建筑环境与能源应用（建筑节能）专业、资源循环与工程专业顺利通过学校对新专业的评估，评估结论为良好。土木工程专业通过建设部专业认证复评，交通工程专业通过校级专业评估，无机非金属材料专业通过 2014 年校级专业评估并获优秀，土木工程、工程力学、交通工程均已建设为省级特色专业，无机非金属材料专业为校级特色专业，土木工程、无机非金属材料专业先后被评为河南省高校专业综合改革试点。在学校教学优秀奖项评选中，仝玉萍、何伟获教学质量优秀二等奖，刘明辉获教学质量优秀三等奖；汪志昊、刘云、王慧被评为校优秀青年教师，梁娜获校优秀教学管理服务奖。刘云、王慧获 2015 年校青年教师讲课大赛一等奖，陈希获三等奖，学院获优秀组织奖。获批 2015 年度校级教改立项工作中重点项目 1 项，一般项目 4 项，《钢结构设计原理》获批省级规划教材。

2016 年，刘云在全国第六届基础力学青年教师讲课比赛中获一等奖；王慧在第二届全国建筑类院校数字化微课比赛中获一等奖，刘云获二等奖；工程力学系教师团队的课程教学成果获河南省信息技术教育优秀成果奖二等奖和三等奖各 1 项，主持完成的"工科力学类课程平台构建及专业实践"获校级教学成果一等奖，唐克东被评为学校首届"我最喜爱的教师"。获批建设河南省土木交通虚拟仿真实验教学中心，建筑材料类课程教学团队被评为校级卓越教学团队，汪志昊被评为教学名师培育对象。

2017年，刘云、张建华在全省教育系统教学技能竞赛中分获二等奖；马军涛、陈希在第二届全国高校无机非金属专业青年教师讲课比赛中获三等奖；在学校第十四届青年教师讲课大赛中，董莛、张俊红获一等奖，崔欣获二等奖，王慧、徐宙元获微课教学视频竞赛二等奖，学院被评为优秀组织单位；在校教学质量优秀奖评选中，刘云获一等奖，王慧贤、赵洋获二等奖，韩爱红、胡圣能、何大治、张建华获三等奖；张俊红、董莛被评为校优秀青年教师。获批校级教改项目一般项目4项，其他项目2项。

2018年，土木工程专业通过住房和城乡建设部高等教育土木工程专业评估认证，有效期6年。在全省教育系统教学技能竞赛中，王慧、张建华获一等奖，并荣获"河南省教学标兵"荣誉称号。学院负责的"道路线形平纵横组合设计虚拟仿真实验项目"获批省级示范虚拟仿真实验项目；土建系被评为省级优秀基层教学组织单位。唐克东、仝玉萍负责的教学团队被评为校级教学团队立项建设；刘云被评为校级教学名师培育对象，刘世明被评为校级青年骨干教师，王清云被评为河南省文明教师。霍洪媛、何伟分别通过2015年度学校卓越教学团队及教学名师验收。获批校级精品在线课程1项；1门共建课程获批2018年河南省高等学校精品在线开放课程竞争类项目立项。立项建设校级示范课程2门，校级规划教材2项，校内讲义6项。

2019年，土木工程和工程力学顺利通过了河南省普通高等学校本科专业评估工作；工程力学专业被评为河南省一流建设专业。学院获得"全国高校同豪土木软件

授权教学实训基地"首批授权，成为该项目首批省级实训基地；与河南省工建集团、郑州腾飞建设工程集团有限公司等六家企事业单位签署了实践教学基地协议，为学院实践教学质量及人才培养提供了有效保障。在2019年全国高校第七届基础力学青年教师讲课比赛，张建华获一等奖；2019年河南省教育系统教学技能竞赛中，白冰获一等奖；河南省本科高校青年教师课堂教学创新大赛，白冰获三等奖。在学校2019年度教育教学汪胡桢奖评选中，汪志昊、张建华获教学奖二等奖，韩爱红获三等奖，梁娜获教学服务奖。在第15届"菁英杯"青年教师课堂讲课大赛中，白冰获一等奖，贾明晓获三等奖，学院获优秀组织奖，王慧的微课成果被评为校优秀微课教学视频。陈记豪被评为2019年省级及校级青年骨干教师培养对象。学院主持完成的"理论力学"课程被评为2019年省级精品在线开放课程；主持完成的"工程力学"课程被河南省推荐参评国家级精品在线开放课程；"工程图学概论"课程被学校推荐参评省级线上线下混合金课。"钢结构设计原理""土木工程概论""桥梁工程"3门课程被评为校级精品在线开放课程。主编完成的《钢结构设计原理》《土木工程材料》教材通过学校新形态教材评审答辩。

2020年，土木工程、交通工程2个专业被评为河南省一流专业建设点。2020年全省教育系统教学技能竞赛，石艳柯获一等奖，崔欣获二等奖；河南省第二届本科高校教师课堂教学创新大赛，张建华获一等奖。2020年，学院获批国家级一流课程1门，省级一流课程3门，省级思政样板课1门，省级虚仿真实验项目1项，校级思政团队1个，校级思政课程1门，校级一流课程4门，校级新工科项目1项；省

级规划教材 3 部，校级规划教材 1 部，疫情期间线上优秀课程一等奖 1 项、二等奖 1 项。新工科背景下土建类专业"四位一体"全过程实践教学体系构建与实践获批河南省高等教育教学改革研究与实践项目立项。华北水利水电大学新工科专业实习基地（依托单位：河南省工建集团有限责任公司）获批河南省本科高校大学生校外实践教育基地。

四、学科建设与研究生教育

（一）学科建设

在 2016 年第四轮学科评估中土木工程位列 C，居省内同类学科建设领先地位。2019 年获得交通运输专业硕士学位授权点。

截至 2021 年 3 月，学院拥有河南省土木工程一级重点学科，设有土木工程一级学科硕士学位授权点、工程力学二级学科硕士学位授权点、土木水利专业硕士学位授权点、交通运输专业硕士学位授权点。2020 年申报土木工程一级学科博士学位授权点和土木水利工程博士学位授权点。

（二）研究生教育

工程硕士（建筑与土木工程领域）专业学位授权点 2016 年被评为河南省特色品牌硕士专业学位授权点、2019 年被评为河南省硕士专业学位研究生教育综合改革试点。学院立项建设有河南省研究生教育创新培养基地——土木水利（2019 年）和土木工程（2021 年），拥有河南省研究生教育优质课程"工程结构有限元分析"

（2016 年）、"混凝土结构检测评价与性能提升技术"（2017 年）、"高等混凝土结构"（2021 年）和"结构动力学"（2018 年），河南省专业学位研究生精品教学案例项目"高等混凝土结构理论与应用""弹塑性力学及有限元"（2021 年）。

学院培养硕士研究生近 800 名。招生规模逐年扩大，其中 2018 级 80 人，2019 级 89 人，2020 级 154 人，在校研究生 323 人。荣获河南省优秀硕士学位论文 7 篇。

五、科研工作

学院重视科研工作，近年来科研工作取得了较大成绩。2015—2020 年，学院承担科研项目经费总额 6000 万元以上，参与完成了南水北调中线工程、珠江三角洲水资源配置工程等国家重大水利工程以及新郑机场至郑州南站城际铁路盾构隧道工程、郑州市农业路快速通道工程、河北华电石家庄鹿华热电有限公司新建储煤筒仓工程等省级重点科研与技术咨询工作，发表 SCI/EI 收录论文 217 篇，出版学术专著 38 部，获得国家发明专利 90 项。学院在钢纤维混凝土及其结构、装配式结构新体系、预应力纤维聚合物增强加固混凝土结构、景观桥梁设计优化与建造技术、新型电涡流 TMD 减振技术、固体废弃物建材化综合利用等方面具有特色优势，研究成果处于国际先进水平，社会影响力显著。

2010—2020 年学院代表性科研奖励见表 2。

表 2　　　　2010—2020 年土木与交通学院代表性科研奖励一览表

序号	奖 励 名 称	成 果 名 称	获奖年份
1	国家科技进步二等奖	钢纤维混凝土特定结构计算理论和关键技术的研究与应用	2010
2	国家科技进步二等奖	黄河小浪底工程关键技术与实践	2013
3	河南省科技进步一等奖	受腐蚀混凝土结构计算理论和加固技术研究与应用	2011
4	教育部科技进步一等奖	纤维聚合物增强加固混凝土结构计算理论及其应用	2011
5	中国钢结构协会科学技术一等奖	钢结构工程虚拟现实可视化仿真成套技术及工程应用	2014

序号	奖 励 名 称	成 果 名 称	获奖年份
6	中国钢结构协会科学技术一等奖	钢结构工程 BIM＋技术研发与应用	2016
7	中国商业联合会科学技术一等奖	城市滨水区绿色综合开发关键技术及应用	2018
8	河南省科技进步二等奖	大吨位低锚锚比预应力闸墩结构试验研究	2010
9	河南省科技进步二等奖	高性能钢纤陶粒混凝土在空心板旧桥面铺装成改建中的应用	2010
10	河南省科技进步二等奖	机制砂混凝土（砂浆）结构及其纤维增强的理论与技术	2012
11	河南省科技进步二等奖	数字图形介质的理论方法研究及工程应用	2012
12	河南省科技进步二等奖	结构工程数字数值图形信息融合集成关键技术与应用	2013
13	水力发电科学技术奖二等奖	水电工程结构数字图形介质仿真技术与应用	2013
14	河南省科技进步二等奖	闸墩混凝土结构施工期温控防裂关键技术研究与应用	2014
15	河南省科技进步二等奖	钢筋混凝土结构模型试验关键技术与优化设计	2016
16	河南省科技进步二等奖	特大型 U 形预制预应力渡槽关键技术研究与应用	2016
17	河北省科技进步二等奖	大型倒虹吸预应力混凝土结构成套技术研究与应用	2016
18	中国水力发电科学技术二等奖	水利水电工程建筑信息模型（HBIM）创新研究与实践	2016
19	河南省科技进步二等奖	固体废弃物制备高性能水工混凝土关键技术与工程应用	2017
20	河南省科技进步二等奖	低碳减排沥青混合料研发、评价及其工程应用	2017
21	上海市科技进步二等奖	典型老港区功能转换与工程建设关键技术及应用	2019

六、实验室建设

学院重视实验室建设工作，2011 年以来累计投入 1000 万元，购置了电液伺服万能试验机、结构工程梁柱教学试验系统、土木工程无损检测实验教学系统、全数字电动伺服扭转试验分析系统、开放式力学教学试验平台、PKPM 教学软件、桥梁结构通用分析软件 MIDAS、土木工程结构虚拟仿真实验教学平台、斯维尔城市建设模拟仿真系统和工程力学实验实训虚拟仿真系统平台等教学仪器设备，仪器设备台套数与先进性完全满足实验教学大纲要求，本科实验教学开出率为 100％。本科教学实验室的中心地位和实验教学对人才培养质量以及专业建设的支撑作用进一步加强，加大教学实验室开放共享力度，大幅度提升实验室场地和设备综合利用效率，有力促进了大学生课外科技创新工作。教学实验室平台与项目建设取得新进展：新增校级力学实验教学示范中心（2013 年）、河南省土木交通虚拟仿真实验教学中心（2016 年）、道路线形平纵横组合设计国家级虚拟仿真实验教学示范项目（2019 年）、钢筋混凝土框架结构减隔震设计分析省级虚拟仿真实验教学示范项目（2020 年）等，现有省级实验教学平台 4 项、国家级虚拟仿真项目 1 项、省级虚拟仿真项目 2 项。

2011 年以来，依托水利工程与土木工程一级学科博士点建设，学院累计投入近 3000 万元加强科研实验室硬件建设，购置了美国 MTS 液压伺服及增强系统、德国热场发射扫描电子显微镜、荷兰 X 射线衍射仪、美特斯新型电子万能材料测试系统、软固体流变仪、多功能粒径分析仪、非接触应变测量系统、锈蚀速率检测仪、声发射系统、光纤光栅解调仪、电液伺服疲劳试验机和压剪试验机等先进设备。学院重点实验室与科研平台建设取得新突破：新增高透水路面材料河南省工程实验室（2012年与郑州航空工业管理学院合建）、河南省生态建材工程国际联合实验室（2016年）、河南省废物利用技术与装备工程研究中心（2020年）、河南省环境友好型高性能路面材料工程技术研究中心（2020年）等4项省级科研平台，现有省级科研平台5项；新增水工混凝土材料与结构河南省高校工程技术研究中心（2012年）、郑州市生态建筑材料重点实验室（2013年）、郑州市预应力工程智能新技术研发重点实验室（2014年）、郑州市城市综合防灾重点实验室（2016年）、郑州市结构检测与性能提升工程技术研究中心（2016年）、郑州市环境友好型高性能道桥材料重点实验室（2018年）和郑州市结构振动控制与健康监测重点实验室（2019年）等7项市厅级科研平台。

七、团学工作

2011年以来，学院学生人数逐年增加，2018年6月学院在校学生总数为3437人，其中专升本120人、普通本科3103人、研究生214人。2018年9月，无机非金属材料工程和资源循环科学与工程专业540人整体划归材料学院。2020年年底学院在校学生2720人。学院在完成责任目标、做好学生思想政治工作、严肃校风校纪等方面取得良好成绩，多次获得学生管理工作先进单位、毕业生就业工作先进单位、五四红旗团委、社会实践先进单位、学生资助考核优秀、学生心理考核优秀等荣誉。

学院师生积极参加校内外举办的各类文艺体育比赛。荣获郑东新区龙子湖各高校庆"七一"合唱比赛一等奖，7次获校"东区杯"足球赛冠军，2015年校春季运动会获得教工及学生组双第一，吴萌杨同

学在2016年河南省第五届学生跆拳道锦标赛中获得本科男子个人竞技68kg级第一名，毕晖同学在2016年河南省第十九届大学生田径运动会中获得男子4×100米接力第一名。2011—2016年连续代表学校参加中国大学生就业模拟大赛，获得优秀组织单位及多项个人荣誉。

学院团委和学生会举办丰富多彩的各类活动，丰富学生的业余生活，增强素质，锻炼能力。学院传统活动项目有"懋源杯"科技竞赛、"松林杯"结构模型设计大赛、"程华杯"工程模型大赛、"星语杯"演讲大赛、"翰艺杯"书画大赛、"尚风杯"主持人大赛、"新生风采大赛"活动、"磐博杯"辩论赛、迎新晚会、秋季运动会以及各类球赛等。自2010年开始，每年开展为期一个月的"大学生科技文化艺术节"。

学生暑期社会实践及志愿服务成绩突出。学院积极组织学生参加每年的暑期大学生"三下乡"社会实践，连续十年荣获校级"社会实践优秀组织单位"，其中"关爱环卫工"暑期社会实践项目连续6年获得学校"优秀实践团队"称号，2016年获得全国社会实践"优秀团队"。学院着力创新志愿服务形式、优化志愿服务组织，成立了"小水滴"志愿服务队。至2020年，相继组织并持续开展了30余项百余次的校内外志愿服务活动，累计5000余人次参与，5万小时服务时长，形成了"爱织暖冬""关爱特殊儿童""保护母亲河""关爱环卫工社会实践"等特色品牌志愿服务项目，引起了极大的社会反响与广泛认可，受到了中央电视台、光明日报、河南电视台等媒体报道，获得了"上善华水"十佳志愿服务项目、金水区优秀志愿服务团队、郑州市优秀慈善志愿者工作站、河南省大爱郑州"稻草人杯"十佳

志愿服务集体、河南大学生爱心支教公益项目优秀组织奖、河南省高校好新闻奖一等奖、中国高校校报好新闻奖二等奖、河南省高校十佳志愿服务团队、河南省省直优秀志愿服务项目、河南省青年志愿服务项目大赛银奖和全省十佳正能量贡献大奖等诸多荣誉。

学院组织学生积极参与科技竞赛。先后组织学生参加了全国大学生数学建模大赛，全国大学生英语竞赛，全国大学生基础力学实验竞赛，"磐石杯"基础学科知识竞赛，全国大学生周培源力学竞赛，全国大学生结构设计大赛，全国高等院校学生BIM应用技能网络大赛，全国移动互联创新大赛等国家，省、市级竞赛，成绩优异。多次获得"创青春"河南省大学生创业大赛金奖和"互联网＋"河南省大学生创新创业大赛一等奖，2017年获得"挑战杯"大学生课外学术科技作品竞赛国家级银奖，2020年获得"挑战杯"大学生创业计划竞赛国家级铜奖。学院积极开展就业指导与培训活动，多渠道、多方位开展毕业生就业指导与教育，毕业生就业及考研情况良好。2011年以来，毕业生就业率均保持在97％以上水平。

八、对外交流与合作

学校与澳大利亚斯威本科技大学合作举办的建筑工程技术专业（专科），2006年开始招生，2017年停止招生，累计培养近1000名毕业生。学校与俄罗斯乌拉尔联邦大学合作举办的土木工程专业本科教育项目于2016年2月获得教育部批准，9月开始招生，2016级116人、2017级117人、2018级118人、2019级115人、2020级117人，累计招生583名学生，其中2016级15名学生同时获得双方毕业证与学位证；2020年顺利通过教育部中外合作办学项目评估。

九、服务社会

华北水利水电大学检测中心（河南华水工程质量检测有限公司）2000年通过国家计量认证，具有混凝土工程甲级、岩土工程甲级、量测甲级和金属乙级检测资质，可承担水利、建筑、桥梁工程领域的检测任务，由土木与交通学院负责运营管理。

（张新中、高胜建执笔）

电 力 学 院

一、专业设置与人才培养

（一）专业设置

2011 年，经教育部批准增设了核工程与核技术专业。2012 年 9 月，热能与动力工程专业调整为能源与动力工程专业。轨道交通信号与控制专业于 2013 年教育部备案，2015 年开始招生。2018 年 6 月，学校机构设置调整后，电子科学与技术专业划归物理与电子学院。截至 2021 年 3 月，学院共开设 5 个本科专业 6 个专业方向，在校本科生 2700 多人，硕士生 270 多人。能源与动力工程专业为国家级一流本科专业和河南省一流本科专业，自动化专业为河南省一流本科专业。

（二）人才培养

能源与动力工程，水动方向：本专业主要研究水力发电厂的机械设备、电气设备及控制系统的基本原理，培养具备水利、机械、电气和控制科学等领域的基础知识，具备在水力发电、动力工程、流体机械工程等领域从事运行管理、设备制造、安装检修、设计开发以及科学研究的基本素质，具备学习能力、实践能力、创新能力和创业能力的高素质应用型人才。

能源与动力工程，热动方向：本专业培养具备热学、力学、机械、电工电子和控制科学等领域的基础知识，具备在火电、太阳能、燃气轮机发电、生物质发电等领域从事生产、研发、运行和管理的基本素质，具备学习能力、实践能力、创新能力和创业能力，能在热能工程、动力工程、流体机械及工程等领域从事设计与开发、设备制造、安装检修、运行管理与科学研究工作的高素质应用型人才。

电气工程及其自动化：本专业培养具备电气工程领域相关的基础知识，掌握电气工程领域相关专业知识和专业技能；能在水利电力、电力系统自动化等电气工程领域的装备制造、系统运行、技术开发等部门从事设计、研发、运行、管理等方面工作，具备解决工程实际问题能力的高素质应用型人才。

自动化：本专业培养具备良好的人文科学、自然科学和工程技术基础知识，具备从事工业自动化领域设计、研发、工程、生产、管理等工作所需的专业理论知识、专业技术知识和实践与创新能力，能够在全国各大工业企业、科研院所、高等院校等从事工业自动化方面的工程设计、技术开发、系统运行管理与维护、企业管理与决策、科学研究和教学等工作，成为下得去、留得住、吃得苦、用得上、干得好的高素质人才。

电子科学与技术：本专业培养具备电

子科学与技术专业方面的自然科学基础、系统的专业知识和较强的实验技能与工程实践能力，具有良好的外语能力，创新意识以及跟踪掌握本专业新理论、新知识、新技术的能力，能够在水利、电力及其他工业领域从事电力电子技术、光电子技术、微电子技术、电子元器件、电磁场与微波方面的研究、开发、制造及管理工作的高级工程技术人才。

核工程与核技术：本专业培养具备良好的人文科学、自然科学和工程技术基础知识，具备从事核工程与核技术领域设计、研发、工程、生产、管理等工作所需的专业理论知识、专业技术知识和实践与创新能力，培养良好的科学思维能力，对

核工程与核技术领域有较全面的了解，能够在核工程与核技术领域从事科学研究与实践、工程设计与建造、运行管理与维护、技术开发与应用等工作的下得去、留得住、吃得苦、用得上、干得好的创新应用型高素质专门人才。

轨道交通与信号控制：本专业培养具备轨道交通领域的基本理论、基本知识和专业技能，并能在全国各大铁路局集团有限公司、各大城市轨道交通有限公司、科研院所等从事轨道交通信号和控制方面的工程设计、技术开发、系统运行管理与维护、企业管理与决策、科学研究和教学等工作，成为高素质的复合型科技人才。

培养各类人才情况见表1。

表1　　　　　　　　　电力学院各类人才培养情况统计表（2010—2020）　　　　　　　单位：人

时间	研究生	本　科　生					
		能源与动力工程		电气工程及其自动化	自动化	电子科学与技术	核工程与核技术	轨道交通与信号控制
		水动	热动					
2010—2011 年	25	51	120	247	97	119	—	—
2011—2012 年	38	76	148	286	92	83	—	—
2012—2013 年	43	83	194	253	110	77	—	—
2013—2014 年	30	111	143	258	98	81	—	—
2014—2015 年	54	104	136	246	86	85	35	—
2015—2016 年	49	111	148	301	85	74	54	—
2016—2017 年	55	125	166	312	92	90	55	—
2017—2018 年	60	129	144	288	90	76	53	—
2018—2019 年	57	116	128	273	82	—	56	67
2019—2020 年	72	122	125	272	91	—	67	62

二、师资队伍建设

学院有教工 115 人，其中教授 17 人，副教授 24 人，讲师 38 人，教师中有博士学位 45 人。近 10 年来，学院新增双聘院士 1 人、河南省高层次人才 4 人、中原高层次人才计划 1 人、省学术技术带头人 2 人、省高校科技创新人才 2 人、省教育厅

学术技术带头人 3 人、省高校青年骨干教师 8 人、省教学标兵 2 人。

三、教研室建设

2010 年电力学院设有水动教研室、热动教研室、电气工程教研室、自动化教研室和电工电子教研室共 5 个教研室。2013年增设核工程与核技术教研室；2015 年增

设轨道交通信号与控制教研室；2018年电子科学与技术专业划归物理与电子学院，学院成立电工电子教学中心。学院共设有6个专业教研室和1个教学中心。

四、实验室建设

学院拥有动力与自动化实验中心和电工电子实验室，其中，动力与自动化实验中心下设6个教学实验室，即水动实验室、热动实验室、电气工程实验室、自动化实验室、核工程实验室、轨道交通实验室；电工电子实验室下设2个教学实验室，即电工实验室、电子实验室。学院拥有省级实验平台3个，市级实验平台2个。

学院先后购置实验设备总计2120多万元，实验室新购置的设备包括流体机械综合实验台、射流及流体机械内部流动结构测试系统、离心泵性能综合实验装置、换热器特性实验系统、电站设备风烟流动性特性实验系统、闪蒸试验系统、电力系统微机保护综合实训装置、电力系统分析综合仿真系统、倒立摆智能控制实验平台、高精度SMT系统、核电子学实验教学系统、核反应堆物理计算分析软件、信号机控制实验系统、转辙机实验系统、电力电子及电气传动教学实验台等。实验室面积3300平方米，仪器设备2100多套，其中单价10万元以上仪器设备55台。

实验室有专兼职实验教师19人，其中正高级职称1人，副高级职称4人。具有博士学位3人，硕士学位13人。

五、教学工作

学院始终坚持立德树人根本任务，坚持本科教育基础地位和教学工作中心地位，坚持教育教学质量核心地位，坚持先进教学理念，不断改革创新，实现了学院教学工作高质量发展。

（一）教学制度

根据学校相关教学制度、一流专业建设和专业认证要求，学院组织修订补充系列教学制度，相继出台《关于印发"工程教育认证专业毕业要求达成评价的实施办法（试行）"的通知》《关于印发"本科生毕业设计（论文）工作检查及质量评估实施办法"的通知》《电力学院本科生校外毕业设计（论文）管理办法》等教学文件，有力保障了教学质量。

（二）教学组织

学院创新探索构建科学组织体系，按照河南省基层教学组织建设标准加强教研室建设，教研室100%达到河南省基层教学组织合格要求，2020年热动教研室立项河南省优秀基层教学组织。学院成立教学指导委员会、专业认证工作委员会、专业评估工作领导小组、试卷检查评估小组、课程教学团队，并建立学院教学督导团，保障了学院教学有序进行。

（三）教学研究

学院坚持以提高人才培养质量和教学质量为中心，积极推进教学改革，教育教学质量进一步提升。学院设立院级专项教育教学改革项目，组织教学改革研究，积极申报各级教学改革项目，培育教学成果奖。近10年，学院立项院级教学研究项目52项，包括卓越教学团队4项、教学名师培养对象8名，教改课程思政专项3项；获校级教学改革研究项目16项，包括重点项目4项，一般项目9项；获省部级教学改革研究项目9项，包括重点项目2项、一般项目5项。学院共发表教学改革研究论文80余篇、教学改革专著1部，河南省教学成果一等奖1项、二等奖2项。

（四）质量工程

学院大力推进本科质量工程建设，贯彻落实《国家中长期教育改革和发展规划纲要（2010—2020年）》，积极参与卓越工程师教育培养计划改革试点。2012年，热能与动力工程和电气工程及其自动化专业获批普通高等学校本科工程教育人才培养模式改革试点专业（河南省卓越计划）；2013 年，能源与动力工程专业获批教育部国家卓越计划专业。能源与动力工程热动专业方向一直坚持卓越计划的实施，每年招收培养 30 人左右的卓越班，面向工业界、面向世界、面向未来，创新探索工程教育的新方法和新思路，培养造就创新能力强，适应国家经济社会发展需要的高质量工程技术人才。贯彻落实全国教育大会精神，坚持普通高等学校本科专业类教学质量国家标准，积极建设一流专业，主动申报国家双万计划。2019 年，能源与动力工程专业获批河南省首批一流本科专业；2020 年，自动化专业获批河南省一流本科专业；2021 年，能源与动力工程专业获批国家级一流本科专业。

（五）教学资源

学院重视教学资源建设，不断创造教学条件，重点推动优质教材、虚拟教学平台、网络教学资源和实践教学基地建设。学院推进校企合作，改革实践多维实践教学，不断拓展实践教学基地，创建多维度专业实践教学平台体系，2020 年立项河南省大学生校外实践基地 2 项。

（六）教学荣誉

学院夯实老中青传帮带，注重中青年教学拔尖人才培养，特别重视青年教师教学胜任力提升，培育教学标兵、教学名师。两年一度学校青年教师讲课大赛屡获佳绩。2011 年第十一届，任岩获一等奖；2013 年第十二届，任岩获一等奖；2017 年第十四届，张云鹏获二等奖；2019 年第十二届，陈露露获二等奖。2014 年任岩获全国高校青年教师教学竞赛（河南赛区）一等奖、教学标兵；2017 年张云鹏获河南省教育系统教学技能竞赛一等奖、河南省

教学标兵，2018 年张宝玲和陈露露获河南省教育系统教学技能竞赛二等奖，2019 年李雪获河南省教育系统教学技能竞赛二等奖。2015 年张红涛和王为术获学校教学名师计划；2016 年吕灵灵获学校教学名师培育计划；2018 年马强获学校教学名师计划；2017 年王为术负责的热力发电动力工程卓越教学团队获学校卓越教学团队；2018 年朱雪凌负责的电力系统分析教学团队和张风蕊负责的电工电子课程群教学团队获学校卓越教学团队；2019 年吕灵灵获河南省优秀教师。

六、学生管理工作

学院坚持"以人为本"开展各项学生工作，从思想政治工作顶层设计入手，着力提升党建引领力、队伍胜任力和团支部活力，筑牢思想政治工作生命线。

（一）着力提升党建引领力

2020 年，学院荣获"河南省高等学校先进基层党组织"荣誉称号。学院党委大力加强学生党支部的标准化建设，把党建活力转化为引领能力。严格落实"三会一课"制度，学院领导班子成员为学生上党课，把全体师生党员的思想和行动统一到党中央决策部署上来，为开展卓有成效的思想政治工作打牢思想根基。

（二）着力提升辅导员队伍胜任力

学院党委高度重视辅导员队伍胜任力提升，深入推进辅导员队伍专业化、职业化建设，着力提升学院辅导员队伍在学生日常思想政治教育和学生事务管理方面的胜任力，以理论研究和经验总结提升辅导员实践工作的科学性和系统性；鼓励辅导员参加高水平培训，以开阔视野、拓宽工作思路，以先进的工作经验提升辅导员实践工作能力和综合素质。学院辅导员队伍每年参加高水平培训 20 余人次，每年荣获各类省、校级奖励 10 余人次；每年发表与

学生工作的相关论文 10 余篇。

（三）着力提升基层团支部活力

学院坚持以党建带团建，以"书记助理团"特色项目为动力，俯下身子打牢基础，不断塑造、引领、团结、凝聚青年学生。2016 年全国首创书记助理团，构建起以宿舍为网格、书记助理为触点、心理辅导站站长为专线、党委副书记为干线的安全预警机制，形成了安全意识培育、心理健康教育、校园文化导育和危机预警机制的书记助理团"三育一制"工程。2017 年《书记助理团"三育一制"实践育人工程》荣获河南省高校辅导员工作精品项目。2019 年《书记助理团"三育一制"模式创新优良学风培育工程》荣获河南省第三届普通高等学校校园文化建设优秀成果一等奖。书记助理团开展的"我对祖国母亲说"、与疫情赛跑之感动"美"一天等特色活动深受学生喜爱，得到了人民网、中国新闻网、网易新闻等权威媒体的深入报道。学院"小马达"志愿服务团作为学校志愿服务的品牌项目，坚持以培育和践行社会主义核心价值观为核心，立足专业、扎根社区、服务社会，以助人自助为服务标准，成功开展了多项志愿服务活动，2016 年荣获"河南省大学生志愿团体之星"。在大学生暑期社会实践中，学院多年连续获得优秀，多支志愿服务队受到共青团中央、共青团河南省委的表彰。2017 年、2018 年学院全媒体宣传中心连续获得共青团中央授予的"全国最具影响力新媒体社团称号"。2016 年学院团委荣获"河南省五四红旗团委"荣誉称号。

（四）扎实做好学生资助工作

学院持续建设"济困、励志、强能"三位一体的阳光电力育人型资助模式，以经济扶助为基础，以意志磨砺为支撑，以能力增强为核心，公平、公正、公开地对家庭经济困难学生实行"立体式"资助，得到了家长、学校和社会的一致好评。

（五）深入挖潜帮扶，努力实现毕业生高质量就业

学院持续深化开展"三全一深"就业质量提升工程，通过全员参与、全面培养、全程指导、深挖市场，实现高质量就业，多方面、多渠道、多方式，全力以赴做好毕业生就业工作。加强校企合作，有针对性地进行就业指导和解惑，努力帮助毕业生"好就业、就好业、就业好"。学院就业质量和初次就业率连续多年稳居学校前列。

七、科研及服务社会工作

学院坚持教学、科研、生产相结合，学院教师主持完成了多项水电动力工程、电气工程、水电站及电厂自动化、工业自动化等科研和工程项目，在水利水电行业具有较高的知名度。

学院拥有河南省流体机械工程技术研究中心、河南省低质余热余压利用工程技术研究中心、河南省燃煤能源高效利用与超净排放工程研究中心 3 个省级科研平台，拥有郑州市图像识别与智能信息系统重点实验室、郑州市工业余热利用重点实验室 2 个市级科研平台，拥有核电厂反应堆压力容器顶盖开盖及换料虚拟操作实验、工业机器人运动控制算法开放式虚拟仿真实验等 3 项省级示范性虚拟仿真实验教学项目。

学院先后成立了自动化研究所、流体机械及工程研究所、智能电网与新能源应用技术研究所、图像识别与光谱分析研究所、热能工程研究中心、工业节能技术联合研究所、燃烧与污染物控制研究所、光伏发电中心、工程热物理研究所、煤清洁高效利用研究所、流体机械与流体高效输送研究中心等研究机构，重视学术和人才

交流，与国内外知名大学、科研院所建立了学术与人才培养交流关系，并与中信重工、许继集团等多家企业建立了良好的产学研合作关系。

学院共承担"863"子课题1项，国家重点研发计划子课题4项，国家自然科学基金项目24项，省部级科技项目39项；获省部级科技进步奖17项，教育厅科技成果奖36项；在国内外学术期刊上发表学术论文900余篇，其中SCI、EI收录期刊论文420余篇；出版专著和教材50余部；获得国家发明专利100余项，实用新型专利40余项。

学院承担的国家级项目情况及获得的省部级科技奖励情况见表2和表3。

表2 电力学院部分国家级项目情况一览表

序号	项 目 名 称	负责人	项 目 分 类	立项时间	经费/万元
1	海上风电场智能运行控制技术研究	张晋华	国家重点研发计划子课题	2020年	90
2	海上风电机组协调优化调度技术研究	顾 波	国家重点研发计划子课题	2020年	60
3	离心泵内悬移质固液两相流相间作用模型及泥沙磨损特性研究	张自超	国家自然科学基金项目	2019年	27
4	减小活性靶时间投影室开放式场笼边缘效应的研究	张俊伟	国家自然科学基金项目	2019年	23
5	基于知识自动化理论的变电站健康运行方法研究	李继方	国家自然科学基金项目	2018年	46
6	液态排渣锅炉低氮燃烧控制方案研究	王为术	国家重点研发计划子课题	2018年	52
7	纳米磁流体低频交变电磁场热疗系统关键电磁理论研究与系统优化集成	胡冠中	国家自然科学基金项目	2017年	15
8	部分氧解耦煤化学链燃烧中硫的迁移转化及其定向脱除机理研究	王保文	国家自然科学基金项目	2017年	60
9	变化环境下农业干旱响应机理及智能预测方法研究	李彦彬	国家自然科学基金项目	2017年	60
10	基于不锈钢网柔性基底高效氧化锌光阳极的制备及其光电化学制氢性能研究	陈露露	国家自然科学基金项目	2017年	25
11	纳米磁流体低频交变电磁场热疗系统关键电磁理论研究与系统优化集成	胡冠中	国家自然科学基金项目	2017年	15
12	具有时变状态和输出维数的离散周期系统的鲁棒极点配置研究	吕灵灵	国家自然科学基金项目	2016年	55.2
13	基于Micro-CT的单籽粒小麦内部害虫早期检测机理及方法研究	张红涛	国家自然科学基金项目	2016年	62
14	基于D型光子晶体光纤表面等离子体共振传感技术研究	邴丕彬	国家自然科学基金项目	2016年	19
15	冶金流程耦合节能测试技术	王为术	国家重点研发计划子课题	2016年	101
16	可拓神经网络的研究及其在分类器设计方面的应用	周 玉	国家自然科学基金项目	2015年	30
17	两类离散周期矩阵方程的解及其应用	吕灵灵	国家自然科学基金项目	2015年	21.6

续表

序号	项目名称	负责人	项目分类	立项时间	经费/万元
18	高余压回收用水轮机模式多级水力透平流道优化及设计理论	李延频	国家自然科学基金项目	2015年	75
19	导光固体基质扩展表面上光生物生长及转化机理与特性	张川	国家自然科学基金项目	2014年	30
20	大扩散角过渡段水流流动控制及机理研究	赵万里	国家自然科学基金项目	2014年	25
21	定位格架影响条件下堆芯通道超临界流体流动与传热机理研究	王为术	国家自然科学基金项目子课题	2014年	13
22	表面温度和水分特性对铁棍山药片远红外热泵干燥过程非酶褐变的影响机制	宋小勇	国家自然科学基金项目	2013年	22
23	线性离散周期系统的鲁棒控制	吕灵灵	国家自然科学基金项目	2013年	30
24	基于级联参量振荡连续宽调谐THz辐射源理论与技术研究	李忠洋	国家自然科学基金项目	2012年	25
25	周期Sylvester矩阵方程的解及其应用	吕灵灵	国家自然科学基金项目	2012年	3
26	光学THz辐射源非线性晶体最佳耦合技术的研究	李忠洋	863子课题	2012年	3
27	部分氧解耦化学链燃烧中煤与氧载体反应速率调控机制研究	王保文	国家自然科学基金项目	2012年	46
28	基于近红外高光谱图像技术的粮粒内部害虫检测方法研究	张红涛	国家自然科学基金项目	2011年	20
29	基于随机规划的水电能源市场运行策略及风险决策	刘红岭	国家自然科学基金项目	2011年	25

表3　　　　　　　　　　电力学院部分省部级科技奖励一览表

序号	成果名称	获奖作者	获奖名称	获奖时间
1	千米矿井水灾害抢险关键技术与装备研究	高传昌　刘新阳	河南省科学技术进步一等奖	2011年11月
2	煤电机组智能燃烧实时控制关键技术研发及应用	张志刚　朱宪然　叶翔　王然　王为术	中国电力科学技术进步一等奖	2019年11月
3	光学参量效应高功率太赫兹辐射源及其应用	李忠洋　谭联　邴丕彬　袁胜　陈建明　朱安福　周玉	河南省科学技术进步二等奖	2018年12月
4	煤燃烧CO_2新型零排放关键技术	王保文　赵海波　张川　宋小勇　马强　郭淑青　张宝玲　曹永梅　李君　王爱军	河南省科学技术进步二等奖	2015年10月

序号	成 果 名 称	获奖作者			获奖名称	获奖时间
5	用于路桥工程的北斗导航系统的飞行器	张　鹏　陈建明　王亭岭 熊军华　邱道尹　曹文思			河南省科学技术进步二等奖	2015 年 10 月
6	河南半干旱区粮食作物综合节水关键技术及应用	高传昌　孙景生　张灿军 汪顺生　尚　领　王松林 刘新阳			河南省科学技术进步二等奖	2013 年 11 月
7	用水紧缺区水安全保障能力提升关键技术及应用	尚毅梓　高传昌　陈　豪			大禹水利科技进步二等奖	2020 年 12 月
8	620℃双切双级减温百万超超临界锅炉汽温提升关键技术及应用	胡庆伟　袁红玉　王为术			中国能源研究会能源技术创新二等奖	2019 年 11 月
9	工业循环水泵系统能耗评估与节能关键技术及应用	骆　寅　何小可			中国商业联合会科技进步一等奖奖	2018 年 12 月
10	高效超（超）临界锅炉水冷壁热传递预测控制关键技术及应用	王为术　徐维晖　朱晓静 毕勤成　胡　昊　王　汉 赵鹏飞　杨智峰　刘朝辉			河南省科学技术进步奖三等奖	2019 年 10 月
11	新农村背景下智能配电系统工程设计模式研究及示范应用	郭新菊　熊军华			河南省科学技术进步三等奖	2016 年 11 月
12	料场智慧化管理与监控系统	顾　波　潘　刚　仇红娟 刘新宇　张红涛　吕志伟 杜　勇			河南省科学技术进步三等奖	2015 年 10 月
13	水下射流综合消能防沙关键技术及应用	高传昌　刘新阳　李　君			河南省科学技术进步三等奖	2014 年 11 月
14	多源图像信息融合的仓储活虫检测及自动识别	张红涛　胡玉霞　刘新宇 张昭晗　李娜娜　杨　晓 顾　波			河南省科学技术进步三等奖	2013 年 11 月
15	水泥线纯低温余热双压发电的热平衡与烟风阻力设计方法研究	王为术　楚清河　熊翰林 段爱霞　李秋菊　赵青玲 张晋华			河南省科学技术进步三等奖	2012 年 11 月
16	脉冲液体射流泵技术理论与应用	高传昌　刘新阳　王松林 汪顺生　时锦瑞　周　文 张晋华			河南省科学技术进步三等奖	2012 年 11 月
17	热力系统动态建模与监控策略研究	张小桃　王爱军　朱　敬 胡　昊　白　鑫　张　川 肖保军			河南省科学技术进步三等奖	2012 年 11 月

八、学科建设

学院坚持以能源电力为特色，在全国电力能源行业具有重要影响，培养了大批高层次专业技术和管理人才。学院有动力工程及工程热物理、控制科学与工程、电气工程 3 个一级学科硕士学位点，水利水电工程和农业电气化与自动化2个二级学科硕士学位点，以及电子信息、能源动力、交通运输3个专业授权领域，专业面覆盖5个一级学科。动力工程及工程热物理、控制科学与工程2个学科为第八批、第九批河南省一级重点学科和校优势特色学科，其中，动力工程及工程热物理为学校博士点立项建设学科。

动力工程及工程热物理学科依托热能与动力工程专业（河南省特色专业、河南省一流专业），致力于流体机械、热能动力、水电动力、电站自动控制与优化、多相流等领域的研究，为河南省重点学科，在全国第四轮学科评估中位列C−，拥有1个一级硕士学位授权点，1个二级学科硕士学位点，1个专业授权领域。学科师资雄厚，拥有省级科研创新团队2个，博士生导师4名，教授17名；学科拥有省部级科研平台3个，教育部协同创新中心1个。获省部级科技进步一等奖3项，省部级二等奖和三等奖共13项，发表SCI、EI检索学术论文120余篇，出版专著18部，获得国家发明专利近40项。承担国家自然科学基金、国家科技支撑、国家重点研发计划18项。

控制科学与工程学科依托自动化专业（河南省一流专业）、轨道交通信号与控制专业，致力于图像识别与智能信息系统、先进控制理论与系统工程、现代检测与信息融合技术、现代电力系统及其自动化等领域的研究，为河南省重点学科，拥有1个一级硕士学位授权点，专业授权领域3个（电子信息、能源动力、交通运输）。学科师资雄厚，拥有省级科研创新团队1个，双聘院士1名，河南省学术技术带头人2名，中原英才计划1名，博士生导师2名，教授15名；学科拥有省部级科研平台2个。获省部级科技进步一等奖1项，省部级二等奖和三等奖共12项，发表

SCI、EI检索学术论文180余篇，出版专著18部，获得国家发明专利近100项。承担国家自然科学基金、国家科技支撑、国家重点研发计划14项。

电气工程学科依托电气工程及其自动化专业（河南省特色专业），致力于电力系统运行与新能源、电力系统装备与控制、电工理论与新技术等领域的研究，拥有1个一级硕士学位授权点，1个二级学科硕士学位点，1个专业授权领域（能源动力）。学科师资结构合理，拥有省学术技术带头人1名，高级职称15名。获省部级科技进步奖10项，发表SCI、EI检索学术论文160余篇，出版专著7部，承担国家重点研发计划、国家自然科学基金等国家级项目8项，水利部、河南省等各类科技项目22项。

学院领导班子成员及任职情况见表4。

表4　　电力学院领导班子成员及任职时间表

职务	姓名	任职时间
名誉院长	徐建新	2015年4月至2018年7月
党委书记	侯战海	2009年4月至2018年7月
	李伟	2018年7月至今
院长	高传昌	2009年4月至2015年4月
	李彦彬	2017年1月至2018年7月
	张红涛	2018年7月至今
常务副院长	李彦彬	2015年4月至2017年1月
党委副书记	楚清河	2006年4月至2015年4月
	张红涛	2015年4月至2018年7月
	徐启	2018年10月至今
副院长	王玲花	2003年9月至今
	苏海滨	2008年7月至2015年4月
	朱雪凌	2012年4月至今
	王为术	2015年4月至今

（李伟、张红涛执笔）

机 械 学 院

一、专业发展

2011 年，学院拥有机械设计制造及自动化、材料成型及控制工程、交通运输和测控技术与仪器 4 个本科专业，铲土运输、起重机等 11 个专业方向；拥有机械工程一级学科硕士点，下设机械设计及理论（省级重点学科）、车辆工程、机械电子工程、机械制造及其自动化 4 个硕士学位授权二级学科；机械工程和农业机械化 2 个专业硕士领域。

2012 年，机械工程一级学科获批第八批河南省级重点学科。

2013 年，机械设计制造及其自动化专业卓越工程师计划项目开始启动。与英国提赛德大学合作办学的机械设计制造及其自动化本科专业开始招生。

2016 年，新增留学生机械设计制造及其自动化本科专业。

2017 年，机械设计制造及其自动化本科专业中外合作办学项目顺利通过教育部评估。

2018 年，农业机械化领域调整为农业硕士农业工程与信息技术领域。

2019 年，车辆工程本科专业开始招生。机械设计制造及其自动化专业获批河南省一流本科专业。

2020 年，智能制造工程本科专业开始招生，交通运输本科专业停止招生。测控技术与仪器专业获批河南省一流本科专业。机械工程工程硕士调整为机械专业学位类别，新增能源动力（车用动力与清洁能源方向）专业学位类别。

2021 年，机械设计制造及其自动化专业获批国家一流本科专业。

机械学院已经发展成为具有学士、工学硕士学位、工程硕士学位以及农业硕士学位授予权的多层次人才培养和办学体系的工科学院。有机械设计制造及其自动化、测控技术与仪器、车辆工程、智能制造工程 4 个本科专业，开设机械设计制造及其自动化专业卓越工程师班，并与英国提赛德大学合作举办机械设计制造及其自动化 4 年制本科专业，拥有机械设计制造及其自动化专业本科留学生。

二、教研室建设

2011 年，学院下设工程机械、内燃机、机械设计、机械制造、材料成型及控制工程、交通运输、测控技术与仪器、机械制图 8 个教研室。

2014 年，从促进学院科学发展的需要出发，结合学校"校院两级管理体制"改革的推进，学院将原 8 个教研室和实习工厂整合组建了"5 系 1 基地"。

2018 年，材料工程系从机械学院分

离，并入材料学院。

截至 2021 年，学院有机械设计制造系、车辆工程系、交通运输系、机电与测控仪器系、智能制造系和机械基础系 6 个系，有工程机械、内燃机、机械设计、机械制造、交通运输、车辆工程、测控技术与仪器、机械制图 8 个教研室。其中机械制造教研室、测控技术与仪器教研室分别获得学校 2011 年和 2019 年度优秀教研室称号。

三、师资队伍建设

为加强师资培养与教师队伍建设，学院制订了切实可行的师资培养计划与人才引进计划，教师队伍不断壮大，年龄、职称、学历、学缘结构逐步改善。

截至 2021 年 3 月底，学院有教职工 94 人，其中特聘教授 1 人，教授 10 人，副高级职称人员 20 人；拥有博士学位教师 42 人，在职攻读博士学位教师 6 人。师资队伍中有全国模范教师、河南省教学名师、河南省优秀专家、河南省科技创新杰出人才、河南省教育厅学术技术带头人、河南省高校科技创新人才、省高校中青年骨干教师等。

学院有河南省科技创新团队 2 个，郑州市科技创新团队 1 个，河南省高校科技创新团队 1 个，校级科研团队 2 个。"机械类专业基础课程教学团队"为河南省高等学校教学团队；"清洁能源车用发动机与工程车辆创新型科技团队"为河南省科技创新团队与郑州市首批科技创新团队。

教师的主要学术兼职有：中国能源学会常务理事、中国可再生能源学会氢能专业委员会理事、中国能源研究会热力学及工程应用专业委员会委员、中国水利教育协会高等教育分会副理事长、中国工程机械学会理事、铲土运输机械分会常务理事、中国机械工程学会高级会员、中国水

利学会理事等，国家自然科学基金评议专家、国家科技奖励评审专家、863 计划专家库先进能源技术领域专家等。

学院注重对教师教学技能的培养，鼓励教师参加讲课比赛和各类教学技能竞赛。在学校组织的青年教师讲课大赛中，学院教师取得了一等奖 1 名、二等奖 2 名、三等奖 3 名、优秀奖 1 名的优异成绩。王迎佳获得了省级讲课大赛一等奖。机械学院在 2011 年、2012 年分别获得第十一届和第十二届青年教师课堂讲课大赛优秀组织奖。

四、实验室建设

学院重视实验室建设。2011 年，学院拥有 3000 平方米的金工实习工厂和 3500 平方米的综合实验中心，实验中心拥有工程机械与车辆、内燃机、液压、公差、金相、电测、自动化、CAD、材控、微机原理、流体传动、测试技术与控制、机械基础、精密传动等 10 余个实验室。实验室 800 元以上的教学实验设备（含实习工厂）近 300 台（件），实习工厂有冷、热加工设备 34 台套，有较先进的机加工设备，如立式、卧式加工中心、电火花加工机床和数控机床等，设备总价值 1200 余万元。

2012 年，"车用能源利用清洁化与工程车辆"获得河南省高校重点实验室培育基地建设项目；"测控技术与仪器"获得郑州市重点实验室；实习工厂面向土木与交通学院、电力学院、机械学院、环境与市政工程学院、管理与经济学院等开放。

2015 年，学院成功申报"大型起重运输智能制造装备河南省工程实验室""郑州市起重运输装备虚拟设计重点实验室"。

2016 年 3 月，实习工厂合并至学校工程训练中心，由学校统一管理。

2017 年，学院对材料工程实验中心实行了开放管理，并获校级开放实验室立项

资助。在首次参加的第六届全国大学生金相技能大赛中取得优异成绩，获一等奖、二等奖、三等奖各1项。

2018—2019年，学院获批郑州市重点实验室2个。

截至2021年3月，学院拥有实验中心（下设机械工程基础实验中心、机械工程与自动化实验中心）、实践教学中心；"河南省高校清洁能源发动机与工程车辆重点实验室""测控技术与仪器郑州市重点实验室"与"新材料及水利机械表面工程技术郑州市重点实验室"。获批河南省发展和改革委员会的"大型起重运输智能制造设备河南省工程实验室"建设项目。

五、教学工作与教材建设

为了适应社会对人才的需要，学院数次修改培养方案、教学计划与教学大纲。2013年，学院再次对4个本科专业及1个中外合作办学本科专业的培养方案进行了制定及修订工作；2015年，完成了4个本科专业培养方案的微调工作；2016年，制定并完成了2016级本科生培养方案和教学大纲撰写工作；2017年，学院制定了机械设计制造及自动化专业卓越工程师培养和教学的相关细则；根据专业工程教育认证标准，在充分论证的基础上制定了学院2017级本科专业培养方案和教学大纲，对机械设计制造及自动化专业的2015级、2016级培养方案进行了修订。学院获省级教改立项3项，学校教改项目27项；校级卓越教学团队立项2个，校级质量工程项目3项；获校教学质量优秀奖一等奖1项，二等奖1项，三等奖1项；获校优秀教学管理单位、校级毕业设计（论文）工作优秀组织单位荣誉称号。

学院教师积极开展教学研究，积极参与教学质量工程项目。内容涉及专业建设、人才培养模式、课程体系、教学方法、教学手段、教学内容研究与改革、教材建设等。2012年，"机械设计制造及其自动化专业"获得河南省高等学校"专业综合改革试点"项目。2015年，获批河南省教学团队1个（机械设计制造及其自动化专业机电类课程教学团队）、河南省教学名师1名、河南省优秀教师1名。2018年，学院获批河南省高等学校精品在线开放课程1项。2019年，学院获省级精品在线开放课程2项，获批省级虚拟仿真实验项目1项。

机械设计制造系、机电与测控仪器系、材料工程系先后获河南省高等学校优秀基层教学组织称号。机械设计制造及其自动化专业获批省级一流本科专业，智能制造工程专业通过教育部批准；校级精品在线课程实验项目2项，获得省级虚拟仿真实验项目立项1项、校级虚拟仿真实验项目2项，校级本科示范课堂2项，获得汪胡桢教师教学奖一等奖1项、二等奖1项，优秀教研室1项，优秀教学单位1项；毕业设计（论文）工作优秀组织单位，2位教师荣获毕业设计（论文）优秀指导教师；省级讲课大赛一等奖1项，校级青年讲课大赛一等奖1项；河南省第五届信息技术与课程融合优质课大赛二等奖1项；"工程材料"和"互换性与技术测量"两门课程获得省级精品在线课程立项。

六、科研工作

2011年，初步形成氢内燃机研究团队和水利工程机械研究团队。2012年，"清洁能源车用发动机与工程车辆团队"获河南省创新型科技团队，"测控技术与仪器"获得郑州市重点实验室。2015年，学院获批河南省创新型科技团队1个——河南省水利机械抗磨防腐技术开发与应用创新科技团队。2017年，获批河南省起重运输与

工程机械创新型科技团队 1 个。2018 年，获批河南省教育厅科技创新团队，学院新增智能制造与管理研究中心等 3 个校级科研平台。2019 年，学院联合郑州三和水工机械有限公司获批郑州市重大科技创新专项项目 1 项。

学院承担了国家自然科学基金、国家863 重点项目子课题、水利部 948 项目等国家级科研项目 20 项，省部级科研项目 35 项，厅级科研项目 45 项；获得省部级和厅级奖励 23 项；在国内外重要学术刊物上发表论文 593 篇，其中，EI 收录 158 篇，SCI 收录 95 篇，核心期刊 152 篇；完成各类科研项目资金 4021 万余元；出版教材及著作 43 部，其中专著 14 部；授权发明专利 106 项。

学院代表性纵向科研课题见表 1，获得代表性科研、教研奖励见表 2。

表 1　　　　　　　　　　机械学院代表性纵向科研课题一览表

项目来源	时间	项目参加人员	项 目 名 称
国家自然科学基金	2011 年	杨振中　王丽君　高玉国 司爱国　段俊法　焦劲光 刘海朝　孙永生　秦朝举	氢空气混合气异常燃烧特征分析与燃烧性能优化研究
国家 863 计划重点项目子课题	2011 年	杨振中　郑俊强　曹永娣 段俊法　焦劲光　孙永生 李权才	缸内直喷汽油机气缸盖水流模拟试验、流场测试及分析
976 计划子课题	2013 年	杨振中	电堆物理量流场分布和极板三流场分析研究
国家自然科学基金	2013 年	高玉国	基于纳米流体热传介质的氢燃料发动机散热规律
新金属材料国家重点实验室	2013 年	孙国元	含有超结构相的大尺寸塑性球晶/块体金属玻璃复合材料研究
国家自然科学基金	2013 年	唐明奇	调控因素在镁合金微弧氧化膜可控构筑过程中的作用机制研究
水利部科技推广计划项目	2014 年	严大考	水利工程表面抗磨防腐关键技术开发及应用
国家自然科学基金	2017 年	王星星	锡镍镀层对银钎料钎焊性能的熔化、反应合金化作用机制研究
国家自然科学基金	2018 年	周甲伟	振荡气流煤炭气力输送中颗粒起动响应及系统动力学特性
中央军委科技委	2018 年	段俊法	柴油低温着火机理及缸内着火临界条件研究
国家自然科学基金	2019 年	段俊法	极端环境下高功率密度柴油机低温着火机理和附壁燃烧特性研究
中央军委科技委	2020 年	上官林建	微重力环境下磁流体润滑研究

项目来源	时间	项目参加人员	项目名称
国家自然科学基金	2020 年	王星星	新型高温镍基非晶态钎料及钎焊机理研究
新型钎焊与技术国家重点实验室	2020 年	王星星	镍基石墨烯改性层对银钎料钎焊性能的调控机制及其应用研究
先进焊接与连接国家重点实验室	2020 年	王星星	核电构件用银基多层膜钎料高通量制备技术基础研究
金属材料磨损控制与成型技术国家地方联合工程研究中心	2020 年	李　帅	非等温时效条件下 2000 系铝合金析出行为及耐磨机理研究
国家自然科学基金	2020 年	李立建	面向多场景应用的高性能柔性并联多维力传感器研究

表 2　　　　　　　　　　　**机械学院获得代表性科研奖励一览表**

时间	获奖人员及排名	颁奖单位/奖励名称	项目名称
2011 年	王丽君　运红丽　邱金华	河南省人民政府/河南省科技进步三等奖	多通道振动数据采集及分析系统的研制
2011 年	杨振中（排名 4）	北京市科学技术奖一等奖	掺氢燃料内燃机燃烧、排放基础研究（合作完成，排名 4）
2012 年	孙国元（排名 4）	教育部技术发明奖一等奖	新型合金材料受控非平衡凝固技术及应用（合作完成，排名 4）
2012 年	郝用兴　杨杰　许兰贵	河南省人民政府/河南省科技进步三等奖	环件轧制模拟与动力学研究
2013 年	严大考　王利英　韩林山　上官林建　武兰英	河南省人民政府/河南省科技进步一等奖	大型水利渡槽施工装备关键技术、产品开发及工程应用（合作完成，排名 2）
2013 年	王丽君　杨振中　郭树满　王欣欣　牛金星　孙永生　郭朋彦	河南省人民政府/河南省科技进步三等奖	氢汽油双模式车用发动机异常燃烧检测分析系统的研究
2014 年	严大考　张瑞珠	河南省人民政府/河南省科学技术进步奖二等奖	硬面涂层技术在水利过流部件中的应用
2015 年	上官林建　姚林晓　谭群燕　纪占玲　刘剑　代宇　李刚	河南省人民政府/河南省科学技术进步奖三等奖	起重运输装备三维快速设计技术及产品开发
2016 年	上官林建　杨杰	河南省人民政府/河南省科技进步三等奖	环保型工厂化混凝土搅拌站关键技术及产品开发
2017 年	杨振中　王丽君　贺满楼（学生）司爱国　张庆波（学生）王飞（学生）	河南省人民政府/河南省科技进步二等奖	车用氢燃料发动机燃烧过程的优化控制方法研究

续表

时间	获奖人员及排名	颁奖单位/奖励名称	项 目 名 称
2017年	张瑞珠　郭朋彦　杨　杰 唐明奇　李　勇	河南省人民政府/河南省科技进步三等奖	水利机械抗磨防腐技术开发及推广应用
2017年	严大考　韩林山　上官林建	河南省人民政府/河南省科技进步二等奖	城市高架快速路专用架桥机关键技术及产业化
2018年	韩林山	中国机械工业科学技术三等奖	新型条形料场堆取系统关键技术及装备产业化应用
2018年	姚林晓　彭　晗　上官林建	河南省人民政府/河南省科技进步二等奖	工程车辆集中润滑关键技术及应用
2019年	王星星（排名1） 杨　杰（排名5） 李　帅（排名8）	河南省人民政府/河南省科技进步二等奖	特种钎料的电化学制备及其应用
2019年	马军旭（排名6）	河南省人民政府/河南省科技进步二等奖	磷石膏与电石泥资源化制砖技术与装备及应用
2020年	王星星（排名1） 上官林建（排名6） 李　帅（排名12）	中国腐蚀与防护学会科学技术奖一等奖	湿热环境中钎料腐蚀机理研究与耐蚀钎料开发
2020年	王星星（排名20）	中国机械工业科学技术奖特等奖	异质材料钎焊、扩散焊关键技术及应用
2020年	韩林山（排名3） 李　冰（排名10）	河南省人民政府/河南省科技进步二等奖	千吨级预制桥梁成套施工装备关键技术开发及产业化

七、招生就业与学生管理工作

学院每年招生规模稳定在500～600人，报到率达95％～97％。2010—2013年，学院在学校组织的就业评估中4次获得全校第一，连续4届毕业生就业率达到100％；2014年至今毕业生就业率稳定在90％～98％，就业率和就业考核始终位于全校前列。

学院学生管理工作始终坚持"以学习为中心，以活动为载体，以管理为手段，以成才为目标"的工作原则，紧紧围绕学校和学院中心工作，科学创新，打造了协同联动、协调提升的6大工作平台——党务团学工作平台、安全稳定工作平台、学风学业工作平台、奖贷资助工作平台、科技创新工作平台、就业创业工作平台。

学院学生在创新创业、社会实践、技能竞赛等获得多项荣誉。学院学生荣获全国机械创新大赛一等奖1项；第六届全国大学生金相技能大赛一等奖、二等奖、三等奖各1项；中国机器人大赛空中机器人——无人机续航挑战赛一等奖1项；大学生恩智浦杯智能汽车竞赛国家级一等奖4项、二等奖1项，华北赛区三等奖1项；大学生起重机创意设计大赛全国一等奖1项、二等奖3项、三等奖1项；全国大学生工程训练综合能力竞赛全国特等奖2项、三等奖2项；"挑战杯"国家级三等奖1项。在河南省"诚联杯"大学生创业设计大赛、河南省"挑战杯"大学生课外学术作品竞赛和技能大赛、河南省大学生机器人大赛、河南省大学生物流仿真设计大赛、河南省"互联网＋"大赛、河南省大学生机器人竞赛等比赛中荣获省级以上个人奖励126项。荣获"高教杯"大学生先进成图技术与创新大赛团体第三名、省赛团体第一名，第三届河南省"互联网＋"大学生创新创业大赛优秀组织单位；"第四届河南省大学生机器人大赛"优秀组织单位；"第四届河南省大学生物流仿真设计大赛"优秀组织单位；华彩杯创新组和创业组优秀组织单位荣誉称号。

社会实践中被评为省级社会实践先进个人2人，河南省百佳社会实践团队2个、优秀社会实践指导老师1人。"郑州市公交优化调研"调查报告被评为优秀调查报告。

与社会单位合办的"爱心读书月""紫荆山爱心书摊""阳光课堂"等活动受到省级媒体的关注和宣传。学院2015级的"学霸宿舍"受到河南省多家新闻媒体的关注和报道。学院青年志愿者协会在河南省第一届公益社团评选中荣获"十佳志愿服务团队"荣誉称号。"大手牵小手　关爱留守儿童实践队"荣获"全国60个社会实践优秀团队"荣誉称号，并获校级2016年度"暑期社会实践优秀组织单位"。予馨志愿者协会获郑州市"优秀社会实践团队"。荣获2017年河南省首届大学生马拉松赛事中"大学生志愿者优秀组织奖"荣誉称号。

学院历任领导一览表见表3。

表3　　　　　　　　　　　　　机械学院历任领导一览表

姓　名	担任职务	任　职　时　间	备　　注
韩林山	党委书记	2009年5月至2016年3月	
李权才	党委书记	2016年3月至2018年7月	
郭志芬	党委书记	2019年12月至今	
杨振中	院长	2006年5月至2016年3月	
韩林山	院长	2016年3月至2018年7月	
上官林建	院长	2018年7月至2020年12月	
王丽君	院长	2020年12月至今	
李权才	党委副书记	2008年6月至2012年5月	
杨　杰	党委副书记	2015年4月至2018年9月	
郭志芬	党委副书记	2018年7月至2019年12月	主持工作
车　华	党委副书记	2018年11月至今	
郝用兴	副院长	2006年4月至2012年4月	
张瑞珠	副院长	2008年9月至2018年9月	
王丽君	副院长	2010年4月至2020年12月	
上官林建	副院长	2012年4月至2016年3月 2017年11月至2018年7月	
段俊法	副院长	2019年12月至今	
牛金星	副院长	2020年12月至今	
熊军华	副院长	2020年12月至今	

（王丽君、郭志芬执笔）

环境与市政工程学院

一、学院概况

环境与市政工程学院前身是环境工程系，始建于 1993 年，2006 年更名为环境与市政工程学院。2017 年 8 月，学院整体办学由花园校区迁至龙子湖校区。学院设有给排水科学与工程、建筑环境与能源应用工程、环境工程、消防工程、应用化学 5 个本科专业。其中给排水科学与工程、环境工程为河南省专业综合改革试点专业，给排水科学与工程、环境工程、应用化学为河南省一流专业建设点，给排水科学与工程、环境工程专业通过教育部工程教育认证，消防工程专业为全国消防工程专业教学指导委员会委员单位。

学院拥有环境科学与工程 1 个一级硕士学位授权点，市政工程和供热、供燃气、通风及空调工程 2 个二级硕士学位授权点，以及环境工程、市政工程 2 个专业学位硕士授权点。环境科学与工程学科为河南省一级重点学科。在校博士、硕士研究生 105 人，本科生 1845 人。

学院有教师 105 名，其中教授、副教授等高级职称教师 45 人，博士生导师 4 人，硕士生导师 35 人，国家高层次人才计划 1 人，省部级重点学科带头人 2 人，河南省优秀教师 1 人，河南省师德先进个人 1 名，河南省教学名师 1 人，河南省优秀

教育管理人才 1 人，河南省高校青年骨干教师 5 人，河南省教育厅学术技术带头 5 人。教师中具有博士学位者 71 人。

学院立足河南，面向全国，坚持"基础扎实、善于实践、勇于创新"的育人理念，培养具有实践能力和创新精神的高素质应用型人才，服务黄河流域生态保护与高质量发展等国家战略。

二、坚持评估认证导向，推进一流专业建设

学院以专业工程教育认证和新工科建设为抓手，强化师资队伍建设，深化专业教育教学改革，奋力推进一流课程和一流专业建设。

师资队伍。学院坚持引育并举，加强师资队伍建设，提升教书育人能力。2011—2020 年学院共计引进 49 人，其中教授 1 人，副高级职称 2 人，博士 41 人，硕士 5 人；在职攻读博士 14 人，博士后进站 2 人，访问学者 4 人，挂职锻炼 8 人；职称晋升教授 9 人，高级实验师 2 人，副教授 30 人。

课程建设。学院积极推进一流课程建设，树立课程建设新理念，在传统教育的基础上融入"互联网＋教学""智能＋教学"等新形态，构建"国家＋省＋校"三级金课体系，深入推进"课堂革命"，激

发教与学的活力，有效提升教学效果，课程建设成果丰硕，稳居全校首位。学院获批国家级金课 3 项、省级金课 10 项、校级金课 20 项。

课程思政。学院认真落实立德树人根本任务，积极推进课程思政建设，成效明显，位居全校前列。学院获批省级课程思政项目 1 项、校级 8 项。2020 年，王海荣主持的"物理化学"被评为第一批河南省课程思政样板课程。2019 年和 2020 年，学院主持校级课程思政教学团队 2 项、校级课程思政示范课程 5 项、校级课程思政教改项目 1 项。

教材建设。学院教师出版国家级规划教材《给水排水工程建设监理》（第二版）等 10 余部教材。2020 年，获批河南省"十四五"规划教材 3 项，分别为黄健平主编的《环境影响评价》、王海荣主编的《物理化学》和陆建红主编的《给水排水管网系统》。获批校级教材讲义建设项目 6 项。

教学改革。学院教师积极致力于教育教学改革研究与实践，取得了较大成绩。环境工程专业和给排水科学与工程专业分别于 2013 年和 2014 年获得河南省高等学校专业综合改革试点。2016 年，石岩主持的"工科类高等院校校外实践基地管理模式研究"获批河南省教育技术装备和实践教育研究课题；2017 年，姚文志主持的"'互联网＋教育'背景下高等学校现代混合教学模式的设计与探索"获批河南省教改项目；2019 年，陆建红主持的"打造线下一流金课的课程教学融合改革实践研究"获批河南省教改项目；陆建红主持的"打造'金课'背景下的给水排水管网系统课程考核模式改革及其效果评价研究"获批教育部高等学校给排水科学与工程专业教学指导分委员会教改项目。学院主持校级教改项目 17 项。

教学成果。学院始终坚持教学核心地位不动摇，鼓励支持学院教师积极致力于教学工作，并取得多项奖励和荣誉。主持教学项目获省部级以上教学成果奖 5 项；姚文志主持的"'互联网＋教育'背景下高等学校现代混合教学模式的设计与探索"于 2020 年获河南省高等教育教学成果二等奖。河南省教学名师 1 人，河南省教学标兵 3 人，3 位教师指导学生毕业设计获全国高校本科生优秀毕业设计。校级教学名师 2 人（陆建红、姚文志）；在学校两年一次的教师教学质量优秀奖的评选活动中，学院共有 8 位教师获奖。2019 年和 2020 年学院连续两次荣获校级毕业设计（论文）工作优秀组织单位。2015 年和 2019 年学院荣获"菁英杯"青年教师课堂讲课大赛优秀组织单位。给排水科学与工程系（原给水排水工程教研室）于 2009 年、2011 年、2013 年连续三次荣获校级优秀教研室，环境工程系（原环境工程教研室）于 2015 年、2017 年、2019 年连续三次荣获校级优秀教研室（"汪胡桢奖"优秀教研室）。2017 年和 2019 年学院连续两次荣获校级优秀教学单位（"汪胡桢奖"优秀教学单位）。学院 5 个专业均为河南省高等学校达标创优基层教学组织建设合格专业，其中环境工程系和给排水科学与工程系分别于 2019 年和 2020 年获河南省高校优秀基层教学组织。

教学竞赛。学院注重提升教师的教学能力和水平，特别是以竞赛提升教师教学能力。学院教师在各级各类教学竞赛中屡获佳绩，获省级荣誉 18 人次；校级荣誉 26 人次。

专业认证（评估）。2017 年，学院给排水科学与工程、环境工程、建筑设备与能源应用工程、应用化学等 4 个专业参加了河南省本科专业评估；按照教育部等认证（评估）要求，积极推进专业认证工作。环境工程专业于2018年提交认证申请并获受理，2020年6月正式通过中国工程教育认证，成为河南省第二个通过专业认证的环境工程专业；给排水科学与工程专业于2019年提交认证申请并获受理，2020年11月通过住房和城乡建设部高等教育专业评估（认证）；建筑环境与能源应用工程专业于2020年提交认证申请。

一流专业。给排水科学与工程专业于2019年获批河南省一流专业建设点，于2020年获批国家一流专业建设点；环境工程和应用化学专业于2020年获批河南省一流专业建设点。

三、规范实验平台管理，增强服务教研支撑

学院高度重视实验室建设，设有基础化学实验室、微生物专业基础实验室、各专业实验室及水环境治理综合实验场。实验中心总面积达5900余平方米，仪器设备2248台套，总值为3174余万元。有专职技术人员16人，其中硕士以上学历13人，副高级以上职称6人。承担全校基础化学实验和学院各专业实验课程总计56门，总学时649个，年均完成教学实验任务60718人时数，开设实验项目230个。

专业实验室。2016年投入100万用于消防工程专业实验室建设，完善了建筑防火实验条件；2017年投入100万元，更新了水处理、大气脱硫脱硝等教学设备，完备了环境工程专业实验室教学项目和台套数条件；2018年投入100万元，进一步完善了给排水科学与工程专业实验室建设；2020年投入100万元完善应用化学及建筑环境与能源应用工程实验室建设；2019年依托土木工程博士点建设和节能型智能污水处理河南省工程实验室、河南省水体污

染与土壤损害修复工程技术研究中心等科研实验室建设，投入1100多万元，提升了实验室的检测能力和装备水平。

基础化学实验室。先后投入300余万元进行了实验室设备更新、通风改造、废弃物处理等工作。

水环境治理综合实验场。学院依托节能型智能污水省级平台和河南省重大专项项目，累计投入300万元建设了水环境治理综合实验场，于2020年年底投入使用。

科研平台。学院紧抓发展机遇，积极申报省级科研平台项目。2013年7月，由学院牵头的节能型智能污水处理河南省工程实验室获批，实现了学院省级平台零的突破，自此开启学院省级重点实验室及工程研究中心的建设序幕。2015年8月，学院成为河南省面源污染防治产业技术创新战略联盟成员单位。2015年，引进企业投资近200万元，完成了校企共建"工程环境监测实验室"的基础设施建设和CMA资质认定工作。2016年12月，学院牵头申报的河南省水体污染与土壤损害修复工程技术研究中心获批。2017年6月，联合法学院成立河南省高级人民法院环境资源损害司法鉴定与修复研究基地。2017年8月，参与申报湖库水生态环境保护与修复河南省工程实验室获批。10月，联合水利学院申报的河南省水环境模拟与治理重点实验室获批，实现省级重点实验室零的突破。同年12月，学院成为河南省水污染治理与河湖生态修复产业技术创新战略联盟成员单位。2018年12月，参与建设河南省清洁取暖工程技术研究中心。2019年9月，学院牵头成立河南省智慧消防工程研究中心。10年来，实验中心借助一系列省级平台建设，购置了荧光定量PCR检测系统、三重四极杆液质联用系统、X-射线荧光光谱仪、电感耦合等离子体质谱仪

（ICP‑MS）、离子色谱仪、多通道光谱仪、荧光显微镜、电感耦合等离子体发射光谱仪、原子吸收分光光度计、总有机碳分析仪、Zeta电位分析仪、微波消解仪等大型精密仪器15台套。学院省级以上科研平台建设情况见表1。

表 1　　　　　　　　环境与市政工程学院省级以上科研平台建设情况一览表

序号	时间	科研平台名称	批准文件	级别	批准单位
1	2013 年	节能型智能污水处理河南省工程实验室	河南省工程实验室（豫发改高技〔2013〕995 号）	省级	河南省发展和改革委员会
2	2016 年	河南省水体污染与土壤损害修复工程技术研究中心	河南省工程技术研究中心（豫科〔2016〕221 号）	省级	河南科技厅
3	2016 年	河南省环境工程实验教学示范中心	省级实验教学示范中心（教高〔2016〕633 号）	省级	河南省教育厅
4	2017 年	河南省水环境模拟与治理重点实验室	河南省重点实验室（豫科〔2017〕182 号）	省级	河南省科技厅
5	2017 年	河南省高级人民法院环境资源损害司法鉴定与修复研究基地	河南省高法技术支持平台（豫高法〔2017〕194 号）	省级	河南省高级人民法院
6	2019 年	河南省智慧消防工程研究中心	河南省工程研究中心（豫发改高技〔2019〕569 号）	省级	河南省发展和改革委员会
7	2020 年	河南省多能互补供热供冷工程技术研究中心	豫科基〔2020〕18 号	省级	河南省科技厅

实验室安全。学院非常重视实验室安全管理，规范健全安全管理、应急救援、安全隐患自查等各项管理制度。2018年学校被河南省教育厅确定为全省教育系统安全风险隐患辨识管控与隐患排查治理双重预防体系建设4所试点示范院校中唯一的一所本科高校，环境与市政工程学院是学校唯一的示范院系，作为试点建设单位，按照建设要求实验中心初步构建了"三制度、两清单、两数据库、两张图、三告知"的双重预防体系工作推进模式，搭建了规范、管用、可考核、可智控、可追溯的双重预防体系信息化服务平台，有效提升了学校安全防范能力和工作水平。先后接待省内外参观交流近2000人次。

四、聚焦学科评估目标，加快学科建设步伐

学科发展。学院始终坚持以学科建设为龙头，主动对接国家和区域战略，聚焦学科评估目标，加快学科建设步伐。环境科学与工程学科继2008年被评为河南省重点一级学科后，2012年、2018年再次被评为河南省重点一级学科。2012年学院所属土木工程二级学科供热、供燃气、通风及空调工程硕士学位授权招生，2017年按照学校发展规划，环境工程入选首批校特色骨干学科培育学科，同年获批环境科学与工程硕士学位授权一级学科点。2018年市政工程专业硕士授权招生，实现学院专业硕士零的突破；2019年资源与环境领域

环境工程方向专业硕士授权招生；2020 年学院硕士研究生实际招生 53 名，在校研究生突破 100 人。同时，2020 年联合材料学院申报"材料与化工"专业硕士授权点（负责环境材料与化工环保方向）获批，联合土木与交通学院工程联合申报土木工程一级学术土木水利专业博士授权点（负责市政工程方向）。

科学研究。根据学院学科基础和师资队伍现状，结合社会发展需求，2015 年，学院申报获批水污染控制技术研究所、水生态健康与环境安全研究所、给排水新技术转化与应用研究所、暖通空调技术研究所、火灾防控技术研究所、环境功能材料研究中心 6 个研究机构。2018 年学院申报获批环境与能源纳米材料研究中心。学科抢抓国家生态环境治理的重大机遇，通过学院内部机制改革，调动广大教师科研积极性，科研成果数量及质量显著提升。10 年间，教师发表论文共计 500 余篇，其中 SCI 收录 300 余篇，授权发明专利近 60 项，出版学术专著 45 部，荣获河南省科技进步奖 10 项，市（厅）级科技奖励 30 余项。主持各类科研项目近 300 项，其中国家自然科学基金及重点研发子课题共计 9 项。2016 年，学院牵头申报的河南省重大科技专项"河南省村镇生活污水处理技术集成与示范"项目获得批准立项，财政资助经费 500 万元，取得了学校在此类项目上的突破。2020 年，学院获批立项国家自然科学青年基金项目 3 项，取得学院历史最好成绩。同年科研合同经费达 1076 万元，创历史最高，居学校前列。学院国家级科研项目立项情况见表 2。

表 2　　　　　环境与市政工程学院国家级科研项目立项情况一览表

序号	项目来源	主持人	成 果 名 称	起 止 时 间	项目经费/万元
1	国家自然科学基金委员会	宋志鑫	环境因子对沉积物-水界面重金属扩散通量影响机制研究（42007356）	2021 年 1 月至 2023 年 12 月	24
2	国家自然科学基金委员会	李瑞华	基于强化去除硝酸根和有机物的复配混凝系统构建及混凝机制研究（52000068）	2021 年 1 月至 2023 年 12 月	24
3	国家自然科学基金委员会	刘玉浩	碳材料介导强化碳链生物延长合成中链羧酸的机理研究（52000069）	2021 年 1 月至 2023 年 12 月	24
4	国家自然科学基金委员会	杨小丽	新型多孔陶瓷电极水下大面积均匀放电等离子体放电特性研究及其在印染废水处理中的应用（51708215）	2018 年 1 月至 2020 年 12 月	27
5	国家自然科学基金委员会	刘淑丽	紫色非硫细菌处理食品有机废水的高价值物质合成代谢及影响机制研究（51708214）	2018 年 1 月至 2020 年 12 月	18
6	国家自然科学基金委员会	应一梅	多沙河流水-沙-砷污染物相互作用规律研究（51409104）	2015 年 1 月至 2017 年 12 月	25

续表

序号	项目来源	主持人	成 果 名 称	起 止 时 间	项目经费/万元
7	国家自然科学基金委员会	李国亭	高级氧化过程中高毒性中间氧化产物的电助吸附高效去除调控机制研究（51378205）	2014 年 1 月至 2017 年 12 月	76
8	国家重点研发计划子课题	肖恒	京津冀经济社会发展与层次化需水预测（2016YFC0401407）	2017 年 1 月 2020 年 12 月	55
9	中英大学服务"一带一路"项目	李国亭	Advanced manufacturing of biochar（生物炭高级制造）	2020 年 1 月至 2023 年 12 月	15.8

五、抓住立德树人主线，服务学生健康成长

学院有在校本科生 1845 人，硕士研究生 101 人。学院坚持落实立德树人根本任务，不断推动学生思想政治教育与管理手段创新，积极引导学生"自我教育、自我管理、自我服务、自我监督"，着力培养德智体美劳全面发展的社会主义建设者和接班人。2016 年，学院团委被授予"河南省五四红旗团委"荣誉称号；同年，学院指导的消防志愿者协会获评"全国 119 消防奖先进集体"；2015 年、2017 年和 2019 年，学院被评为第八届、第十届和第十二届全国大学生节能减排社会实践与科技竞赛优秀组织单位；2020 年，学院 2017144 团支部荣获"河南省五四红旗团支部"。

学生党建。学院始终把思想政治教育摆在首位，高度重视学生党员培养与发展工作。2011—2020 年共培养入党积极分子 1831 人，发展党员 551 人。2018 年以来，学院不断探索思政育人新路径，积极推进思想政治工作传统优势与信息技术不断融合，先后拍摄了《献礼祖国》《莫愁前路未来可期》等主题教育短视频共计 30 余个，累计播放量超过 90 万次，增强了学生的爱国爱党爱校爱院意识，提升了学院影响力和凝聚力。

创新创业。学院坚持突出专业特色，科学搭建创新创业平台，大力加强第二课堂建设。2017 年起，学院联合校团委、创新创业学院、后勤服务中心等单位，共同举办了每年一度的校级"绿源杯"大学生节能减排社会实践与科技竞赛；联合校团委、创新创业学院、保卫处举办了"大河精工杯"消防科技竞赛等活动，不断提高学生专业素养和创新能力。学院在各类学生活动及竞赛中共获得省级以上荣誉 66 项，国家级以上荣誉 54 项。

社会实践。学院积极组织学生参加全国大中专学生"三下乡"社会实践活动，引导学生不断增强社会责任感和历史使命感。2015 年，学院"碧水蓝天"社会实践队被评为全国大中专学生"三下乡"社会实践优秀团队。2013—2019 年，学院连续 7 年荣获校级暑期社会实践优秀组织单位。2020 年，李明月带队参加黄河流域生态保护和高质量发展——沿黄九省（自治区）青年实践团，荣获全省大中专学生志愿者暑期"三下乡"社会实践活动优秀个人。

奖助学金。学院积极拓展校企合作新模式，联合校友及企业设立多项学业奖学金，引导学生学会感恩，回馈社会。学院一名校友自 2014 年起匿名设立消防校友奖学金，每年资助 3000 元；2018—2020 年，

大河精工集团在学院设立了大河精工企业奖学金，每年资助 5 万元；2018—2020年，中州水务集团在学院设立了中州水务企业奖学金，每年资助 3.74 万元。

学生就业。自成立以来，学院共为社会输送了 7000 余名优秀人才，其中近 10年毕业人数共计 3244 人。毕业生就业及考研情况良好，2011 年以来，学院平均就业率保持在 92％以上。2011—2020 年学院考取研究生人数近 900 人，2020 届毕业生考研率达到了 31.15％。2020 年，在就业形势极度严峻的情况下，学院毕业生就业率仍达到 91.16％，位居全校第一。

六、深化对外交流合作，开放活院助推发展

学院注重对外合作交流，相继与河南省科学院、河南省生态环境厅、河南省节能和能源中心、中科润研究院、中原环保股份有限公司、中州水务控股有限公司等签署战略合作框架协议，共同开展人才培养、科学研究和社会服务。学院积极承办各类教学及学术会议，提升社会影响力。2017 年学院承办了以"集对分析与资源·环境"为主题的第 15 届全国集对分析学术研讨会；2017—2020 年连续 4 年主办"河湖生态论坛"；2020 年承办给排水科学与工程教学指导委员会《给水排水工程建设监理》课程教学研讨会；2020 年协办中国水利学会 2020 年学术年会。

在国际合作交流方面，2016 年学校与俄罗斯乌拉尔联邦大学签署合作协议，成立华北水利水电大学乌拉尔学院，开展了给排水科学与工程专业中外合作办学项目，并成为"金砖国家网络大学"水资源与污染治理牵头的学科领域。学校 2019 年与马来西亚砂拉越科技大学成立首个境外办学机构华禹学院，开展环境工程专业国际化教育。学院教师申请获批中英大学服务"一带一路"项目"Advanced manufacturing of biochar"、河南省科技厅引智项目"水环境内毒素评价及快速检验方法""秸秆类生物质炭在水污染治理中的应用研究"和"制药废水和药物代谢主要污染物在天然水体中环境归趋"等国际合作项目。

七、强化思想理论武装，夯实基础促进发展

学院党委注重思想政治建设，强化理论武装，坚定理想信念；加强党的组织建设，提升基层堡垒向心力，严把党员"质量关"；推进支部规范建设，严格执行组织生活制度，切实增强支部凝聚力、战斗力；突出作用发挥，坚持党建、业务共学共享，注重党性锻炼与业务能力相互促进；注重党建文化建设，提升党员队伍的凝聚力，开拓党员教育新阵地；坚持完善内部治理，管理服务保障能力持续提升；强化纪律规矩意识，全面落实廉洁自律各项规定。学院领导班子在学院发展中充分把握时代赋予的机遇，坚持不懈、求真务实，踏踏实实地实现了一个又一个目标。2019 年，学院党委荣获学校先进基层党组织称号；2020 年，学院党委和应用化学党支部入选学校首批党建工作"标杆院系"和"样板支部"创建单位。2011—2021 年学院历届领导班子情况见表 3。

表 3　　　2011—2021 年环境与市政工程学院历届领导班子成员一览表

任职时间	班子成员
2011 年至 2012 年 4 月	金栋任党总支书记，邱林任院长，朱灵峰任副院长，郑志宏任副院长，宋刚福任副书记

续表

任 职 时 间	班 子 成 员
2012 年 4 月至 2015 年 4 月	郑志宏任党委书记，朱灵峰任院长，张昕任副院长，刘秉涛任副院长，李志国任党委副书记；金栋、邱林、宋刚福调出
2015 年 4 月至 2017 年 3 月	王志良任党委书记，郑志宏任院长，张昕任副院长，刘秉涛任副院长，黄健平任副院长，陆建红任党委副书记；朱灵峰退任
2017 年 3 月至 2018 年 7 月	王志良任党委书记，宋刚福任院长，张昕任副院长，刘秉涛任副院长，黄健平任副院长，陆建红任党委副书记。郑志宏调出
2018 年 7 月至 2018 年 9 月	王志良任党委书记，宋刚福任院长，张昕任副院长，刘秉涛任副院长，陆建红任党委副书记。黄健平调出
2018 年 9 月至 2018 年 12 月	王志良任党委书记，宋刚福任院长，刘秉涛任副院长，陆建红任副院长。张昕调出
2018 年 12 月至 2019 年 12 月	王志良任党委书记，宋刚福任院长，刘秉涛任副院长，陆建红任副院长，郭婷任副书记
2019 年 12 月至今	乔敏任党委书记，宋刚福任院长，刘秉涛任副院长，陆建红任副院长，郭婷任副书记。2019 年 12 月王志良调出。2020 年 12 月李海华提任学院副院长

八、开展工会统战工作，促进文明和谐环工

全院教职工团结向上，展现出生机勃勃的工作状态和健康向上的精神风貌，工会、精神文明等工作取得了可喜的成绩。2020 年，学院荣获校级文明单位荣誉称号；2020 年，学院分工会获校级工会工作先进单位；2019 年，环境工程系荣获河南省女工先进集体；2017—2018 年，陆建红、周媛媛分别获河南省优秀党务工作者；2017 年，李凯慧荣获河南省文明教工称号；2016 年，春季田径运动会暨全民健身大会上，学院教工组获得团体总分第 1 名，学生组获得"体育道德风尚奖"；2016 年，在学校男子篮球比赛和教职工排球比赛中，学院均获得第 2 名的好成绩；2013 年，在校男子篮球比赛中，学院勇夺桂冠；2011—2020 年，多位教师荣获学校文明家庭、文明教工、优秀女教工和师德模范先进个人等荣誉称号。

（宋刚福、乔敏执笔）

管理与经济学院

一、学院概况

管理与经济学院前身是 1994 年成立的经济管理系，是学校创建最早的文科学院，2006 年更名为管理与经济学院，目前已建设成为全校本科专业和在校生数量最多，学科门类最为齐全，整体水平较强的文科学院。学院大力弘扬"和而不同"的人文精神，以"商济天下"为己任，根据我国水利行业和河南省经济社会发展需要，充分依托学校工程学科的优势，努力培养胸怀天下、善经营、会管理和较强竞争力的创新型经济管理人才。截至 2021 年，学院共有管理科学与工程一级学科博士点（下设 5 个二级方向）和管理科学与工程、工商管理和应用经济学等 3 个一级学科硕士点，工商管理（MBA）和会计（MPAcc）2 个专业硕士学位类别。学院设有经济学、会计学、国际经济与贸易、工业工程、信息管理与信息系统、市场营销、物流管理等 7 个全日制本科专业；开展了国际经济与贸易、市场营销、会计学辅修专业。学院有教职工 124 人，在校本科生、硕士研究生、博士研究生和留学生 2400 余人。学院先后获得河南省"先进基层党组织"、河南省"模范教工小家"、河南省教育系统"先进集体"等荣誉称号。

学院领导班子成员见表 1。

表 1　　　　　　　　　　管理与经济学院领导班子成员一览表

姓名	主要职务	任职时间
程世同	副主任、副书记、书记	1994 年 9 月至 2012 年 4 月
王延荣	副主任、主任、院长	2000 年 7 月至 2018 年 7 月
何楠	副院长	2008 年 7 月至 2018 年 7 月
马歆	副院长	2009 年 12 月至 2018 年 10 月
范功伟	党总支副书记、党委副书记	2010 年 5 月至今
王笃波	党委书记	2012 年 4 月至 2016 年 3 月
李纲	副院长	2012 年 4 月至 2015 年 4 月
张国兴	副院长	2015 年 4 月至今
苗彬	MBA 教育中心副主任 副院长兼 MBA 教育中心副主任	2015 年 4 月至今

姓名	主要职务	任职时间
李幸福	党委书记	2016 年 3 月至 2018 年 7 月
李 纲	院长	2018 年 7 月至今
宋冬凌	党委书记	2018 年 7 月至今
桂黄宝	副院长	2018 年 10 月至今
黄 伟	副院长	2018 年 10 月至今

二、党的建设

2013 年校党委撤销学院党总支，设立管理与经济学院党委。学院先后组织三次党委换届选举，2019 年进行了补充调整，选好配强了党委班子，充分发挥党委的政治核心作用和基层党支部的战斗堡垒作用。2017 年全面调整了基层党支部设置，教工党支部设在教学系，本科生党支部按相关专业进行设置，研究生党支部按学科方向进行设置。2018 年设置了党委组织员岗位，加强了学院日常党建工作。截至 2021 年学院党委共有 5 个教工党支部、8 个本科生党支部、5 个硕士研究生党支部和 1 个博士研究生党支部。现有党员 346 人，其中教工党员 81 人，学生党员 265 人。

根据校党委的安排部署，学院党委认真开展了"三严三实"教育活动、"两学一做"学习教育、"不忘初心、牢记使命"主题教育等活动，同时积极参加学校全国党建示范性高校建设相关工作。为把各项教育活动落到实处，取得实效，学院党委还组织了专题实践教学和党史学习教育。2013 年，学院党委组织教工党员赴兰考焦裕禄纪念馆参观学习焦裕禄精神。2018 年，学院党委组织教工党员赴延安以及梁家河村，开展体验式党性教育，感悟延安革命精神，学习习近平总书记青年时期的特殊经历。2019 年，学院党委组织教工党员赴井冈山开展"学习井冈山精神、创造新时代新辉煌"主题教育活动，重走红军路，重学红军精神，重温红色历史。2018 年，在全校《中国共产党纪律处分条例》知识竞赛中，学院党委获得第二名。2020 年，在全校"以案说纪"小品大赛中，学院党委参赛小品《"钱"途堪忧》获得第一名。2019 年，管理与经济学院党委申报学校党建工作标杆院系成功获批，经济贸易系教工党支部申报学校党建工作样板支部成功获批并通过验收。2020 年，学院党委被省委高校工委评为"河南省高校先进基层党组织"。桂黄宝、范功伟先后被评为"河南省高校优秀共产党员"，宋冬凌、胡沛枫先后被评为"河南省教育系统先进工作者"。

三、本科教学

学院拥有 7 个普通本科专业，其中经济学门类 2 个，管理学门类 5 个，中外合作办学专业 1 个，校际办学专业 2 个，基本形成了以管理学为重点、经济学为支撑的相互渗透的多科性交叉专业体系。2015 年，与河南经贸职业学院开展会计学、国际经济与贸易专业的联合办学。2018 年，与韩国仁荷大学开展物流管理专业联合办学。

2013 年，进一步强化教学工作的中心地位，学院专门召开了主题为"挑战与抉择：新时期下的专业建设与教学改革"的教学工作专题会议。会议出台了《管理与经济学院本科教学质量与教学改革工程建设规划（2014—2018）》《管理与经济学院教学质量和教学改革资助管理办法》等一系列文件。2015 年，为加强学院教学质量监控和提升教学效果，学院出台《管理与经济学院二级督导管理办法》。2019 年，为主动适应高等教育改革新形势，加快建设高水平本科教育，学院出台了《管理与经济学院一流本科专业和一流课程"双万计划"建设规划》。经过多年不懈努力，积极推进专业内涵建设，截至 2021 年，学院共有 2 个国家一流本科专业建设点，3 个省级一流本科专业建设点，1 个省级特色专业建设点，2 个省级专业综合改革试点，3 个省级优秀基层教学组织，详见表 2。

表 2　　　　　　　　　　管理与经济学院专业建设省级以上奖励一览表

序号	级别	类　别	名　称	时　间
1	国家级	国家一流本科专业建设点	国际经济与贸易专业	2020 年
			会计学专业	2020 年
2	省级	省级一流本科专业建设点	会计学专业	2020 年
			国际经济与贸易专业	2020 年
			物流专业	2019 年
3	省级	省级特色专业建设点	会计学专业	2013 年
4	省级	省级专业综合改革试点	国际经济与贸易专业	2014 年
			工业工程专业	2012 年
5	省级	省级优秀基层教学组织	经济贸易系	2020 年
			会计学系	2019 年
			物流与工业工程系	2018 年

为深入贯彻落实全国全省教育大会和新时代高等学校本科教育工作会议精神，全面落实党的十九大精神，坚持"以本为本"，推进"四个回归"，深入挖掘经管类课程中的思政元素，学院着力推进一流课程建设，将专业学习、学术教育和思政学习紧密结合，确立正确的人才培养导向，逐步建立和完善学院、教学系、辅导员、班级导师分工负责、互相配合的人才培养"大格局"工作体系。截至 2021 年，学院共有国家级一流课程 1 项，省级精品在线开放课程 3 门，省级精品课程 1 门，省级虚拟仿真实验教学项目 2 个，省级一流课程 3 门，详见表 3。

表 3　　　　　　　　　　管理与经济学院省级以上一流课程一览表

序号	级别	类　别	名　称	负责人	时间
1	国家级	一流课程	国际物流学	张如云	2020 年
2	省级	一流课程	投资学	周培红	2020 年
3	省级	一流课程	国际物流学	张如云	2020 年
4	省级	一流课程	基础会计学	晋晓琴	2020 年
5	省级	精品课程	技术经济学	李　创	2006 年
6	省级	精品在线开放课程	运筹学	王洁方	2019 年

序号	级别	类　别	名　　称	负责人	时间
7	省级	精品在线开放课程	统计学	卢亚丽	2020 年
8	省级	精品在线开放课程	工程经济学	郭　洁	2018 年
9	省级	课程思政样板课程	金融学	林　桢	2020 年
10	省级	虚拟仿真实验教学项目	智慧物流储配系统规划 虚拟仿真实验	黄　伟	2019 年
11	省级	虚拟仿真实验教学项目	基于智能场景的客户服务流程设计、 体验及优化虚拟仿真实验项目	李　纲	2020 年

四、师资队伍建设

学院拥有一支以结构合理、整体水平较高的师资队伍。学院有教授 26 人，副教授 33 人，拥有博士学位教师 60 人，博士生指导教师 24 人，硕士生导师 69 人。其中，施进发教授入选"百千万人才工程"国家级人选；王清义和施进发为国务院特殊津贴专家；施进发、杨雪和王延荣为二级教授；杨雪和杨志林受聘河南省特聘教授；施进发和杨雪入选河南省杰出专业技术人才；晋晓琴为河南省教学名师；李纲被评为河南省学术技术带头人，李纲、马歆和桂黄宝被评为河南省教育厅学术技术带头人。学院着力从知名高校引进青年博士，近 20% 的教师具有博士后研究经历或海外学习背景。学院还聘请了 30 余名国内外知名学者、优秀企业家为兼职教授和指导教师。

为提升青年教师教学技能，培育优秀青年教师，学院积极组织参加学校青年教师讲课大赛，其中张琳、邢毅、朱涵钰等多名教师先后获得一等奖、二等奖、三等奖。林桢教授在 2020 年河南省创新讲课大赛中获得二等奖。学校实施"教学名师培育"计划以来，学院多位教师被确定为培养对象，并被评为教学名师。2014 年，李纲、晋晓琴被评为校级教学名师；2015 年，桂黄宝被评为校级教学名师；2016 年，张琳被评为校级教学名师；2020 年，晋晓琴被评为河南省教学名师。为强化教师在人才培养中的作用，提升教师责任感和荣誉感，学院先后组织了三届"我最喜爱的教师"评选表彰活动。2016 年，林桢荣获学校首届"我最喜爱的教师"荣誉称号。2018 年，王晓妍荣获学校第二届"我最喜爱的老师"荣誉称号。2014 年以来，周培红、林桢、桂黄宝等 21 位老师先后被评为学院"我最喜爱的教师"。

五、科研工作

学院教师共发表期刊论文 783 篇，其中 A&HCI、CSSCI、SCI、SSCI 以及 EI 期刊论文共 226 篇；主编和参编的学术专著、教材共 183 部，其中 68 部是以学校为第一单位所著、国家一级出版社出版的学术专著；获准参与、主持立项的纵向项目 309 项，合同经费为 1366.99 万元，省部级及以上项目占比为 44.3%；获得科研奖励 195 项，省部级及以上奖励占比为 47.3%；横向合同签订 142 个，科研合同金额 2119.39 万元。学院先后立项的国家自然科学基金、国家社会科学基金以及教育部人文社科基金等科研项目 20 多项（表 4），其中王延荣获得了学校第一项国家社科基金重大项目；获得河南省科技进步奖、优秀社会科学成果奖等省部级奖励 30 多项，其中杨雪获得了学校第一项河南省社会科学优秀成果一等奖（见表 5）。

表 4 管理与经济学院获得国家自科、社科基金项目一览表

序号	项 目 名 称	负责人	项目分类	立项时间
1	新时代中国特色社会主义创新文化形成机理及建设路径研究	王延荣	国家社会科学基金重大项目	2018 年
2	面向能源互联网的电力系统"孕灾-传灾-报灾-防灾"灾变链模型研究	李小鹏	国家自然科学基金项目	2020 年
3	混合所有制改革背景下非国有股东选择与国企治理效率提升研究	宋春霞	国家社会科学基金项目	2020 年
4	中国制造业高质量发展路径选择与实施策略研究	黄毅敏	国家社会科学基金后期资助项目	2019 年
5	水质保证下调水工程可持续供应链利益相关者：行为演化、利益协调与协同管理	卢亚丽	国家自然科学基金项目	2019 年
6	中国上市实体企业脱实向虚的资本市场效应研究	张华平	国家社会科学基金后期资助项目	2019 年
7	信息赋能视阈下小农户稳定脱贫长效机制研究	黄 伟	国家社会科学基金项目	2019 年
8	时空分异视角下碳交易对我国区域经济发展的影响研究	马 歆	国家社会科学基金项目	2016 年
9	基于虚拟资源流动的粮食主产区农业生态补偿机制研究	何慧爽	国家社会科学基金项目	2016 年
10	高危行业员工不安全情绪的预防、控制与疏导——基于情感事件、情绪承受与情绪承载管理的实证研究	杨 雪	国家自然科学基金项目	2016 年
11	交叉科学的三维测度：内在知识结构、外在信息链接和科学活动模式	张 琳	国家自然科学基金项目	2015 年
12	创新资源约束下区域创新驱动形成机制及实现路径——以河南省为例	桂黄宝	国家自然科学基金项目	2015 年
13	排污权转移视角下跨界水污染的灰色耦合补偿研究	王洁方	国家自然科学基金项目	2015 年
14	农资销售中的信任传递模式及营销策略研究	李 纲	国家社会科学基金项目	2015 年
15	基于生态视角的资源型区域经济转型路径创新研究	张国兴	国家社会科学基金项目	2015 年
16	利益均衡下生态水利项目社会投资的模式创新研究	何 楠	国家社会科学基金项目	2014 年
17	基于混合聚类技术的交叉学科结构特征和演进趋势研究	张 琳	国家自然科学基金项目	2012 年

表5 管理与经济学院获得省部级科研奖励一览表

序号	奖 励 名 称	主持人	获奖级别	获奖等级	获奖时间
1	河南省社会科学优秀成果奖	杨 雪	省部级	一等奖	2015 年
2	河南省科学技术进步奖	张国兴	省部级	二等奖	2020 年
3	河南省科学技术进步奖	王延荣	省部级	二等奖	2019 年
4	河南省科学技术进步奖	黄 伟	省部级	三等奖	2015 年
5	河南省科学技术进步奖	张国兴	省部级	二等奖	2015 年
6	河南省社会科学优秀成果奖	杨 雪	省部级	二等奖	2020 年
7	河南省社会科学优秀成果奖	杨 雪	省部级	二等奖	2019 年
8	河南省社会科学优秀成果奖	张国兴	省部级	三等奖	2019 年
9	河南省社会科学优秀成果奖	桂黄宝	省部级	二等奖	2018 年
10	河南省社会科学优秀成果奖	王延荣	省部级	三等奖	2018 年
11	河南省社会科学优秀成果奖	马 歆	省部级	三等奖	2018 年
12	河南省社会科学优秀成果奖	李晓燕	省部级	三等奖	2018 年
13	河南省社会科学优秀成果奖	李 纲	省部级	二等奖	2017 年
14	河南省社会科学优秀成果奖	王希胜	省部级	二等奖	2017 年
15	河南省社会科学优秀成果奖	卢亚丽	省部级	三等奖	2016 年
16	河南省社会科学优秀成果奖	潘前进	省部级	二等奖	2016 年
17	河南省社会科学优秀成果奖	何慧爽	省部级	二等奖	2016 年
18	河南省社会科学优秀成果奖	王肖芳	省部级	二等奖	2015 年
19	河南省社会科学优秀成果奖	郭玲玲	省部级	二等奖	2014 年
20	河南省社会科学优秀成果奖	李 纲	省部级	二等奖	2014 年
21	河南省社会科学优秀成果奖	王肖芳	省部级	三等奖	2014 年
22	河南省社会科学优秀成果奖	王延荣	省部级	二等奖	2013 年
23	河南省社会科学优秀成果奖	杨 雪	省部级	二等奖	2013 年
24	河南省社会科学优秀成果奖	袁永新	省部级	二等奖	2012 年
25	河南省社会科学优秀成果奖	王延荣	省部级	三等奖	2011 年
26	河南省社会科学优秀成果奖	李 纲	省部级	三等奖	2011 年
27	河南省社会科学优秀成果奖	王 晶	省部级	二等奖	2011 年

学院共有杨雪、王延荣、张国兴、桂黄宝、杨志林主持的1个省部级科研创新团队和4个厅级科研创新团队。2015年开始，学院教授、博士系列讲座坚持每月举办一期，迄今为止已完成近30期教授、博士系列讲座。学院还积极邀请国内外不同学科不同专业的学术名家莅临学院讲学。

特别是2018年以来，在每年的国家基金培育期，学院会结合申报学科的分类邀请同学科的权威学者到学院进行专门指导，对学院的高质量学术成果产出起到了明显助力作用。

学院积极承办国家级、省级大型学术活动，努力提升在全国和省内的影响力。

2014年，学院举办了河南省高校经济与管理学院（系）院长（主任）2014年峰会暨河南发展高层论坛第63次学术研讨会。2017年，学院承办了中国宏观经济管理教育学会2017年年会。2019年，学院主办了2019中国大数据教育大会基于大数据的新商科建设分论坛。2020年，学院承办了2020中国生态文明建设·郑州论坛。2020年12月，学院举办了第16届大河财富中国论坛2020中国管理学院/商学院院长论坛暨中国（双法）高等教育管理学术年会。通过这些活动，有力增强了学院的学术氛围，开拓了教师的视野，增进了科研发展的潜力和后劲。

六、学科建设

学院有管理科学与工程一级学科博士学位授权点（下设5个二级方向），拥有工商管理（开设企业管理和会计、水资源技术经济与管理3个方向）、应用经济学（开设产业经济学、国民经济学和金融学3个方向）、管理科学与工程（开设管理系统工程、物流与工业工程、信息管理与系统仿真、科技创新与知识管理4个方向）共3个一级学科硕士学位授权点，工商管理（MBA）和会计（MPAcc）两个专业学位授权点，其中工商管理和管理科学与工程为河南省重点学科。2020年，学院申报的国际商务和资产评估两个专业学位授权点已获得河南省教育厅审核通过。

管理科学与工程一级学科2009年1月被确定为博士学位授权点建设学科。在共同努力下，2013年学科顺利通过验收，获批一级学科博士学位授权点，成为河南省第一个管理科学与工程博士点，也是学校3个博士学位授权点之一。在教育部第四轮学科评估中，管理科学与工程学科取得了B-的优异成绩，在省内处于领先位置。

2020年学院依托管理科学与工程博士点，联合水利学院、数学与统计学院、信息工程学院、电力学院和法学院等兄弟学院牵头成功申报的管理科学及其智能化学科群，入选河南省特色骨干学科B类。学科群以水利工程管理、工商管理、应用数学、计算机科学与技术、应用经济学、控制科学与工程以及法学等学科为支撑，以智能化为发展方向，紧密结合人工智能、区块链、云计算和大数据等新兴技术，整合各学科优势资源并进行优化配置，共建设了系统工程与智能控制等6个研究方向。学科群致力于促进学科交叉融合发展，服务黄河流域生态保护和高质量发展国家重大战略，形成管、工、理、经、法多学科交叉融合的学科体系和专业体系，力争建设成为河南领先、国内一流的管理科学及其智能化学科群。

工商管理学科于2013年获批工商管理一级学科硕士学位授权点，在教育部第四轮学科评估中获评C。2019—2021年学院积极申报工商管理一级学科博士学位授权点，根据本省人才需求和地方经济发展需要，预期开设4个学科方向，集合包括杨志林教授（香港城市大学）、学校讲座教授Fam（新西兰惠灵顿维多利亚大学）和蔡馥陞（中国台湾正修科技大学）在内的海内外优秀师资17人作为学科带头人和学科骨干教师进行申报。博士点申报已经在2020年12月经省教育厅公示，由河南省向国家推荐为新增博士学位授权一级学科。

七、实验室建设

学院坚持产教融合、校企合作、管工融合、知行合一的发展理念，逐步建设一批设施完备、功能齐全、特色鲜明的国内高校一流实验室，先后建设了"河南省管理与经济教学实验示范中心""智能营销与智能财务河南省工程中心""工业工程与物流仿真郑州市重点实验室"等。

2010 年，通过学校"管理科学与工程"博士点建设资金支持，建成"复杂系统与决策科学重点实验室"，总面积为 1377 平方米，仪器设备价值 900 余万元。2020 年，在学校博士点建设资金支持下，学院投资 1400 多万元，与中科院大数据中心、用友软件股份有限公司、京东物流集团有限公司、百度集团等企业合作，对原实验中心进行升级改造，建成工商管理博士点建设支撑实验室，包括大数据科研平台实验室、财务共享虚拟仿真实验室、智慧物流生产性虚拟仿真实验室、新商科智能实验室、人工智能商业行为研究实验室、国际商务与金融实验室，总面积为 2000 余平方米。

学院与中科院大数据中心合作建设了大数据科研平台实验室。中科院大数据中心投入数研院数据智能学科建设师资培养体系、教学科研平台（投资约 200 万元）、实习实训平台（投资约 100 万元）、BDCI 大赛平台、各中心数据智能科研团队及科研成果，实验室为师生提供数据科学教、学、训、赛、练、认证、就业等一揽子服务，使理论学习知识和实际应用场景相结合，实现"学与用"的产学研结合。学院与用友软件股份有限公司合作建设的财务共享中心实验室，基于财务共享服务系统，学生可在理论学习的基础上，通过真实的集团和本土企业的典型实施应用案例，对理论框架应用于具体实践时遇见的问题进行深入剖析。学院与京东物流集团有限公司合建的智慧物流生产性虚拟仿真实验室包含智慧物流实验和虚拟仿真实验两个模块，可针对物流全流程进行模拟，融入了知名电商物流企业的实际物流业务 SOP 仿真、作业信息化系统仿真以及实际作业仓储仿真等内容。

八、研究生培养

学院拥有管理科学与工程一级博士学位授权点，管理科学与工程、工商管理、应用经济学 3 个一级学科硕士学位授权点，拥有人口资源与环境经济学、管理科学与工程、会计学、企业管理、技术经济及管理 5 个二级学科硕士学位授权点，同时具有工商管理（MBA）、会计（MPAcc）两个专业硕士学位授权点。截至 2021 年 3 月，共有在校学术型硕士研究生 90 人，专业型硕士研究生 314 人，博士研究生 31 人。

管理科学与工程学科 2014 年开始招生管理科学与工程专业博士研究生，共招生 7 届共 48 名博士研究生。学院制定了《华北水利水电大学管理科学与工程一级学科博士研究生培养方案》，涵盖了论文开题答辩、中期考核、学位论文预答辩和正式答辩诸多培养环节，实现了博士研究生立德树人高要求、学术素养高水平的内涵式人才培养过程。博士研究生在国家自然科学基金委认定的权威期刊或 SCI/SSCI 上发表论文 30 余篇，出版学术专著 10 余部，在国内外高水平学术会议上进行报告 20 余人次。通过严格的论文答辩考核，共有 4 届毕业学生，授予管理学博士学位 6 人。在校生 1 人赴英国高校进行中外高校联合培养。

2012—2016 年，学院共有人口资源与环境经济学、管理科学与工程、会计学、企业管理、旅游管理、技术经济及管理、工业工程、物流工程 8 个专业招生；2017 年，研究生招生专业由二级学科变更为一级学科招生，并增设农村与区域发展专业学位。2018—2021 年，学院共有管理科学与工程、应用经济学以及工商管理 3 个一级学科研究生招生专业。学院紧密结合经济环境、技术背景与行业发展对人才培养要求的变化，制定了各专业相应的培养方案，并于2013年、2016年对培养方案进行修订，不断完善研究生培养方式。2012—2021年，学院共招收学术型硕士研究生300余人。

学院拥有工商管理（MBA）、会计（MPAcc）两个专业硕士学位授予点，工商管理（MBA）专业自2011年开始招生，研究方向分别是战略与创新管理、财务管理、营销管理、人力资源管理。会计（MPAcc）专业自2017年开始招生，研究方向分别是注册会计师、财务管理、审计管理。专业硕士培养坚持立足中原，尤其是以满足河南经济社会和水利事业发展的人才需求为目标，以保证和提高人才培养质量为核心，以建设高水平的师资队伍和构筑高起点的教育教学体系为支撑，充分发挥学校的学科优势，坚持教育创新，深化教学改革。为学生配备校内和校外双导师，与多家行业企业签署实践基地合作协议，努力实现学生学术能力和实践能力的共同提升。

九、学生思想政治教育和管理

截至2021年，学院共有7个本科专业，在校本科生1925人。在日常管理中，坚持以习近平新时代中国特色社会主义思想为指导，将"立德树人"和思想政治教育作为首要任务和根本要求。注重加强学生管理工作队伍建设，努力提升辅导员的业务能力和工作水平。学院2013级辅导员张静2014年获得河南省辅导员职业技能大赛一等奖，2014年辅导员年度考核全校排名第一，2015年被评为"河南省高等学校优秀辅导员"，2015年被评为"第三届全省高校辅导员年度人物"，2016年获得第八届"全国高校辅导员年度人物"入围奖。学院团委书记吴菲菲2015年辅导员年度考核全校排名第一，2016年获得河南省

辅导员职业技能大赛二等奖。

坚持把树立"求真务实、积极进取"的良好学风作为学生工作的重点与核心。认真开展学风建设月活动和华水优良学风班、优良学风标兵班立项建设，做到全员参与，创先争优。围绕专业学习积极参加各种专业竞赛。学院学生每年都在国内30多项校外学科专业竞赛中取得好成绩，200多名学生在比赛中获奖。学院2017年成立了文茵书社，购置文化类图书1000多本。精心组织学生参加学校春季运动会，并取得优异成绩，2013年春季运动会获得全校学生组团体总分第一名。

充分发挥共青团的政治引领作用，围绕中心，服务大局。注重党的创新理论青年化阐释和传播，学院团课荣获河南省微团课大赛特等奖、入选"河南省共青团线上示范团课"。以"百团汇绽"主题团日活动工程为牵动，深入开展"沉浸式"主题团队日标准化行动。持续开展学习"华水英模"系列活动，推动社会主义核心价值观在青年中入脑入心见行动，引领广大青年切实承担起弘扬瑞鹏精神、争做出彩河南人的历史责任。2013年成立大学生"心予"志愿服务团，连续7年暑期组织青年深入豫、黔等山区开展"三下乡"社会实践助力精准扶贫。2011年，学院团委在全校被团省委授予"河南省五四红旗团委"荣誉称号。2014年和2018年，学院两个团支部先后被评为"河南省五四红旗团支部"。2020年，学院团委书记吴菲菲被评为"河南省优秀共青团干部"。

十、大学生创新创业和就业

学院高度重视大学生创新创业工作，2012年在全校最早成立了大学生创新创业办公室。2014年，配合校就业指导中心创建了新校区大学生创业园，首批入驻7个大学生创业项目。学院连续举办了8届

"中国梦，创业梦"大学生创新创业比赛，努力营造"大众创新、万众创业"的良好氛围。桂黄宝指导的《校园自助快递机的设计与开发》获得2014年"创青春"全国大学生创新创业大赛第九届"挑战杯"大学生创业计划竞赛国家级铜奖。黄伟指导的《果岸——西安地铁新型便利店》获得2016年"创青春"全国大学生创业大赛MBA专项赛国家级银奖。在学校已举办6届的"华彩杯"大学生创新创业大赛中，先后获得一等奖7项，二等奖、三等奖13项。学院在"互联网＋全国大学生创新创业大赛"中先后获得省级奖励12项。

积极探索校企合作新途径，与多家优秀企业建立毕业生就业实习基地，实时更新了《管理与经济学院大学生就业信息资源库》。2017年6月，学院与工商银行河南省分行签订了校外实习合作协议，暑假期间，学院近40名学生深入20多个郑州市工行营业网点进行了30多天的一线专业实习。走出去、请进来，主动与用人单位联系，每年召开几十次专场招聘会，努力为毕业生创造更多的就业机会。精心组织毕业生进行模拟招聘会、就业技能培训，教育引导学生树立正确的就业观，调整心态，准确定位。积极邀请公司高管、业界精英以及优秀校友为学生分析就业形势，交流成长过程。

十一、工会和校友会建设

学院工会利用空闲场地和外部空间300多平方米，精心打造了教工之家，美化环境，精心装饰，为广大教师提供了良好的休闲和娱乐场所。加强廊道文化建设，加大党史、校史、院史宣传，营造了浓厚的文化氛围，有力推进了内涵建设。积极组织教职工参加学校各种文体比赛，努力争取集体荣誉。学院2014年获得全校春季运动会教工组团体第一名。2018年获得全校教职工羽毛球团体比赛第一名，2020年获得团体第三名。在2018年全校教职工"歌唱祖国"歌咏比赛中，学院代表队参赛曲目《保卫黄河》获得第一名。学院工会2013年被河南省教育工会评为"模范教工小家"，2018年被河南省总工会评为"河南省模范职工小家"。

学院2012年成立了校友会，制定并通过了管理与经济学院校友会章程和校友会理事名单，李创为校友会名誉会长，王延荣为校友会会长。学院2012年建立了毕业班校友联络员制度，在每个毕业班级都由学院正式聘任一名校友联络员，作为学院和毕业校友联络的桥梁和纽带。多年来，共有160多名毕业生担任校友联络员，发挥了积极作用。2014年，管理与经济学院北京校友会正式成立。2015年，在李群立等优秀校友的支持下，学院成立了校友创新创业基金，制定了《管理与经济学院校友创新创业基金管理办法》。学院还以校友会为依托，先后资助了身患重大疾病的三位校友渡过难关。2020年，学院校友会进行换届，苏喜军、李创、程世同、王延荣为校友会名誉会长，宋冬凌、李纲为校友会会长。

（李纲、宋冬凌执笔）

数 学 与 统 计 学 院

一、学院概况

2017 年 4 月数学与信息科学学院更名为数学与统计学院。2011 年成立大学物理实验中心、数学与信息科学实验中心，2013 年成立统计与金融工程实验中心，2016 年成立金融数学系和公共数学第二教研室。2018 年 6 月物理教研室和大学物理实验中心从学院分离，相应人员分流至物理与电子学院，2019 年 5 月成立应用统计学系。学院内设机构详见表 1。

表 1　　　　　　　　　　　数学与统计学院内设机构一览表

部门	机构名称	部门	机构名称
教学部门	信息与计算科学系	实验中心	数学与信息科学实验中心（河南省实验教学示范中心）
	应用数学系		
	统计学系		统计与金融工程实验中心（校级实验教学示范中心、教育部产学合作协同育人项目——统计和金融大数据人才实践基地）
	应用统计学系		
	金融数学系		
	公共数学第一教学部		科学计算与信息处理高性能实验室
	公共数学第二教学部	管理服务部门	党政办公室
科研机构	数论与代数研究中心		组织员
	偏微分方程研究中心		教学办公室
	数据科学与人工智能研究中心		科研办公室
	科学与工程计算研究中心		学科与研究生管理办公室
	组合优化与图论研究中心		创新创业就业服务中心
	河南省高等学校科技评价研究与服务中心		学生工作办公室
			学院团委

二、师资队伍建设

学院拥有一支师德高尚、结构合理、充满活力、教学水平高、科研能力强的师资队伍，有教职员工 105 人，其中河南省特聘教授 2 人，教授 18 人，副教授 27 人，博士 60 人，博士生导师 9 人；"新世纪百千万人才工程"国家级人选 1 人，教育部新世纪优秀人才 1 人；国务院政府特殊津贴专家 1 人，河南省政府特殊津贴专家 2 人；河南省杰出人才基金获得者 2 人、杰出青年基金获得者 4 人；河南省学术技术带头人 3 人，河南省青年科技奖获得者 2 人，河南省高校科技创新人才 3 人，河南省教育厅学术技术带头人 7 人；河南省教学标兵 3 人，河南省模范教师 1 人，河南省优秀教师 1 人。学院聘请美国爱荷华州立大学应用数学首席教授刘海亮、香港大学教授刘旭金等海内外知名专家学者为讲座教授。

学院十分重视师资队伍建设，坚持引进与培养相结合，2011 年以来共引进博士 54 名、硕士 6 名，培养博士 5 名。

2011—2020 年，学院教师晋升教授 9 人、晋升副教授 26 人。

三、实验室建设

2011 年，学院有数学与信息科学实验中心和大学物理实验中心，并分别于 2013 年和 2011 年获批河南省实验教学示范中心建设立项。

2013—2020 年，学校累计投入 1070 万元用于软硬件设备购置及平台建设，改善了实验条件和环境。

四、专业建设

学院开设有信息与计算科学（2001 年招生）、数学与应用数学（2004 年招生）、统计学（2005 年招生）、应用统计学（2013 年招生）、金融数学（2016 年招生）5 个本科专业；在运筹优化与决策方法二级学科 2014 年开始招收博士生，在数学（2003 年招生）一级学科和电子信息（2020 年招生）专业硕士点招收硕士生。

数学与应用数学专业在 2011 年先后获学校与河南省特色专业建设立项，2020 年获批河南省一流专业建设立项，并积极申报国家一流专业；2020 年以应用统计学系为主，获批数据科学与大数据技术本科专业，2021 年开始招生。

学院获批河南省工科分析数学教学团队 1 个；国家线上线下混合一流课程 2 门、河南省精品在线开放课程 1 门、河南省线上一流课程 1 门、河南省线上线下混合式一流课程 2 门、河南省研究生教育优质课程 1 门、河南省双语教学示范课程 1 门、河南省规划教材 3 部。

五、学科建设

数学学科是教育部第四轮学科评估上榜学科、河南省第八、第九批一级重点学科，学校首批特色学科、博士点建设重点支持学科；拥有河南省创新型科技团队 1 个。

2012 年学院成功申报河南省数学一级重点学科。2013 年数学成为省级一级重点学科，同时也是学校第一层次重点学科。2014—2016 年数学一级重点学科及 4 个二级重点学科超额完成了年度建设任务，顺利通过考核验收。

2017 年学院在第四轮学科评估中数学获得 C−的成绩，位于省内数学学科前列。2020 年与其他学院联合申报的"管理科学及其智能化学科群"获得河南省特色骨干学科群（B 类）。

六、教学工作

学院承担全校《高等数学》《线性代数》《概率统计》等数学类课程和《大学物理》《物理实验》等物理类公共基础课的教育教学任务（物理教师 2018 年 7 月从学院分离），承担信息与计算科学、数学与应用数学、统计学、应用统计学、金融数学 5 个本科专业的教育教学任务，同时还承担着全校研究生的数学类课程教学工作以及数学学科研究生的培养任务。

学院十分重视教学工作，教育教学质量稳步提升，在学校第 12～16 届青年教师课堂教学讲课大赛中连续 5 届获得优秀组织单位奖等成绩。

学院积极做好教育教学研究和质量工程项目申报、检查、督促工作。2011—2020年省级教育教学和质量工程项目立项情况见表2。

学院积极组织学生参加数学建模竞赛等科技竞赛，提高学生的应用所学知识解决实际问题的能力，取得成绩见表3、表4。

表2　　　　　　2011—2020年省级教育教学和质量工程项目立项情况

序号	年份	项 目 名 称	类 别	参与人
1	2014	"概率论与数理统计"双语课程	省本科教学质量工程	王志良等
2	2014	工科院校高等数学课程分级教学研究与实践	省高等教育教学改革	李亦芳等
3	2016	高等数学	省本科教学质量工程	程鹏等
4	2017	大学物理	省本科教学质量工程	王玉生等
5	2020	高等数学线上一流课程	省本科教学质量工程	程鹏等
6	2020	数学实践与建模线上线下混合一流	省本科教学质量工程	黄春艳等
7	2020	数学与应用数学省级一流专业	省本科教学质量工程	王天泽等
8	2020	量化金融与程式化交易虚拟仿真实验项目	省本科教学质量工程	张愿章等

表3　　　　　　2011—2020年全国大学生数学建模竞赛获奖情况

年份	总队数	国家二等奖	省一等奖	省二等奖	省三等奖	小计	比例/%
2011	22	2	8	7	4	21	95.45
2012	24	2	5	8	9	24	100.00
2013	20	3	3	6	8	20	100.00
2014	30	1	9	11	8	29	96.67
2015	38	2	4	8	21	35	92.11
2016	35	1	7	10	14	32	91.43
2017	46	0	9	16	14	39	84.78
2018	66	0	7	22	16	45	68.18
2019	45	1	3	17	23	44	97.78
2020	48	0	14	14	16	44	91.67
合计	374	12	69	119	133	333	89.04
比例		3.21%	18.45%	31.82%	35.56%	89.04%	

表4　　　　　　2012—2018年美国大学生国际数学建模竞赛

年份	总队数	一等奖	二等奖	三等奖
2012	2	2		
2013	8	3	3	2
2014	6	0	4	2
2015	12	1	3	8
2016	13	1	5	7
2017	23	2	11	10
2018	24	0	15	8
合计	88	9	41	37
比例		10.23%	46.59%	42.05%

七、科学研究

2011—2020 年，学院教师共发表学术论文 855 篇，其中被 SCI、EI、ISTP 三大检索收录 498 篇；科研项目立项 96 项。

2011 年，发表学术论文 178 篇，其中被 SCI、EI、ISTP 三大检索收录 60 篇，核心期刊 48 篇；科研项目立项 16 项，其中国家自然科学基金资助项目 7 项（青年基金项目 4 项、数学天元基金 3 项）、省部级重点科技攻关项目 3 项、市厅级 6 项、校级 1 项，项目经费总额 115.3 万元；科研成果鉴定 11 项；获奖 42 项，其中省部级 29 项，市厅级 10 项。

2012 年，发表学术论文 160 篇，其中被 SCI 收录 57 篇，EI 收录 10 篇，核心期刊 39 篇；科研项目立项 16 项，其中国家自然科学基金项目 3 项、河南省科技创新人才项目 1 项、省部级 6 项，项目合同经费总额 157 万元；科研成果鉴定 5 项；获奖 7 项，其中省部级 3 项；出版专著与教材 7 部。

2013 年，发表学术论文 131 篇，其中被 SCI 收录 77 篇，EI 期刊收录 10 篇，核心期刊 12 篇；科研项目立项 11 项，其中国家自然科学基金 1 项、水利部项目 1 项、教育部项目 1 项、厅级项目 8 项，合同经费总额 142 万元；科研成果鉴定 8 项，获奖 8 项；编写教材 7 部。

2014 年，学院继续强化学术交流与合作，积极鼓励广大教师积极参加国内外学术交流活动，成功承办了河南省第五届数学博士论坛。学院教师共发表核心以上学术论文 95 篇，其中被 SCI 收录 60 篇，EI 期刊收录 11 篇，核心期刊 8 篇；科研项目立项 14 项，其中国家自然科学基金 4 项，省部级项目 3 项，厅级项目 4 项，合同经费总额 210.95 万元；科研成果鉴定 9 项，获奖 5 项；出版教材 5 部。

2015 年，学院组织了青年骨干教师主讲的"学术讲坛"系列活动。发表学术论文 71 篇，其中被 SCI 收录 43 篇，EI 期刊收录 6 篇，核心期刊 9 篇；科研项目立项 13 项，其中国家自然科学基金 2 项，省部级项目 3 项，厅级项目 8 项，合同经费总额 157.3 万元；科研成果鉴定 8 项，厅级科技成果奖 3 项，省级自然科学论文一等奖 2 项、二等奖 7 项、三等奖 13 项；出版教材与专著 12 部。

2016 年，学院强化"请进来、搭平台、走出去"的科研建设措施，广泛开展学术交流与学术讲座，进一步扩大规模组织由学院青年骨干教师主讲的"学术讲坛"系列活动。发表学术论文 53 篇，其中被 SCI 收录 38 篇，EI 期刊收录 3 篇，核心期刊 8 篇；科研立项 8 项，其中国家自然科学基金 2 项，河南省自然科学基金 3 项，河南省高等学校重点项目 3 项，合同经费总额 100 万元；1 人入选河南省高校科技创新人才支持计划，1 人获河南省教育厅学术技术带头人称号；获河南省科技进步奖二等奖 1 项，教育厅科技成果奖一等奖 2 项，二等奖 1 项；出版教材与专著 7 部。

2017 年，学院组织了"青年博士学术讲坛"系列活动，协办了第 15 届全国集对分析暨联系数学学术研讨会。发表学术论文 71 篇，其中被 SCI 收录 47 篇，EI 期刊收录 8 篇，核心期刊 10 篇；科研立项 6 项，其中河南省科技攻关项目 1 项，河南省高等学校重点项目 5 项，合同经费总额 25 万元；荣获河南省青年科技奖 1 项，教育厅科技成果奖一等奖 2 项、二等奖 1 项，获省自然科学学术奖论文类一等奖 1 项、二等奖 4 项、三等奖 7 项，著作类二等奖 1 项；出版教材与专著 5 部。

2018 年，发表学术论文 51 篇，其中

被 SCI、EI、CSSCI 收录 32 篇，核心期刊 7 篇；科研立项 4 项，其中国家自然科学基金面上项目 1 项，河南省高等学校重点科研项目计划 2 项，河南省教育厅人文社会科学研究项目 1 项，合同经费总额 70 余万元；获教育厅科技成果奖一等奖 1 项，二等奖 3 项；出版教材与专著 3 部。

2019 年，学院主办了第二届分数阶微分方程的数值分析及其应用国际研讨会、复杂系统动力学学术研讨会及数论学术研讨会等 3 场学术会议。发表学术论文 45 篇，其中被 SCI、EI、SSCI 收录 36 篇，核心期刊 3 篇；科研立项 8 项，其中国家自然科学基金面上项目 2 项，青年基金 2 项，河南省高等学校重点科研项目计划基础研究专项 1 项，河南省高等学校重点科研项目计划 3 项，合同经费总额 209 万元；获河南省自然科学奖三等奖 2 项，教育厅科技成果奖一等奖 1 项，二等奖 3 项；出版教材与专著 3 部。

2020 年，学院成立了数论与代数、偏微分方程、数据科学与人工智能、科学与工程计算和组合优化与图论 5 个研究中心。承办了"河南省第十二届偏微分方程学术研讨会"，主办了"动力系统理论最新进展学术研讨会"等会议。"复杂系统建模和高性能计算"获批郑州市重点实验室。发表论文共计 52 篇，其中 SCI、EI、CSSCI 等检索 38 篇；科研项目立项 11 项，其中国家自然科学基金 4 项，河南省自然科学基金面上 4 项，河南省科技攻关项目 1 项，河南省高等学校重点科研项目计划基础研究专项 1 项，河南省高等学校重点科研项目 1 项，合同经费总额 210 万元；出版专著 4 部。

2011—2020 年学院主持的国家级科研项目情况见表 5，学院获得省部级奖励情况见表 6。

表 5　　　　2011—2020 年数学与统计学院主持的国家级科研项目一览表

年份	项目名称	项目类型	主持人	经费/万元	时间周期
2020	关于堆垒素数几个典型定量问题研究	面上项目	王天泽	51.0	2021 年 1 月至 2024 年 12 月
2020	广义非线性分式和问题的全局优化方法研究	面上项目	申培萍	51.0	2021 年 1 月至 2024 年 12 月
2020	Musielak - Orlicz - Sobolev 空间中非线性椭圆问题研究	青年基金	王贝贝	24.0	2021 年 1 月至 2023 年 12 月
2020	层次 T 网格上三变量样条空间的理论及其应用	青年基金	邓方	24.0	2021 年 1 月至 2023 年 12 月
2019	耦合多源信息灰建模的区域农业旱灾损失机理与灾情防控研究	面上项目	罗党	60.0	2020 年 1 月至 2023 年 12 月
2019	基于原始方程数学理论的海气耦合模式适定性研究	面上项目	连汝续	63.0	2020 年 1 月至 2023 年 12 月
2019	Maxwell 方程基于重构技术的自适应有限元	青年基金	王培珍	25.0	2020 年 1 月至 2022 年 12 月
2019	图的彩虹（顶点）连通的若干问题的研究	青年基金	李文静	22.0	2020 年 1 月至 2022 年 12 月

续表

年份	项目名称	项目类型	主持人	经费/万元	时间周期
2018	Chaplygin 气体方程组及其相关模型的研究	面上项目	王玉柱	50.0	2019 年 1 月至 2022 年 12 月
2016	希尔伯特空间中里斯对偶的谱刻画及其在图信号处理中的应用	青年基金	庄智涛	17.0	2017 年 1 月至 2019 年 12 月
2015	可压缩 Navier–Stokes 方程组及相关模型解的整体适定性研究	青年基金	黄 兰	21.4	2016 年 1 月至 2018 年 12 月
2014	几个堆垒素数问题定量研究	面上项目	王天泽	60.0	2015 年 1 月至 2018 年 12 月
2014	奇异临界椭圆方程解的存在性	天元基金	李园园	3.0	2015 年 1 月至 2015 年 12 月
2012	基于灰数信息的决策模型及其在黄河冰凌灾害风险中的应用研究	面上项目	罗 党	55.0	2013 年 1 月至 2016 年 12 月
2012	电磁流体力学方程组的适定性和渐近机制研究	联合基金	杨建伟	30.0	2013 年 1 月至 2015 年 12 月
2012	反应扩散过程的遍历性和收敛速率估计	青年基金	程慧慧	22.0	2013 年 1 月至 2015 年 12 月
2011	不确定性环境下的语言真值概念格及其决策应用研究	青年基金	杨 丽	20.0	2012 年 1 月至 2014 年 12 月
2011	粘性系数依赖密度可压缩 Navier–Stokes 方程研究	青年基金	连汝续	22.0	2012 年 1 月至 2014 年 12 月
2011	Riemann 面上的双曲几何流	青年基金	王玉柱	20.0	2012 年 1 月至 2014 年 12 月
2011	小区间上的华林-哥德巴赫问题	天元基金	赵 峰	3.0	2012 年 1 月至 2012 年 12 月
2011	可压缩 Navier–Stokes 方程组解的整体适定性	天元基金	黄 兰	3.0	2012 年 1 月至 2012 年 12 月

表 6　　　　　　　　　　2011—2020 年省部级奖励情况一览表

年份	奖励名称	成果名称	获奖人	获奖等级	单位排名
2020	浙江省自然科学奖	拟线性双曲方程组经典解的整体存在性及奇性形成	王玉柱	二等奖	第三名
2019	河南省自然科学奖	物理学中的偏微分方程的数学分析及其应用	王玉柱	三等奖	第一名
2019	河南省自然科学奖	自守 L-函数与广义相对论	赵 峰	三等奖	第二名
2018	河南省科技进步奖	河南省高校协同创新平台管理模式	罗 党	三等奖	第一名
2016	河南省科技进步奖	流体动力学模型的数学理论及其应用	王玉柱	二等奖	第一名
2016	江苏省科技进步奖	灰色系统新模型与方法	罗 党	一等奖	第二名

续表

年份	奖 励 名 称	成 果 名 称	获奖人	获奖等级	单位排名
2015	上海市科技进步奖	非线性发展方程整体适定性和吸引子的研究	黄 兰	二等奖	第二名
2014	河南省科技进步奖	格值逻辑推理与知识推理随机化	左卫兵	三等奖	第一名
2014	河南省科技进步奖	一些重要堆垒素数问题定量研究及应用	王天泽	二等奖	第一名
2013	河南省科技进步奖	非线性发展方程几何分析及应用	刘法贵	三等奖	第一名
2013	河南省社会科学优秀成果奖	灰色决策理论与方法	罗 党	二等奖	第一名
2012	河南省社会科学优秀成果奖	企业产权交易定价研究	曹玉贵	二等奖	第一名
2012	教育部自然科学奖	某些重要堆垒素数问题定量研究	王天泽	二等奖	第一名

八、研究生教育

组织参加全国研究生数学建模竞赛活动，8个队获国家三等奖。

2020年数学博士点申报工作和应用统计专业硕士学位授权点的申报工作，获得河南省推荐。

2011—2020年学院研究生招生培养情况见表7。

表7 2011—2020年数学与统计学院研究生招生培养情况

年份	招生人数	获得学位人数
2011	10	7
2012	12	6
2013	11	8
2014	15	10
2015	12	12
2016	11	11
2017	13	15
2018	15	12
2019	20	11
2020	数学17，电子信息7	13

九、学生管理

学院按照学校有关学生管理工作要求，积极开展有利于学生健康成长的各项活动。荣获"大学生暑期社会实践优秀组织单位""五四红旗团委""数学建模竞赛优秀组织单位""校园安全知识竞赛金质奖杯""诚信校园行知识竞赛优秀奖"等荣誉称号。学院已有16届毕业生，毕业总人数2665人。

学院以安全稳定为基础，全员、全程、全方位抓牢学生管理工作，立足大学生不同需求，对学生进行入学教育、专业认知、心理辅导、资助帮扶等系统化、个性化、精准化的帮扶，为学生成长成才保驾护航。

学院将学生创新创业就业工作作为各项工作的突破口，认真对待，深入研究。引导学生做好职业生涯规划，积极主动寻找机会，合理把握创业契机。加强对毕业生择业观、就业观、应聘技巧指导，邀请往届毕业生交流就业经验；多方联系用人单位，积极开拓就业市场，拓展就业渠道；引导毕业生参加硕士研究生入学考试，并为他们创造良好的学习条件；积极发动并组织应届毕业生参加全国各地的招考活动。

学院打造主题鲜明的特色教育活动，营造积极进步的学院文化氛围，推出特色活动——"数"立榜样，结合数学文化，建立"数"立榜样之互帮互助学习活动、学霸宿舍、辅导员专访、学生干部以及团支部榜样、师生面对面等多个特色版块。成立"数先锋"党员服务队，在学生党支部中开展了"数先锋、勇担当"主题党日活动，通过"榜样就在身边"活动在学生中传递正能量。

学院领导班子成员见表8。

表8 　　　　　　　数学与统计学院领导班子成员一览表

姓名	任职时间	职务	姓名	任职时间	职务
王志良	2006 年 2 月至 2015 年 4 月	副院长	左卫兵	2012 年 4 月至今	副院长
温随群	2008 年 6 月至 2012 年 4 月	党总支书记	尹彦礼	2015 年 4 月至 2016 年 7 月	党委书记
罗党	2009 年 4 月至 2018 年 7 月	院长	许磊	2015 年 4 月至 2018 年 9 月	副书记
张清年	2009 年 4 月至 2012 年 4 月	副院长	张愿章	2015 年 4 月至今	副院长
祁萌	2009 年 4 月至 2012 年 4 月	党总支副书记	曹玉贵	2016 年 7 月至 2018 年 7 月	党委书记
田卫宾	2012 年 4 月至 2015 年 4 月	党委书记	曹玉贵	2018 年 7 月至今	院长
韩玉洁	2012 年 4 月至 2015 年 4 月	党委副书记	毋红军	2018 年 7 月至今	党委书记
毋红军	2012 年 4 月至 2018 年 7 月	副院长	尹俊丽	2018 年 10 月至今	党委副书记

（曹玉贵、毋红军执笔）

建 筑 学 院

一、学院概况

建筑学院以习近平新时代中国特色社会主义思想为指导，以立德树人为根本，以区域经济社会发展为导向，立足中原，面向全国，注重中原建筑文化传承和滨水环境设计规划，培养城乡建设领域高素质应用型人才，开展人居环境科学研究，服务美好宜居环境和生态文明城市发展，建设省内外有重要影响、特色突出、学科完善的建筑院系。

学院有建筑学、城乡规划、风景园林3个五年制本科专业和建筑学专业学术型一级硕士授权点、农艺与种业领域专业型硕士授权点。2020年在校本科生748人、研究生85人，教职工72人。

二、学院发展与专业建设

建筑学院有建筑学专业（1995年开设，1997年改为五年制）、城市规划专业（2001年开设）、艺术设计专业景观设计方向（2003年开设）、艺术设计视觉传达设计方向（2007年开设）、公共艺术（2012年开设）、环境设计（2012年开设）、风景园林（2016年开设，五年制）等本科专业。城市规划专业2013年改为五年制城乡规划专业。2015年环境设计、视觉传达和公共艺术3个本科专业从建筑学院划出组建艺术与设计学院。

学院2010年开始招收结构工程（建筑学方向）研究生，2016年开始招收农艺与种业领域研究生，2018年开始招收建筑学学术型研究生。

2020年，建筑学院有建筑学、城乡规划（含城市设计方向）、风景园林3个五年制本科专业和两个硕士授权点。

建筑学院历任领导见表1。

表1　建筑学院历任领导一览表

姓名	任职时间	职务
张新中	2006年4月至2015年3月	院长
李 虎	2015年3月至今	院长
张少伟	2006年4月至2016年7月	副院长
方林牧	2016年7月至今	副院长
马 勇	2006年4月至2015年9月	副院长
李红光	2015年8月至今	副院长
张占庞	2006年4月至2018年7月	党委书记
李明霞	2018年7月至今	党委书记
李明霞	2008年6月至2010年3月	党委副书记
胡 昊	2010年5月至2012年4月	党委副书记
李胜机	2012年4月至2013年6月	党委副书记
康长春	2013年6月至2015年4月	党委副书记
雷 鸣	2015年4月至2018年9月	党委副书记
朱齐亮	2018年11月至今	党委副书记

2011—2015年，学院结合水利院校的学科特点和行业背景，推进教学改革，在

滨水景观规划、中原地域建筑文化和建筑节能技术等方面开始形成专业特色。2012年，建筑学院从花园校区搬迁至龙子湖校区。同年，根据教育部艺术设计专业设置规定，调整建筑学院专业学科设置，申报环境设计、视觉传达、公共艺术三个专业方向；建筑学专业获评为校级特色专业；与资源与环境学院联合申报林学学科生态园林与景观设计方向，取得了该专业硕士研究生的招收资格。2013年，城市规划专业由四年制改为五年制城乡规划专业，同年，建筑学专业申报并获批河南省高校专业综合改革试点。2015年组建风景园林教研室，开设工学背景的风景园林本科专业，健全人居环境学科群的建筑学、城乡规划、风景园林三个一级学科，为后续的发展奠定基础。积极参与国际合作办学工作，开设中俄合作办学建筑学专业。

2016—2020年，学院发展着力固本培元，寻求重点突破。立足本科教学，围绕进一步提升学生培养质量，加大学科建设力度，大力开展科学研究，拓宽国际合作办学渠道的工作思路，深化专业教育教学改革，注重多学科交叉融合。学院党委持续开展党支部标准化、规范化、特色化建设，开展"三严三实"专题教育、"两学一做"学习教育、"不忘初心、牢记使命"主题教育，2020年，获评"河南省高等学校先进基层党组织"、学校"标杆院系"和"样板党支部"。学院以评促建，推动专业内涵建设，2017年，建筑学专业顺利通过教育评估；生源质量明显提升，开始按照建筑大类一本招生；同年获得建筑学校级扶新学科支持，新增建筑学专业学术型硕士研究生一级授权点。2018年，组织暑期教学研讨会，在国家专业办学标准基础上进一步优化各专业培养计划，课程设

置体现华水建筑自身专业特色，进行人居环境学科群跨专业联合设计教学实践。2019年，建筑学专业入选河南省一流本科专业建设点。2020年，申请增列城乡规划学一级学科硕士授权点，城市规划、风景园林专业硕士授权点，健全人居环境科学学科群，统筹"十四五"学科发展，促进学科融合渗透，为学科保持优势和增加活力提供可持续性动力。

三、组织架构及师资队伍建设

学院设有建筑系、城乡规划教研室、城市设计教研室、风景园林教研室4个教学机构和建筑艺术实验中心，设有国家水利风景区发展研究中心、华水建筑创作室、可持续建筑研究所、人居环境心理学与古代堪舆文化研究中心等4个科研机构，设有学术委员会、学位分委员会、教学指导委员会3个学术组织。

学院设有党政办公室、教学办公室、学生工作办公室、学科与研究生管理办公室、科研办公室、创新创业就业服务中心、团委等机构。学院党委下设3个教工党支部、4个学生党支部。

2011年5月，有教职工60人，其中正高级职称1人，副高级职称5人，硕士生导师6人，有4人在职攻读博士学位，2人攻读硕士学位。

截至2020年年底，学院有教职工72人，兼职教师9人，其中博士22人，在读博士11人（其中3人在国外攻读博士学位），教授5人（含退休2人），副教授19人，博士生导师1人，硕士生导师19人，外聘硕士生导师39人，学院共派出13名教师国内国外访学，16名教师参加工程实践锻炼，2名教师博士后交流，1名教师获教学名师培育项目资助，详见表2～表5。

表2　　教师职称结构表

职　　称	人数	占比/%
教授（含教授级高级工程师）	5	6.2
副教授（含高级工程师）	19	23.4
讲师（含工程师）	39	48.2
助教及助教以下	18	22.2

表3　　教师学历结构表

学　　历	人数	占比/%
博士	22	27.1
硕士	51	62.9
学士	8	10.0

表4　　教师年龄结构表

年　　龄	人数	占比/%
35岁以下	27	33.3
36~50岁	48	59.3
50岁以上	6	7.4

表5　　教研室（系）教师分布

教研室（系）	人数	占比/%
建筑系	33	45.83
城乡规划	14	19.45
城市设计	10	13.89
风景园林	15	20.83

四、教学工作、教研工作和教材建设

学院严格执行学校教学管理有关规定，满足专业教育教学标准、凝练专业教育教学特色，提升本科教育教学水平。动态修订人才培养方案，构建以设计课为主线的课程体系，实践环节学时、学分比重增加25%以上，打通建筑学、城市规划、城市规划（城市设计方向）、风景园林三个专业、四个方向的专业基础课程，逐步形成融入中原建筑文化传承与滨水环境设计规划特色的人才培养体系。注重师资培养，鼓励教师学位进修、国内外学术交流、社会实践锻炼，青年教师培养实行课程组教师师徒制，定期召开授课讨论会，名师示范教学，鼓励参加教学技能竞赛，获得省级3人次奖励，逐步提升教学胜任力。规范教学管理，出台一系列教学管理文件。

注重教育教学研究与改革，鼓励教师进行教学手段、教学方法改革创新，致力于提高教改项目的研究水平和实际应用价值。2016年开始探索实践现代信息技术与教育教学的深度融合，大力推动互联网、大数据、虚拟现实等现代技术在教学中的应用。自主研发针对设计类课程作业留存、教师批改、学生作业等问题的"数字化管理平台"，用于学生作业的在线管理，全息保存每一位学生设计学习过程。教学中选用教学指导委员会推荐教材、行业经典教材，鼓励教师自编教材。学院教育教学改革代表性项目见表6。

表6　　　　　　　建筑学院近年教育教学改革代表性项目一览表

时间	项目名称	项目类型	项目组织单位
2013年7月	河南省高等学校"综合改革试点"	2013年度河南省高等学校"专业综合改革试点"	河南省教育厅
2014年10月	节能减排政策导向下建筑学专业人才培养模式更新研究	河南省高等教育教学成果奖二等奖（豫教〔2013〕16804号）	河南省教育厅
2016年10月	融贯生态-建构理论低年级建筑设计课程教学模式创新研究与实践	河南省高等教育教学成果奖一等奖（豫教〔2016〕2403号）	河南省教育厅
2018年9月	设计课程空间体验式教学在线开放实验项目	河南省示范性虚拟仿真实验教学项目	河南省教育厅

时 间	项 目 名 称	项 目 类 型	项目组织单位
2018 年 12 月	基于虚拟现实空间体验的设计课程教学改革中原实践基地	教育部教育司 2018 年第二批产学研协同育人项目	教育部教育司
2018 年 12 月	基于 MARS 平台虚拟空间体验的"住区规划设计"课程教学改革研究	教育部教育司 2018 年第二批产学研协同育人项目	教育部教育司
2019 年 9 月	VR 虚拟现实技术促进建筑类专业课堂教学模式改革	河南省信息技术教育优秀成果一等奖	河南省教育厅
2019 年 12 月	新工科背景下城乡规划专业人才培养体系改革研究	教育部教育司 2019 年第一批产学研协同育人项目	教育部教育司
2020 年 1 月	建筑类专业教育教学研究与实践——跨专业跨学科课程体系与教学内容整合优化	2019 年河南省高等教育教学改革研究与实践重点项目（教高〔2020〕27号）	河南省教育厅
2020 年 1 月	面向教育现代化的河南省本科高校教材建设模式创新研究与实践	2019 年河南省高等教育教学改革研究与实践重大项目（教高〔2020〕27号）	河南省教育厅
2020 年 5 月	建筑设计 6（上）	河南省一流本科课程线下课程（教高〔2020〕193号）	河南省教育厅

2020 年疫情防控期间，学院开设在线课程 54 门，获得"河南省本科线上教学优秀课程"一等奖 1 项；积极推进课程思政，立项学校课程思政示范课 4 门。

五、研究生教育

围绕"服务社会、服务城乡发展、服务工程建设和研究"培养目标开展研究生教育。2005—2016 年，在学校结构工程（建筑学方向）、建筑与土木工程（建筑设计与城乡规划）、土木建造与管理、农业硕士园艺领域、艺术设计等硕士点开展学术型、专业型硕士培养工作。2017 年新增建筑学专业硕士一级学科授权点，招收建筑学（建筑设计及其理论、建筑技术科学、建筑历史与理论、生态城市规划与设计方向）学术型硕士研究生，农艺与种业（园林与景观、观赏园艺方向）专业硕士研究生。

2017 年成立研究生党支部，2019 年开设年度"华水建筑"研究生论坛，2020年选举产生研究生学生会。

六、科研工作与学科发展

学院不断加大科研支持力度，创新管理机制，优化资源配置，激发教师活力，着力学科方向凝练；组建了河南省生态文明城市理论与实践科技创新团队，逐渐形成中原地域特色建筑研究方向，完成相关纵向课题 10 项，发表相关论文 30余篇；注重融合学校水利学科优势，成立华水国家水利风景区研究中心，完成水利部纵向课题 4 项；在服务美好宜居生活方面向城乡高质量融合发展领域拓展，完成相关纵向课题 12 项，发表论文 40 余篇，编制郑州市美丽乡村建设导则 1 项。同时积极推进科研服务社会，进驻新县、商城、兰考、鹿邑等地，完成横向课题20 余项，获得社会广泛认可。逐步形成由建筑学培育学科向人居环境学科群多学科综合发展的思路。学院代表性科研成果见表 7。

表7　　　　　　　　　　　建筑学院代表性科研成果一览表

序号	成 果 名 称	主持人	年份	成 果 类 型
1	豫西地坑院营造技艺研究	李红光	2008	中国非物质遗产保护中心
2	利用农业秸秆废弃物研制保温（多孔）烧结砖的研究	卢玫珺	2013	河南省科技攻关
3	基于三维离散点的地形自适应 LOD 研究	张俊峰	2014	国土资源部地学空间信息技术重点实验室
4	秸秆在农村住宅屋顶保温层中的应用研究	李　虎	2015	河南省科技攻关
5	河南省生态文明城市理论及应用创新型科技团队	李　虎	2016	省级团队
6	膜结构建筑形态构成理论及应用	李　虎	2016	河南省科技进步二等奖
7	复杂荷载作用下海洋风电基础防腐蚀结构设计机制研究	吕亚军	2017	国家自然科学基金
8	大规模地形自适应多分辨率显示关键技术及应用	张俊峰	2017	河南省科技进步三等奖
9	河南省乡土建筑景观因子传承研究	高长征	2017	河南省社科规划
10	水利风景区管理制度研究	李　虎	2018	水利部纵向课题
11	水利风景区建设规范	李　虎	2019	水利部纵向课题
12	城市化背景下农业景观中生态系统服务间关系的响应研究——以郑汴一体化核心区域为例	范钦栋	2019	河南省科技攻关
13	《2020年中国水利风景区年度发展报告》编制	李　虎	2020	水利部纵向课题

七、实验中心建设

2011年实验中心迁至龙子湖校区，实验场地745平方米，结合实践教学要求，设立计算机基础实验室、木工实验室、模型实验室、摄影实验室、建筑物理实验室、陶艺实验室和丝网印刷实验室等，逐步采购了日照仪、压刨机、剪切机等78套设备，共计38万元，可满足正常实验教学需要。2015年陶艺实验室、丝网印刷实验室等划归艺术与设计学院管理。

2016年实验中心以服务建筑学专业教育评估为抓手，对照评估条件补短板，进入快速发展阶段。推进制度建设，提升内外环境，改造构造展示室，组织完成建筑

隔声测试系统、室外气候环境测试系统、激光雕刻机等275套实验室设备采购，共计204万元。实验中心可满足学院各专业各年级的教学实践需要，年均实验教学工作量280学时；支持学生利用实验室参与各类竞赛并取得较好成绩。

2018年实验中心配合设计类课程虚拟现实教学设立虚拟仿真实验室，采购VR服务器及配套穿戴设备、无人机、Mars和IdeaVR虚拟现实软件等168套软、硬件设备，共计154万元，与企业合作开发建筑设计虚拟仿真实验项目，建设河南省示范性虚拟仿真实验教学项目。鼓励学生成立兴趣小组，成立建筑物理、航拍航测、木

工制作、虚拟现实、模型建构等创新创业小组，利用实验设备开展社团和竞赛活动。实验中心有各类实验设备 116 种，总价值 400.91 万元，承担学院全部实验课程，并承担土木交通学院、乌拉尔学院部分基础实验课程，年服务学生 550 余人，年均实验教学工作量 256 学时。此外，实验中心积极运用"互联网＋"理念，建设智慧党建平台，实现党史馆虚拟参观、革命事件沉浸式体验等功能。

八、招生就业、学生管理及校友会工作

截至 2020 年，学院在校本科生 748 人。2017 年实行建筑大类招生，并逐步在全国大部分省（直辖市、自治区）实现一本招生。

2019 年起，学院推行精细化管理制度，实行"网格化、动态化、精细化、全程化"的管理模式。为学生建立档案，提供精准的服务与指导。2020 年，学院实行劳动时长登记制度，在学生中弘扬劳动精神，教育引导学生崇尚劳动、尊重劳动。

学院鼓励专业教师指导培育孵化创新创业项目，学生积极参与各级各类创新创业比赛并取得优异成绩。

毕业生就业率一直保持在 90％ 以上，位列全校就业率前列，其中 2013 届、2014 届、2020 届毕业生就业率均为全校就业率第一。多名校友创办的企业已经成为行业知名企业。

学院重视校友交流与合作，积极做好校友服务工作，凝聚校友力量。2020 年 9 月，建筑学院校友分会正式成立，选举校友会组织机构。开设校友讲坛为在校生答疑解惑、启迪人生；通过设立校友奖学金、共建实习基地、加强校企合作等方式，为母校发展献计献策、贡献力量；"赵阳·筑梦"基金和"洲宇设计"基金先后启用，截至 2020 年共有 139 名学生获得资助。

（李虎、李明霞执笔）

信 息 工 程 学 院

一、学院概况

2018 年 7 月，根据学科专业建设需要，学校对部分院系进行资源整合，将信息工程学院部分专业与软件学院合并为新的信息工程学院。2020 年 12 月，学院被确立为河南省首批特色化示范性软件学院建设单位。2021 年，计算机科学与技术专业被评为国家一流专业。截至 2021 年 3 月，学院累计培养本、专科毕业生 5000 余人，硕士研究生 500 余人，为我国 IT 行业和水利水电行业输送了大批高级技术人才。

学院设有计算机科学与技术系、人工智能系、软件工程系、计算机基础教研室、实验实训中心和计算中心等教学单位。设有计算机科学与技术、网络工程、软件工程和人工智能 4 个本科专业。拥有计算机科学与技术、软件工程 2 个省一级重点学科，计算机科学与技术、软件工程 2 个硕士一级学位授权点，电子信息和农业工程与信息技术 2 个专业硕士授权点。

学院建有"河南省水利大数据工程实验中心""供水管网智能化管理河南省工程实验室""河南省水资源智慧监管工程技术研究中心""河南省公共安全视频大数据工程研究中心"4 个省级工程实验室，拥有"郑州市文物保护信息技术""虚拟现实新技术"和"郑州市软件测试实验室"3 个市级重点实验室。各类科研、教学实验设备总值达 2000 余万元，在校研究生 150 余人、本科生 1600 余人。近三年引进优秀博士 15 人，选派 11 名优秀青年骨干教师出外攻读博士学位。近五年公开发表学术论文 300 余篇，出版专著教材 20 余部；主持国家自然科学基金 8 项，省部级科研项目 30 余项，累计科研经费 1500 余万元，获得省部级以上科研奖励 18 项，多项科研成果在社会上获得推广应用，为区域经济社会发展作出了积极贡献。

二、学院领导班子及师资队伍建设

学院历任领导班子成员情况见表 1。

表 1　信息工程学院历任领导班子成员一览表

姓名	职务	任职时间
马万明	党委书记	2010 年 6 月至今
陆桂明	院长	2009 年 6 月至 2018 年 7 月
吴慧欣	院长	2018 年 7 月至今
李　伟	党委副书记	2009 年 6 月至 2012 年 6 月
吴慧欣	党委副书记	2012 年 6 月至 2015 年 6 月
楚清河	党委副书记	2015 年 6 月至 2017 年 1 月
司保江	党委副书记	2017 年 1 月至今
向明森	副院长	2004 年 3 月至今
庄晋林	副院长	2004 年 12 月至 2018 年 12 月
李秀丽	副院长	2012 年 6 月至 2015 年 6 月
李秀芹	副院长	2018 年 8 月至今
吴文红	副院长	2018 年 8 月至今

学院重视师资队伍建设，坚持引进与培养相结合，聚焦新工科，对标双一流，建立健全人才队伍评价激励机制。加大优秀人才引进力度，稳定专职教师队伍；加强产学研合作，聘请企业技术骨干兼职教师；鼓励教师外出培训、进修、访学、攻读博士学位，提升学术水平和教学能力。师资队伍建设成效明显，职称结构、学历结构、年龄结构、学缘结构等日趋合理。

学院有一支团结一心、朝气蓬勃、开拓进取的师资队伍，共有教职工 86 人，高级职称以上 35 人，博士 29 人，其中 8 人有海外留学背景。教师队伍中，河南省五一劳动奖章获得者 2 人，河南省大学生就业创业指导名师 1 人，河南省高校科技创新人才 3 人，河南省高等学校青年骨干教师 5 人，河南省教学标兵 2 人。

三、基层教学组织建设

（一）计算机科学与技术系

计算机科学与技术系拥有教师 14 人。2019 年，计算机科学与技术专业通过工程教育专业认证；2021 年，计算机科学与技术专业获批国家一流专业建设点。本专业培养适应经济建设与社会发展，具有良好的人文社会素质与职业道德，具备扎实的计算机基础理论和基本知识，能够从事计算机系统开发、应用及维护等方面工作的高素质应用型人才。

（二）软件工程系

软件工程系拥有教师 22 人，超过 85％的教师为"双师型"教师或具有 6 个月以上工程实践经验。2012 年 9 月，软件工程专业招收第一届本科生；2019 年 10 月，软件工程系被河南省教育厅确定为河南省高等学校优秀基层教学组织立项建设单位。

（三）人工智能系

为适应人工智能人才需求，2020 年 5 月，网络工程系更名为人工智能系。人工智能系拥有教师 14 人，承担网络工程专业、人工智能专业的人才培养任务。人工智能专业培养适应经济发展与社会发展，具有良好的人文社会素质与职业道德，掌握扎实的人工智能领域的基础理论、知识及技能，能够胜任人工智能应用系统分析、设计、开发等方面工作的高素质应用型人才。

（四）计算机基础教研室

计算机基础教研室拥有教师 7 人，主要承担全校非计算机专业计算机基础教育教学工作，课程包含"计算机与信息技术""C 语言程序设计""VB 语言程序设计""JAVA 语言程序设计""计算机网络""数据库技术"等 6 门。教研室组织编写的《C 语言程序设计（含习题与实验指导）》获批普通高等教育"十二五"规划教材、河南省"十二五"规划教材、河南省"十四五"规划教材、河南省优秀教材。

（五）实验中心

实验中心拥有教职工 7 人，设备 2600 多台套，价值近 2000 万元，占地面积 1600 平方米。拥有网络工程基础实验室、接口与组成原理实验室、人工智能实验室、高性能综合实验室等，是学院教学、科研和大学生创新创业项目的重要支撑平台。

（六）计算中心

计算中心拥有教职工 7 人，占地面积 1200 平方米，为全校计算机实践教学提供服务，承担着全校各专业的计算机实践教学安排、组织、管理及计算机设备的运行、维护等任务。

（七）实训中心

实训中心是信息工程学院的公共基础实验室，拥有教职工 4 人，承担学校各专业的实验基础教学工作以及毕业设计、课程设计等教学任务。

四、教学及专业建设

学院围绕"新工科"建设，全面落实"学生中心、产出导向、持续改进"的工程教育理念，科学构建专业课程体系，实施全方位教育教学改革。推进校企合作、科教融合，构建多元、开放的实践教学基地和实验环境。进一步完善创新人才培养模式，加强专业内涵建设，深化创新创业教育改革，推进网络信息技术与教育教学深度融合，狠抓教风与学风建设，提高教学运行和质量保障体系的有效度，促进本科教学工作全面提升。

2011—2020年，新增软件工程、网络工程、人工智能、人工智能（中高计划）等4个专业；计算机科学与技术专业获批河南省计算机综合改革专业试点专业、国家级一流专业，并通过工程教育专业认证；3门课程获批河南省精品在线开放课程；3门课程获批河南省一流课程，3门课程获得河南省本科教育线上教学优秀课程奖；软件工程系获得河南省高等学校优秀基层教学组织；出版国家规划教材2部、河南省规划教材1部。

五、科研工作和学科建设

（一）科研平台

信息工程学院拥有4个省级实验室、3个市级实验室和校企联合实验室及研发中心。

河南省水资源智慧监管工程技术研究中心主要从事现代信息技术，尤其是空间遥感和物联网、区块链、大数据和人工智能、移动增强现实等新一代信息技术在水资源监管中的应用研究。围绕基于空间遥感和物联网的水信息智能感知、基于区块链技术的水信息监管、基于大数据和人工智能的监测数据分析及风险评价、基于增强现实的水风险展现及应急预案制定4个

方向进行技术研究、应用开发、成果转化和推广应用，并与水利行业知名企事业单位组建产学研联合体。

水利大数据分析与应用河南省工程实验室立足于水利行业整体信息化发展，着重进行水利信息化的系统顶层架构和核心应用系统研究，研发水利大数据分析平台、智慧河长制平台、水利大数据采集等，重点探讨水利大数据理论研究及应用实践，并围绕大数据平台的实际操作展开研究，通过建设水利大数据开放式共享平台，打造"水利大脑"，真正实现"智慧水利"，为国家的智慧水利战略实施提供决策参考。

供水管网智能化管理河南省工程实验室由学院与新天科技股份有限公司共同组建，主要围绕城市水务管理关键问题，针对城市取水、供水、用水、排水等智能化发展重大需求，开展城市供水云平台、供水管网智慧服务平台以及智慧水务的移动应用研究，旨在加快智慧水务科技成果转化，满足城市水务管理中对高新技术和产品的需求。

信息技术创新工程研究中心基于PKS体系打造的自主安全联合实验室、信息技术创新工程研究中心由中国长城科技集团股份有限公司提供技术支持，河南顺博智能公司提供设备及运营管理。自主安全联合实验室、信息技术创新工程研究中心基于中国长城科技集团股份有限公司的信创技术平台，在"国产软件适配、特色软件人才培养、国产操作系统培训、优势领域研发、应用项目落地"等方面进行广泛的深度合作。通过深化应用基础研究、产品开发、技术转化、学术交流与人才培养等合作，打造基于自主安全的科学研究、人才培养、产业生态、应用孵化基地。

华水中盟大数据研究中心由学院与河

南中盟电子科技股份有限公司共同组建，在校园安全大数据分析、智能推荐、VR/AR等领域展开技术合作。研究中心围绕科研攻关和平台合作、学术交流及成果转化、人才培养等3个方面，重点在大数据分析、场景行为AI分析、智能推荐等企业关注的核心技术领域展开科研攻关。

（二）学科建设与硕士点

学院拥有计算机科学与技术、软件工程等2个河南省一级学科，拥有计算机科学与技术、软件工程2个学术硕士学位授权点，电子信息与农业信息化2个专业硕士学位授权点。

计算机科学与技术学科建设以科教相长、科教服务地方经济和水利行业为理念，以建设"水利信息化和智慧化"为研究特色的国内知名、省内一流学科为目标。针对地方经济和行业需求，形成了智能信息处理、虚拟现实技术、大数据技术及其应用、物联网技术及其应用4个学科方向，在省内具有较高的学术和社会影响力。

软件工程学科建设坚持以产学研有机结合为出发点，以特色骨干型大学高校资源为依托，加强内涵建设，积极服务于我省经济社会发展的各个方面。拥有软件工程技术、软件服务与领域软件工程、图形图像处理与虚拟现实等3个学科方向。

（三）科学研究及服务社会

2011—2020年，学院整体科研规模快速增长，各类项目经费约2000万元。国家自然科学基金项目立项7项，国家重点、重大项目立项1项，国家科技支撑项目1项，国家重点研发计划项目1项；承担省部级科研项目近40项；承担厅级及其他项目近90项；获得省部级奖励40余项，其他科研奖励60余项，其中，河南省科技进步奖10项，河南省发展研究奖1项，中国水力发电科学技术奖1项；知识产权授权80余项，其中国家发明专利35项，软件著作权及实用新型专利50余项。共发表SCI、EI等高水平学术论文270余篇，核心期刊论文70余篇，出版教材、学术著作近70部。

学校与企业在多领域、多方向开展合作共建。与阿里云计算有限公司、慧科教育科技集团战略合作共建省级示范性软件学院，与黄河科技集团创新有限公司、华为技术有限公司合作共建了鲲鹏产业学院，与中国长城科技集团股份有限公司、河南顺博智能公司合作共建了自主安全联合实验室和信息技术创新工程研究中心，与河南中盟电子科技股份有限公司合作共建了华水中盟大数据研究中心。学院以科研项目为抓手，以合作共建为平台，整合教授、博士、研究生研发力量，初步形成特色科研团队，服务社会能力得到显著提升。

学院主要科研情况见表2。

表2　　　　　信息工程学院主要科研情况一览表

成 果 名 称	获得奖项	获奖人	级别	年份
南水北调受水区饮用水安全保障技术研究与综合示范	国家科技支撑子项目	吴文红	国家级	2012
基于双光瞳光学系统的图像加密及安全认证技术研究	国家自然科学基金项目	袁胜	国家级	2013
"面向南水北调工程安全的传感器网络技术研发"	国家重点、重大项目	刘雪梅	国家级	2014
基于体矿化模型构模及可视化并行算法研究	国家自然科学基金项目	马斌	国家级	2014

成 果 名 称	获得奖项	获奖人	级别	年份
基于序列挖掘与智能计算的地下水突发性污染源发现与反演	国家自然科学基金项目	刘 扬	国家级	2015
基于多任务卷积神经的自然场景图像中汉字的端对端识别	国家自然科学基金项目	姜 维	国家级	2016
黄土高原区降雨径流挖潜与高效利用研究示范	国家重点研发项目	刘雪梅	国家级	2017
面向工业应用的移动 RFID 系统中电子标签识别及联合优化	国家自然科学基金项目	闫新庆	国家级	2017
河流水下高精度微形貌自适应视觉测量机理与模型研究	国家自然科学基金项目	许 丽	国家级	2017
基于随机森林和深度学习耦合模型的义标注关键技术研究	国家自然科学基金项目	王青正	国家级	2018
黄河含沙量在线检测系统	河南省科技进步奖二等奖	刘雪梅	省部级	2012
河南省网络游戏产业发展现状及发展战略研究	河南省发展研究奖二等奖	刘建华	省部级	2012
新一代网络高性能路由器交换技术研究	河南省科技进步奖三等奖	李秀芹	省部级	2012
基于结构光的逆向工程重构技术	河南省科技进步奖二等奖	许 丽	省部级	2013
分布式 RFID 数据处理机制、框架及其应用	河南省科技进步奖三等奖	闫新庆	省部级	2013
光学图像加密及安全认证系统	河南省科技进步奖二等奖	袁 胜	省部级	2014
地下水的自动监测、分析评价及开发利用	河南省科技进步奖三等奖	闫新庆	省部级	2016
黄河"揭河底"冲刷机理及防治研究	水力发电科学技术奖一等奖	刘雪梅	省部级	2016
基于数据融合的高悬浮含沙量在线检测系统	河南省科技进步奖三等奖	刘明堂	省部级	2017
虚拟手术关键技术	河南省科技进步奖二等奖	刘雪梅	省部级	2018
光学参量效应高功率太赫兹辐射源及其应用	河南省科技进步奖二等奖	袁 胜	省部级	2018
基于物联网和智能计算的输水渠道信息监测及预警关键技术	河南省科技进步奖二等奖	刘雪梅	省部级	2020
供水管网智能化管理河南省工程实验室	河南省工程实验室	刘建华		2016
河南省公共安全视频大数据工程研究中心	河南省工程研究中心	刘建华		2017
水利大数据分析与应用河南省工程实验室	河南省工程实验室	刘文锴		2017
河南省水资源智慧监管工程技术研究中心	河南省工程技术研究中心	刘雪梅		2019

六、创新创业就业工作

学院坚持立德树人，提高政治站位，不断增强创新创业及就业工作的使命感，以学生为中心，以就业为导向，深化创新创业教育，形成了以创新创业带动就业、就业指导推动就业、校企合作促进就业的良好局面，学生平均就业率在 92% 以上。

（一）整合资源，共谋"双创"育人

学院高度重视大学生创新创业教育，将创新创业工作纳入学院整体发展规划，将创新精神、创业意识和创新创业能力作为评价人才培养质量的重要指标。学院把教务、学工、科研、实验室等资源整合，面向全体学生开展创新创业教育，促进全

体教师参与创新创业工作。学院在职称评审、工作量计算及奖励等方面予以政策倾斜，形成教师参与创新创业教育的激励机制。通过加强创新创业教育、技能实训和成果孵化，建立了融专业实践教学、实验教学、工程训练、社会实践、创业训练、创业指导为一体的，全方位链条式创新创业教育体系，有效增强了学生的创业意识、创新精神和创造能力。

（二）以赛促学，提升就业素质

学院积极承办省级多项赛事，包括"2019中国大学生计算机设计大赛河南省级赛""第十一届蓝桥杯全国软件和信息技术专业人才大赛"华北水利水电大学河南省赛和国赛赛点、"天梯赛"华北水利水电大学赛点等。学院承办"ACM软件程序设计大赛""信息技术大赛"等多项年度校级比赛，坚持组织"ACM新生选拔赛""蓝桥杯模拟赛""天梯赛模拟赛"等多项院级赛事。组织学生参加"互联网＋"大学生创新创业大赛"挑战杯"ACM国际大学生程序设计竞赛"中国大学生计算机设计大赛""中国高校计算机大赛——网络技术挑战赛""蓝桥杯软件设计大赛""中国高校计算机大赛——团体程序设计天梯赛""CCPC大学生程序设计竞赛"等一系列国家级、省级赛事。通过承办比赛、组织参赛，促进了学生逻辑思维能力的发展，培养了学生独立思维意识和创新思维能力。2015—2020年，学院获得国家级奖项76项，省级奖项311项，国家级大学生创新创业训练计划项目8项，省级大学生创新创业训练计划项目14项。

（三）校企合作，协同育人

学院积极探索基于科学研究、人才培养、产业生态、应用孵化、实习实训、创新实践的校企合作新路径，推动校企协同育人。2019年6月，合作单位郑州辰睿科技有限公司在学院设立总奖金为120万元的"辰睿科技"奖学金，用于奖励优秀学生、积极进取贫困学生、优秀指导教师和优秀班导师，有效调动了学院师生参与创新创业的积极性。

（吴慧欣、马万明执笔）

物理与电子学院

一、学院概况

2018 年 7 月，根据学科专业结构布局优化调整需求，按照学校工作安排部署，由原信息工程学院的通信工程系、电子信息系，电力学院的电子科学系及数学与统计学院的物理教研室、物理实验教研室和大学物理实验中心组建成立物理与电子学院。

学院设有电子信息系、电子科学系、通信工程系、光电信息系、物理教研室、物理实验教研室和大学物理实验中心等教学机构以及水利大数据分析与利用河南省工程实验室、郑州市智能水联网工程重点实验室和功能材料与分子动力学实验室等科研机构。开设专业有电子信息工程、电子科学与技术、通信工程、光电信息科学与工程（电子信息科学与技术）等。学院还承担着全校理工类专业大学物理和大学物理实验公共基础课教学任务。

二、师资队伍建设

学院有教职工 86 人，其中具有高级职称教师 28 人，硕士生导师 23 人，河南省教育厅学术技术带头人 4 人，河南省高校科技创新人才 1 人，河南省青年骨干教师 6 人。教师中具有博士学位 40 人。学院聘请东南大学王志功教授、西安交通大学陈晓明教授等知名专家学者为客座教授。

学院十分重视师资队伍建设，坚持引进与培养相结合，2018 年以来共引进博士 9 名、硕士 5 名，培养博士 2 名。

2018—2020 年，学院教师晋升教授 3 人、晋升副教授 3 人。

三、实验室建设

2011 年，大学物理实验中心获批河南省实验教学示范中心建设立项。2018 年 12 月，电子与通信工程实验中心获批成立。

2018—2020 年，学校累计投入 400 万元用于软硬件设备购置及平台建设，大大改善了办学条件和环境。

四、专业建设

学院开设有电子信息工程（2003 年招生）、电子科学与技术（2006 年招生）、电子信息科学与技术（2007 年招生）、通信工程（2007 年招生）、光电信息科学与工程（2021 年招生）5 个本科专业。电子信息（2020 年招生）专业硕士点招收硕士生。

电子科学与技术专业 2020 年通过工程教育专业认证，并积极申报国家一流专业；电子信息工程专业 2020 年获批河南省一流本科建设专业，2021 年工程教育认证申请受理；2021 年获批光电信息科学与工程本科专业。

"大学物理"获 2020 年国家线上线下混合一流课程、2017 年河南省精品在线开放课程、2020 年河南省线上线下混合式一流课程、2020 年河南省思政样板课程，"通信原理"获 2018 年校级精品在线开放课程、2019 年校级课程思政示范课程，"嵌入式系统"获 2020 年校级线上线下混合式一流课程。

五、学科建设

2020 年与其他学院联合申报的"管理科学及其智能化学科群"获得河南省特色骨干学科群（B 类），协助信息工程学院完成"计算机科学与技术"第五轮学科评估和校级学科的建设工作。

六、教学工作

学院重视教学工作，教育教学质量稳步提升，取得了优异成绩。

学院重视和谐师生关系的建立，积极参与学校"我最喜爱的教师"评选活动，2020 年段美霞和贾敏荣获"我最喜爱的教师"荣誉称号。

七、科学研究

2018 年，共发表学术论文 47 篇，其中被 SCI 收录 37 篇，EI 期刊收录 3 篇，核心期刊 3 篇；科研项目立项 5 项，其中省部级项目 2 项，厅级项目 3 项，合同经费总额 19 万元；横向项目 3 项，合同经费总额 70 万元；获省自然科学学术奖论文类

二等奖 2 项；出版教材与专著 7 部；发明专利 2 项，其他知识产权 3 项。

2019 年，学院强化"请进来、搭平台、走出去"的科研建设措施，广泛开展学术交流与学术讲座。学院承办了"第二届智慧水利与河湖长制科技创新高峰论坛"，主办了"第四届中国（郑州）国际水展暨兴水治水博览会"等会议。学院教师发表学术论文 72 篇，其中被 SCI 收录 57 篇，EI 期刊收录 6 篇，核心期刊 3 篇；科研立项 7 项，其中国家自然科学基金 2 项，省部级项目 3 项，厅级项目 2 项，合同经费总额共计 104 万元；获奖 1 项；出版教材与专著 3 部；发明专利 2 项，实用新型专利 3 项，其他知识产权 5 项。

2020 年，共发表学术论文 27 篇，其中被 SCI 收录 19 篇，EI 期刊收录 5 篇，核心期刊 1 篇；科研项目立项 3 项，其中国家自然科学基金 1 项，省部级项目 1 项，厅级项目 1 项，合同经费总额 36 万元；横向项目 5 项，合同经费总额 107.5 万元；获省教育厅科技成果二等奖 2 项；出版专著 1 部；发明专利 10 项，实用新型专利 3 项，其他知识产权 10 项。

学院教师主持的纵向科研项目见表 1。

表 1   物理与电子学院教师主持的纵向科研项目一览表

年份	项目名称	项目类型	主持人	经费/万元	时间周期
2020	基于 ZnO/ZnTe 量子点修饰的高效宽波段石墨烯光电探测器的机理	青年基金	宋增才	23	2020 年 1 月至 2022 年 12 月
2019	电磁超表面实现菲涅耳区无线能量传输的机理与方法研究	联合基金	罗文宇	47	2019 年 1 月至 2021 年 12 月
2019	B 位离子对二维三角磁体多铁性调控与机制研究	联合基金	罗世钧	37	2019 年 1 月至 2021 年 12 月
2017	河流水下高精度微形貌自适应视觉测量机理与模型研究	青年基金	许丽	20	2017 年 1 月至 2019 年 12 月
2016	金属元素与氢共掺杂下氧化锌薄膜缺陷调控研究及器件研制	面上基金	许磊	86.4	2016 年 1 月至 2019 年 12 月

八、学生管理

（一）学生规模

2018 年 7 月学院成立，从信息工程学院转入 3 个专业、电力学院转入 1 个专业，共计学生 954 名。2018 年招生 353 人，当年学院共计 1307 名学生。电子信息硕士点自 2020 年起开始招生，每年招生 15 人。截至 2021 年 4 月，学院本硕学生共计 1350 人。

（二）参与各类竞赛

学院多次荣获"暑期社会实践优秀组织单位""华彩杯大学生创新创业大赛优秀组织单位"等荣誉称号。学院学生在历年的"互联网＋"大学生创新创业大赛、全国大学生电子设计竞赛"大唐杯"全国大学生移动通信 5G 技术大赛"蓝桥杯"全国软件和信息技术专业人才大赛等专业相关性比赛中取得了优异的成绩。

九、学院领导

学院领导班子成员见表 2。

表 2 物理与电子学院领导班子一览表

姓名	任职时间	职务
侯战海	2018 年 7 月	党委书记
陆桂明	2018 年 7 月	院长
许 磊	2018 年 9 月	党委副书记
许 丽	2018 年 11 月	副院长
郑 锐	2018 年 11 月	副院长

（陆桂明、侯战海执笔）

外 国 语 学 院

一、学院概况

学院 2011 年新增俄语专业。2012 年英语专业辅修学士学位开始面向全校招生。2014 年获批翻译专业硕士点并于 2015 年开始招收第一批翻译专业硕士。2018 年汉语国际教育硕士点获批，于 2019 年招生。2020 年教育学专业硕士通过河南省评审。截至 2021 年 3 月，学院拥有英语、汉语国际教育、俄语 3 个本科专业，承担全校英语、俄语、日语、法语、西班牙语和朝鲜语等语种的教学工作。

学院有教职工 122 人，其中教授 7 人、副教授 28 人，具有博士学位人员 28 人。学院下设英语系、俄语系、汉语国际教育系、多语种教研室、公共英语第一教研部、公共英语第二教研部、公共研究生英语教学部，党政办公室、教学办公室、学生工作办公室、院团委、学科与研究生管理办公室、科研办公室、创新创业就业服务中心、翻译硕士（MTI）教育中心、语言实验中心和外语培训中心等部门。

语言实验中心共有 28 个多媒体语言实验室、1 套笔译实验室和 1 套同声传译实验室。资料室有图书 8000 余册。学院 2000 年成立的培训中心，承担了多家企事业单位的出国语言培训等项目。

学院成立了外国文学研究中心、翻译研究中心、比较文学研究中心、语言学及应用语言学研究中心、跨文化研究中心、拉美研究中心等科研学术团队。

学院有全日制本科生 700 余人。学生毕业后大部分到外事、工程、教育、科技、经贸、文化、宣传等部门或行业工作。

经过多年努力，2019 年外国语学院英语专业获得河南省一流本科专业，汉语国际教育专业在河南省专业评估获得第三名。学院秉承"根扎外语，花开工商"的办学理念和"水润人生，语通世界"的院训，正在建设成为一个特色鲜明、多语种协调发展的外国语学院。

二、干部队伍建设

（一）学院领导班子建设

学院历任班子成员任职情况详见表1。

表 1　外国语学院历任班子成员任职情况一览表

姓名	职务	任职时间
温随群	党委书记	2012 年 4 月至 2015 年 4 月
魏新强	院长	2012 年 4 月至 2015 年 4 月
刘丽丽	党委副书记	2012 年 4 月至 2015 年 4 月
党兰玲	副院长	2012 年 4 月至 2015 年 4 月
韩孟奇	副院长	2012 年 4 月至 2015 年 4 月
田卫宾	党委书记	2015 年 5 月至 2018 年 4 月
魏新强	院长	2015 年 5 月至 2017 年 5 月
陈桂华	副院长	2015 年 5 月至 2018 年 4 月

续表

姓名	职务	任职时间
刘桂华	副院长	2015年5月至2018年4月
周 文	党委副书记	2015年5月至今
韩孟奇	副院长	2015年5月至今
党兰玲	院长	2017年5月至今
魏东军	党委书记	2018年5月至今
刘丽丽	副院长	2018年5月至今
刘文霞	副院长	2018年5月至今

（二）学院党委

学院新一届党委于2018年10月换届选举产生，共有委员7人，分别是党委书记魏东军，党委副书记周文，组织委员党兰玲，宣传委员刘丽丽，统战委员韩孟奇，青年委员胡倩，纪检委员由周文兼任，刘星光协助组织委员党兰玲工作。

学院党委设立七个党支部，分别是第一党支部、第二党支部、第三党支部、英语系党支部、教辅行政党支部、学生党支部和研究生党支部。

截至2020年年底，学院共有党员137名，其中正式党员105名（教工68名，学生37名），预备党员32名。

（三）党组织建设

学院党委紧紧围绕学校中心工作和学院发展目标，不断加强党建工作，持续强化和完善基层党组织功能，积极探索党建工作新途径，全面加强党组织建设，充分发挥党员先锋模范作用。

狠抓组织建设。学院党委把组织建设作为基础性工作，对组织建设工作的规范化提出了更高要求。以"五个到位""七个有力"为标准，大力推进党组织建设。学院党委被学校评为党建工作"标杆院系"，第一党支部荣获首批全省高校样板党支部、学校党建工作"样板支部"、学校"标准化党支部"、学校"先进教工党支部"，学生党支部和研究生党支部被学校评为"先进学生党支部"。

认真落实"双带头人"培育工程。2018年以来，学院党委把落实"双带头人"培育工程作为提高支部组织力的重要措施，制订了"双带头人"工作计划及目标，加强教工党支部书记的教育和培养。五个教工党支部书记均为教学系部主任，具有博士学位或副高以上职称。

引领党员率先垂范，争当工作标兵。学院党员充分发挥先锋模范作用，在各自工作岗位做出了突出成绩。庞彦杰被评为"河南省教育系统学雷锋先进个人""河南省2016年度文明教师"和"河南省优秀共产党员"。

三、师资队伍建设

学院下设英语系、汉语国际教育系、俄语系、多语种教研室、公共英语第一教研部、公共英语第二教研部、公共研究生英语教学部。自2010年起，学院引进和培养博士23人，增强了师资力量，各系部师资队伍情况见表2。

表2　　　　　　　外国语学院各系（部）师资队伍情况一览表

系（部）	教师总人数	不同学历人数			不同职称人数		
		博士	硕士	学士	教授	副教授	讲师
公共英语教学一部	20	2	14	4	2	4	14
公共英语教学二部	23	1	21	1	0	9	14
英语系	21	6	13	2	3	7	11
汉语国际教育系	9	7	2	0	1	1	7

系（部）	教师总人数	不同学历人数			不同职称人数		
		博士	硕士	学士	教授	副教授	讲师
俄语系	6	6	0	0	0	0	6
多语种教研室	11	0	11	0	0	0	11
公共研究生英语教学部	4	1	1	2	1	3	0

四、教学工作

学院秉持以教学为中心的理念，加强内涵建设，深化教育教学改革，提升教学质量，提高人才培养质量，大力支持教育教学研究与改革。重视教师教育教学技能培养，持续提升教师队伍素质，荣获了多项教学奖项。

2011—2020 年，学校获批省级教改项目 1 项、校级教改项目 28 项。学院实施本科教学质量工程，建设本科教学工程项目。2014—2015 年，获批校级科研培育团队 2 个、校级卓越教学团队建设 2 项、校级本科工程项目建设 4 项，教学名师培育对象 1 人。2016 年，学院大学英语课程获批校级微课立项建设。学院投入建设 9 项院级本科教学质量工程项目。

为有效落实教学计划，提高教学水平和人才培养质量，学院加强课程改革和教材建设。2018 年，获批校内规划教材项目建设 1 项；2019 年和 2020 年，学院获批河南省"十四五"普通高等教育规划教材立项建设 1 项、河南省高等学校精品在线开放课程建设 1 项、校级课程思政示范课程 4 项、校级本科教学示范课堂 1 项、校级精品在线开放课程 2 项、校级课程思政教学团队项目建设 1 项、校级线下一流本科课程 1 项、校级虚拟仿真实验一流本科课程 1 项。为推动教学改革和课程建设，学院还投入经费进行院级课程建设 16 项。

2011—2020 年，学院在省级以上讲课比赛中获奖 34 人次，其中全国性获奖 2 人次，省级特等奖 2 人次，河南省教学标兵 6 人次，五一劳动奖章 2 人次；外研社"教学之星"获奖 6 人次；校级青年教师讲课大赛获奖 13 人次，校级微课视频竞赛获奖 6 人次，2 次获讲课比赛优秀组织奖。

2019 年，学院教师带领的华北水利水电大学代表队，赢得了"河南省汉字大赛优秀组织奖"的荣誉；3 位教师分别获得第二十三届全国教师教育教学信息化交流活动暨河南省第五届信息技术与课程融合优质课大赛一等奖和二等奖；1 位教师获得 2019"外研社·国才杯"全国英语演讲大赛指导一等奖；1 位教师荣获全国高校俄语大赛优秀指导教师；2 位教师分别获得首届"讲好河南故事"英语大赛辅导作品二等奖；2017 年和 2019 年评定的学校"汪胡祯"教学奖中，1 位教师获得教学管理服务优秀奖，4 位教师获得本科教育教学三等奖，2 位教师获得优秀青年教师奖；2020 年疫情期间，全校开展线上教学，学院有 1 位老师获得校级"停课不停教——战疫最美奉献者个人"奖。

五、科研工作

学院成立了外国文学研究中心、翻译研究中心、比较文学研究中心、语言学及应用语言学研究中心、跨文化研究中心 5 个科研学术团队。

2020 年 9 月，成立了河南省黄河生态文明外译与传播研究中心，并举行了揭牌仪式，召开了首次黄河生态文明研讨会。2020 年由研究中心翻译的《人工天河红旗渠》卷已经出版,《大运河》卷经过多次的专家论证,中文稿的撰写和英文稿翻译已经完成。完成了《国际水文化译丛》中《水概念》《水伦理》《水权利》《水安全》《水和平》《粮食安全》《国际水法》的翻译。

学院组织国际汉学翻译团队精选书目,查询世界范围内国外汉学家关于黄河文明、中原文化的著述,翻译介绍到国内。

2020年10月,华北水利水电大学中原美学与美育研究中心获批河南省社会科学界联合会人文社会科学重点研究基地。2021年1月,召开了"新时代中原美育美学与中国美学研究"研讨会,旨在团结省内哲学社会科学工作者,深入挖掘新时代中原美学美育精神,进一步促进和繁荣学术交流,为建设"美丽中国"和"美好生活"做出贡献。

学院在高层次科研项目方面取得了突破,获得国家社科基金一般项目立项3项,国家社科基金后期资助项目立项1项和优秀博士论文资助项目1项。

2017年5月,外国语言文学一级学科获得校级扶持学科项目资助。3门省级精品课程立项,发表SCI、SSCI和A&HCI期刊论文4篇,CSSCI期刊论文26篇,中文核心期刊论文24篇,出版高水平学术专著27部,获得省部级科研奖励3项,国家级项目9项,省部级科研项目26项,纵向科研经费达到180.3万元,举办全国性学术会议6次。

六、研究生教育

学院2014年7月获批翻译硕士(MTI)学位授权点,2015年9月开始招生。2018年7月获批汉语国际教育硕士学位授权点,2019年9月开始招生,首届招生10人。2020年12月教育硕士授权点申报通过河南省学位办评审和推荐公示。

七、学生工作

2011年,俄语专业实现了首届招生。

2015年,学院官方微信公众平台"华水外语"正式投入运营,微信公众号实时推送团学活动、学工信息、学院动态等,影响力不断扩大。

2016—2020年,学院团委连续荣获学校"五四红旗团委"荣誉称号;2016年学院被评为学校学风建设专题活动优秀组织单位、学校2015级学生校规校纪知识测试及竞赛活动先进组织单位、第三届"华彩杯"大学生创新创业大赛创新类竞赛优秀组织单位。

2016年荣获学校首届"最强宿舍挑战赛"优秀组织单位。2017年学院参赛宿舍在学校第二届"最强宿舍挑战赛"活动中夺得冠军,学院再次被评为优秀组织单位。

2018年,少数民族预科班划归学院管理;学院荣获"2018年学生管理目标考核工作先进单位""2018年暑期社会实践先进组织单位"、弘扬高尚师德潜心立德树人演讲比赛优秀组织奖、河南省第三届学宪法讲宪法演讲比赛优秀组织奖、五四红歌比赛二等奖;学院承办了"外研社杯"英语演讲比赛河南省复赛和决赛,获"外研社杯"全国英语演讲大赛、阅读大赛、写作大赛复赛优秀组织奖;承办了2018年"诚信校园行"资助知识竞赛,被评为优秀组织单位。学院开展的特色志愿服务项目荣获河南青年志愿服务项目大赛银奖、青年志愿者协会的两项特色服务类项目——"益目公益"和"爱在社区"被评为校十佳服务项目。

2019年,学院学生获国家级荣誉5人次,省级荣誉20人次,校级荣誉72人次。

2020年,学院以疫情为教材,紧抓学生思想政治教育,40余位学生在家乡参与到抗疫志愿服务中;学生工作考核、资助工作考核、团委工作考核、心理健康工作考核均获得优秀；学院荣获 2020 年暑期社会实践先进组织单位，4 支实践队获优秀社会实践队称号，4 名老师获社会实践先进工作者称号，60 名学生获社会实践先进个人称号；外语青协获得优秀志愿者团体称号，志愿活动在中青网、大河网等多家主流媒体进行报道，"益目公益"荣获学校首届"感动华水"学生组提名。

（党兰玲、魏东军执笔）

法 学 院

法学院秉承"尚法崇德，修学笃行"的院训，坚持立德树人，以培养社会主义合格建设人才为己任，法学本科在满足国家规定的专业核心课程知识的基础上，结合学校水利电力办学特色，以水法、环境资源法、智慧法学等为特色办学方向，实现了学校特色优势学科与法学专业的交叉融合。法律硕士以环境资源法、民商法、刑法、行政法、监察法为专业研究方向，注重培养相关领域德才兼备的高层次复合型、应用型法治人才。

一、教学管理与师资队伍建设

法学院与学校法律事务中心合署办公，融教学科研理论实务为一体，形成学历结构、年龄结构、学缘结构、职称结构合理，富有创新精神和社会责任感的高水平师资队伍。学院现有校内专、兼职教师50余人，其中高级职称20人，博士学位13人，具有律师仲裁员等"双师型"法律实务背景约30人。16人被学校聘为法律事务专员，10余人担任省级法学学术机构副会长、常务理事等。10余人被河南省委等10多家机构聘为法律顾问；多位教师获得河南省学术技术带头人、教育系统教学技能竞赛一等奖、河南省教学标兵等称号。

学院重视多元互动实践教育教学。学院响应国家"双千计划"，自2016年起先后选派郭玉川副教授、姜焕强教授、王敏副教授与郑州市人民法院、河南省人民检察院互派挂职人员5人，到政府部门挂职4人。特聘校外兼职教授20人、资深行业导师20人，指导专业建设。学院与河南省高级人民法院、水利部发展研究中心、郑州市中级人民法院、金水区人民检察院、惠济区人民检察院、兰考人民检察院、郑州仲裁委员会、大沧海律师事务所、金博大律师事务所、北京大成（郑州）律师事务所、河南仟问律师事务所、天基律师事务所、国基律师事务所、炜衡（北京）律师事务所等30余家单位签署了合作培养协议，组织师生开展实习实训活动。

学院本科教学工作平稳有序开展，全院教师认真履行职责。学院坚持健全管理制度，进一步完善基层教学组织建设，各教研室严格按照《河南省高等学校合格基层教学组织建设标准（试行）》的有关要求，明确建设目标与任务。学院坚持教学中心地位，不断加强和完善校外教育机制，拓宽和丰富校外教育渠道，全面提升教师综合素质，促进教育教学质量提高，通过讲课大赛等各种活动和多种途径提高教师教育教学胜任力。学院高度重视教育教学研究与改革，积极促进研究成果转化，多次召开线上线下教学模式推广专题会议；深入学习上级相关文件和精神，充分调动广大教师从事教育教学研究的积极性和创造性。

二、科研工作与学科建设

学院不断加强科研工作与学科建设力度，采取多项措施，培育科研氛围。近年来，学院教师在 CSSCI、全国中文核心期刊等学术期刊发表学术论文 100 多篇，在法律出版社等出版学术著作 50 余部，主持完成国家社科基金项目、省社科规划项目等各类科研项目近 100 项，其中《从体制上治理一把手腐败问题研究》等 8 项国家社科基金项目，获河南省社科优秀成果奖、省政府发展研究奖等优秀科研成果奖励。

学院科研平台建设取得了"一个中心，两个基地"的重大突破。2020 年 11 月 13 日，教育部"青少年法治教育中心"正式揭牌，由教育部政策法规司、河南省教育厅和华北水利水电大学按照共建协议共同建设，辐射中部六省。"中心"坚持以习近平法治思想为指导，以宪法教育为统领，民法典学习宣传为契机，深入开展青少年法治教育理论研究和实践探索。"中心"已与罗山何家冲干部学院、兰考焦裕禄干部学院及检察院签约协同创新培训基地。

学院建有教育部青少年法治教育协同创新中心、河南省高级人民法院环境资源损害司法鉴定与修复研究基地、河南省高校廉政建设研究中心、河南省依法治校研究中心、华北水利水电大学清廉中国研究中心等学术研究机构。为水利部、黄河水利委员会、郑州市水务局等党政机关、行业组织提交决策咨询报告、法律意见书等大型法律服务成果 30 余项。建有河南省高校哲学社会科学研究创新团队——反腐倡廉建设研究团队，研究成果《河南省市级

领导干部腐败风险防控研究》等被省委、省纪委主要领导批示，应用于河南省纪检监察工作。以王华杰教授率领的团队承接的《郑州市贾鲁河保护管理办法》委托立法项目为基础的《郑州市贾鲁河保护条例》于 2019 年 11 月 29 日经河南省十三届人大常委会第十三次会议表决通过，并于 2020 年 10 月 1 日起施行。学院承办了中国法学会水法研究专委会 2020 年学术年会，举办了第一届、第二届清廉中国·黄河论坛，开展"明德昭法"学术讲座，加强与外校及有关科研机构的学术交流，积极响应省司法厅和河南省法学会的号召，以多种形式参与到河南省普及民法典的行动中，扩大了学院的社会影响力。

国际法研究所 2017 年 3 月获批准设立，作为学校人文社会科学研究基地，是一个专门从事国际法学研究的综合性学术研究机构。以国际法，包括国际公法、国际私法、国际经济法为主要研究方向，并以国际私法为研究重点。研究所成员大都长期从事国际法的教学和科研工作，科研能力强，有较丰富的相关前期成果，形成了阶梯型研究团队。

环境与资源犯罪研究中心成立于 2011 年 9 月，该中心基于促进我国刑事法学发展的宗旨而成立，是以建设新型的刑事法学术机构暨国家环境刑法决策咨询基地为主要目标，主要研究方向是环境刑法的立法研究、基础理论研究、刑罚结构研究。开展以刑事一体化为导向的创新型研究，致力于不断探索环境刑事法学领域中的重大疑难问题，建构具有中国特色环境刑法的学科理论体系。

三、学生管理工作

学院学生工作坚持把德法兼修作为中心环节，紧紧围绕"培养什么人、怎样培养人、为谁培养人"这一根本问题，着力

抓好学生的思想政治、学风建设、安全教育、资助育人、创新创业与就业等多方面工作。

学院探索针对不同年级分层次抓学风建设的方式：一是抓好新生入学教育环节。邀请政法系统专家和知名律师为新生做主题报告，举办线上、线下学习经验交流、"新生成长训练营"；二是开展"快乐学习，健康成长"学风建设月活动，成功举办"学霸挑战赛""法学院最美笔记达人""早安打卡人"等系列活动，持续推动学风建设；三是抓好毕业教育环节，以"法漾青春，向阳启程"为主题开展毕业生教育，开展"优秀毕业生之高光时刻""薪火相传，领航启程"之考研、法考、就业经验分享会等系列主题教育活动，助力学风建设的深入开展。

2017年以来，学院连续参加三届教育部举办的全国学生"学宪法 讲宪法"活动，连续三年荣获河南省教育系统"学宪法 讲宪法"活动优秀组织奖，并获得通报嘉奖；优选学生参加河南赛区总决赛，其中6名学生获得特等奖，3名学生获得一等奖，6名教师获得省级优秀指导教师奖，3名教师获得全国总决赛优秀指导教师奖；2018级学生于启航作为河南省仅有的4位在校大学生代表之一，被选为全国"青年马克思主义者培养工程"学员，赴中央团校进行培训学习。

坚持育人工作导向，将育人作为资助工作的出发点和落脚点，优化"奖、贷、助、减、补、免"资助体系，全力做好精准资助，通过开展资助政策专题讲座、诚信教育系列主题讲座、困难学生家访等多种活动，不断提升资助育人实效，让学生在经济上得到资助，在身心上健康成长。

学院认真落实就业一把手工程，将就业和创新创业工作列入年度工作要点，并成立了以党委书记、院长为组长的毕业生就业工作领导小组，精准研判就业形势，做实做细学生服务。在就业工作中坚持"走出去＋引进来""一师双责""全员参与"的就业工作模式，以"精准摸底、精准定策、精准服务、精准宣传"——"四个精准"为发力点稳步推进就业工作，真正做到分类指导、一人一策，扎实开展线上线下就业指导、咨询和帮扶服务。学院毕业生综合素质高，具有较高的法律素养和适应能力，就业分布在公检法司等领域，相当数量的毕业生已经成为法治领域的优秀人才，受到用人单位和社会各界的好评。

法学院历任领导见表1。

表1 　　　　　　　　　　　　　法学院历任领导一览表

姓名	任职时间	职务
晁根芳	2009年4月至2012年4月	法学系党总支书记
王华杰	2009年4月至2012年4月	法学院副院长（主持行政工作）兼法律事务中心主任
	2012年4月至2015年4月	法律事务中心主任兼法学院副院长
	2015年4月至2018年6月	法律事务中心主任
	2018年7月至今	法学院院长兼法律事务中心主任
黄健水	2009年4月至2015年4月	法学院副院长
刘术永	2009年4月至2015年4月	法学院党总支、党委副书记

姓名	任职时间	职务
饶明奇	2012年4月至2012年8月	法学院党委书记兼常务副院长
	2012年9月至2015年4月	法学院党委书记兼常务副院长（主持行政工作）
	2015年4月至2015年11月	法学院院长
	2015年11月至2018年6月	法学与公共管理学院院长
刘华涛	2012年4月至2015年4月	法学院副院长
刘德法	2012年4月至2012年8月	法学院名誉院长
李伟	2015年4月至2015年11月	法学院党委书记
	2015年11月至2018年6月	法学与公共管理学院党委书记
冯飞龚	2015年4月至2015年11月	法学院党委副书记
	2015年11月至2018年6月	法学与公共管理学院党委副书记
王国永	2015年4月至2015年11月	法学院副院长
	2015年11月至2018年6月	法学与公共管理学院副院长
吴礼明	2015年4月至2015年11月	法学院副院长
	2015年11月至2018年6月	法学与公共管理学院副院长
张胜前	2018年7月至今	法学院党委书记
万钧	2018年9月至今	法学院副院长
周海岭	2018年9月至今	法学院副院长兼法律事务中心副主任
刘丽霞	2018年10月至今	法学院党委副书记

（王华杰、张胜前执笔）

公共管理学院（MPA 教育中心）

一、学院概况

2018 年 7 月，法学与公共管理学院拆分，成立公共管理学院。

学院秉承"崇德尚公，博学求真"的办学理念，坚持"入主流，强特色"的发展战略，持续提高人才培养质量、科学研究水平、服务社会和文化传承创新能力。学院有教职工 56 人（含校内兼职教师）；设有行政管理、劳动与社会保障两个本科专业，在校生 550 余人；拥有公共管理一级学科硕士学位授权点、公共管理专业硕士学位授权点（MPA），在读研究生 200 余人。

学院拥有河南河长学院、水利行业监管研究中心、河南省公共安全与应急管理研究中心、城乡融合发展研究中心 4 个科研平台；拥有河南省高等学校哲学社会科学创新团队 1 个、学校哲学社会科学创新团队 1 个。

学院坚持"以本为本"的人才培养理念，不断优化专业培养方案，形成了厚基础、宽口径、重实践、能创新的人才培养特色。毕业生综合素质高，深受各级政府、企事业单位，尤其是大型国有水电企业的欢迎，毕业生就业率连续 3 年位于学校前列。

学院领导班子成员见表 1。

表 1　　　　　　　　　公共管理学院领导班子成员一览表

姓名	职务	任职时间
李幸福	党委书记	2018 年 7 月至今
何楠	院长、MPA 教育中心主任	2018 年 7 月至今
胡德朝	党委副书记	2018 年 10 月至今
吴礼明	副院长	2018 年 7 月至今
李先广	副院长、MPA 教育中心副主任	2018 年 7 月至 2020 年 12 月
李俊利	副院长、MPA 教育中心副主任	2020 年 12 月至今
刘华涛	副院长	2021 年 5 月至今

二、师资队伍

学院高度重视师资队伍建设，按照引进培养相结合的方针，对标双一流，建立健全人才队伍评价激励机制。加大优秀人才引进力度，稳定壮大专职教师规模，加强产学研合作，鼓励现有教师外出培训、进修、访学、攻读博士学位，提升学术水平和教学能力。近年来学院师资队伍建设成效显著，教师职称结构、学历结构、年龄结构、学缘结构等日益改善。学院有教职工 56 人（含校内兼职教师），博士学位教师占 60％以上，其中教授 12 人、副教授 20 人，博士生导师 5 人，硕士生导师 32 人；河南省高等学校哲学社会科学创新团队首席专家 1 人，中原基础研究领军人才 1 人，河南省教育厅学术技术带头人 3 人，另聘国内外知名专家学者 2 人为学院讲座教授。

三、基层教学组织建设

（一）行政管理系

行政管理系承担着行政管理专业的教学工作，现有专任教师 22 人，绝大多数教师具有博士学位，半数以上教师曾在政府部门实践历练。行政管理系以国家治理体系和治理能力现代化对人才培养的要求为导向，服务水利行业和地方经济社会发展为目标，依托学校水利水电特色专业优势，借助河南河长学院和水利部监管研究中心平台，发挥学科交叉优势，着力培养具有扎实公共管理理论基础，熟练掌握公共管理方法工具，具备公共精神和社会责任，富有学习、实践、创新、创业四大能力，适应新时代党政机关和企事业单位等公共部门要求的高素质应用型人才。行政管理教研室 2019 年被评为学校汪胡桢优秀教研室，2021 年行政管理专业获批国家一流专业建设点。

（二）劳动与社会保障系

劳动与社会保障系承担劳动与社会保障专业的教学科研工作，现有专任教师 13 人，85％以上的教师具有国内著名高校博士学位或副教授以上高级职称。2008 年 9 月开始招收第一届劳动与社会保障专业本科生，2017 年在学校本科专业评估中获得良好等级。2018 年 10 月，劳动与社会保障系被河南省教育厅确定为河南省高等学校合格基层教学组织，逐步形成了"融工融水""注重实操"的专业特色。

（三）实验教学中心

公共管理实验教学中心采用网络信息化教学及管理，开放程度高，是重要的教学、科研和大学生创新创业项目的支撑平台。实验教学中心自 2013 年建成以来，设施满足本科学生上课及进行相关研究的需要，同时积极满足学生创新创业实践的需求，实现了学生校内创新与校外创业的互动融合。

四、MPA 教育中心

MPA 教育中心有 50 余名高职称、高学历的校内导师，多名地方党政领导干部、行业专家担任兼职导师。导师的专业背景涵盖了政治学、行政管理、社会保障、土地资源管理、水资源管理、历史学、经济学、法学、哲学等学科门类，多学科综合交叉特点明显。教学环境优越，有大、中、小多媒体教室 8 个，1 个多功能报告厅，2 个中型教室，4 个案例讨论室，充分满足上课、集中讨论、分组讨论、活动开展等需要。MPA 中心资料室有藏书 4000 余册，专业类期刊 20 多种。设有 1 个公共管理实验室（电子阅览室），安装电脑 70 台，内置公共管理类主要教学软件。

五、教学及专业建设

学院紧紧围绕"厚基础，宽专业，强素质，重实践，求创新"的人才培养目标，坚持"质量立院，人才兴院，专业强院，学科托院"的办学理念，强化教学地位，在确保建设好行政管理、劳动与社会保障两个专业的同时，积极开拓新专业，结合专业特点与社会需求，恪守理论与实践、教学与科研、学校与社会相结合的办学原则，培养理论基础深厚、具有创新精神和实践能力的高素质应用型人才。

牢固树立"以本为本"理念，大力践行"四个回归"，在建设"新文科"方针引领下，学院结合学校、行政管理专业实际，以服务水利水电行业、黄河流域生态保护和高质量发展战略为目标，深入推进行政管理专业与水利优势学科交叉融合，加大课程建设和教学改革力度，强化创新创业教育和实践教学，积极拓展师生国际化视野，加强师资、平台、制度、管理等方面综合保障体系建设，将本专业打造为办学实力较强、国内影响力较大、特色鲜明的一流专业。2020年，学院行政管理专业入选国家级一流本科专业。学院1门课程获得河南省本科教育线上教学优秀课程，1门课程为河南省高等学校精品在线开放课程，行政管理系获河南省高等学校优秀基层教学组织。

六、科研工作和学科建设

（一）科研平台

学院目前拥有2个省级科研实践平台，1个河南省高等学校哲学社会科学创新团队，3个厅级科研团队与平台；凝练了乡村振兴与农村治理、流域治理与投融资、政府管制与社会治理、水治理与环境资源等研究方向。

河南河长学院：由河南省水利厅与学校联合成立，学校承办，公共管理学院牵头，旨在充分利用学校独特的学科资源和人才优势，坚持"优势互补、务实高效、共谋发展"的原则，整合学校资源，吸纳社会相关领域专家学者及实务工作者参与，立足河南、面向华北、服务全国，致力于打造集教学、科研、培训、咨询、评估为一体的综合服务平台。2018年成立以来，承接水利部、河南省水利厅各类项目20余项，到账经费近千万元，举办各类培训40余场，培训人数超过5000人。

河南省公共安全与应急管理研究中心：由河南省应急管理厅与学校共同组建，在公共管理学院设常设机构，旨在提高全省应急管理体系和能力现代化，坚持"资源共享、优势互补、互利互惠、共同促进"的原则，依托各自资源优势，在专家智库咨询、救援队伍建设、实训和科研基地建设、人才培养等方面开展战略合作，打造决策咨询、技术服务、科技创新、创新孵化、人才交流、宣教培训为一体的综合科研实践平台，为提高河南省应急管理的科学化、专业化、智能化、精细化水平提供服务。

乡村振兴与城乡融合发展研究团队：是2020年度河南省高等学校哲学社会科学创新团队，首席专家为李贵成教授。实施乡村振兴战略是党的十九大做出的重大决策部署。乡村振兴战略以农业农村现代化为总目标，以坚持农业农村优先发展为总方针，以产业兴旺、生态宜居、乡风文明、治理有效、生活富裕为总要求，要让农业成为有奔头的产业，让农民成为有吸引力的职业，让农村成为安居乐业的美丽家园。该团队致力于以城乡产业深度融合为导向，促进城乡生产需求的互动对接，找准乡村振兴的发展方向，确保乡风文明、民生幸福。

黄河流域生态保护与高质量发展机制研究团队：是2020年度学校哲学社会科学创新团队，首席专家为何楠教授。该科研创新团队为适应国家及河南省经济社会发展的新形势，特别是黄河流域生态保护与高质量发展实践的迫切需要而成立，以研究和解决黄河流域生态保护实践和提升流域高质量发展为目标，致力于黄河流域生态保护与高质量发展机制的科学研究、人才培养、咨询服务、第三方评估及学术交流与合作，带动团队教师通过深入、系统研究，产出一批有关黄河流域生态保护和高质量发展的高水平理论研究成果，服务黄河流域生态保护和高质量发展实践，力争成为保护黄河长治久安的"小智库"。

（二）学科建设与硕士点

学院拥有公共管理一级学科硕士学位授权点、公共管理专业硕士学位授权点（MPA）；拥有行政管理、劳动与社会保障两个本科专业；行政管理专业于2020年被评为河南省一流本科专业、国家一流本科专业。

学院拥有水利部水利行业监管研究中心、河南河长学院、河南省公共安全与应急管理研究中心等3个省部级研究平台；拥有"乡村振兴与城乡融合发展研究"河南省高校科技创新团队和"城乡融合发展研究中心"河南省社科联重点研究基地。

学院以服务地方经济和水利行业为理念，坚持公共管理理论与水利工程、环境科学等骨干学科融合发展，形成了水行政、水资源、水文化等学科集群，不断加

大水利行业复合型管理人才和公共管理高层次人才的培养规模。学院多项成果得到河南省委省政府主要领导批示并采纳应用，在区域和行业内形成较高的学术影响力和社会影响力。

（三）科学研究及服务社会

学院科研工作持续向好、稳步增长，校政、校企合作在多领域、多方向展开，科研创新工作全面发展。学院共承担各类科研课题34项，其中国家社科基金项目5项、省部级项目17项；出版著作12部，其中专著8部，国家级规划教材1部；发表论文70余篇，其中SCI、EI、SSCI、CSSCI等论文20余篇；获省部级科研奖励4项；参与完成水利部、河南省水利厅及企业委托课题6项，其中4项成果得到省委、省政府领导批示，并采纳应用。

以科研项目为抓手，整合全院力量，初步形成特色科研团队，全院服务社会能力得到极大提升。学院主要科研情况见表2。

表 2 　　　　　　　　　　公共管理学院主要科研情况一览表

序号	成果名称	获得奖项/批示	人员	级别	年份
1	生态价值观视域下返乡农民工绿色创业意愿及政府扶持机制研究	国家社科基金重点项目	李贵成	国家级	2020
2	自然垄断行业竞争性业务的开放与政府管制研究	国家社科基金一般项目	刘华涛	国家级	2020
3	十八大以来党中央治国理政的社会建设思想研究	国家社科基金重大项目子课题	崔玉丽	国家级	2019
4	利益均衡下生态水利项目社会投资的模式创新研究	国家社科基金一般项目	何 楠	国家级	2018
5	农村基层党组织在社会治理中的缺位及治理研究	国家社科基金一般项目	崔玉丽	国家级	2018
6	新时代水利行业强监管思路与重点问题研究	水利部"十四五"重大招标课题	何 楠	省部级	2020
7	黄河流域生态保护与高质量发展机制研究	河南省哲学社会科学规划项目	何 楠	省部级	2020

序号	成果名称	获得奖项/批示	人员	级别	年份
8	协同治理视阈下黄河流域生态保护综合执法效能的实现机制研究	河南省哲学社会科学规划项目	王国永	省部级	2020
9	粮食主产区农田水利现代化水平时空演变与提升对策研究	河南省哲学社会科学规划项目	张 亮	省部级	2020
10	乡村振兴背景下河南乡村文化建设问题研究	河南省哲学社会科学规划项目	吴礼明	省部级	2020
11	河南省高校知识产权现状与转移转化构建模式研究	河南省哲学社会科学规划项目	张 霞	省部级	2020
12	河南省城市失能老人社区居家养老服务实现路径研究	河南省哲学社会科学规划项目	侯 冰	省部级	2019
13	河南省多层次社会保障体系建设及权利救济研究	河南省哲学社会科学规划项目	刘琛璨	省部级	2019
14	地方政府财政偏好对耕地"占补平衡"的影响机制研究	河南省哲学社会科学规划项目	毋晓蕾	省部级	2019
15	健全治理"圈子文化"的常态化机制研究	河南省哲学社会科学规划项目	卜 凡	省部级	2019
16	整肃"为官不为"的长效机制研究	河南省哲学社会科学规划项目	楚迤斐	省部级	2019
17	河南农民劳动就业权益保障问题研究	河南省哲学社会科学规划项目	汤秀丽	省部级	2019
18	南水北调中线工程河南段后续发展若干问题研究	科技厅软科学项目	赵 云	省部级	2019
19	河南省高校领导干部腐败防控机制研究	河南省哲学社会科学繁荣计划课题	卜 凡	省部级	2019
20	河南省政府治理创新视域下整肃庸政懒政急症的对策研究	河南省招标课题	楚迤斐	省部级	2018
21	人口老龄化背景下城市老年人参加社区治理机制研究	河南省招标课题	李俊利	省部级	2018
22	法治政府视角下城市管理综合执法研究	科技厅软科学项目	李俊利	省部级	2018
23	利益均衡下生态水利项目社会投资的模式创新研究	河南省社会科学优秀成果二等奖	何 楠	省部级	2020
24	新时代人力资源管理理论与实践研究	河南省社会科学优秀成果三等奖	汤秀丽	省部级	2020
25	高校硕士学位授权点动态调整机制研究与实践	河南省高等教育教学成果奖二等奖	张 亮	省部级	2019
26	发达国家自然垄断行业的政府管制改革及启示	河南省社会科学优秀成果三等奖	刘华涛	省部级	2019

序号	成果名称	获得奖项/批示	人员	级别	年份
27	"互联网＋"背景下法治政府建设路径研究	河南省社会科学优秀成果二等奖	李俊利	省部级	2018
28	关于河南省黄河文化保护传承与文旅融合的建议（调研报告）	河南省委书记王国生批示	李贵成		2020
29	《以系统思维推进黄河流域协同治理》《以开放思维推进黄河流域高质量发展》等文章	河南省政协主席刘伟批示	李贵成		2020
30	河南省高校领导干部腐败风险防控问题研究（调研报告）	河南省纪委书记任正晓批示	卜 凡		2020

七、创新创业就业工作

学院高度重视学生创新创业就业工作，以"三个加强"打牢创新创业工作根基，以多种措施进一步推进创新创业就业工作，以"三个提高"开创创新创业就业新局面。

（一）以"三个加强"打牢创新创业就业工作根基

加强组织领导，成立以书记和院长为组长的工作领导小组，形成书记和院长亲自抓就业和创新创业工作的局面。加强思想政治教育，培养大学生正确的择业观。加强创新创业项目的申报与指导，积极组织开展"互联网＋""挑战杯"等各类比赛，提升了学生创新创业就业的能力。

（二）以多种措施进一步推进创新创业就业工作

多渠道开拓就业实习平台，加强与省外校友的沟通联系，促进省外就业实习基地的建立。多形式开展就业创新创业宣传与指导，为全体新生举办专业认知会、专题教育讲座，引导学生热爱所学专业。充分利用网络媒体资源进行就业政策的宣传和指导。举办创新创业大赛、职业规划大赛等活动，引导大学生合理规划大学学习生活，确定个人职业生涯目标。

（三）以"三个提高"开创创新创业就业新局面

以人才培养为中心组织开展教学、科研和社会服务活动，提高人才培养过程的规范化、系统化、科学化水平。依托"双导师制"和"教师联系学生工作制度"，针对学生个人不同情况，开展专项就业指导工作，稳步提高就业率。组织任课教师参与大学生创新创业就业指导工作，培养学生的创新创业就业意识和科研实践能力，提高大学生就业质量。

（何楠、李幸福执笔）

国 际 教 育 学 院

一、学院概况

2008 年 6 月，外事办公室与国际教育学院合署办公。2011 年 8 月，学校成立语言培训中心，与国际教育学院合署办公。2013 年 9 月，国际教育学院、外事办公室分开设置。

历经 15 年的发展，国际教育学院（语言培训中心）已发展成为一个以管理为主的教学单位，负责外国留学生、部分合作办学项目、语言考试与培训的日常管理以及部分中外学生的教学工作。学院内设机构包括：党政办公室、留学生管理科、教学办公室、学生工作办公室、团委、语言培训科。学院有中国本科学生 2131 名，外国本、硕、博留学生 165 名。历任领导班子成员见表 1。

表 1　　　　　　　　　　　国际教育学院历任领导班子成员一览表

姓名	任 职 时 间	职 务
周振民	2005 年 3 月至 2008 年 6 月	院长
	2008 年 6 月至 2011 年 8 月	名誉院长
杨 乔	2008 年 6 月至 2012 年 3 月	院长兼学校外事办公室主任
	2008 年 9 月至 2011 年 9 月	院长兼学校外事办公室主任、党总支书记
	2011 年 9 月至 2012 年 4 月	院长兼学校外事办公室主任、党总支书记、语言培训中心主任
张小桃	2009 年 4 月至 2018 年 7 月	副院长
韩福乐	2009 年 9 月至 2011 年 9 月	副院长
	2011 年 9 月至 2013 年 9 月	副院长兼语言培训中心副主任
荣四海	2009 年 9 月至 2015 年 3 月	副院长
	2011 年 11 月至 2013 年 9 月	副院长兼党委副书记
	2013 年 9 月至 2015 年 3 月	副院长兼党委副书记、语言培训中心副主任
	2015 年 3 月至 2018 年 7 月	党委书记兼语言培训中心副主任
孟治刚	2011 年 11 月至 2015 年 3 月	党委副书记
曹德春	2012 年 4 月至 2013 年 9 月	院长兼学校外事办公室主任兼语言培训中心主任
	2013 年 9 月至今	院长兼语言培训中心主任
焦红波	2012 年 4 月至 2015 年 3 月	党委书记

姓名	任职时间	职务
马耀琪	2015 年 4 月至今	副院长
谢俊莹	2015 年 4 月至 2019 年 3 月	党委副书记
万 钧	2017 年 4 月至 2018 年 7 月	副院长
潘松岭	2018 年 8 月至 2021 年 5 月	党委书记
刘桂华	2018 年 8 月至今	副院长
李俊利	2018 年 11 月至 2020 年 11 月	副院长
张卫建	2019 年 3 月至 2021 年 5 月	党委副书记
刘术永	2021 年 5 月至今	党委书记
张卫建	2021 年 5 月至今	副院长
庞彦杰	2021 年 5 月至今	党委副书记

二、外国留学生事业的恢复与发展

2016 年，首批 36 名留学生入校学习。此后，留学生人数每年以 35%～80% 的速度增长，2017 年 71 人，2018 年 117 人，2019 年达到 159 人。2020 年，新冠肺炎疫情突然暴发，国外招生受到极大影响，留学生人数增幅减缓，毕业 30 人，结业 2 人，截至 2020 年年底在册人数 165 人，其中硕士生、博士生 92 人；学位授予率 91%，位居河南省高校前列，高于全国留学生学位授予率 44.5% 的平均水平。

学校留学生主要来自马来西亚、印度尼西亚、柬埔寨、巴基斯坦、乌兹别克斯坦、俄罗斯、摩洛哥、坦桑尼亚、赞比亚等 20 多个"一带一路"沿线国家，已毕业的留学生很多在我国驻"一带一路"企业工作。学院正在与我国驻"一带一路"企业联系，推荐更多优秀的外国留学生参与"一带一路"建设。

经过 5 年多的建设，已建立起本、硕、博完整的人才培养体系，专业覆盖国际经济与贸易、土木工程、机械电气化及其自动化、动力工程及工程热物理、计算机科学与技术、企业管理、汉语国际教育、管理科学与工程等。建立起了 16 套留学生管理制度，覆盖外国留学生招生、教学、涉外管理、国家安全、公共安全、后勤保障、日常管理等所有环节。

三、中外合作办学

（一）中英合作办学

2011 年，学校与英国提赛德大学签署合作协议，合作举办本科层次两个专业的合作项目：机械设计制造及其自动化专业和地质工程（灾害管理）专业，并通过河南省内专家评审。两个专业的合作办学项目分别于 2012 年和 2013 年获得教育部批准，并于同年开始招生。

2014 年上半年，学院协调英国提赛德大学以及学校的机械学院、资源与环境学院对中英合作办学人才培养方案进行了重新修订，制订了中英双语版教学计划，并对合作项目的管理流程进行了梳理和调整，接待和安排了 3 名英方教师来校授课。

2015 年，中英两个合作办学项目顺利通过教育部评估。

（二）中澳合作办学

2006 年，经教育厅批准，学校与澳大利亚斯威本科技大学合作办学，招收建筑工程技术专业和会计电算化专业的专科学生，学制三年。2012 年 4 月，经学院与澳方多次磋商，达成了新的合作框架，2013年初完成协议修改，合作模式发生了实质性的变化，项目运行更加顺畅，课程设置更加符合市场要求。

2016年，学校为了提升整体办学层次，决定停止所有专科项目，两个中澳合作专业2016年停止招生，2018年学生全部毕业离校。

（三）中俄合作办学

2016年，教育部批准学校与俄罗斯乌拉尔联邦大学联合举办土木工程本科教育项目，年招生120人。项目运行初期，学院负责联络俄方和学生管理工作，土木与交通学院负责教学工作。

2019年，学校决定，土木工程本科合作项目整体划归乌拉尔学院管理。

（四）中韩合作办学

2015年9月，学校与启明大学签署协议，2016年该项目开始招生。学院负责与韩国方面的日常联络和学生管理工作。2021年3月初，学校决定调整该项目的职责分工，将对韩方的日常联络工作移交国际交流与合作处，学生管理工作移交艺术与设计学院。

2016年12月，学校与仁荷大学签署5项合作协议，举办国际物流和国际经济贸易两个本科专业的合作办学项目；合作共建"华北水利水电大学仁荷物流工程研究中心"；共同设立"华北水利水电大学仁荷国际学院"；合作开展物流专业"2＋2"交流及本硕连读项目；合作开展"本科多个专业'2＋2'双学位项目"。

2018年，与韩国仁荷大学合作举办国际物流专业开始招生，年招生120人，学院负责与韩国方面的联络及学生管理工作，管理与经济学院负责教学工作。2019年12月，学校与仁荷大学签署了修改协议。2021年3月，学校决定调整该项目的

职责分工，将对韩方的日常联络工作移交国际交流与合作处，学生管理工作移交管理与经济学院。

四、国内合作办学

（一）与嵩山少林武术职业学院合作办学

2007年，学校与嵩山少林武术职业学院合作办学，招收英语专业（对外汉语方向）。后改名为国际汉语教育专业，设英语、法语、西班牙语、俄语、日语、韩语地区等多个方向。国际教育学院负责项目运行管理，实行"2＋2"模式，即学生前2年在嵩山少林武术职业学院学习，后2年在学校外国语学院学习。

2015年，设立"4＋0"模式的英语专业（国际工程方向，简称工程英语）和汉语国际教育专业（文化信息传播方向），项目管理全部由国际教育学院负责。

工程英语专业整合国际教育学院以及水利学院、电力学院和管理与经济学院的外语类、工程类、企管类教师和教学资源，为我国水利、电力行业培养英语基础扎实的国际化复合型涉外人才。工程英语专业的招生和就业形势持续向好，已发展成为学校一个特色鲜明的专业。

（二）与解放军（洛阳）外国语学院合作办学

2011年，学院承办与解放军（洛阳）外国语学院合作办学的项目开始招生。设有对外汉语专业（东亚地区、德语地区、越南语地区、阿拉伯语地区等多个方向，"4＋0"模式，学生4年全部在洛阳）、俄语（"4＋0"模式）和英语（商务英语、工程英语、科技英语方向，"4＋0"模式）3个专业、多个专业方向。

2016年6月，应国家和军队改革的要求，学校与解放军（洛阳）外国语学院合作办学终止，371名2014级英语、俄语以

及汉语国际教育专业（德、日、俄方向）学生返校学习。2019年本项目合作学生全部顺利毕业。

五、树立先进典型，弘扬孟瑞鹏精神

2015年春节期间，国际教育学院对外汉语专业学生孟瑞鹏英勇救人，献出了自己宝贵的生命。事迹发生后，学校高度重视，第一时间成立了由党委书记为组长的孟瑞鹏事宜协理工作领导小组，并作出了一系列相应部署。学院多次召开会议安排落实，并到清丰县慰问家属，了解情况，提供多方面咨询和服务，通过多种方式与地方党委政府沟通协商，妥善处理相关事宜。

学院组织师生对孟瑞鹏生前遗物进行收集、整理，建立了孟瑞鹏事迹展列室；整理编撰《孟瑞鹏日记选编》《孟瑞鹏笔记选编》《孟瑞鹏笔记汇总》《孟瑞鹏入党材料汇总》《孟瑞鹏QQ空间说说摘要》；制作了介绍孟瑞鹏英雄事迹的光盘、建立了"学习孟瑞鹏"专题网站；通过追思会、座谈会、讨论会等开展学习孟瑞鹏活动，通过评论文章、散文、诗歌、绘画等多种形式颂扬孟瑞鹏精神。积极配合学校编辑《华北水利水电大学学习宣传孟瑞鹏同学活动材料汇编》，梳理学院进行孟瑞鹏精神宣传的材料，2016年6月推出《孟瑞鹏纪念册》。建立了华水"孟之舟"志愿者服务队，开展志愿服务，践行瑞鹏精神。2019年，学院"孟之舟"学生党支部获得教育部全国党建工作样板支部荣誉称号。学院党委联合学校各部门每年清明节在龙子湖校区孟瑞鹏塑像前举行追悼英雄活动。

六、科研与社会服务

2020年12月，学院承办了2020年商务英语专业委员会年会暨全国商务英语院系负责人会议，另有全国25000多名商务英语教师在线参加了此次会议。2014年8月，汉语国际教育专业泰语方向12名学生赴泰国皇家班颂德大学学习，12月返回学校。

学院重视教学科研工作。共发表论文30多篇，出版著作7部，获得省级项目7项，各级各类科研奖励近十项。杨紫玮副教授2017年获得河南省教学技能竞赛一等奖，并获河南省教学标兵荣誉称号；白玉寒博士和史月梅博士分别获学校第一届和第二届"最喜爱的教师"荣誉称号。

七、学生工作

（一）就业工作

2016—2018年连续三年举办大型"就业双选会"，学生就业率逐年上升。

学院组织毕业生参加汉语志愿者选拔工作。2011年，8名毕业生赴尼泊尔任教，之后每年都有多名学生被选拔为汉语志愿者到国外任教。2014年，315名学生成功入选国家汉办人才储备库。2015年，45名汉语国际教育专业毕业生被录取为国际汉语志愿者，派往南非、秘鲁、厄瓜多尔、西班牙、印度、美国、泰国、尼泊尔、柬埔寨、蒙古国等国家从事汉语教育与推广工作。

（二）获得荣誉

2017年，2014220班团支部获得全国高校"活力团支部"荣誉称号；学院创业就业协会被评为全国大中专学生最具影响力"双创社团"；"豫见丝路"实践团获得团中央授予的全国大学生"一带一路"暑期社会实践优秀团队。一名学生荣获2018年度"中国大学生自强之星"称号；获得2018年河南省"互联网＋"大学生创新创业大赛二等奖1项。2020年，一名学生获得省级大学生职业生涯规划大赛金奖。学院在各项活动中多次被评为优秀组织单位。

八、语言培训

2011年8月，学校语言培训中心正式成为国家人力资源和社会保障部国家职业汉语能力测试（ZHC）考点，11月顺利举办首次ZHC考试。该项目2019年续签合约，继续运行。

2014年5月，学校语言培训中心与韩国仁荷大学签署协议，合作举办留学韩国的本科和研究生预科项目，7月开始实施协议，为学校与韩国启明大学、仁荷大学的两个合作办学项目提供韩语培训服务。

2018年，学校语言培训中心与国家汉语推广办公室授权委托的中语国际教育有限公司合作，设立了学校国际汉语教师证书笔试考场，连续三年承办国际汉语教师证书笔试考试。

（曹德春、刘术永执笔）

马克思主义学院

2015 年 11 月，思想政治教育学院更名为马克思主义学院。

学校高度重视马克思主义学院建设，努力把思想政治理论课打造成第一课堂、把马克思主义理论学科打造成第一学科、把马克思主义学院打造成第一学院。学院各项建设迈入新阶段，各项工作不断迈上新台阶，2019 年被批准为河南省首批重点马克思主义学院，并被评为河南省教育系统先进集体。

一、领导班子建设

学院历届领导班子高度重视自身建设，认真贯彻落实党委中心组学习制度、学院党委会议事规则、学院党政联席会议议事规则、"三重一大"制度等制度，集体领导与分工负责相结合的体制机制不断完善，民主集中制得到认真贯彻，班子团结，为学院各项工作提供了坚强的政治保障。

学院历任领导见表 1。

表 1   马克思主义学院历任领导一览表

姓名	任职时间	职务	备注
张玉祥	2009 年 4 月至 2012 年 4 月	直属党支部书记	思想政治教育学院
晁根芳	2012 年 4 月至 2015 年 3 月	党委书记	思想政治教育学院
乔敏	2015 年 4 月至 2019 年 12 月	党委书记	2015 年 4 月至 2015 年 10 月思想政治学院 2015 年 11 月至 2019 年 12 月马克思主义学院
张梅	2019 年 12 月至 2020 年 11 月	党委副书记（主持党委工作）	马克思主义学院
	2020 年 12 月至今	党委书记	马克思主义学院
杨建坡	2018 年 10 月至今	党委副书记	马克思主义学院
张玉祥	2009 年 4 月至 2015 年 3 月	院长	思想政治教育学院
王艳成	2009 年 12 月至 2012 年 4 月	副院长	思想政治教育学院
	2015 年 4 月至 2018 年 7 月	院长	2015 年 4 月至 2015 年 10 月思想政治学院 2015 年 11 月至 2018 年 7 月马克思主义学院

姓名	任 职 时 间	职 务	备 注
饶明奇	2018 年 7 月至今	院长	马克思主义学院
何 芹	2012 年 4 月至 2015 年 4 月	副院长	思想政治教育学院
张 梅	2015 年 4 月至 2020 年 12 月	副院长	2015 年 4 月至 2015 年 10 月 思想政治学院 2015 年 11 月至 2020 年 12 月 马克思主义学院
杨国斌	2017 年 4 月至 2018 年 9 月	副院长	马克思主义学院
李心记	2019 年 3 月至今	副院长	马克思主义学院

二、党建与思想政治工作

在学校党委的坚强领导下，学院的党建与思想政治工作扎实推进，不断创新，为教学科研工作的顺利开展提供了坚强的政治保障。

学院党建与思想政治工作成效明显，获得了一系列荣誉。学院连续多年被评为校级先进基层党组织，2017 年学院党委被评为河南省高校先进基层党组织；2020 年被评为学校基层党组织标杆院系，研究生党支部被评为河南省高校"样板支部"，3个党支部被评为学校"先进基层党组织"。学院连续 3 届获得学校文明单位。

三、师资队伍建设

（一）学校党委重视，加强领导和规划

2019 年上半年学校通过了《中共华北水利水电大学委员会河南省重点马克思主义学院建设方案》，从指导思想、总体任务、保障措施等方面对马克思主义学院建设进行顶层设计。

（二）加强外部引进，壮大队伍力量

学院始终把大力引进优秀人才作为重要任务。2011 年，学院有专职思政课教师 23 人，其中具有高级职称 9 人，博士 5人，占 22%。2021 年有专职思政课教师 51 人，其中高级职称 20 人，博士 26 人，占 51%。

2018 年上半年，中央党校韩庆祥教授受聘学校特聘教授，对加强师资队伍建设和科学研究发挥了重要作用。韩教授作为负责人成功获批河南高校哲学社会科学创新团队项目"习近平新时代中国特色社会主义思想哲学基础研究"1 项；组建了 4个研究团队，瞄准学科前沿开展研究。

（三）加强校内外挖潜，拓宽师资渠道

为了拓宽师资队伍渠道，加强内部挖潜，一批党政干部活跃在思政课讲台上，成为一支有生力量。承担本科和研究生教学任务的校内党政管理干部共 36 人，教授10 人，副教授 11 人，讲师 15 人，其中博士 16 人。返聘已退休思政课教授 2 人，继续承担教学科研任务。

（四）加强内部培养，提高业务素养

加强岗位练兵，提高教学水平。在日常教研活动中，组织新任职教师进行试讲、骨干教师讲示范课、说课、互相听课等，加强练兵；每两年举办一次青年教师讲课大赛，40 岁以下的青年教师全员参与，优胜者颁发证书，推荐参加全校青年教师讲课大赛；组织教师积极参加全省的教学技能大赛等，真正发挥了以赛促学、以赛促教、以赛促改、以赛促研的作用；通过压担子，在教学实践中提高水平。

坚持走出去，拓宽业务视野。支持教师外出参加各种培训和学术交流，绝大多数专职教师参加过教育部思想政治理论课骨干教师培训、河南省社会科学骨干教师培训、全省思想政治理论课课程培训等，全部参加教育部网络思想政治理论课新版教材的培训、周末理论大讲堂等培训。

加强社会实践，提高联系实际能力。除了校内实践活动之外，每年暑假，都组织教师到革命老区、经济社会发达地区、农村致富典型等地参加社会实践活动，以增加对现实问题的认识。先后组织教师赴焦裕禄纪念馆、红旗渠、大别山革命老区、何家冲红 25 军出发地、"九一八"事变纪念馆、修武党建美学基地、黄柏山生态文明教育基地等开展社会实践活动，取得了较好教育效果。

（五）完善机制，激发教师活力

以教改项目为载体，激发教师教改积极性。每年院内立项教改项目若干项，鼓励优秀项目申报校级、省级教改项目。通过资助课程建设，提升协同建设水平。经费使用向教研室倾斜，支持课程建设数字化、现代化。在前期学院和学校资助立项建设的基础上，2020 年学院投入 20 万元支持 4 门主干课程建设精品在线课程。

教师在全校、全省各种讲课比赛中获得优异成绩。入选教育部思政课教指委委员 1 人，获得首届全国高校思想政治理论课教学展示活动一等奖 1 人（王晓岗）、二等奖 1 人（卢保娣），河南省教学技能大赛一等奖 6 人，河南省教学标兵 6 人，河南省优秀思想政治理论课教师 6 人，河南省优秀教师 1 人，河南省教育信息化大赛一等奖 10 余人次。在 2018 年河南省高校思想政治理论课教学技能大赛决赛中，3 位教师分别荣获一等奖，被授予"教学能手"，是全省获一等奖最多的高校。

四、教学改革工作

学院承担全校本科生"思想道德修养与法律基础""中国近现代史纲要""马克思主义基本原理""毛泽东思想和中国特色社会主义理论体系概论""形势与政策"等五门本科生课程、硕士研究生"中国特色社会主义理论与实践"、博士生"中国马克思主义与当代"公共课的教学任务。4 门主干本科课程均被评为省级优质思政课程。在此基础上，不断深化教学改革，形成了"三讲四联动"教学模式，取得了较好的效果。

（一）"三讲四联动"教学改革的发展与主要做法

为进一步提升思政课的针对性和实效性，2012 年 9 月，从 2012 级本科生开始实行思政课"3＋2"教学模式改革。"3＋2"教学模式是指思政课教学和考核采用"3 模块＋2 考核"的方式。"3 模块"即课堂讲授由 3 个模块组成，包括教师围绕专题精讲 50 分钟，班级围绕专题研讨 30 分钟，学生围绕专题写作业 20 分钟。"2 考核"是指学生成绩考核由两部分组成，其中平时讨论和作业满分为 40 分，期末开卷考试满分为 60 分。

从 2015 年 4 月起，持续推进"四课联动"实践教学改革，即以强化课堂实践教学为主导，注重课程之间、师生之间、第一课堂与第二课堂之间的联动。在充分考虑各门课程特点和学生实际需求的前提下，在思修课教学中贯穿主题演讲（"尚德杯"），在纲要课教学中融入历史情景剧表演（"鉴史杯"），在原理课以课堂辩论为主要形式（"明理杯"）渗透课堂教学，在概论课将微视频制作（"筑梦杯"）纳入课堂教学环节。通过对活动主题和形式进行精心设计，通过课下课上层层选拔，最后以一场校级比赛的形式展示实践教学成果。这四种形式的实践教学是课堂实践教学的课外延伸，是对课堂理论教学的补充完善，是把第一课堂与第二课堂紧密结合的有益尝试，更是思想政治理论课实践教学整体性推进的改革探索。

思政课教育教学改革进入"三讲四联动"教学改革阶段。通过课程联动、师生联动、教师联动、线上线下联动的系统协同原理，以本科生必修四门主干课的思政课程互通联动为核心，拓展"课上老师精讲、课下专家活讲、校园文化常讲"的"三讲"思政课新模式，构建出形式多样、内容丰富的思政课教学体系。同时注重资源整合、系统规划、整体推进，实现了思政课各门课程间联动、传统教学与新媒体联动、思政课程与专业课联动、马克思主义学院与职能部门联动的"四联动"工作机制，形成了全员全程全方位思想政治教育的新局面。

点面结合，开展社会实践活动。组织学生赴大别山革命老区、焦裕禄纪念馆、红旗渠、何家冲红25军长征出发地、黄柏山生态文明教育基地等开展社会实践活动。2020年与焦裕禄纪念馆、黄河博物馆、修武县委党校合作开展社会实践活动。

（二）"三讲四联动"教育教学改革的特色

通过"尚德·鉴史·明理·筑梦"四课联动，创新思政课实践教学模式，使思政课"动"起来。运用新媒体新技术，创新思想政治教育与信息技术深度融合，使传统思想政治教育工作"活"起来。围绕思政课开展综合创新，构建重点突出、载体丰富、协同一致的育人体系，使思政课育人要素"全"起来。深入挖掘水利元素，讲好华水故事、传递华水声音、弘扬华水精神，真正让思政课堂"联"起来。

（三）"三讲四联动"教育教学改革的成效

学生获得感显著提升。经10届6万多名本科生实践检验，课堂出勤率和满意度

显著提高。实践教学、小组研学参与率均达100%，得到学生和同行好评。"尚德·鉴史·明理·筑梦"杯思政课实践教学已举办六届，每年964场课堂比赛，从课下海选、课堂选拔到初赛预热、复赛角逐和决赛搏杀，最后以4场校级大赛呈现，学生都全员参与、全程实践，覆盖面广。

省内外推广反响好。"三讲四联动"教学模式被省内外多所高校借鉴。学校多名教师在全国性教学研讨会上做"三讲四联动"教学改革经验分享，多所省外院校来访交流学习。"华水习语"微信号、"思想道德修养与法律基础"在线开放课程等网络平台点击率高，慕课和教学资料在全省10多所高校运用。

成果获重要奖励。2018年，"思想道德修养与法律基础"课程被评为河南省精品在线开放课程，并获评优秀。2018年，"尚德杯"主题演讲大赛获得全省高校思想政治工作优秀品牌。2018年，"中华水文化"（课程思政示范课）获国家级精品在线开放课程。2018年，思想品德教研室获批河南省优秀基层教学组织。2019年，《高校思想政治理论课"三讲四联动"教学模式研究与实践》获得全国水利教育协会德育教育优秀成果二等奖。"微言大义达人讲堂"是河南省高校网络文化建设精品项目，荣获河南省高校校园文化建设成果一等奖。MMDX学习研究会荣获全国百佳理论学习类社团等多项荣誉。2020年，《新时代高校思想政治理论课"三讲四联动"教学模式研究与实践》荣获河南省2019年度高等教育教学成果特等奖。2020年"马克思主义基本原理概论"被认定为首批国家级线下一流本科课程。

成效受领导肯定和批示。2016年教育部副部长林蕙青到学校调研时，专门听取思政课"四课联动"实践教学改革工作汇

报，并给予高度评价。2018 年，在河南日报《思政课可以很"红"也很"炫"》系列报道中，"四课联动"实践教学改革被首篇报道，得到省委常委、宣传部部长赵素萍专门批示和充分肯定。

经验被国家级媒体广泛报道。学校教学改革得到了光明日报、人民日报、中国教育报、河南日报、河南电视台等多家新闻媒体的广泛报道。其中 2020 年 2 月 10 日《光明日报》第五版整版报道了华北水利水电大学改革"第一课堂"、延伸"第二课堂"、活跃"第三课堂"，坚守立德树人初心，探索出"三讲四联动"教学模式，使各类课程与思政课同向同行、协同联动，筑好党建"真堡垒"，当好育人"领路人"。

五、科研工作

学院高度重视科研工作，通过强化科研资助力度、加大职称推荐细则中科研成绩的比重、加强课题申报论证前期指导把关等措施，提高了教师的科研热情和工作积极性，科研成绩不断取得新突破。

（一）高质量论著逐年增加

2011 年，学院教师参编著作 2 部，发表论文 32 篇。2012 年，参编著作 3 部，出版学术专著 1 部，发表论文 44 篇，其中核心期刊 25 篇，EI 期刊 15 篇。2013 年，参编著作 3 部，发表论文 31 篇，其中 CSSCI 期刊 2 篇，EI 期刊 4 篇，核心期刊 10 余篇。2014 年发表论文 46 篇，其中核心期刊 16 篇，EI 期刊 2 篇，SCI 期刊 1 篇，出版学术专著及独著 7 部。2015 年发表论文 24 篇，其中 CSSCI 期刊 2 篇，中文核心 4 片，出版学术专著 7 部。2016 年，出版学术专著 7 部，发表论文 41 篇，其中 CSSCI 收录 5 篇，CSSCI 扩展版 1 篇，中文核心期刊 10 篇。2017 年，出版学术专著 10 部，发表论文 30 篇，其中

CSSCI 收录 7 篇。2018 年，出版专著和编著 16 部。2019 年，出版学术专著 10 部，发表论文 48 篇，其中 CSSCI 收录 18 篇，北大中文核心期刊 3 篇。2020 年，出版学术专著和编著 4 部，发表论文 41 篇，其中 CSSCI 收录 12 篇，中文核心期刊 15 篇，实现了优质学术论文发表数量较快增长。

（二）高级别科研项目立项数快速提升

2011 年，学院教师主持、参与完成及获准新立省级以上科研项目 17 项。2012 年，参与完成及获准新立省级以上科研项目 19 项。2013 年，参与完成及获准新立省级以上科研项目 15 项，其中朱海风主持的"新时期领导干部践行实事求是思想路线的难点和对策研究"获得国家社科基金项目立项。2014 年，主持或参与完成科研项目获奖 8 项，其中朱海风主持的"中国水文化发展前沿问题研究"获得国家社科基金重点项目立项，王艳成主持的"新型城镇化进程中生态文明建设机制研究"获得国家社科基金一般项目立项。2015 年，学院获得各级各类项目 14 项，其中省部级以上项目 3 项，1 人入选河南省高校科技创新人才（人文社科类）支持计划，年度获得资助经费 57.5 万元。2016 年，参与及获准新立省级以上科研项目 11 项。2017 年，参与完成及获准新立省级以上科研项目 14 项，其中王湘云主持的"范畴逻辑理论研究"获得国家社科基金项目立项。2018 年，获得省级以上科研项目立项 8 项，其中王延荣主持、马书臣任子课题负责人的十九大精神阐释专项"新时代中国特色社会主义创新文化形成机理与路径研究"获得国家社科基金重大项目立项；张艳斌主持的"习近平意识形态观研究"获国家社科基金青年项目立项。2019 年，参与完成及获准新立科研项目 13 项，其中王清义主持的"新时代高校党建工作研究"、

史鸿文主持的"中华水文化信息资源数据库建设研究"获得国家社科基金一般项目立项，霍贺主持的"读书杂志派"民族主义思想研究（1931—1945年）获得国家社科基金后期资助项目研究，夏亚飞主持的"宋代科举法研究"获得国家社科基金青年项目立项。2020年，参与完成及获准新立省级以上科研项目10项，其中苏森主持的"疫情防控背景下高校思政课在线教学实效性问题与对策研究"获得国家社科基金思政专项立项，孟广慧主持的"《礼记》生态思想研究"获得国家社科基金青年项目立项。

（三）科研获奖不断增多

2011年共获奖5项。其中，王艳成的专著《城镇化进程中乡镇政府职能研究》获河南省社会科学优秀成果二等奖。2012年共获奖6项。2013年共获奖8项。2014年共获奖8项。2015年共获奖14项，其中，朱海风的《水文化研究》获河南省社会科学研究成果二等奖。2016年共获奖11项，其中，杜学礼的《深化社会主义核心价值观及其体系建设探究》获河南省社会科学优秀成果二等奖。2017年共获奖14项。2018年共获奖24项，其中，李鹏的《弘扬中原文化——河南典故图文类通俗读物》获河南省社科普及规划项目特等奖。2019年共获奖20项，其中，张梅的《办好新时代高校思想政治理论课的思考》获省社会科学优秀成果二等奖；王湘云的《数理逻辑实验教学模式创新研究》获省社会科学优秀成果二等奖；耿进昂的《维护公民生态权益不能仅靠政府力量》获省社会科学优秀成果二等奖；袁进霞的《我国高校思想政治理论课改革的实践逻辑》获省社会科学优秀成果二等奖；贾兵强的《楚国农业科技与社会发展研究》获第五届郭沫若中国历史学奖提名奖。2020年共

获奖16项，其中，张梅的《思与行：高校思想政治理论课教学改革与实践》获2019年度省社会科学优秀成果二等奖。

（四）学术交流活动丰富多彩

2011年广谱哲学研究所与中国自然辩证法研究会、河南省自然辩证法研究会联合举办了"创新哲学社会科学与广谱哲学15周年全国学术研讨会"；2013年承办了河南省自然辩证法研究会2013年年会；2016年举办"推动哲学社会科学创新发展暨广谱哲学20周年全国学术研讨会"；2017年学院积极参加河南省教育厅举办河南省高校新时代马克思主义理论学科建设研讨会；2018年承办改革开放40周年理论研讨会暨河南省哲学年会；2019年1月与郑州大学马克思主义学院联合主办"中国特色社会主义发展逻辑全国研讨会"；2019年12月学院与中共中央党校专家工作室、《天津社会科学》《毛泽东邓小平理论研究》《中州学刊》杂志社联合主办的"中国特色社会主义制度优势与治理效能"全国高端学术研讨会；2020年与法学院联合举办中国水利学会水法专业委员会年会；2021年举办中国共产党百年历程与基本经验学术研讨会。

学院还先后邀请韩庆祥、欧阳康、骆郁廷、徐俊忠、吴潜涛、韩喜平、李佑新、梅荣政、熊晓琳、孙其昂、刘建军、李梁、冯秀军等多位知名专家做专题学术报告，活跃了学术氛围，扩展了学术视野。

（五）科研平台建设迈上新台阶

2019年，韩庆祥教授领衔的"习近平新时代中国特色社会主义思想的哲学基础研究"团队获批河南省哲学社会科学创新团队。2020年，学院先后成功获批河南省高校人文社会科学重点研究基地（培育）"黄河流域生态文明研究中心"、河南省社科联社科重点研究基地"中原生态文明研

究中心"、郑州市社会科学重点研究基地"黄河流域可持续发展研究中心"。

（六）学术研究团队建设得到加强

学院组建了 4 个学术研究团队：创新发展 21 世纪马克思主义研究学术团队、思想政治教育创新发展研究团队、习近平新时代中国特色社会主义思想研究学术团队、中国之治与中国特色社会主义治理研究学术团队。4 个学术团队分别对应马克思主义理论相关二级学科，对学院进一步凝练学科方向、多出本学科高层次研究成果起到了重要的推动作用。

六、学科建设与研究生工作

（一）学科建设工作稳步推进

学院自 2007 年开始招收硕士研究生，设有马克思主义基本原理和思想政治教育 2 个专业。2017 年，马克思主义理论学科入选校级特色优势培育学科。2018 年，学院获得马克思主义理论硕士一级学科授予权。2019 年，新增马克思主义中国化研究、中国近现代史基本问题研究和党的建设研究方向。同年，马克思主义理论学科被学校列入博士点申报培育学科。

（二）强化思想政治教育和日常管理。

通过各种主题教育活动，加强研究生思想政治教育，坚定理想信念，做忠诚的马克思主义者；在学术研究方面，通过学术论坛，学术沙龙，学术讲座等活动，鼓励学生潜心钻研，积极思考，提升学生的学术水平；积极开展形式多样的社会实践活动，提升其理论联系实际的能力。近 10 年毕业生人数如下：2011 届毕业研究生 39

人；2012 届毕业研究生 39 人；2013 届毕业研究生 44 人；2014 届毕业研究生 34 人；2015 届毕业研究生 34 人；2016 届毕业研究生 34 人；2017 届毕业研究生 39 人；2018 届毕业研究生 24 人；2019 届毕业研究生 33 人；2020 届毕业研究生 33 人。近 10 年来，学院共为社会培养硕士毕业生 350 余人，2020 年有在校生 68 人。

（三）加强学业管理，培养质量不断提升

一是提高生源质量。通过各种渠道，加强宣传力度，鼓励优质生源报考。二是优化培养方案。注重从学生成长成才的内在需要来设定研究生课程，淘汰一些内容陈旧的"老课"和学生反映强烈的"水课"，增设"习近平新时代中国特色社会主义研究"等最新课程，增设与"党的建设"二级学科相适应的相关课程。三是加强过程管理。对硕士研究生开题答辩、中期考核、论文外审、预答辩、答辩、答辩后修改等重要环节的把关，从严要求，不符合要求者延期毕业。四是强化科研要求。对 2020 级研究生提出了要在毕业答辩前发表中文核心期刊论文的要求，鼓励资助研究生积极参加学术活动。在河南省马克思主义理论学科硕士论坛中，学院研究生相继获得特等奖和一等奖的好成绩。五是夯实导师责任。不断优化"马克思主义学院硕士研究生导师遴选和聘任管理办法"，夯实导师的主体责任，激发其积极性和主动性。

（饶明奇执笔）

艺术与设计学院

一、学院概况

艺术与设计学院创建于 2015 年 3 月，由建筑学院环境设计、视觉传达设计、公共艺术三个专业和美术研究所组建而成。2017 年，学院获批艺术硕士 MFA（艺术设计、美术）专业学位点；学校与韩国启明大学签署协议，环境设计专业合作办学项目正式启动，同年开始招生。2019 年，学院获批美术学一级学科硕士学位授权点（绘画、美术教育）；同年，绘画本科专业获批并开始招生。截至 2021 年 3 月，学院具有环境设计、公共艺术设计、视觉传达设计、绘画四个本科专业，其中，环境设计专业为河南省一流本科专业、河南省特色专业。拥有美术学一级学科硕士学位授权点（绘画、美术教育）1 个，艺术硕士 MFA 专业学位点 1 个。

学院是河南省高等学校特色专业建设单位、河南省高等学校专业综合改革试点单位、河南省学校艺术教育协会会长单位、河南省教育界书画家协会主席单位、中国人物画艺委会副主任单位、教育艺委会副主任兼秘书长常设单位、河南省美术家协会版画艺术委员会常设单位、河南省普通高校美术学、设计学博士联谊会副会长秘书长单位、学校博士点重点建设单位等。学院建立了河南玉雕、烙画非遗传承基地，河南省农民画研究联合基地，华北水利水电大学中原美术创作基地、美术研究所、书法研究所、城市生态景观研究所、雕塑与壁画研究所、油画研究所、当代艺术研究所、陶艺研究所、丝网印刷实验室。学院注重学生创新能力和综合素质的培养，有在校本科生 1120 人（含中韩合作 399 人），硕士研究生 67 人。学院先后有 600 多项美术和设计作品获得国家、省、市级奖励。

二、组织机构与师资队伍建设

（一）历届领导班子成员及管理队伍

学院历届领导班子成员及任职时间见表 1。

表 1　艺术与设计学院历届领导班子及任职时间

职务	姓名	任职时间
院长	石品	2015 年 3 月至 2017 年 9 月
	武金勇	2017 年 11 月至今
副院长	李尚可	2015 年 3 月至 2017 年 11 月
	马勇	2015 年 3 月至 2018 年 9 月
	武金勇	2015 年 8 月至 2017 年 11 月
	杨华轲	2018 年 9 月至今
	金玉甫	2018 年 10 月至今
党委书记	李尚可	2015 年 3 月至 2017 年 11 月
	刘术永	2017 年 11 月至 2021 年 3 月
	李志国	2021 年 3 月至今
党委副书记	叶琳	2015 年 8 月至 2018 年 10 月
	韩江峰	2018 年 10 月至今

学院设党政办公室、教学办公室、学生工作办公室、学科及研究生工作办公室、科研办公室、团委、创新创业就业指导中心等。

2015年11月，学院党委下设三个党支部，分别为教工第一党支部、教工第二党支部和学生党支部。2017年10月，随着学生党员人数的不断增加，学生支部由原来的一个分设为学生第一支部和学生第二支部，学院党委共设四个党支部。截至2021年3月，学院有党员107人。

学院共有4个基层教学组织：2015年成立环境设计系、视觉传达设计系、公共艺术系；2018年，成立绘画系。学院另设基础美学实验室。

（二）师资队伍

学院大力加强师资队伍建设，积极引进人才，加大在职教师培养力度。截至2021年3月，学院有教职工48人，其中教授6人，副教授8人，硕士生导师28人（含兼职）。具有博士、硕士学位的教师占专任教师数量的95％以上。中国美术家协会会员10人，中国书法家协会会员2人，河南省学术技术带头人2人，河南省"四个一批"人才1人。

学院注重师资队伍建设，特别是对中青年教师的培养，鼓励脱产和在职攻读学位、访学交流等。先后有郝丽君赴美国密歇根州立大学访学；武金勇、马勇、刘延琪、周科、张启等先后赴韩国进行学术交流；樊丽赴广西大学访学，熊晓东赴中央美院访学；多位教师赴中国美术学院、中央美术学院等进行短期学术交流。2016年，刘延琪在学校首届"我最喜爱的老师"的评选中荣获"十佳网络人气奖"；2018年，魏东荣获河南省"文明教师"荣誉称号，在学校第二届"我最喜爱的老师"的评选中荣获"良师益友奖"。

三、教育教学

加强制度建设。学院以师生发展为目标，强化制度建设，尊重学生主体地位，先后出台了《艺术与设计学院毕业设计管理规定》《本科生导师工作管理规定》《艺术与设计学院教学任务下达管理规定》《艺术与设计学院教研室主任和副主任工作职责规定》《艺术与设计学院实践教学管理规定》等，进一步规范了艺术与设计学院的教学管理。

适时调整完善培养方案。2018年，学院实行设计学大类招生，对培养方案进行了全方位改革。按照各专业指导委员会评估要求，利用暑期召开了教学指导委员会会议，先后组织8次教研室主任研讨会，统一认识、开拓思路、确定方向。整合了专业交叉课程，使环境设计、视觉传达设计、公共艺术专业以美术基础、计算机辅助设计为基础平台，以创作设计为主线，贯穿专业培养计划全过程，形成理论与实践并重，艺术与技术融合，多学科交叉互补的人才培养特色。制定了专业建设发展规划、课程建设发展规划、教师队伍建设发展规划。

大力推进课程建设。学院以精品课程建设为抓手，提升人才培养能力。2019年，"图形创意"获批校级精品在线课程。2020年，"驳岸设计"获批校级精品在线课程；"构成学""UI设计"获批校线上线下混合教学一流金课；"构成学"获河南省本科教育线上教学优秀课程二等奖。参与建设省级精品在线课程"室内设计"。科学设计课程思政教学体系，课程思政实施载体多样化、内容更深入、形式更灵活；2019年，"景观设计基础""城市风貌与文化遗产保护"获批校级课程思政示范课程。

不断深化教育教学改革。学院注重教

育新理念融入，结合新文科建设背景和学分制改革需要，主持完成省级教改项目2项，校级教改项目6项。改革实践教学方式，强化学生实践能力。针对毕业设计（论文）专门制定健全的考核制度，组织系列展览。2017年，学院首届本科毕业生作品展在河南省艺术馆开幕，是该场馆首次举办的省内本科生毕业作品展。2019年，在校美术馆进行了毕业设计作品展。2020年，因疫情原因，组织线上作品展。2020年2—4月，以"以艺抗疫 华水艺术在行动"为主要活动形式，开展抗疫宣传与艺术创作。自2月11日起，坚持一周一期，至4月中旬，以公众号"华水微资讯"为展播平台，共发布14期，累计展出作品236件，点击率过万，被中央电视台书画频道等媒体纷纷转载，所刊发作品大部分被推荐至河南省美术家协会组织的抗击疫情征稿活动中，持续增加了学院师生作品的影响力。

注重青年教师培养。学院领导坚持深入一线听课，形成完善的二级督导教学质量监督体系。针对学院青年教师比例大的特点，认真做好青年教师培训，组织开展不同层次学术交流，以赛促教，以学促改，不断提高教师的教育教学胜任力。2015年3月，组织开展了艺术与设计学院首届青年教师讲课大赛。2019年，连文莉代表学院参加校青年教师讲课大赛，获得一等奖；辛明浩获校第二届优秀微课教学视频一等奖。同年9月，连文莉代表学校参加教育厅教学技能竞赛获一等奖，获教学标兵称号；11月，获河南省首届课堂教学创新大赛优秀奖。

逐步改善教学条件。2019年，在S2实验楼新增专业教室18个，有力地支持了学院以设计为主线、以项目为驱动的实践教学开展。2020年，建成了500平方米的美术展览馆，收藏近五年师生获奖作品123幅。

四、专业建设与科学研究

（一）专业建设

2018年，学院获批成为学校美术学博士点重点建设单位；2020年12月，经河南省学位委员会评审研究，以全省第一的成绩推荐参加全国博士点评审。2020年，环境设计专业获批河南省一流本科专业建设点。2017年，设计学获批成为学校扶新学科。

（二）研究生培养

研究生培养稳步推进，双师制模式创新。2017年9月，美术学、设计学专业硕士首届招生；2019年，美术学一级学科学术型硕士首届招生，标志着学院研究生招生、培养工作迈上了一个全新台阶。学院高度重视研究生教育，在培养模式上不断探索、创新。为加强研究生教学管理，提高研究生培养质量，突出创新能力和实践能力培养，学院研究生培养采取"双师制"培养模式，聘请设计一线的资深设计师和知名画家张江舟、丁昆、李明、郭景涵、桂行创等担任导师。其中，省书画院、省美术馆的国家一级美术师3人，教授级工程师5人。充分利用外聘导师和合作基地的资源，多次组织研究生参加河南省美术馆艺术作品展，参加写生实践等，拓展学生专业视野和实践能力。

研究生培养成效显著，十三届全国美展成绩斐然。2018年，研究生参加各类高水平专业展览和竞赛，两届研究生共获得省部级以上奖励18项，研究生徐婷和王岁甜作品首次参加国展并入选全国第五届中国画线描艺术展。2019年，五年一届的第十三届全国美展中，研究生作品国家级入选1幅，河南省一等奖1项，省级入选3幅。2019年，河南省美协举办第二十四届新人新作展 4 人作品获优秀奖；郑州美协举办的郑州市第九届美展 1 人作品入选；河南省纪念"五四运动"100 周年作品展 1 人作品入选，1 人作品获优秀奖。2020 年，第二届全国青年工笔画展作品入选 1 人。学生获奖作品详见表 2。

表 2　　　　　　　　艺术与设计学院学生获奖作品一览表

序号	作品名称	获奖类别	获奖年份	学生姓名	年级/专业
1	《鹤》	第十三届全国美术作品展	2019	赖秀蓉	2018/美术
2	《野趣》	"出彩郑州"全国第五届线描艺术展入选/国家级	2018	王岁甜	2017/美术
3	《山居秋暝》	"出彩郑州"全国第五届线描艺术展入选/国家级	2018	徐婷	2017/美术
4	《芳华》	纪念"李芳"作品展获得一等奖	2018	张力方	2017/设计
5	《万物静观皆自得》	第十三届全国美展河南区国画入选	2019	项国涛	2018/美术
6	《醉卧花间秋山晓》	第十三届全国美展河南区国画入选	2019	张亚凯	2017/美术
7	《梦鹿》	第十三届全国美展河南区油画三等奖	2019	申乙君	2017/美术
8	《春风化雨万物生》	第十三届全国美展河南区版画三等奖	2019	张作	2018/美术
9	《大国重器》	第十三届全国美展河南区壁画入选	2019	王增广 陈星彤 李倩雯	2018/美术
10	《棕榈》	第二届全国青年工笔画展入选	2020	项国涛	2018/美术

（三）科研成果

科研平稳发展。2018 年，武金勇院长国画《太行深处》被人民大会堂收藏，这是河南省近二十年来首位河南省本土画家作品被人民大会堂收藏。2017 年，青年教师石二军《家园》入选国家艺术基金 2018 年度资助项目；2018 年，青年教师李磊磊《解构"三远"——桃花源》入选国家艺术基金 2019 年度资助项目。2018 年 8 月，丁志伟参加中国文联、美术家协会、中国文学艺术基金会共同主办的"向人民汇报——30 位中青年美术家深入生活、扎根人民"主题实践及展览活动（此项活动全国只有 30 位艺术家入选），同时获得河南省委、省政府颁发的"河南省第六届文学艺术优秀成果奖"。2019 年，在第十三届全国美展中，学院师生成绩突出，入选全国美展 9 幅，入选省级 34 幅其中获奖 23 幅；学校被评为"第十三届河南省美术作品展教育界优秀组织单位"。获奖作品及项目详见表 3 和表 4。

举办学术论坛。2019 年 9 月，承办"新文科·融合·引领——2019 艺术与科学跨学科教育论坛"。来自清华美院、中央美术学院、中国传媒大学、天津美院、湖北美院、西安美院等全国 68 所知名艺术学院的院长及教授，共 128 位专家学者参加此次论坛。此次论坛规格高、影响大，众多艺术研究领域的著名专家齐聚学校，对学院博士点的建设和发展，提升学校艺术学科在学界的声誉和地位具有深远的意义。

艺术大讲堂打造学术新高地。艺术大讲堂自 2017 年举办第一讲，截至 2021 年 3 月，已坚持举办 4 年，共邀请国内外知名专家学者在学校举办学术讲座共 14 场，通过艺术大讲堂，学术争鸣，品鉴艺术，弘扬传统文化，树立文化自信。

表3　　　　　　　　　　重要艺术创作项目及作品一览表

序号	作品名称	类型	来源/获奖	级别	年份	负责人
1	《家园》		国家艺术基金	国家级	2017	石二军
2	《解构"三远"——桃花源》		国家艺术基金	国家级	2019	李磊磊
3	《佛教东传》		"一带一路"国家重大历史题材美术创作	国家级	2016	马　勇
4	《英雄》		中国文联创作扶持项目	国家级	2020	丁志伟
5	《逐梦·铸梦》系列	工艺美术	国家艺术基金	国家级	2019	丁志伟
6	《太行深处》	国画	人民大会堂收藏	国家级	2019	武金勇
7	《乡愁之消失的村庄》	国画	中国文字博物馆收藏	国家级	2017	武金勇
8	《老子道德经节选》	书法	中国文字博物馆收藏	国家级	2020	金玉甫
9	《寻找焦裕禄》	综合材料创作	获第十二届全国美术作品展综合材料铜奖	国家级	2014	石二军
10	《山花》	国画	2018年"翰墨神木"全国中国画作品展	国家级	2018	马　刚
11	《秋山掩今古》	国画	第十三届全国美术作品展入选作品、河南省第十三届美展一等奖	省级	2019	武金勇
12	《鹤》	壁画	第十三届全国美术作品展入选作品、河南省第十三届美展一等奖	省级	2019	武金勇
13	《筑梦者》	油画	第十三届全国美术作品展入选作品、河南省第十三届美展一等奖	省级	2019	石二军
14	《慢生活》（合作）	油画	第十三届全国美术作品展入选作品、河南省第十三届美展一等奖	省级	2019	石二军
15	《邙塬清逸图》	国画	第十三届全国美术作品展入选作品、河南省第十三届美展一等奖	省级	2019	张一心
16	《乡村记之一》	油画	第十三届全国美术作品展入选作品、河南省第十三届美展一等奖	省级	2019	丁　昆
17	《夜舞钢花》	壁画	第十三届全国美术作品展入选作品、河南省第十三届美展一等奖	省级	2019	李磊磊
18	《星空璀璨》	壁画	第十三届全国美术作品展入选作品、河南省第十三届美展一等奖	省级	2019	马　勇隋东亮
19	《一代楷模》	国画	全国第十二届美术作品展入选作品、河南省十三届美术作品展一等奖	省级	2014	石　品
20	《守护》	油画	河南省第七届优秀青年美术作品展览一等奖	省级	2018	石二军

表 4　　　　　　　　　获得省部级及以上重要科研奖励一览表

序号	获奖类别	获奖等级	获奖作品（项目）名称	类型	获奖人	获奖年份
1	河南省社会科学优秀成果奖	三等奖	《先秦两汉绘画颜料研究》	专著	武金勇	2017
2	河南省社会优秀成果，河南省教育厅人文社会科学研究优秀成果	一等奖	《风格与理念——中国民间美术研究》	专著	武金勇	2017
3	河南省社会科学优秀成果奖	三等奖	《巧密精细　形简意丰：中国画及其绘画技法解析》	专著	武金勇	2019
4	河南省社会科学优秀成果奖	三等奖	《中西方绘画技法分项观照》	专著	马　更	2019
5	河南省教育厅人文社会科学研究优秀成果	二等奖	城市滨水景观规划设计	项目	郝丽君	2019

五、学生管理工作

学生基本情况。截至 2021 年 3 月，学院有全日制本科学生 721 人，班级 24 个；中韩合作环境设计项目学生 399 人，班级 14 个；研究生 67 人。

学生管理成绩突出。学院充分发挥主观能动性，将教育、管理、服务贯穿学生工作始终，凝心聚力、埋头苦干，取得了一系列成绩。2017 年学院学生工作定量考核名列全校第二，2020 年名列全校第六，2015—2020 年，学院学工队伍荣获第三届、第五届"华彩杯"创新创业大赛优秀组织单位、第三届中国"互联网＋"大学生创新创业大赛优秀组织单位等荣誉。2015—2020 年，吴晶晶等被授予"优秀共产党员"称号；孙彦军等被授予"就业工作先进个人"称号；毛航等被授予省市"社会实践先进工作者"；千鹏霄、毛航、刘宫佐先后被授予"优秀辅导员"称号。2020 年 11 月，吴晶晶在全校第三届辅导员素质能力大赛中荣获三等奖。

学院连续 5 次荣获学校"暑期社会实践优秀组织单位"；12 个实践队荣获校级"社会实践优秀团队"。2017 年学院团委被评为校级"五四红旗团委"；2019 年荣获水利部主办的"节水文创大赛"优秀组织单位；2020 年，学生第一党支部被学校评为"样板党支部"。先后有 149 名学生荣获"优秀团干部"、169 名学生荣获"优秀团员"、156 名学生荣获"优秀学生干部"、124 名学生荣获"三好学生"、14 名学生荣获"三好学生标兵"、151 名学生荣获"社会实践先进个人"。

学院积极组织学生参加校内外各级各类创新创业比赛和竞赛活动。积极打造创客空间、创业孵化基地、专业创新实验室等创新创业教育实践平台，开设创新创业课程，构建四年不断线的"课程＋实训＋竞赛"的创新创业教育教学体系；引导和鼓励学生每年度每人至少参加"大学生创新创业训练计划项目"和大学生创新创业类竞赛活动 1 项，提升学生的创新创业能力。2017 年，在第三届河南"互联网＋"大学生创新创业大赛中，马勇指导的以传承非物质文化遗产的"开物坊"项目和李杰指导的以海绵城市建设为背景"sponge seat"项目，刘亚平指导的项目分别获得一等奖、二等奖、三等奖；在第三届中国"互联网＋"大学生创新创业微视频征集大赛中，《传承版画》项目获得三等奖。

2020 年，仝小和在"河南省第十七届大学生科技文化艺术节"中荣获一等奖、河南省大学生校园短剧大赛二等奖；2020 年任万钰在全国高校"读懂中国"活动中荣获省级特等奖。

学院坚持把树立求真务实、积极进取的良好学风作为学生工作的重点。学院以建设优良学风班为抓手，通过组织主题班会、学习经验交流会、创优争先等活动，在全院营造以学习为荣的良好氛围；通过"一帮一"结对子，帮扶后进生共同进步。这些举措激励了先进，鞭策了落后，有力地促进学院优良学风的形成。2020 年，学院 2018082 班、2019210 班获得"校级优良学风班"，2019210 班获得"校级优良学风标兵班"，是全校 5 个标兵班之一。

转变就业观念，拓宽就业渠道，毕业生就业率连续 5 年 85％以上。学院将招聘会与作品展有机结合，借助毕业作品直接展示自己的学习成果，提高了签约率；通过举办专场招聘会，大学生职业生涯规划大赛，一对一就业指导活动等，加强就业指导和信息服务，保证了历届毕业生良好的求职择业局面。

开展丰富多彩的校园文化和社会实践活动。结合专业特点，充分利用重大节庆日和纪念日，举办大型书画摄影作品展、海报设计大赛、书法、绘画、摄影及篆刻比赛等。2018 年，组队参加学校《中国共产党纪律处分条例》知识竞赛荣获三等奖。在全校 2018 年度廉政文化作品大赛中，荣获优秀组织奖。2020 年 12 月选送作品《明理正风》在学校"以案说纪大赛"中荣获三等奖，并荣获最佳组织单位奖。2019 年 7 月，学院为庆祝新中国成立 70 周年，举办"礼赞中国·抒情华水"，通过书画大赛、摄影大赛、篆刻大赛等形式，使师生在潜移默化中升华爱国情感。2019 年 6 月，学院作为协办单位，携手学校和水利部宣传教育中心开展"大学生节水文创大赛"，切实加强节水宣传教育，贯彻落实习近平总书记提出的"节水优先，空间均衡，系统治理，两手发力"十六字治水方针。本次大赛，学院师生共获得一等奖 2 个、二等奖 6 个、三等奖 18 个，并被评为水利部"节水文创大赛""优秀组织单位"。艺飞扬志愿服务队组织开展的"浓情彩绘"志愿服务项目入选郑州市国际志愿者日主题实践活动暨志愿服务项目交流展示会。

（武金勇、李志国执笔）

乌 拉 尔 学 院

一、学院的创建与发展

（一）学院基本情况

1. 办学性质

2018 年 1 月，教育部批准华北水利水电大学与俄罗斯乌拉尔联邦大学联合举办非独立法人中俄合作办学机构——华北水利水电大学乌拉尔学院，属学校二级学院，开展本科层次的学历教育。

2. 专业设置

机构首批设置给排水科学与工程、能源与动力工程、测绘工程、建筑学四个专业。2016 年获批的土木工程本科中俄合作项目单独招生，并于 2019 年 1 月起划归乌拉尔学院管理。

3. 办学规模

机构四专业按照每专业每年 60 人，办学总规模为 1020 人；土木工程项目每专业每年 120 人。截至 2021 年 3 月，学院共有在校生 1152 人。

（二）建院背景

1. 加入金砖国家大学组织，为乌拉尔学院的创建搭建独特的平台基础

2015 年，"金砖国家网络大学"和"金砖国家大学联盟"相继成立，分别由俄罗斯和中国教育部门主导。学校凭借在水利、能源等领域的特色优势和良好的办学声誉，在 2015 年 12 月成为两大组织的创始成员高校。2016 年 3 月，学校党委成立金砖国家大学事务办公室（后成立河南省"一带一路"人文交流中心，与金砖办合署办公），负责学校参与金砖国家大学组织的相关工作，与"一带一路"沿线国家高校开展交流合作，并负责中俄合作办学机构的申报工作。2018 年 9 月，乌拉尔学院成立后，原金砖办职能及人员划归乌拉尔学院。

2016 年 3 月，学校和乌拉尔联邦大学联合成立了金砖国家大学组织框架下第一个科研合作机构——水工程与能源研究中心，在金砖国家网络大学首届年会上，在五国教育部长的见证下揭牌成立。2016 年 9 月，两校开始实施金砖国家大学组织框架下第一个联合培养项目——土木工程专业本科层次的中俄合作办学。

2017 年，学校担任金砖国家网络大学中方高校牵头单位，承办第二届年会。7 月 2—3 日，五国教育部相关负责人和成员高校代表相聚学校，围绕"务实合作与国际化办学"主题展开对话交流，制定了《2017—2018 年金砖国家网络大学行动计划》，共同签署了《国际理事会会议章程》《国际专题小组会议章程》等文件，达成了《多边合作备忘录》等系列双边、多边合作协议，发布了《2017 年金砖国家网络

大学年会郑州共识》等重要文件。这次会议成为金砖国家网络大学组织发展和治理走向常态化、机制化的一个重要的里程碑，在第五届金砖国家教育部长会议上得到了陈宝生部长的充分肯定和各国代表团团长的高度称赞。

在 2018 年 9 月召开的金砖国家第九次领导人会晤中，"支持金砖国家网络大学开展教育和研究合作"被再次写入《厦门宣言》。两校合作举办的乌拉尔学院成为金砖网大框架下第一个合作办学机构，是落实《厦门宣言》的重要成果之一。

2. 中俄双方频繁互访，为乌拉尔学院的创建奠定坚实的协商基础

两校在创建乌拉尔学院的过程中进行了充分的前期调研，在频繁的校际交流基础上建立了稳定的合作基础。2015 年 10 月 18 日，乌拉尔联邦大学校长卡克沙罗夫·维克多·阿纳多里耶维奇、副校长霍米亚科夫·马克西姆·巴利萨维奇等在北京参加"金砖国家大学校长论坛"期间，与学校党委书记王清义和校长严大考商谈了合作事宜并签署合作框架协议。2016 年 2 月 29 日至 3 月 3 日，乌拉尔联邦大学校长和副校长等一行到学校访问，就两校在人才培养、合作办学、科研合作、合作申办乌拉尔学院等事宜进行了深入会谈，举行了"合作举办乌拉尔学院意向实施协议签字仪式"，签署了会议纪要和合作备忘录，共同为水工程与能源研究中心（中国）揭牌，并共同到中国教育部汇报双方拟举办乌拉尔学院的工作进展。

2016 年 3 月 16—21 日，学校合作办学专家组聂相田、郑志宏、陈爱玖、李虎、李彦彬、李胜机等一行 6 人访问了乌拉尔联邦大学，就合作办学专业对接、人才培养方案制定、优质教育教学资源引进和教师交流互访与俄方进行了沟通协商，

并签署了院系层面的合作协议。

2016 年 4 月 6—9 日，河南省教育厅誊新建副厅长，厅长助理、国际交流与合作处处长荣西海，学校党委书记王清义以及水工程和能源领域王复明院士，赵伟教授等一行 8 人，赴乌拉尔联邦大学参加金砖国家网络大学首届年会，共同为水工程与能源研究中心（俄罗斯）揭牌，进一步商谈联合申报乌拉尔学院等事宜。

2016 年 5 月 12—14 日，乌拉尔联邦大学专家团团长、金砖研究中心负责人，主管国际关系副校长助理古兹高娃·玛利亚·奥列格芙娜，学术发展总监涅瓦丽娜·阿廖娜·列昂尼多芙娜，以及天文与大地测量学、热电站、建筑学、水利与水工、工民建等五个专业的负责人等一行 7 人访问学校，双方各合作专业负责人进行了深度会谈，对人才培养方案进行了详细沟通和修订。

2016 年 9 月 26—28 日，乌拉尔联邦大学学术发展办公室总监涅瓦丽娜·阿廖娜·列昂尼多芙娜等一行 3 人再次访问学校，双方共同对乌拉尔学院的申报材料进行了最终审定。

2016 年 12 月 22 日，乌拉尔联邦大学校长卡克沙罗夫·维克多·阿纳多里耶维奇同学校主要领导共同参与了教育部组织的中外合作办学机构专家集中评议现场答辩会，双方共同制定的办学方案得到了教育部专家组的一致认可。

3. 争取各级领导高度重视，为乌拉尔学院的创建提供强大的外部支持

2015 年 12 月"上合组织领导人会议"在郑州召开期间，李克强总理听取了河南省政府关于河南省教育发展的汇报，学校参与"金砖国家网络大学"的建设项目，特别是在"金砖五国"框架下争取中俄合作办学机构设立的事宜，得到了李克强总

理的认可。2015 年 12 月,俄罗斯联邦教育科学部专门致函中国教育部,同时抄送水利部、河南省人民政府、河南省教育厅,同意学校加入俄罗斯主导的"金砖国家网络大学",同时推荐建议中国教育部吸收学校为中国主导的"金砖国家大学联盟"成员单位。

2016 年 3 月,为提高乌拉尔联邦大学和学校在"金砖国家网络大学"框架下的合作效率,俄罗斯联邦教育科学部再次致信中国教育部,恳请中国教育部支持这两所大学申报合作办学机构。中国教育部对于两校的合作也给予了高度重视,分别于 2015 年 11 月 26 日和 2016 年 3 月 2 日专题听取了河南省教育厅、华北水利水电大学学校、乌拉尔联邦大学三方关于金砖国家网络大学建设和两校申报合作办学机构的汇报,教育部国际司副司长方军充分肯定了两校良好的合作背景、合作基础和合作条件,希望两校"扩大契合度,早日设立二级学院和国际合作研究中心,并以此为平台,不断加大学生、教师、科研的互动交流,将国际合作办学推向纵深"。

2016 年 6 月 17 日,教育部党组成员、副部长林蕙青,高等教育司副司长刘贵芹等一行到学校调研,对学校作为唯一一所非部属地方院校加入"金砖国家网络大学""金砖国家大学联盟"表示赞赏,希望学校以"金砖国家网络大学""金砖国家大学联盟"为平台,以乌拉尔学院及水工程与能源研究中心为依托,走开放式国际化办学发展之路,通过国际合作提升办学水平,努力为国家培养更多的高素质人才。

河南省政府和河南省教育厅高度重视和大力支持学校在金砖国家大学体系下的国际交流与合作。在 2016 年河南省教育工作会议上,"支持华北水利水电大学参加'金砖国家网络大学'建设"工作作为

2016 年重点支持项目,列入河南省高校工委、省教育厅 2016 年度工作要点,河南省政府、河南省教育厅明确表示,将从资金、政策等方面给予大力支持。2016 年 10 月,河南省拨付到账 750 万元作为首批专项经费,专门支持金砖国家大学建设工作。河南省副省长徐济超多次听取学校汇报并表示给予大力支持,省政府副秘书长吴浩和教育厅厅长朱清孟、副厅长訾新建等参加了教育部于 2016 年 12 月 22 日组织的中外合作办学机构申报现场答辩会。

(三)学院成立

2018 年 5 月 8 日,华北水利水电大学乌拉尔学院启动仪式在学校龙子湖校区举行。全国人大常委会原副委员长蒋正华、全国政协常委、河南省政协副主席高体健教授等领导人参加启动仪式并发表重要讲话。俄罗斯联邦教育科学部驻华代表伊戈尔·泼兹尼业各科夫,巴基斯坦旁遮普省高教厅厅长赛义德·吉拉尼,金砖国家网络大学国内成员高校代表等到会祝贺。

2018 年 8 月,乌拉尔学院首次在河南、河北、山东、内蒙古、辽宁、吉林、黑龙江、新疆、江西等 9 省(自治区)招生。2018 年 9 月,乌拉尔学院第一届 239 名新生报到入学。

二、组织机构及队伍建设

学院设党政办公室、学生工作办公室、团委、教学办公室、专业教学部、俄语合作办公室、科研办公室、创新创业就业服务中心、金砖国家大学事务办公室等部门,教职工 26 人。学院领导班子成员情况见表 1。

表 1　乌拉尔学院领导班子一览表

姓名	职务	任职时间
李胜机	党委书记	2018 年 8 月至今
黄健平	院长	2018 年 8 月至今

续表

姓名	职务	任职时间
贾振亮	党委副书记	2018年11月至今
陈桂华	副院长	2018年9月至今
郭贵海	副院长	2018年11月至今
李延频	副院长	2019年3月至今

三、教学工作

（一）培养目标

引进乌拉尔联邦大学的人才培养模式和相关专业课程模块，实施"以产出为导向"的教学培养模式，确立了"宽口径、厚基础、大纵深"的创新性人才培养目标，不仅要求学生具有扎实的理论基础、宽广的专业知识、熟练的专业技能，而且培养学生在某一专业方向掌握较深的知识和技能，能够解决复杂的工程问题，具备较强的创新意识和创新能力。

（二）课程建设

课程设置立足专业培养目标和毕业要求实际，不断提升学生的理论基础、工程实践能力、科研素养等综合素质，使之更好满足我国和金砖国家基础建设对测绘工程、能源与动力工程、给排水科学与工程、建筑学等专业人才的需要。

（三）教育教学改革

为保证俄方专业课程教学效果，俄方课程授课分为中方授课和俄方授课两个阶段，共同采用集中授课的方式。中方教师根据国内课程教学大纲的要求进行授课，补充相关内容。俄方教师以俄方教学内容进行，并在实施教学前提供相关课程的教学大纲及教材，俄方授课与中方授课进度呈递进式，即在中方课程结束后，集中开展俄方授课，学生课程最终成绩由中方成绩和俄方成绩共同体现，双方各占总成绩的50%。

（四）实践教学与改革

培养学生的实践能力和创新创业能力，是提高学生职业素养和就业竞争力的重要环节。一是在培养方案中建立了以"认识实习—课程实验—课程实习—生产实习—创新活动"为主线的实践教学模式。二是持续地对有创新潜质的学生进行创新教育和创新训练，重视新生入学专业教育引导，学生在完成规定的必修课外，可根据兴趣、爱好和特长自主选修课程，参与科研项目。实施导师制，引导学生进行研究性学习、主动实践和科技创新。

（五）教改研究

学院结合中俄合作办学实际开展教育教学研究，获得教育教学改革研究项目6项。

四、科学研究工作

学院共发表论文15篇，其中EI/SCI收录8篇，获批或签署项目12项，专利授权6项，获奖3项。学院积极开展校外合作，2019年分别同新加坡国立大学和法国国立高等学校联合申报获批河南省引智项目2项。学院李发站教授挂职驻马店平舆县清源水业有限责任公司，开展了大量的技术合作，为地方自来水供水安全的提升做出了积极贡献。

五、学生工作

（一）发挥党建育人功能

学院党委不断加强学生党支部建设，加大优秀学生党员发展力度，共举办5期入党积极分子党课培训班，吸收入党积极分子315名，发展党员67名。着力提升党建育人功能，充分发挥学生党员先锋模范带头作用，并于2019年启动了学生党员先锋模范计划，倡议学生党员佩戴党徽，亮明身份，带头参加学院专业教室日常维护管理工作，积极开展优秀学生党员和学习困难学生结对帮扶活动。

（二）巩固学风育人成果

学院制定《乌拉尔学院优良学风班和

优良学风标兵班立项建设管理办法》，大力推进学风建设工作。持续实行晨读、晚自习制度，俄语专业教师和俄方语言教师指导晨读并答疑解惑。坚持开展学风育人系列活动，如"奋斗的青春最美丽"学习经验交流会，"如何规划我的大学""如何更好地学习俄语""在俄罗斯的 100 天和 400 天"学习分享会等，不断提升学生俄语学习兴趣和水平。

（三）开展创新创业活动

学院以培养学生创新精神和实践能力为目标，完善创新创业育人机制，助推学生高质量创业就业。邀请校内外专家和优秀创新创业团队举办创新创业讲座及培训 10 场。组织学生参加华彩杯创新创业大赛、大学生职业生涯规划大赛、大学生控制测量技能大赛。学生获得第十四届"挑战杯"自然科学类省赛三等奖，学校第六届大学生控制测量技能大赛二等奖。积极组织学生申报大学生创新创业训练计划项目，获得立项 12 个，其中校级重点项目 3 项。获得国家级创新创业项目 1 项。

（四）增强心理育人实效

学院成立心理辅导站和心理协会，完善心理问题发现、上报、帮扶等工作制度，积极组织相关师生参加心理健康教育培训，开展贴心之语、舞动健心大赛、心理知识竞赛、书法比赛、心理情景剧、心理手抄报、心理漫画、心理观影、心理微电影等各类成长性心理健康教育活动，全面提高学生心理素质，帮助学生养成良好心理习惯，提高学生心理适应能力和综合素质，切实增强心理育人实效。2019 年，在学校心理情景短剧大赛决赛中荣获二等奖。

六、党的建设

学院党委设 2 个党支部，教工党支部和学生党支部。

学院党委严格执行《学院党委会议议事规则》和《学院党政联席会议议事规则》，充分发挥政治核心作用，各支部认真落实"三会一课"制度，学院领导参加双重组织生活。

学院积极探索学生党员组织管理新路径，为适应中外合作办学的特殊性，按照早启动、早引导、早培养的思路，制定了《乌拉尔学院党员发展规程》。

学院党委高度重视统战工作。积极为优秀党外人士的成长成才搭建平台，重视归国留学教师培养，引导先进分子向党组织靠拢，先后发展海归教师党员 2 名，少数民族党员 1 人。

围绕"不忘初心、牢记使命"主题教育、党史学习教育，组织党员赴焦裕禄纪念馆、红二十五军军部旧址、黄柏山精神教育基地等参观学习。

学院党委积极开展扶贫工作，2018 年派李大卫前往鹿邑县夏庄驻村帮扶。李大卫驻村工作期间深受村民爱戴，获得"夏庄村荣誉村民"称号。

七、对外交流与合作

（一）金砖国家网络大学中方秘书处工作

作为金砖国家网络大学中方秘书处，一方面受教育部委托，积极做好服务工作；另一方面利用这个平台，进一步拓展合作领域，提升办学层次。2020 年 10 月 14 日，金砖国家网络大学国际理事会 2020 年会议（视频会议）在俄罗斯莫斯科召开。学校校长刘文锴作为国际理事会中方成员受邀参会。

（二）河南省"一带一路"人文交流中心工作

2019 年 10 月 29 日，由河南省参与建设"一带一路"工作领导小组办公室、河南省教育厅指导，华北水利水电大学、河南师范大学、河南理工大学主办的"一带一路"中国—乌克兰高等教育交流与合作座谈会在学校龙子湖校区举办。乌克兰国立交通大学校长兼乌克兰高等教育代表团团长迈科拉·迪米特里院士，乌克兰国立塔夫里维尔那茨基大学校长弗拉基米尔·卡扎林院士，乌克兰国立水与环境工程大学校长维克多·莫申斯克院士，河南省教育厅厅长郑邦山，河南省参与建设"一带一路"工作领导小组办公室副主任支安宇，华北水利水电大学校长刘文锴，河南师范大学校长常俊标，河南理工大学校长杨小林等，来自相关领域的中外专家学者等参加开幕式。华北水利水电大学、河南师范大学、河南理工大学、乌克兰国立塔夫里维尔那茨基大学、乌克兰国立水与环境工程大学、乌克兰国立交通大学、乌克兰国立生命与环境科学大学等七所高校签署合作备忘录。刘文锴校长代表学校为迈科拉·迪米特里、克瓦莎·瑟吉、弗拉基

米尔·卡扎林、奥琳娜·赫罗莫佐娃、维克多·莫申斯克、方谋庆等 6 位院士颁发聘任证书。

（三）积极开展对外交流

2019 年，学校遴选 18 名优秀教师赴乌拉尔联邦大学参加"金砖合作框架下人才培养理念与人才培养模式"专题研修。2019 年，学院 9 名学生获得赴俄罗斯专业人才培养计划（第二批）——本科插班生公派留学资格。2020 年 7 月，学院牵头申报国家留学基金委"促进与俄乌白国际合作培养项目"获批复，先后已有 50 多名学生获得了公派留学资格，3 名教师获得访问学者资格。

自 2018 年起，学院每年组织学生赴俄罗斯乌拉尔联邦大学参加寒暑假研习营；在中俄两国共庆建交 70 周年之际，也是学校与俄罗斯乌拉尔联邦大学合作 4 周年之时，学院组织开展了庆祝中俄建交 70 周年纪念活动。

（黄健平、李胜机执笔）

远程与继续教育学院

学校高度重视继续教育工作，学校章程中对继续教育有明确表述，并始终把继续教育工作纳入学校中长期发展规划和每年的党政工作要点。《华北水利水电大学章程》第五条明确"学校以全日制本科教育为主，积极发展研究生教育，同时举办继续教育、职业教育、远程教育、国际合作办学等其他教育形式。"《华北水利水电学院发展规划（2004—2020）》强调要"以本科教育为主体，加快发展研究生教育，协调发展其他类型的高等教育"。《华北水利水电大学"十三五"发展规划》提出要"协调发展继续教育，不断提高教育教学质量。"

学院面向全国招生，共开设函授本专科专业 30 余个，涵盖水利、电力、土木、测绘、管经等多个学科领域，已形成专升本、高起本、高起专等多层次，函授教育、自学考试、开放教育、非学历培训等多形式的办学格局。截至 2020 年 10 月，学校有在籍继续教育学生 10268 人，远程开放教育水利水电工程专业在籍学生 40098 人，其他专业在籍学生 1967 人。

围绕学校建设特色鲜明的高水平水利水电大学的奋斗目标，依托学校 70 年积淀而成的雄厚的办学条件、丰富的办学资源和鲜明的办学特色，学校继续教育全面贯彻党的教育方针，遵循继续教育办学规律，坚持"面向社会、面向市场、立德树人、学以致用"的办学理念，弘扬"情系水利，自强不息"的办学精神，大力转变思想观念，积极发展"互联网＋继续教育"，持续深化教育教学改革，不断增强办学活力，把质量意识、担当意识、责任意识贯穿于继续教育和开放教育的改革发展过程中。学校继续教育大力走创新发展之路，团结协作，锐意进取，学历继续教育和开放教育办学取得的优异成绩有目共睹。2014 年在由中国水利教育协会职工教育分会主办，河海大学承办的首届"河海杯"水利行业现代数字教学资源大赛中，教师孟俊贞的自学考试课件"测量学"在众多成果中脱颖而出，获得特等奖，这也是课件类唯一一个特等奖。

2018 年，继续教育学院更名为远程与继续教育学院，与水利行业电大开放教育办公室合署办公。学院根据继续教育新形势发展的需要，积极谋划继续教育事业创新发展。

一是积极创建学习型远程与继续教育学院。学习型组织建设是一个组织践行终身学习的必然要义。2019 年，学院整体搬迁至花园校区图书馆一楼，高标准建设了专业技术人员继续教育培训教室、计算机教室、多功能教室、一体化录播系统等，办公办学条件有了新改善，学习氛围日渐浓厚，为建设学习型远程与继续教育学院打下坚实基础。

二是专技培训平台建设实现新突破。2019年，学院被确定为第五批省级专业技术人员继续教育基地，学校成立"省级继续教育基地建设领导小组"，设立了专业技术人员继续教育基地管理科，建成2个共200个座位的计算机培训教室和80个座位的继续教育基地大屏网络培训室，为学校进一步深化专业技术人员的培养起到了推动和支持作用。

三是网络资源建设有了新进步。2019—2020年，学院投入资金200余万元建设了一体化录播系统、专业的翻转课堂录播室等。自建课程资源17门，计划完成重点专业44门核心课程的在线资源建设。学院与多家网络科技有限公司进行合作，教学服务平台现有网络课程累计12000余门，课程匹配率超过95%，网络课程等数字化资源占全部已开设课程的比例远超30%。学院建设的"微机原理及应用"在河南省本科教育线上教学优秀课程评选中荣获一等奖。

四是招生工作实现了新跨越。2018年，学院根据学校办学实际、办学能力和社会需要，适度扩大招生规模，积极加强内涵建设，当年度完成函授招生3000人，水利行业电大招生8968人。2019年，学校年度工作要点明确要求学院"适度扩大函授生规模，计划招生3500人；稳定水利行业电大招生数量，计划招生7000人"，实际招生分别达到6610人和9621人。2020年，学校年度工作要点要求学院"适度扩大成教招生规模特别是涉水专业规模，计划招生4500人，水利行业电大计划招生7000人以上"。面对新冠肺炎疫情的影响，学院克服重重困难，大力创新招生宣传方式，成人函授实际招生达到9000人，水利行业电大实际招生达到10907人，均达到历史最高峰和历史最大规模。

五是大力推进教学改革创新。为解决继续教育学生大多在生产和服务一线而形成的工学矛盾，实现教学方式的网络化、信息化，学院从2017年开始推行线上学习，试运行两年。2019年正式实施线上线下学习相结合，2019级线上线下成绩各占40%和60%，2020年加大线上学习成绩比重，线上线下成绩各占60%和40%。

六是积极建设河南开放大学华水学习中心。2012年和2015年，学院与河南电大续签合作办学协议和直属教学点合作办学协议。2019年秋季，在水利水电工程专业的基础上新增建筑工程技术、行政管理、学前教育3个专科专业，2020年招生达1601人。

七是建立健全规章制度。2018年制定《华北水利水电大学成人教育函授学生学习规程（试行）》《华北水利水电大学成人函授线上教学导学员管理规定》；2019年制定《华北水利水电大学高等教育自学考试实践性环节考核工作实施细则（试行）》；2021年修订《华北水利水电大学高等学历继续教育函授站管理办法》《华北水利水电大学高等学历继续教育函授站教师聘用管理办法》。此外，学院也制定了多项规章制度。

八是继续教育研究呈现鲜明特色。学校的成人教育科学研究，尤其在终身学习认证的理论与实践研究方面成果丰硕，特色鲜明。发表了《我国终身学习认证的现状分析和制度构建》《三大国际组织的终身学习发展取向比较研究及其启示》等学术论文20余篇；2010年成功申报教育部人文社科项目《终身学习认证的理论与实践研究》，并出版了《终身学习认证的理论与实践》一书；《日本和韩国终身学习认证及对我国的启示》获 2014 年河南省成人教育研究会一等奖，《移动互联时代高校继续教育改革探讨》获得二等奖；《国际组织视野下的终身学习发展取向比较研究及其启示》获 2019 年河南省成人教育研究会一等奖。

学校继续教育坚持立德树人，注重能力培养，毕业生中既有省部级领导，如曾任建设部部长的侯捷，也有耕耘在各行各业的技术和管理精英，如武警水电部队三峡指挥部原常务副总指挥廖多柞，青海省水利厅党组书记、厅长张世丰，黄河水利委员会副主任工程师骆洪固，国家电力投资集团有限公司安徽分公司党组成员、副总经理芮鹏程，中国电建集团华东勘测设计研究院福建分院副总工程师、教授级高级工程师林金洪等一大批国家水利电力行业高级人才。

学院领导成员情况见表 1。

表 1   远程与继续教育学院领导成员一览表

机 构 名 称	负责人	职务名称	任 职 时 间
水利行业电大开放教育办公室	曹 杰	主任	2005 年 5 月至 2018 年 7 月
继续教育学院	李有华	院长	2006 年至 2018 年
	许 强	副院长	2006 年至 2018 年
	陈文义	副院长	2006 年至 2018 年
远程与继续教育学院（水利行业电大开放教育办公室）	曹 杰	直属党支部书记	2018 年 7 月至今
	李凌杰	院长/主任	2018 年 7 月至今
	张小桃	副院长/副主任	2018 年 9 月至今
	宋孝忠	副院长/副主任	2018 年 9 月至今

（李凌杰、曹杰执笔）

人文艺术教育中心

一、中心概况

人文艺术教育中心于 2004 年 6 月成立，主要职能是人文艺术课程教学、大学生艺术团管理和训练、全校群众性文化艺术活动辅导。2011 年以来，学校多次荣获全国艺术教育先进高校、河南省艺术教育一类院校。2019 年 1 月，中心建设的精品在线课程"中华水文化"被教育部评为国家级精品在线开放课程，成为学校第一门国家级精品课程。2020 年，中心获批河南高等学校人文社科重点基地——水文化研究中心、郑州市社科基地——黄河文化传播与教育研究基地，文学艺术教研室获批河南省优秀教研室，中心获得学校突出贡献奖。

中心设有文学艺术教研室、综合素质教研室。2012 年成立的艺术教育研究中心于 2017 年并入人文艺术教育中心。

二、队伍建设

（一）组织领导

2011 年，李以明教授任人文艺术教育中心主任。2012 年，乔敏任中心副主任（主持工作）。2015 年，毕雪燕教授任中心主任，韩玉洁任副主任。2017 年 4 月，杨华轲任中心副主任。2018 年 9 月后，刘明任副主任。2021 年 5 月，郭瑾莉任中心主任。

（二）党的建设

2018 年 6 月，人文艺术教育中心直属党支部成立，中心主任毕雪燕教授任支部书记。2021 年 5 月，郭瑾莉任中心直属党支部书记。支部成立以来，中心党员干部多次荣获"校级优秀党员""优秀党务工作者"荣誉称号。支部书记毕雪燕教授曾获"河南省高校优秀共产党员"、河南省"师德标兵"荣誉称号。2020 年 8 月，支部获得"校先进基层党组织"和"学校样板党支部"荣誉。

（三）师资队伍

中心有专兼职教师 45 人，其中专职教师 17 人，兼职教师 28 人。教授 5 人，副教授 11 人，讲师 22 人。中心教师全部具有硕士以上学位，其中 12 人具有博士学位。

三、教学工作

中心现开设课程涉及文学、艺术学、历史学、哲学、法学等多个学科领域，主要有"中华水文化""黄河文化""文学与影视欣赏""写作""音乐鉴赏""社交礼仪与形体艺术""中外音乐史""儒家思想与中国社会""中国文化通论""美学原理""舞蹈表演与欣赏"等 40 余门。其中，"中华水文化"被教育部评为国家级精品在线开放课程，"中华水文化""大学语文与写作""社交礼仪与形体艺术"被评为河南省一流金课，"公共艺术综合社会实践课"申报为校级社会实践一流课程，"写作"申报为线下一流课程，"中国电影史""中国古典文学名著的现代解读"被评为河南省精品视频公开课。出版《中华水文化》《大学语文与写作》《文学基础与影视鉴赏》《中外音乐史》等教材，《中华水文化》被评为"河南省'十四五'重点规划教材"。

中心主任毕雪燕教授曾获"河南省高校教学名师"荣誉称号，并负责建设"河南省名师工作室——华北水利水电大学人文艺术工作室"；孙梦青获得"河南省文明教师"荣誉称号。

中心积极拓展大学生校外实践基地建设。2020年4月，中心同焦作市嘉应观景区管理局合作建设大学生校外教学实践活动基地，被列为省级大学生校外实践基地。2020年10月，中心获批郑州市哲学社会科学研究基地"黄河文化传播与教育研究中心"。

中心积极探索人文素质类课程改革，取得了丰硕成果，代表性教学成果及获奖有：2014年，中心教师参与课题获得省级教学成果一等奖；2014年9月，杨华轲获得河南省教育系统教学技能竞赛一等奖并获"河南省教学标兵"称号，罗玲谊、宋凯果获二等奖，李晓筝获三等奖；2016年6月，在学校"我最喜爱的老师"评选中，鞠荣丽获"网络人气奖"和"我最喜爱的老师"荣誉称号；2018年5月，史秀玉教授获"我最喜爱的老师"荣誉称号特别奖，罗玲谊获"辛勤耕耘奖""我最喜爱的教师"荣誉称号。

在全国教师教育信息化交流活动中，2017年12月，毕雪燕等主讲的"战火中的电影"、孙梦青等主讲的"高山流水

君子之谊"获三等奖；2019年12月，毕雪燕等主讲的"讲述中国创新的故事　传播中国创新的声音"、朱伟利等主讲的"传奇张爱玲"、孙梦青等主讲的"杜康：潜心钻研造佳酿"，罗玲谊等主讲的"赋：夸饰之水"获三等奖。

中心教师积极参与学校组织的青年教师讲课大赛和校级以上教学竞赛。2013年5月，鞠荣丽在青年教师讲课大赛决赛中获二等奖；2013年7月，鞠荣丽、王兰锋在河南省教育厅组织的教师教学技能竞赛中分别斩获一等奖和二等奖；2017年5月，杨华轲在青年教师讲课大赛决赛中获一等奖；2019年10月，孙梦青在河南省本科高校青年教师课堂教学创新大赛中荣获二等奖，在全省教育系统教学技能竞赛（高校文科）中获二等奖。

在河南省信息技术与课程融合优质课大赛中，中心多次斩获荣誉。2016年8月，毕雪燕等主讲的"中国古典文学名著的现代解读"、杨华轲等主讲的"中原：中华姓氏的根源地"获一等奖；2017年8月，毕雪燕等主讲的"战火中的电影"获一等奖；2018年8月，韩玉洁等主讲的"意境真情境说"获一等奖，由毕雪燕等主讲的"中华水文化——上善若水"获省级二等奖；2020年10月，毕雪燕等主讲的"范蠡：辅佐勾践卧薪尝胆成霸主"获二等奖。

中心聚焦"课程思政"，强化课程思政教学改革，积极鼓励中青年教师进行教改项目申报。2020年，中心推选的"新时代地方高校美育课程改革的研究"和"黄河文化多维度融入高校课程体系育人模式教学探索与实践研究"分别在2019年河南省高等教育教学改革研究与实践立项项目中获得重点项目和一般项目立项。

2020年11月27日，在全国水利院校第一届水文化育人研讨会上，毕雪燕教授

作题为"以水育人 以文化人"的主题发言，彰显了华水的办学特色。2021年年初，由毕雪燕主讲的"大禹 中华民族的立国之祖""王景治河千年无恙"，孙梦青主讲的"杜康：潜心钻研造佳酿""陆羽"被中央电视台"汉语桥"国际栏目展播。

为了促进教师信息化教学理念，中心实施开展线上线下混合教学模式的探索。

2020年疫情期间，朱伟利讲授的"黄河文化"课程、扈毅娟的"音乐鉴赏"课程参加"河南省线上本科课程优秀案例评选"，并分别获得一等奖和三等奖。2020年12月，为凸显文化育人功能，中心开展"行业大师进课堂"系列活动。

中心荣获省级以上教学成果奖励见表1。

表 1　　　　　　　　人文艺术教育中心荣获省级以上教学成果奖励一览表

教学成果名称	项目与奖励	时间	成　员
中国电影史	河南省精品视频公开课程	2013 年	毕雪燕
中国古典名著的现代解读	河南省精品视频公开课	2015 年	毕雪燕　杨华轲　罗玲谊
战火中的电影	第二十一届教育教学信息化大奖赛暨河南省第三届信息技术与课程融合优质课大赛一等奖；国家三等奖	2017 年 12 月	毕雪燕
高山流水 君子之谊	第二十一届教育教学信息化大奖赛暨河南省第三届信息技术与课程融合优质课大赛二等奖；国家三等奖	2017 年 12 月	孙梦青　扈毅娟　鞠荣丽
古典诗词中的"江湖"意象	第二十一届教育教学信息化大奖赛暨河南省第三届信息技术与课程融合优质课大赛二等奖	2017 年 12 月	罗玲谊　杨华轲　李晓笋
中华水文化	河南省精品在线开放课程	2017 年 10 月	毕雪燕　杨华轲　罗玲谊　陈　超　张建松　刘　明　朱伟利
中华水文化	国家级精品在线开放课程	2018 年 12 月	毕雪燕　杨华轲　罗玲谊　张建松
黄河文化	河南省线上本科课程优秀案例评选一等奖	2020 年 9 月	朱伟利　毕雪燕
音乐鉴赏	河南省线上本科课程优秀案例评选三等奖	2020 年 9 月	扈毅娟
讲述中国创新的故事，传播中国创新的声音	第二十三届全国教师教育信息化交流活动三等奖	2019 年	毕雪燕　朱伟利　史丽晴
传奇张爱玲	第二十三届全国教师教育信息化交流活动三等奖	2019 年	朱伟利　毕雪燕　陈　超
杜康：潜心钻研造佳酿	第二十三届全国教师教育信息化交流活动三等奖	2019 年	孙梦青　朱伟利　史丽晴
赋：夸饰之水	第二十三届全国教师教育信息化交流活动三等奖	2019 年	罗玲谊　张建松
《中华水文化》	河南省"十四五"规划教材	2019 年	毕雪燕　杨华轲　罗玲谊　陈　超　张建松　刘　明　朱伟利

四、科研工作

中心重视科研工作，鼓励教师积极参与科学研究。中心专兼职教师共发表论文257篇，其中核心论文76篇，多篇论文被《人大复印资料》《新华文摘》全文转载。承担科研项目87项，其中"国家级精品开放课程——中华水文化"为国家级纵向项目，"河南文旅融合发展的思路与对策研究"为省部级重大项目。另有省级项目29项，市厅级项目45项。出版著作53部，其中一类出版社著作有《中华水文化》《文学基础与影视鉴赏》等23部。科研成果获奖154项，其中获国家级奖励4项，省部级奖励45项，市厅级奖励86项。

中心荣获省级以上科研成果荣誉见表2。

表2　　　　　　人文艺术教育中心荣获省级以上科研成果荣誉一览表

序号	姓名	奖励名称及等级	获奖时间	发证机关
1	李以明　史秀玉　鞠荣丽	全国第三届大学生艺术展演活动艺术表演类甲组一等奖	2012年2月	教育部
2	李以明	"河南省普通高校公共艺术教育评估工作的实践与探索"优秀论文三等奖	2012年2月	教育部
3	史秀玉　鞠荣丽　李以明	河南省第十三届大学生科技文化艺术节大学生校园舞蹈比赛	2012年11月	河南省委宣传部
4	李以明　史秀玉	河南省第十三届大学生科技文化艺术节大学生校园器乐	2012年11月	河南省委宣传部
5	李以明　史秀玉　鞠荣丽	河南省第十三届大学生科技文化艺术节大学生校园歌手	2012年11月	河南省委宣传部
6	鞠荣丽	河南省第十三届大学生科技文化艺术节大学生校园舞蹈当代舞	2012年11月	河南省委宣传部
7	史秀玉　鞠荣丽　李以明	河南省第十三届大学生科技文化艺术节大学生校园舞蹈中国古典舞	2012年11月	河南省委宣传部
8	史秀玉　鞠荣丽　李以明	河南省第十三届大学生科技文化艺术节大学生校园舞蹈比赛	2012年11月	河南省委宣传部
9	史秀玉　鞠荣丽　李以明	第十六届大学生科技文化艺术节舞蹈类一等奖	2018年8月	河南省委宣传部
10	史秀玉　鞠荣丽　李以明	第十六届大学生科技文化艺术节校园舞蹈大赛业余组类一等奖	2018年8月	河南省委宣传部
11	史秀玉　李以明	第十六届大学生科技艺术文化节美声业余类一等奖	2018年8月	河南省委宣传部

五、艺术教育成绩

学校艺术教育始于1977年，是当时全国非艺术类院校中开展艺术教育最早的几所院校之一，是中国高等教育学会理事单位、中国高等教育学会音乐教育专业委员会副理事长单位、中国水利音乐舞蹈协会副会长单位、河南省学校艺术教育协会会长单位、河南省普通高等学校艺术教育教学指导委员会委员单位、河南省教育学会音乐教育专业委员会副理事长单位。学校艺术教育始终以提高大学生的整体素质为目标，以艺术教育为突破口，以开展丰富多彩的校园文化艺术活动为展现方式，在艺术教育、学术研究及大学生各类文艺汇演和大型文艺演出等活动中取得了引人瞩目的成绩。2016年，学校在河南省普通高校艺术教育教学评估中荣获一类高校；2016年12月19日，中央电视台（CCTV-3）综艺频道午间节目《文化十分》栏目，以"河南：多措并举提升学生美育素养"为题，对学校公共艺术教育情况进行了长达3分47秒的综合报道。12月16日，河南电视台新闻频道《新闻六十分》栏目以"从校园出发、走向美丽人生"为题对学校的公共艺术教育进行了专题报道。

中心除承担全校公共文化素质类选修课外，还承担了全校大型文艺演出和对外比赛、文化艺术交流、群众文化艺术活动的辅导等任务，学校群众性文化艺术活动的开展有着较长的历史且成绩斐然。2012年4月，学校成立艺术教育研究中心，2017年，艺术教育研究中心并入人文艺术中心。在学校11个学生艺术社团中，中心辅导并监管4个社团，分别是大学生艺术团、舞蹈协会、华水Model Team模特队和华水Modern Team表演队。中心艺术社团自成立以来，积极参加每年的"迎新晚会""元旦晚会"等校级群众性文艺活动，丰富学校的艺术文化氛围。除校内活动外，中心艺术教师还多次带领学生参与校外省级演出和艺术竞赛，致力于打造大学校园艺术品牌，为学校艺术教育贡献力量。丰富多彩的大学生艺术活动，对推进校园文化建设，提高大学生的人文素质和

审美能力，培养高素质工程技术人才发挥了重要作用。

大学生艺术团成立于1977年，设合唱队、舞蹈队、男声小合唱队、女声小合唱队、军乐队、混合乐队、曲艺队、葫芦丝队、舞美队等九个队，配有专职教师指导训练。为使校大学生艺术团健康发展，中心一是始终注重细致的思想工作；二是始终注重对学生的责任心、事业心、使命感和奉献精神的培养和教育，且注重言传身教；三是注重训练方法的与时俱进，坚持常年训练及节假日封闭式训练；四是真切关心学生的学习、生活，为他们安心训练创造良好的环境。艺术团自成立以来，始终坚持正确的艺术方向，始终坚持传播高雅艺术，始终坚持服务基层，始终坚持普及与提高相结合。艺术团创作及编排的节目共获国家级奖27项、获省部级奖243项，4次受本校嘉奖，1次荣立集体二等功，5次受水利部电贺表扬，1次受河南省通报表扬。创作、演出的作品除多次获奖外，16个节目在中央电视台播出，16个节目在省级电视台、电台播出，15个节目在市级电视台、电台播出。《光明日报》《中国教育报》《中国水利报》《河南日报》及河北电视台等新闻单位曾多次介绍、报道学校艺术教育情况和大学生艺术团事迹。

校舞蹈协会于2009年正式成立，是一个由热爱舞蹈艺术的大学生组成的团体，2019年归属人文艺术教育中心。自成立以来，由一个小团体逐渐发展为由五个舞种组成的艺术大家庭。协会多次在校级以上大奖赛中斩获荣誉，2017年获全国啦啦操联赛公开青年丙组集体街舞第三名，2018年获全国啦啦操联赛"街舞五级"；获得郑州市"十佳社团"称号和"十佳活动"奖项；多次举办校园街舞大赛，如郑州东区街舞交流赛和郑州市高校街舞联盟赛等。

华水 Model Team 模特队成立于 2018 年，隶属于人文艺术教育中心，由中心多位老师指导，具有健全的社团规章管理制度，是集服装走秀与艺术表演为一体的模特社团，代表学校特色校园文化的艺术品牌。社团成立之初，为了体现学校作为"金砖国家网络大学"中方创始高校的办学特色，打造了校园品牌节目《金砖五国风采秀》，并在校迎新晚会、校元旦晚会等校内平台上接连上演，赢得了校内领导师生的关注和赞誉。成立后两年期间，培养了一批优秀的学员，积极参加校内外艺术活动与竞赛。曾在河南省电视台、郑州国际会展中心等多个校外优质演出平台上亮相，在环球国际模特大赛、中原国际模特大赛、世界旅游文化小姐大赛、新丝路中国模特大赛等多项国内赛事上斩获荣誉。

华水 Modern Team 表演队成立于 2019 年，隶属于人文艺术教育中心，是以舞蹈表演、话剧表演为主的综合表演社团。Modern Team 成立的目的是宣传学校特色文化、弘扬中华优秀传统文化、传播黄河文化等，并通过艺术表演的形式呈现出来。自社团成立以来，打造了华水特色节目《"一带一路"畅想》《金砖丝路畅想》《大禹治水》《黄河号子》《礼仪之邦》等，在校迎新晚会、郑州电视台、郑州国际会展中心等多个校内外演出平台上亮相，受到校内外广泛关注。

（毕雪燕执笔）

艺术教育研究中心

一、中心概况

艺术教育研究中心于 2012 年 4 月成立，李以明任主任。艺术教育研究中心是学校以艺术教育、校大学生艺术团管理和训练、全校群众性的文化艺术活动辅导为主的一个二级教学研究单位。其前身为 1977 年成立的音乐室，1988 年成立的文学艺术教研室，1991 年成立的文指办，2002 年成立的艺术教育中心，2004 年成立的人文艺术教育中心。

学校艺术教育始于 1977 年，是当时全国非艺术类院校中开展艺术教育最早的儿所院校之一，是中国高等教育学会理事单位、中国高等教育学会音乐教育专业委员会副理事长单位、中国水利音乐舞蹈协会副会长单位、河南省学校艺术教育协会会长单位、河南省普通高等学校艺术教育教学指导委员会委员单位、河南省教育学会音乐教育专业委员会副理事长单位。在我国和河南省教育行政部门制定的关于加强我国普通高校艺术教育方面的重要文件时，学校艺术教师都应邀参加了讨论、修改、制定等相关会议；在我国历次全国性艺术比赛中，都有华水学子的身影；在我国重大水利工程建设工地上，都有华水学子用艺术的形式去慰问的身影；在学校重大活动中都有大学生艺术团的倾情参与。

学校艺术教育始终以提高大学生的整体素质为目标，以艺术教育为突破口，以大学生艺术团为阵地，以开展丰富多彩的校园文化艺术活动为展现方式，在艺术教育、学术研究以及大学生各类文艺汇演和大型文艺演出等活动中取得了引人瞩目的成绩。2000 年、2003 年、2007 年、2010 年、2016 年连续五次在河南省普通高校艺术教育教学评估中，荣获一类高校（获此殊荣的高校全省共 3 所，2016 年获全省高校第一名），被专家组称为"理工科院校的典范""实属难得"，被教育厅领导誉为"河南省普通高校公共艺术艺术教育的一面旗帜"；2010 年获"全国学校艺术教育先进单位"称号（10 年评一次）；中央电视台于 2016 年 12 月 19 日，对学校公共艺术教育的经验和成绩进行了专题报道（全国采访共两所高校）。

二、教学与科研

在教学上，开设了"音乐鉴赏""基本乐理与名曲欣赏""基本乐理与视唱""中国音乐史""西方音乐史"等课程。

在科研上，主要科研成果：李以明主持完成的《河南省普通高校公共艺术教育评估工作的实践与探索》于 2012 年 2 月获教育部优秀论文三等奖；《爱国主义视野下的大学生音乐教育》于 2012 年 1 月获河南省教育厅优秀论文一等奖；《论内心听觉系统的功能在歌唱训练中的运用》于2012年1月获河南省教育厅优秀论文一等奖；完成项目《河南省普通高等学校公共艺术教育教学评估体系研究》。

三、群众性文化艺术活动和大学生艺术团建设

学校群众性文化艺术活动的开展有着较长的历史且成绩斐然。学校有舞蹈协会、北幽动漫社、话剧社、华艺书画协会、华韵音乐协会等16个学生艺术社团。作为艺术实践的重要部分，每年都要举行多次群众性的文艺活动：合唱比赛、校园歌手赛、艺苑杯书画大赛、街舞比赛、迎新晚会、告别母校晚会等大型文艺活动；综合文化艺术活动：每两年一届的大学生科技文化艺术节、每三年一届的大学生艺术展演等，已经成为学校学生热切期盼的文艺盛事。这些丰富多彩的校园艺术活动，对培养高素质、复合型人才发挥了重要的作用。

大学生艺术团是艺术教育的重要组成部分。成立于1977年的大学生艺术团现设合唱队、舞蹈队、男声小合唱队、女声小合唱队、军乐队、混合乐队、葫箫队等九个队，200余名队员，配有专职教师指导训练。为使校大学生艺术团健康发展，能胜任任何大型比赛和演出，一直以来，艺术教育研究中心一是始终注重细致的思想工作；二是始终注重对同学们的责任心、事业心、使命感和奉献精神的培养和教育，且注重言传身教；三是注重训练方法的与时俱进，坚持常年训练及节假日封闭式训练；四是真切关心同学们的学习、生活，为他们安心训练创造良好的环境。艺术团自成立以来，始终坚持正确的艺术方向，始终坚持传播高雅艺术，始终坚持服务基层，始终坚持普及与提高相结合。

艺术团创作及编排的节目共获国家级奖27项、获省部级奖243项，4次受本校嘉奖，1次荣立集体二等功，5次受水利部电贺表扬，1次受河南省通报表扬。创作、演出的作品除多次获奖外，16个节目在中央电视台播出，16个节目在省级电视台、电台播出，15个节目在市级电视台、电台播出。河北电视台、河北音讯、光明日报、中国教育报、中国水利报、河南日报、河南教育等新闻单位曾多次介绍、报道了学校艺术教育的情况和大学生艺术团的事迹。

近10年的艺术活动主要有：

（1）2011—2020年，每年1月、7月，大学生艺术团利用寒暑假期组织集训，排练参加河南省大学生艺术展演、河南省科技文化艺术节、全国大学生艺术展演参赛节目和三下乡巡回演出节目、学校重大庆典节目。

（2）2011—2019年，每年8月，李以明应邀担任全国器乐考级河南考区专家组组长，带领专家组进行评审工作。

（3）2011年9月25日，华北水利水电学院建校六十周年文艺晚会"辉煌六十载，浓浓华水情"在花园校区文体活动中心隆重举行。晚会共分序曲、流金岁月、桃李芬芳、共创辉煌4部分。300余名校友、部分原校领导、全体校领导及3000余名师生观看了演出。

（4）2011年、2013年、2014年、2015年、2017年，李以明主持了"河南省第三、四届、五届大学生艺术展演""河南省第四、五届中小学生艺术展演"艺术教师教育科研论文评审工作、科研论文报告大会工作和河南省上报全国艺术展演科研论文报告大会的论文审定工作。

（5）2012年2月7—13日，大学生艺术团一行16人赴杭州参加全国第三届大学

生艺术展演决赛。男声小合唱《美丽的草原我的家》荣获国家级一等奖，并荣获"优秀组织奖"。

（6）2014年3月，李以明主持修改《河南省普通高校公共艺术教育评估指标体系》。应邀参加《河南省中小学生升学考试中加试艺术测试的意见》文件的修改、制定工作。

（7）2014年、2016年、2018年，李以明应邀担任"第十四届、十五届、十六届河南省大学生科技文化艺术节舞蹈大赛"的评审工作。

（8）2014年6月27—30日，在大连召开的第十四届全国普通高校音乐教育学术大会上，受大会组委会的安排，李以明主持了大会的开幕式，做了"河南省普通高校公共艺术教育评估工作的回顾与展望"的大会发言，主持了艺术教师技能大赛工作，做了大会闭幕式总结报告。

（9）2015年2—5月，李以明主持了《河南省普通高校公共艺术教育评估指标体系》文件的制定工作。教育厅于2015年6月以教体卫艺〔2015〕397号文件下发到各高校实施。

（10）2015年2月25日至3月3日，大学生艺术团一行12人在天津参加全国第四届大学生艺术展演决赛，男声小合唱《报答》荣获国家级一等奖，为学校和河南高校赢得了荣誉。

（11）2015年11月4日、12月31日，李以明应邀参加河南省贯彻落实《国务院办公厅关于全面加强和改进学校美育工作的意见》（国办发〔2015〕71号）文件精神工作会议，研讨、制定《河南省关于全面加强和改进学校美育工作的意见》文件。

（12）2016年7月13—16日，大学生艺术团部分队员组成的学校"大学生宣讲团"赴三门峡义马市、渑池县、陕州区巡

回演出。

（13）2016年9月18—20日，李以明赴京参加水利部文协换届会议。李以明当选常务理事。

（14）2016年10月31日至11月1日，河南省高等学校艺术教育评估专家组就学校的艺术教育教学水平进行了检查与评估。检查后，专家组就学校艺术教育取得的成就给予了高度评价，认为学校的公共艺术教育主要有四个方面的特点：一是积淀深厚；二是形式多样；三是特色突出；四是获奖"双高"。公共艺术教育成绩在全省乃至全国高校中都是名列前茅。评估结果：河南省普通高校一类学校第一名。

（15）2016年12月2日，全国普通高校美育改革发展座谈会在清华大学举行，河南省作为两个代表省份之一做了先进经验分享发言。12月8—9日，受教育部委托，中央电视台与河南电视台的联合采访组，以学校公共艺术教育的经验做法和突出效果为切入点，对河南省高等教育的改革发展、评估成效、育人成就等来到学校进行了专题采访。学校党委副书记、河南省学校艺术教育协会会长石品教授、学校艺术教育研究中心主任、中国高等教育学会音乐教育专业委员会副理事长李以明教授、学校消防工程专业2013级学生、全国大学生艺术展演一等奖获得者何晨曦等分别接受央视记者采访。同时，对鞠荣丽老师主讲的"音乐鉴赏"、王令娟老师主讲的"美术鉴赏"课程教学现场、史秀玉教授训练大学生艺术团排练现场、艺术设计专业毕业生石信圆珠笔画展览室及学生其他一些艺术活动现场进行了实况录制。12月19日，中央电视台（CCTV-3）在文化类品牌《文化十分》栏目，以"河南：多措并举提升学生美育素养"为题，对学校公共艺术教育情况进行了长达3分47秒

的综合报道。12 月 16 日，河南电视台新闻频道《新闻六十分》栏目以"从校园出发、走向美丽人生"为题对学校的公共艺术教育进行了专题报道。

（16）2017 年 6 月 24—26 日，李以明应邀赴清华参加"国际音乐节闭幕式"。

（17）2017 年 7 月 2—6 日，李以明参加了"中国高等教育学会第七届换届大会"，当选为理事（河南省普通高校艺术教育学科唯一一位），并被评为优秀学会工作者。

（18）2017 年 7 月 12—15 日，大学生艺术团参加了"学校大学生三下乡赴三门峡市湖滨区、灵宝县、卢氏县革命老区巡回演出"3 场。

（19）2017 年 10 月 13 日，大学生艺术团圆满完成了河南省"我为正能量代言"晚会的演出任务。受到了与会各级领导、各高校师生的高度赞扬。

（20）2017 年 11 月 24—25 日，圆满完成了"规模之大、规格之高、影响之广"的大学生艺术团成立 40 周年艺术教育成果展演活动。受到了与会各级领导、师生的高度赞扬。

（21）2018 年 10 月 12—14 日，李以明赴北京参加中国高等教育学会音乐教育专业委员会常务理事扩大会议，并应邀参加清华大学大学生艺术团成立 60 周年庆祝活动。

（22）2018 年 11 月 11—14 日，李以明赴宁波参加中国高等教育学会理事会暨高等教育国际论坛，主要议题：如何搞好本科教育。

（23）2019 年 9 月 18—24 日，李以明应邀担任全国水利系统"我心中的新时代水利精神"演讲比赛决赛评委、演讲比赛优秀节目进京汇演导演。

（24）2019 年 10 月 15—30 日，李以明应邀参加水利部文协"水利赞歌——我心中的新时代水利精神"主题歌曲征集活动，并任评委。

中心获奖情况见表 1～表 3。

表 1　　　　　　　　　获国家级和省部级奖励的艺术作品、节目

序号	获奖级别	作品、节目	获奖等级	获奖时间
1	国家级	男声小合唱《美丽的草原我的家》 编　曲：李以明　史秀玉 指导教师：李以明　史秀玉　鞠荣丽	全国第三届大学生 艺术展演一等奖	2012 年 2 月
2	国家级	男声小合唱《报答》 编　曲：李以明 指导教师：李以明　史秀玉　鞠荣丽	全国第四届大学生 艺术展演一等奖	2015 年 3 月
3	国家级	男声小合唱《怀念战友》 编　曲：李以明 指导教师：李以明　史秀玉　鞠荣丽	全国第五届大学生 艺术展演二等奖	2018 年 4 月
4	国家级	男声小合唱《故乡的云》 编　曲：李以明 指导教师：李以明　史秀玉　扈毅娟	全国第六届大学生 艺术展演二等奖	2021 年 3 月
5	省部级	舞蹈《又见沂蒙》 编　排：史秀玉　鞠荣丽 指导教师：史秀玉　鞠荣丽　李以明	河南省第三届大学生 艺术展演一等奖	2012 年 1 月

序号	获奖级别	作品、节目	获奖等级	获奖时间
6	省部级	男声四重唱《祝酒歌》 编　曲：李以明　史秀玉 指导教师：李以明　史秀玉　鞠荣丽	河南省第三届大学生 艺术展演一等奖	2012 年 1 月
7	省部级	舞蹈《春韵》 编　排：史秀玉　鞠荣丽 指导教师：史秀玉　鞠荣丽　李以明	河南省第三届大学生 艺术展演一等奖	2012 年 1 月
8	省部级	男声小合唱《美丽的草原我的家》 编　曲：李以明　史秀玉 指导教师：李以明　史秀玉　鞠荣丽	河南省第三届大学生 艺术展演一等奖	2012 年 1 月
9	省部级	大合唱《天路》 编　　曲：李以明　史秀玉 指导教师：李以明　史秀玉　鞠荣丽	河南省第三届大学生 艺术展演二等奖	2012 年 1 月
10	省部级	女声小合唱《南湖的船啊，党的摇篮》 编　　曲：李以明　史秀玉 指导教师：李以明　史秀玉　鞠荣丽	河南省第三届大学生 艺术展演三等奖	2012 年 1 月
11	省部级	舞蹈《京韵新声》 编　　排：史秀玉　鞠荣丽 指导教师：史秀玉　鞠荣丽　李以明	河南省第三届大学生 艺术展演三等奖	2012 年 1 月
12	省部级	男声四重唱（民族）《鼓浪屿之波》 编　　曲：李以明　史秀玉 指导教师：李以明　史秀玉　鞠荣丽	河南省第十三届大学生 科技文化艺术节一等奖	2012 年 11 月
13	省部级	古典舞《春韵》 编　　排：史秀玉　鞠荣丽 指导教师：史秀玉　鞠荣丽　李以明	河南省第十三届大学生 科技文化艺术节一等奖	2012 年 11 月
14	省部级	单簧管独奏《波尔卡》 指导教师：李以明　史秀玉	河南省第十三届大学生 科技文化艺术节一等奖	2012 年 11 月
15	省部级	民族民间舞《沂蒙颂》 编　　排：史秀玉　鞠荣丽 指导教师：史秀玉　鞠荣丽　李以明	河南省第十三届大学生 科技文化艺术节一等奖	2012 年 11 月
16	省部级	现当代舞《噪音与音符》 编　　排：鞠荣丽　史秀玉 指导教师：鞠荣丽　史秀玉　李以明	河南省第十三届大学生 科技文化艺术节一等奖	2012 年 11 月
17	省部级	男声四重唱（美声）《共青团员之歌》 编　　曲：李以明　史秀玉 指导教师：李以明　史秀玉　鞠荣丽	河南省第十三届大学生 科技文化艺术节二等奖	2012 年 11 月

序号	获奖级别	作品、节目	获奖等级	获奖时间
18	省部级	古筝独奏《西域随想》 指导教师：李以明　史秀玉	河南省第十三届大学生 科技文化艺术节二等奖	2012 年 11 月
19	省部级	男声四重唱（民族）《难忘的岁月》 编　曲：李以明 指导教师：李以明　史秀玉　鞠荣丽	河南省第十四届大学生科技 文化艺术节一等奖	2014 年 9 月
20	省部级	男声四重唱《月亮代表我的心》 编　曲：李以明　史秀玉 指导教师：李以明　史秀玉　鞠荣丽	河南省第十四届大学生科技 文化艺术节一等奖	2014 年 9 月
21	省部级	民族民间舞蹈《映山红》 编　排：史秀玉　鞠荣丽 指导教师：史秀玉　鞠荣丽　李以明	河南省第十四届大学生科技 文化艺术节一等奖	2014 年 9 月
22	省部级	古典舞蹈《春潮》 编　排：史秀玉　鞠荣丽 指导教师：史秀玉　鞠荣丽　李以明	河南省第十四届大学生科技 文化艺术节一等奖	2014 年 9 月
23	省部级	现当代舞蹈《扇韵》 编　排：史秀玉　鞠荣丽 指导教师：史秀玉　鞠荣丽　李以明	河南省第十四届大学生科技 文化艺术节一等奖	2014 年 9 月
24	省部级	男声二重唱（美声）《一切跟党走》 编　曲：李以明　史秀玉 指导教师：李以明　史秀玉　鞠荣丽	河南省第十四届大学生科技 文化艺术节二等奖	2014 年 9 月
25	省部级	二胡独奏《赛马》 指导教师：李以明　史秀玉	河南省第十四届大学生科技 文化艺术节二等奖	2014 年 9 月
26	省部级	古筝二重奏《雪山春晓》 指导教师：李以明　史秀玉	河南省第十四届大学生科技 文化艺术节二等奖	2014 年 9 月
27	省部级	男声小合唱《报答》 编　曲：李以明 指导教师：李以明　史秀玉　鞠荣丽	河南省第四届大学生 艺术展演一等奖	2015 年 2 月
28	省部级	男声小合唱《祖国啊，我永远热爱你》 编　曲：李以明 指导教师：李以明　史秀玉　鞠荣丽	河南省第四届大学生 艺术展演一等奖	2015 年 2 月
29	省部级	男声四重唱《难忘的岁月》 编　曲：李以明 指导教师：李以明　史秀玉　鞠荣丽	河南省第四届大学生 艺术展演一等奖	2015 年 2 月

序号	获奖级别	作品、节目	获奖等级	获奖时间
30	省部级	民族民间舞蹈《映山红》 编　　排：史秀玉　　鞠荣丽 指导教师：史秀玉　　鞠荣丽　李以明	河南省第四届大学生 艺术展演一等奖	2015 年 2 月
31	省部级	古筝合奏《井冈山上太阳红》 指导教师：李以明　　史秀玉	河南省第四届大学生 艺术展演一等奖	2015 年 2 月
32	省部级	中国古典舞蹈《春潮》 编　　排：史秀玉　　鞠荣丽 指导教师：史秀玉　　鞠荣丽　李以明	河南省第四届大学生 艺术展演二等奖	2015 年 2 月
33	省部级	现当代舞蹈《扇韵》 编　　排：史秀玉　　鞠荣丽 指导教师：史秀玉　　鞠荣丽　李以明	河南省第四届大学生 艺术展演二等奖	2015 年 2 月
34	省部级	大合唱《走向复兴》《五星红旗》 编　　曲：李以明　　史秀玉 指导教师：李以明　　史秀玉　鞠荣丽	河南省第四届大学生 艺术展演二等奖	2015 年 2 月
35	省部级	女声小合唱《好运来》 编　　曲：李以明　　史秀玉 指导教师：李以明　　史秀玉　鞠荣丽	河南省第四届大学生 艺术展演二等奖	2015 年 2 月
36	省部级	大合唱《在太行山上》《南泥湾》 编　　曲：李以明　　史秀玉 指导教师：李以明　　史秀玉　鞠荣丽	河南省高校纪念抗战胜利 70 周年合唱比赛二等奖	2015 年 10 月
37	省部级	男声小合唱《怀念战友》 编　　曲：李以明 指导教师：李以明　　史秀玉　鞠荣丽	河南省第十五届大学生科技 文化艺术节一等奖	2016 年 7 月
38	省部级	古筝合奏《战台风》 指导教师：李以明　　史秀玉	河南省第十五届大学生科技 文化艺术节一等奖	2016 年 7 月
39	省部级	舞蹈《美落子》（编排） 编　　排：史秀玉 指导教师：史秀玉　　李以明　鞠荣丽	河南省第十五届大学生科技 文化艺术节一等奖	2016 年 7 月
40	省部级	舞蹈《戏梦人生》 编　　排：史秀玉 指导教师：史秀玉　　鞠荣丽　李以明	河南省第十五届大学生科技 文化艺术节一等奖	2016 年 7 月
41	省部级	舞蹈《颤栗的呼吸》 编　　排：史秀玉 指导教师：史秀玉　　鞠荣丽　李以明	河南省第十五届大学生科技 文化艺术节一等奖	2016 年 7 月

序号	获奖级别	作品、节目	获奖等级	获奖时间
42	省部级	男声四重唱《哎哟妈妈》 编　曲：李以明　史秀玉 指导教师：李以明　史秀玉　鞠荣丽	河南省第十五届大学生科技 文化艺术节二等奖	2016 年 7 月
43	省部级	女声四重唱《泉水叮咚》 编　曲：李以明 指导教师：李以明　史秀玉　鞠荣丽	河南省第十五届大学生科技 文化艺术节二等奖	2016 年 7 月
44	省部级	古筝合奏《井冈山上太阳红》 指导教师：李以明　史秀玉	河南省第十五届大学生科技 文化艺术节二等奖	2016 年 7 月
45	省部级	二胡重奏《奔驰在千里草原》 指导教师：李以明　史秀玉	河南省第十五届大学生科技 文化艺术节二等奖	2016 年 7 月
46	省部级	男声小合唱《怀念战友》 编　曲：李以明 指导教师：李以明　史秀玉　鞠荣丽	河南省第五届大学生 艺术展演一等奖	2018 年 5 月
47	省部级	中国古典舞蹈《戏梦人生》 编　排：史秀玉 指导教师：史秀玉　鞠荣丽　李以明	河南省第五届大学生 艺术展演一等奖	2018 年 5 月
48	省部级	男声四重唱《我像雪花天上来》 编　曲：李以明 指导教师：李以明　史秀玉　鞠荣丽	河南省第五届大学生 艺术展演一等奖	2018 年 5 月
49	省部级	女声小合唱《南湖的船啊，党的摇篮》 编　曲：李以明 指导教师：李以明　史秀玉　鞠荣丽	河南省第五届大学生 艺术展演二等奖	2018 年 5 月
50	省部级	大合唱《在太行山上》 指导教师：李以明　史秀玉　鞠荣丽	河南省第五届大学生 艺术展演二等奖	2018 年 5 月
51	省部级	中国民族民间舞蹈《美落子》 编　排：史秀玉 指导教师：史秀玉　鞠荣丽　李以明	河南省第五届大学生 艺术展演二等奖	2018 年 5 月
52	省部级	现当代舞蹈《颤栗的呼吸》 编　排：史秀玉 指导教师：史秀玉　鞠荣丽　李以明	河南省第五届大学生 艺术展演二等奖	2018 年 5 月
53	省部级	古筝合奏《战台风》 指导教师：李以明　史秀玉	河南省第五届大学生 艺术展演三等奖	2018 年 5 月
54	省部级	男声四重唱《假如你要认识我》 编　曲：李以明 指导教师：李以明　史秀玉　鞠荣丽	河南省第十六届大学生科技 文化艺术节一等奖	2018 年 7 月

序号	获奖级别	作品、节目	获奖等级	获奖时间
55	省部级	中国古典舞蹈《且吟春雨》 编　排：史秀玉 指导教师：史秀玉　鞠荣丽　李以明	河南省第十六届大学生科技 文化艺术节一等奖	2018 年 7 月
56	省部级	中国民族舞蹈《江南水韵》 编　排：史秀玉 指导教师：史秀玉　鞠荣丽　李以明	河南省第十六届大学生科技 文化艺术节一等奖	2018 年 7 月
57	省部级	长笛二重奏《阳光灿烂照天山》 指导教师：李以明　史秀玉	河南省第十六届大学生科技 文化艺术节二等奖	2018 年 7 月
58	省部级	古筝合奏《雪山春晓》 指导教师：李以明　史秀玉	河南省第十六届大学生科技 文化艺术节二等奖	2018 年 7 月
59	省部级	现当代舞蹈《我和我的祖国》 编　排：史秀玉 指导教师：史秀玉　鞠荣丽　李以明	河南省第十六届大学生科技 文化艺术节二等奖	2018 年 7 月
60	省部级	男声四重唱《呼伦贝尔大草原》 编　曲：李以明 指导教师：李以明　史秀玉　鞠荣丽	河南省第十六届大学生科技 文化艺术节二等奖	2018 年 7 月
61	省部级	男声四重唱《半个月亮爬上来》 编　曲：李以明 指导教师：李以明　史秀玉　鞠荣丽	河南省第十六届大学生科技 文化艺术节三等奖	2018 年 7 月
62	省部级	男声小合唱《故乡的云》 编　曲：李以明 指导教师：李以明　史秀玉　扈毅娟	河南省第六届大学生 艺术展演一等奖	2021 年 2 月
63	省部级	古典舞蹈《忆·青衣》 编　排：史秀玉 指导教师：史秀玉　扈毅娟　史丽晴	河南省第六届大学生 艺术展演一等奖	2021 年 2 月
64	省部级	现当代舞蹈《不想说再见》 编　排：史秀玉 指导教师：史秀玉　扈毅娟　史丽晴	河南省第六届大学生 艺术展演一等奖	2021 年 2 月
65	省部级	男声四重唱《天边》 编　曲：李以明 指导教师：史秀玉　扈毅娟　李以明	河南省第六届大学生 艺术展演二等奖	2021 年 2 月
66	省部级	女声小合唱《微山湖》 编　曲：李以明 指导教师：史秀玉　扈毅娟　李以明	河南省第六届大学生 艺术展演二等奖	2021 年 2 月

序号	获奖级别	作品、节目	获奖等级	获奖时间
67	省部级	大合唱《我和我的祖国》 指导教师：李以明　毕雪燕　史秀玉	河南省第六届大学生 艺术展演二等奖	2021 年 2 月
68	省部级	小提琴重奏《丰收渔歌》 指导教师：李以明　扈毅娟　孙梦青	河南省第六届大学生 艺术展演三等奖	2021 年 2 月
69	省部级	古筝合奏《雪山春晓》 指导教师：李以明　扈毅娟　孙梦青	河南省第六届大学生 艺术展演三等奖	2021 年 2 月
70	省部级	男声四重唱《天边》 编　　曲：李以明 指导教师：史秀玉　扈毅娟　李以明	河南省第十七届大学生 科技文化艺术节一等奖	2021 年 3 月
71	省部级	古典舞蹈《忆·青衣》 编　　排：史秀玉 指导教师：史秀玉　扈毅娟　史丽晴	河南省第十七届大学生 科技文化艺术节一等奖	2021 年 3 月
72	省部级	现当代舞蹈《不想说再见》 编　　排：史秀玉 指导教师：史秀玉　扈毅娟　史丽晴	河南省第十七届大学生 科技文化艺术节一等奖	2021 年 3 月
73	省部级	男声四重唱《故乡的云》 编　　曲：李以明 指导教师：李以明　史秀玉　扈毅娟	河南省第十七届大学生 科技文化艺术节二等奖	2021 年 3 月
74	省部级	古筝合奏《雪山春晓》 指导教师：李以明　扈毅娟　孙梦青	河南省第十七届大学生 科技文化艺术节二等奖	2021 年 3 月
75	省部级	女声四重唱《微山湖》 编　　曲：李以明 指导教师：史秀玉　扈毅娟　李以明	河南省第十七届大学生 科技文化艺术节二等奖	2021 年 3 月
76	省部级	小提琴重奏《丰收渔歌》 指导教师：李以明　扈毅娟　孙梦青	河南省第十七届大学生 科技文化艺术节三等奖	2021 年 3 月
77	省部级	二胡独奏《河南小曲》 指导教师：李以明　扈毅娟　孙梦青	河南省第十七届大学生 科技文化艺术节三等奖	2021 年 3 月

表 2　　　　　　　　　　单 位 获 奖 情 况

序号	获奖时间	颁奖单位	荣 誉 称 号
1	2012 年	教育部	全国第三届大学生艺术展演活动优秀组织奖
2	2015 年	教育部	全国第四届大学生艺术展演活动优秀组织奖
3	2018 年	教育部	全国第五届大学生艺术展演活动优秀组织奖

教学单位发展史

续表

序号	获奖时间	颁奖单位	荣誉称号
4	2021 年	教育部	全国第六届大学生艺术展演活动优秀组织奖
5	2012 年	河南省教育厅	河南省第三届大学生艺术展演精神风貌奖
6	2015 年	河南省教育厅	河南省第四届大学生艺术展演活动优秀组织奖
7	2016 年	河南省教育厅	河南省普通高校艺术教育教学评估一类学校
8	2018 年	河南省教育厅	河南省第五届大学生艺术展演活动优秀组织奖
9	2021 年	河南省教育厅	河南省第六届大学生艺术展演活动优秀组织奖

表 3　　　　　　　　　　获得省级以上表彰人员

姓名	获奖时间	表彰部门	受表彰类型	备 注
李以明	2017 年 7 月	中国高等教育学会	当选为理事（河南省普通高校艺术教育学科唯一一位），并被评为优秀学会工作者	证书
李以明 史秀玉 鞠荣丽	2012 年 11 月	河南省委宣传部、河南省文化厅、教育厅、团省委等	优秀指导教师奖	证书
李以明 史秀玉 鞠荣丽	2014 年 9 月	河南省委宣传部、河南省文化厅、教育厅、团省委等	优秀指导教师奖	证书
李以明 史秀玉 鞠荣丽	2016 年 7 月	河南省委宣传部、河南省文化厅、教育厅、团省委等	优秀指导教师奖	证书
李以明 史秀玉 鞠荣丽	2018 年 7 月	河南省委宣传部、河南省文化厅、教育厅、团省委等	优秀指导教师奖	证书
李以明 史秀玉 扈毅娟	2021 年 3 月	河南省委宣传部、河南省文化厅、教育厅、团省委等	优秀指导教师奖	证书

（李以明执笔）

体 育 教 学 部

一、体育教学部概况

体育教学部主要负责全校师生的体育课和军事理论课教学、运动队训练、群体活动和竞赛、全民健身及全校学生的体质健康测试工作，并制定和落实好体育发展规划，认真践行党的教育方针，立德树人，努力使体育教育在学校人才培养中发挥更大的作用。

2012 年 4 月，鲁智礼任体育教学部直属党支部书记（主持行政工作），马耀琪任副主任。2015 年 4 月，徐震任体育教学部直属党支部书记兼常务副主任，宋刚福任主任，陈峰和于洋任副主任。2018 年 4 月，徐震任体育教学部党总支书记，陈峰任主任，于洋和张颖任副主任。

二、组织机构

体育教学部组织机构包含：党政办公室、教学办公室、科研办公室，田径教研室、球类教研室、女生教研室、武术教研室、军事理论教研室、竞赛训练教研室、学生体质健康测试中心和场馆管理中心（图1）。

三、师资队伍建设

体育教学部有教职工 46 人，其中教授 4 人，副教授 13 人；博士 3 人，硕士 34 人。专任教师中有国家级篮球裁判员、国家级足球裁判员和国家级田径裁判员，是

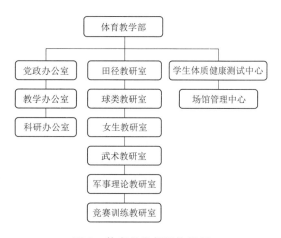

图 1　体育教学部机构设置

一支学历结构和职称结构比较合理、富有朝气和活力的教学师资队伍。

四、教研室建设

随着师资规模的不断扩大和工作需要，体育教学部加大教研室的建设力度，在原有田径教研室、球类教研室和女生教研室的基础上，于 2015 年增设了武术教研室、军事理论教研室和学生体质健康测试中心，2017 年增设了竞赛训练教研室，2020 年增设了场馆管理中心。

（一）规章制度建设

体育教学部紧紧围绕部门发展实际，对原有规章制度进行梳理、补充，明确了教研室主任职责、教研室人员考察进修制度、教研科研工作制度、师徒结对制度、

跨学科研讨制度、奖励激励制度、评价制度等，使教研室各项工作做到有章可循。

（二）师资队伍建设

师德师风建设。体育教育部始终把师德师风建设和内涵的提升作为一项重要工作来抓，强化责任意识、忧患意识、服务意识，以良好的师德师风和学术能力感染学生、带动学生，使学生自觉投入课堂练习中。坚持做到严中有创新，严中有温情，严中有提高，培养学生吃苦耐劳精神和团队意识。

青年教师培养。青年教师是承担体育教学工作的中坚力量，也是学校体育发展的未来保障，青年教师培养一直是体育教学部常抓不懈的一项工作。新进教师入校后，体育教学部都会安排一位教学经验丰富的老教师作其指导教师，进行"传帮带"，从教案的书写、课堂常规、教学方法、考核考评等方面，进行系统指导，使其尽快融入教师队伍。同时，体育教学部鼓励青年教师积极参加各种培训班学习，使其从不同角度，不同层次吸收体育教学的新鲜空气，为学校的体育教学注入活力。近十年来，共有20名新进教师顺利通过验收。

教学胜任力提升。体育教学部非常重视教师教学胜任力的提升，并已深刻认识到体育教师的学科视野、理论知识、教学能力和项目技能的与时俱进是保障体育教学发展的动力源泉。体育教学部不断从多种层面、多个方面做出努力：一是认真落实青年教师导师制，快速高效的提升青年教师的教学能力；二是积极开展形式多样的教研活动，举办教学讲座、教学观摩和召开实践教学技能研讨会等，有力推进教师教学能力的提升；三是"引进来"举措，邀请省内外专家学者进行学术讲座10余次，大大丰富了教职工的教育教学理念

方式方法、创新了学术创作思路、优化了教学工作的程序制度，从而更好地投入体育教学工作；四是实施"走出去"策略，安排2人外出进修，1人挂职锻炼，120余人次参加省内外的学术会议及专项培训等，从而较好地拓展了教师的教学视域，提高了专业素养。

五、教学工作

体育教学部始终坚持以教学为中心，本着运动参与目标、运动技能目标、身体健康目标、心理健康目标、社会适应目标等体育课程设置基本目标的要求，结合学校软、硬件实际条件和广大学生实际需求，共开设篮球、排球、足球、武术、体能训练、乒乓球、羽毛球、网球、毽球、跆拳道、健美操、形体、体育舞蹈、瑜伽、桥牌和调适课等16门体育类课程和1门军事理论课程。力求集中优质师资，实现优质教学资源共享，不断提高教学质量。

（一）课程管理进一步规范化

为充分发挥学校体育活跃校园文化的作用，体育教学部不断加强体育教学活动的日常管理：第一，拓展教师间交流渠道，加强督导力度，提高课堂教学质量水平；第二，以教师职称评审细则的修订为导向，增加教学的权重水平，有效引导教师注重教学实践；第三，进一步规范体育教学部二级督导制度，加强督导和教师之间的交流，重在引导青年教师，提高其教学质量；第四，规范教师教学行为，严格执行教务处调停课管理制度；第五，加强各教研室的管理和教研室活动的开展；第六，加强新进教师教学基本功的培养。

（二）积极推进教学改革

深入贯彻"学思结合、知行统一、因材施教"的教学准则，不断开展课堂教学方法改革。探索体能教学改革，有效提高学生身体素质；探索武术教学改革，提高

学生的武术演练水平，让武术真正走入学生日常生活，成为保障学生身心健康的工具；探索健美操教学改革，采用线上线下混合式教学，调动学生学习的兴趣和积极性，从"要我学，要我练"转变为"我要学，我要练"；继续推行阳光健康跑，鼓励并引导学生"走下网络、走出宿舍、走向操场"，培养大学生热爱体育、崇尚运动的健康观念，形成良好的锻炼习惯，营造校园阳光长跑活动的文化氛围，不断提高学生的身体素质和意志品质。

（三）开展教研室活动

体育教学部多年来一直坚持两周一次的教研室活动制度，大家认真研究大纲、教材、教法，互相交流，取长补短，共同进步。为提高教师的教学技能基本功，以教研室为单位积极开展教师基本功竞赛活动，活动的开展较好地起到了引导示范作用，教职工之间在不同项目及领域能够相互学习，共同进步，大大提高了教师的教学能力，推进了课程建设水平。

（四）教学工作成果

体育教学部晋升教授 2 人，副教授 10 人，讲师 12 人；参加省教学技能大赛 7 人，其中 2 人获得一等奖，5 人获得二等奖，参加校青年教师讲课大赛 5 人，其中 1 人获得二等奖，3 人获得三等奖，1 人获得优秀奖；荣获校优秀青年教师 2 人；荣获校教学名师培育对象 1 人；荣获校优秀教学管理服务奖 1 人；荣获汪胡桢教学服务奖 1 人；荣获"华水我最喜爱的老师"3 人；荣获校"师带徒"标兵 1 人；荣获河南省本科教育线上教学优秀课程三等奖 1 项；荣获校教学成果二等奖 1 项；荣获校优秀微课教学视频一等奖 1 项；荣获校"战疫最美奉献集体"1 项；荣获校"课程思政"优秀教学案例 1 项；立项校线上线下混合一流课程 1 项；立项校社会实践一

流课程 1 项；完成河南省教改项目 1 项；完成校重点项目 2 项，一般项目 5 项，青年项目 1 项；全部所属教研室获批河南省高等学校合格基层教学组织立项建设。

六、学生管理工作

为促进学生身心健康全面发展，体育教学部紧紧围绕学校"厚基础，宽专业，强素质，重实践，求创新"的人才培养目标，创新人才培养模式，坚持课堂教学与课外活动相衔接、培养兴趣与提高技能相促进、群体活动与运动竞赛相协调、全面推进与分类指导相结合的原则，使学生掌握科学锻炼的基础知识、基本技能和有效方法，学会至少两项终身受益的体育锻炼项目，养成良好的锻炼习惯。深入挖掘学校体育在学生道德教育、智力发展、身心健康、审美素养和健康生活方式中形成的多元育人功能，有计划、有制度、有保障地促进学校体育与德育、智育、美育有机融合，提高学生综合素质。

体育教学部有效利用现有师资、场地和设备条件，合理安排全校师生的群体活动，做好师生体育社团活动的指导，以及体育运动队的训练和比赛工作。体育教学部联合校团委、学生会等部门，积极开展了校学生篮球赛、排球赛、足球赛、武术文化艺术节、健身舞蹈大赛、乒乓球赛、羽毛球赛等活动；联合校工会，组织教工群体的篮球、排球、羽毛球、乒乓球、网球、桥牌、健身气功、太极拳等项目的文体活动；每年定期组织春季田径运动会暨全民健身大会等，力争使参与各单项比赛和运动会的学生人数达到 50％以上，有效发挥体育特长生和学生体育骨干的示范作用。体育教学部有 18 支体育运动队，积极参加教育和体育部门组织的各类比赛，赛艇队、龙舟队、武术队、跆拳道队和乒乓球队，在国际、国内大赛中均取得了优异

成绩，华水健儿在全国乃至世界的舞台展示了良好的精神风貌，提高了学校在全省乃至全国高校中的知名度和影响力。

七、科研及服务社会工作

（一）科研工作

体育教学部教师在完成体育课和军事理论课教学、运动队训练、群体活动和竞赛、全民健身以及全校学生的体质健康测试工作的同时，依托教学工作积极开展各类科学研究，并将优秀的教学研究成果转换到实践教学工作中，以科研促进教学改革。体育教学部主持、参与完成省级及以上项目 32 项，出版各类著作和教材 41 部，其中国家一级出版社出版的专著 23 部，发表学术论文 186 篇，其中 A&HCI 收录论文、CSSCI 来源期刊检索论文和 EI 收录的期刊论文 16 篇，核心期刊论文 27 篇，教改论文 58 篇；获得各类科研奖项 18 项，获得各项知识产权 18 项。

（二）服务社会工作

体育教学部支持教师适度参与国内外重大体育比赛的组织、裁判等社会实践工作；鼓励体育教师指导中小学体育教学、训练和参与社区健身辅导等公益活动；支持学校师生为政府及社会举办的体育活动提供志愿服务等。社会实践工作方面：体育教学部每年都会安排 3～5 名教师参与省部级以上重大体育比赛的组织、裁判工作，涵盖田径、篮球、足球、乒乓球、羽毛球、网球、武术、荷球、珍珠球、毽球、水上运动等多个运动项目。公益活动方面：安排教师对中小学生进行体能、足球、武术、网球、乒乓球和羽毛球等项目的教学与训练，对教工进行瑜伽、太极拳、健身气功和广场舞的培训等。在为政府及社会举办的体育活动提供志愿服务方面：2016 年 5 月，举办了首届"华水杯"大学生赛艇挑战赛；2017 年 5 月，承办了河南省大学生"华光"体育活动第七届羽毛球锦标赛暨河南省高校"校长杯"羽毛球锦标赛；2018 年 7 月，承办了河南省第十三届运动会学生组武术比赛暨河南省"华光"第十四届武术锦标赛、河南省首届"校长杯"太极拳锦标赛；2019 年 9 月，承办了第十一届全国少数民族传统体育运动会毽球和陀螺项目的比赛；2021 年 5 月，承办了河南省大学生第三届五人制足球比赛。

（陈峰、徐震执笔）

工 程 训 练 中 心

一、中心概况

2016 年 3 月，成立工程训练中心（简称"中心"）。工程训练中心前身是机械学院实习工厂。

中心下设党政办公室、机械制造基础实训部、先进制造技术实训部、创新实践部、综合实验室五个部门。2021 年 4 月，为了满足科技创新的需要，学校成立了大学生创新创意教育实践基地，挂靠工程训练中心，由中心负责日常管理和建设工作。

机械制造基础实训部成立于 2017 年 9 月，实训部现有人员 9 人。实训部针对传统及数字化机加工设备技术开展本科学生工程训练实践教学和创新创业教育，服务于各个学院的科研加工以及各项学生科技大赛活动。实训部负责普车、数车、普铣、刨工、钳工、铸造、焊接等实训项目。根据不同专业层次的需求开发设计实务实践，让学生能融合理论知识，迸发创意，科学论证，达成实验态度的培育和创新思维的锻造。

先进制造技术实训部成立于 2017 年 9 月，实训部有人员 9 人。实训部负责 3D 打印、激光加工、虚拟仿真、CAD&CAM 等实训项目。

创新实践部主要负责工程训练竞赛的组织、备赛、参赛工作，包含全国大学生工程训练综合能力竞赛、河南省大学生工程训练综合能力竞赛及校赛、全国大学生机械创新设计大赛、河南省大学生机械创新设计大赛及校赛、中国机器人及人工智能大赛及校赛、金砖国家青年创客大赛等。

综合实验室负责统筹管理工程训练中心所属的全部实验室，包含各类实训设备的管理及维护保养，日常实验教学巡查等。

大学生创新创意教育实践基地成立于 2021 年 4 月，基地旨在为参加"'一带一路'暨金砖国家技能发展与技术创新大赛之'金砖国家青年创客大赛'"等赛事，与其他高校进行交流学习、资源共享，为学生参赛提供条件。

二、师资队伍建设

中心现有专职教职工 23 名，其中教授 2 名，副教授 2 名；具有中高级职称人员 5 名；具有博士学历人员 1 名，硕士学历人员 10 名。中心着力打造高质量的工程训练教学团队，2018 年工程训练教学团队被评为校级教学团队。

中心注重师资队伍建设，强化团队成员政治觉悟和高尚的职业道德，注重青年教师培养，在教学团队中努力培养"双师型"教师，提高团队成员的创新能力，通过培训、调研等途径提高教学团队整体素

质，开展教育教学研究，提高教学技能和教学质量。

三、教研室建设

中心现有机械制造基础实训部和先进制造技术实训部两个教研室，教研室教师以青年教师为主。

中心教师在各类讲课大赛，教学技能竞赛取得佳绩。获得 2019 全国金工与工训青年教师微课竞赛全国二等奖、第十五届"菁英杯"青年教师课堂讲课大赛二等奖、第十六届"菁英杯"青年教师课堂教学创新大赛三等奖、2019 年度校级本科教育教学"汪胡桢奖"二等奖、2020 年度校教学技能竞赛优秀奖等。

四、实验室建设

中心总建筑面积近 5000 平方米，分布在学校花园校区南院和北院。近年来，学校投入近 500 万元资金购置设备，各类实训实验教学设备达到 258 台（套），设备总值达到 1048 万元，满足了新工科背景下理工科类专业对工程训练的需求。主要设备包含立式加工中心、卧式加工中心、数控铣床、数控车床等先进制造设备，车床、铣床、磨床、牛头刨床、龙门刨床、滚齿机等传统加工设备，以及 3D 打印机、工业级金属激光切割机、非金属激光切割机、激光内雕机等特种加工设备。中心还建立了包含 90 台计算机的 CAD/CAM、虚拟仿真教学实验中心。

五、教学工作

中心承担了全校 62 个专业"工程训练"教学的实训任务，每年参加实训的学生达 6000 多人。同时中心还承担多门课程的实验教学环节，包含"机械制造技术基础""数控技术""成型设备"等课程的实验教学任务。为了满足全校学生对先进制造技术和工程训练的认知，开设了"先进制造技术及实践"公共选修课等。

（一）制订符合新时代工程技术人才培养新需求的教学目标

积极深化实验实训教学改革，探索构建以学生为本，以培养实践能力和创新能力为核心的实验实训教学新体系，建立先进、高效、开放的实验实训中心管理体制和运行机制，建设结构合理、理论教学与实践教学相结合的高素质实验实训教学队伍。贯彻执行教育部有关文件精神，秉承学校培养复合实用型人才的育人模式，结合大工程，大实训的教学组织原则，以新工科教学理念为导向，实施"注重基础、培养个性、全面发展"和"以人为本"的实验实训教学理念，重视以"校本化"为基准原则设计教学任务和教学实施方案。加大创新型实验实训项目开出数量，加大实验实训教科研基金的支持力度，使更多的优秀人才参与这项工作，为创新性人才的成长提供良好的发展平台。

根据不同学科的特点，依据专业教学大纲和培养方案，以学生为中心，实训课程安排由浅入深，利用现代教育技术手段和教学方法，充分地调动学生的学习主观能动性，培养现代工程技术人才。

（二）搭建融合新工科发展需要与水利水电特色的工程训练体系

工程训练教学工作经过前期调研和数年实践优化改革，初步形成以新工科建设为基础，以实训学生专业特点为教学设计出发点，以水利水电为工程训练特色的工程训练特色实训教学。实训教学体系按专业性质分为三大类：机械大类电气类，近机类工科，理科及经管文法各类专业。按照各专业教学大纲要求，结合实训时长，按照设备和技术条件，以校本化为基础，以层次化、具体化为主要依据，对学校三大专业类别，分别设立实训项目，设计教学内容。

（三）教育教学研究

2017—2020 年，中心有 7 个教学改革项目获学校立项，其中"新形势下地方高校工程训练实践教学体系及运行机制的研究与实践"项目获 2019 年河南省教学成果一等奖，发表教研论文 2 篇。2018 年，中心所属的工程训练教学团队被评审为校级教学团队，2020 年，中心所属的工程训练教学团队被确定为工程实践类课程思政教学团队。"工程训练"在线精品课程已于2020 年完成建设，在学校华水学堂上线，使广大师生可以线上进行工程训练实践内容的学习。

六、学生创新工作

中心最主要、最基本的任务就是对在校本科学生进行工程素质基础教育。即以各种工程实践活动为载体、途径和手段，对不同专业、不同年级、不同层次的本科学生进行工程素质的启蒙和提高教育，为本科生开设模块化的综合实践教学课程，并为学生参加科技创新活动和科技竞赛提供服务。

中心在完成教学任务的同时，着力培养学生创新能力，将工程训练中心建设为学生创新活动的平台，积极组织学生参加各种级别的创新竞赛活动。中心积极组织学生参加"全国大学生工程训练综合能力竞赛""中国机器人大赛""全国大学生机械创新设计大赛"等创新实践活动。

2017—2021 年，共获得国家级特等奖1 项、一等奖 1 项、三等奖 3 项、优胜奖 1项，省级一等奖 7 项、二等奖 12 项、三等奖 16 项，详见表 1 和表 2。中心在积极组织学生参赛的同时，也为参与各项创新创业的教师和学生提供技术支持，并积极配合开展创新创业产品的研发工作。

表 1　　　　　　　　　　　获得国家级学科竞赛奖励

序号	竞赛名称	获奖等级	获奖学生	指导教师	时间
1	第六届全国大学生工程训练综合能力竞赛	国家级特等奖	万伟鹏　张　涛　龙茂泽	王家胜　李　刚	2019 年
2	第九届全国大学生机械创新设计大赛	国家级一等奖	张　涛　鲁　斌　吴　昊	金向杰　卢军民	2018 年
3	第六届全国大学生工程训练综合能力竞赛	国家级三等奖	鲁　斌　刘腾飞　保奇鹏	金向杰　卢军民	2019 年
4	第六届全国大学生工程训练综合能力竞赛	国家级三等奖	蒲雪建　谭沁琳　冯超杰	王家胜　上官林建	2019 年
5	第六届全国大学生工程训练综合能力竞赛	国家级三等奖	鲁明辉　胡光坤　张康康	王家胜　罗　虹	2019 年
6	2018 中国机器人大赛	国家级优胜奖	保奇鹏　吴世平　邱志峰　李　壮　马　力　曹　飞	李　刚　郭春涛	2018 年

表 2 　　　　　　　　　　　　　　　获得省级学科竞赛奖励

序号	竞赛名称	获奖等级	获奖学生	指导教师	时间
1	第九届全国大学生机械创新设计大赛（河南赛区）预赛	省级一等奖	徐　佩　王可欣　杨　帅　祝世龙　潘韵同	李秀丽　王永新	2020 年
2	第九届全国大学生机械创新设计大赛（河南赛区）预赛	省级一等奖	许　威　任　俊　冯泽仁　胡光坤　卢和文	李秀丽　王琛璐	2020 年
3	第六届全国大学生工程训练综合能力竞赛河南赛区项目Ⅱ"8"字型赛道常规赛	省级一等奖	鲁明辉　胡光坤　张康康	王家胜　罗　虹	2019 年
4	第六届全国大学生工程训练综合能力竞赛河南赛区项目Ⅰ"S"型赛道避障行驶常规赛	省级一等奖	梅　旭　袁世峰　刘　权	高　丹　卢军民	2019 年
5	第六届全国大学生工程训练综合能力竞赛河南赛区项目Ⅱ"8"字型赛道常规赛	省级一等奖	万伟鹏　张　涛　龙茂泽	王家胜　张　丽	2019 年
6	河南省大学生机器人竞赛	省级一等奖	许　威　祝世龙　向　思	李秀丽　王合闯	2019 年
7	第八届全国大学生机械创新设计大赛（河南赛区）	省级一等奖	张　涛　鲁　斌　吴　昊	金向杰　卢军民	2018 年
8	第九届全国大学生机械创新设计大赛（河南赛区）预赛	省级二等奖	向　思　刘畅畅　付之豪　潘韵同	卢军民　李秀丽	2020 年
9	第九届全国大学生机械创新设计大赛（河南赛区）预赛	省级二等奖	张旭东　沈　杰　黄国泉　王祝贺　王　彪	卢军民　李　刚	2020 年
10	第六届全国大学生工程训练综合能力竞赛河南赛区项目Ⅲ"S环形"型赛道挑战赛	省级二等奖	鲁　斌　刘腾飞　保奇鹏	金向杰　卢军民	2019 年
11	第六届全国大学生工程训练综合能力竞赛河南赛区项目Ⅳ"智能物料搬运机器人"竞赛	省级二等奖	蒲雪建　谭沁琳　冯超杰	王家胜　上官林建	2019 年
12	河南省大学生机器人竞赛	省级二等奖	张旭东　杨　洋　张业验	金向杰　王家胜	2019 年
13	河南省大学生机器人竞赛	省级二等奖	朱俊华　吕　新　赵金利	边　江　高志锴	2019 年
14	第五届河南省大学生机器人竞赛	省级二等奖	陈祥龙　田　溪　刘腾飞	李　刚　高　丹	2018 年
15	第八届全国大学生机械创新设计大赛（河南赛区）	省级二等奖	龙茂泽　叶　凡　谭沁琳	张　丽　王家胜	2018 年
16	第五届全国大学生工程训练综合能力竞赛河南赛区预选赛项目Ⅰ	省级二等奖	保奇鹏　蒲雪建　李　鼎	金向杰　李　刚	2017 年
17	第五届全国大学生工程训练综合能力竞赛河南赛区预选赛项目Ⅰ	省级二等奖	吴　硕　骆佳威　江　涛　胡井铮　贺冲冲	郭春涛　李　刚	2017 年

序号	竞赛名称	获奖等级	获奖学生	指导教师	时间
18	第五届全国大学生工程训练综合能力竞赛河南赛区预选赛项目Ⅰ	省级二等奖	王仁昌　龙茂泽　万伟鹏	金向杰　李　刚	2017 年
19	第五届全国大学生工程训练综合能力竞赛河南赛区预选赛项目Ⅰ	省级二等奖	刘绍林　杜宏飞　叶松林	金向杰　郭春涛	2017 年
20	第九届全国大学生机械创新设计大赛（河南赛区）预赛	省级三等奖	蔡自理　韩玉恩　樊祥辉 陈明慧　祝世龙	卢军民　上官林建	2020 年
21	第九届全国大学生机械创新设计大赛（河南赛区）预赛	省级三等奖	伍剑晖　兰帅航　刘迪一 陈紫琦　冯　超	孔祥瑞　边　江	2020 年
22	第九届全国大学生机械创新设计大赛（河南赛区）预赛	省级三等奖	刘世博　李永宽　郭昊炜 杨智钦　郭炳旭	王家胜　程　盼	2020 年
23	第九届全国大学生机械创新设计大赛（河南赛区）预赛	省级三等奖	刘远达　闫豪放　张　钊 闫　磊　黄泰霈	卢军民　杨振中	2020 年
24	第六届全国大学生工程训练综合能力竞赛河南赛区项目Ⅲ"S环形"型赛道挑战赛	省级三等奖	闫　磊　黄泰霈　尚佳平	金向杰　张　丽	2019 年
25	第六届全国大学生工程训练综合能力竞赛河南赛区项目Ⅰ"S"型赛道避障行驶常规赛	省级三等奖	李万浩　李华明　赵全利	唐龙乾　王永新	2019 年
26	第六届全国大学生工程训练综合能力竞赛河南赛区项目Ⅰ"S"型赛道避障行驶常规赛	省级三等奖	刘锦端　胡云昊　苏向阳	郭春涛　李　刚	2019 年
27	第六届全国大学生工程训练综合能力竞赛河南赛区项目Ⅱ"8"字型赛道常规赛	省级三等奖	卢和文　彭　钦　张　森	韩时星　李秀丽	2019 年
28	第六届全国大学生工程训练综合能力竞赛河南赛区项目Ⅰ"S"型赛道避障行驶常规赛	省级三等奖	黄国泉　王祝贺　王　彪	唐龙乾　陈海军	2019 年
29	第六届全国大学生工程训练综合能力竞赛河南赛区项目Ⅰ"S"型赛道避障行驶常规赛	省级三等奖	于洋蓝　孙　畅　刘一锴	唐克东　张建华	2019 年
30	第六届全国大学生工程训练综合能力竞赛河南赛区项目Ⅲ"S环形"型赛道挑战赛	省级三等奖	张慧玲　程秀如　沈　杰	金向杰　李　刚	2019 年
31	河南省大学生机器人竞赛	省级三等奖	闫　磊　尚佳平　黄泰霈	李　刚　袁珂佳	2019 年
32	河南省大学生机器人竞赛	省级三等奖	沈　杰　刘远达　付智鹏	张　丽　李　刚	2019 年

续表

序号	竞赛名称	获奖等级	获奖学生	指导教师	时间
33	河南省大学生机器人竞赛	省级三等奖	刘 权 牛坤鹏 袁世峰	李秀丽 高 丹	2019 年
34	第八届全国大学生机械创新设计大赛（河南赛区）	省级三等奖	张立鑫 刘腾飞 保奇鹏	卢军民 李 刚	2018 年
35	第八届全国大学生机械创新设计大赛（河南赛区）	省级三等奖	蒲雪建 潘国梁 林瑞香	王家胜 韩时星	2018 年

（张丽执笔）

North China University of Water Resources and Electric Power

大事记

大事记（2011—2021）

2011 年

6月10日，学校2011届毕业典礼暨表彰大会在花园校区文体活动中心隆重召开。校党委书记朱海风主持典礼。校长严大考向毕业生表示祝贺，授予学位并合影留念。党委副书记许琰宣读了优秀毕业生表彰决定。副校长刘汉东宣布了学位授予决定。

6月10日，埃塞俄比亚斯亚贝巴大学校长 Admasu Tsegaye 博士、副校长 Massresha Fetene 教授、副校长 Hirut Woldemariam 博士一行三人来校访问。

6月20日，水利部副部长胡四一一行到校视察工作并为师生作"中国水资源可持续利用的科技支撑"学术报告。

7月1日，庆祝建党90周年大会在学校文体活动中心隆重举行。全体党员、民主党派和无党派人士代表、老干部代表参加大会，大会由校党委副书记、校长严大考主持，校党委书记朱海风作重要讲话。

8月12—14日，学校广谱哲学研究所和中国自然辩证法研究会、河南省自然辩证法研究会联合举办的创新哲学社会科学与广谱哲学15周年全国学术研讨会在校隆重举行。

9月1日，学校与贵州省黔西南布依族苗族自治州在花园校区签署战略合作框架协议。黔西南自治州常务副州长付贵林、副州长刘建明，学校校长严大考，副校长曹兴霖、刘汉东、徐建新等领导出席了签约仪式。副校长刘汉东主持签约仪式。

9月24日，学校与中国水电工程顾问集团公司在郑州黄河迎宾馆举行战略合作协议签字仪式。水利部部长陈雷、副部长矫勇，河南省副省长刘满仓，河南省教育厅副厅长訾新建，河南省水利厅副厅长王建武，水利部、河南省政府相关处室单位负责人出席签字仪式。中国水电工程顾问集团公司总部和下属各设计院的领导、学校校领导和有关部门负责人参加了签约仪式。

9月25日，学校建校60周年庆典在龙子湖校区隆重举行。水利部部长陈雷，国务院南水北调办公室主任鄂竟平，水利部副部长矫勇、李国英，河南省副省长徐济超、刘满仓等10余位省部级领导出席庆祝大会。来自全国各地的校友、嘉宾、学校领导、离退休人员代表、师生代表近5000人参加庆祝大会。

9月29日，教育部下发了《教育部关于批准第二批卓越工程师教育培养计划高校的通知》（教高函〔2011〕1号），学校获批为第二批卓越计划高校。

10月25日，学校在贵州省黔西南布依族苗族自治州人民政府举行了"黔西南州华北水利水电学院产学研基地"和"黔西南州华北水利水电学院教学实习基地"揭牌仪式。校长严大考、副校长刘汉东，黔西南州州委书记陈鸣明、州长龙长春等领导出席了揭牌仪式。

11月5日，《华北水利水电学院学报（社会科学版）》被评为全国理工农医社会科学优秀学报。

11月11日，学校与中国核工业中原建设有限公司共建科研教学基地协议签字暨基地揭牌仪式在未来大酒店举行。中国核工业中原建设有限公司副总经理张笑澄、学校副校长刘汉东等出席了签字仪式。

11月18日，学校与河南省测绘工程院签署共建科研教学基地协议签字暨基地揭牌仪式在学校举行。河南省测绘局副局长禄丰年，学校校长严大考、副校长刘汉东出席签字仪式。

12月9日，中国民主促进会华北水利水电学院委员会第二次会员大会在校举行。

12月12日，河南高校图书馆新技术应用研讨会暨学校图书馆自助借还系统开通仪式在龙子湖校区举行。

2012 年

2月13日，学校被授予"河南省高校党建工作先进单位"和"河南省高校党风廉政建设工作先进单位"荣誉称号。

2月14日，刘汉东教授参加的"大型矿山排土场安全控制关键技术"获2011年度国家科技进步二等奖。

4月21日，学校承办的全国农业节水技术交流报告会暨第二届农业节水科技颁奖大会在黄河迎宾馆举行，来自全国各地的200余名代表参会。

4月23日，以马来西亚国家青年与体育部官员 Nuraida binti idris 女士为团长的马来西亚青年代表团一行百余人，在团中央国际联络处处长伍伟、团省委统战部副部长高博等的陪同下来学校访问交流。

4月26日，学校被评为2012年度河南最具就业竞争力示范院校。

7月4日，台湾朝阳科技大学校长钟任琴、生化科技研究所所长张清安及两岸合作处学术交流组组长陈宏益一行来校参观访问。

7月20日，学校在水利部水工金属结构质量检测测试中心举行了华北水利水电学院产学研基地和华北水利水电学院教学实习基地揭牌仪式。学校校长严大考、副校长刘汉东，水利部综合事业局副局长李兰奇，河南省科技厅机关党委书记郭遂臣、质检中心有关领导等出席了揭牌仪式。

8月1日，河南省第二届大学生台湾夏令营开营仪式在学校举行。

8月3日，河南省政协副主席龚立群一行来校视察毕业生就业工作。

9月4日，学校与北京市南水北调工程建设管理中心签署合作框架协议。校长严大考出席并致辞，副校长刘汉东主持会议。北京南水北调工程投资中心副总经理高书坤等出席仪式。

9月22—23日，学校与澳大利亚皇家墨尔本理工大学联合主办的2012年土木建筑与可持续基础设施工程国际会议成功举办。

10月9日，学校与新乡市人民政府在新乡签署战略合作框架协议。

10月11日，学校召开第六届第四次教职工代表大会。

11月17日，由河南省教育厅主办，学校承办的河南省毕业生就业市场水利电力类分市场双向选择洽谈会暨华北水利水电学院2013届毕业生双向选择洽谈会在花园校区文体活动中心隆重开幕。

12 月 1—2 日，由中国土木工程学会纤维混凝土专业委员会主办、学校承办的第十四届全国纤维混凝土学术会议成功举办。

12 月 17 日，教育部全国高等学校设置评议委员会专家组莅临学校，对学校更名为大学的工作进行考察指导。

2013 年

1 月 9 日，《华北水利水电学院学报（自然科学版）》入选 RCCSE 中国核心学术期刊（扩展版 A—）。

1 月 10 日，水利工程、地质资源与地质工程、土木工程、力学、机械工程、管理科学与工程、电气工程、数学等八个学科获副教授任职资格评审权。

3 月 21 日，法国尼斯综合理工学院校长、法国综合理工集团国际事务主席顾博维尔·菲利普教授与综合理工集团国际学术合作与教育推广总监尹娜女士来校访问。

5 月 17 日，学校新校名"华北水利水电大学"启用仪式在学校龙子湖新校区隆重举行。水利部、河南省有关领导，全国及河南省高校设置评议委员会专家代表，水利行业兄弟单位代表，学校领导，各地校友代表，离退休职工代表及在校师生代表 600 余人参加仪式。

7 月 3 日，学校与华电郑州机械设计研究院长期战略合作协议签字仪式在郑州举行。

7 月 28—31 日，由中国水利教育协会高等教育分会、教育部高等学校水利类专业教学指导委员会主办，学校承办的第三届全国大学生水利创新设计大赛（决赛）在校举行。

8 月 2—3 日，中国水利教育协会高等教育分会四届五次理事大会暨教育部高等学校水利类专业教学指导委员会第一次全体（扩大）会议在学校举办。

8 月 22 日，共青团中央、全国青联、全国学联、全国少工委在人民大会堂召开大会，隆重表彰第八届中国青少年科技创新奖获奖人员，信息工程学院研究生王蒙蒙获得 2012 年度"河南省青少年科技创新奖"。

12 月 25 日，刘汉东教授、赵顺波教授等参加完成的"黄河小浪底工程关键技术与实践"获 2013 年国家科技进步二等奖。

2014 年

1 月 2 日，学校第六届第五次教职工暨工会会员代表大会在龙子湖校区隆重举行。

1 月 28 日，中共河南省委、河南省人民政府发布《关于命名 2013 年度省级文明单位的决定》，学校连续三届获"省级文明单位"荣誉称号。

4 月 23 日，学校与法国尼斯综合理工学院合作筹建华水国际工程师学院签约仪式在学校举行。尼斯综合理工学院校长 Philippe 教授、综合理工集团国际学术合作与教育推广总监尹娜女士、Oliver 副教授，学校校长严大考、副校长解伟及相关部门的负责同志出席了签约仪式。

4 月 25 日，学校荣获"最具就业竞争力的 10 张河南教育名片"荣誉称号。

5 月 20 日，麦可思数据有限公司发布《河南省高校毕业生就业、预警和重点产业人才供应 2013 年度报告》。学校以 95.4 分位居河南省本科院校就业竞争力排名榜第一名。

7 月 18 日，学校入选 2014 年度全国毕业生就业典型经验 50 强高校。

9 月 10 日，非洲 14 个国家的非洲法语国家粮食安全研修班学员来校访问，考察学校农业高效用水实验室，听取节水灌溉讲座，了解农业节水灌溉工程技术领域的先进技术及其应用。

10月21日，《华北水利水电大学学报（社会科学版）》在全国高校文科学报研究会组织实施的第五届全国高校社科期刊评优活动中荣获"全国高校优秀社科期刊"奖，"水文化研究"栏目获评"全国高校社科期刊特色栏目"奖。

11月27日，《华北水利水电大学章程》经学校第六届第六次教职工代表大会审议通过。

12月27日，学校微博"华水苇渡"荣获2014年度"河南最具亲和力高校官微"称号，并被评为河南省2014年度十大高校官方微博。

2015 年

3月2日，学校召开党委会（扩大）会议，号召向见义勇为、光荣牺牲的学校优秀大学生孟瑞鹏同学学习。

3月4日，中央电视台一套晚间新闻栏目对学校优秀大学生孟瑞鹏同学舍己救人光荣牺牲的事迹进行了报道，并对其英雄壮举给予了高度评价。

3月5日，共青团河南省委下发文件，追授孟瑞鹏同学为"河南省见义勇为青年英雄"荣誉称号。

3月6日，中共河南省委高校工委、河南省教育厅作出决定，追授孟瑞鹏同学"河南省优秀大学生"荣誉称号。

3月12日，经中共河南省委高校工委批准，孟瑞鹏同学被追认为中国共产党党员。

3月25日，教育部发布决定，追授舍己救人、英勇牺牲的孟瑞鹏同学"全国优秀大学生"荣誉称号。

5月21日，共青团中央等特别追授舍己救人、光荣牺牲的孟瑞鹏同学"践行社会主义核心价值观先进个人标兵"称号。

6月3日，共青团中央发布了《关于追授孟瑞鹏同学"全国优秀共青团员"称号的决定》，号召全国广大团员青年向孟瑞鹏学习。

8月29日，中共河南省委省直工委下发了《关于表彰第四届省直"十大道德模范"的决定》，孟瑞鹏同学被授予第四届省直"十大道德模范"称号。

9月1日，学校被授予"选派第一书记工作先进单位"荣誉称号。

9月8日，2015年秋季学期全国大中学生"社会主义核心价值观主题宣传月"启动和孟瑞鹏塑像揭幕仪式在学校举行，团中央学校部部长杜汇良，团河南省委副书记、党组副书记李若鹏等参加活动。

10月13日，孟瑞鹏同学荣获第五届全国道德模范提名奖。

10月18日，学校与俄罗斯乌拉尔联邦大学在北京举行合作办学签约仪式。俄罗斯乌拉尔联邦大学校长克沙罗夫·维克多·阿纳多里耶维奇、副校长霍米亚科夫·马克西姆·巴利萨维奇，学校党委书记王清义、副校长王天泽出席签约仪式。

12月10日，教育部下发《关于确认"金砖国家网络大学"项目中方参与院校的通知》，学校被正式确定为"金砖国家网络大学"项目中方参与高校。

12月30日，学校与河南省科学院签署全面战略合作协议。河南省政府副秘书长黄布毅，省教育厅厅长朱清孟，省科技厅党组书记赵建军，省科学院党委书记姜俊，省科学院院长童孟进，学校党委书记王清义、校长刘文锴和学校全体在校校领导、相关处级单位负责人，以及双方首聘48名专家教授等出席了签约仪式。

2016 年

1月8日，学校水利学院仵峰教授作为主要完成人参与合作研发的"精量滴灌关键技术与产品研发及应用"项目，荣获2015年度国家科学技术进步二等奖。

1月10日，2015年度中国大学生就业模拟大赛总决赛暨颁奖典礼在学校举行。

2月24日，《教育部关于公布2015年下半年中外合作办学项目审批结果的通知》（教外函〔2016〕12号）发布，学校与俄罗斯乌拉尔联邦大学合作举办土木工程专业本科教育项目获得教育部批准。

2月29日，学校与俄罗斯乌拉尔联邦大学举行合作办学签字暨研究机构揭牌仪式在郑州举行。俄罗斯乌拉尔联邦大学校长克沙罗夫·维克多·阿纳多里耶维奇、副校长霍米亚科夫·马克西姆·巴利萨维奇，省教育厅副厅长訾新建，学校校长刘文锴、副校长王天泽等出席仪式。

3月16日，学校获得首届省级文明单位标兵荣誉称号。

3月24日，教育部金砖国家大学联盟秘书处发布成员高校名单，正式确认学校为"金砖国家大学联盟"成员。

3月28日，学校与河南省社会科学院战略合作签约仪式在省社科院学术报告厅举行。

4月7—8日，金砖国家网络大学第一届峰会在俄罗斯叶卡捷琳堡召开，来自中国、俄罗斯、印度、巴西和南非的近200名教育部门、社会机构和高校代表参加了会议。学校党委书记王清义、王复明院士、赵伟教授等组成的代表团应邀出席了会议。

5月30日，学校刘建华教授、杨绍禹博士荣获"河南省五一劳动奖章"。

6月12日，中共河南省委第九巡视组在学校龙子湖校区召开专项巡视工作动员会。

6月15日，学校与中国建设银行股份有限公司河南省分行签署战略合作协议。

10月24—27日，教育部本科教学工作审核评估专家组对学校的本科教学工作进行现场考察。

12月20日，学校与开封市人民政府、黄河水利职业技术学院签订了战略性合作框架协议。

2017 年

1月13日，学校与三门峡明珠（集团）有限公司签订了战略合作协议和捐赠协议。

2月10日，学校与韩国启明大学合作举办的环境设计专业本科教育项目获得教育部批准。

6月4日，学校官方微博"华水苇渡"荣获"2016—2017河南最具影响力高校官微"称号。

6月5日，河南省高级人民法院环境资源损害司法鉴定与修复研究基地揭牌仪式暨环境公益诉讼研讨会在学校龙子湖校区举行。

7月2—3日，由教育部国际合作与交流司主办，学校承办，河南省教育厅、河南省参与建设"一带一路"工作领导小组办公室协办的"2017年金砖国家网络大学年会"在郑州举行。来自中国、俄罗斯、印度、巴西、南非等"金砖五国"的教育部官员，金砖国家网络大学成员高校及其他高校的校领导和专家学者等200余人出席了会议。

8月29日，学校举行第六届第七次教职工代表大会，会议审议通过了《华北水利水电大学"十三五"发展规划》。

9月13日，华北水利水电大学附属小

学共建协议签字仪式在学校龙子湖校区举行。

11月1日，学校举行习近平新时代中国特色社会主义思想研究中心成立大会暨学习座谈会。

11月3日，河南省副省长戴柏华到校为中德资源环境与地质灾害研究中心授牌。

11月4日，由联合国教科文组织水环境学院、台湾大学国际水利环境学院、黄河勘测规划设计研究院有限公司和学校联合成立的可持续发展联合研究中心合作协议签字仪式在学校举行。

12月4日，学校入选首批河南省水情教育基地。

12月27日，学校获得"河南省高等学校基层党组织建设先进单位"称号。

2018 年

1月4日，由学校与河南省水利投资集团联合申报的河南省水环境模拟与治理重点实验室揭牌仪式暨第一次学术会议在龙子湖校区举行。

1月22日，教育部《关于同意设立华北水利水电大学乌拉尔学院的函》（教外函〔2018〕4号），同意学校与俄罗斯乌拉尔联邦大学合作设立华北水利水电大学乌拉尔学院。

4月1日，学校举行韩庆祥特聘教授聘任仪式暨河南省社科界工作者座谈会。

4月4日，我校选派的张胜前被评为全省选派驻村优秀第一书记。

5月8日，"一带一路"水利水电高峰论坛暨华北水利水电大学乌拉尔学院启动仪式在学校龙子湖校区举行。全国人大常委会原副委员长蒋正华，全国政协常委、河南省政协副主席高体健，俄罗斯教科部驻华代表伊戈尔·泼兹尼业科夫，俄罗斯乌拉尔联邦大学代理校长克尼亚泽夫·谢

尔盖·季哈诺维奇，巴基斯坦旁遮普省高教厅厅长赛义德·吉拉尼，水利部人事司副司长（正司级）郭海华，水利部黄河水利委员会党组副书记、副主任苏茂林等参加会议。校党委书记王清义、俄罗斯乌拉尔联邦大学代理校长克尼亚泽夫·谢尔盖·季哈诺维奇共同为华北水利水电大学乌拉尔学院揭牌；校长刘文锴代表学校与黄河水利委员会、河南省水利厅、河南省南水北调办公室、华电集团河南公司分别签署战略合作协议，与巴基斯坦旁遮普省高教厅签署合作框架协议；26个"一带一路"水利水电产学研联盟单位代表签署了《水利水电"一带一路"产学研战略联盟协议》。

5月25—27日，中共华北水利水电大学第一次代表大会在龙子湖校区举行。

7月4—8日，受教育部委托，学校作为中国金砖国家网络大学成员高校的牵头单位，副校长刘雪梅教授率中国高校代表团赴南非开普敦参加了第三届金砖国家网络大学年会，代表中方在闭幕式上做主旨讲话并签署《斯坦陵布什宣言》。

9月28日，学校与马来西亚联合设立的砂拉越科技大学华北水利水电大学汉语中心揭牌。

10月8日，学校与兰考县"结对帮扶"启动仪式在龙子湖校区举行，双方签订战略合作协议，搭建了"结对帮扶"干部培训基地、党员党性教育基地、大学生实践基地三大平台。

11月5日，中共河南省委第二巡视组巡视进驻动员会在学校龙子湖校区召开。

12月1日，学校与河南省水利厅联合成立的河南河长学院揭牌仪式在龙子湖校区举行。

12月10日，教育部港澳台办下发《关于同意华北水利水电大学招收港澳台

学生的通知》，学校自 2019 年起获得招收港澳台本科学生的资质。

2019 年

1月7日，学校牵头与河南农业大学、河南理工大学、河南财经政法大学、郑州航空工业管理学院在龙子湖校区签署课程互选与学分互认合作框架协议，在河南省率先实行校际课程互选与学分互认。

1月8日，学校精品在线课程"中华水文化"入选 2018 年国家精品在线开放课程。

2月15日，水利部党组书记、部长鄂竟平在京会见校党委书记王清义、校长刘文锴一行，听取学校专题工作汇报并做重要指示。

2月20日，河南省省长陈润儿莅临学校调研指导工作，并在龙子湖校区主持召开高等教育发展座谈会。

3月26日，学校与水利部发展研究中心战略合作框架协议签署仪式在龙子湖校区举行。

6月13日，教育部高等教育教学评估中心发布《关于公布 2018 年度通过工程教育认证的专业名单的通知》（教高评中心函〔2019〕72 号），学校计算机科学与技术、土木工程、水利水电工程、地质工程、农业水利工程 5 个本科专业通过工程教育认证，认证结论有效期 6 年（自 2019年 1 月起至 2024 年 12 月止）。

9月9日，第十一届全国少数民族传统体育运动会毽球和陀螺两个项目在学校龙子湖校区开赛。

9月9—11日，第十一届少数民族传统体育运动会龙舟项目的比赛在郑州龙湖水上运动中心举行，学校龙舟队代表河南省参加所有龙舟项目，获奖牌 2 银 4 铜。

9月11日，校长刘文锴在阿根廷驻华大使馆与阿根廷圣塔科鲁兹省政府教育委员会签署合作协议。

9月18日，水利部党组书记、部长鄂竟平一行莅临学校视察指导工作。水利部总规划师汪安南、规计司司长石春先、河湖司司长祖雷鸣、直属机关党委常务副书记唐亮、黄委会副主任苏茂林等随同视察。

10月8日，国家能源局综合司公布中国参与 APEC 能源合作伙伴网络第二批成员单位名单，学校入选 APEC 能源合作伙伴网络成员单位。

10月29日，由河南省参与建设"一带一路"工作领导小组办公室、河南省教育厅指导，学校与河南师范大学、河南理工大学联合主办的"一带一路"中国-乌克兰高等教育交流与合作座谈会在学校龙子湖校区举办。

11月1日，马来西亚砂拉越科技大学董事局主席拿督斯里黄顺舸先生、校长拿督凯鲁丁教授一行来学校访问。

学校与马来西亚砂拉越科技大学联合举办的孔子学院执行协议签约仪式在河南广播电视台举行，校长刘文锴与砂拉越科技大学校长凯鲁丁共同签署协议。

12月18日，学校与中国电建集团西北勘测设计研究院有限公司在西安举行战略合作框架协议签字仪式。

2020 年

3月24日，河南省委书记王国生到学校调研指导工作，就推进黄河流域生态保护和高质量发展与专家座谈，听取意见建议。

4月21日，水利部党组书记、部长鄂竟平给学校"河小青"志愿服务队的同学们回信，为同学们心系江河、投身水利、报效祖国的志向和行动点赞，勉励广大水利学子热爱水利事业并为之不懈奋斗。

4月29日，学校被中共河南省委、河南省人民政府授予首届"河南省文明校园标兵"称号。

5月15日，河南省教育厅下发《关于同意华北水利水电大学在马来西亚举办华禹学院备案的批复》，学校境外办学机构——华禹学院正式获批。

6月5日，学校与新乡市签约建设国际校区暨黄河流域生态保护和高质量发展研究院揭牌仪式在新乡市政府举行。

7月27日，学校与中共修武县委、修武县人民政府党建美学和校地合作共建签约暨揭牌仪式在焦作举行。

8月13日，学校与海南省水务厅、海南热带海洋学院在海口市举行三方会谈并签署战略合作协议。

8月24日，学校与信阳市人民政府校地战略合作签约仪式在信阳市行政中心举行。

10月16日，学校招生办公室主任、兰考挂职县委常委、副县长胡昊荣获2020年度河南省脱贫攻坚奖创新奖。

10月26日，由学校和水利部行业监管研究中心共同承办的中国水利学会2020学术年会水利行业强监管分论坛在学校龙子湖校区举行。

11月13日，教育部、河南省教育厅与学校共建青少年法治教育中心揭牌仪式在学校龙子湖校区行政楼多功能厅举行。

11月18日，学校与山东黄河河务局战略合作框架协议签署暨研究实践基地揭牌仪式在济南举行。

12月10日，马来西亚砂拉越科技大学孔子学院揭牌仪式在华北水利水电大学（郑州）、马来西亚砂拉越科技大学（诗巫）、中国驻古晋总领馆（古晋）三地通过云端连线举行。

12月17日，华北水利水电大学鲲鹏产业学院签约暨揭牌仪式在学校龙子湖校区举行。

12月29日，学校与河南省应急管理厅战略合作框架协议签约暨河南省公共安全与应急管理研究中心揭牌仪式在学校龙子湖校区举行。

2021 年

3月26日，学校在龙子湖校区举办"中国共产党百年发展历程与经验"学术研讨会。韩庆祥、欧阳康教授分别作主旨报告。

3月27日，河南毕业生就业市场水利电力类分市场双向选择洽谈会暨华北水利水电大学2021届毕业生春季就业双向选择洽谈会在龙子湖校区举行。

3月30日，中央宣讲团成员、国防大学原战略研究所所长金一南教授与学校师生在龙子湖校区进行座谈交流。

4月7日，河南省政协副主席、民进河南省委会主委张震宇到龙子湖校区调研，并实地走访河南省地质环境智能检测与灾害防控重点实验室、管理与经济学院重点实验室。

4月9日，原水利部部长鄂竟平在京会见校领导王清义、刘文锴、刘雪梅，听取学校工作汇报，并就学校下一步发展方向给予指导。

4月16日，学校校地结对帮扶兰考县工作、定点扶贫鹿邑夏庄工作在全省2020年度脱贫攻坚成效考核中双双获得最好等次。

4月17日，第七届教职工代表大会暨工会会员代表大会第三次会议在龙子湖校区召开。会议审议通过了《学校工作报告》《学校工会工作报告》《学校财务工作报告》。

4月19日，学校与河南省工业和信息

化厅在龙子湖校区签订战略合作框架协议。

4月23日，水利部副部长陆桂华到学校调研指导工作，并就水利科技创新工作与专家座谈。

5月13日，学校在龙子湖校区举行陆挺宇杰出校友奖学（教）金捐赠暨颁奖仪式。河南省华北水利水电大学教育发展基金会接受校友陆挺宇的捐赠，并向捐赠人颁发捐赠证书。

5月21日，由河南省科协主办，学校科协承办的"聚焦中原"第十五期专家智库论坛"坚守治黄初心，竭力服务黄河流域生态保护和高质量发展"报告会在龙子湖校区举办。

5月27日，学校派驻鹿邑县邱集乡夏庄村党支部第一书记司保江荣获"河南省脱贫攻坚先进个人"称号。

5月28日，学校在龙子湖校区召开推进南水北调后续工程高质量发展研讨会。

6月1日，河南省卫生健康委员会、河南省教育厅、河南省红十字会联合发文《关于表扬2020年度河南省大中专院校无偿献血工作先进集体和先进个人的通报》（豫卫医〔2021〕21号）。我校获无偿献血特殊贡献奖，荣文龙、徐鑫一、苏一帆获无偿献血先进个人奖。

6月5日，第十二届"蓝桥杯"全国软件和信息技术专业人才大赛个人赛全国总决赛在全国31个省（自治区、直辖市）318所高校鸣锣开赛，来自北京大学、清华大学、复旦大学、上海交通大学等近千所高校的1万余名精英选手同台竞技。我校信息工程学院白娟老师指导的学生刘世杰在软件类竞赛中获得全国一等奖，另有信息工程学院的17名学生获得全国三等奖以上的优秀成绩，学校获得"蓝桥杯"优秀组织单位荣誉称号。

6月10日，中国工程教育认证协会公布《关于公布浙江大学机械工程等305个专业认证结论的通知》（工认〔2021〕13号），我校电子科学与技术专业通过专业认证，有效期6年。

6月14日，我校受邀参加在太原市水上运动中心举行的2021年第九届太原汾河龙舟公开赛。我校男子龙舟队获得200米、500米、3000米竞速赛亚军和团体总分第二名。同日，在第一届黄河龙舟邀请赛郑州站的比赛中，我校女子龙舟队获公开组第三名。

6月15日，全国高等学校建筑学专业教育评估委员会公布《关于华北水利水电大学建筑学专业本科（五年制）教育评估结论的通知》（教学评〔2021〕38号），我校建筑学专业本科（五年制）通过评估，合格有效期为4年。

6月17日，水利部副部长田学斌莅临我校龙子湖校区调研指导工作。水利部农村水利水电司司长陈明忠、水利部人事司副司长王健、河南省水利厅总工程师李斌成等陪同调研，校领导王清义、刘文锴、刘雪梅参加调研活动。

6月17日，水利部农村水利水电司司长陈明忠一行到我校龙子湖校区调研，并在行政楼第六会议室与学校相关人员进行了座谈交流。校长刘文锴出席会议并讲话，副校长刘雪梅主持会议。水利行业监管研究中心、科技处、水利学院、建筑学院主要负责同志及部分学院教师代表参加座谈会。

6月18—20日，第六届河南省高等学校大学生测绘技能大赛于在河南理工大学举行，共有来自全省25所高校28支代表队参加此次比赛。我校代表队获本科组团体总成绩一等奖、四等水准测量一等奖、数字测图二等奖、虚拟仿真数字测图一等奖、测量程序设计一等奖。

6月19—20日，由河南省教育厅主办，河南省高教学会、上海外语教育出版社和我校联合承办的第十二届"外教社杯"全国高校外语教学大赛（河南赛区）在学校龙子湖校区举行。我校外国语学院温丽老师获得视听说组二等奖，谷娟老师获综合组三等奖。

6月21—25日，由中共中央组织部、国家发展改革委、自然资源部、生态环境部、水利部、国家林草局主办，中共河南省委组织部及我校承办的全国推动黄河流域生态保护和高质量发展专题培训班暨全省推动黄河流域生态保护建设生态强省高级研修班在学校龙子湖校区举行。河南省委组织部副部长、省公务员局局长、一级巡视员郭成全，省生态环境厅党组书记、厅长王仲田，校党委书记王清义出席开班仪式，校长刘文锴出席结业仪式。国家发展改革委等5部委有关司局负责同志到班授课。山西等沿黄9省（自治区）有关部门处长，河南相关省辖市政府、济源示范区管委会分管负责同志，生态环境局局长，省环委会成员单位分管负责同志参加此次培训。

6月21日，河南省生态环境厅党组书记、厅长王仲田一行来我校调研交流工作，校党委书记王清义陪同调研。

6月22日，由水利部景区办主办、我校建筑学院承办的2021年水利风景区建设管理培训班（第二期）在江河宾馆举行开班仪式。副校长施进发、水利部景区办监督技术处处长汤勇生、河南省农田水利水土保持技术推广站站长（河南省水利厅景区办副主任）李世军出席会议并分别致辞。各流域管理机构及各省（自治区、直辖市）水利厅（局）有关部门及市县级水利行政主管部门近100名学员参加培训。

6月25日，由河南省委高校工委、河南省教育厅主办的河南省高校社科界庆祝建党100周年交流会在郑州召开。校党委书记王清义在主会场作题为"坚持系统观念 以高质量党建引领学校高质量发展"的交流发言。校领导施进发、刘雪梅、王如厂及社科处、马克思主义学院负责同志在学校龙子湖综合实验楼第四会议室通过网络直播在线同步收看会议。

6月26日，河南省"两优一先"表彰大会在郑州召开。省委书记楼阳生出席会议并讲话，省长王凯主持会议，省政协主席刘伟出席。会议宣读了中共河南省委关于表彰河南省优秀共产党员、优秀党务工作者和先进基层党组织的决定，我校信息工程学院党委副书记司保江同志被授予"河南省优秀党务工作者"称号，外国语学院第一党支部被授予"河南省先进基层党组织"称号。

6月29日，河南省人民政府新闻办公室召开"第二批'中华源·河南故事'中外文系列丛书"新闻发布会。中共河南省委外事委员会办公室主任付静，校党委书记王清义，郑州航空港经济综合实验区党工委书记张俊峰，郑州大学副校长屈凌波，河南省扶贫开发办公室党组成员、副主任方国根，河南省文化和旅游厅党组成员、河南省文物局党组书记、局长田凯参加发布会。会上，王清义介绍了学校相关工作开展情况和下一步的努力方向。

6月29日，金砖国家网络大学国际理事会2021年会议（视频会议）在印度新德里召开。校长刘文锴作为国际理事会中方成员出席会议并在开幕式环节发言。副校长刘雪梅、国际交流与合作处和乌拉尔学院相关负责人列席会议。

7月2日，中共河南省委外事工作委员会办公室下发《关于2021年度"翻译河南"工程优秀成果征集情况的通报》（豫外委办〔2021〕33 号）文件，我校获特等奖 3 项、一等奖 8 项、二等奖 4 项、三等奖 7 项。校党委书记王清义主持的《"翻译河南"工程视域下高校国际化人才培养思想政治教育创新发展研究》、党委副书记高京燕主持的《中华水文化》（英文版）和社会科学处处长魏新强主持的《"一带一路"背景下河南-拉美人文交流对接战略研究》获特等奖。

7 月 6 日，河南省社科联举办全省社科界学习贯彻习近平总书记在庆祝中国共产党成立 100 周年大会上的重要讲话精神理论研讨会。河南省社科联党组书记、主席李庚香研究员出席会议并讲话，校党委书记王清义出席会议并作交流发言。省社科联党组成员、副主席李新年研究员主持会议。

7 月 7 日，我校与宁夏回族自治区石嘴山市人民政府战略合作框架协议签约仪式在石嘴山市举行。校党委书记王清义、副校长刘雪梅，石嘴山市市委书记王刚、市长张利、副市长李光云出席签约仪式。刘雪梅与李光云分别代表双方签署战略合作框架协议。

7 月 10 日，学校福建校友联谊会暨联络处第三届理事会换届会议在闽举办。校领导王清义、刘汉东、刘雪梅出席仪式，学校相关职能部门负责同志以及在闽校友代表 80 余人参加会议。校友张宏斌主持会议。会前，王清义一行在中水十六局董事长金建国的陪同下和校友代表参观了中水十六局展览馆。

7 月 11 日，校党委书记王清义一行到贵州水利水电职业技术学院进行调研交流。贵州水利水电职业技术学院党委书记杨志宏会见王清义一行。

7 月 12 日，由中共河南省委外事办公室、河南省教育厅和我校联合主办的"2021 国际留学生河南行"活动启动仪式在学校龙子湖校区第四报告厅举行。河南省委外事办公室一级巡视员李镇、校长刘文锴、省教育厅二级巡视员徐恒振出席会议并讲话，省教育厅、郑州市委外事办以及来自省内外七所高校 16 个国家的 22 名留学生和我校部分师生代表参加仪式。

7 月 12—13 日，以"低碳转型 绿色发展——共同构建人与自然生命共同体"为主题的 2021 年生态文明贵阳国际论坛在贵阳市举行。中共中央政治局常委、全国人大常委会委员长栗战书出席开幕式并发表重要主旨演讲。我校作为水利水电特色高校，校党委书记王清义受邀出席开幕式并参加主题论坛。

7 月 13—15 日，第六届全国大学生混凝土材料设计大赛在武汉举行。我校土木与交通学院刘泽伟、杨迎新、黄山鸿团队荣获大赛团体一等奖，王栋翰、李智恩、郭丰团队荣获大赛团体三等奖，刘焕强和马军涛两位老师荣获"优秀指导教师"称号。

7 月 14 日，由中国水利学会青年科技工作委员会主办，我校与黄河水利职业技术学院承办的中国水利学会青年科技工作委员会学术交流会暨 2021 年工作会议在学校龙子湖校区举行。校长刘文锴，中国水利水电科学研究院副院长、中国水利学会青年科技工作委员会主任委员王建华，黄河水利职业技术学院校长胡昊出席会议并分别致辞。副校长刘雪梅主持开幕式。

我校 2021 年暑期干部培训班暨党史学习教育读书班开班仪式在何家冲学院初心堂举行。校党委书记王清义主持开班仪式并作动员讲话，校党委副书记、校长刘文锴作《锚定新目标，彰显高水平，奋力开启"十四五"高质量发展新征程》专题辅导报告，校领导高京燕、施进发、刘汉东、王天泽、苏喜军、刘盘根、王如厂、信阳市委常委、纪委书记、监委主任杨蕾、罗山县领导许远福、汪明君朱玮、我校正处级干部、主持工作的副处级干部参加开班仪式。

7月18日，我校校内巡察工作动员部署会议在何家冲学院初心堂召开。校党委书记王清义出席会议并作动员讲话，校党委副书记高京燕，副校长刘盘根，校纪委书记、监察专员王如厂出席会议，副校长施进发主持会议。党委委员、纪委委员、各基层单位党政负责人、机关各部门负责同志和巡察工作领导小组办公室工作人员参加会议。

7月18—21日，郑州全市普降大暴雨、特大暴雨，降雨造成郑州市区严重内涝，多处路面出现塌陷，市内交通中断，多处小区停水停电。我校两校区灾情严重，办公区域、家属院（周转房）、配电室、弱电间等不同程度进水，汛情紧急，两校区家属院（周转房）部分楼栋断电，校园网中断，自来水断供。假期留校本科生、研究生、留学生以及参加体育训练的学生急需得到妥善安置。7月22日，校党委书记王清义主持召开防汛安全工作会议，传达学习中央和省委关于防汛救灾工作的重要指示精神，对全校防汛安全工作进行再部署、再安排，并对做好下一步防汛工作提出"进一步强化责任意识、进一步排查安全隐患、进一步抓好防疫工作、进一步强化服务意识、进一步加强舆论引导"的五点要求。各职能部门、二级学院闻"汛"而动，积极贯彻学校党委要求，全力以赴投入到防汛救灾工作中，党员领导干部靠前指挥，广大师生躬身入局，形成了抗灾自救的强大合力。广大教职工生活、工作逐步恢复正常，留校学生学习和生活有序，情绪稳定，家属区、教学区水

电保障顺利有效，校车正常运行，餐饮正常供应，住宿服务安全，校园保洁消杀有序进行，捐赠救灾物资全部分发到位……华水师生团结一心、众志成城，以实际行动彰显了责任与担当，取得了抗击暴雨灾情的阶段性胜利。

7月20日，由教育部高等学校环境科学与工程类专业教学指导委员会、高等教育出版社主办，我校与清华大学承办的全国高等学校"环境工程原理"课程教学与资源建设研讨会在我校龙子湖校区召开。教育部高等学校环境科学与工程类专业教学指导委员会秘书长、清华大学教授胡洪营、高等教育出版社理科事业部副主任陈琪琳、我校副校长王天泽等出席会议。来自清华大学、同济大学等全国50余所环境类高校的110余名教师代表参加会议。

7月20—21日，由我校和郑州黄河文化公园管委会联合主办的第三届"清廉中国·黄河"论坛在我校龙子湖校区举行。河南省纪委副书记、省监委副主任吴宏亮，河南省纪委宣传部部长袁勇，河南省高校纪工委书记、省纪委监委驻省教育厅纪检监察组组长朱俊峰，郑州市纪委副书记、市监委副主任孙武，郑州市惠济区委副书记、郑州黄河文化公园管委会党工委书记李伟光等出席会议，校党委书记王清义出席会议并致辞。来自全国12个省（自治区、直辖市）的50所普通高等院校、党校、军校和科研院所的专家学者以及纪委监委机关干部80余人就清廉中国建设相关问题展开交流探讨。

7月20—22日，2021年河南省"互联网＋"大学生创新创业大赛暨第七届中国"互联网＋"大学生创新创业大赛河南赛区现场决赛在河南师范大学举行。我校获一等奖11项、二等奖21项、三等奖23项，张晓华等40位老师获得"河南省优秀

创新创业指导老师"荣誉称号。

7月23日，自然资源部办公厅发文《自然资源部办公厅关于公布重点实验室建设名单的通知》（自然资办发〔2021〕51号），我校联合河南省煤炭地质勘察研究总院、河南省自然资源监测院申报的黄河流域中下游水土资源保护与修复重点实验室成功获准立项建设。

7月23—25日，由中国大学生体育协会主办，聊城市人民政府和聊城大学联合承办的第九届中国大学生龙舟锦标赛在山东聊城东昌湖举行，来自北京大学、同济大学、浙江大学、苏州大学、中山大学、武汉大学、华中科技大学等共46所高校的68支龙舟队参加。我校运动队夺得男子100米直道竞速第四名、200米直道竞速第七名、女子100米直道竞速第七名和团体总分第六名的好成绩，这也是河南省高校在全国龙舟比赛中取得的最好成绩。

7月27—30日，由教育部高等教育司指导、中国高等教育学会主办的首届全国高校教师教学创新大赛在上海复旦大学举行。我校材料学院仝玉萍教授主讲的"物理化学"荣获正高组全国三等奖。

7月28日，由全国高等学校测绘类专业竞赛联盟和自然资源部职业技能鉴定指导中心联合主办的"南方测绘杯"第六届全国高等学校大学生测绘技能大赛决赛举行，本次大赛共有196所高校参加。我校代表队荣获测绘技能大赛团体一等奖，张秋雨、甘文建小组荣获虚拟仿真数字测图特等奖，张龙飞、张同昌小组荣获虚拟仿真数字测图一等奖，栗俊峰、于龙浩小组荣获虚拟仿真数字测图二等奖，丁婷、韩洋小组荣获测绘程序设计二等奖，许宝成老师荣获"优秀指导教师"称号。

8月1日，我校在综合实验楼第四会议室集中组织收看河南省教育系统疫情防控工作视频会议，并在第六会议室召开疫情防控工作推进会，校党委书记王清义、副校长刘盘根出席会议，学校疫情防控11个工作组副组长参加会议。

8月19日，我校在综合实验楼第四会议室集中组织收看河南省教育系统疫情防控工作视频会议。校领导王清义、刘文锴、高京燕、施进发、刘雪梅、刘盘根、王如厂出席会议，学校疫情防控11个工作组副组长参加会议。会后，校长刘文锴就进一步做好学校疫情防控工作、切实落实好本次会议精神提出工作要求。

8月21日，我校在龙子湖校区行政楼第二会议室召开学校防汛应急工作部署会。校党委书记王清义主持会议并讲话，副校长刘盘根出席会议。校长办公室、保卫处、研究生院、学生处、国际教育学院、后勤服务中心等单位负责同志参加会议。

8月24日，我校在综合实验楼第四会议室召开新冠肺炎疫情防控工作第五次推进会。校长刘文锴出席会议并讲话，副校长刘盘根主持会议。学校疫情防控11个工作组副组长参加会议。

8月26日，校党委书记王清义、校长刘文锴一行到水利部黄河水利委员会座谈交流工作。水利部黄河水利委员会党组书记、主任汪安南会见王清义一行。副校长刘汉东、刘雪梅，水利部黄河水利委员会党组副书记、副主任苏茂林出席座谈交流会。

8月27日，校党委书记王清义一行到中国水利水电第十一工程局调研交流工作。中国水利水电第十一工程局党委书记、董事长张玉峰出席并主持座谈会。副校长刘汉东、刘雪梅，中国水利水电第十一工程局副总经理张涛、总工程师张卫东出席座谈交流会。

（校长办公室提供）

North China University of Water Resources and Electric Power

附录

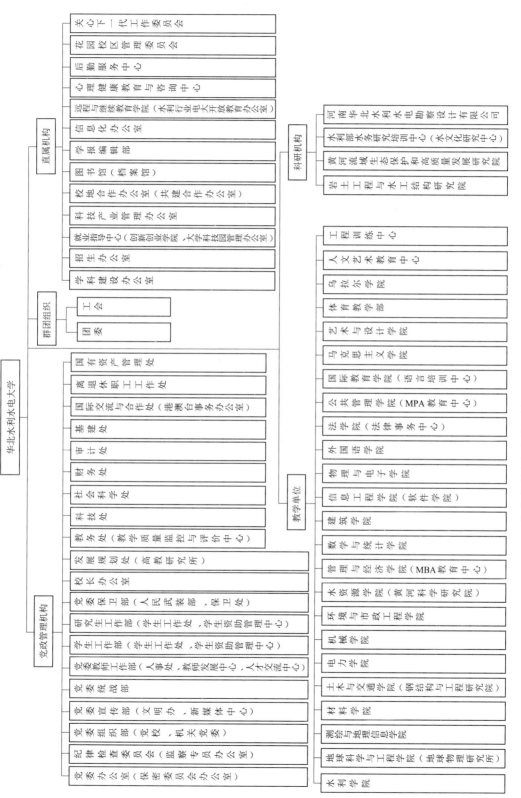

华北水利水电大学机构设置图（2021 年 6 月）

机关各部门历任领导一览表

部 门	姓名	职 务	任 职 时 间	备注
党委办公室 （保密委员会办公室）	马英	主任	2009 年 4 月至 2012 年 8 月	
	田逸	主任	2012 年 8 月至 2015 年 3 月	
	丁立杰	主任	2015 年 3 月至 2018 年 7 月	
	郭相春	主任	2018 年 7 月至 2021 年 1 月	
		副主任	2009 年 4 月至 2012 年 4 月	
	费昕	主任	2021 年 3 月至今	
	祁萌	副主任	2012 年 4 月至 2015 年 4 月	
	康长春	副主任	2015 年 4 月至 2018 年 7 月	
	王明	副主任	2018 年 9 月至今	
	梁丽丽	副主任	2019 年 5 月至今	
纪委（监察专员 办公室）	程思康	副书记、处长	2009 年 4 月至 2012 年 4 月	
	边慧霞	副书记	2012 年 4 月至 2018 年 7 月	
		处长	2015 年 3 月至 2018 年 7 月	
	陈玉霞	办公室主任（正处）	2009 年 4 月至 2012 年 8 月	
	荣四海	监察处处长	2018 年 7 月至 2018 年 9 月	
		副书记	2018 年 9 月至今	
	丁立杰	办公室主任	2018 年 7 月至 2018 年 9 月	
		副书记	2018 年 9 月至今	
	司保江	副书记、办公室主任	2015 年 4 月至 2016 年 10 月	
	尹彦礼	办公室副主任、副处长	2010 年 5 月至 2015 年 4 月	
	韦乐余	办公室副主任、副处长	2015 年 4 月至 2018 年 7 月	
		正处级纪检员	2018 年 7 月至 2020 年 6 月	
		综合室主任	2020 年 6 月至今	
	高勇伟	副处级纪检员	2017 年 4 月至 2018 年 9 月	
		办公室副主任、副处长	2018 年 9 月至 2020 年 6 月	
		第二纪检监察室主任	2020 年 6 月至今	
	童玉娟	副处级纪检员	2019 年 5 月至 2020 年 6 月	
		第一纪检监察室主任	2020 年 6 月至今	
	戴玉朵	第三纪检监察室主任	2020 年 12 月至今	
党委组织部、 （党校、机关党委）	解伟	部长	2008 年 6 月至 2012 年 8 月	
	苏喜军	部长	2012 年 8 月至 2015 年 3 月	
	郭相春	正处级组织员兼机关党委书记	2012 年 4 月至 2015 年 3 月	
	田逸	正处组织员、副部长	2009 年 4 月至 2012 年 8 月	
		部长、党校副校长	2015 年 3 月至 2018 年 7 月	
	景中强	部长、党校副校长	2018 年 7 月至今	

部　门	姓名	职　　务	任　职　时　间	备注
党委组织部、 （党校、机关党委）	焦红波	副部长	2009 年 4 月至 2012 年 4 月	
		正处级组织员	2015 年 3 月至 2016 年 12 月	
		正处级组织员兼机关党委书记	2016 年 12 月至 2018 年 7 月	
		副部长、机关党委书记	2018 年 7 月至今	
	郭玉宾	机关党委书记兼正处级组织员	2015 年 3 月至 2016 年 12 月	
	李志国	副部长	2015 年 4 月至 2018 年 7 月	
		正处级组织员	2018 年 7 月至 2021 年 3 月	
	康长春	正处级组织员	2021 年 3 月至今	
	胡　昊	副部长	2012 年 4 月至 2015 年 4 月	
	张龙真	副部长	2018 年 9 月至今	
党委宣传部 （文明办、新媒体中心、 河南省高校网络 思想政治工作中心）	饶明奇	部长	2006 年 4 月至 2012 年 4 月	
	景中强	部长	2012 年 4 月至 2018 年 7 月	
		文明办主任	2015 年 3 月至 2018 年 7 月	
		新媒体中心主任	2017 年 3 月至 2018 年 7 月	
	费　昕	部长、主任	2018 年 7 月至 2021 年 3 月	
	祁　萌	部长、主任	2021 年 3 月至今	
	司保江	副部长	2010 年 3 月至 2015 年 4 月	
	郭志芬	副部长	2012 年 4 月至 2016 年 3 月	
	宋刚福	副部长	2012 年 4 月至 2015 年 4 月	
	周俊胜	副部长	2015 年 4 月至 2018 年 7 月	
	韩玉洁	副部长	2016 年 3 月至今	
	龙腾云	副部长	2019 年 5 月至今	
		副主任	2020 年 7 月至今	
	郑荣军	副主任	2019 年 5 月至今	
党委统战部	景中强	部长	2008 年 3 月至 2012 年 4 月	
	郭玉宾	部长	2012 年 4 月至 2012 年 8 月	
	陈玉霞	部长	2012 年 8 月至 2018 年 7 月	
	田　逸	部长	2018 年 7 月至 2021 年 1 月	
	毕雪燕	部长	2021 年 3 月至今	
	宋凯果	副部长	2018 年 9 月至今	
党委教师工作部 （人事处、教师 发展中心、 人才交流中心）	孟闻远	处长	2004 年 3 月至 2012 年 4 月	
	张加民	处长	2012 年 4 月至 2015 年 3 月	
	刘雪梅	处长	2015 年 3 月至 2018 年 1 月	
	王艳成	副处长	2012 年 4 月至 2015 年 4 月	
		处长、主任	2018 年 7 月至今	
		部长	2021 年 3 月至今	

部　门	姓名	职　　务	任 职 时 间	备注
党委教师工作部（人事处、教师发展中心、人才交流中心）	马建琴	副处长	2012 年 4 月至 2015 年 4 月	
		主任	2016 年 3 月至 2018 年 7 月	
	郭志芬	副处长	2006 年 4 月至 2012 年 4 月	
	刘华涛	副处长	2015 年 4 月至 2018 年 9 月	
	宋冬凌	副处长	2015 年 4 月至 2018 年 7 月	
	程　霞	副处长、副主任	2017 年 5 月至 2021 年 5 月	
		副部长	2021 年 3 月至 2021 年 5 月	
	丁灵濛	副处长	2018 年 9 月至今	
	王　伟	副处长	2019 年 5 月至今	
	何　鹏	副部长、副处长、副主任	2021 年 5 月至今	
学生工作部（学生工作处、学生资助管理中心）	费　昕	处长	2010 年 4 月至 2018 年 7 月	
		部长	2012 年 4 月至 2018 年 7 月	
		主任	2015 年 3 月至 2018 年 7 月	
	曹　震	副部长、副处长	2015 年 4 月至 2018 年 7 月	
		部长、处长、主任	2018 年 7 月至今	
	武兰英	副部长、副处长、主任	2009 年 4 月至 2015 年 4 月	
	李幸福	副部长、副处长	2009 年 4 月至 2015 年 4 月	
	李胜机	副部长、副处长	2012 年 4 月至 2016 年 3 月	
	孟治刚	副部长、副处长	2015 年 3 月至今	
	武玉敬	副部长、副处长	2019 年 5 月至今	
	王艳艳	副部长、副处长	2019 年 5 月至今	
研究生工作部（研究生院）	陈南祥	书记	2008 年 6 月至 2010 年 5 月	
		处长	2009 年 4 月至 2015 年 3 月	
		常务副院长	2015 年 3 月至 2018 年 7 月	
	邵　坚	副书记	2009 年 4 月至 2010 年 5 月	
		书记	2010 年 5 月至 2012 年 3 月	
	程思康	部长	2012 年 4 月至 2018 年 7 月	
	王艳芳	部长	2018 年 7 月至今	
	赵顺波	院长	2018 年 7 月至今	
	胡建兰	副处长	2004 年 4 月至 2015 年 4 月	
		副院长	2015 年 4 月至 2018 年 9 月	
	吴慧欣	副院长	2015 年 4 月至 2016 年 2 月	

部　门	姓名	职　　务	任 职 时 间	备注
研究生工作部（研究生院）	张华平	副院长	2015 年 4 月至今	
	孙　垦	副部长	2017 年 4 月至 2019 年 12 月	
	刘海宁	副院长	2017 年 7 月至今	
	刘海朝	副院长	2019 年 5 月至今	
	周　敏	副部长	2021 年 5 月至今	
党委保卫部（人民武装部、保卫处）	李发民	部长、处长	2006 年 4 月至 2017 年 11 月	
	李尚可	部长、处长	2017 年 11 月至今	
	徐　震	副部长、副处长	1999 年 12 月至 2012 年 4 月	
	范卫中	副部长、副处长	2010 年 5 月至 2016 年 7 月	
	王志国	副部长、副处长	2013 年 6 月至 2018 年 9 月	
	刘　炜	副部长、副处长	2016 年 7 月至今	
	赵　晶	副部长、副处长	2019 年 5 月至今	
校长办公室	丁立杰	主任	2009 年 4 月至 2015 年 3 月	
	郭相春	主任	2015 年 3 月至 2018 年 7 月	
	尹彦礼	主任	2018 年 7 月至今	
	王笃波	副主任	2009 年 4 月至 2012 年 4 月	
	高文荣	副主任	2010 年 5 月至 2012 年 4 月	
	潘松岭	副主任	2010 年 5 月至 2018 年 7 月	
	司保江	副主任	2012 年 4 月至 2015 年 4 月	
	刘术永	副主任	2015 年 4 月至 2017 年 11 月	
	赵振国	副主任	2016 年 7 月至 2018 年 9 月	
	刘建厅	副主任	2018 年 9 月至今	
	龚之冰	副主任	2019 年 5 月至今	
发展规划处（高教研究所）	丁天彪	处长	2009 年 4 月至 2017 年 9 月	
	马建琴	副处长	2009 年 4 月至 2012 年 4 月	
		处长	2018 年 7 月至今	
	宋孝忠	副处长	2012 年 4 月至 2018 年 9 月	
	何　芹	副处长	2018 年 9 月至今	
教务处（教学质量监控与评价中心）	刘法贵	处长	2009 年 4 月至 2018 年 7 月	
	李志萍	处长、主任	2018 年 7 月至今	
	李秀丽	副处长	2008 年 6 月至 2012 年 4 月	
		副主任	2016 年 3 月至 2018 年 9 月	

部　门	姓名	职　　务	任　职　时　间	备注
教务处 （教学质量 监控与评价中心）	宋冬凌	副处长	2010 年 4 月至 2015 年 4 月	
	李彦彬	副处长	2012 年 4 月至 2015 年 4 月	
	郝用兴	副处长	2012 年 4 月至 2016 年 3 月	
		副主任	2016 年 3 月至 2018 年 7 月	
	党兰玲	副处长	2015 年 4 月至 2017 年 4 月	
	陈爱玖	副处长	2015 年 4 月至 2018 年 7 月	
	郭瑾莉	副处长	2017 年 4 月至 2021 年 5 月	
	王　峰	副处长	2018 年 9 月至今	
	王俊梅	副处长、副主任	2019 年 5 月至今	
科技处	孙明权	处长	2009 年 4 月至 2012 年 4 月	
	刘雪梅	处长	2012 年 4 月至 2015 年 3 月	
	赵顺波	处长	2015 年 3 月至 2018 年 7 月	
	黄志全	处长	2018 年 7 月至 2020 年 5 月	
	上官林建	处长	2020 年 12 月至今	
	高辉巧	副处长	2006 年 4 月至今	
	陈爱玖	副处长	2009 年 4 月至 2015 年 4 月	
	何　芹	副处长	2015 年 4 月至 2017 年 3 月	
	李　纲	副处长	2015 年 4 月至 2018 年 7 月	
	陈渊召	副处长	2019 年 5 月至今	
社会科学处	魏新强	处长	2017 年 3 月至今	
	何　芹	副处长	2017 年 3 月至 2018 年 9 月	
	杨国斌	副处长	2018 年 9 月至今	
财务处	杜凤英	处长	2001 年 12 月至 2012 年 4 月	
		总会计师	2012 年 4 月至 2018 年 7 月	
	曹玉贵	总会计师	2009 年 4 月至 2012 年 4 月	
	周锦安	处长	2012 年 4 月至 2018 年 7 月	
	鲁智礼	处长	2018 年 7 月至今	
	郭晓华	副处长	2012 年 4 月至 2018 年 7 月	
		总会计师	2018 年 7 月至今	
	洪　岩	副处长	2009 年 12 月至 2012 年 4 月	
	魏东军	副处长	2013 年 6 月至 2016 年 3 月	
	刘　夜	副处长	2015 年 4 月至今	
	刘书晓	副处长	2019 年 5 月至今	
	王希胜	副处长	2019 年 5 月至今	

部　门	姓名	职　务	任　职　时　间	备注
审计处	张国庆	处长	2009 年 4 月至 2018 年 7 月	
	洪　岩	副处长	2012 年 4 月至 2018 年 7 月	
		处长	2018 年 7 月至今	
	郭晓华	副处长	2009 年 12 月至 2012 年 4 月	
	赵振国	副处长	2018 年 9 月至今	
基建处	周锦安	处长	2006 年 4 月至 2012 年 4 月	
	曹玉贵	处长	2012 年 4 月至 2016 年 7 月	
	黄立新	处长	2016 年 7 月至今	
	田林钢	副处长	2009 年 4 月至 2013 年 9 月	
	方林牧	副处长	2010 年 4 月至 2016 年 7 月	
	尤　琪	副处长	2013 年 9 月至 2020 年 7 月	
	仵会超	副处长	2015 年 4 月至 2018 年 9 月	
	李荣喜	副处长	2016 年 7 月至 2018 年 9 月	
	张少伟	副处长	2016 年 7 月至今	
	曹波	副处长	2020 年 7 月至今	
国际交流与合作处（港澳台事务办公室）	韩福乐	处长	2015 年 4 月至今	
		主任	2016 年 7 月至今	
	刘丽丽	副处长	2015 年 4 月至 2018 年 9 月	
	周延涛	副处长、副主任	2019 年 5 月至今	
	于　敏	副处长	2020 年 12 月至今	
离退休职工工作处	靖建新	处长	2009 年 4 月至 2018 年 7 月	
	黄立新	书记	2015 年 4 月至 2016 年 7 月	
	王成现	书记	2016 年 7 月至今	
	张国庆	处长	2018 年 7 月至今	
	刘森	副处长	2015 年 4 月至 2016 年 12 月	
	范卫中	副书记	2016 年 7 月至今	
	程乐安	副处长	2018 年 9 月至今	
国有资产管理处	王成现	处长	2016 年 3 月至 2016 年 7 月	
	高文荣	处长	2016 年 7 月至 2018 年 7 月	
	周锦安	处长	2018 年 7 月至今	
	魏东军	副处长	2016 年 3 月至 2016 年 7 月	
	曹　波	副处长	2016 年 3 月至 2020 年 7 月	
	赵　瑜	副处长	2018 年 9 月至今	
	尤　琪	副处长	2020 年 7 月至今	

续表

部　门	姓名	职　　务	任　职　时　间	备注
工会	郭少龙	副主席	2009 年 4 月至 2015 年 3 月	
	王艳芳	女工委主任	2012 年 4 月至 2015 年 3 月	
		副主席	2015 年 3 月至 2018 年 7 月	
	武兰英	女工委主任	2015 年 4 月至 2016 年 3 月	
	边慧霞	副主席	2018 年 7 月至今	
	高文荣	副主席	2018 年 7 月至今	
	陈玉霞	女工委主任	2018 年 7 月至今	
	李明霞	副主席（副处）	2010 年 3 月至 2015 年 4 月	
	丁灵濛	副主席（副处）	2015 年 4 月至 2018 年 9 月	
	程乐安	办公室主任	2015 年 4 月至 2018 年 9 月	
	王志国	办公室主任	2018 年 9 月至今	
团委	李尚可	书记	2010 年 5 月至 2015 年 3 月	
	祁　萌	书记	2015 年 4 月至 2021 年 5 月	
	程　霞	书记	2021 年 5 月至今	
	宋凯果	副书记	2010 年 5 月至 2018 年 9 月	
	曹　震	副书记	2011 年 6 月至 2015 年 4 月	
	武玉敬	副书记	2015 年 4 月至 2016 年 7 月	
	王　明	副书记	2017 年 4 月至 2018 年 9 月	
	柴延艳	副书记	2019 年 5 月至今	
学科建设办公室	孟闻远	主任	2016 年 3 月至今	
	吴慧欣	副主任	2016 年 3 月至 2018 年 6 月	
	于怀昌	副主任	2019 年 12 月至今	
招生办公室	王笃波	主任	2016 年 3 月至 2016 年 12 月	
	胡　昊	主任	2016 年 12 月至 2021 年 4 月	
	田卫宾	主任	2021 年 5 月至今	
	李明霞	副主任	2016 年 3 月至 2018 年 7 月	
	杨　杰	副主任	2018 年 9 月至今	
就业指导中心（创新创业学院、大学科技园管理办公室）	刘建华	主任（院长）	2016 年 3 月至今	
	郭志芬	副主任、副院长	2016 年 3 月至 2018 年 9 月	
	潘建波	副主任、副院长	2016 年 3 月至今	
	冯飞癸	副主任、副院长	2018 年 9 月至今	

部门	姓名	职务	任职时间	备注
科技产业管理办公室	董贵恒	党总支书记	2018 年 7 月至今	
	郭少龙	主任	2018 年 7 月至今	
	李荣喜	副主任	2018 年 9 月至今	
校地合作办公室（共建合作办公室）	陈爱玖	主任	2018 年 7 月至今	
	叶琳	副主任	2018 年 9 月至今	
	霍朋	副主任	2019 年 5 月至今	
图书馆（档案馆）	李凌杰	馆长	2002 年 4 月至 2012 年 4 月	
	邵坚	馆长	2012 年 4 月至 2015 年 3 月	
	晁根芳	党总支书记	2015 年 3 月至 2018 年 7 月	
	史鸿文	书记、副馆长	2012 年 4 月至 2015 年 3 月	
		馆长	2015 年 3 月至今	
		档案馆馆长	2020 年 12 月至今	
	靖建新	党总支书记	2018 年 7 月至今	
	尤琪	副馆长	2005 年 4 月至 2013 年 9 月	
	毋红军	档案馆馆长（副处）	2009 年 4 月至 2012 年 4 月	
	张清年	副馆长	2012 年 4 月至 2015 年 4 月	
		档案馆馆长（副处）	2015 年 4 月至 2018 年 9 月	
	张修宇	副馆长	2015 年 4 月至 2019 年 12 月	
		档案馆馆长	2018 年 9 月至 2019 年 12 月	
	胡建兰	副馆长	2018 年 9 月至今	
	李先广	副馆长	2020 年 12 月至今	
学报编辑部	王石青	主任	2009 年 4 月至 2012 年 4 月	
	李凌杰	主任	2012 年 4 月至 2018 年 7 月	
	李宝萍	总编（副处）	2006 年 4 月至 2012 年 4 月	
		副主任兼总编（副处）	2012 年 4 月至 2015 年 4 月	
		总编辑（正处）	2015 年 4 月至今	
	刘法贵	主任	2018 年 9 月至今	
		直属党支部书记	2018 年 9 月至今	
	张胜前	副主任	2015 年 4 月至 2018 年 7 月	
	王兰锋	副主任	2019 年 5 月至今	

续表

部　门	姓名	职　务	任　职　时　间	备注
信息化办公室	邱道尹	主任	2007 年 6 月至 2018 年 7 月	
	周俊胜	主任	2018 年 7 月至今	
	曹　波	副主任	2009 年 4 月至 2015 年 4 月	
	苏海滨	副主任	2015 年 4 月至今	
	孟先新	副主任	2020 年 12 月至今	
远程与继续教育学院（水利行业电大开放教育办公室）	曹　杰	书记	2018 年 7 月至今	
	李凌杰	院长、主任	2018 年 7 月至今	
	张小桃	副院长、副主任	2018 年 9 月至今	
	宋孝忠	副院长、副主任	2018 年 9 月至今	
心理健康教育与咨询中心	李有华	主任	2018 年 7 月至今	
	董　行	副主任	2019 年 5 月至今	
后勤服务中心	苏喜军	处长	2009 年 4 月至 2012 年 9 月	
	董贵恒	书记	2009 年 4 月至 2016 年 7 月	
	郭玉宾	处长	2012 年 8 月至 2015 年 4 月	
	鲁智礼	处长	2015 年 4 月至 2018 年 7 月	
	尹彦礼	书记	2016 年 7 月至 2018 年 7 月	
	康长春	书记	2018 年 7 月至 2021 年 3 月	
	田卫宾	主任	2018 年 7 月至 2021 年 5 月	
	李权才	书记	2021 年 3 月至今	
	李荣喜	副处长	2009 年 9 月至 2016 年 7 月	
	赵　勇	副处长	2009 年 4 月至 2018 年 9 月	
	韦乐余	副处长	2010 年 5 月至 2015 年 4 月	
	刘　炜	副处长	2013 年 6 月至 2016 年 7 月	
	石玉增	副处长	2015 年 4 月至 2018 年 9 月	
	武玉敬	副处长	2016 年 7 月至 2018 年 9 月	
		副主任	2018 年 9 月至 2019 年 5 月	
	朱立新	副主任	2019 年 5 月至今	
	姚建斌	副主任	2019 年 5 月至今	
	吴峰光	副主任	2019 年 12 月至今	
花园校区管理委员会办公室	李权才	主任	2018 年 7 月至 2021 年 3 月	
	潘松岭	主任	2021 年 3 月至今	
	石玉增	副主任	2018 年 9 月至今	

2011—2020 年省部级以上科技奖励数量统计表

年份	国家科学技术进步奖			河南省科学技术奖			教育部及外省科学技术奖			科技部认定社会科技奖					合计
	一等奖	二等奖	三等奖	一等奖	二等奖	三等奖	一等奖	二等奖	三等奖	特等奖	一等奖	二等奖	三等奖	优秀奖	
2011	0	1	0	2	2	6	2	1	0	0	2	1	0	0	17
2012	0	0	0	0	4	8	0	0	0	1	0	3	0	0	16
2013	0	1	0	1	5	9	0	0	0	0	0	1	0	0	17
2014	0	0	0	0	6	8	0	0	2	0	1	2	2	0	21
2015	0	1	0	0	5	5	0	2	1	0	0	0	1	0	15
2016	0	0	0	0	6	5	0	2	0	0	2	4	0	0	19
2017	0	0	0	0	7	7	0	0	0	0	2	6	2	0	24
2018	0	0	0	1	6	5	0	1	0	0	3	5	2	0	22
2019	0	0	0	1	5	7	0	3	0	1	3	5	1	0	26
2020	0	0	0	0	7	3	1	0	1	1	1	5	1	2	23
合计	0	3	0	5	53	63	3	9	4	3	14	32	9	2	200
总计	3			121			16			60					200

2011—2020年获省部级以上科技奖励一览表

序号	成果名称	学校主要完成人	主要完成单位	奖励名称	奖励等级	奖励时间
1	大型矿山排土场安全控制关键技术	刘汉东	北方工业大学、中钢矿业开发有限公司、华北水利水电学院、北京建筑工程学院、清华大学、北京科技大学、中国科学院地质与地球物理研究所	国家科学技术进步奖	二等奖	2011年
2	黄河小浪底工程关键技术与实践	—	水利部小浪底水利枢纽建设管理局、中国水利水电科学研究院、黄河勘测规划设计有限公司、黄河水利科学研究院、水利部交通运输部南京水利科学研究院、天津大学、华北水利水电学院	国家科学技术进步奖	二等奖	2013年
3	精量滴灌关键技术与产品研发及应用	仵峰	甘肃大禹节水集团股份有限公司、华北水利水电大学、水利部科技推广中心、中国农业科学院农田灌溉研究所、大禹节水（天津）有限公司	国家科学技术进步奖	二等奖	2015年
4	受腐蚀混凝土结构计算理论和加固技术与应用	赵顺波、李晓克、高润东、曲福来、潘丽云	郑州大学、华北水利水电学院、大连理工大学、河南省建筑科学研究院	河南省科技进步奖	一等奖	2011年
5	千米矿井水灾害抢救关键技术与装备研究	高传昌	河南省矿山机电研究院有限公司、郑州大学、河南矿山抢险救灾中心、华北水利水电学院、焦作神华重型机械制造有限公司	河南省科技进步奖	一等奖	2011年
6	拱坝三维可视化仿真计算系统的研发与工程应用	魏群、张国新、李清楠、刘尚蔚、朱新民、宗志坚、魏鲁双、孙凯、尹伟波、姜华、陈晓楠	华北水利水电学院、中国水电顾问集团西北勘测设计研究院、中国水利水电科学研究院、河南奥斯派克科技有限公司、黄河勘测规划设计有限公司、郑州双杰科技有限公司	河南省科技进步奖	二等奖	2011年
7	滦河流域水库群联合调度及三维仿真	邱林、王浩、严登华、王文川、柴福鑫、和吉、吴庆林、周广刚、徐冬梅	华北水利水电学院	河南省科技进步奖	二等奖	2011年
8	郑州市贾鲁河流域分布式水文模型研究	刘汉东、欧阳熙、李小根、魏杯斌、刘颖、丁仁伟、康鸣雷	华北水利水电学院	河南省科技进步奖	三等奖	2011年

续表

序号	成果名称	学校主要完成人	主要完成单位	奖励名称	奖励等级	奖励时间
9	有缺陷压力钢管稳定性问题仿真分析研究	孟周远 李秀芹 唐志强 张多新 朱玉玲 杜培荣 孟守卫	华北水利水电学院	河南省科技进步奖	三等奖	2011年
10	多通道振动数据采集及分析系统的研制	王丽君 乔文生 朱喜霞 运红丽 邵金华 艾士娟 尹彦礼	华北水利水电学院、北京京航公司	河南省科技进步奖	三等奖	2011年
11	整体移位与基础隔震技术在文物保护中的应用	张新中 唐克东 张宗敏 韩爱红 袁秀霞 武宗良 张龙飞	华北水利水电学院	河南省科技进步奖	三等奖	2011年
12	煤炭质量检验信息控制模式研究及管理系统开发	闫新庆	平顶山天安煤业股份有限公司、河南城建学院、华北水利水电学院	河南省科技进步奖	三等奖	2011年
13	基于 SOA 技术的智能远程分布式网络视频监控系统	许丽	—	河南省科技进步奖	三等奖	2011年
14	纤维聚合物增强与加固混凝土结构计算研究及其应用	赵顺波 李晓克 曲福来	郑州大学、武汉大学、华北水利水电学院、深圳市海川实业股份有限公司、河南省建筑科学研究院	教育部高等学校科学研究优秀成果奖（科学技术）	一等奖	2011年
15	掺氢燃料内燃机燃烧、排放基础研究	杨振中	清华大学、北京工业大学、北京建筑大学、华北水利水电学院	北京市科技进步奖	一等奖	2011年
16	某些重要堆垒素数问题定量研究	王天泽 王天芹 周海港 龚克 陆洪文 李伟平 许以超	华北水利水电学院、同济大学、河南大学、河南财经政法大学	教育部高等学校科学研究优秀成果奖（科学技术）	二等奖	2011年
17	北方半干旱地区农业节水系统理论与综合技术研究与应用	徐建新 严大考 黄修桥 周振民 黄介生 陈南祥 韩振中 合红梅 胡笑涛 李彦彬 仵峰 张运凤 王声锋 高胜国 梁士奎	华北水利水电学院	农业节水科技奖	一等奖	2011年

415

续表

序号	成果名称	学校主要完成人	主要完成单位	奖励名称	奖励等级	奖励时间
18	黄河环境流研究	一	黄河水利科学研究院、黄河水资源保护科学研究所、黄河水利委员会、华北水利水电学院	大禹水利科学技术奖	一等奖	2011年
19	黄河流域水平衡关键技术研究	韩宇平	中国水利水电科学研究院、黄河勘测规划设计有限公司、西安理工大学、黄河水利委员会水文局	大禹水利科学技术奖	二等奖	2011年
20	郑州市生态水系建设与水资源优化调度研究	徐建新 陈松林 韩乾坤 陈南祥 张中锋 郭文献 徐晨光 唐贵铁 张泽中 王举	华北水利水电学院、郑州市水务局	河南省科技进步奖	二等奖	2012年
21	黄河含沙量在线检测系统	刘雪梅 刘明堂 贾一凡 于欢 颜景卫 冯文宏 姜秀芳 陈建 付立彬 段美霞 李霞	华北水利水电学院	河南省科技进步奖	二等奖	2012年
22	机制砂混凝土（砂浆）结构及其纤维增强的理论与技术	赵顺波 朱海堂 赵军 刘春杰 李凤兰 李晓克 李长永 任甲蕴 张晓燕 张美霞	华北水利水电学院、郑州大学、焦作市公路管理局	河南省科技进步奖	二等奖	2012年
23	数字图形介质的理论方法研究及工程应用	魏群 张国新 惠延波 魏鲁双 刘尚蔚	郑州大学、华北水利水电学院、中国水利水电科学研究院、中国科学院研究生院、河南师范大学、河南奥斯派克科技有限公司	河南省科技进步奖	二等奖	2012年
24	河口村水库坝址区渗漏与龟头山边坡稳定性研究	刘汉东 林四庆 郑会春 刘海宁 曹先升 刘庆军 杨继红	华北水利水电学院、河南省河口村水库工程建设管理局、黄河勘测规划设计有限公司	河南省科技进步奖	三等奖	2012年
25	脉冲液体射流泵技术理论及应用	高传昌 刘新阳 王松林 汪顺生 时铭瑞 周文 张晋华	华北水利水电学院	河南省科技进步奖	三等奖	2012年
26	中长期水文预报与河流洪水资源优化利用研究	王富强 朱广利 刘中培 韩宇平 魏怀斌 薛小辉 秦玉芳	华北水利水电学院	河南省科技进步奖	三等奖	2012年

续表

序号	成果名称	学校主要完成人	主要完成单位	奖励名称	奖励等级	奖励时间
27	水泥线纯低温余热双压发电的热平衡与烟风阻力设计方法研究	王为术 楚清河 熊翰林 段爱霞 李秋菊 赵青玲 张晋华	华北水利水电学院	河南省科技进步奖	三等奖	2012 年
28	热力系统动态建模与监控技术	张小桃 吴 敏 朱 敏 胡 鑫 白 鑫 张 川 肖保军	华北水利水电学院	河南省科技进步奖	三等奖	2012 年
29	新一代网络高性能路由器交换技术研究	李秀芹 许 丽 闫维恒 刘 申 宋连公 马祥杰 杨鲁亮	华北水利水电学院	河南省科技进步奖	三等奖	2012 年
30	基于 GIS 技术的农田防护林空间配置研究	李春静 郝仕龙 关文军 王 静 刘 丽 徐艳杰 李亚丽	华北水利水电学院	河南省科技进步奖	三等奖	2012 年
31	环件轧制模拟与动力学研究	郝用兴 尚宝平 周西杰 吴新佳 侯艳君 许兰贵 张太萍	华北水利水电学院	河南省科技进步奖	三等奖	2012 年
32	黄河小浪底工程关键技术研究与实践	—	水利部小浪底水利枢纽建设管理局、黄河勘测规划设计有限公司、中国水利水电科学研究院、黄河水利委员会黄河水利科学研究院、水利部交通运输部国家能源局南京水利科学研究院、天津大学、华北水利水电学院	大禹水利科学技术奖	特奖	2012 年
33	混凝土拱坝协同管理信息集成设备与数据智能处理网络平台的研发应用	魏鲁双 张国新 魏 群 李松辉 张㻋一 刘 毅 郑 臣 袁志刚 王裕彪 张 磊	华北水利水电学院	水力发电科学技术奖	二等奖	2012 年
34	模糊水文水资源学的研究与实践	邱 林 聂相田 李 敏 王文川 彭 勇 徐冬梅 马建琴	大连理工大学、华北水利水电学院	大禹水利科学技术奖	二等奖	2012 年

续表

序号	成果名称	学校主要完成人	主要完成单位	奖励名称	奖励等级	奖励时间
35	黄河下游移动式不抢险潜坝应用研究	吴林峰　孙东坡	黄河水利委员会河南黄河河务局、华北水利水电学院、河南黄河勘测设计研究院、黄河水利委员会黄河机械厂、郑州黄河水电工程有限公司、水利部科技推广中心	大禹水利科学技术奖	二等奖	2012年
36	大型水利渡槽施工装备关键技术、产品开发及工程应用	严大考　王利英　韩林山　上官林建　武兰英	郑州新大方重工科技有限公司、华北水利水电大学	河南省科技进步奖	一等奖	2013年
37	基于结构光的逆向工程重构技术	许丽　刘雪梅　张之江　皇甫中民　李亚萍　陆桂明　部霞　王兰锋　李杰　姚淑霞	华北水利水电大学	河南省科技进步奖	二等奖	2013年
38	中国城市污水处理回用关键技术研究与示范推广	周振民　叶晓枫　荣四海　钟玉秀　王学超　郭宇杰　叶飞　周领　王小国　郑来	华北水利水电大学、水利部发展研究中心	河南省科技进步奖	二等奖	2013年
39	河南半干旱区粮食作物综合节水关键技术及应用	高传昌　孙景生　张仙阳　汪顺生　高阳　姚宇卿　尚领　高胜国　王松林　刘新阳	华北水利水电大学、中国农业科学院农田灌溉研究所、洛阳农林科学院	河南省科技进步奖	二等奖	2013年
40	结构工程数字数值图形信息融合集成关键技术与应用	魏群　张国新　刘尚蔚　陈震　惠延波　曹先升　郑会春　石子明　傅清潭	华北水利水电大学、中国水利水电科学研究院、河南工业大学、黄河勘测规划设计有限公司、河南省河口村水库工程建设管理局、南水北调中线水源有限责任公司、河南奥斯派克科技有限公司	河南省科技进步奖	二等奖	2013年
41	河川径流变化规律和生态调度模式	李彦彬　尤凤　冯飞奖　王声锋　张仙娥　陆建红　王鸿祥　屈吉鸿　鄂文献　石岩	华北水利水电大学	河南省科技进步奖	二等奖	2013年

续表

序号	成果名称	学校主要完成人	主要完成单位	奖励名称	奖励等级	奖励时间
42	氢汽油双模式车用发动机异常燃烧检测分析系统的研究	王丽君 杨振中 郭树满 王欣欣 牛金星 孙永生 鄂朋彦	华北水利水电大学	河南省科技进步奖	三等奖	2013 年
43	分布式 RFID 数据处理机制、框架及其应用	闫新庆 郑作勇 刘 扬 张瑞霞 王怡素 白 娟 陆桂明	华北水利水电大学	河南省科技进步奖	三等奖	2013 年
44	多源图像信息融合的仓储活虫检测及自动识别	张红涛 胡玉霞 刘新宇 张昭昭 李娜娜 杨 晓 顾 波	华北水利水电大学	河南省科技进步奖	三等奖	2013 年
45	引黄灌区灌溉需水量与水资源合理配置研究	徐建新 雷宏军 刘 鑫 张永永 魏义长 杜 君 李立峰	华北水利水电大学	河南省科技进步奖	三等奖	2013 年
46	非线性发展方程的几何分析和应用	刘法贵 杨建伟 刘 伟 连汝续 王 静 韩志勇 丁立杰	华北水利水电大学	河南省科技进步奖	三等奖	2013 年
47	再生混凝土纤维增强及结构加固技术	陈爱玖 解 伟 章 盖古方 王玉柱 丁立杰 银霞	华北水利水电大学、河南省交通工程加固有限责任公司	河南省科技进步奖	三等奖	2013 年
48	中、下承式钢管混凝土拱桥健康监测方法研究	何 伟 何 答 党玲博 袁小会 张庆华 刘 艳 白新理	华北水利水电大学	河南省科技进步奖	三等奖	2013 年
49	基于信息技术的矿山工程监理现场目标控制研究	张允春 王万恩 洪 源 刘自鑫 张国兴 矫立超 李晓峰	河南兴平工程管理有限公司、华北水利水电大学	河南省科技进步奖	三等奖	2013 年
50	超深基坑组合叠加加固护结构设计施工技术研究	焦安亮 肖必建 严 晓新 周爱明 黄延铮 王伟民 闫亚召	中国建筑第七工程局有限公司、中建七局（上海）有限公司、华北水利水电大学	河南省科技进步奖	三等奖	2013 年

419

续表

序号	成果名称	学校主要完成人	主要完成单位	奖励名称	奖励等级	奖励时间
51	水电工程结构数字图形介质仿真技术与应用	魏群 魏鲁双 刘有志 许玫 缪青海 尚宝平 张树珺 高阳秋晔 李永江 范业庶	华北水利水电大学、中国水利水电科学研究院、中国科学院大学、河南奥斯派兑科技有限公司、郑州双杰科技有限公司	中国水力发电科技奖	二等奖	2013年
52	硬面涂层技术在水利过流部件中的应用	郝用兴 尚宝平 周西杰 吴新佳 侯艳君 许兰贵 张太萍	华北水利水电大学、北京科技大学	河南省科技进步奖	二等奖	2014年
53	闸墩混凝土结构施工期温控防裂关键技术研究与应用	解伟 李树山 刘祖军 贾明晓 陈爱玖 李红梅 解一君 魏鹏 安超 赵洋	华北水利水电大学	河南省科技进步奖	二等奖	2014年
54	南水北调河南水源区水土流失规律及治理模式与效益评价研究	徐建新 谷来勋 范彦淳 许玫 郝仕龙 韦彦学 杜慧娟 张璐 邱清德 张运凤	华北水利水电大学、河南省水利厅	河南省科技进步奖	二等奖	2014年
55	灌溉水资源高效利用关键技术与在线实时综合管理系统研究及应用	马建琴 张振伟 刘蕾 郝秀平 杨学颖 彭高辉 丁泽霖 卢健 许拯民 马溥	华北水利水电大学	河南省科技进步奖	二等奖	2014年
56	光学图像加密及安全认证系统	袁胜 李忠洋 郦丕彬 姚淑霞 辛艳辉 朱齐丹 常呈果 孙新娟 吴紫君	华北水利水电大学	河南省科技进步奖	二等奖	2014年
57	一些重要堆垒数论问题定量研究及应用	王天泽 王天芹 刘华阿 李伟平 赵峰 戈文旭	华北水利水电大学、河南财经政法大学	河南省科技进步奖	二等奖	2014年
58	南水北调中线左岸排水预应力渡槽优化设计研究	孙明权 李晓克 彭成山 管俊峰 杨世锋 赵运书 孙佳	华北水利水电大学	河南省科技进步奖	三等奖	2014年

序号	成果名称	学校主要完成人	主要完成单位	奖励名称	奖励等级	奖励时间
59	格值逻辑推理和知识推理随机化	左卫兵 王俊芳 杨丽 黄莎莎 程明清 张嘎	华北水利水电大学	河南省科技进步奖	三等奖	2014年
60	河流水生态系统保护与修复关键技术研究及示范	王富强 耿建平 魏怀斌 韩宇平 赵海波 宋平原	华北水利水电大学、水利部水资源管理中心	河南省科技进步奖	三等奖	2014年
61	水下射流综合消防沙关键技术及应用	高传昌 刘新阳 李君 张存民 仵征 邹根中 王爱丽	华北水利水电大学	河南省科技进步奖	三等奖	2014年
62	β-环糊精添加剂PVDF共混膜的制备及应用研究	黄健平 曹军 宋宏杰 于鲁冀 刘玉忠 应一梅 郭毅萍	华北水利水电大学	河南省科技进步奖	三等奖	2014年
63	数字城市——农业资源信息管理系统	李小根 张俊峰 雷杰 沈燕 孙大鹏 张天桥 姚志宏	华北水利水电大学	河南省科技进步奖	三等奖	2014年
64	基于损伤理论的水电站保压蜗壳结构力学仿真研究	许新勇 张亮 陈晓楠 于国辉 乔鹏帅 张龙飞 张翠娜	华北水利水电大学	河南省科技进步奖	三等奖	2014年
65	长大纵坡沥青路面病害防治技术研究	李振霞 陈渊召 王朝辉 胡圣能 尹春娥 刘科锋	华北水利水电大学、长安大学	河南省科技进步奖	三等奖	2014年
66	等能量夯扩密碎石桩处理液化地基套成技术研究	黄志全	河南省水利水电第二勘测设计研究院、华北水利水电大学	河北省科学技术奖	三等奖	2014年
67	轨道交通车-路系统耦合动力特性的研究与应用	孙常新	重庆大学、中铁二院工程集团有限责任公司、兰州交通大学、华北水利水电大学	重庆市科学技术奖	三等奖	2014年

续表

序号	成果名称	学校主要完成人	主要完成单位	奖励名称	奖励等级	奖励时间
68	钢结构工程虚拟现实可视化仿真成套技术及工程应用	魏 群 魏鲁双 李清平 缪青海 郭 宏 李小龙 姜 华 孙 凯 彭成山 尹伟波 左智成 孙茂军	华北水利水电大学、中国科学院大学、国家钢结构工程技术研究中心、中海油研究总院、中海石油深海开发有限公司	中国钢结构协会科学技术奖	一等奖	2014 年
69	空港物流产业园区规划与设计	葛轩袁 刘延琪 陈高雅	华北水利水电大学	中国物流与采购联合会科技进步奖	二等奖	2014 年
70	星载天线型面水下摄影测量技术研究与应用	黄桂平	中国人民解放军信息工程大学、华北水利水电大学	中国测绘科技进步奖	二等奖	2014 年
71	钢闸门数字图形信息一体化智能系统研究与应用	魏 群 方寒梅 刘尚蔚 朱增兵 尹伟波 罗 涛 李莉华 刘尚蔚 左智成 彭成山 孙茂军	华北水利水电大学	中国水力发电科技成果奖	三等奖	2014 年
72	污水资源化与节水灌溉技术研究	周振民 王学超 梁士奎 叶 飞 周 科	华北水利水电大学	农业节水科技奖	三等奖	2014 年
73	非饱和膨胀土力学特性试验与强度理论	黄志全 贾景超 李 幻 杨永香 孙大鹏 李明霞 宋日英	华北水利水电大学	河南省科技进步奖	二等奖	2015 年
74	煤燃烧 CO_2 新型零排放关键技术	王保文 张 川 宋小勇 马 强 张宝玲 郭淑青 王爱军 李 君	华北水利水电大学、华中科技大学	河南省科技进步奖	二等奖	2015 年
75	水资源约束下中原经济区产业结构优化问题研究	张国兴 刘徐方 何慧爽 朱晓宁 李 伦 高新亮 王洁方 孟守卫	华北水利水电大学	河南省科技进步奖	二等奖	2015 年

续表

序号	成果名称	学校主要完成人	主要完成单位	奖励名称	奖励等级	奖励时间
76	用于路桥工程的北斗导航系统的飞行器	张鹏 刘治龙 邱道尹 尹建伟 陈建明 张志友 曹文忠 王亭岭 熊军华 张晓明	郑州市公路工程公司、华北水利水电大学	河南省科技进步奖	二等奖	2015年
77	河南省生态农业效益发展评价及发展模式研究	王肖芳 刘铁军 宋旷达 刘万云 程传兴 梁永银 王希胜 桂黄宝 王晓燕 陈国际	河南教育学院、河南农业大学、华北水利水电大学	河南省科技进步奖	二等奖	2015年
78	起重运输装备三维快速设计技术及产品开发	上官林建 纪占玲 李刚 姚林晓 刘剑 谭群燕 代宇	华北水利水电大学、郑州新大方重工科技有限公司	河南省科技进步奖	三等奖	2015年
79	河流健康用水及评价理论与应用	郑志宏 帖靖玺 许月霞 魏明华 宋刚福 鲁智礼 吕秀环	华北水利水电大学	河南省科技进步奖	三等奖	2015年
80	混凝土细观损伤机制及多尺度统计损伤仿真理论	白卫峰 马颖 陈健云 张俊颖 赵继伟 崔莹	华北水利水电大学、大连理工大学	河南省科技进步奖	三等奖	2015年
81	基于单品核算成本管理模式的出版业ERP系统	黄伟 陈永静 张琳 贾永权 管淑娟 高明星 贾大伟	华北水利水电大学、河南电子音像出版社有限公司	河南省科技进步奖	三等奖	2015年
82	料场智慧化管理与监控系统	顾波 刘新宇 杜勇 潘刚 张红涛 仇红娟 吕志伟	华北水利水电大学、郑州市公路工程公司	河南省科技进步奖	三等奖	2015年
83	300毫米火箭炮定向管超声波自动清洗设备	姜卫粉	陆军第五十四集团军炮兵旅、济南军区军械技术保障大队、华北水利水电大学	中国人民解放军科学技术进步奖	二等奖	2015年
84	非线性发展方程整体适定性的研究	黄兰	东华大学、华北水利水电大学、河南大学	上海市科学技术奖（自然科学奖）	二等奖	2015年

续表

序号	成果名称	学校主要完成人	主要完成单位	奖励名称	奖励等级	奖励时间
85	焉耆盆地多种能源同生共存成藏（矿）机理、富集规律与综合勘探开发配套工艺研究	姚亚明 黄志全 于怀昌	新疆工程学院、华北水利水电大学	新疆维吾尔自治区科学技术进步奖	三等奖	2015 年
86	高扬程梯级泵站能耗评估及节能关键技术研究	徐存东 侯慧敏 张先起 贾广钰 樊建领 韩立炜 张宏洋	华北水利水电大学、兰州理工大学、甘肃省景泰川电力提灌管理局	大禹科学技术奖励	三等奖	2015 年
87	膜结构建筑形态构成理论与应用	李 虎 卢玫珺 王江锋 武宗良 高长征 张 东 吕亚军 谢 珂 郑智峰 张文剑	华北水利水电大学	河南省科技进步奖	二等奖	2016 年
88	流体动力学模型的数学理论及其应用	王玉柱 刘法贵 王银霞 张愿章 魏志强 陈自高 袁合才	华北水利水电大学	河南省科技进步奖	二等奖	2016 年
89	水气耦合高效灌溉技术研发与应用	雷宏军 张振华 刘 鑫 刘红恩 李艳梅 李道西 崔 敏 冯文宏 魏义长 代小平	华北水利水电大学、鲁东大学	河南省科技进步奖	二等奖	2016 年
90	钢筋混凝土结构模型试验关键技术与优化设计	赵顺波 管俊峰 李晓克 李长永 陈记豪 曲福来 裴松伟 张利梅 张学明 程晓霞	华北水利水电大学	河南省科技进步奖	二等奖	2016 年
91	降雨滑坡的水文作用机制及其评价关键技术	戴福初 袁广祥 董金玉 孟令超 王晓东 张小东 赵 阳 王晓睿 张兴胜 黄向春	华北水利水电大学、三峡大学	河南省科技进步奖	二等奖	2016 年
92	特大型 U 形预制预应力渡槽关键技术研究与应用	白新理	河南省水利勘测设计研究有限公司、河海大学、中国水利水电第四工程局有限公司、华北水利水电大学、南水北调中线干线工程建设管理局	河南省科技进步奖	二等奖	2016 年

续表

序号	成果名称	学校主要完成人	主要完成单位	奖励名称	奖励等级	奖励时间
93	地下水的自动监测、分析评价及开发利用	闫新庆　刘　扬　于福荣　屈吉鸿　王怡素　陆桂明	华北水利水电大学	河南省科技进步奖	三等奖	2016年
94	大体积碾压混凝土防裂理论及关键技术	郭　磊　谢祥明　郭利霞　陈守开　李慧敏　谢彦辉　聂相田	华北水利水电大学、广东水电二局股份有限公司	河南省科技进步奖	三等奖	2016年
95	新农村背景下智能配电系统工程设计模式研究及示范应用	熊军华　王亭岭	国网河南省电力公司经济技术研究院、华北水利水电大学、深圳市特发信息股份有限公司、国网河南省电力公司新乡供电公司	河南省科技进步奖	三等奖	2016年
96	环保型工厂式混凝土搅拌站关键技术及产品开发	上官林建　李　焕	郑州三和水工机械有限公司、华北水利水电大学	河南省科技进步奖	三等奖	2016年
97	基于超宽装配式公路桥梁高架梁承载力的关键技术	曾　彦	河南省交通规划设计研究院股份有限公司、华北水利水电大学	河南省科技进步奖	三等奖	2016年
98	大型倒虹吸预应力混凝土结构成套技术研究与应用	赵顺波　李晓克　李长永　何　伟　陈　震	河北省水利水电第二勘测设计研究院、华北水利水电大学	河北省科技进步奖	二等奖	2016年
99	高扬程梯级泵站节能改造关键技术研发与应用	徐存东	甘肃省景泰川电力提灌管理局、华北水利水电大学、兰州理工大学	甘肃省科技进步奖	二等奖	2016年
100	黄河"揭河底"冲刷机理及防治研究	刘雪梅	黄河水利委员会黄河水利科学研究院、华北水利水电大学、黄河水利委员会山西黄河河务局、陕西黄河河务局、河海大学、水利部黄河泥沙重点实验室	中国水力发电科学技术奖	一等奖	2016年
101	钢结构工程BIM＋技术研发与应用	魏　群　刘尚蔚　魏鲁双　肖　俊　尹伟波　高阳秋晔　姜　华　孙　凯　缪青海　张树珺　樊步乔　薛泽辉	华北水利水电大学	中国钢结构协会科学技术奖	一等奖	2016年

425

续表

序号	成果名称	学校主要完成人	主要完成单位	奖励名称	奖励等级	奖励时间
102	水利水电工程建筑信息模型（HBIM）创新研究与实践	魏群 勾承建 杨利英 李炳奇 刘尚蔚 石子明 高希章 石峰 赵继伟 侯炼	四川省武都水利水电集团有限责任公司、华北水利水电大学、中国水利水电科学研究院、四川省水利水电勘测设计研究院、中国水电基础局有限公司	中国水力发电科学技术奖	二等奖	2016 年
103	大型商贸物流园区规划与设计	高长征	华北水利水电大学	中国物流与采购联合会科学技术奖励	二等奖	2016 年
104	基于物联网的公路运输行业服务平台研发技术UI设计	葛轩辕	华北水利水电大学	中国物流与采购联合会科学技术奖励	二等奖	2016 年
105	固体废弃物制备高性能水工混凝土关键技术与工程应用	解伟 李兑亮 陈爱玖 张旭芳 汪志昊 解一君 霍蕙君 李凯宁 李树山 王静	华北水利水电大学	河南省科技进步奖	二等奖	2017 年
106	低碳减排沥青混合料研发、评价及其工程应用	李振霞 陈渊召 王朝辉 刘明辉 马磊 靳文辉	华北水利水电大学、长安大学	河南省科技进步奖	二等奖	2017 年
107	富水软弱流砂地层特长水工隧洞建设关键技术	马莎 周明涛 丹建军 薛振声 于怀昌 许文祥 张战强 李若鹏 张社长	华北水利水电大学、洛阳水利工程有限公司、三峡大学	河南省科技进步奖	二等奖	2017 年
108	水电系统预报、优化、多目标决策方法及应用	王文川 邱林 徐冬梅 吕素冰 李庆云	华北水利水电大学	河南省科技进步奖	二等奖	2017 年
109	车用氢燃料发动机燃烧过程的优化控制方法研究	杨振中 王丽君 贺满楼 司爱国 张庆波 王飞	华北水利水电大学	河南省科技进步奖	二等奖	2017 年
110	城市高架快速路专用架桥机关键技术及产业化	严大考 韩林山 上官林建	郑州新大方重工科技有限公司、华北水利水电大学	河南省科技进步奖	二等奖	2017 年

续表

序号	成果名称	学校主要完成人	主要完成单位	奖励名称	奖励等级	奖励时间
111	水库群优化调度与预警系统	万 芳	郑州大学、华北水利水电大学	河南省科技进步奖	二等奖	2017年
112	水利机械抗磨防腐技术开发及推广应用	张瑞珠 郭明彦 严子奇 杨 杰 唐明奇 李 勇 夏 斌	华北水利水电大学	河南省科技进步奖	三等奖	2017年
113	大规模地形自适应多分辨率显示关键技术及应用	张俊峰 高长征 李 虎 姚志宏 杨成杰 许德合 黄会平	华北水利水电大学	河南省科技进步奖	三等奖	2017年
114	筑坝河流生境累积效应评估与生态调控技术及应用	郭文献 王鸿翔 黄 伟 王一文 付意成 王贵作 李荣杰	华北水利水电大学、中国水利水电科学研究院、水利部发展研究中心	河南省科技进步奖	三等奖	2017年
115	基于数据融合的高悬浮含沙量在线检测系统	刘明堂 陈 建 袁 胜 琚龙昌 司孝平 孙新娟 杨阳志	华北水利水电大学	河南省科技进步奖	三等奖	2017年
116	变化环境下流域水资源管理关键技术研究及示范应用	王富强 魏怀斌 康萍萍 赵 衡 曹永潇 张瑞美 赵继伟	华北水利水电大学	河南省科技进步奖	三等奖	2017年
117	华北型岩溶陷落柱突水动力学特征与防治技术	王 麒	河南理工大学、华北水利水电大学	河南省科技进步奖	三等奖	2017年
118	高效储能低维碳及氧化物纳米结构制备利应用新技术	秦 臻	郑州轻工业学院、中原工学院、华北水利水电大学	河南省科技进步奖	三等奖	2017年
119	黄河近年河川径流减少的主要驱动力及其贡献	张 丽	黄河水文水资源科学研究院、北京师范大学、郑州大学、黄河水利委员会黄河水利科学研究院、水利部黄河流域水土保持生态环境监测中心、黄河水利委员会信息中心	大禹水利科学技术奖	一等奖	2017年

续表

序号	成果名称	学校主要完成人	主要完成单位	奖励名称	奖励等级	奖励时间
120	水循环过程监测分析技术集成及其在水资源调控中的应用	穆文彬	中国水利水电科学研究院流域水循环模拟与调控国家重点实验室、中国林业科学研究院林业新技术研究所、华北水利水电大学	中国分析测试协会科学技术奖（CAIA奖）	一等奖	2017年
121	基于大数据的公路交通运输综合服务平台设计	王志国 宋玛 童玉娟	华北水利水电大学、信息工程大学	中国物流与采购联合会科学技术奖	二等奖	2017年
122	机场后勤车辆多媒体调度系统研发及UI设计	葛轩辕 宋连公 童玉娟	华北水利水电大学	中国物流与采购联合会科学技术奖	二等奖	2017年
123	智能物流园区功能分区布局优化设计	徐秋实	华北水利水电大学	中国物流与采购联合会科学技术奖	二等奖	2017年
124	北方井渠结合灌区农业高效用水调控技术模式	张亮	中国农业科学院农田灌溉研究所、华北水利水电大学、晋中市潇河流域管理局、河北省灌排供水技术服务总站、威海市环翠区水利局	神农中华农业科技奖	二等奖	2017年
125	城市高架快速路专用架桥机关键技术及产业化	严大考 韩林山 上官林建	郑州新大方重工科技有限公司、华北水利水电大学	中国机械工业科学技术奖	三等奖	2017年
126	泰沂山合丘陵土地流转节水灌溉与生态改善关键技术	周振民 叶飞 周科 王学超	华北水利水电大学	农业节水科技奖	三等奖	2017年
127	典型农业活动区环境与人群健康风险评估及污染防控	—	中国环境科学研究院、全国畜牧总站、华北水利水电大学	环境保护科学技术奖	二等奖	2017年
128	沥青混合料多参数智能碾压技术研发及应用	黄琪	交通运输部公路科学研究所、华北水利水电大学、河南省第二公路工程有限公司、河南省高速公路曲港筹建处	中国公路学会科学技术奖证书	二等奖	2017年
129	深部薄互层盐岩储体力学—渗透特性及盐穴腔体形态调控关键技术	王安明 刘伟 徐荣超 范金洋 宋丽娟 孟俊贞 周进 任松	华北水利水电大学、重庆大学	河南省科技进步奖	二等奖	2018年

续表

序号	成果名称	学校主要完成人	主要完成单位	奖励名称	奖励等级	奖励时间
130	虚拟手术关键技术	刘雪梅 皇甫中民 向明森 闫锥恒 陈 卓 杨礼波 孙新娟 王瑞艺 杨 宁 赵 晶	华北水利水电大学	河南省科技进步奖	二等奖	2018 年
131	光学参量效应高功率太赫兹辐射源及其应用	李忠洋 谭 联 邵丕彬 袁 胜 陈建明 朱安福 周 玉 王思磊 王孟涛	华北水利水电大学	河南省科技进步奖	二等奖	2018 年
132	5D BIM 关键技术及在城市高架桥建设中的应用	魏 群 汤 明 成子桥 魏鲁双 孙 凯 刘 英 刘尚蔚 彭海松 姜 华 尹伟波	华北水利水电大学、中电建路桥集团有限公司、中水电（郑州）投资发展有限公司、河南奥斯派克科技有限公司、郑州双杰杰科技股份有限公司	河南省科技进步奖	二等奖	2018 年
133	工程车辆集中润滑关键技术及应用	姚林晓 彭 哈 杨 杰 赵民章 许利君 郑淑娟 赵大平 韩林山 运红丽	华北水利水电大学、郑州奥特科技有限公司	河南省科技进步奖	二等奖	2018 年
134	煤层底板寒武系厚层灰岩地热水灾害防治及综合利用	王心义 王 麒 郭建国 黄平华 张建伟 李振华 张平卿 何宗礼 张 波 张曙光	河南理工大学、平顶山天安煤业股份有限公司、华北水利水电大学	河南省科技进步奖	二等奖	2018 年
135	河南省高校协同创新平台管理模式	罗 党 谢蕾蕾 王洁方 翟艳丽 卢亚丽 李海涛	华北水利水电大学	河南省科技进步奖	三等奖	2018 年
136	车用清洁代用燃料内燃机控制关键技术研发及应用	段俊法 邬树满 李权才 孙志强 秦高林 秦朝举 高玉国	华北水利水电大学	河南省科技进步奖	三等奖	2018 年
137	基于模型修正的钢管混凝土拱桥性能评价方法及应用	何 伟 陈 淮 何 容 高 冰 黑君森 任克彬 朱亚飞	华北水利水电大学、郑州大学	河南省科技进步奖	三等奖	2018 年

429

续表

序号	成果名称	学校主要完成人	主要完成单位	奖励名称	奖励等级	奖励时间
138	黄河水滴灌抗堵塞技术集成与应用	仵峰	中国农业科学院农田灌溉研究所、华北水利水电大学、河南省田雨灌溉设备有限公司	河南省科技进步奖	三等奖	2018年
139	火电机组一次调频能力在线预测及提升关键技术与应用	张洋	国网河南省电力公司电力科学研究院、国网河南省电力公司安阳供电公司、润电能源科学技术有限公司、河南恩湃高科集团有限公司、华北水利水电大学	河南省科技进步奖	三等奖	2018年
140	典型老港区功能转换与工程建设关键技术及应用	陈渊召	上海海事大学、上海中交水运设计研究有限公司、上海市城市建设设计研究总院（集团）有限公司、上海市建筑科学研究院、华北水利水电大学、上港集团瑞祥房地产发展有限责任公司、上海国际航运服务中心开发有限公司	上海市科技进步奖	二等奖	2018年
141	工程结构BIM创新技术及其在笋溪河特大桥工程中的应用	魏群 王颖 成子桥 魏未宝 焦振华 尹伟波 孙凯悦 姜华 刘尚 仲深意 缪青海 陈霄 钒 高阳秋晔 冯齐	华北水利水电大学、中电建路桥集团有限公司、中国科学院大学、河南奥斯派克科技有限公司、郑州双杰科技股份有限公司	中国钢结构协会科学技术奖	一等奖	2018年
142	城市滨水区绿色综合开发关键技术及应用	陈渊召 李振霞	上海海事大学、上海中交水运设计研究有限公司、上海市城市建设设计研究总院（集团）有限公司、同济大学、华北水利水电大学、上海国际航运服务中心开发有限公司	中国商业联合会科学技术奖	一等奖	2018年
143	工业循环水系统节能评估与节能关键技术及应用	何小可	江苏大学、上海凯泉泵业（集团）、华北水利水电大学	中国商业联合会科学技术奖	一等奖	2018年
144	智慧物流园区的视觉导视系统设计	葛轩辕 宋连公	华北水利水电大学	中国物流与采购联合会科学技术奖（科技进步奖）	二等奖	2018年
145	O2O电商物流产业园规划设计	陈萍 徐秋实	华北水利水电大学	中国物流与采购联合会科学技术奖（科技进步奖）	二等奖	2018年

续表

序号	成果名称	学校主要完成人	主要完成单位	奖励名称	奖励等级	奖励时间
146	基于供应链协同办公平台的运输管理系统平台及UI设计	李尚可 宋瑞萍 朱玛	华北水利水电大学、信息工程大学	中国物流与采购联合会科学技术奖（科技进步奖）	二等奖	2018年
147	现代物流通道德与企业品牌塑造的关系研究	康长春 郭颖 葛轩辕	华北水利水电大学、信阳师范学院	中国物流与采购联合会科学技术奖（科技进步奖）	二等奖	2018年
148	层状盐岩油垫注造腔关键技术及应用	王安明	重庆大学、中国矿业大学、华北水利水电大学、江苏新源矿业有限责任公司	绿色矿山科学技术奖	二等奖	2018年
149	基于物联网的中小流域暴雨洪水预报预警关键技术与应用	王文川	华北水利水电大学、华中科技大学、中国水利水电科学研究院、中国电建集团北京勘测设计研究院有限公司、北京国信华源科技有限公司	大禹水利科学技术奖	三等奖	2018年
150	新型条形料场堆取系统关键技术及装备产业化应用	韩林山	华北郑州机械设计研究院有限公司、华北水利水电大学	中国机械工业科学技术奖	三等奖	2018年
151	滑坡灾变过程多因素预测预报理论与防治关键技术	刘汉东 姜彤 黄志全 贺可强 王忠福 马凤山 董金玉 薛雷 王洪建 王江锋 王文宇 张俊然 徐荣超	华北水利水电大学、中国科学院地质与地球物理研究所、青岛理工大学	河南省科学技术进步奖	一等奖	2019年
152	特种轩料的电化学制备及其应用	王星星 张亮 杜全斌 杨杰 王博 李帅 董博文 杨聪利 路全彬	华北水利水电大学、郑州机械研究所有限公司、江苏师范大学、河南黎明重工科技股份有限公司、河南机电职业学院	河南省科学技术进步奖	二等奖	2019年
153	基于众创经济导向的高技术创新创业发展机制及策略	王延荣 桂黄宝 陈卓 王婓 王雅华 刘升阳 张媛媛 高京燕 王文彬 张华平	华北水利水电大学	河南省科学技术进步奖	二等奖	2019年

续表

序号	成果名称	学校主要完成人	主要完成单位	奖励名称	奖励等级	奖励时间
154	城镇水系治理与水生态修复关键技术研究与示范	汪伦焙 郭磊 陈守开 刘佳嘉 李慧敏 佘维 王庆阳 韩立炜 杨世锋 钟凌	河南水利投资集团有限公司、华北水利水电大学、郑州大学、中国水利水电科学研究院、河南省水利科学研究院	河南省科学技术进步奖	二等奖	2019年
155	磷石膏与电石泥资源化制砖技术与装备及应用	付海龙 汪良强 凌辉勋 周占霞 李松涛 马军池 欧阳振奎 王邦宣 柳利君 韩凯锋	郑州三和水工机械有限公司、河南三和水工机械有限公司、中盐安徽红四方新型建材科技有限公司、华北水利水电大学、郑州三和新型建材机械有限公司	河南省科学技术进步奖	二等奖	2019年
156	土岩互层掘进机刀盘刀具高效破岩与防损伤优化技术	周建军 杨振兴 刘海宁 李宏波 张兵 王利明 吕乾乾 李涛 陈瑞祥 王海民 王发民	盾构及掘进技术国家重点实验室、中铁隧道局集团有限公司、华北水利水电大学、大连理工大学	河南省科学技术进步奖	二等奖	2019年
157	多种先进微纳米陶瓷功能材料的低能耗制备及应用	仝玉萍 杨中正 陈希 陈爱玖 李兑亮 张新中 韩爱民 马军涛 王慧贤 张海龙	华北水利水电大学	河南省科学技术进步奖	三等奖	2019年
158	环境微界面复合材料的污染控制关键技术及应用	李国亭 高如琴 宋刚福 王海荣 程萌 郭毅萍	华北水利水电大学	河南省科学技术进步奖	三等奖	2019年
159	高效超(超)临界锅炉水冷壁热传递预测控制关键技术及应用	王为术 徐维晖 朱晓静 毕勤成 胡昊 王汉 赵鹏飞	华北水利水电大学、西安交通大学	河南省科学技术进步奖	三等奖	2019年
160	虚拟水核算理论、方法及应用	韩宇平 黄会平 贾冬冬 刘红岩 王春颖 王朋 雷宏军	华北水利水电大学	河南省科学技术进步奖	三等奖	2019年

续表

序号	成果名称	学校主要完成人	主要完成单位	奖励名称	奖励等级	奖励时间
161	湿地生态水文过程模拟与综合调控关键技术及应用	王富强 张先起 魏怀斌 康萍萍 赵 衡 袁建平 吕素冰	华北水利水电大学	河南省科学技术进步奖	三等奖	2019 年
162	物理学中的偏微分方程的数学分析及其应用	王玉柱 王银霞 李恒燕 陈 思	华北水利水电大学	河南省自然科学奖	三等奖	2019 年
163	自守 L-函数与广义相对论	唐恒才 赵 峰 王耀华 陈士超 戈文旭	河南大学、华北水利水电大学	河南省自然科学奖	三等奖	2019 年
164	水肥气一体化精准调控关键技术研发及推广应用	雷宏军	鲁东大学、华北水利水电大学、莱芜市春雨滴灌技术有限公司、烟台市农业技术推广中心	山东省科学技术进步奖	二等奖	2019 年
165	拟线性双曲方程组经典整体解存在性及奇性形成	王玉柱	浙江大学、上海交通大学、华北水利水电大学	浙江省自然科学奖	二等奖	2019 年
166	南方丰水区生态河湖建设关键技术研究	郭文献	湖南省水利水电勘测设计研究院有限公司、中国水利水电科学研究院、华北水利水电大学	湖南省科学技术进步奖	二等奖	2019 年
167	多沙河流水利枢纽工程泥沙设计关键技术及应用	孙东坡	黄河勘测规划设计研究院有限公司、天津大学、中国水利水电科学研究院、清华大学、华北水利水电大学	中国大坝工程学会科技进步奖	特等奖	2019 年
168	北方农田高效绿色智慧灌溉管理关键技术研究及示范	马建琴 王清义 韩 栋 郝秀平 雷宏军 司毅兵 刘 蕾 杨伏香 杨学颖 宋智睿 崔潇峰 彭高辉 丁泽霖 王 伟 刘 鑫	华北水利水电大学	农业节水科技奖	一等奖	2019 年
169	湿热环境中钎料腐蚀机理研究与耐蚀钎料开发	王星星 上官林建 李 帅	华北水利水电大学、郑州机械研究所有限公司、南京理工大学、哈尔滨工业大学、南京航空航天大学、河南泛锐复合材料研究院有限公司、河南机电职业学院、浙江亚通焊材有限公司常熟市华银焊料有限公司	中国腐蚀与防护学会科学技术奖	一等奖	2019 年

433

续表

序号	成果名称	学校主要完成人	主要完成单位	奖励名称	奖励等级	奖励时间
170	煤电机组智能燃烧实时控制关键技术研发及应用	王为术	中国大唐集团科学技术研究院、内蒙古大唐国际托克托发电有限责任公司、华北水利水电大学	中国电力科学技术奖	一等奖	2019年
171	气候变化背景下东构造结前缘岩土体灾变链生机理与防治方法	袁广祥	中国科学院地质与地球物理研究所、中国科学院大学、华北水利水电大学	中国岩石力学与工程学会科学技术奖	二等奖	2019年
172	多源矢量空间数据匹配融合关键技术及应用	赵东保	华北水利水电大学	中国测绘学会科技进步奖	二等奖	2019年
173	导电纱线导电性能和检测方法研究与应用	石风俊	河南省纺织产品质量监督检验院、新乡市北方纤维有限公司	中国纺织工业联合会科技进步奖	二等奖	2019年
174	620℃双切双级减温百万超超临界锅炉汽温提升关键技术及应用	王为术	大唐三门峡电力有限责任公司、华北水利水电大学、哈尔滨锅炉厂有限责任公司	中国能源研究会能源创新奖	二等奖	2019年
175	薪近系含水层下提高开采上限技术研究	王文学	河南神火兴隆矿业有限责任公司、中国矿业大学、华北水利水电大学、南通理工学院	中国煤炭工业科学技术奖	二等奖	2019年
176	城市废弃港区绿色综合改造关键技术研究与应用	陈渊召 李振霞	上海市城市建设设计研究总院（集团）有限公司、上海市建筑科学研究院、华北水利水电大学、上海中交水运设计研究有限公司、上海国际航运服务中心开发有限公司	华夏建设科学技术奖	三等奖	2019年
177	采煤沉陷灾害空天地多源融合监测与预警关键技术	刘文锴 李春意 崔希民 胡青峰 郭增长 王新静 马开锋 何培培 李慧 刘辉 蒋晨 周学军 袁德宝 徐海军	华北水利水电大学、河南理工大学、中国矿业大学（北京）、河南测绘职业学院、河南省遥感测绘院	河南省科学技术进步奖	一等奖	2020年

续表

序号	成果名称	学校主要完成人	主要完成单位	奖励名称	奖励等级	奖励时间
178	基于物联网和智能计算的输水渠道信息监测及预警关键技术	刘雪梅 刘明堂 刘扬 杨礼波 孙新娟 闫新庆 樊要玲 宋东东 吕艺生 罗华梁	华北水利水电大学	河南省科学技术进步奖	二等奖	2020年
179	基于可持续发展的资源富集区经济转型路径创新	张国兴 马书臣 卓 刘铁军 张丽娜 陈 任建华 孙璐 王红娜 任领志 孟守卫	华北水利水电大学	河南省科学技术进步奖	二等奖	2020年
180	钢桥面铺装浇注式沥青混凝土融雪化冰技术	陈渊召 王朝辉 鄂滕 高志伟 齐树平 李振霞 陈 谦 陈海军 徐庆峰 冯丽霞	华北水利水电大学、长安大学、河北省交通规划设计院、西藏民族大学	河南省科学技术进步奖	二等奖	2020年
181	提质增效的作物水肥气协同调控技术研发与应用	雷宏军 张振华 潘红卫 司海平 杜 君 胡 娜 黄 凌	华北水利水电大学、鲁东大学、河南省土壤肥料站	河南省技术发明奖	二等奖	2020年
182	曲线梁桥结构灾变防控与服役效能提升技术及应用	—	郑州航空工业管理学院、北京工业大学、华北水利水电大学、郑州市交通规划勘察设计研究所、交通运输部公路科学研究院、智性纤维复合加固有限公司	河南省科学技术进步奖	二等奖	2020年
183	中原城市群高质量发展水资源支撑与提升关键技术	李海华	黄河勘测规划设计研究院有限公司、郑州大学、华北水利水电大学、中国水利水电科学研究院、清华大学	河南省科学技术进步奖	二等奖	2020年
184	千吨级预制桥梁成套工装关键技术开发及产业化	韩林山	郑州新大方重工科技有限公司、燕山大学、华北水利水电大学、郑州新大方史托克机械设备有限公司	河南省科学技术进步奖	二等奖	2020年

续表

序号	成果名称	学校主要完成人	主要完成单位	奖励名称	奖励等级	奖励时间
185	闸控河流水量-水质-水生态和谐调控关键技术及应用	梁士奎	郑州大学、华北水利水电大学、河南省沙颍河勘测设计院	河南省科学技术进步奖	三等奖	2020年
186	绿色节能型自保温围护体系关键技术的开发及应用	陈贡联	河南兴安新型建筑材料有限公司、华北水利水电大学、郑州大学	河南省科学技术进步奖	三等奖	2020年
187	集约式环保型砂浆精准干混关键技术与成套装备	金向杰	郑州三和水工机械有限公司、华北水利水电大学、河南三和水工机械有限公司、河南新型建材机械有限公司、郑州力达自动化控制有限公司	河南省科学技术进步奖	三等奖	2020年
188	高扬程灌区水盐运移监测与盐碱地可持续利用研究	徐存东 何玉琛 侯慧敏 华尔天 王燚 康德奎 陈芳	甘肃省景泰川电力提灌管理局、华北水利水电大学、兰州理工大学、甘肃省治沙研究所	甘肃省科技进步奖	三等奖	2020年
189	异质材料钎焊、扩散焊关键技术及应用	王星星	郑州机械研究所有限公司、河南豪丰农业装备有限公司、哈尔滨工业大学、华北水利水电大学、江苏师范大学	中国机械工业科学技术奖	特等奖	2020年
190	采煤沉陷天空地多源数据融合监测与灾害预警关键技术及应用	刘文锴 胡青峰 李春意 周学军 刘辉 李慧 王新静 蒋晨 袁海宝 徐德军 崔希民 郭增长 何洪培 马开锋	华北水利水电大学、中国矿业大学、中国矿业大学(北京)、河南理工大学、河南测绘职业学院、河南省遥感测绘院	中国测绘学会科学技术奖	一等奖	2020年
191	用水紧缺区水安全保障能力提升关键技术及应用	高传昌	华北水利水电大学、中国水利水电科学研究院、南京信息职业技术学院、中国水利水电科学研究与资源研究所、水利部交通运输部国家能源局南京水利科学研究院、中国建筑科学研究院	大禹水利科学技术奖	二等奖	2020年
192	冻土层长输管道原位破碎级回填技术与应用	杨晨 刘颖 张俊然 张立 王忠福	华北水利水电大学、中国石油工程建设有限公司华北分公司、廊坊市华邦统产机械有限公司、四川石油	中国石油工程建设协会科学技术进步奖	二等奖	2020年

续表

序号	成果名称	学校主要完成人	主要完成单位	奖励名称	奖励等级	奖励时间
193	长输油气管道典型地质灾害评价关键技术	王忠福 张俊然 李冬冬 李倩倩 何志磊	中原辽河工程有限公司、华北水利水电大学、建设综合勘察研究设计院有限公司	中国石油工程建设协会科技进步奖	二等奖	2020年
194	特大型溢洪道巨型弧门及预应力闸墩关键技术研究与应用	唐克东	中国电建集团西北勘测设计研究院有限公司、华北水利水电大学、中国水利水电第四工程局有限公司	工程建设科学技术奖	二等奖	2020年
195	海运危险品集装箱堆场建设成套技术及应用	陈渊召	上海中交水运设计研究所、东南大学、上海海事大学、华北水利水电大学、上海城建职业学院、上海市城市建设第四工程局有限公司（集团）有限公司	中国航海学会科学技术进步奖	二等奖	2020年
196	特大型溢洪道巨型弧门及预应力闸墩关键技术研究与应用	唐克东	中国电建集团西北勘测设计研究有限公司、华北水利水电大学、中国水利水电第四工程局有限公司	工程建设科学技术奖	二等奖	2020年
197	海运危险品集装箱堆场建设成套技术及应用	陈渊召	上海中交水运设计研究所、东南大学、上海海事大学、华北水利水电大学、上海城建职业学院、上海市城市建设第四工程局有限公司（集团）有限公司	中国航海学会科学技术进步奖	二等奖	2020年
198	铝电解装备构件高性能钎料与焊接修复成套技术及应用	王星星 李帅	华北水利水电大学、郑州机械研究所有限公司、武汉大学、南京航空航天大学、河南机电职业学院、郑州轻研合金科技有限公司、浙江亚通焊材有限公司、中煤科工集团西安研究院有限公司、南京理工大学	中国有色金属工业科学技术奖	三等奖	2020年
199	工程装备构件钎焊关键技术及应用	王星星 李帅 上官林建	华北水利水电大学、哈尔滨工业大学、郑州机械研究所有限公司、中铁工程装备集团有限公司、中煤科工集团西安研究院有限公司	中国产学研合作创新成果奖	优秀奖	2020年
200	港城滨水空间协同发展与工程建设关键技术	陈渊召	上海海事大学、上海中交水运设计研究有限公司、华北水利水电大学、上海城建职业学院	中国产学研合作创新成果奖	优秀奖	2020年

博士、硕士学位点分布情况一览表

层　　次	专业代码	专业名称	授权时间
博士学位授权一级学科点	081500	水利工程	2013 年
博士学位授权一级学科点	081800	地质资源与地质工程	2013 年
博士学位授权一级学科点	120100	管理科学与工程	2013 年
硕士学位授权一级学科点	020200	应用经济学	2016 年
硕士学位授权一级学科点	030500	马克思主义理论	2018 年
硕士学位授权一级学科点	070100	数学	2011 年
硕士学位授权一级学科点	070500	地理学	2018 年
硕士学位授权一级学科点	080200	机械工程	2011 年
硕士学位授权一级学科点	080700	动力工程及工程热物理	2011 年
硕士学位授权一级学科点	080800	电气工程	2018 年
硕士学位授权一级学科点	081100	控制科学与工程	2011 年
硕士学位授权一级学科点	081200	计算机科学与技术	2011 年
硕士学位授权一级学科点	081300	建筑学	2018 年
硕士学位授权一级学科点	081400	土木工程	2011 年
硕士学位授权一级学科点	081500	水利工程	2006 年
硕士学位授权一级学科点	081800	地质资源与地质工程	2006 年
硕士学位授权一级学科点	082800	农业工程	2011 年
硕士学位授权一级学科点	083000	环境科学与工程	2018 年
硕士学位授权一级学科点	083500	软件工程	2011 年
硕士学位授权一级学科点	087100	管理科学与工程	2006 年
硕士学位授权一级学科点	120100	管理科学与工程	2006 年
硕士学位授权一级学科点	120200	工商管理	2011 年
硕士学位授权一级学科点	130400	美术学	2018 年
硕士学位授权二级学科点	080104	工程力学	2006 年

硕士专业学位授权点分布情况一览表

层　　次	专业代码	专业名称	授权时间
硕士专业学位授权点	035100	法律	2018 年
硕士专业学位授权点	045300	汉语国际教育	2018 年
硕士专业学位授权点	055100	翻译	2014 年
硕士专业学位授权点	085400	电子信息	2010 年
硕士专业学位授权点	085500	机械	2010 年
硕士专业学位授权点	085700	资源与环境	2004 年
硕士专业学位授权点	085800	能源动力	2010 年
硕士专业学位授权点	085900	土木水利	2004 年
硕士专业学位授权点	086100	交通运输	2010 年
硕士专业学位授权点	095100	农业	2010 年
硕士专业学位授权点	125100	工商管理	2010 年
硕士专业学位授权点	125200	公共管理	2014 年
硕士专业学位授权点	125300	会计	2016 年
硕士专业学位授权点	125600	工程管理	2018 年
硕士专业学位授权点	135100	艺术	2016 年

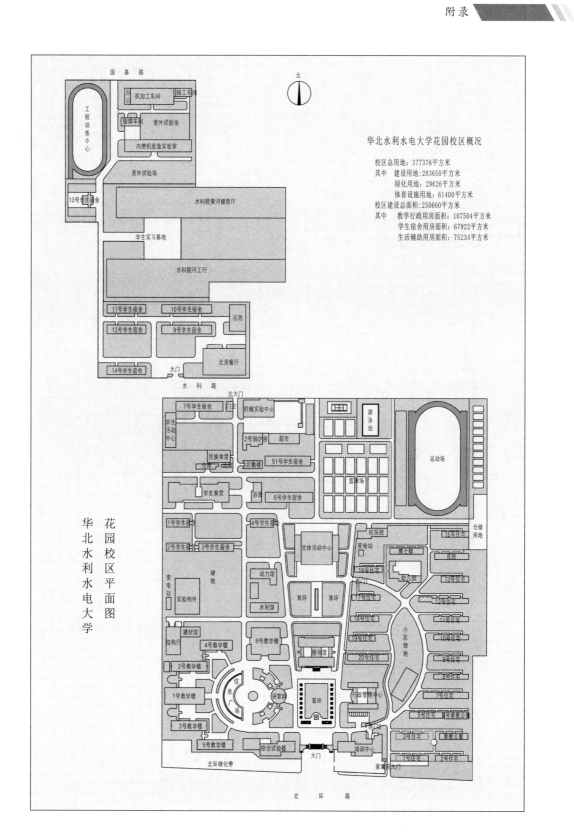

华北水利水电大学花园校区概况

校区总用地:377376平方米
其中 建设用地:283650平方米
绿化用地:29626平方米
体育设施用地:61400平方米
校区建设总面积:250660平方米
其中 教学行政用房面积:107504平方米
学生宿舍用房面积:67922平方米
生活辅助用房面积:75234平方米

华北水利水电大学 花园校区平面图

龙子湖校区平面图

华北水利水电大学

主要经济技术指标

项目	指标
规划总用地	99.80公顷
城市绿化用地	11.50公顷
其他特殊用地	9.25公顷
宋际校园建设用地	79.05公顷
道路及广场用地面积	20.17公顷
集中绿地用地面积	28.42公顷
体育场地用地面积	13.80公顷
校舍用地	16.66公顷
总建筑面积	59.35万平方米
建筑密度	16.69%
容积率	0.59
绿化率（含水面）	40%

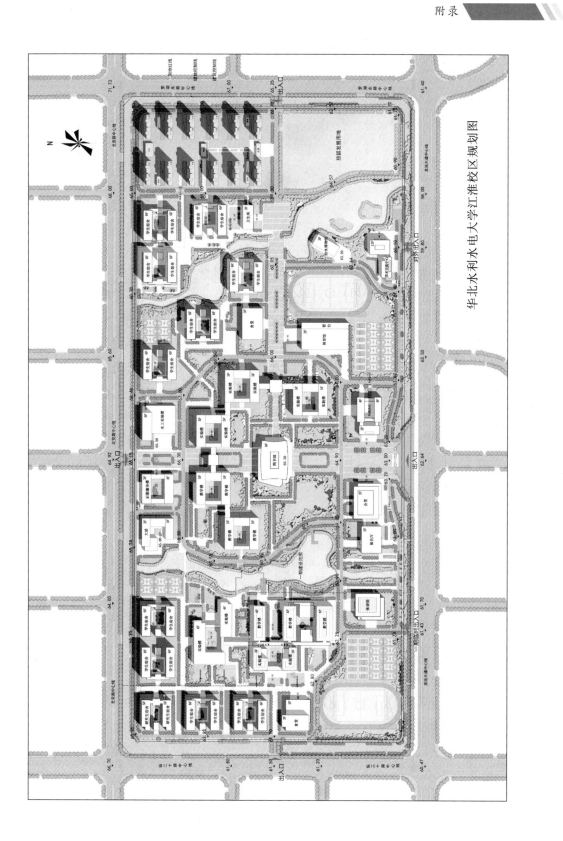

华北水利水电大学江淮校区规划图

后　记

值此庆祝华北水利水电大学建校 70 周年之际，我们怀着十分虔诚和激动的心情，将《华北水利水电大学校史（2011—2021）》（以下简称《校史》）奉献给海内外校友、全体师生员工和关心关注学校建设与发展的社会各界朋友们。

2011 年，在学校建校 60 周年之时，学校组织编写了《华北水利水电学院校史（2001—2011）》，对学校办学 60 年的历史进行了翔实记载。本次编写的《校史》是对前书进行的续写，时间跨度为 2011 年至 2021 年。

2011—2021 年是学校砥砺奋进、接续奋斗、高质量发展的 10 年，华水人用智慧和辛劳谱写了情系水利、自强不息的辉煌乐章。系统总结这 10 年的办学经验，探讨学校的发展历程，意义深远。承载着前辈、领导、师生员工、广大校友的殷殷期待，校史编写组承此重任，深感荣幸，却又深知修史之艰难，责任之重大，不敢有丝毫草率、懈怠。在撰文中，校史编写组力求用笔客观、翔实、准确，再现学校发展轨迹，体现学校办学特色，突出教育教学发展主线，诚愿撰成可读、可感、可鉴之史书。但囿于编写组人员水平和资料所限，难免有疏漏和不当之处，离撰写愿望和大家期待尚有相当距离，恳请全体师生员工、广大校友、读者和社会各界不吝赐教，批评指正。

《校史》编撰工作启动以来，学校党委书记王清义、校长刘文锴高度重视，全程参与，给予了精心指导。《校史》编写工作方案和主体框架由史鸿文、程思康策划提出，经编写组进行认真讨论修改而成。学校发展史编写执笔人为：第一章，马建琴；第二章，李志萍；第三章，赵顺波；第四章，王艳成；第五章，魏新强；第六章，孟闻远；第七章，周俊胜；第八章，胡昊；第九章，曹震；第十章，李凌杰；第十一章，陈爱玖；第十二章，韩福乐；第十三章，景中强；第十四章，费昕；第十五章，康长春。教学单位发展史由各教学单位负责人执笔撰写。附录部分由相关职能部门提供。全书由史鸿文、程思康、李志国、王兰锋、张静统稿。

《校史》能在校庆之际如期出版，得到了许多领导、老师和校友们的悉心指导，学校各单位各部门给予了积极配合和大力支持，在此一并表示深深谢意。

70 年风雨历程，70 年不懈奋斗，学校历届领导、校友和全体师生员工齐心协力，艰苦创业，积累了丰富的办学经验，取得了巨大成就。回顾过去，我们豪情满怀；展望未来，我们信心百倍。让我们共同祝愿华北水利水电大学的明天更加美好，祝愿华北水利水电大学再铸辉煌！

谨以此书向华北水利水电大学诞辰 70 周年献礼！

《华北水利水电大学校史（2011—2021）》编写组

2021 年 8 月